Martingale in diskreter Zeit

Harald Luschgy

Martingale in diskreter Zeit

Theorie und Anwendungen

Harald Luschgy
Universität Trier
Deutschland

ISSN 1439-5428
ISBN 978-3-642-29960-5 ISBN 978-3-642-29961-2 (eBook)
DOI 10.1007/978-3-642-29961-2

Mathematics Subject Classification (2010): 60G42, 60J05, 60G09, 60J80, 62L20, 91G20, 46B15

Bibliografische Information der Deutschen Nationalbibliothek
Die Deutsche Nationalbibliothek verzeichnet diese Publikation in der Deutschen Nationalbibliografie; detaillierte bibliografische Daten sind im Internet über http://dnb.d-nb.de abrufbar.

Springer Spektrum

Gedruckt auf säurefreiem Papier

Springer Spektrum ist eine Marke von Springer DE.
Springer DE ist Teil der Fachverlagsgruppe Springer Science+Business Media
www.springer-spektrum.de

Vorwort

Martingale haben wie kaum eine andere Klasse stochastischer Prozesse die Wahrscheinlichkeitstheorie revolutioniert. Sie sind vermutlich die scharfsinnigste Verallgemeinerung der Summen unabhängiger zentrierter Zufallsvariablen. Inzwischen ist die Suche nach „guten" Martingalen eine Standardmethode zur Untersuchung unzähliger (nicht nur) stochastischer Probleme. Ziel dieses Buches ist neben der Darstellung der Theorie der reellen Martingale in diskreter Zeit die Illustration dieser Methode an einigen ihrer vielen Anwendungen. Der Zeitbereich ist dabei eine Teilmenge von $\mathbb{Z}$.

Obwohl man in den meisten Büchern über Wahrscheinlichkeitstheorie ein Kapitel über zeitdiskrete Martingaltheorie findet, gibt es kaum Bücher (und keines in deutscher Sprache), die diese elegante Theorie einigermaßen umfassend behandeln. Das mag daran liegen, dass hervorragende Bücher über Martingale in stetiger Zeit vorliegen und *im Prinzip* die zeitdiskrete Theorie in der zeitstetigen Theorie enthalten ist. Während allerdings die zeitstetige Theorie Konzepte und Resultate der stochastischen Analysis benötigt, ist man mit weniger Aufwand in der zeitdiskreten Theorie schneller erfolgreich.

Das vorliegende Buch basiert auf Vorlesungen und Seminaren, die ich in den vergangenen Jahren an der Universität Trier gehalten habe. Es ist geeignet für M-Studierende mathematischer Studiengänge und für B-Studierende im dritten Studienjahr, die sich für die B-Arbeit in einem Gebiet der Stochastik spezialisieren wollen. Vorausgesetzt werden grundlegende Kenntnisse aus der Wahrscheinlichkeitstheorie, die üblicherweise im zweiten Studienjahr erlangt werden. Für die Martingaltheorie sind bedingte Erwartungswerte konstitutiv. Die hier benötigten Eigenschaften bedingter Erwartungswerte und bedingter Verteilungen findet der Leser im Anhang.

Der Text besteht aus einem Theorieteil I und einem Anwendungsteil II. In Teil I wird die zeitdiskrete Martingaltheorie in all den Aspekten dargestellt, die sich für die meisten Anwendungen als wichtig erwiesen haben. Die Kap. 1–4 und 6 enthalten hauptsächlich „klassisches" Material über Zerlegungen von stochastischen Prozessen und Submartingalen, quadratische Variation und quadratische Charakeristik von Martingalen, Kompensatoren und Potentiale, h-Transformierte als Spezialfälle stochastischer Integrale, Stoppzeiten und gestoppte Prozesse, Ungleichungen von Doob, Chow, Burkholder, Lenglart und Garsia und die berühmten Burkholder-Davis-Gundy-Ungleichungen, Konvergenz und lokale Konvergenz von Martingalen und den Zusammenhang mit zeitdiskreten Markov-Prozessen. Die Kap. 5 und 7 von TeilI enthalten neben starken Gesetzen der großen Zahlen und (oberen) Gesetzen vom iterierten Logarithmus auch neuere Ergebnisse über exponentielle Ungleichungen, einen stabilen zentralen Grenzwertsatz mit exponentieller Rate und die optionale Zerlegung universeller Supermartingale. In Kap. 5 wird dazu die Verschärfung der Verteilungskonvergenz von Zufallsvariablen zur stabilen Konvergenz beschrieben.

In Teil II werden fünf Themen behandelt, bei denen Martingale eine entscheidende Rolle spielen. Bei der Auswahl kommen natürlich die Vorlieben des Autors zum Ausdruck. Die Anwendungen in den Kap. 8–12 betreffen das finanzmathematische Problem der Optionsbewertung (das durch die Finanzkrise nicht obsolet ist), den Galton-Watson-Verzweigungsprozess und seine Statistik, die Invarianzstruktur austauschbarer Prozesse und U-Statistiken, die Asymptotik stochastischer Approximationsalgorithmen und schließlich die unbedingte Basiseigenschaft von Martingal-Basen in L^p-Räumen. In den Anwendungskapiteln findet der Leser genaue Angaben über die benutzten Theoriekapitel.

Jedes Kapitel wird durch Übungsaufgaben abgeschlossen. Diese reichen von einfachen Korollaren bis zu manchmal nicht ganz so einfachen Verallgemeinerungen oder ergänzenden Resultaten.

Es werden die in der zeitstetigen Theorie üblichen Bezeichnungen benutzt, wie etwa eckige und spitze Klammern für die quadratische Variation beziehungsweise vorhersehbare quadratische Variation und Δ für die Zuwächse eines reellen stochastischen Prozesses. Dies ist auch im zeitdiskreten Kontext sehr effizient und soll die Lektüre der Literatur über zeitstetige Martingale erleichtern.

Zur Entstehung dieses Buches haben zahlreiche Menschen auf die eine oder andere Weise beigetragen. Ihnen allen gilt mein herzlicher Dank. Besonders bedanke ich mich bei Erich Häusler und Gilles Pagès, die mir unveröffentlichtes Material zur Verfügung gestellt haben, und bei Doris Karpa-Hilsenbeck, die das Manuskript in LaTeX umgesetzt hat.

Trier, April 2012 Harald Luschgy

Inhaltsverzeichnis

Teil I Theorie

1 Martingale, h-Transformierte und quadratische Charakteristik 3
1.1 Martingale 4
1.2 h-Transformierte 12
1.3 Kompensator, Kovariation und quadratische Charakteristik 15
1.4 Potentiale und Zerlegungen für Submartingale 25

2 Stoppzeiten und lokale Martingale 35
2.1 Stoppzeiten und gestoppte Prozesse 35
2.2 Reguläre Stoppzeiten und Optional sampling 46
2.3 Lokale Martingale 59

3 Ungleichungen für Martingale 65
3.1 Ungleichungen für den Maximumprozess 65
3.2 Ungleichungen für die quadratische Variation 82
3.3 Ungleichungen für die quadratische Charakteristik 97
3.4 Burkholders Methode 102
3.5 Upcrossing-Ungleichung 110

4 Martingalkonvergenz und Martingalräume 117
4.1 Vorwärtskonvergenz 117
4.2 Lokale Vorwärtskonvergenz 128
4.3 Rückwärtskonvergenz 139
4.4 Optional sampling 143
4.5 Martingalräume 144

5 SLLN, LIL und CLT 155
5.1 Starke Gesetze der großen Zahlen 155
5.2 Exponentielle Ungleichungen 164
5.3 Gesetze vom iterierten Logarithmus 187

5.4 Stabile Konvergenz 191
5.5 Zentrale Grenzwertsätze 200

6 Markov-Prozesse, Martingale und optimales Stoppen 225
6.1 Markov-Prozesse 225
6.2 Harmonische Funktionen und Martingale 241
6.3 Optimales Stoppen 248

7 Maßwechsel und optionale Zerlegung für universelle Supermartingale 257
7.1 Maßwechsel und Dichteprozess 257
7.2 Optionale Zerlegung 266
7.3 Die Martingaldarstellungseigenschaft 275

Teil II Anwendungen

8 Optionspreistheorie 283
8.1 Arbitrage, Martingalmaße und Hedge für europäische Optionen ... 283
8.2 Unvollständige Marktmodelle und Superhedge für europäische Optionen 292
8.3 Das Cox-Ross-Rubinstein-Modell 297
8.4 Amerikanische Optionen 301

9 Verzweigungsprozesse 309
9.1 Der Galton-Watson-Prozess 309
9.2 Ein statistischer Aspekt 321

10 Invarianz, Austauschbarkeit und U-Statistiken 331
10.1 Invarianz und Ergodizität 331
10.2 Austauschbare Prozesse 338
10.3 U-Statistiken 351

11 Stochastische Approximation 369
11.1 Der Robbins-Monro-Algorithmus 369
11.2 Der Bandit-Algorithmus 389
11.3 Verallgemeinerte Pólya-Urnenmodelle 398

12 Unbedingte Martingalkonvergenz und unbedingte Basen 411
12.1 Unbedingte Konvergenz von Martingalen 411
12.2 Unbedingte Basen von L^p-Räumen und Martingale 418

A Anhang 425
A.1 Netze 425
A.2 $\mathcal{L}^p$-Räume und gleichgradige Integrierbarkeit 426
A.3 Bedingte Erwartungswerte 431

A.4 Bedingte Verteilungen . . . 435
A.5 Lebesgue-Zerlegung und der Satz von Chung und Fuchs . . . 439

Literatur . . . 441

Namensverzeichnis . . . 447

Sachverzeichnis . . . 449

Symbolverzeichnis

$\mathcal{A}(G)$	σ-Algebra der G-invarianten messbaren Mengen, 331
$\mathcal{A}(G,\mu)$	σ-Algebra der μ-fast G-invarianten messbaren Mengen, 331
$\mathcal{A}^{\mathbb{N}}(G_n)_X, \mathcal{A}^{\mathbb{N}}(G)_X$	340
$\mathcal{B}(\mathcal{X})$	Borelsche σ-Algebra, 4
$\mathrm{Beta}(a,b)$	Beta-Verteilung, 350
$B(n,p)$	Binomialverteilung
$C_b(\mathbb{R}^d)$	Raum stetiger beschränkter Funktionen, 192
δ_x	Dirac-Maß
δ_X	Dirac-Kern, 198
∂A	topologischer Rand
$\Delta X, \Delta X_n = (\Delta X)_n$	Prozess der Zuwächse, 6
$\frac{d\nu}{d\mu}$	μ-Dichte von ν, 439
dx	$d\lambda(x)$
EX	Erwartungswert
$E(X\mid\mathcal{G})$	bedingter Erwartungswert, 431
$E(X\mid Y), E(X\mid Y=y)$	bedingter Erwartungswert, 431
ess sup	essentielles Supremum, 430
$\mathrm{ex}\, M^1(\mathcal{A},G)$	Extremalpunkte von $M^1(\mathcal{A},G)$, 332
$\mathbb{F} = (\mathcal{F}_n)_{n\in T}$	Filtration, 3
$\mathbb{F}^X$	erzeugte Filtration,2 3
$\mathbb{F} \subset \mathbb{G}$	3
$\mathcal{F}_\infty, \mathcal{F}_{-\infty}$	5, 36
$\mathcal{F}_\tau$	σ-Algebra der τ-Vergangenheit, 35
$F \subset G$ f.s.	80
$\overline{f}$	Fenchel-Legendre Transformierte, 164
$f\mu$	Maß mit μ-Dichte f, 439
$f \otimes h$	Tensorprodukt, 192
f.s.	fast sicher
$\mathcal{G} \subset \mathcal{H}$ f.s.	429
$H \bullet X$	h-Transformierte, 12

$\mathcal{H}^p$	Martingalraum, 145
$\mathcal{H}^p_{\text{lok}}$	lokalisierter Martingalraum, 150
$\text{Kov}(X, Y)$	Kovarianz
$\text{Kov}(X, Y \mid \mathcal{G})$	bedingte Kovarianz, 17
$\mathcal{L}^p = \mathcal{L}^p(\Omega, \mathcal{F}, P)$	426
$L^p = L^p(\Omega, \mathcal{F}, P)$	427
$\mathcal{L} \log \mathcal{L}$	Martingalraum, 145
$\lambda = \lambda^1$	Lebesguemaß
$\mathcal{M}, \mathcal{M}^p, \mathcal{M}^{\text{gi}}$	Martingalräume, 144
$\mathcal{M}_{\text{lok}}, \mathcal{M}^p_{\text{lok}}, \mathcal{M}^{\text{gi}}_{\text{lok}}$	lokalisierte Martingalräume, 150
$M^1(\mathcal{A})$	Wahrscheinlichkeitsmaße auf $\mathcal{A}$, 331
$M^1(\mathcal{A}, G)$	G-invariante Wahrscheinlichkeitsmaße, 332
$\mu \otimes K, \mu K$	Produktmaß, Randverteilung, 436
$\mathbb{N}, \mathbb{N}_0$	natürliche Zahlen, $\mathbb{N} \cup \{0\}$
$N(\mu, \sigma^2)$	Normalverteilung
$N(A)$	zufälliges Zählmaß, 236
$N(0, V)$	Gauß-Kern, 193
$\nu \ll \mu$	Absolutstetigkeit, 439
$\nu \equiv \mu$	$\nu \ll \mu$ und $\mu \ll \nu$
$\nu \perp \mu$	Singularität, 439
P^X	Verteilung von X, Bildmaß
$P^{X \mid \mathcal{G}}$	bedingte Verteilung, 436
$P^{X \mid Y}, P^{X \mid Y=y}$	bedingte Verteilung, 437
$P(F \mid \mathcal{G})$	bedingte Wahrscheinlichkeit, 431
P_F	24, 193
$\mathcal{P}(\mathcal{X})$	Potenzmenge
$\mathbb{P} = \mathbb{P}(X), \mathbb{P}(\beta S)$	äquivalente Martingalmaße, 266, 285
$\Pi(C), \underline{\Pi}(C), \overline{\Pi}(C)$	Preise, 290, 292, 292, 302
$Q_1 Q_2$	Komposition von Markov-Kernen, 226
$Q_1 \otimes Q_2$	Produkt von Markov-Kernen, 227
$\mathbb{Q}$	rationale Zahlen
$Q \overset{\text{lok}}{\ll} P$	lokale Absolutstetigkeit, 258
$\mathbb{R}, \mathbb{R}_+$	reelle Zahlen, $\{x \in \mathbb{R} : x \geq 0\}$
$\overline{\mathbb{R}}$	$\mathbb{R} \cup \{+\infty, -\infty\}$, 3
R_k, R^k	226, 228
Σ, Σ^n	einfache Stoppzeiten, 58, 248
$\Sigma(\mathcal{Q}), \Sigma(M^1(\mathcal{A}))$	337
$\mathcal{S}$	selbstfinanzierende Handelsstrategien, 284
$\sigma(X), \sigma(X_n, n \in T)$	von Zufallsvariablen erzeugte σ-Algebra
sign	$1_{(0,\infty)} - 1_{(-\infty,0)}$
T_n, T^n	35
$\mathcal{T}_X$	terminale σ-Algebra, 341
τ_B	Eintrittszeit, 40
$U = U(R)$	Potentialkern, 236

$U_n = U_n(f)$	U-Statistik, 351
$U(0,1)$	uniforme Verteilung auf $[0,1]$
$U_{a,b}(X)$	Upcrossings, 110
$\operatorname{Var} X$	Varianz
$\operatorname{Var}(X \mid \mathcal{G})$	bedingte Varianz, 17
X_-, X_{n-}	14
X^τ	gestoppter Prozess, 41
X_τ	Zustand zur Zeit τ, 41
X^*, X_n^*, X_∞^*	Maximumprozess, 65
$[X,Y], [X]$	Kovariation, quadratische Variation, 17
$\langle X,Y\rangle, \langle X\rangle$	vorhersehbare Kovariation, vorhersehbare quadratische Variation, quadratische Charakteristik, 17
$X_n \xrightarrow{\mathcal{L}^p} X$	$\mathcal{L}^p$-Konvergenz, 426
$X_n \xrightarrow{d} X, X_n \xrightarrow{d} Q$	Verteilungskonvergenz
$X \stackrel{d}{=} Y$	Verteilungsgleichheit, 4
$\mathbb{Z}$	ganze Zahlen
$\lvert A\rvert$	Kardinalität der Menge A
1_A	Indikatorfunktion
$x \vee y, x \wedge y$	Maximum und Minimum reeller Zahlen
$a_n \sim b_n$	$\lim_{n\to\infty} a_n/b_n = 1$
$\lVert X\rVert_p$	$\mathcal{L}^p$-Norm, 426
$\lVert x\rVert$	Norm auf $\mathbb{R}^d$
$\lVert h\rVert_{\sup}$	Supremumsnorm, 192

Teil I
Theorie

Kapitel 1
Martingale, h-Transformierte und quadratische Charakteristik

Wir geben in den ersten beiden Kapiteln eine Darstellung der grundlegenden Konzepte der zeitdiskreten Martingaltheorie. Martingale, Submartingale und Supermartingale, h-Transformierte, Potentiale, die Kovariation von stochastischen Prozessen und die quadratische Charakteristik von Martingalen eingeführt. Ferner werden Zerlegungen für stochastische Prozesse und speziell für Submartingale untersucht und Kompensatoren beschrieben.

Wir untersuchen stochastische Prozesse $X = (X_n)_{n \in T}$ von Zufallsvariablen X_n auf einem Wahrscheinlichkeitsraum $(\Omega, \mathcal{F}, P)$ mit Indexmenge

$$T \subset \mathbb{Z} \cup \{+\infty, -\infty\},$$

wobei $\mathbb{Z}$ die Menge der ganzen Zahlen bezeichnet. Die von $\overline{\mathbb{R}} = \mathbb{R} \cup \{+\infty, -\infty\}$ induzierte Ordnung auf T ermöglicht, zwischen Vergangenheit, Gegenwart und Zukunft zu unterscheiden. X beschreibt dann den zeitlichen Verlauf eines stochastischen dynamischen Systems. Wir untersuchen also zeitdiskrete stochastische Prozesse.

Eine Familie $\mathbb{F} = (\mathcal{F}_n)_{n \in T}$ von Unter-σ-Algebren $\mathcal{F}_n \subset \mathcal{F}$ mit der Eigenschaft $\mathcal{F}_m \subset \mathcal{F}_n$ für alle $m, n \in T$ mit $m \leq n$ heißt **Filtration** in $\mathcal{F}$. Sie dient der Beschreibung des Informationsverlaufs eines stochastischen Systems: $\mathcal{F}_n$ kodiert die Information zur Zeit n.

Ein Prozess $X = (X_n)_{n \in T}$ von Zufallsvariablen $X_n : (\Omega, \mathcal{F}) \to (\mathcal{X}, \mathcal{A})$ oder kurz ein $(\mathcal{X}, \mathcal{A})$-wertiger Prozess für einen messbaren Raum $(\mathcal{X}, \mathcal{A})$ heißt **$\mathbb{F}$-adaptiert**, falls $\sigma(X_n) \subset \mathcal{F}_n$ für alle $n \in T$ gilt, also X_n für alle $n \in T$ bezüglich $(\mathcal{F}_n, \mathcal{A})$ messbar ist, das heißt die Werte von X_m für $m \leq n, m \in T$ sind Teil der Information zur Zeit n. Wir nennen $(\mathcal{X}, \mathcal{A})$ den **Zustandsraum** des Prozesses. Die **von X erzeugte Filtration** $\mathbb{F}^X$ wird durch

$$\mathbb{F}^X = (\mathcal{F}_n^X)_{n \in T} \quad \text{mit } \mathcal{F}_n^X := \sigma(X_m, m \leq n, m \in T)$$

definiert. Mit der Bezeichnung $\mathbb{F} \subset \mathbb{G}$ für zwei Filtrationen $\mathbb{F}$ und $\mathbb{G}$, falls $\mathcal{F}_n \subset \mathcal{G}_n$ für alle $n \in T$, bedeutet $\mathbb{F}$-Adaptiertheit von X also $\mathbb{F}^X \subset \mathbb{F}$, und $\mathbb{F}^X$ ist die kleinste Filtration bezüglich der X adaptiert ist.

H. Luschgy, *Martingale in diskreter Zeit*, Springer-Lehrbuch Masterclass,
DOI 10.1007/978-3-642-29961-2_1, © Springer-Verlag Berlin Heidelberg 2013

Ein reeller Prozess, also ein Prozess von reellen Zufallsvariable n X_n, heißt **$\mathcal{L}^p$-Prozess**, $0 < p \leq \infty$, falls $X_n \in \mathcal{L}^p = \mathcal{L}^p(\Omega, \mathcal{F}, P)$ für alle $n \in T$ gilt.

Wir vereinbaren Identitäten oder Ungleichungen für Zufallsvariable stets als fast sicher aufzufassen. So bedeutet etwa $U \leq V$ für $(\overline{\mathbb{R}}, \mathcal{B}(\overline{\mathbb{R}}))$-wertige Zufallsvariable $U \leq V$ fast sicher. Die Relation $X \leq Y$ für $(\overline{\mathbb{R}}, \mathcal{B}(\overline{\mathbb{R}}))$-wertige Prozesse X und Y bedeutet $X_n \leq Y_n$ für alle $n \in T$. Eine entsprechende Aussage gilt für $U = V$ und $X = Y$. Den Zusatz „fast sicher" oder kurz „f.s." werden wir nur gelegentlich zur Klarstellung verwenden. Für einen metrischen Raum $\mathcal{X}$ bezeichnen wir dabei mit $\mathcal{B}(\mathcal{X})$ die Borelsche σ-Algebra über $\mathcal{X}$.

Für $(\mathcal{X}, \mathcal{A})$-wertige Zufallsvariable U und V bezeichnet $U \stackrel{d}{=} V$ die Verteilungsgleichheit, also $P^U = P^V$. Ferner benutzen wir die Bezeichnungen $\mathbb{N} = \{1, 2, 3, \ldots\}$, $\mathbb{N}_0 = \mathbb{N} \cup \{0\}$ und $\mathbb{R}_+ = [0, \infty)$. Die im Folgenden benutzten Eigenschaften des bedingten Erwartungswerts findet man im Anhang. Von den elementaren Eigenschaften in Satz A.11 werden nur einige, wie Taking out what is known und die Turmeigenschaft, gelegentlich erwähnt.

1.1 Martingale

Seien $(\Omega, \mathcal{F}, P)$ ein Wahrscheinlichkeitsraum und $\mathbb{F} = (\mathcal{F}_n)_{n \in T}$ eine Filtration in $\mathcal{F}$.

Definition 1.1 *Ein $\mathbb{F}$-adaptierter $\mathcal{L}^1$-Prozess $X = (X_n)_{n \in T}$ heißt **$\mathbb{F}$-Martingal**, falls die Bedingung*

$$E(X_n | \mathcal{F}_m) = X_m$$

*für alle $m, n \in T, m < n$ gilt. X heißt **$\mathbb{F}$-Submartingal**, falls*

$$E(X_n | \mathcal{F}_m) \geq X_m$$

*für alle $m, n \in T, m < n$, und X heißt **$\mathbb{F}$-Supermartingal**, falls*

$$E(X_n | \mathcal{F}_m) \leq X_m$$

für alle $m, n \in T, m < n$.

Das mathematische Konzept des Martingals wurde von P. Lévy (ohne das Wort Martingal zu benutzen) und J. Ville in den späten 1930er Jahren eingeführt. Seine herausragende Bedeutung für die Wahrscheinlichkeitstheorie erlangte es aber erst durch die systematische Untersuchung von J.L. Doob, der auch Submartingale und Supermartingale (zunächst unter der Bezeichnung Semimartingale beziehungsweise untere Semimartingale) einführte und von dem die grundlegenden Resultate stammen [11, 93].

Die Martingaleigenschaft kann man so verstehen, dass die aufgrund der aktuellen Information $\mathcal{F}_m$ beste Vorhersage des zukünftigen Zustands X_n des Prozesses X

einfach der gegenwärtige Zustand X_m ist, denn zumindest für $\mathcal{L}^2$-Prozesse X gilt nach A.12(g)

$$\inf\{E(X_n - Y)^2 : Y \in \mathcal{L}^2(\mathcal{F}_m, P)\} = E(X_n - E(X_n|\mathcal{F}_m))^2.$$

Fasst man X_m als Kontostand eines Teilnehmers an einem Glücksspiel auf, kann man die Martingaleigenschaft so interpretieren, dass das Spiel fair ist: Der aufgrund der aktuellen Information zu erwartende zukünftige Kontostand stimmt mit dem gegenwärtigen überein. Die Submartingaleigenschaft entspricht dann einem für den Spieler günstigen Spiel, während die Supermartingaleigenschaft ungünstig für den Spieler (und „super" für die Spielbank) ist. Aus diesem Zusammenhang stammt auch der Begriff Martingal, mit dem eine spezielle Spielstrategie bezeichnet wurde (und immer noch wird).

Nach der Definition bedingter Erwartungswerte ist die Martingaleigenschaft äquivalent zu den Radon-Nikodym-Gleichungen

$$\int_F X_n dP = \int_F X_m dP$$

für alle $m, n \in T, m < n, F \in \mathcal{F}_m$. Entsprechend sind Submartingale durch die Radon-Nikodym-Ungleichungen

$$\int_F X_n dP \geq \int_F X_m dP$$

für alle $m, n \in T, m < n, F \in \mathcal{F}_m$ und Supermartingale durch

$$\int_F X_n dP \leq \int_F X_m dP$$

für alle $m, n \in T, m < n, F \in \mathcal{F}_m$ charakterisiert.

Die Abhängigkeit der obigen Konzepte von der Filtration $\mathbb{F}$ wird häufig nicht mehr angegeben. So sprechen wir von einem Martingal, wenn klar ist, welche Filtration gemeint ist. Man beachte außerdem die Abhängigkeit von dem Wahrscheinlichkeitsmaß P. Diese wird nicht explizit erwähnt, solange kein zweites Maß im Spiel ist.

Im Folgenden nehmen wir an, dass T ein $\mathbb{Z}$-Intervall ist, also

$$T = [\alpha, \beta] \cap \mathbb{Z}$$

für $\alpha, \beta \in \mathbb{Z} \cup \{+\infty, -\infty\}, \alpha < \beta$. Seien

$$\mathcal{F}_\alpha := \bigcap_{n \in T} \mathcal{F}_n, \text{ falls } \alpha = -\infty \quad \text{und} \quad \mathcal{F}_\beta := \sigma\Big(\bigcup_{n \in T} \mathcal{F}_n\Big), \text{ falls } \beta = \infty.$$

In der Filtration $\mathbb{F}$ repräsentiert $\mathcal{F}_\alpha$ die Anfangsinformation und $\mathcal{F}_\beta$ die „ultimative" Information.

Die Information reicht typischerweise nicht unendlich weit zurück. Dann ist $\alpha > -\infty$, also $\alpha \in \mathbb{Z}$, und T heißt **linksabgeschlossen**. Bei der Modellierung etwa von Finanzderivaten mit 3-monatiger Laufzeit ist $\beta < \infty$, also $\beta \in \mathbb{Z}$, und T heißt dann **rechtsabgeschlossen**. Für Konvergenzuntersuchungen benötigt man $\beta = \infty$. Bisweilen lässt sich die Martingaleigenschaft eines stochastischen Prozesses erst nach „Inversion der Zeit" nachweisen und Konvergenzfragen führen in diesem Fall auf $\alpha = -\infty$.

Ein Prozess ist schon dann ein Martingal, wenn die Martingalbedingung für aufeinander folgende Zeitpunkte erfüllt ist.

Lemma 1.2 *Ein adaptierter $\mathcal{L}^1$-Prozess X ist genau dann ein Martingal, wenn*

$$E(X_{n+1}|\mathcal{F}_n) = X_n$$

für alle $n \in T, n < \beta$ gilt. X ist genau dann ein Submartingal, wenn

$$E(X_{n+1}|\mathcal{F}_n) \geq X_n$$

für alle $n \in T, n < \beta$, und X ist genau dann ein Supermartingal, wenn

$$E(X_{n+1}|\mathcal{F}_n) \leq X_n$$

für alle $n \in T, n < \beta$.

Beweis Die obigen Bedingungen sind offenbar notwendig. Umgekehrt gilt mit der Turmeigenschaft für $m, n \in T, m \leq n < \beta$ etwa im Submartingalfall

$$E(X_n|\mathcal{F}_m) \leq E(E(X_{n+1}|\mathcal{F}_n)|\mathcal{F}_m) = E(X_{n+1}|\mathcal{F}_m).$$

Aus dieser Monotonieeigenschaft folgt

$$X_m = E(X_m|\mathcal{F}_m) \leq E(X_n|\mathcal{F}_m)$$

für alle $n \in T, n > m$. □

Der **Prozess ΔX der Zuwächse** von X wird definiert durch

$$(\Delta X)_n := X_n - X_{n-1} \text{ mit } X_{\alpha-1} := X_\alpha, \text{ falls } \alpha > -\infty,$$

also $(\Delta X)_\alpha = 0$, falls $\alpha > -\infty$. Wir werden häufig die Klammern weglassen und ΔX_n für $(\Delta X)_n$ schreiben, falls keine Missverständnisse zu befürchten sind. Damit bedeutet die Martingaleigenschaft

$$E(\Delta X_{n+1}|\mathcal{F}_n) = 0,$$

die Submartingaleigenschaft

$$E(\Delta X_{n+1}|\mathcal{F}_n) \geq 0$$

und die Supermartingaleigenschaft

$$E(\Delta X_{n+1}|\mathcal{F}_n) \leq 0$$

für alle $n \in T, n < \beta$.

Bemerkung 1.3 (a) X ist genau dann ein Submartingal, wenn $-X := (-X_n)_{n\in T}$ ein Supermartingal ist. Dies erlaubt Resultate über Submartingale in analoge Resultate für Supermartingale zu konvertieren und umgekehrt.

X ist genau dann ein Martingal, wenn X ein Submartingal und ein Supermartingal ist. Daher reicht oft die Untersuchung von Submartingalen oder Supermartingalen.

(b) Die Erwartungswertfolge $(EX_n)_{n\in T}$ in $\mathbb{R}$ eines Submartingals ist monoton wachsend:

$$EX_n \leq EE(X_{n+1}|\mathcal{F}_n) = EX_{n+1}.$$

Die Erwartungswertfolge eines Supermartingals oder Martingals ist monoton fallend beziehungsweise konstant. Man erhält einen einfachen Test: X ist kein Martingal, falls $(EX_n)_{n\in T}$ nicht konstant ist.

(c) Ist X ein $\mathbb{F}$-Submartingal und $\mathbb{G}$ eine weitere Filtration mit $\mathbb{G} \subset \mathbb{F}$, so ist Y mit $Y_n := E(X_n|\mathcal{G}_n)$ ein $\mathbb{G}$-Submartingal: Nach A.12(f) ist Y ein $\mathcal{L}^1$-Prozess und mit der Turmeigenschaft gilt

$$E(Y_{n+1}|\mathcal{G}_n) = E(X_{n+1}|\mathcal{G}_n) = E(E(X_{n+1}|\mathcal{F}_n)|\mathcal{G}_n) \geq E(X_n|\mathcal{G}_n) = Y_n.$$

Ist X $\mathbb{G}$-adaptiert, so gilt $Y = X$ und X ist ein $\mathbb{G}$-Submartingal. Insbesondere ist jedes $\mathbb{F}$-Submartingal ein $\mathbb{F}^X$-Submartingal. Während also die Submartingaleigenschaft bei Verkleinerung der Filtration erhalten bleibt, solange Adaptiertheit gesichert ist, gilt dies nicht für die Vergrößerung der Filtration: Man wähle $\mathcal{G}_n = \mathcal{F}$.

Für eine zeitlich konstante Filtration $\mathbb{G}$ mit $\mathcal{G}_n = \mathcal{G}$ und $\mathcal{G} \subset \mathcal{F}_\alpha$ erhält man speziell

$$Y_{n+1} = E(Y_{n+1}|\mathcal{G}) \geq Y_n.$$

Daher ist $(E(X_n|\mathcal{G}))_{n\in T}$ ein fast sicher monoton wachsender Prozess. Dies verschärft (b).

Entsprechende Aussagen gelten für Martingale und Supermartingale.

(d) Seien $\alpha > -\infty$ und X adaptiert mit $X_\alpha \in \mathcal{L}^1$. Dann ist X genau dann ein Submartingal, wenn $X - X_\alpha := (X_n - X_\alpha)_{n\in T}$ ein Submartingal ist. Dies folgt aus $\Delta X = \Delta(X - X_\alpha)$. Eine entsprechende Aussage gilt für Martingale und Supermartingale. Daher kann man häufig ohne Einschränkung $X_\alpha = 0$ annehmen.

Viele Resultate haben drei Versionen: eine Martingal-, eine Submartingal- und eine Supermartingalversion. Wir werden im Folgenden oft nur eine Version formulieren oder beweisen, häufig die „optimistische" Submartingalversion.

Für Submartingale gibt es einen einfachen Martingaltest.

Lemma 1.4 *Ein Submartingal X ist genau dann ein Martingal, wenn die Folge $(EX_n)_{n\in T}$ konstant ist.*

Beweis Die Notwendigkeit folgt aus 1.3(b). Andererseits folgt aus

$$E(\Delta X_{n+1}|\mathcal{F}_n) \geq 0 \quad \text{und} \quad 0 = E\Delta X_{n+1} = EE(\Delta X_{n+1}|\mathcal{F}_n)$$

die Martingalbedingung $E(\Delta X_{n+1}|\mathcal{F}_n) = 0$ für alle $n \in T, n < \beta$. □

Submartingale treten oft als Transformationen von Martingalen auf.

Satz 1.5 *(Konvexe Transformationen)*

(a) Ist X ein Martingal und $f : \mathbb{R} \to \mathbb{R}$ konvex mit $f(X_n) \in \mathcal{L}^1$ für alle $n \in T$, so ist $(f(X_n))_{n\in T}$ ein Submartingal.
(b) Ist X ein Submartingal und $f : \mathbb{R} \to \mathbb{R}$ konvex und monoton wachsend mit $f(X_n) \in \mathcal{L}^1$ für alle $n \in T$, so ist $(f(X_n))_{n\in T}$ ein Submartingal.
(c) $X^+ := (X_n^+)_{n\in T}$ ist ein Submartingal, falls X ein Submartingal ist, und $X^- := (X_n^-)_{n\in T}$ ist ein Submartingal, falls X ein Supermartingal ist.

Beweis (b) Natürlich ist der Prozess $(f(X_n))_{n\in T}$ adaptiert. Für $n \in T, n < \beta$ folgt aus der bedingten Jensen-Ungleichung

$$E(f(X_{n+1})|\mathcal{F}_n) \geq f(E(X_{n+1}|\mathcal{F}_n)) \geq f(X_n).$$

(a) folgt genauso wie (b) aus der bedingten Jensen-Ungleichung.

(c) Für ein Submartingal X ist X^+ nach (b) ein Submartingal, denn die Funktion $f(x) = x^+$ ist konvex und monoton wachsend. Ist X ein Supermartingal, so ist $-X$ ein Submartingal und daher $X^- = (-X)^+$ ein Submartingal. □

Insbesondere ist $|X|^p = (|X_n|^p)_{n\in T}$ für $1 \leq p < \infty$ ein Submartingal, falls X ein $\mathcal{L}^p$-Martingal oder ein positives $\mathcal{L}^p$-Submartingal ist, denn $f(x) = |x|^p$ ist konvex und $f(x) = x^p 1_{[0,\infty)}(x)$ ist konvex und monoton wachsend.

Außerdem sind aX für $a \in \mathbb{R}_+$, $X + Y, X \vee Y$ Submartingale, falls X, Y Submartingale sind, und aX für $a \in \mathbb{R}_+$, $X + Y, X \wedge Y$ sind Supermartingale, falls X, Y Supermartingale sind.

Ein $\mathbb{F}$-adaptierter $\mathcal{L}^2$-Prozess X hat **$\mathbb{F}$-unkorrelierte Zuwächse**, falls

$$\Delta X_{n+1} \text{ und } U \text{ unkorreliert sind}$$

für alle $n \in T, n < \beta$ und $U \in \mathcal{L}^2(\mathcal{F}_n, P)$.

Lemma 1.6 *Jedes $\mathcal{L}^2$-Martingal hat $\mathbb{F}$-unkorrelierte Zuwächse.*

Beweis Für ein $\mathcal{L}^2$-Martingal X, $n \in T, n < \beta$ und $U \in \mathcal{L}^2(\mathcal{F}_n, P)$ gilt wegen $E(\Delta X_{n+1}|\mathcal{F}_n) = 0$ mit Taking out what is known

$$\begin{aligned}\operatorname{Kov}(\Delta X_{n+1}, U) &= E\Delta X_{n+1}U \\ &= EE(\Delta X_{n+1}U|\mathcal{F}_n) = E(UE(\Delta X_{n+1}|\mathcal{F}_n)) = 0.\end{aligned}$$ □

Im Fall $\alpha > -\infty$ gilt für jeden reellen Prozess X und alle $n \in T$

$$X_n = X_\alpha + \sum_{j=\alpha+1}^{n} \Delta X_j$$

($\sum_{\alpha+1}^{\alpha} := 0$). Ist X ein $\mathcal{L}^2$-Martingal, so sind nach obigem Lemma $X_\alpha, \Delta X_j, j \geq \alpha + 1$ paarweise unkorreliert und daher gilt

$$\operatorname{Var} X_n = \operatorname{Var} X_\alpha + \sum_{j=\alpha+1}^{n} E(\Delta X_j)^2$$

und wegen $\operatorname{Var} X_n = EX_n^2 - (EX_\alpha)^2$ auch

$$EX_n^2 = EX_\alpha^2 + \sum_{j=\alpha+1}^{n} E(\Delta X_j)^2$$

für alle $n \in T$. Insbesondere ist die $\mathcal{L}^2$-Martingaltheorie in der Theorie der Summen paarweise unkorrelierter Zufallsvariablen enthalten.

Andererseits enthält die Martingaltheorie die klassische Theorie der Summen unabhängiger (zentrierter) $\mathcal{L}^1$-Zufallsvariablen. Dies zeigt das erste Beispiel auf der folgenden kurzen Liste von Beispielen.

Beispiel 1.7 (a) Ein $\mathbb{F}$-adaptierter reeller Prozess X hat **$\mathbb{F}$-unabhängige Zuwächse**, falls

$$\sigma(\Delta X_{n+1}) \text{ und } \mathcal{F}_n \text{ unabhängig sind}$$

für alle $n \in T, n < \beta$. Ein $\mathbb{F}$-adaptierter $\mathcal{L}^1$-Prozess mit $\mathbb{F}$-unabhängigen Zuwächsen ist wegen $E(\Delta X_{n+1}|\mathcal{F}_n) = E\Delta X_{n+1}$ genau dann ein $\mathbb{F}$-Martingal, wenn $E\Delta X_n = 0$ für alle $n \in T, n > \alpha$ gilt. Entsprechende Aussagen gelten für Submartingale und Supermartingale.

Ist also $\alpha > -\infty$ und $(Z_n)_{n\in T}$ ein $\mathbb{F}$-adaptierter $\mathcal{L}^1$-Prozess mit der Eigenschaft, dass $\sigma(Z_{n+1})$ und $\mathcal{F}_n$ für alle $n \in T, n < \beta$ unabhängig sind, so hat der bei Z_α startende $\mathbb{F}$-adaptierte $\mathcal{L}^1$-Prozess

$$X_n := \sum_{j=\alpha}^{n} Z_j, n \in T$$

$\mathbb{F}$-unabhängige Zuwächse $\Delta X_n = Z_n$ für $n \geq \alpha + 1$. (Die $\mathbb{F}$-Unabhängigkeit der Zuwächse für $\mathbb{F} := \mathbb{F}^Z = \mathbb{F}^X$ bedeutet einfach die Unabhängigkeit der Folge $(Z_n)_{n\in T}$.) X ist genau dann ein Martingal, wenn $EZ_n = 0$, ein Submartingal, wenn $EZ_n \geq 0$ und ein Supermartingal, wenn $EZ_n \leq 0$ für alle $n \in T, n \geq \alpha + 1$ gilt.

Gilt zusätzlich $Z_n \stackrel{d}{=} Z_{\alpha+1}$ für alle $n \in T, n \geq \alpha + 1$, so heißt X **$\mathbb{F}$-Random walk**.

(b) Seien $\alpha > -\infty$ und $(Z_n)_{n\in T}$ ein $\mathbb{F}$-adaptierter $\mathcal{L}^1$-Prozess mit der Eigenschaft, dass $\sigma(Z_{n+1})$ und $\mathcal{F}_n$ für alle $n \in T, n < \beta$ unabhängig sind. Wegen der Unabhängigkeit der Folge $(Z_n)_{n\in T}$ ist der $\mathbb{F}$-adaptierte Prozess

$$X_n := \prod_{j=\alpha}^{n} Z_j, n \in T$$

ein $\mathcal{L}^1$-Prozess, für den mit Taking out what is known folgt

$$E(X_{n+1}|\mathcal{F}_n) = E(X_n Z_{n+1}|\mathcal{F}_n) = X_n E(Z_{n+1}|\mathcal{F}) = X_n EZ_{n+1}.$$

Daher ist X ein Martingal, falls $EZ_n = 1$ für alle $n \in T, n \geq \alpha + 1$ gilt. Sind die Z_n positiv für alle $n \in T$, so ist X ein Submartingal, falls $EZ_n \geq 1$ und ein Supermartingal, falls $EZ_n \leq 1$ für alle $n \in T, n \geq \alpha + 1$.

Gilt zusätzlich $Z_n \stackrel{d}{=} Z_{\alpha+1}$ für alle $n \in T, n \geq \alpha + 1$, so heißt X auch **geometrischer $\mathbb{F}$-Random walk**.

Dieses Beispiel wird in 1.11 verallgemeinert.

(c) Für $Y \in \mathcal{L}^1$ wird durch

$$X_n := E(Y|\mathcal{F}_n), n \in T$$

ein Martingal X definiert, denn mit der Turmeigenschaft gilt

$$E(X_{n+1}|\mathcal{F}_n) = E(Y|\mathcal{F}_n) = X_n.$$

(Dies ist ein Spezialfall von Bemerkung 1.3(c).) Wir werden in Kap. 4 sehen, dass überraschend viele Martingale von diesem Typ sind. Ist T rechtsabgeschlossen, also $\beta < \infty$, so gilt für jedes Martingal $X_n = E(X_\beta|\mathcal{F}_n)$.

(d) Seien $\alpha = -\infty, \beta = -1$, also $T = -\mathbb{N}$, und $(Z_n)_{n\geq 1}$ eine unabhängige $\mathcal{L}^1$-Folge identisch verteilter Zufallsvariablen. Wir betrachten den $\mathcal{L}^1$-Prozess

$$X_{-n} := \frac{1}{n}\sum_{j=1}^{n} Z_j, \quad -n \in T$$

und die Filtration $\mathbb{F} := \mathbb{F}^X$, also

$$\mathcal{F}_{-n} = \sigma(X_{-j}, -j \leq -n) = \sigma\Big(\sum_{i=1}^{j} Z_i, j \geq n\Big).$$

Für $n \geq 2$ gilt offenbar

$$\Big(Z_1, \sum_{j=1}^{n} Z_j, \sum_{j=1}^{n+1} Z_j, \ldots\Big) \stackrel{d}{=} \Big(Z_i, \sum_{j=1}^{n} Z_j, \sum_{j=1}^{n+1} Z_j, \ldots\Big)$$

in $\mathbb{R} \times \mathbb{R}^{\mathbb{N}}$ für alle $i \in \{1, \ldots, n\}$ und daher nach A.12(d)

$$E(Z_1|\mathcal{F}_{-n}) = E\Big(Z_1\Big|\sum_{j=1}^{n} Z_j, \sum_{j=1}^{n+1} Z_j, \ldots\Big) = E(Z_i|\mathcal{F}_{-n}).$$

Es folgt

$$E(X_{-1}|\mathcal{F}_{-n}) = E(Z_1|\mathcal{F}_{-n}) = \frac{1}{n}\sum_{i=1}^{n} E(Z_i|\mathcal{F}_{-n}) = E(X_{-n}|\mathcal{F}_{-n}) = X_{-n}.$$

Damit ist X ein $\mathbb{F}$-Martingal nach (c). Dies gilt genauso im Fall $\alpha \in \mathbb{Z}, \alpha \leq -2$ und $\beta = -1$ mit $\mathbb{F} = \mathbb{F}^X$.

Mit Hilfe der obigen Martingalcharakterisierung von $\sum_{j=1}^{n} Z_j/n$ werden wir in Kap. 4 einen martingaltheoretischen Beweis des starken Gesetzes der großen Zahlen von Kolmogorov angeben. In Kap. 10 wird dieses Beispiel auf allgemeine U-Statistiken erweitert.

(e) Zum Zeitpunkt $n = 0$ enthalte eine Urne (von unendlicher Kapazität) r rote und s schwarze Kugeln, $r, s \in \mathbb{N}$. Zu jedem Zeitpunkt $n \geq 1$ wird zufällig eine Kugel aus der Urne gezogen und anschließend zusammen mit m weiteren Kugeln derselben Farbe zurückgelegt, $m \in \mathbb{N}$. Dann enthält die Urne zur Zeit n (nachdem die neuen Kugeln in der Urne sind) exakt $r + s + nm$ Kugeln. Sei Y_n die Anzahl der roten Kugeln in der Urne zur Zeit n und sei

$$X_n := \frac{Y_n}{r + s + nm}$$

der Anteil der roten Kugeln zur Zeit n. Die Ziehungen werden durch eine unabhängige Folge $(U_n)_{n \geq 1}$ von $U(0, 1)$-verteilten Zufallsvariablen modelliert: Die zum Zeitpunkt $n+1$ gezogene Kugel ist rot, falls $U_{n+1} \leq X_n$, andernfalls ist sie schwarz. Dann gilt für die Dynamik der Prozesse Y und X:

$$Y_0 = r \text{ und } Y_{n+1} = Y_n + m 1_{\{U_{n+1} \leq X_n\}}$$

und daher

$$\begin{aligned} X_0 &= \frac{r}{r+s} \quad \text{und} \\ X_{n+1} &= X_n + \frac{m}{r + s + (n+1)m}(1_{\{U_{n+1} \leq X_n\}} - X_n), \quad n \in \mathbb{N}_0. \end{aligned}$$

Dies ist **Pólyas Urnenmodell** mit Parametern r, s und m und wird beispielsweise zur Modellierung der Ausbreitung von Krankheiten benutzt.

Es seien $T := \mathbb{N}_0$ und $\mathbb{F} := \mathbb{F}^U$ mit $\mathcal{F}_0 := \{\emptyset, \Omega\}$. Wir zeigen, dass der $[0, 1]$-wertige Prozess X ein $\mathbb{F}$-Martingal ist. Mit Induktion folgt, dass X $\mathbb{F}$-adaptiert ist. Ferner gilt

$$E(X_{n+1}|\mathcal{F}_n) = X_n + \frac{m}{r + s + (n+1)m}(E(1_{\{U_{n+1} \leq X_n\}}|\mathcal{F}_n) - X_n).$$

Da X_n bezüglich $\mathcal{F}_n$ messbar ist und $\sigma(U_{n+1})$ und $\mathcal{F}_n$ unabhängig sind, folgt aus der Substitutionsregel A.19

$$E(1_{\{U_{n+1} \leq X_n\}}|\mathcal{F}_n) = \int 1_{[0,X_n]}(u) dP^{U_{n+1}}(u) = X_n$$

und damit $E(X_{n+1}|\mathcal{F}_n) = X_n$ für alle $n \in \mathbb{N}_0$.

Verallgemeinerungen dieses Modells werden in Kap. 11 im Zusammenhang mit der Konvergenz stochastischer Approximationsalgorithmen untersucht.

(f) Etliche „nicht-stochastische" Probleme, wie etwa die Approximation von $\mathcal{L}^1(\lambda_{[0,1)})$-Funktionen durch Linearkombinationen von Indikatorfunktionen von Intervallen, lassen sich martingaltheoretisch untersuchen. Sei dazu $(\Omega, \mathcal{F}, P) := ([0, 1), \mathcal{B}([0, 1)), \lambda_{[0,1)})$. Für $n \in T := \mathbb{N}_0$ definieren wir $I_n := \{0, \ldots, 2^n - 1\}$ und

$$\mathcal{F}_n := \sigma([k/2^n, (k+1)/2^n), k \in I_n).$$

Weil sich die $\mathcal{F}_n$ erzeugenden Intervalle als endliche Vereinigung von Intervallen aus $\mathcal{F}_{n+1}$ darstellen lassen, ist $\mathbb{F} = (\mathcal{F}_n)_{n\in\mathbb{N}_0}$ eine Filtration, und weil jede offene Teilmenge A von $[0,1)$ die abzählbare Vereinigung der in A enthaltenen Mengen $B \in \bigcup_{n\in\mathbb{N}_0} \mathcal{F}_n$ ist, gilt

$$\mathcal{F}_\infty = \mathcal{F} = \mathcal{B}([0,1)).$$

Für $f \in \mathcal{L}^1$ wird durch

$$X_n = X_n^f := \sum_{k\in I_n} 2^n \int f 1_{[k/2^n,(k+1)/2^n)} d\lambda_{[0,1)} 1_{[k/2^n,(k+1)/2^n)}$$

ein $\mathbb{F}$-Martingal definiert, denn die $\mathcal{F}_n$ erzeugenden Intervalle bilden eine Partition von $[0,1)$, und somit gilt nach der Formel A.14

$$X_n = E(f|\mathcal{F}_n).$$

Also ist X nach (c) ein Martingal. Ferner ist auch Y mit

$$Y_n := 2^n 1_{[0,2^{-n})}$$

ein $\mathbb{F}$-Martingal, denn wieder nach A.14 gilt

$$E(Y_{n+1}|\mathcal{F}_n) = 2^n 2^{n+1} \int 1_{[0,2^{-(n+1)})} d\lambda_{[0,1)} 1_{[0,1/2^n)} = 2^n 1_{[0,1/2^n)} = Y_n$$

für alle $n \in \mathbb{N}_0$.

Dieses Beispiel wird auch in Kap. 12 eine Rolle spielen.

1.2 h-Transformierte

Die h-Transformierte von Prozessen ist als zeitdiskretes Analogon des stochastischen Integrals ein elegantes Vokabular zur Modellierung. Die h-Transformierte von Martingalen liefert neue Martingale. Für $\alpha > -\infty$ sei

$$\mathcal{F}_{\alpha-1} := \mathcal{F}_\alpha.$$

Definition 1.8 *Ein Prozess $H = (H_n)_{n\in T}$ heißt* ***$\mathbb{F}$-vorhersehbar****, falls H_n $\mathcal{F}_{n-1}$-messbar ist für alle $n \in T$. Ist $\alpha > -\infty$, H ein $\mathbb{F}$-vorhersehbarer reeller Prozess und X ein $\mathbb{F}$-adaptierter reeller Prozess, so heißt der durch*

$$(H \bullet X)_n := \sum_{j=\alpha+1}^{n} H_j \Delta X_j, n \in T$$

definierte Prozess $H \bullet X$ ***h-Transformierte*** *von X.*

Der Zustand eines vorhersehbaren Prozesses zur Zeit n ist also zur Zeit $n-1$ schon bekannt. Man beachte, dass $H \bullet X$ wieder ein adaptierter Prozess mit $(H \bullet X)_\alpha = 0$ ist. Häufig, wie bei der Definition von $H \bullet X$, spielt im Fall $\alpha > -\infty$ der Anfangswert H_α eines vorhersehbaren Prozesses H keine Rolle.

Abgesehen von zeitlich konstanten Prozessen sind die Vorhersehbarkeit und die Martingaleigenschaft von Prozessen disjunkte Konzepte: Ist X ein vorhersehbares Martingal, so gilt $X_n = E(X_n|\mathcal{F}_{n-1}) = X_{n-1}$ für alle $n \in T, n > \alpha$, also ist X zeitlich konstant.

Bei $\alpha > -\infty$ ist $H \bullet X$ offenbar bilinear, also bezüglich H (bei festem X) und bezüglich X (bei festem H) linear, und es gelten

$$H \bullet (X - X_\alpha) = H \bullet X \quad \text{und} \quad H \bullet (K \bullet X) = HK \bullet X.$$

Die erste Gleichung folgt dabei aus $\Delta X = \Delta(X - X_\alpha)$ und die zweite Gleichung folgt aus

$$(H \bullet (K \bullet X))_n = \sum_{j=\alpha+1}^{n} H_j \Delta(K \bullet X)_j = \sum_{j=\alpha+1}^{n} H_j K_j \Delta X_j = (HK \bullet X)_n.$$

Die Vorhersehbarkeit von H in $H \bullet X$ hat folgende interessante Konsequenz.

Satz 1.9 *Seien $\alpha > -\infty$, H ein vorhersehbarer reeller Prozess, X ein adaptierter reeller Prozess und $H \bullet X$ ein $\mathcal{L}^1$-Prozess.*

(a) Ist X ein Martingal, so ist $H \bullet X$ ein Martingal.
(b) Ist X ein Submartingal (Supermartingal) und $H_n \geq 0$ für alle $n \geq \alpha + 1$, so ist $H \bullet X$ ein Submartingal (Supermartingal).

Beweis Der Prozess $H \bullet X$ ist adaptiert und mit Taking out what is known folgt für $n \in T, n > \alpha$

$$\begin{aligned} E((H \bullet X)_{n+1}|\mathcal{F}_n) &= (H \bullet X)_n + E(H_{n+1}\Delta X_{n+1}|\mathcal{F}_n) \\ &= (H \bullet X)_n + H_{n+1}E(\Delta X_{n+1}|\mathcal{F}_n). \end{aligned}$$

(a) und (b) folgen nun wegen $E(\Delta X_{n+1}|\mathcal{F}_n) = 0$ im Martingalfall und $E(\Delta X_{n+1}|\mathcal{F}_n) \geq 0$ im Submartingalfall. □

Wir werden in 2.25 und 2.26 sehen, dass die $\mathcal{L}^1$-Voraussetzung an $H \bullet X$ schon erfüllt ist, wenn $(H \bullet X)^-$ ein $\mathcal{L}^1$-Prozess und X ein Martingal ist. Ohne die Voraussetzung der Vorhersehbarkeit von H ist Satz 1.9 falsch: Für eine unabhängige Folge $Z = (Z_n)_{n \in \mathbb{N}_0}$ identisch verteilter Zufallsvariablen mit $P(Z_0 = +1) = P(Z_0 = -1) = 1/2$ sei $X_n := \sum_{j=0}^{n} Z_j$. Dann ist X ein $\mathbb{F}^Z$-Martingal nach 1.7(a) und es gilt $(Z \bullet X)_n = \sum_{j=1}^{n} Z_j^2 = n$, also ist $Z \bullet X$ kein $\mathbb{F}^Z$-Martingal.

Beispiel 1.10 (Glücksspiel) Sei $(Z_n)_{n \geq 1}$ eine unabhängige Folge identisch verteilter Zufallsvariablen mit $P(Z_1 = +1) = p$ und $P(Z_1 = -1) = 1 - p$, $p \in (0, 1)$. Diese Folge wird folgendermaßen als Spiel zwischen einem Spieler und einem

Gegenspieler (etwa der Bank eines Spielcasinos) interpretiert: $Z_n = +1$ bedeutet, dass der Spieler die n-te Spielrunde und damit seinen Einsatz gewinnt (er erhält also das Doppelte seines Einsatzes zurück), während $Z_n = -1$ bedeutet, dass der Spieler die n-te Spielrunde und damit seinen Einsatz verliert. Das Anfangskapital K_0 des Spielers sei eine positive Zufallsvariable mit $EK_0 < \infty$ und $K_0, Z_1, Z_2, \ldots$ seien natürlich unabhängig. Der Informationsverlauf wird durch $\mathbb{F} = (\mathcal{F}_n)_{n \geq 0}$ mit

$$\mathcal{F}_n := \sigma(K_0, Z_1, \ldots, Z_n)$$

beschrieben, $T = \mathbb{N}_0$.

Der Einsatz des Spielers in der n-ten Spielrunde wird mit H_n bezeichnet. Da H_n von $K_0, Z_1, \ldots, Z_{n-1}$, aber nicht von Z_n abhängen darf, nehmen wir an, dass die Spielstrategie $H = (H_n)_{n \geq 0}$ ein $\mathbb{F}$-vorhersehbarer positiver $\mathcal{L}^1$-Prozess mit $H_0 = 0$ ist. (Restriktionen, wie $H_1 \leq K_0$, Mindesteinsätze oder Höchsteinsätze werden ignoriert.) Mit

$$X_n := \sum_{i=1}^{n} Z_i, \quad X_0 = 0$$

erhält man für den Gesamtgewinn G_n des Spielers nach n Spielrunden

$$G_n = \sum_{i=1}^{n} H_i Z_i = (H \bullet X)_n \quad \text{mit } G_0 = 0$$

und für das Kapital K_n des Spielers nach n Spielrunden

$$K_n = K_0 + G_n = K_0 + (H \bullet X)_n.$$

Dabei ist X ein **einfacher $\mathbb{F}$-Random walk auf $\mathbb{Z}$** mit Anfangswert 0 („einfach" deshalb, weil P^{Z_1} auf den beiden Nachbarn der 0 in $\mathbb{Z}$ konzentriert ist.) Da $EZ_1 = 2p - 1$, ist K nach 1.7(a) und 1.9 ein Martingal, falls $p = 1/2$, ein Submartingal, falls $p \geq 1/2$ und ein Supermartingal, falls $p \leq 1/2$. Dies entspricht einem fairen Spiel, einem für den Spieler günstigen beziehungsweise ungünstigen Spiel. Im Fall $p \leq 1/2$ gilt also $EK_n \leq EK_0$ für alle $n \in \mathbb{N}_0$: Der Erwartungswert EK_0 lässt sich nicht vergrößern, ganz gleich wie „clever" der Spieler die Strategie H wählt.

Dieses Beispiel wird in 2.19 fortgesetzt.

Ist X ein adaptierter reeller Prozess, so wird durch

$$X_- = (X_{n-})_{n \in T} \quad \text{mit } X_{n-} := X_{n-1}$$

ein vorhersehbarer Prozess definiert, für den

$$\Delta X = X - X_- \quad \text{auf } T$$

gilt.

Beispiel 1.11 Sei $\alpha > -\infty$. Für eine $\mathcal{F}_\alpha$-messbare reelle Zufallsvariable X_α und einen adaptierten reellen Prozess Y hat die stochastische Gleichung

$$X = X_\alpha + X_- \bullet Y$$

die eindeutige Lösung

$$X_n = X_\alpha \prod_{j=\alpha+1}^{n} (1 + \Delta Y_j), \quad n \in T$$

($\prod_{\alpha+1}^{\alpha} := 1$) und diese Lösung ist adaptiert.

Der obige (adaptierte) Prozess X ist tatsächlich eine Lösung, denn für $n \geq \alpha + 1$ gilt

$$\Delta X_n = X_\alpha \prod_{j=\alpha+1}^{n-1} (1 + \Delta Y_j)(1 + \Delta Y_n - 1) = X_{n-1} \Delta Y_n$$

und somit

$$X_n = X_\alpha + \sum_{j=\alpha+1}^{n} \Delta X_j = X_\alpha + \sum_{j=\alpha+1}^{n} X_{j-1} \Delta Y_j = X_\alpha + (X_- \bullet Y)_n.$$

Zum Nachweis der Eindeutigkeit sei Z eine weitere Lösung (mit $Z_\alpha = X_\alpha$). Für Z gilt dann $\Delta Z_n = Z_{n-1} \Delta Y_n$ für $n \geq \alpha + 1$ und damit $Z_n = \Delta Z_n + Z_{n-1} = Z_{n-1}(1 + \Delta Y_n)$. Induktion liefert

$$Z_n = X_\alpha \prod_{j=\alpha+1}^{n} (1 + \Delta Y_j)$$

für alle $n \in T$.

Ist Y ein Martingal und X ein $\mathcal{L}^1$-Prozess, so ist nach 1.9 auch X ein Martingal.

1.3 Kompensator, Kovariation und quadratische Charakteristik

Zentral für diesen Abschnitt ist die Doob-Zerlegung adaptierter $\mathcal{L}^1$-Prozesse in einen Rausch- und Signalanteil oder mathematisch in einen **Martingalanteil** und einen vorhersehbaren (systematischen) Anteil. Martingale werden hier als Rauschen interpretiert.

Ein $\overline{\mathbb{R}}$-wertiger Prozess A heißt **wachsend**, falls $A_n \leq A_{n+1}$ f.s. für alle $n \in T$, $n < \beta$ gilt, und er heißt **fallend**, falls $-A$ wachsend ist. In diesem Abschnitt wird T linksabgeschlossen sein.

Satz 1.12 *(Doob-Zerlegung) Seien $\alpha > -\infty$ und X ein adaptierter $\mathcal{L}^1$-Prozess. Dann hat X eine fast sicher eindeutige Zerlegung*

$$X = M + A,$$

wobei M ein Martingal und A ein vorhersehbarer $\mathcal{L}^1$-Prozess mit $A_\alpha = 0$ ist. Es gelten

$$M_n = X_\alpha + \sum_{j=\alpha+1}^{n} (X_j - E(X_j|\mathcal{F}_{j-1})) \quad und \quad A_n = \sum_{j=\alpha+1}^{n} E(\Delta X_j|\mathcal{F}_{j-1}).$$

Ferner ist X genau dann ein Submartingal, wenn A wachsend ist.

Beweis Durch

$$M_n := X_\alpha + \sum_{j=\alpha+1}^{n} (X_j - E(X_j|\mathcal{F}_{j-1})) = X_\alpha + \sum_{j=\alpha+1}^{n} (\Delta X_j - E(\Delta X_j|\mathcal{F}_{j-1}))$$

ist wegen

$$E(\Delta M_{n+1}|\mathcal{F}_n) = E(X_{n+1}|\mathcal{F}_n) - E(E(X_{n+1}|\mathcal{F}_n)|\mathcal{F}_n) = 0$$

ein Martingal definiert. Außerdem ist der durch

$$A_n := \sum_{j=\alpha+1}^{n} E(\Delta X_j|\mathcal{F}_{j-1})$$

definierte Prozess vorhersehbar mit $A_\alpha = 0$ und es gilt

$$M_n + A_n = X_\alpha + \sum_{j=\alpha+1}^{n} \Delta X_j = X_n$$

für alle $n \in T$.

Zum Nachweis der Eindeutigkeit sei $X = N + B$ eine weitere Zerlegung von obigem Typ. Dann ist das Martingal $M - N = B - A$ vorhersehbar und deshalb zeitlich konstant, also $M_n - N_n = M_\alpha - N_\alpha = B_\alpha - A_\alpha = 0$ für alle $n \in T$.

Außerdem ist A genau dann wachsend, wenn $E(\Delta X_{n+1}|\mathcal{F}) \geq 0$ für alle $n \in T$, $n < \beta$ gilt, und dies ist die Submartingaleigenschaft von X. □

Definition 1.13 *Sei $\alpha > -\infty$. Der Prozess A in der Doob-Zerlegung eines $\mathbb{F}$-adaptierten $\mathcal{L}^1$-Prozesses X heißt $\mathbb{F}$-**Kompensator** von X.*

Der kompensierte Prozess $X - A$ ist also ein Martingal. Für die erwartete Dynamik gilt

$$EX_n = EX_\alpha + EA_n.$$

Adaptierte $\mathcal{L}^1$-Prozesse X und Y haben genau dann denselben Kompensator, wenn $X - Y$ ein Martingal ist. Man beachte auch hier die Abhängigkeit des Kompensators von der Filtration. Für die (uninteressante) zeitlich konstante Filtration $\mathcal{G}_n = \mathcal{F}$ für alle $n \in T$ ist der $\mathbb{G}$-Kompensator stets $X - X_\alpha$.

Ferner haben adaptierte $\mathcal{L}^1$-Prozesse X und Y genau dann denselben Martingalanteil, wenn $X - Y$ vorhersehbar ist. Insbesondere haben X und $(\sum_{j=\alpha}^n X_j)_{n \in T}$ denselben Martingalanteil.

Für $\mathcal{L}^2$-Martingale spielt die quadratische Charakteristik eine wichtige Rolle als Kompensator.

Definition 1.14 *Sei $\alpha > -\infty$. Für $\mathbb{F}$-adaptierte reelle Prozesse X und Y heißt der Prozess $[X, Y]$ mit*

$$[X, Y]_n := \sum_{i=\alpha+1}^{n} \Delta X_i \Delta Y_i$$

***Kovariation** von X und Y und $[X] := [X, X]$ heißt **quadratische Variation** von X. Für $\mathbb{F}$-adaptierte $\mathcal{L}^2$-Prozesse X und Y heißt der Prozess $\langle X, Y\rangle$ mit*

$$\langle X, Y\rangle_n := \sum_{i=\alpha+1}^{n} E(\Delta X_i \Delta Y_i | \mathcal{F}_{i-1})$$

***$\mathbb{F}$-vorhersehbare Kovariation** von X und Y und $\langle X\rangle := \langle X, X\rangle$ heißt **$\mathbb{F}$-vorhersehbare quadratische Variation** von X.*

*Für $\mathcal{L}^2$-Martingale X und Y heißt $\langle X, Y\rangle$ **quadratische $\mathbb{F}$-Charakteristik** von X und Y und $\langle X\rangle$ heißt quadratische $\mathbb{F}$-Charakteristik von X.*

Man beachte, dass $[X, Y]$ ein adaptierter Prozess mit $[X, Y]_\alpha = 0$ und $\langle X, Y\rangle$ ein vorhersehbarer Prozess mit $\langle X, Y\rangle_\alpha = 0$ ist. Es gelten

$$[X - X_\alpha, Y - Y_\alpha] = [X, Y] \quad \text{und} \quad \langle X - X_\alpha, Y - Y_\alpha\rangle = \langle X, Y\rangle.$$

Die Kovariation hängt nicht von der Filtration ab, im Gegensatz zur vorhersehbaren Kovariation. Außerdem sind die Prozesse $[X]$ und $\langle X\rangle$ wachsend. Falls X und Y vorhersehbar sind, stimmen $[X, Y]$ und $\langle X, Y\rangle$ überein.

Für $\mathcal{L}^2$-Martingale X und Y gilt noch

$$\langle X, Y\rangle_n = \sum_{j=\alpha+1}^{n} \operatorname{Kov}(\Delta X_j, \Delta Y_j | \mathcal{F}_{j-1}),$$

wobei für $\mathcal{G} \subset \mathcal{F}$ und $U, V \in \mathcal{L}^2$ die **$\mathcal{G}$-bedingte Kovarianz** von U und V durch

$$\begin{aligned} \operatorname{Kov}(U, V|\mathcal{G}) &:= E[(U - E(U|\mathcal{G}))(V - E(V|\mathcal{G}))|\mathcal{G}] \\ &= E(UV|\mathcal{G}) - E(U|\mathcal{G})E(V|\mathcal{G}) \end{aligned}$$

und die **$\mathcal{G}$-bedingte Varianz** von U durch

$$\operatorname{Var}(U|\mathcal{G}) := \operatorname{Kov}(U, U|\mathcal{G})$$

definiert wird. Deshalb heißt die quadratische Charakteristik $\langle X, Y\rangle$ auch $\mathbb{F}$-bedingter Kovarianzprozess von X und Y und entsprechend $\langle X\rangle$ $\mathbb{F}$-bedingter Varianzprozess von X.

Für einen adaptierten $\mathcal{L}^2$-Prozess X mit Doob-Zerlegung $X = M + A$ stimmt nach 1.12 die quadratische Charakteristik von M mit dem $\mathbb{F}$-bedingten Varianzprozess von X überein, also

$$\langle M\rangle_n = \sum_{j=\alpha+1}^{n} \mathrm{Var}(\Delta X_j | \mathcal{F}_{j-1})$$

für alle $n \in T$.

Die folgenden Resultate präzisieren die Rolle der Kovariation und der vorhersehbaren Kovariation.

Lemma 1.15 *Seien $\alpha > -\infty$, X und Y adaptierte reelle Prozesse und $XY := (X_n Y_n)_{n\in T}$.*

(a) $XY = X_\alpha Y_\alpha + X_- \bullet Y + Y_- \bullet X + [X, Y]$.
(b) $XY = X_\alpha Y_\alpha + X \bullet Y + Y_- \bullet X$, *falls X vorhersehbar ist.*
(c) $[X, Y]$ *ist bilinear, symmetrisch und* $[X, Y] = \frac{1}{4}([X + Y] - [X - Y])$.
(d) $\langle X, Y\rangle$ *ist bilinear, symmetrisch und* $\langle X, Y\rangle = \frac{1}{4}(\langle X + Y\rangle - \langle X - Y\rangle)$, *falls X und Y $\mathcal{L}^2$-Prozesse sind.*

Die Formeln (a) und (b) heißen allgemeine und spezielle **partielle Summationsformeln**.

Beweis (a) Für den Prozess

$$Z := X_\alpha Y_\alpha + X_- \bullet Y + Y_- \bullet X + [X, Y]$$

gilt $Z_\alpha = X_\alpha Y_\alpha$ und für $n \geq \alpha + 1$

$$\begin{aligned}
\Delta Z_n &= X_{n-1}\Delta Y_n + Y_{n-1}\Delta X_n + \Delta X_n \Delta Y_n \\
&= \Delta Y_n (X_{n-1} + \Delta X_n) + Y_{n-1}\Delta X_n \\
&= X_n \Delta Y_n + Y_{n-1}\Delta X_n \\
&= X_n Y_n - X_{n-1} Y_{n-1} = \Delta(XY)_n.
\end{aligned}$$

Es folgt

$$X_n Y_n = X_\alpha Y_\alpha + \sum_{j=\alpha+1}^{n} \Delta(XY)_j = Z_\alpha + \sum_{j=\alpha+1}^{n} \Delta Z_j = Z_n.$$

(b) Es gilt

$$[X, Y] = \Delta X \bullet Y = X \bullet Y - X_- \bullet Y$$

und damit folgt (b) aus (a).

(c) Bilinearität und Symmetrie sind klar. Wegen der Gleichung $(a+b)^2 - (a-b)^2 = 4ab$ für reelle Zahlen a, b gilt

$$\begin{aligned}[X+Y]_n - [X-Y]_n &= \sum_{j=\alpha+1}^{n} [(\Delta(X+Y)_j)^2 - (\Delta(X-Y)_j)^2] \\ &= 4 \sum_{j=\alpha+1}^{n} \Delta X_j \Delta Y_j = 4[X,Y]_n.\end{aligned}$$

(d) beweist man wie (c). □

Satz 1.16 *Sei* $\alpha > -\infty$.

(a) $\langle X, Y\rangle$ *ist der Kompensator von* $[X, Y]$, *falls* X *und* Y *adaptierte* $\mathcal{L}^2$*-Prozesse sind.*
(b) $\langle X, Y\rangle$ *ist der Kompensator von* XY, *falls* X *und* Y $\mathcal{L}^2$*-Martingale sind.*
(c) $XY - [X, Y]$ *ist ein Martingal, falls* X *und* Y $\mathcal{L}^2$*-Martingale sind.*
(d) $XY - [X, Y]$ *und* $XY - \langle X, Y\rangle$ *sind Submartingale (Supermartingale), falls* X *und* Y *positive* $\mathcal{L}^2$*-Submartingale (Supermartingale) sind.*

Nach 1.16(b) und 1.15(a) gilt beispielsweise für die Doob-Zerlegung des Submartingals X^2 für ein $\mathcal{L}^2$-Martingal X

$$X^2 = M + \langle X\rangle$$

mit

$$M = X^2 - \langle X\rangle = X_\alpha^2 + 2X_- \bullet X + [X] - \langle X\rangle,$$

und die bekannte Varianzformel (nach 1.6) lässt sich schreiben als

$$\operatorname{Var} X_n = \operatorname{Var} X_\alpha + E\langle X\rangle_n = \operatorname{Var} X_\alpha + E[X]_n.$$

Beweis (a) Für den Kompensator A von $[X, Y]$ gilt nach 1.12 für $n \geq \alpha + 1$

$$\Delta A_n = E(\Delta[X,Y]_n | \mathcal{F}_{n-1}) = E(\Delta X_n \Delta Y_n | \mathcal{F}_{n-1}) = \Delta\langle X, Y\rangle_n.$$

(b) Nach 1.15(a) gilt für $n \geq \alpha + 1$

$$\Delta(X_n Y_n) = X_{n-1}\Delta Y_n + Y_{n-1}\Delta X_n + \Delta X_n \Delta Y_n.$$

Für den Kompensator A von XY folgt mit Taking out what is known und der Martingaleigenschaft von X und Y

$$\Delta A_n = E(\Delta(X_n Y_n) | \mathcal{F}_{n-1}) = E(\Delta X_n \Delta Y_n | \mathcal{F}_{n-1}) = \Delta\langle X, Y\rangle_n.$$

(c) Wegen (a) und (b) ist

$$XY - [X,Y] = XY - \langle X,Y\rangle + \langle X,Y\rangle - [X,Y]$$

als Summe zweier Martingale ein Martingal. ((c) folgt auch aus 1.15(a) und 1.9(a).)

(d) Nach 1.15(a) und 1.9(b) ist

$$XY - [X, Y] = X_\alpha Y_\alpha + X_- \bullet Y + Y_- \bullet X$$

die Summe zweier Submartingale (Supermartingale) und daher selbst ein Submartingal (Supermartingal). Die entsprechende Aussage für $XY - \langle X, Y \rangle$ folgt damit aus (a). □

Als Anwendung erhält man Momentenabschätzungen für die zweiten Momente des Martingalanteils eines Submartingals oder Supermartingals.

Die Doob-Zerlegung eines Supermartingals X schreiben wir in der Form

$$X = M - A,$$

wobei A der Kompensator von $-X$ ist, denn $-X = N + A$, also $X = -N - A = M - A$.

Korollar 1.17 *Sei* $\alpha > -\infty$.

(a) Sei X ein $\mathcal{L}^2$-Submartingal mit Doob-Zerlegung $X = M + A$. Dann gilt

$$EM_n^2 \leq E[X]_n + EX_\alpha^2$$

und falls X positiv ist, gilt

$$E[X]_n + EX_\alpha^2 \leq EX_n^2$$

für alle $n \in T$.

(b) Sei X ein $\mathcal{L}^2$-Supermartingal mit Doob-Zerlegung $X = M - A$. Dann gilt

$$EM_n^2 \leq E[X]_n + EX_\alpha^2$$

und falls X positiv und beschränkt ist mit $\sup_{n \in T} X_n \leq c$ f.s., gilt

$$E[X]_n + EX_\alpha^2 \leq 2cEX_\alpha$$

für alle $n \in T$.

Beweis (a) Nach 1.12 sind M und A $\mathcal{L}^2$-Prozesse, und wegen der Bilinearität der vorhersehbaren Kovariation gilt $\langle X \rangle = \langle M + A \rangle = \langle M \rangle + 2\langle M, A \rangle + \langle A \rangle$, also

$$\langle X \rangle = \langle M \rangle + \langle A \rangle \geq \langle M \rangle$$

wegen $\langle M, A \rangle = 0$. Da $M^2 - \langle M \rangle$ nach 1.16(b) ein Martingal ist, gilt $EM_n^2 - E\langle M \rangle_n = EM_\alpha^2 = EX_\alpha^2$. Es folgt

$$EM_n^2 = E\langle M \rangle_n + EX_\alpha^2 \leq E\langle X \rangle_n + EX_\alpha^2 = E[X]_n + EX_\alpha^2$$

für alle $n \in T$.

Ist X positiv, so ist $X^2 - [X]$ nach 1.16(d) ein Submartingal mit Anfangswert X_α^2 und damit

$$EX_n^2 - E[X]_n \geq EX_\alpha^2.$$

(b) Wieder nach 1.12 sind M und A $\mathcal{L}^2$-Prozesse. Die erste Abschätzung folgt wegen $[-X] = [X]$ aus der ersten Ungleichung von (a) durch Übergang zu $-X$.

Sei X nun positiv mit $\sup_{n\in T} X_n \leq c$ f.s. Nach 1.15(a) gilt

$$X^2 = X_\alpha^2 + 2(X_- \bullet M - X_- \bullet A) + [X],$$

und da $X_- \bullet M$ nach 1.9(a) ein Martingal mit Anfangswert 0 ist, folgt

$$E[X]_n + EX_\alpha^2 = EX_n^2 + 2E(X_- \bullet A)_n.$$

Wegen der Positivität von ΔA gilt

$$(X_- \bullet A)_n = \sum_{j=\alpha+1}^{n} X_{j-1}\Delta A_j \leq c \sum_{j=\alpha+1}^{n} \Delta A_j = cA_n \text{ f.s.}$$

und daher mit der Positivität von X

$$\begin{aligned} E[X]_n + EX_\alpha^2 &\leq EX_n^2 + 2cEA_n \leq cEX_n + 2cEA_n \\ &\leq 2cE(X_n + A_n) = 2cEM_n \\ &= 2cEM_\alpha = 2cEX_\alpha \end{aligned}$$

für alle $n \in T$. □

Aus Teil (a) des obigen Korollars folgt: Ist X ein positives Submartingal mit $\sup_{n\in T} EX_n^2 < \infty$, so gilt auch für den Martingalanteil $\sup_{n\in T} EM_n^2 < \infty$. Das folgende Beispiel zeigt, dass diese Aussage ohne die Positivität von X nicht richtig ist.

Beispiel 1.18 Seien $\alpha = 2, \beta = \infty$, $(Z_n)_{n\geq 2}$ eine unabhängige Folge von Zufallsvariablen mit $P(Z_n = -n) = 1/n^3$, $P(Z_n = 1) = 1/n^3$ und $P(Z_n = a_n) = 1 - 2/n^3$, wobei $a_n := (n-1)/(n^3-2)$ und $\mathbb{F} := \mathbb{F}^Z$. Wegen

$$EZ_n = -\frac{1}{n^2} + \frac{1}{n^3} + a_n\left(1 - \frac{2}{n^3}\right) = 0$$

wird durch $M_n := \sum_{j=2}^n Z_j$ ein Martingal definiert (1.7(a)) und wegen

$$EZ_n^2 = \frac{1}{n} + \frac{1}{n^3} + a_n^2\left(1 - \frac{2}{n^3}\right)$$

gilt

$$EM_n^2 = \sum_{j=2}^{n} EZ_j^2 \geq \sum_{j=2}^{n} \frac{1}{j},$$

also

$$\sup_{n\in T} EM_n^2 \geq \sum_{j=2}^{\infty} \frac{1}{j} = \infty.$$

Seien $B_n := (n-1)1_{\{Z_{n-1}=-(n-1)\}}$ und $A_n := \sum_{j=3}^n B_j$. Dann ist A ein vorhersehbarer wachsender Prozess mit Anfangswert $A_2 = 0$. Für das Submartingal $X := M + A$ gilt

$$X_n = \sum_{j=2}^{n}(Z_j + B_{j+1}) - B_{n+1} = \sum_{j=2}^{n}(1_{\{Z_j=1\}} + a_j 1_{\{Z_j=a_j\}}) - B_{n+1}$$

und daher mit der Dreiecksungleichung für $\|\cdot\|_2$ (Minkowski-Ungleichung)

$$\begin{aligned}\|X_n\|_2 &\leq \sum_{j=2}^{n} \|1_{\{Z_j=1\}}\|_2 + \sum_{j=2}^{n} a_j \|1_{\{Z_j=a_j\}}\|_2 + \|B_{n+1}\|_2 \\ &= \sum_{j=2}^{n} \frac{1}{j^{3/2}} + \sum_{j=2}^{n} a_j \left(1 - \frac{2}{j^3}\right)^{1/2} + \frac{1}{\sqrt{n}} \\ &\leq \sum_{j=2}^{n} \frac{1}{j^{3/2}} + \sum_{j=2}^{n} \frac{1}{j^2} + 1,\end{aligned}$$

also

$$\sup_{n\in T} \|X_n\|_2 \leq \sum_{j=2}^{\infty} \frac{1}{j^{3/2}} + \sum_{j=2}^{\infty} \frac{1}{j^2} + 1 < \infty.$$

Die Anwendung auf h-Transformierte liefert die folgenden Gleichungen.

Lemma 1.19 *Seien $\alpha > -\infty$, H ein vorhersehbarer reeller Prozess und X und Y adaptierte reelle Prozesse.*

(a) $[H \bullet X, Y] = H \bullet [X, Y]$.
(b) $\langle H \bullet X, Y\rangle = H \bullet \langle X, Y\rangle$, falls X, Y und $H \bullet X$ $\mathcal{L}^2$-Prozesse sind.
(c) Sind X und $H \bullet X$ $\mathcal{L}^1$-Prozesse und ist A der Kompensator von X, so ist $H \bullet A$ der Kompensator von $H \bullet X$.

Insbesondere gilt mit zweimaliger Anwendung von (a) und (b)

$$[H \bullet X] = H^2 \bullet [X] \quad \text{und} \quad \langle H \bullet X\rangle = H^2 \bullet \langle X\rangle.$$

Beweis (a) Für $n \geq \alpha + 1$ gilt

$$\Delta[H \bullet X, Y]_n = \Delta(H \bullet X)_n \Delta Y_n = H_n \Delta X_n \Delta Y_n = \Delta(H \bullet [X, Y])_n.$$

(b) Für $n \geq \alpha + 1$ gilt mit Taking out what is known

$$\begin{aligned}\Delta\langle H \bullet X, Y\rangle_n &= E(H_n \Delta X_n \Delta Y_n | \mathcal{F}_{n-1}) \\ &= H_n E(\Delta X_n \Delta Y_n | \mathcal{F}_{n-1}) = \Delta(H \bullet \langle X, Y\rangle)_n.\end{aligned}$$

(c) Sei B der Kompensator von $H \bullet X$. Für $n \geq \alpha + 1$ gilt nach 1.12

$$\Delta B_n = E(\Delta(H \bullet X)_n | \mathcal{F}_{n-1}) = H_n E(\Delta X_n | \mathcal{F}_{n-1}) = \Delta(H \bullet A)_n. \qquad \square$$

Beispiel 1.20 (a) In der Situation von Beispiel 1.7(a) sei $X_n = \sum_{j=\alpha}^n Z_j$. Dann ist $A_n = \sum_{j=\alpha+1}^n EZ_j$ der Kompensator und $M_n = Z_\alpha + \sum_{j=\alpha+1}^n (Z_j - EZ_j)$ der Martingalanteil von X.

Sei nun $Z_n \in \mathcal{L}^2$ für alle $n \in T$. Man erhält für die quadratische Charakteristik des $\mathcal{L}^2$-Martingals M

$$\langle M\rangle_n = \sum_{j=\alpha+1}^n E((\Delta M_j)^2 | \mathcal{F}_{j-1}) = \sum_{j=\alpha+1}^n \operatorname{Var} Z_j = \operatorname{Var} M_n - \operatorname{Var} Z_\alpha.$$

$\langle M\rangle$ ist also deterministisch für $\mathcal{L}^2$-Martingale M mit $\mathbb{F}$-unabhängigen Zuwächsen.

(b) In der Situation von Beispiel 1.7(b) sei $X_n = \prod_{j=\alpha}^n Z_j, n \in T$. Definiert man Y durch $Y_n := Y_\alpha + \sum_{j=\alpha+1}^n (Z_j - 1)$ mit $Y_\alpha \in \mathcal{L}^1(\mathcal{F}_\alpha, P)$, so gilt $X_n = X_\alpha \prod_{j=\alpha+1}^n (1 + \Delta Y_j)$ mit $X_\alpha = Z_\alpha$ und daher $X = X_\alpha + X_- \bullet Y$ nach Beispiel 1.11. Da $A_n = \sum_{j=\alpha+1}^n (EZ_j - 1)$ und $M_n = Y_\alpha + \sum_{j=\alpha+1}^n (Z_j - EZ_j)$ die Doob-Zerlegung von Y liefern, ist nach 1.19(c) $X = N + B$ mit

$$N_n = X_\alpha + (X_- \bullet M)_n = X_\alpha + \sum_{j=\alpha+1}^n X_{j-1}(Z_j - EZ_j)$$

und

$$B_n = (X_- \bullet A)_n = \sum_{j=\alpha+1}^n X_{j-1}(EZ_j - 1)$$

die Doob-Zerlegung von X.

Sei nun $Z_n \in \mathcal{L}^2$ für alle $n \in T$. Dann gilt mit (a) und 1.19(b)

$$\langle N\rangle_n = X_-^2 \bullet \langle M\rangle = \sum_{j=\alpha+1}^n X_{j-1}^2 \operatorname{Var} Z_j,$$

wobei $\langle X\rangle = \langle N\rangle$, falls $EZ_n = 1$ für alle $n \geq \alpha + 1$.

(c) In Pólyas Urnenmodell aus Beispiel 1.7(e) wird der Anteil X_{n+1} der roten Kugeln zur Zeit $n + 1$ durch

$$X_{n+1} = X_n + \frac{m}{r + s + (n+1)m}(1_{\{U_{n+1} \leq X_n\}} - X_n), \quad n \in \mathbb{N}_0$$

modelliert. Wegen $E(1_{\{U_{n+1}\leq X_n\}}|\mathcal{F}_n) = X_n$ folgt für die quadratische Charakteristik des $[0,1]$-wertigen Martingals X

$$\langle X\rangle_n = \sum_{j=1}^n E((\Delta X_j)^2|\mathcal{F}_{j-1}) = \sum_{j=1}^n \left(\frac{m}{r+s+jm}\right)^2 X_{j-1}(1-X_{j-1}).$$

(d) In der Situation von Beispiel 1.7(f) sei $X_n = 2^n 1_{[0,2^{-n})}, n \in T = \mathbb{N}_0$. Für das $\mathcal{L}^\infty$-Martingal X und $n \geq 1$ gilt

$$\begin{aligned}\Delta X_n &= (2^n - 2^{n-1})1_{[0,2^{-n})} - 2^{n-1}1_{[2^{-n},2^{-(n-1)})}\\ &= 2^{n-1}(1_{[0,2^{-n})} - 1_{[2^{-n},2^{-(n-1)})}),\end{aligned}$$

also $|\Delta X_n| = X_{n-1}$. Es folgt für die quadratische Charakteristik von X

$$\langle X\rangle_n = [X]_n = \sum_{j=1}^n X_{j-1}^2 = \sum_{j=1}^n 2^{j-1}X_{j-1}.$$

Bemerkung 1.21 Die folgende Beobachtung erlaubt manchmal eine Verschärfung von Ungleichungen für Martingale: „Ungleichungen können unter der Anfangsinformation $\mathcal{F}_\alpha$ bedingt werden". Für $F \in \mathcal{F}_\alpha$ mit $P(F) > 0$ betrachte man das (elementar bedingte) Wahrscheinlichkeitsmaß $P_F := P(\cdot \cap F)/P(F)$. Dann ist jedes P-Martingal auch ein P_F-Martingal und eine entsprechende Aussage gilt für Submartingale und Supermartingale. Damit folgt beispielsweise aus der zweiten Ungleichung von 1.17(b)

$$E_{P_F}[X]_n + E_{P_F}X_\alpha^2 \leq 2cE_{P_F}X_\alpha,$$

also

$$\int_F [X]_n dP + \int_F X_\alpha^2 dP \leq 2c\int_F X_\alpha dP.$$

Da dies für jedes $F \in \mathcal{F}_\alpha$ gilt, folgt

$$E([X]_n|\mathcal{F}_\alpha) + X_\alpha^2 \leq 2cX_\alpha.$$

Ferner ist die Doob-Zerlegung $X = M + A$ eines P-Submartingals auch die Doob-Zerlegung des P_F-Submartingals X. Man erhält somit aus der ersten Ungleichung von 1.17(a)

$$E(M_n^2|\mathcal{F}_\alpha) \leq E([X]_n|\mathcal{F}_\alpha) + X_\alpha^2.$$

Alternativ kann man auch mit $X1_F$ für $F \in \mathcal{F}_\alpha$ argumentieren. Ist X ein Martingal, so ist $X1_F$ ein Martingal. Eine entsprechende Aussage gilt für Submartingale und Supermartingale.

1.4 Potentiale und Zerlegungen für Submartingale

Wir werden Zerlegungssätze für Submartingale unter Bedingungen angeben, die schwächer als die $\mathcal{L}^1$-Beschränktheit sind. Dabei wird hier nicht mehr vorausgesetzt, dass T linksabgeschlossen ist, $\alpha = -\infty$ ist also zugelassen.

Für einen wachsenden Prozess A seien

$$A_\beta := \lim_{n\to\infty} A_n, \text{ falls } \beta = \infty \quad \text{und} \quad A_\alpha := \lim_{n\to-\infty} A_n, \text{ falls } \alpha = -\infty.$$

Wir nennen einen Prozess X **$\mathcal{L}^p$-beschränkt**, falls die Menge $\{X_n : n \in T\}$ $\mathcal{L}^p$-beschränkt ist, also $\sup_{n\in T} \|X_n\|_p < \infty$ gilt, $0 < p \leq \infty$, und **gleichgradig integrierbar**, falls die Menge $\{X_n : n \in T\}$ gleichgradig integrierbar ist.

Lemma 1.22 *Ein $\mathcal{L}^1$-Prozess X ist genau dann $\mathcal{L}^1$-beschränkt, wenn*

$$\sup_{n\in T} EX_n^+ < \infty \quad \textit{und} \quad \inf_{n\in T} EX_n > -\infty$$

gelten.

Beweis Wegen $|X_n| = 2X_n^+ - X_n$ gilt für $n \in T$

$$E|X_n| = 2EX_n^+ - EX_n \leq 2\sup_{j\in T} EX_j^+ - \inf_{j\in T} EX_j.$$

Ferner gelten $EX_n^+ \leq E|X_n|$ und $EX_n \geq -E|X_n|$. □

Wir benötigen zunächst die Erweiterung der Doob-Zerlegung auf den Fall $\alpha = -\infty$.

Satz 1.23 *(Doob-Zerlegung) Sei $X = (X_n)_{n\in T}$ ein Submartingal mit*

$$\inf_{n\in T} EX_n > -\infty.$$

Dann hat X eine fast sicher eindeutige Zerlegung

$$X = M + A,$$

wobei M ein Martingal und A ein vorhersehbarer wachsender $\mathcal{L}^1$-Prozess mit $A_\alpha = 0$ ist. Für A gilt

$$A_n = \sum_{j\leq n} E(\Delta X_j|\mathcal{F}_{j-1}).$$

Ferner gilt $\sup_{n\in T} EX_n < \infty$ genau dann, wenn $A_\beta \in \mathcal{L}^1$. X ist genau dann $\mathcal{L}^1$-beschränkt, wenn M $\mathcal{L}^1$-beschränkt ist und $A_\beta \in \mathcal{L}^1$ gilt. X ist genau dann gleichgradig integrierbar, wenn M gleichgradig integrierbar ist und $A_\beta \in \mathcal{L}^1$ gilt. Außerdem gilt $EM_n^2 \leq EX_n^2$ für alle $n \in T$, falls X ein positives $\mathcal{L}^2$-Submartingal ist.

Der Prozess A heißt wieder **$\mathbb{F}$-Kompensator** von X. Falls $\alpha > -\infty$, gilt natürlich $\inf_{n\in T} EX_n = EX_\alpha > -\infty$, und man erhält die Doob-Zerlegung 1.12 für Submartingale.

Beweis Die Zerlegung ist nur noch für den Fall $\alpha = -\infty$ zu beweisen. Wegen $E(\Delta X_j|\mathcal{F}_{j-1}) \geq 0$ für alle $j \in T, j > \alpha$ konvergiert die Reihe $A_n := \sum_{j\leq n} E(\Delta X_j|\mathcal{F}_{j-1})$ fast sicher in $\mathbb{R}_+ \cup \{\infty\}$ für alle $n \in T$. Der Satz von der monotonen Konvergenz liefert

$$EA_n = \lim_{k\to-\infty} \sum_{j=k}^{n} E\Delta X_j = \lim_{k\to-\infty} (EX_n - EX_{k-1}) = EX_n - \inf_{j\in T} EX_j < \infty,$$

insbesondere also $A_n < \infty$ f.s. Damit ist $A = (A_n)_{n\in T}$ ein vorhersehbarer wachsender $\mathcal{L}^1$-Prozess. Für $A_{-\infty}$ folgt wieder mit dem Satz von der monotonen Konvergenz

$$EA_{-\infty} = \lim_{n\to-\infty} EA_n = \lim_{n\to-\infty} (EX_n - \inf_{j\in T} EX_j) = 0$$

und damit $A_{-\infty} = 0$ f.s. Außerdem ist $M := X - A$ wegen

$$\begin{aligned} E(\Delta M_{n+1}|\mathcal{F}_n) &= E(\Delta X_{n+1}|\mathcal{F}_n) - E(\Delta A_{n+1}|\mathcal{F}_n) \\ &= E(\Delta X_{n+1}|\mathcal{F}_n) - \Delta A_{n+1} = 0 \end{aligned}$$

ein Martingal.

Die Eindeutigkeit der Zerlegung zeigt man wie in 1.12.

Sei nun wieder $\alpha \in \mathbb{Z} \cup \{-\infty\}$. Für $n \in T$ gilt

$$\sup_{j\in T} EX_j = EM_n + \sup_{j\in T} EA_j = EM_n + EA_\beta$$

und damit die erste Äquivalenz. Ferner gilt $|X_n| \leq |M_n| + A_n \leq |M_n| + A_\beta$ und somit

$$\sup_{n\in T} E|X_n| \leq \sup_{n\in T} E|M_n| + EA_\beta.$$

Umgekehrt gilt $A = X - M \leq |X| - M$, also

$$EA_\beta \leq \sup_{j\in T} E|X_j| - EM_n,$$

und wegen $M^+ \leq X^+$ gilt

$$\sup_{n\in T} EM_n^+ \leq \sup_{n\in T} EX_n^+ \leq \sup_{n\in T} E|X_n|.$$

Dies liefert nach Lemma 1.22 die zweite Äquivalenz.

Ist $A_\beta \in \mathcal{L}^1$, so ist A wegen $0 \leq A_n \leq A_\beta$ für alle $n \in T$ nach A.3(a) gleichgradig integrierbar. Sei nun M gleichgradig integrierbar und $A_\beta \in \mathcal{L}^1$. Weil sich gleichgradige Integrierbarkeit nach A.3(d) auf Summen überträgt, ist $X = M + A$ gleichgradig integrierbar. Ist umgekehrt X gleichgradig integrierbar, so ist X insbesondere $\mathcal{L}^1$-beschränkt und somit $A_\beta \in \mathcal{L}^1$ nach der zweiten Äquivalenz. Also ist A und damit auch $-A$ gleichgradig integrierbar. Es folgt die gleichgradige Integrierbarkeit von $M = X - A$.

Für $k \in T$ ist schließlich

$$X_n = (M_n + A_k) + (A_n - A_k)$$

die Doob-Zerlegung von $(X_n)_{n \in T^k}$ mit $T^k := \{n \in T : n \geq k\}$. Ist X ein positives $\mathcal{L}^2$-Submartingal, so gilt nach 1.17(a)

$$E(M_n + A_k)^2 \leq EX_n^2$$

für $n \in T^k$ und daher mit Fatous Lemma wegen $A_\alpha = 0$

$$EM_n^2 = E \lim_{k \to \alpha} (M_n + A_k)^2 \leq \liminf_{k \to \alpha} E(M_n + A_k)^2 \leq EX_n^2$$

für alle $n \in T$. □

Auch im Fall $\alpha = -\infty$ kann man die **quadratische $\mathbb{F}$-Charakteristik** $\langle X \rangle$ eines $\mathcal{L}^2$-Martingals X als Kompensator von X^2 definieren. Es gilt dann

$$\langle X \rangle_n = \sum_{j \leq n} E(\Delta X_j^2 | \mathcal{F}_{j-1}) = \sum_{j \leq n} E((\Delta X_j)^2 | \mathcal{F}_{j-1}).$$

Ebenso ist die **quadratische Variation**

$$[X]_n := \sum_{j \leq n} (\Delta X_j)^2$$

eines $\mathcal{L}^2$-Martingals X ein wachsender $\mathcal{L}^1$-Prozess mit $[X]_{-\infty} = 0$ (und insbesondere ein Submartingal). Die Aussagen 1.16(a)–(c) bleiben für $\mathcal{L}^2$-Martingale $X = Y$ richtig.

Die folgenden Zerlegungen basieren auf dem Konzept des Potentials. Hier spielt erstmals die Konvergenz (genauer die Vorwärtskonvergenz für $n \to \infty$) von Prozessen eine Rolle. Konvergenzfragen werden in Kap. 4 ausführlich untersucht.

Definition 1.24 *Ein positives $\mathcal{L}^1$-beschränktes $\mathbb{F}$-Supermartingal Y heißt* ***$\mathbb{F}$-Potential****, falls*

$$Y_n \xrightarrow{\mathcal{L}^1} 0 \quad \text{für } n \to \beta.$$

Für $\beta < \infty$ bedeutet die „rechte Randbedingung“ eines Potentials natürlich $Y_\beta = 0$. Falls $\alpha > -\infty$, gilt $\sup_{n \in T} EY_n = EY_\alpha < \infty$, und jedes positive Supermartingal ist $\mathcal{L}^1$-beschränkt.

Die Prozesseigenschaft und die Martingaleigenschaft von Prozessen sind offenbar disjunkte Konzepte. Allgemeiner gilt: Ist X ein Martingal mit $X_n \xrightarrow{\mathcal{L}^1} 0$ für $n \to \beta$, so gilt $X = 0$, also $X_n = 0$ für alle $n \in T$, denn die Folge der Erwartungswerte $(E|X_n|)_{n \in T}$ für das Submartingal $|X|$ ist monoton wachsend und damit $\sup_{n \in T} E|X_n| = \lim_{n \to \beta} E|X_n| = 0$.

Potentiale lassen sich folgendermaßen charakterisieren.

Lemma 1.25 *Ein reeller Prozess Y ist genau dann ein Potential, wenn ein vorhersehbarer wachsender Prozess A existiert mit $A_\alpha = 0$, $A_\beta \in \mathcal{L}^1$ und*

$$Y_n = E(A_\beta|\mathcal{F}_n) - A_n$$

für alle $n \in T$. A ist durch Y fast sicher eindeutig bestimmt.

Der Prozess $(E(A_\beta|\mathcal{F}_n) - A_n)_{n\in T}$ heißt **$\mathbb{F}$-Potential von A**.

Beweis Sei Y ein Potential. Dann ist $-Y$ ein Submartingal mit

$$\inf_{n\in T} E(-Y_n) = -\sup_{n\in T} EY_n > -\infty.$$

Sei $-Y = N + A$ die Doob-Zerlegung 1.23 von $-Y$, also $Y = -N - A = M - A$ mit $M = -N$. A ist der Kompensator von $-Y$. Wegen $\sup_{n\in T} E(-Y_n) \leq 0$ gilt $A_\beta \in \mathcal{L}^1$ nach 1.23 und für $k, n \in T$ mit $k \geq n$ gilt

$$M_n = E(Y_k|\mathcal{F}_n) + E(A_k|\mathcal{F}_n).$$

Ist $\beta < \infty$, so folgt wegen $Y_\beta = 0$

$$M_n = E(A_\beta|\mathcal{F}_n)$$

und damit die Behauptung.

Sei $\beta = \infty$. Aus dem Satz von der monotonen Konvergenz für bedingte Erwartungswerte folgt

$$E(A_k|\mathcal{F}_n) \to E(A_\infty|\mathcal{F}_n) \text{ f.s.} \quad \text{für } k \to \infty.$$

Ferner ist der Prozess $(E(Y_k|\mathcal{F}_n))_{k\geq n}$ fallend nach dem letzten Teil von 1.3(c), und die Potentialeigenschaft von Y liefert $E(Y_k|\mathcal{F}_n) \overset{\mathcal{L}^1}{\to} 0, k \to \infty$, also wegen der Monotonie auch

$$E(Y_k|\mathcal{F}_n) \to 0 \text{ f.s.} \quad \text{für } k \to \infty.$$

Es folgt

$$M_n = E(A_\infty|\mathcal{F}_n)$$

für alle $n \in T$.

Die fast sichere Eindeutigkeit von A folgt aus der fast sicheren Eindeutigkeit der Doob-Zerlegung.

Umgekehrt sei

$$Y_n := E(A_\beta|\mathcal{F}_n) - A_n.$$

Dann ist Y ein adaptierter positiver $\mathcal{L}^1$-Prozess und wegen

$$E(Y_{n+1}|\mathcal{F}_n) = E(A_\beta|\mathcal{F}_n) - A_{n+1} \leq E(A_\beta|\mathcal{F}_n) - A_n = Y_n$$

ist Y ein Supermartingal. Da

$$\sup_{n\in T} EY_n = EA_\beta - \inf_{n\in T} EA_n = EA_\beta < \infty,$$

ist Y $\mathcal{L}^1$-beschränkt, und mit monotoner Konvergenz folgt $EY_n = EA_\beta - EA_n \to 0$ für $n \to \beta$. □

$\mathcal{L}^1$-beschränkte Martingale lassen sich als Differenz zweier positiver Martingale darstellen analog der Darstellung von reellen Zufallsvariablen als Differenz von Positivteil und Negativteil. Den martingaltheoretischen Positivteil beziehungsweise Negativteil eines Martingals erhält man durch Addition eines geeigneten Potentials zum Prozess der Positivteile beziehungsweise Negativteile. Allgemeiner gilt für Submartingale der

Satz 1.26 *(Krickeberg-Zerlegung) Sei X ein Submartingal mit $\sup_{n\in T} EX_n^+ < \infty$. Dann hat X eine fast sicher eindeutige Zerlegung*

$$X = M - Y,$$

wobei M ein positives Martingal mit $EM_n = \sup_{j\in T} EX_j^+$ und Y ein positives Supermartingal ist. Es gelten

$$M_n = X_n^+ + E(A_\beta|\mathcal{F}_n) - A_n \quad \textit{und} \quad Y_n = X_n^- + E(A_\beta|\mathcal{F}_n) - A_n,$$

wobei A der Kompensator von X^+ ist und $A_\beta \in \mathcal{L}^1$. Ist X ein Martingal, so ist Y ebenfalls ein Martingal, und es gelten

$$EY_n = \sup_{j\in T} EX_j^- \quad \textit{und} \quad EM_n + EY_n = \sup_{j\in T} E|X_j|.$$

Beweis Sei $X^+ = N + A$ die Doob-Zerlegung 1.23 des Submartingals $X^+ = (X_n^+)_{n\in T}$. Wegen $\sup_{n\in T} EX_n^+ < \infty$ gilt $EA_\beta < \infty$ nach 1.23. Für

$$M_n := X_n^+ + E(A_\beta|\mathcal{F}_n) - A_n$$

gilt $M \geq X^+$, und wegen

$$M_n = N_n + E(A_\beta|\mathcal{F}_n)$$

ist M ein positives Martingal mit $EM_n = EX_n^+ + EA_\beta - EA_n$. Es folgt

$$EM_n = \sup_{j\in T} EX_j^+.$$

Der Prozess $Y := M - X$ ist ein Supermartingal und wegen $M \geq X^+$ gilt $Y = M - X^+ + X^- \geq X^-$. Also ist Y ein positives Supermartingal und

$$Y_n = X_n^- + E(A_\beta|\mathcal{F}_n) - A_n.$$

Falls X ein Martingal ist, dann ist natürlich auch Y ein Martingal, und $|X|$, X^+, X^- sind nach 1.5 Submartingale, die Folge ihrer Erwartungswerte also monoton wachsend. Daher gelten

$$\sup_{n\in T} E|X_n| = \lim_{n\to\beta} E|X_n| = \lim_{n\to\beta} EX_n^+ + \lim_{n\to\beta} EX_n^- = EM_n + \sup_{n\in T} EX_n^-$$

und

$$EY_n = EM_n - \lim_{j\to\beta} EX_j^+ + \lim_{j\to\beta} EX_j^- = \sup_{j\in T} EX_j^-.$$

Zum Nachweis der Eindeutigkeit der Zerlegung sei $X = U - Z$ eine weitere Zerlegung von obigem Typ. Es gilt $U = X + Z \geq X$ und daher $U \geq X^+ = N + A$. Für $k, n \in T$ mit $k \geq n$ folgt

$$U_n = E(U_k|\mathcal{F}_n) \geq E(N_k|\mathcal{F}_n) + E(A_k|\mathcal{F}_n) = N_n + E(A_k|\mathcal{F}_n).$$

Der Satz von der monotonen Konvergenz für bedingte Erwartungswerte liefert $E(A_k|\mathcal{F}_n) \to E(A_\beta|\mathcal{F}_n)$ f.s. für $k \to \beta$ und somit gilt

$$U_n \geq N_n + E(A_\beta|\mathcal{F}_n) = M_n.$$

Wegen $EU_n = \sup_{j\in T} EX_j^+ = EM_n$ folgt $U = M$. □

Bemerkung 1.27 (a) In der Krickeberg-Zerlegung $X = M - Y$ ist M das kleinste positive Martingal, das X dominiert: Ist U ein positives Martingal mit $U \geq X$, so folgt wie im Beweis von 1.26, dass $U \geq M$.

(b) In der Krickeberg-Zerlegung eines Martingals $X = M - Y$ ist Y das kleinste positive Martingal, das $-X$ dominiert: Ist Z ein positives Martingal mit $Z \geq -X$, so ist $V := X + Z$ ein positives Martingal mit $V \geq X$. Aus (a) folgt $V \geq M$ und daher $Z = V - X \geq M - X = Y$.

(c) Für ein Submartingal X existiert ein dominierendes positives Martingal genau dann, wenn $\sup_{n\in T} EX_n^+ < \infty$ gilt: Ist U ein positives Martingal mit $U \geq X$, so gilt $U \geq X^+$ und daher $\sup_{j\in T} EX_j^+ \leq EU_n < \infty$. Die Umkehrung folgt aus 1.26.

Satz 1.26 besagt also: Wenn es ein positives Martingal gibt, das ein Submartingal dominiert, dann gibt es auch ein kleinstes dominierendes positives Martingal.

(d) Das durch $X_n := E(Z|\mathcal{F}_n)$ mit $Z \in \mathcal{L}^1$ definierte Martingal X hat die Krickeberg-Zerlegung

$$X_n = E(U^+|\mathcal{F}_n) - E(U^-|\mathcal{F}_n)$$

mit $U := E(Z|\mathcal{F}_\beta)$: Im Fall $\beta < \infty$ gilt $U = X_\beta$, $M_n = E(X_\beta^+|\mathcal{F}_n)$, und $Y_n = E(X_\beta^-|\mathcal{F}_n)$, und für $\beta = \infty$ erhalten wir dies später nach 4.8 mit Hilfe von Konvergenzresultaten.

Die der folgenden Zerlegung entsprechenden Aspekte der diskreten Potentialtheorie werden in Kap. 6 behandelt.

Satz 1.28 *(Riesz-Zerlegung) Sei X ein Submartingal mit $\sup_{n \in T} EX_n < \infty$ und $\inf_{n \in T} EX_n > -\infty$. Dann hat X eine fast sicher eindeutige Zerlegung*

$$X = M - Y,$$

wobei M ein Martingal und Y ein Potential ist. Es gilt

$$Y_n = E(A_\beta | \mathcal{F}_n) - A_n,$$

wobei A der Kompensator von X ist.

Beweis Sei $X = N + A$ die Doob-Zerlegung 1.23 von X. Wegen $\sup_{n \in T} EX_n < \infty$ gilt $A_\beta \in \mathcal{L}^1$. Sei

$$M_n := N_n + E(A_\beta | \mathcal{F}_n)$$

und

$$Y_n := E(A_\beta | \mathcal{F}_n) - A_n$$

das Potential von A. Dann gilt $X = M - Y$ und M ist ein Martingal. Dies sichert die Existenz der Zerlegung.

Zum Nachweis der Eindeutigkeit sei $X = U - Z$ eine weitere Zerlegung von obigem Typ. Also ist $Y - Z = M - U$ ein Martingal und $M_n - U_n \xrightarrow{\mathcal{L}^1} 0$ für $n \to \beta$. Es folgt $M = U$. □

Bemerkung 1.29 (a) In der Riesz-Zerlegung $X = M - Y$ ist M das kleinste Supermartingal, das X dominiert: Ist V ein Supermartingal mit $V \geq X$, so gilt für $k, n \in T, k \geq n$

$$V_n \geq E(V_k | \mathcal{F}_n) \geq E(M_k | \mathcal{F}_n) - E(Y_k | \mathcal{F}_n) = M_n - E(Y_k | \mathcal{F}_n).$$

Für den fallenden Prozess $(E(Y_k | \mathcal{F}_n))_{k \geq n}$ gilt $E(Y_k | \mathcal{F}_n) \to 0$ f.s., $k \to \beta$. Es folgt $V \geq M$.

Insbesondere ist M negativ, falls X negativ ist.

(b) Für ein Submartingal X mit $\inf_{n \in T} EX_n > -\infty$ existiert ein dominierendes Supermartingal genau dann, wenn $\sup_{n \in T} EX_n < \infty$: Ist V ein Supermartingal mit $V \geq X$, so gilt für $n \in T$

$$\sup_{j \in T} EX_j = \sup_{j \geq n} EX_j \leq \sup_{j \geq n} EV_j = EV_n < \infty.$$

Die Umkehrung folgt aus 1.28.

Satz 1.28 impliziert also für Submartingale X mit $\inf_{n \in T} EX_n > -\infty$: Wenn es ein Supermartingal gibt, das X dominiert, dann gibt es ein kleinstes dominierendes Supermartingal und dies ist ein Martingal.

(c) Für positive Submartingale stimmen Krickeberg-Zerlegung und Riesz-Zerlegung überein.

Aufgaben

1.1 Seien $\{C_n : n \in \mathbb{N}\}$ eine abzählbar unendliche $\mathcal{F}$-messbare Partition von Ω mit $P(C_n) > 0$ für alle $n \geq 1$, $T = \mathbb{N}_0$,

$$X_n := \frac{1}{P((\bigcup_{j=1}^n C_j)^c)} 1_{(\bigcup_{j=1}^n C_j)^c}$$

mit $X_0 = 1$ und $\mathcal{F}_n := \sigma(C_1, \dots, C_n)$ mit $\mathcal{F}_0 = \{\emptyset, \Omega\}$. Zeigen Sie, dass X ein $\mathbb{F}$-Martingal ist.

Ein konkretes Beispiel ist $(\Omega, \mathcal{F}) = (\mathbb{N}, \mathcal{P}(\mathbb{N}))$, $C_n = \{n\}$ und $P(\{n\}) = 1/n(n+1)$, wobei $\mathcal{P}(\mathbb{N})$ die Potenzmenge von $\mathbb{N}$ bezeichnet. Dann gilt $X_n = (n+1)1_{\{n+1,n+2,\dots\}}$.

1.2 Seien $T = \mathbb{N}_0$ und X ein einfacher symmetrischer $\mathbb{F}$-Random walk auf $\mathbb{Z}$, $X_n = \sum_{i=0}^n Z_i$ mit $P(Z_1 = +1) = P(Z_1 = -1) = 1/2$ und einer $\mathbb{Z}$-wertigen Zufallsvariablen Z_0. Berechnen Sie die Doob-Zerlegung von $|X| = (|X_n|)_{n\geq 0}$. (Resultat ist diskretes Analogon der Tanaka-Formel für die Brownsche Bewegung.)

Hinweis: Für den Kompensator A von $|X|$ gilt

$$A_n = \sum_{i=1}^n 1_{\{X_{i-1}=0\}} = \text{Anzahl der Nullen in } X_0, \dots, X_{n-1}.$$

1.3 Seien $Z = (Z_n)_{n\geq 0}$ eine unabhängige $\mathcal{L}^2$-Folge, $a_n := EZ_n, \sigma_n^2 := \operatorname{Var} Z_n$ und $\mathbb{F} := \mathbb{F}^Z$. Ferner seien

$$X_n := Z_0 + \sum_{j=1}^n (Z_j - a_j) \quad \text{und} \quad Y_n := Z_0^2 + \sum_{j=1}^n (Z_j - a_j)^2.$$

Zeigen Sie: $X^2 = (X_n^2)_{n\geq 0}$ ist ein Submartingal, $(X_n^2 - \sum_{j=1}^n \sigma_j^2)_{n\geq 0}$ ist ein Martingal, Y ist ein Submartingal und $(Y_n - \sum_{j=1}^n \sigma_j^2)_{n\geq 0}$ ist ein Martingal.

1.4 Seien $X^1, X^2, \dots$ Submartingale und X ein adaptierter $\mathcal{L}^1$-Prozess mit

$$X_n^k \xrightarrow{\mathcal{L}^1} X_n \quad \text{für } k \to \infty$$

und alle $n \in T$. Zeigen Sie, dass X ein Submartingal ist.

1.5 Sei Y ein positives $\mathcal{L}^1$-beschränktes Supermartingal. Zeigen Sie, dass Y genau dann ein Potential ist, wenn kein positives Martingal außer 0 durch Y dominiert wird.

1.6 Seien $\alpha > -\infty$ und $X = (X_n)_{n\in T}$ ein $\mathcal{L}^2$-Martingal. Zeigen Sie die Existenz eines Martingals N und eines vorhersehbaren, positiven reellen Prozesses B mit

$$(\Delta X_n)^2 = \Delta N_n + B_n$$

für alle $n \in T, n \geq \alpha + 1$.

1.7 Sei $X = (X_n)_{n \in T}$ ein $(\mathcal{X}, \mathcal{A})$-wertiger Prozess. Zeigen Sie $\sigma(X_n, n \in T) = \sigma(X)$, wenn man X als $(\mathcal{X}^T, \mathcal{A}^T)$-wertige Zufallsvariable auffasst.

1.8 Zeigen Sie für $Z \in \mathcal{L}^2$ und jede Unter-σ-Algebra $\mathcal{G} \subset \mathcal{F}$

$$\operatorname{Var} Z = E \operatorname{Var}(Z|\mathcal{G}) + \operatorname{Var} E(Z|\mathcal{G}).$$

1.9 Sind $X = (X_n)_{n \in T}$ und $Y = (Y_n)_{n \in T}$ $\mathbb{F}$-Martingale, so ist $X + Y$ ein $\mathbb{F}$-Martingal. Zeigen Sie, dass die folgende Implikation im Allgemeinen nicht gilt: Ist X ein $\mathbb{F}^X$-Martingal und Y ein $\mathbb{F}^Y$-Martingal, so ist $X + Y$ ein $\mathbb{F}^{X+Y}$-Martingal.

Hinweis: Seien X_1 und Y_1 unabhängige, identisch verteilte $\{-1, +1\}$-wertige Zufallsvariable mit $P(X_1 = +1) = P(X_1 = -1) = 1/2$ und $Z := 1_{\{X_1+Y_1=0\}} - 1_{\{X_1+Y_1 \neq 0\}}$. Man wähle $T := \{1, 2\}$, $X_2 := X_1 + Z$ und $Y_2 := Y_1 + Z$.

1.10 (Ein autoregressiver Prozess erster Ordnung, Skalierung) Seien $\alpha > -\infty$, X ein adaptierter $\mathcal{L}^1$-Prozess, H ein vorhersehbarer reeller Prozess, M ein Martingal und $(b_n)_{n \in T, n \geq \alpha+1}$ eine Folge in $\mathbb{R} \setminus \{0\}$ mit

$$X_{n+1} = b_{n+1} X_n + H_{n+1} + \Delta M_{n+1}$$

für alle $n \in T, n < \beta$. Zeigen Sie, dass

$$\frac{X_n}{\prod_{i=\alpha+1}^n b_i} - \sum_{i=\alpha+1}^n \frac{H_i}{\prod_{j=\alpha+1}^i b_j}, \quad n \in T$$

ein Martingal ist.

Hinweis: Berechnen Sie den Kompensator des skalierten Prozesses

$$\Big(X_n \Big/ \prod_{i=\alpha+1}^n b_i\Big)_{n \in T}.$$

1.11 (Optional splitting) Seien X ein adaptierter $\mathcal{L}^1$-Prozess und $x_0 \in \mathbb{R}$ mit

$$E(X_{n+1}|\mathcal{F}_n) \begin{cases} \leq X_n & \text{auf } \{X_n \leq x_0\}, \\ \geq X_n & \text{auf } \{X_n > x_0\} \end{cases}$$

für alle $n \in T, n < \beta$. Zeigen Sie, dass $(|X_n - x_0|)_{n \in T}$ ein Submartingal ist.

1.12 (Quasimartingale) Seien $\alpha > -\infty$ und X ein adaptierter reeller Prozess. Zeigen Sie, dass X genau dann Differenz zweier positiver Supermartingale ist, wenn X $\mathcal{L}^1$-beschränkt ist und für den Kompensator A von X gilt

$$E \sum_{n=\alpha+1}^{\infty} |\Delta A_n| < \infty$$

(A ist von „$\mathcal{L}^1$-beschränkter Variation"). Solche Prozesse X heißen bisweilen $\mathbb{F}$-**Quasimartingale**.

Hinweis: Krickeberg-Zerlegung 1.26.

1.13 Seien $\alpha > -\infty$ und X und Y adaptierte positive $\mathcal{L}^1$-Prozesse mit

$$E\sum_{n\in T} Y_n < \infty \quad \text{und} \quad E(X_{n+1}|\mathcal{F}_n) \leq X_n + Y_n$$

für alle $n \in T, n < \beta$. Zeigen Sie, dass X Differenz eines positiven Supermartingals und eines Potentials ist. Insbesondere ist X ein Quasimartingal (im Sinne von Aufgabe 1.12).

Hinweis: Durch

$$U_n := X_n + E\Big(\sum_{j=n}^{\beta} Y_j \Big| \mathcal{F}_n\Big)$$

wird ein positives Supermartingal definiert.

1.14 Seien $T = \mathbb{N}_0$, X ein $\mathbb{F}$-Random walk, $X_n = \sum_{i=1}^n Z_i$ mit $X_0 = Z_0 = 0$ und $P^{Z_1} = N(0,1)$,

$$M_n := e^{n/2} \cos X_n \quad \text{und} \quad N_n := e^{n/2} \sin X_n$$

für $n \in \mathbb{N}_0$. Zeigen Sie, dass M und N $\mathbb{F}$-Martingale sind.

1.15 (Fortsetzungen) Sei $X = (X_n)_{n\in T}$ ein adaptierter $\mathcal{L}^1$-Prozess. Falls $\alpha > -\infty$, definiere man durch

$$X_n := X_\alpha,\ \mathcal{F}_n := \mathcal{F}_\alpha \quad \text{für } n < \alpha$$

oder

$$X_n := EX_\alpha,\ \mathcal{F}_n := \{\emptyset, \Omega\} \quad \text{für } n < \alpha$$

Fortsetzungen von X und $\mathbb{F}$ auf $[-\infty, \beta] \cap \mathbb{Z}$ und falls $\beta < \infty$, durch

$$X_n := X_\beta,\ \mathcal{F}_n := \mathcal{F}_\beta \quad \text{für } n > \beta$$

eine Fortsetzung auf $[\alpha, \infty] \cap \mathbb{Z}$. Zeigen Sie, dass diese Fortsetzungen Martingale sind, wenn X ein Martingal ist, und entsprechende Aussagen für Submartingale und Supermartingale gelten.

1.16 Zeigen Sie, dass jede Filtration von einem Prozess (mit Werten in einem Produktraum) erzeugt wird.

Kapitel 2
Stoppzeiten und lokale Martingale

Für die Modellierung stochastischer Systeme ist es wesentlich, Prozesse nicht nur für feste oder „deterministische" Zeitpunkte $n \in T$ zu betrachten, sondern für zufällige Zeiten. In diesem Kapitel werden wir dies präzisieren.

Seien $(\Omega, \mathcal{F}, P)$ ein Wahrscheinlichkeitsraum, $T = [\alpha, \beta] \cap \mathbb{Z}$ ein $\mathbb{Z}$-Intervall und $\mathbb{F} = (\mathcal{F}_n)_{n \in T}$ eine Filtration in $\mathcal{F}$. Für $n \in T$ seien $T_n := \{j \in T : j \leq n\}$ und $T^n := \{j \in T : j \geq n\}$.

2.1 Stoppzeiten und gestoppte Prozesse

Eine Abbildung $\tau : \Omega \to T \cup \{\alpha, \infty\}$ heißt **Zufallszeit**, falls τ $\mathcal{F}$-messbar ist. Bei $\alpha > -\infty$ gilt natürlich $T \cup \{\alpha, \infty\} = T \cup \{\infty\}$. Mit dem Wert $+\infty$ berücksichtigen wir den Fall, dass der durch τ beschriebene Zeitpunkt nie eintritt. Falls $\alpha = -\infty$, erfasst der Wert $-\infty$ den (ziemlich uninteressanten) Fall, dass der durch τ beschriebene Zeitpunkt immer wieder eintritt, also „das Spiel gar nicht beginnt".

Bei der durch $\mathbb{F}$ gegebenen Informationsstruktur ist es entscheidend, dass aufgrund der Information $\mathcal{F}_n$ zur Zeit n bekannt ist, ob $\tau \leq n$ wahr ist oder nicht. $\mathcal{F}_n$ ist dabei die σ-Algebra der Ereignisse vor n oder der n-Vergangenheit.

Definition 2.1

*(a) Eine Abbildung $\tau : \Omega \to T \cup \{\alpha, \infty\}$ heißt **$\mathbb{F}$-Stoppzeit**, falls*

$$\{\tau \leq n\} \in \mathcal{F}_n$$

*für alle $n \in T$. Eine $\mathbb{F}$-Stoppzeit τ heißt **einfach**, falls $\tau(\Omega)$ eine endliche Teilmenge von T ist.*

(b) Für eine $\mathbb{F}$-Stoppzeit τ heißt

$$\mathcal{F}_\tau := \{F \in \mathcal{F}_\beta : F \cap \{\tau \leq n\} \in \mathcal{F}_n \text{ für alle } n \in T\}$$

σ-Algebra der τ-Vergangenheit.

H. Luschgy, *Martingale in diskreter Zeit*, Springer-Lehrbuch Masterclass,
DOI 10.1007/978-3-642-29961-2_2, © Springer-Verlag Berlin Heidelberg 2013

Das Mengensystem $\mathcal{F}_\tau$ ist in der Tat eine σ-Algebra, weil aus

$$F^c \cap \{\tau \leq n\} = \{\tau \leq n\} \setminus (F \cap \{\tau \leq n\})$$

die Komplementstabilität von $\mathcal{F}_\tau$ folgt, und $\Omega \in \mathcal{F}_\tau$ sowie die abzählbare Vereinigungsstabilität wegen

$$\Big(\bigcup_{j=1}^{\infty} F_j\Big) \cap \{\tau \leq n\} = \bigcup_{j=1}^{\infty}(F_j \cap \{\tau \leq n\})$$

gelten. Eine Stoppzeit ist $\mathcal{F}$-messbar und damit eine Zufallszeit.

Die Abhängigkeit des Konzepts der Stoppzeit von der Filtration $\mathbb{F}$ wird häufig nicht mehr angegeben. Man beachte ferner die (nicht explizit angegebene) Abhängigkeit der σ-Algebra $\mathcal{F}_\tau$ von der Filtration.

Nützlich sind die folgenden Charakterisierungen. Im Fall $\beta < \infty$ sei

$$\mathcal{F}_\infty := \mathcal{F}_\beta.$$

Lemma 2.2

(a) Eine Abbildung $\tau : \Omega \to T \cup \{\alpha, \infty\}$ ist genau dann eine Stoppzeit, wenn

$$\{\tau = n\} \in \mathcal{F}_n$$

für alle $n \in T \cup \{\alpha\}$ gilt, und dann gilt auch $\{\tau = \infty\} \in \mathcal{F}_\beta$.

(b) Für eine Stoppzeit τ gilt

$$\begin{aligned}\mathcal{F}_\tau &= \{F \subset \Omega : F \cap \{\tau \leq n\} \in \mathcal{F}_n \text{ für alle } n \in T \cup \{\infty\}\}\\ &= \{F \subset \Omega : F \cap \{\tau = n\} \in \mathcal{F}_n \text{ für alle } n \in T \cup \{\alpha, \infty\}\}\\ &= \{F \in \mathcal{F}_\beta : F \cap \{\tau = n\} \in \mathcal{F}_n \text{ für alle } n \in T \cup \{\alpha\}\}.\end{aligned}$$

Die beiden letzten Gleichungen in (b) verdeutlichen die wahrscheinlichkeitstheoretische Idee, dass ein Ereignis F vor τ oder in der τ-Vergangenheit passiert, wenn man zur Zeit τ weiß, ob F eingetreten ist.

Beweis (a) Ist τ eine Stoppzeit, so gilt für $n \in T$

$$\{\tau = n\} = \{\tau \leq n\} \setminus \{\tau \leq n-1\} \in \mathcal{F}_n,$$

und im Fall $\alpha = -\infty$ gilt

$$\{\tau = -\infty\} = \bigcap_{j \in T_m} \{\tau \leq j\} \in \mathcal{F}_m$$

für alle $m \in T$, also $\{\tau = -\infty\} \in \bigcap_{m \in T} \mathcal{F}_m = \mathcal{F}_{-\infty}$. Es folgt dann auch

$$\{\tau = \infty\} = \bigcap_{j \in T}\{\tau > j\} = \bigcap_{j \in T}\{\tau \leq j\}^c \in \mathcal{F}_\beta.$$

Gilt umgekehrt $\{\tau = n\} \in \mathcal{F}_n$ für alle $n \in T \cup \{\alpha\}$, so folgt

$$\{\tau \le n\} = \bigcup_{j \in T_n \cup \{\alpha\}} \{\tau = j\} \in \mathcal{F}_n$$

für alle $n \in T$, also ist τ eine Stoppzeit.

(b) Für $F \in \mathcal{F}_\tau$ gilt $F \cap \{\tau \le \infty\} = F \in \mathcal{F}_\beta$ und somit $F \cap \{\tau \le n\} \in \mathcal{F}_n$ für alle $n \in T \cup \{\infty\}$.

Für $F \subset \Omega$ mit $F \cap \{\tau \le n\} \in \mathcal{F}_n$ für alle $n \in T \cup \{\infty\}$ gilt $F = F \cap \{\tau \le \infty\} \in \mathcal{F}_\beta$ und für $n \in T$

$$F \cap \{\tau = n\} = (F \cap \{\tau \le n\}) \setminus (F \cap \{\tau \le n-1\}) \in \mathcal{F}_n.$$

Falls $\alpha = -\infty$, gilt

$$F \cap \{\tau = -\infty\} = \bigcap_{j \in T_m} F \cap \{\tau \le j\} \in \mathcal{F}_m$$

für alle $m \in T$, also

$$F \cap \{\tau = -\infty\} \in \mathcal{F}_{-\infty}.$$

Damit gilt auch

$$F \cap \{\tau = \infty\} = F \setminus (F \cap \{\tau < \infty\}) = F \setminus \Big(\bigcup_{j \in T \cup \{\alpha\}} F \cap \{\tau = j\} \Big) \in \mathcal{F}_\beta,$$

also $F \cap \{\tau = n\} \in \mathcal{F}_n$ für alle $n \in T \cup \{\alpha, \infty\}$.

Für $F \subset \Omega$ mit $F \cap \{\tau = n\} \in \mathcal{F}_n$ für alle $n \in T \cup \{\alpha, \infty\}$ gilt

$$F = \bigcup_{n \in T \cup \{\alpha, \infty\}} F \cap \{\tau = n\} \in \mathcal{F}_\beta.$$

Für $F \in \mathcal{F}_\beta$ mit $F \cap \{\tau = n\} \in \mathcal{F}_n$ für alle $n \in T \cup \{\alpha\}$ gilt

$$F \cap \{\tau \le n\} = \bigcup_{j \in T_n \cup \{\alpha\}} F \cap \{\tau = j\} \in \mathcal{F}_n$$

für alle $n \in T$ und damit $F \in \mathcal{F}_\tau$. □

Die beiden folgenden Resultate enthalten die zentralen Eigenschaften von Stoppzeiten und den assoziierten σ-Algebren.

Satz 2.3 *(Stoppzeiten) Seien σ, τ und $\tau_1, \tau_2, \ldots$ Stoppzeiten.*

(a) Für $m \in T \cup \{\alpha, \infty\}$ ist $\xi := m$ eine Stoppzeit und $\mathcal{F}_\xi = \mathcal{F}_m$.

(b) τ ist $\mathcal{F}_\tau$-messbar.

(c) $\sigma \wedge \tau$ ist eine Stoppzeit und $\mathcal{F}_{\sigma \wedge \tau} = \mathcal{F}_\sigma \cap \mathcal{F}_\tau$. Insbesondere gilt $\mathcal{F}_\sigma \subset \mathcal{F}_\tau$, falls $\sigma \le \tau$ überall auf Ω. Ferner ist $\inf_{k \ge 1} \tau_k$ eine Stoppzeit.

(d) $\sigma \vee \tau$ ist eine Stoppzeit und $\mathcal{F}_{\sigma \vee \tau} = \sigma(\mathcal{F}_\sigma \cup \mathcal{F}_\tau)$ Ferner ist $\sup_{k \ge 1} \tau_k$ eine Stoppzeit.

(e) $\sigma + \tau$ ist eine Stoppzeit, falls $\alpha \ge 0$ und $\beta = \infty$.

(f) Für $F \in \mathcal{F}_{\sigma \wedge \tau}$ ist $\sigma 1_F + \tau 1_{F^c}$ eine Stoppzeit mit $\sigma \wedge \tau \le \sigma 1_F + \tau 1_{F^c} \le \sigma \vee \tau$ überall auf Ω.

Beweis (a) Da $\{\xi \leq n\} = \emptyset$ für $n < m$ und $\{\xi \leq n\} = \Omega$ für $n \geq m, n \in T$, ist ξ eine Stoppzeit, und wegen $F \cap \{\xi = n\} = \emptyset$ für $n \neq m$, $n \in T \cup \{\alpha, \infty\}$ und $F \cap \{\xi = m\} = F$ gilt mit 2.2 $\mathcal{F}_\xi = \mathcal{F}_m$.

(b) Für $B \subset \overline{\mathbb{R}}$ und $n \in T \cup \{\alpha, \infty\}$ gilt $\{\tau \in B\} \cap \{\tau = n\} = \{\tau = n\}$, falls $n \in B$ und $\{\tau \in B\} \cap \{\tau = n\} = \emptyset$, falls $n \notin B$, also $\{\tau \in B\} \in \mathcal{F}_\tau$ nach 2.2. Es folgt die $\mathcal{F}_\tau$-Messbarkeit von τ.

(c) Wegen

$$\{\sigma \wedge \tau \leq n\} = \{\sigma \leq n\} \cup \{\tau \leq n\} \in \mathcal{F}_n$$

für alle $n \in T$ ist $\sigma \wedge \tau$ eine Stoppzeit. Für $F \in \mathcal{F}_{\sigma \wedge \tau}$ und $n \in T$ gilt

$$F \cap \{\sigma \leq n\} = F \cap \{\sigma \wedge \tau \leq n\} \cap \{\sigma \leq n\} \in \mathcal{F}_n,$$

was $F \in \mathcal{F}_\sigma$ impliziert. Durch Rollentausch von σ und τ folgt auch $F \in \mathcal{F}_\tau$, also $F \in \mathcal{F}_\sigma \cap \mathcal{F}_\tau$. Umgekehrt gilt für $F \in \mathcal{F}_\sigma \cap \mathcal{F}_\tau$ und $n \in T$

$$F \cap \{\sigma \wedge \tau \leq n\} = (F \cap \{\sigma \leq n\}) \cup (F \cap \{\tau \leq n\}) \in \mathcal{F}_n,$$

also $F \in \mathcal{F}_{\sigma \wedge \tau}$.

Gilt $\sigma \leq \tau$ überall auf Ω, so folgt

$$\mathcal{F}_\sigma = \mathcal{F}_{\sigma \wedge \tau} = \mathcal{F}_\sigma \cap \mathcal{F}_\tau \subset \mathcal{F}_\tau.$$

Ferner ist $\inf_{k \geq 1} \tau_k$ eine Stoppzeit wegen

$$\{\inf_{k \geq 1} \tau_k \leq n\} = \bigcup_{k=1}^{\infty} \{\tau_k \leq n\} \in \mathcal{F}_n$$

für alle $n \in T$.

(d) Wegen

$$\{\sigma \vee \tau \leq n\} = \{\sigma \leq n\} \cap \{\tau \leq n\} \in \mathcal{F}_n$$

für alle $n \in T$ ist $\sigma \vee \tau$ eine Stoppzeit. Nach (c) gilt $\mathcal{F}_\sigma \cup \mathcal{F}_\tau \subset \mathcal{F}_{\sigma \vee \tau}$, also $\sigma(\mathcal{F}_\sigma \cup \mathcal{F}_\tau) \subset \mathcal{F}_{\sigma \vee \tau}$. Andererseits gilt für $F \in \mathcal{F}_{\sigma \vee \tau}$ und $n \in T \cup \{\alpha, \infty\}$ nach 2.2

$$\begin{aligned} F \cap \{\sigma \leq \tau\} \cap \{\tau = n\} &= F \cap \{\sigma \leq n\} \cap \{\tau = n\} \\ &= F \cap \{\sigma \vee \tau = n\} \cap \{\tau = n\} \in \mathcal{F}_n \end{aligned}$$

und durch Rollentausch

$$F \cap \{\tau \leq \sigma\} \cap \{\sigma = n\} \in \mathcal{F}_n.$$

Es folgt mit 2.2(b), dass $F \cap \{\sigma \leq \tau\} \in \mathcal{F}_\tau$ und $F \cap \{\tau \leq \sigma\} \in \mathcal{F}_\sigma$, also

$$F = (F \cap \{\sigma \leq \tau\}) \cup (F \cap \{\tau \leq \sigma\}) \in \sigma(\mathcal{F}_\sigma \cup \mathcal{F}_\tau).$$

Ferner ist $\sup_{k\geq 1} \tau_k$ eine Stoppzeit wegen

$$\{\sup_{k\geq 1} \tau_k \leq n\} = \bigcap_{k=1}^{\infty} \{\tau_k \leq n\} \in \mathcal{F}_n$$

für alle $n \in T$.

(e) Wegen der Voraussetzungen an α und β ist $(T, +)$ eine Halbgruppe. Daher gilt $(\sigma + \tau)(\Omega) \subset T \cup \{\infty\}$ und wegen

$$\{\sigma + \tau = n\} = \bigcup_{j\in T_n} \{\sigma = n - j\} \cap \{\tau = j\} \in \mathcal{F}_n$$

für alle $n \in T$ ist $\sigma + \tau$ nach 2.2(a) eine Stoppzeit.

(f) Für $\rho := \sigma 1_F + \tau 1_{F^c}$ und $n \in T$ gilt wegen $\mathcal{F}_{\sigma\wedge\tau} = \mathcal{F}_\sigma \cap \mathcal{F}_\tau$

$$\{\rho \leq n\} = (\{\sigma \leq n\} \cap F) \cup (\{\tau \leq n\} \cap F^c) \in \mathcal{F}_n,$$

also ist ρ eine Stoppzeit. □

Für Unter-σ-Algebren $\mathcal{G}$ und $\mathcal{H}$ von $\mathcal{F}$ bedeutet die Relation $\mathcal{G} \subset \mathcal{H}$ f.s., dass für jede Menge $G \in \mathcal{G}$ eine Menge $H \in \mathcal{H}$ mit $G = H$ f.s., also $P(G\Delta H) = 0$ existiert.

Lemma 2.4 *Seien σ und τ Stoppzeiten.*

(a) $\{\sigma \leq \tau\}, \{\sigma = \tau\} \in \mathcal{F}_{\sigma\wedge\tau}$, $\mathcal{F}_\sigma \cap \{\sigma \leq \tau\} = \mathcal{F}_{\sigma\wedge\tau} \cap \{\sigma \leq \tau\}$ *und* $\mathcal{F}_\sigma \cap \{\sigma = \tau\} = \mathcal{F}_\tau \cap \{\sigma = \tau\}$.

(b) Aus $\sigma \leq \tau$ f.s. folgt $\mathcal{F}_\sigma \subset \mathcal{F}_\tau$ f.s.

(c) Für eine quasiintegrierbare Zufallsvariable $U : (\Omega, \mathcal{F}) \to (\overline{\mathbb{R}}, \mathcal{B}(\overline{\mathbb{R}}))$ und $n \in T \cup \{\alpha, \infty\}$ gelten

$$E(U|\mathcal{F}_\sigma) = E(U|\mathcal{F}_n) \quad \textit{auf}\ \{\sigma = n\}$$

und

$$E(E(U|\mathcal{F}_\sigma)|\mathcal{F}_\tau) = E(U|\mathcal{F}_{\sigma\wedge\tau}).$$

Gilt $\tau \leq \sigma$ f.s., so folgt die zweite Gleichung von 2.4(c) wegen (b) und A.12(a), (b) aus der Turmeigenschaft. Es ist bemerkenswert, dass diese Gleichung für beliebige Stoppzeiten richtig ist. Die erste Gleichung von 2.4(c) bedeutet

$$E(U|\mathcal{F}_\sigma) = \sum_{n\in T\cup\{\alpha,\infty\}} E(U|\mathcal{F}_n) 1_{\{\sigma=n\}}.$$

Sie wird in 2.7 noch verallgemeinert.

Beweis (a) Für $F \in \mathcal{F}_\sigma$ und $n \in T \cup \{\alpha, \infty\}$ gilt

$$F \cap \{\sigma \le \tau\} \cap \{\sigma \wedge \tau = n\} = F \cap \{\sigma = n\} \cap \{\tau \ge n\} \in \mathcal{F}_n$$

nach 2.2(b). Also gilt $F \cap \{\sigma \le \tau\} \in \mathcal{F}_{\sigma\wedge\tau}$ wieder nach 2.2(b) und für $F = \Omega$ folgt $\{\sigma \le \tau\} \in \mathcal{F}_{\sigma\wedge\tau}$, also auch $\{\sigma = \tau\} = \{\sigma \le \tau\} \cap \{\sigma \ge \tau\} \in \mathcal{F}_{\sigma\wedge\tau}$. Damit haben wir $\mathcal{F}_\sigma \cap \{\sigma \le \tau\} \subset \mathcal{F}_{\sigma\wedge\tau} \cap \{\sigma \le \tau\}$ gezeigt, und die umgekehrte Inklusion für die Spur-σ-Algebra folgt aus $\mathcal{F}_{\sigma\wedge\tau} \subset \mathcal{F}_\sigma$. Der letzte Teil folgt aus dem zweiten:

$$\begin{aligned}\mathcal{F}_\sigma \cap \{\sigma = \tau\} &= \mathcal{F}_\sigma \cap \{\sigma \le \tau\} \cap \{\sigma \ge \tau\}\\ &= \mathcal{F}_{\sigma\wedge\tau} \cap \{\sigma \le \tau\} \cap \{\sigma \ge \tau\}\\ &= \mathcal{F}_{\sigma\wedge\tau} \cap \{\sigma = \tau\}\end{aligned}$$

und durch Rollentausch

$$\mathcal{F}_\tau \cap \{\sigma = \tau\} = \mathcal{F}_{\sigma\wedge\tau} \cap \{\sigma = \tau\}.$$

(b) Für $F \in \mathcal{F}_\sigma$ und $A := \{\sigma \le \tau\}$ gilt $F = F \cap A$ f.s. wegen $P(A) = 1$ und nach (a) und 2.3(c) gilt $F \cap A \in \mathcal{F}_\tau$. Es folgt $\mathcal{F}_\sigma \subset \mathcal{F}_\tau$ f.s.

(c) Nach (a) und 2.3(a), (c) gelten $\{\sigma = n\} \in \mathcal{F}_{\sigma\wedge n} = \mathcal{F}_\sigma \cap \mathcal{F}_n$ und $\mathcal{F}_\sigma \cap \{\sigma = n\} = \mathcal{F}_n \cap \{\sigma = n\}$. Damit folgt die erste Gleichung aus der Lokalisierungseigenschaft A.12(c).

Nach (a) und 2.3(c) gelten $\{\sigma \le \tau\} \in \mathcal{F}_{\sigma\wedge\tau} = \mathcal{F}_\sigma \cap \mathcal{F}_\tau$ und $\mathcal{F}_\sigma \cap \{\sigma \le \tau\} = \mathcal{F}_{\sigma\wedge\tau} \cap \{\sigma \le \tau\}$ und die Lokalisierungseigenschaft A.12(c) liefert

$$E(U|\mathcal{F}_\sigma) = E(U|\mathcal{F}_{\sigma\wedge\tau}) \quad \text{auf } \{\sigma \le \tau\}.$$

Damit folgt wieder mit der Lokalisierungseigenschaft

$$E(E(U|\mathcal{F}_\sigma)|\mathcal{F}_\tau) = E(E(U|\mathcal{F}_{\sigma\wedge\tau})|\mathcal{F}_\tau) = E(U|\mathcal{F}_{\sigma\wedge\tau}) \quad \text{auf } \{\sigma \le \tau\}.$$

Ferner gilt wegen $\{\tau \le \sigma\} \in \mathcal{F}_{\sigma\wedge\tau}$ und $\mathcal{F}_\tau \cap \{\tau \le \sigma\} = \mathcal{F}_{\sigma\wedge\tau} \cap \{\tau \le \sigma\}$ mit der Lokalisierungseigenschaft und der Turmeigenschaft

$$E(E(U|\mathcal{F}_\sigma)|\mathcal{F}_\tau) = E(E(U|\mathcal{F}_\sigma)|\mathcal{F}_{\sigma\wedge\tau}) = E(U|\mathcal{F}_{\sigma\wedge\tau}) \quad \text{auf } \{\tau \le \sigma\}. \qquad \square$$

Wichtige Beispiele für Stoppzeiten sind Eintrittszeiten adaptierter Prozesse.

Beispiel 2.5 Seien X ein adaptierter $(\mathcal{X}, \mathcal{A})$-wertiger Prozess, $B \in \mathcal{A}$ und

$$\tau_B := \inf\{n \in T : X_n \in B\}$$

mit $\inf \emptyset := \infty$. Dann ist τ_B wegen

$$\{\tau_B \le n\} = \bigcup_{j \in T_n} \{X_j \in B\} \in \mathcal{F}_n$$

für alle $n \in T$ eine Stoppzeit. Diese Stoppzeit heißt erste **Eintrittszeit** von X in B. Im Fall $\beta < \infty$ geht man häufig zu der Stoppzeit $\tau_B \wedge \beta$ über. Wegen

$\{\tau_B \wedge \beta = \beta\} = \{\tau_B = \infty\} \cup \{\tau_B = \beta\}$ liefert $\tau_B \wedge \beta = \beta$ allerdings keine Information darüber, ob das Ereignis $\{X_n \in B\}$ erstmals zur Zeit $n = \beta$ oder gar nicht eingetreten ist. Daher ist es manchmal bequemer, den Wert $+\infty$ zuzulassen.

Sei nun σ eine Stoppzeit und

$$\tau_B(\sigma) := \inf\{n \in T : n > \sigma \text{ und } X_n \in B\}.$$

Wegen

$$\{\tau_B(\sigma) \leq n\} = \bigcup_{j \in T_n} \{\sigma < j\} \cap \{X_j \in B\} \in \mathcal{F}_n$$

für alle $n \in T$ ist auch $\tau_B(\sigma)$ eine Stoppzeit. Ist beispielsweise $\sigma = \tau_B$, dann ist $\tau_B(\sigma)$ die zweite Eintrittszeit von X in B oder die erste Rückkehrzeit.

Ist X vorhersehbar, so ist

$$\rho := \inf\{n \in T : n < \beta \text{ und } X_{n+1} \in B\}$$

eine Stoppzeit. Wegen $\{\rho = \beta\} = \emptyset$ im Fall $\beta < \infty$ bedeutet hier der Übergang zu der Stoppzeit $\rho \wedge \beta$ keinen Informationsverlust.

Wenn X reell ist und den Kurs einer Aktie beschreibt, betrachte man zur weiteren Verdeutlichung die Strategie, die Aktie beim Minimalstand des Kurses im Zeitraum $T = [0, \beta] \cap \mathbb{Z}, \beta < \infty$ zu kaufen, also zum Zeitpunkt

$$\xi := \inf\{n \in T : X_n = \min_{j \in T} X_j\}.$$

Dann ist ξ eine Zufallszeit, aber in der Regel keine Stoppzeit, da

$$\{\xi \leq n\} = \{\min_{j \in T_n} X_j = \min_{j \in T} X_j\} \notin \mathcal{F}_n$$

für $n < \beta$.

Die Beobachtung von Prozessen an zufälligen Zeiten wird folgendermaßen präzisiert.

Definition 2.6 *Seien $X = (X_n)_{n \in T}$ ein $(\mathcal{X}, \mathcal{A})$-wertiger Prozess und τ eine Zufallszeit.*

(a) $X_\tau : \{\tau \in T\} \to \mathcal{X}$ mit $X_\tau(\omega) := X_{\tau(\omega)}(\omega)$ heißt ***Zustand des Prozesses zur Zeit τ***.
(b) $X^\tau = (X_n^\tau)_{n \in T}$ mit $X_n^\tau : \{\tau > -\infty\} \to \mathcal{X}, X_n^\tau := X_{\tau \wedge n}$ heißt der ***zur Zeit τ gestoppte Prozess X***.
(c) Es wird stets angenommen, dass X_τ und X^τ durch $(\mathcal{X}, \mathcal{A})$-wertige Zufallsvariablen X_∞ und $X_{-\infty}$ auf $\{\tau = \infty\}$ beziehungsweise $\{\tau = -\infty\}$ fortgesetzt sind. Ist X adaptiert, werden $X_{\pm\infty}$ als $\mathcal{F}_{\pm\infty}$-messbar angenommen. Im Fall $\beta < \infty$ sei stets $X_\infty := X_\beta$ gewählt.

Es gilt demnach lokal für $n \in T \cup \{\alpha, \infty\}$

$$X_\tau = X_n \quad \text{auf } \{\tau = n\}.$$

Besondere Spezifikationen von X_∞ und $X_{-\infty}$ werden jeweils explizit angegeben, wobei $X_{-\infty}$ bei $\alpha > -\infty$ nicht gebraucht wird. Dieses Problem entfällt, wenn $P(\tau \in T) = 1$.

Im Fall $\beta < \infty$ spielt der mögliche Wert $\tau = \infty$ für das Stoppen von Prozessen keine Rolle: Es gilt $X^\tau = X^{\tau \wedge \beta}$.

Für reelle Prozesse X gilt $X_n^\tau \to X_\tau$ überall auf $\{\tau < \infty\}$ für $n \to \beta$. Im Fall $\beta < \infty$ bedeutet diese „rechte Randbedingung" gestoppter Prozesse $X_\beta^\tau = X_\tau$ auf $\{\tau < \infty\}$.

Lemma 2.7 *Seien $X = (X_n)_{n \in T}$ ein $(\mathcal{X}, \mathcal{A})$-wertiger Prozess, $(U_n)_{n \in T \cup \{\alpha, \infty\}}$ eine Folge von $(\overline{\mathbb{R}}, \mathcal{B}(\overline{\mathbb{R}}))$-wertigen Zufallsvariablen und τ eine Zufallszeit.*

(a) X_τ ist $\mathcal{F}$-messbar.
(b) X_τ ist $\mathcal{F}_\tau$-messbar und X^τ ist adaptiert, falls X adaptiert und τ eine Stoppzeit ist.
(c) Sind U_n für alle $n \in T \cup \{\alpha, \infty\}$ quasiintegrierbar, τ eine Stoppzeit und U_τ quasiintegrierbar, so gilt für $n \in T \cup \{\alpha, \infty\}$

$$E(U_\tau | \mathcal{F}_\tau) = E(U_n | \mathcal{F}_n) \text{ auf } \{\tau = n\}.$$

Beweis (a) Für $B \in \mathcal{A}$ gilt

$$\begin{aligned} \{X_\tau \in B\} &= \bigcup_{n \in T \cup \{\alpha, \infty\}} (\{X_\tau \in B\} \cap \{\tau = n\}) \\ &= \bigcup_{n \in T \cup \{\alpha, \infty\}} (\{X_n \in B\} \cap \{\tau = n\}) \in \mathcal{F}. \end{aligned}$$

(b) Mit 2.2(a) gilt für $B \in \mathcal{A}$ und alle $n \in T \cup \{\alpha, \infty\}$

$$\{X_\tau \in B\} \cap \{\tau = n\} = \{X_n \in B\} \cap \{\tau = n\} \in \mathcal{F}_n.$$

Aus 2.2(b) folgt $\{X_\tau \in B\} \in \mathcal{F}_\tau$ und damit ist X_τ bezüglich $\mathcal{F}_\tau$ messbar. Insbesondere ist danach X_n^τ bezüglich $\mathcal{F}_{\tau \wedge n}$ messbar, und es gilt $\mathcal{F}_{\tau \wedge n} \subset \mathcal{F}_n$ nach 2.3(c).

(c) Für $n \in T \cup \{\alpha, \infty\}$ gilt $U_\tau = U_n$ auf $\{\tau = n\}$ und ferner nach 2.4(a) $\{\tau = n\} \in \mathcal{F}_\tau \cap \mathcal{F}_n$ und $\mathcal{F}_\tau \cap \{\tau = n\} = \mathcal{F}_n \cap \{\tau = n\}$. Daher folgt die Behauptung aus der Lokalisierungseigenschaft A.12(c). □

Wir zeigen jetzt, dass die Martingaleigenschaft stopp-stabil ist, und für $\alpha > -\infty$ sind gestoppte reelle Prozesse X h-Transformierte von X.

Man beachte, dass sich die Zuwächse $(\Delta X^\tau)_n = X_n^\tau - X_{n-1}^\tau = X_{\tau \wedge n} - X_{\tau \wedge (n-1)}$ des gestoppten Prozesses X^τ von dem gestoppten Prozess der Zuwächse $(\Delta X)_n^\tau = (\Delta X)_{\tau \wedge n} = X_{\tau \wedge n} - X_{(\tau \wedge n) - 1}$ auf $\{\tau < n\}$ unterscheiden. Im Folgenden werden nur die Zuwächse gestoppter Prozesse eine Rolle spielen und wir schreiben wieder ΔX_n^τ für $(\Delta X^\tau)_n$.

Satz 2.8 *Seien $X = (X_n)_{n \in T}$ ein adaptierter reeller Prozess und τ eine Stoppzeit.*

(a) Sei $\alpha > -\infty$. Der Prozess $H := (1_{\{\tau \geq n\}})_{n \in T}$ ist vorhersehbar und es gilt

$$X^\tau = X_\alpha + H \bullet X.$$

(b) (Optional stopping) Der gestoppte Prozess X^τ ist ein Martingal, falls X ein Martingal ist und $X_{-\infty} 1_{\{\tau=-\infty\}} \in \mathcal{L}^1$. $(X^\tau)^+$ ist ein Submartingal, falls X ein Submartingal ist und $X^+_{-\infty} 1_{\{\tau=-\infty\}} \in \mathcal{L}^1$, und X^τ ist ein Submartingal (Supermartingal), falls X ein Submartingal (Supermartingal) ist, $X_{-\infty} 1_{\{\tau=-\infty\}} \in \mathcal{L}^1$ und $X^\tau_q \in \mathcal{L}^1$ für ein $q \in T$ gilt. Letzteres ist erfüllt, falls $\inf_{n \in T} EX_n > -\infty$ ($\sup_{n \in T} EX_n < \infty$).

Für nach unten beschränkte Stoppzeiten τ, also $P(\tau \geq q) = 1$ für ein $q \in T$ gilt $X^\tau_q = X_q 1_{\{\tau \geq q\}} \in \mathcal{L}^1$. Im Allgemeinen ist X^τ für Submartingale X kein $\mathcal{L}^1$-Prozess und damit kein Submartingal: Seien $T = -\mathbb{N}_0$, $X_n = n$ und τ eine T-wertige Stoppzeit mit $E|\tau| = \infty$. Dann gilt für das gestoppte Submartingal $|X^\tau_n| \geq |\tau|$, also $E|X^\tau_n| \geq E|\tau| = \infty$ für alle $n \in T$. (Man wähle etwa $\tau := -Y$, wobei Y der ganzzahlige Anteil des Betrages einer Cauchy-verteilten Zufallsvariable ist, und $\mathcal{F}_n := \mathcal{F}$ für alle $n \in \mathbb{N}_0$.)

Beweis Nach 2.7(b) ist X^τ adaptiert. Für $n \in T$, $n > \alpha$ gilt $X^\tau_n - X^\tau_{n-1} = 0$ auf $\{\tau \leq n-1\}$ und $X^\tau_n - X^\tau_{n-1} = X_n - X_{n-1}$ auf $\{\tau \geq n\}$, also

$$\Delta X^\tau_n \ (= (\Delta X^\tau)_n) = 1_{\{\tau \geq n\}} \Delta X_n.$$

Ebenso gilt für die Zuwächse von $(X^\tau)^+ = (X^+)^\tau$

$$\Delta (X^+)^\tau_n = 1_{\{\tau \geq n\}} \Delta X^+_n.$$

Insbesondere sind die Prozesse der Zuwächse ΔX^τ und $\Delta (X^\tau)^+$ $\mathcal{L}^1$-Prozesse, falls X ein $\mathcal{L}^1$-Prozess beziehungsweise X^+ ein $\mathcal{L}^1$-Prozess ist.

(a) Sei $\alpha > -\infty$. Wegen $\{\tau \geq n\} = \{\tau \leq n-1\}^c \in \mathcal{F}_{n-1}$ ist H vorhersehbar und für $n \in T$ gilt

$$X^\tau_n = X_\alpha + \sum_{j=\alpha+1}^{n} \Delta X^\tau_j = X_\alpha + \sum_{j=\alpha+1}^{n} 1_{\{\tau \geq j\}} \Delta X_j = X_\alpha + (H \bullet X)_n.$$

(b) Ist X ein Martingal, so gilt mit Taking out what is known für $n \in T, n > \alpha$

$$E(\Delta X^\tau_n | \mathcal{F}_{n-1}) = 1_{\{\tau \geq n\}} E(\Delta X_n | \mathcal{F}_{n-1}) = 0$$

und falls X ein Submartingal ist, gelten

$$E(\Delta X^\tau_n | \mathcal{F}_{n-1}) \geq 0 \text{ und } E(\Delta (X^\tau_n)^+ | \mathcal{F}_{n-1}) \geq 0,$$

da auch X^+ ein Submartingal ist. Es bleibt zu zeigen, dass X^τ beziehungsweise $(X^\tau)^+$ ein $\mathcal{L}^1$-Prozess ist. Für $\alpha > -\infty$ folgt dies aus (a). (Dann folgen die Behauptungen auch aus 1.9)

Sei $\alpha = -\infty$. Es gilt

$$X_n^\tau = X_n 1_{\{\tau > n\}} + X_\tau 1_{\{-\infty < \tau \leq n\}} + X_{-\infty} 1_{\{\tau = -\infty\}}.$$

Ist X ein Martingal, so ist $|X|$ ein Submartingal, und daher für $n \in T$

$$\begin{aligned} \int_{\{-\infty < \tau \leq n\}} |X_\tau| dP &= \sum_{j \in T_n} \int_{\{\tau = j\}} |X_j| dP \\ &\leq \sum_{j \in T_n} \int_{\{\tau = j\}} |X_n| dP = \int_{\{-\infty < \tau \leq n\}} |X_n| dP, \end{aligned}$$

also

$$E|X_n^\tau| \leq E|X_n| 1_{\{\tau > -\infty\}} + E|X_{-\infty}| 1_{\{\tau = -\infty\}} < \infty.$$

Ist X ein Submartingal, so ist X^+ ein Submartingal, und man zeigt ebenso

$$E(X_n^\tau)^+ \leq EX_n^+ 1_{\{\tau > -\infty\}} + EX_{-\infty}^+ 1_{\{\tau = -\infty\}} < \infty.$$

Ist X ein Submartingal mit $X_q^\tau \in \mathcal{L}^1$, so folgt wegen $X_n^\tau = \Delta X_n^\tau + X_{n-1}^\tau$ und $\Delta X_n^\tau \in \mathcal{L}^1$ für alle $n \in T$ mit Rückwärts- und Vorwärtsinduktion, dass X ein $\mathcal{L}^1$-Prozess ist.

Sei nun X ein Submartingal mit $\inf_{n \in T} EX_n > -\infty$ und Doob-Zerlegung $X = M + A$. Dann gilt $X^\tau = M^\tau + A^\tau$ mit der Spezifikation $M_{-\infty} := X_{-\infty}$. Wie gerade gezeigt, sind M^τ und A^τ $\mathcal{L}^1$-Prozesse, da M ein Martingal und A ein positives Submartingal mit $A_{-\infty} = 0$ ist. Also ist X^τ ein $\mathcal{L}^1$-Prozess. □

Der Wechsel von einem Martingal zu einem anderen an einem zufälligen Treffzeitpunkt (Kopplungszeit) stört ebenfalls nicht die Martingaleigenschaft.

Satz 2.9 *(Optional switching) Seien Y, Z adaptierte reelle Prozesse, τ eine Stoppzeit und für $n \in T$*

$$X_n := Y_n 1_{\{\tau > n\}} + Z_n 1_{\{\tau \leq n\}}.$$

Dann ist X ein Martingal, falls Y, Z Martingale mit $Y_\tau = Z_\tau$ auf $\{\tau \in T\} \cap \{\tau > \alpha\}$ sind. Ferner ist X ein Submartingal (Supermartingal), falls Y, Z Submartingale (Supermartingale) mit $Y_\tau \leq Z_\tau (Y_\tau \geq Z_\tau)$ auf $\{\tau \in T\} \cap \{\tau > \alpha\}$ sind.

Beweis Der Prozess X ist offenbar adaptiert. Sind Y und Z Submartingale, so ist X wegen $E|X_n| \leq E|Y_n| + E|Z_n| < \infty$ ein $\mathcal{L}^1$-Prozess und mit Taking out what is known gilt für $n \in T, n < \beta$

$$\begin{aligned} X_n &\leq E(Y_{n+1}|\mathcal{F}_n) 1_{\{\tau > n\}} + E(Z_{n+1}|\mathcal{F}_n) 1_{\{\tau \leq n\}} \\ &= E(Y_{n+1} 1_{\{\tau > n\}} + Z_{n+1} 1_{\{\tau \leq n\}}|\mathcal{F}_n) \\ &= E(Y_{n+1} 1_{\{\tau > n+1\}} + Y_{n+1} 1_{\{\tau = n+1\}} + Z_{n+1} 1_{\{\tau \leq n\}}|\mathcal{F}_n). \end{aligned}$$

Wegen

$$Y_{n+1}1_{\{\tau=n+1\}} = Y_\tau 1_{\{\tau=n+1\}} \leq Z_\tau 1_{\{\tau=n+1\}} = Z_{n+1}1_{\{\tau=n+1\}}$$

folgt

$$X_n \leq E(X_{n+1}|\mathcal{F}_n),$$

also ist X ein Submartingal. □

Für Martingale Y und Z beispielsweise gilt die Gleichung $Y_\tau = Z_\tau$ auf $\{\tau \in T\}$ für die erste Eintrittszeit

$$\tau = \inf\{n \in T : Y_n = Z_n\} = \inf\{n \in T : 1_{\{Y_n=Z_n\}} = 1\}$$

ebenso wie für die in 2.5 definierten zweiten, dritten etc. Eintrittszeiten der Ereignisse $\{Y_n = Z_n\}$.

Für gestoppte h-Transformierte, die gestoppte Kovariation und den Kompensator gestoppter Prozesse erhält man die folgenden Gleichungen.

Lemma 2.10 *Seien $\alpha > -\infty$, H ein vorhersehbarer reeller Prozess, X, Y adaptierte reelle Prozesse, τ eine Stoppzeit und $K_n := 1_{\{\tau \geq n\}}$ für $n \in T$.*

(a) H^τ ist vorhersehbar und $(H \bullet X)^\tau = HK \bullet X = H \bullet X^\tau = H^\tau \bullet X^\tau$.
(b) $[X, Y]^\tau = [K \bullet X, Y] = [X^\tau, Y] = [X^\tau, Y^\tau]$.
(c) $\langle X, Y\rangle^\tau = \langle K \bullet X, Y\rangle = \langle X^\tau, Y\rangle = \langle X^\tau, Y^\tau\rangle$, falls X, Y $\mathcal{L}^2$-Prozesse sind.
(d) Ist X ein $\mathcal{L}^1$-Prozess und A der Kompensator von X, so ist A^τ der Kompensator von X^τ.

Beweis (a) Wegen $H^\tau = H_\alpha + K \bullet H$ nach 2.8(a) ist H^τ vorhersehbar. Wieder nach 2.8(a) gilt

$$\begin{aligned}(H \bullet X)^\tau &= K \bullet (H \bullet X) = KH \bullet X \\ &= H \bullet (K \bullet X) = H \bullet (X^\tau - X_\alpha) = H \bullet X^\tau\end{aligned}$$

und wegen $KH = KH^\tau$ auch $(H \bullet X)^\tau = H^\tau \bullet X^\tau$.

(b) Für die Kovariation gilt mit 1.19(a)

$$[X, Y]^\tau = K \bullet [X, Y] = [K \bullet X, Y] = [X^\tau - X_\alpha, Y] = [X^\tau, Y]$$

und wegen $K^2 = K$

$$[X, Y]^\tau = [K \bullet X, K \bullet Y] = [X^\tau, Y^\tau].$$

(c) Sind X, Y $\mathcal{L}^2$-Prozesse, so sind nach 2.8(a) auch X^τ, Y^τ adaptierte $\mathcal{L}^2$-Prozesse, und (c) folgt aus 1.19(b) wie (b).

(d) Nach 1.19(c) ist $A^\tau = K \bullet A$ der Kompensator von $X^\tau - X_\alpha = K \bullet X$ und damit auch von X^τ. □

2.2 Reguläre Stoppzeiten und Optional sampling

Wir untersuchen jetzt die Frage, ob die Martingaleigenschaft $E(X_n|\mathcal{F}_m) = X_{n\wedge m}$ bei Beobachtung in Zufallszeitpunkten erhalten bleibt. Während bei Optimal stopping und Optional switching die Martingaleigenschaft nicht gestört wird, ist dieses „Optional sampling" problematischer. Wir benötigen reguläre Stoppzeiten.

Definition 2.11 *Sei $X = (X_n)_{n\in T}$ ein $\mathcal{L}^1$-Prozess. Eine Zufallszeit τ heißt* ***regulär*** *für X, falls $(X_n^\tau)_{n\in T^q}$ für ein $q \in T$ gleichgradig integrierbar ist, wobei $T^q = \{n \in T : n \geq q\}$.*

Ist τ regulär für einen $\mathcal{L}^1$-Prozess X, so ist der gestoppte Prozess X^τ insbesondere ein $\mathcal{L}^1$-Prozess wegen der Integrierbarkeit der Zuwächse $\Delta X_n^\tau = 1_{\{\tau\geq n\}}\Delta X_n$, und daher ist $(X_n^\tau)_{n\in T^q}$ gleichgradig integrierbar für alle $q \in T$.

Da die Existenz geeigneter Spezifikationen X_∞ und $X_{-\infty}$ erst in Kap. 4 zur Verfügung steht, werden wir hier gewisse Endlichkeitsbedingungen für die Zufallszeiten fordern. Ein allgemeines Resultat findet man in 4.28.

Satz 2.12 *(Optional sampling, Doob) Seien σ und τ Stoppzeiten mit $\tau < \infty$ f.s. und $\sigma > -\infty$ f.s.*

(a) Ist X ein Martingal und τ regulär für X, so gelten $E|X_\tau| < \infty$,

$$E(X_\tau|\mathcal{F}_\sigma) = X_{\sigma\wedge\tau} \quad \text{und} \quad EX_\tau = EX_{\sigma\wedge\tau} \in \mathbb{R}.$$

Insbesondere gelten

$$E(X_\tau|\mathcal{F}_\sigma) = X_\sigma \quad \text{und} \quad EX_\tau = EX_\sigma,$$

falls $\sigma \leq \tau$ f.s.

(b) Ist X ein Submartingal und τ regulär für X^+, so gelten $EX_\tau^+ < \infty$,

$$E(X_\tau|\mathcal{F}_\sigma) \geq X_{\sigma\wedge\tau} \quad \text{und} \quad \infty > EX_\tau \geq EX_{\sigma\wedge\tau}.$$

Es gilt $E|X_\tau| < \infty$, falls $X_q^\tau \in \mathcal{L}^1$ für ein $q \in T$.

(c) Ist X ein Supermartingal und τ regulär für X^-, so gelten $EX_\tau^- < \infty$,

$$E(X_\tau|\mathcal{F}_\sigma) \leq X_{\sigma\wedge\tau} \quad \text{und} \quad -\infty < EX_\tau \leq EX_{\sigma\wedge\tau}.$$

Es gilt $E|X_\tau| < \infty$, falls $X_q^\tau \in \mathcal{L}^1$ für ein $q \in T$.

Beweis (b) Wegen $P(\tau < \infty) = 1$ gilt $X_k^\tau = X_k 1_{\{\tau>k\}} + X_\tau 1_{\{\tau\leq k\}} \to X_\tau$ f.s. für $k \to \beta$ und daher $X_\tau^+ \in \mathcal{L}^1$ wegen der Regularität von τ für X^+. Lemma 2.4(c) liefert wegen $P(\sigma > -\infty) = 1$

$$E(X_\tau|\mathcal{F}_\sigma) = \sum_{n\in T\cup\{\infty\}} E(X_\tau|\mathcal{F}_n)1_{\{\sigma=n\}}.$$

Es reicht also

$$E(X_\tau|\mathcal{F}_n) \geq X_{\tau\wedge n}$$

für alle $n \in T \cup \{\infty\}$ zu zeigen. Für $n = \infty$ folgt dies aus der $\mathcal{F}_\infty$-Messbarkeit von X_τ. Der adaptierte Prozess X^τ ist nicht notwendigerweise ein $\mathcal{L}^1$-Prozess ($(X^\tau)^+$ ist ein $\mathcal{L}^1$-Prozess), verhält sich aber sonst wie ein Submartingal: Für $k \in T, k < \beta$ gilt wegen $X^\tau_{k+1} = X^\tau_k + 1_{\{\tau \geq k+1\}} \Delta X_{k+1}$ die Submartingalbedingung $E(X^\tau_{k+1} | \mathcal{F}_k) \geq X^\tau_k$. Für $n \in T$ und $F \in \mathcal{F}_n$ folgt wegen der Regularität von τ für X^+ mit dem Fatou-Lemma A.5(b)

$$-\infty \leq \int_F X^\tau_n dP \leq \lim_{k \to \beta} \int_F X^\tau_k dP \leq \int_F \limsup_{k \to \beta} X^\tau_k dP = \int_F X_\tau dP,$$

was nach den Radon-Nikodym-Ungleichungen $X^\tau_n \leq E(X_\tau | \mathcal{F}_n)$ impliziert.

Falls $X^\tau_q \in \mathcal{L}^1$, zeigt die Wahl von σ als $\sigma = q$, dass $\infty > EX_\tau \geq EX^\tau_q \in \mathbb{R}$, also $X_\tau \in \mathcal{L}^1$.

(c) und (a) folgen aus (b) mit 1.3(a). □

Nach Teil (a) von 2.12 kann man in einem fairen Spiel keinen Gewinn machen solange man „regulär" spielt. Ist etwa $\alpha = 0$, so gilt für reguläre (f.s. endliche) Stoppzeiten $EX_\tau = EX_0$. Im Fall eines positiven Martingals kann man nach (c) auch „irregulär" nicht gewinnen, denn dann gilt immer $EX_\tau \leq EX_0$. Gewinnen kann man also nur, falls X auch negative Werte annimmt, man also (große) Verluste in Kauf nimmt.

Für die Gültigkeit von Optional sampling ist die Regularität der Stoppzeit im Wesentlichen auch notwendig. Beispielsweise folgt für Martingale X mit $E|X_\tau| < \infty$ aus Optional sampling $E(X_\tau | \mathcal{F}_n) = X_{\tau \wedge n}$, also ist X^τ gleichgradig integrierbar wegen A.15.

Die Regularität von Zufallszeiten lässt sich folgendermaßen charakterisieren.

Lemma 2.13 *(Reguläre Zufallszeiten) Sei $X = (X_n)_{n \in T}$ ein $\mathcal{L}^1$-Prozess. Eine Zufallszeit τ ist genau dann für X regulär, wenn*

(i) $E|X_\tau| 1_{\{\tau < \infty\}} < \infty$,
(ii) $(X_n 1_{\{\tau = \infty\}})_{n \in T^q}$ *ist für ein $q \in T$ gleichgradig integrierbar,*
(iii) $\lim_{n \to \beta} E|X_n| 1_{\{n < \tau < \infty\}} = 0$,

und diese Bedingungen sind äquivalent zu (i) und

(iv) $(X_n 1_{\{n < \tau\}})_{n \in T^q}$ *ist für ein $q \in T$ gleichgradig integrierbar.*

Beweis Die Charakterisierung der Regularität folgt aus der Zerlegung

$$X^\tau_n = X_n 1_{\{n < \tau < \infty\}} + X_n 1_{\{\tau = \infty\}} + X_\tau 1_{\{n \geq \tau\}}$$

für $n \in T$. Ist τ regulär für X, so gelten (i) und $X^\tau_n 1_{\{\tau < \infty\}} \xrightarrow{\mathcal{L}^1} X_\tau 1_{\{\tau < \infty\}}$ für $n \to \beta$ wegen $X^\tau_n \to X_\tau$ überall auf $\{\tau < \infty\}$. Es folgt für $n \to \beta$

$$X_n 1_{\{n < \tau < \infty\}} = (X_\tau - X^\tau_n) 1_{\{\tau < \infty\}} \xrightarrow{\mathcal{L}^1} 0,$$

also (iii). Die Bedingung (ii) folgt aus $|X_n| 1_{\{\tau = \infty\}} \leq |X^\tau_n|$.

Umgekehrt ist $(X_\tau 1_{\{n\geq\tau\}})_{n\in T}$ wegen (i) und $|X_\tau|1_{\{n\geq\tau\}} \leq |X_\tau|1_{\{\tau<\infty\}}$ gleichgradig integrierbar. Wegen (iii) ist $(X_n 1_{\{n<\tau<\infty\}})_{n\in T^q}$ gleichgradig integrierbar. Zusammen mit (ii) ist damit $(X_n^\tau)_{n\in T^q}$ gleichgradig integrierbar als Summe dreier gleichgradig integrierbarer Prozesse.

Wegen $X_n 1_{\{n<\tau<\infty\}} \to 0$ überall auf Ω für $n \to \beta$ ist ferner die Bedingung (iii) äquivalent zur gleichgradigen Integrierbarkeit von $(X_n 1_{\{n<\tau<\infty\}})_{n\in T^q}$ für ein $q \in T$. Damit ist (iv) eine Konsequenz von (ii) und (iii). Umgekehrt folgen (ii) und (iii) aus (iv) wegen $|X_n|1_{\{\tau=\infty\}} \leq |X_n|1_{\{n<\tau\}}$ und $|X_n|1_{\{n<\tau<\infty\}} \leq |X_n|1_{\{n<\tau\}}$. □

Falls $\tau < \infty$ f.s. ist die Bedingung (ii) von 2.13 natürlich erfüllt. Ferner ist τ wegen A.3(d), (e) genau dann für X regulär, wenn τ für X^+ und X^- regulär ist.

Wir geben noch eine Liste hinreichender Bedingungen für die Regularität von Zufallszeiten und die $\mathcal{L}^1$-Beschränktheit gestoppter Prozesse an.

Lemma 2.14 *Seien $X = (X_n)_{n\in T}$ ein $\mathcal{L}^1$-Prozess und σ und τ Zufallszeiten*

(a) $\sigma \vee \tau$ und $\sigma \wedge \tau$ sind regulär für X, falls σ und τ regulär für X sind. Ist τ regulär für X und $\sigma \leq \tau$ f.s. mit $E|X_\sigma|1_{\{\sigma<\infty\}} < \infty$, so ist σ regulär für X.
(b) Ist τ beschränkt, also $P(q \leq \tau \leq k) = 1$ für $q, k \in T$, so ist τ regulär für X.
(c) Gilt $E\sup_{n\in T\cup\{\alpha\}, n\leq\tau} |X_n| < \infty$, so ist τ regulär für X.
(d) Sind X ein Submartingal, $X_{-\infty}^+ 1_{\{\tau=-\infty\}} \in \mathcal{L}^1$ und τ eine nach oben beschränkte Stoppzeit, also $P(\tau \leq k) = 1$ für ein $k \in T$, so ist τ regulär für X^+, und falls $\inf_{n\in T} EX_n > -\infty$ und $X_{-\infty}1_{\{\tau=-\infty\}} \in \mathcal{L}^1$, ist τ regulär für X.
(e) Für jedes $q \in T$ gelten

$$EX_\tau^+ 1_{\{\tau<\infty\}} \leq \sup_{n\in T^q} E(X_n^\tau)^+ \quad \textit{und} \quad E|X_\tau|1_{\{\tau<\infty\}} \leq \sup_{n\in T^q} E|X_n^\tau|.$$

(f) Sind X ein Submartingal und τ eine Stoppzeit, so gilt

$$\sup_{n\in T} E(X_n^\tau)^+ \leq \sup_{n\in T} EX_n^+ + EX_{-\infty}^+ 1_{\{\tau=-\infty\}}$$

und falls $\inf_{n\in T} EX_n > -\infty$ und $X_{-\infty}1_{\{\tau=-\infty\}} \in \mathcal{L}^1$, gilt

$$\sup_{n\in T} E|X_n^\tau| \leq 2(\sup_{n\in T} EX_n^+ + EX_{-\infty}^+ 1_{\{\tau=-\infty\}}) - c$$

mit $c := \inf_{n\in T} EX_n^\tau > -\infty$.

Beweis (a) Wegen

$$|X_{\sigma\vee\tau}|1_{\{\sigma\vee\tau<\infty\}} \leq |X_\sigma|1_{\{\sigma<\infty\}} + |X_\tau|1_{\{\tau<\infty\}}$$

gilt 2.13(i) für $\sigma \vee \tau$ und wegen

$$|X_n|1_{\{n<\sigma\vee\tau\}} \leq |X_n|1_{\{n<\sigma\}} + |X_n|1_{\{n<\tau\}}$$

und A.3(d), (e) gilt 2.13(iv) für $\sigma \vee \tau$, also ist $\sigma \vee \tau$ regulär für X. Die beiden anderen Behauptungen folgen analog.

(b) Wegen

$$|X_n^\tau| = \sum_{j=q}^{k} |X_{j\wedge n}| 1_{\{\tau=j\}} \leq \sum_{j=q}^{k} |X_j| \in \mathcal{L}^1$$

für $n \in T, n \geq q$ ist $\sum_{j=q}^{k} |X_j|$ eine $\mathcal{L}^1$-Majorante von $(X_n^\tau)_{n\geq q}$ und τ daher regulär für X.

(c) Hier ist τ wegen

$$|X_n^\tau| \leq \sup_{j\in T} |X_j^\tau| = \sup_{\substack{j\in T\cup\{\alpha\} \\ j\leq\tau}} |X_j| \in \mathcal{L}^1$$

für alle $n \in T$ regulär für X.

(d) Da $X_n 1_{\{n<\tau\}} = 0$ für $n > k$, ist die Bedingung (iv) von 2.13 offenbar für τ und X erfüllt. Ferner gilt $X_\tau^+ = (X_k^\tau)^+ \in \mathcal{L}^1$, da $(X^\tau)^+$ nach Optional stopping 2.8(b) ein Submartingal und damit insbesondere ein $\mathcal{L}^1$-Prozess ist. Also ist τ für X^+ regulär. Gilt $\inf_{n\in T} EX_n > -\infty$, so ist wieder nach 2.8(b) auch X^τ ein Submartingal, also $X_\tau = X_k^\tau \in \mathcal{L}^1$. Damit folgt die Regularität für X aus 2.13.

(e) Wegen $X_n^\tau \to X_\tau$ überall auf $\{\tau < \infty\}$ für $n \to \beta$ folgt (e) aus dem Fatou-Lemma.

(f) Die erste Ungleichung ist schon im Beweis von 2.8(b) enthalten. (Falls $\tau > -\infty$ f.s. folgt diese Abschätzung auch aus Optional sampling, wonach $X_{\tau\wedge n}^+ \leq E(X_n^+|\mathcal{F}_{\tau\wedge n})$.)

Sind $\inf_{n\in T} EX_n > -\infty$, $X_{-\infty} 1_{\{\tau=-\infty\}} \in \mathcal{L}^1$ und $X = M + A$ die Doob-Zerlegung von X mit der Spezifikation $M_{-\infty} := X_{-\infty}$, so gilt $X^\tau = M^\tau + A^\tau \geq M^\tau$ auf T. Da M^τ nach 2.8(b) ein Martingal ist, folgt $c > -\infty$. Damit folgt die zweite Ungleichung aus der ersten und

$$E|X_n^\tau| = 2E(X_n^\tau)^+ - EX_n^\tau \leq 2E(X_n^\tau)^+ - c. \qquad \square$$

Beispiel 2.15 Seien $X = (X_n)_{n\in T}$ ein adaptierter $\mathcal{L}^1$-Prozess und $X_{-\infty} \in \mathcal{L}^1$. Für die Stoppzeit (erste Eintrittszeit)

$$\tau := \inf\{n \in T : |X_n| > a\}$$

mit $\inf \emptyset := \infty$ und $a \geq 0$ gilt

$$\{\tau = \infty\} = \{\sup_{n\in T} |X_n| \leq a\} \quad \text{und} \quad \{\tau > n\} = \{\sup_{j\in T_n} |X_j| \leq a\}.$$

Wegen $|X_n| 1_{\{\tau>n\}} \leq a 1_{\{\tau>n\}} \leq a$ für alle $n \in T$ ist die Bedingung (iv) von 2.13 für X erfüllt. Ist beispielsweise X ein $\mathcal{L}^1$-beschränktes Submartingal, so gilt wegen 2.14(e), (f) und 1.22 auch (i) von 2.13, also ist τ regulär für X.

Für die Stoppzeit

$$\sigma := \inf\{n \in T : X_n > a\}$$

gilt entsprechend $X_n^+ 1_{\{\sigma>n\}} \leq a$ und 2.13(iv) ist für X^+ erfüllt. Ist X ein Submartingal und X^+ $\mathcal{L}^1$-beschränkt, so folgt wie eben, dass σ regulär für X^+ ist.

Die erwartete Dynamik eines adaptierten $\mathcal{L}^1$-Prozesses X mit Doob-Zerlegung $X = M + A$ kann man im Fall $\alpha > -\infty$ durch $EX_n = EX_\alpha + EA_n$ beschreiben. Wir untersuchen jetzt für Submartingale noch die Frage, ob die Gleichung durch Stoppzeiten gestört wird.

Lemma 2.16 *Seien $\alpha > -\infty, \tau$ eine Stoppzeit mit $\tau < \infty$ f.s. und X ein positives Submartingal mit Kompensator A. Dann gilt $EX_\tau \leq EX_\alpha + EA_\tau$ und falls* $\lim_{n\to\beta} EX_n 1_{\{\tau>n\}} = 0$, *gilt*

$$EX_\tau = EX_\alpha + EA_\tau.$$

Ferner ist τ genau dann für X regulär, wenn obige Gleichung und $EA_\tau < \infty$ gelten.

Beweis Im Fall $\beta < \infty$ ist τ nach 2.14(b) regulär für X und $EX_\tau = EX_\alpha + EA_\tau$.

Sei $\beta = \infty$ und $X = M + A$ die Doob-Zerlegung von X. Nach Optional stopping ist M^τ ein Martingal mit $M_\alpha^\tau = X_\alpha$ und daher

$$EX_n^\tau = EM_n^\tau + EA_n^\tau = EX_\alpha + EA_n^\tau$$

für alle $n \in T$. Wegen $X_n^\tau \to X_\tau$ f.s. und $A_n^\tau \uparrow A_\tau$ f.s. für $n \to \infty$ gilt mit dem Fatou-Lemma und monotoner Konvergenz

$$EX_\tau \leq \lim_{n\to\infty} EX_n^\tau = EX_\alpha + EA_\tau.$$

Ist $EX_\tau = \infty$, so gilt Gleichheit. Gilt $EX_\tau < \infty$, so ist τ unter der zusätzlichen Voraussetzung nach 2.13 regulär für X und somit $EX_\tau = \lim_{n\to\infty} EX_n^\tau$. Es folgt Gleichheit in obiger Ungleichung für X_τ.

Da τ genau dann für X regulär ist, wenn $EX_\tau = \lim_{n\to\infty} EX_n^\tau < \infty$, folgt die letzte Behauptung. □

Für ein positives Martingal X $(A = 0)$ und $\tau < \infty$ f.s. ist danach schon $EX_\tau = EX_\alpha$ gleichbedeutend mit der Regularität von τ für X. Außerdem gilt die Gleichung in 2.16 für wachsende Submartingale wegen monotoner Konvergenz.

Von besonderem Interesse ist das positive Submartingal X^2 für ein $\mathcal{L}^2$-Martingal X. Hier lassen sich die Bedingungen von 2.16 abschwächen.

Satz 2.17 *Seien $\alpha > -\infty$, X ein $\mathcal{L}^2$-Martingal und τ eine Stoppzeit mit $\tau < \infty$ f.s. Dann gilt*

$$EX_\tau^2 = EX_\alpha^2 + E\langle X\rangle_\tau = EX_\alpha^2 + E[X]_\tau \in \mathbb{R}_+ \cup \{\infty\},$$

falls $\lim_{n\to\beta} E|X_n| 1_{\{\tau>n\}} = 0$.

Ferner ist τ genau dann für X^2 regulär, wenn $E\langle X\rangle_\tau < \infty$, und dann gelten obige Gleichungen für EX_τ^2.

Man beachte, dass die obige Voraussetzung die Regularitätsbedingung 2.13(iii) für X und nicht für X^2 ist. Letztere wäre wegen der Monotonie der $\mathcal{L}^p$-Halbnormen (in p) eine stärkere Voraussetzung.

Beweis Zum Nachweis der ersten Gleichung können wir nach 2.16 $EX_\tau^2 < \infty$ annehmen und außerdem $\beta = \infty$. Dann gilt auch $E|X_\tau| < \infty$, so dass unter obiger Voraussetzung τ wegen 2.13 regulär für das Submartingal $|X|$ ist. Mit Optional sampling gilt für $n \in T$

$$E(|X_\tau|\,|\mathcal{F}_n) \geq |X_{\tau\wedge n}|$$

und aus der bedingten Jensen-Ungleichung folgt

$$E(X_\tau^2|\mathcal{F}_n) \geq X_{\tau\wedge n}^2.$$

Sei $X^2 = M + \langle X \rangle$ die Doob-Zerlegung von X^2. Wegen Optional stopping ist M^τ ein Martingal mit Anfangswert $M_\alpha^\tau = M_\alpha = X_\alpha^2$. Wir erhalten

$$EX_\tau^2 = EE(X_\tau^2|\mathcal{F}_n) \geq EX_{\tau\wedge n}^2 = EX_\alpha^2 + E\langle X \rangle_{\tau\wedge n}.$$

Damit folgt die erste Gleichung aus 2.16 (angewandt auf das positive Submartingal X^2).

Weil nach 1.16(a) $\langle X \rangle - [X]$ ein Martingal mit Anfangswert 0 ist, gilt $E\langle X \rangle_{\tau\wedge n} = E[X]_{\tau\wedge n}$ wegen Optional stopping, und mit monotoner Konvergenz folgt

$$E\langle X \rangle_\tau = E[X]_\tau$$

für beliebige Stoppzeiten τ. Dies liefert die zweite Gleichung.

Ist τ regulär für X^2, so ist τ insbesondere regulär für X, und aus der ersten Gleichung und $EX_\tau^2 < \infty$ folgt $E\langle X \rangle_\tau < \infty$. Gilt andererseits $E\langle X \rangle_\tau < \infty$, so folgt für $n \in T$

$$EX_{\tau\wedge n}^2 = EX_\alpha^2 + E\langle X \rangle_{\tau\wedge n} \leq EX_\alpha^2 + E\langle X \rangle_\tau < \infty.$$

Daher ist X^τ $\mathcal{L}^2$-beschränkt und somit gleichgradig integrierbar. Damit gilt die erste Gleichung, und die Regularität von τ für X^2 folgt aus 2.16. □

In 3.24 werden wir sehen, dass $E\langle X \rangle_\tau^{1/2} < \infty$ hinreichend für die Regularität von τ für X ist.

Satz 2.17 ist eine Martingalversion der sogenannten zweiten Waldschen Gleichung.

Beispiel 2.18 (Waldsche Gleichungen, Random walk) Seien $T = \mathbb{N}_0$ und Y ein $\mathbb{F}$-Random walk, $Y_n = \sum_{j=1}^n Z_j$ mit $Y_0 = Z_0 = 0$ und $Z_1 \in \mathcal{L}^1$. Wir betrachten das $\mathbb{F}$-Martingal

$$X_n := \sum_{j=1}^n Z_j - nEZ_1, n \in \mathbb{N}_0,$$

also den kompensierten $\mathbb{F}$-Random walk Y, und eine Stoppzeit τ mit $E\tau < \infty$. Sei $V_n := \sum_{j=1}^n |\Delta X_j| = \sum_{j=1}^n |Z_j - EZ_1|$ und $V = M + A$ die Doob-Zerlegung des Submartingals V mit $A_n = \sum_{j=1}^n E(|\Delta X_j| \,|\mathcal{F}_{j-1}) = nE|Z_1 - EZ_1|$, $M_0 = A_0 = 0$. Mit monotoner Konvergenz und Optional stopping folgt

$$EV_\tau = EA_\tau = E\tau E|Z_1 - EZ_1| < \infty,$$

so dass τ nach 2.16 für V regulär ist. Wegen $|X| \leq V$ ist dann τ auch regulär für X, und aus Optional sampling folgt

$$0 = EX_0 = EX_\tau = E\Big(\sum_{j=1}^{\tau} Z_j - \tau EZ_1\Big),$$

also

$$E\Big(\sum_{j=1}^{\tau} Z_j\Big) = E\tau EZ_1.$$

Das ist die erste Waldsche Gleichung. Man zeigt übrigens genauso, dass τ für Y regulär ist.

Eine interessante Konsequenz ist $E\sigma = \infty$ für die Stoppzeit

$$\sigma := \inf\{n \geq 1 : X_n > a\}$$

im Fall $EZ_1 = 0$ und $a \geq 0$, denn sonst wäre $0 \leq a < EX_\sigma = E\sigma EZ_1 = 0$. Allerdings ist σ fast sicher endlich, falls $P(Z_1 \neq 0) > 0$, denn nach dem Satz von Chung und Fuchs A.21 gilt dann $\lim\sup_{n\to\infty} X_n = \infty$ f.s. und damit $P(\sigma = \infty) = P(\sup_{n\in T} X_n \leq a) = 0$. Wegen 2.12 (a) und $0 = EX_0 < EX_\sigma$ ist σ nicht regulär für X.

Sei nun zusätzlich $Z_1 \in \mathcal{L}^2$. Dann ist X ein $\mathcal{L}^2$-Martingal mit quadratischer Charakteristik $\langle X\rangle_n = n \operatorname{Var} Z_1$, also

$$E\langle X\rangle_\tau = E\tau \operatorname{Var} Z_1 < \infty.$$

Wegen 2.17 gilt $EX_\tau^2 = E\langle X\rangle_\tau$ und man erhält die zweite Waldsche Gleichung

$$E\Big(\sum_{j=1}^{\tau} Z_j - \tau EZ_1\Big)^2 = E\tau \operatorname{Var} Z_1,$$

wobei die linke Seite nicht die Varianz von $\sum_{j=1}^{\tau} Z_j$ ist (außer im Fall $EZ_1 = 0$ oder τ deterministisch).

Dieses Beispiel wird in 3.25 fortgesetzt.

Im nächsten Beispiel werden die Waldschen Gleichungen eine Rolle spielen und Stoppzeiten auftauchen, die nicht regulär sind.

Beispiel 2.19 (Glücksspiel) In der Situation von Beispiel 1.10 seien $X_n = \sum_{i=1}^n Z_i$ mit $X_0 = 0$ und $p = P(Z_1 = +1) \in (0,1)$, $G = H \bullet X$ der Gewinnprozess für eine Strategie H, $K = K_0 + G$ der Kapitalprozess des Spielers und $T = \mathbb{N}_0$.

(a) (Verdopplungsstrategie) Der Spieler setzt in der n-ten Spielrunde 2^{n-1} Euro und beendet das Spiel, wenn er erstmals gewinnt, also zur Zeit

$$\tau := \inf\{n \geq 1 : Z_n = +1\}.$$

Die Strategie hat dann die Form $H_n := 2^{n-1} 1_{\{\tau \geq n\}}$ für $n \geq 1$. (Online-Casinos beschreiben diese Strategie ausführlich unter dem Namen „Martingale System".) Wegen $\{\tau = n\} = \{Z_1 = -1, \ldots, Z_{n-1} = -1, Z_n = +1\}$ gilt $P(\tau = n) = (1-p)^{n-1} p$ für $n \in \mathbb{N}$. Die Stoppzeit τ ist also geometrisch verteilt mit $E\tau = 1/p$, insbesondere $\tau < \infty$ f.s. Für den Gewinnprozess gilt auf $\{\tau = j\}$ mit $1 \leq j \leq n$

$$G_n = G_j = \sum_{i=1}^{j} 2^{i-1} Z_i = \sum_{i=1}^{j-1} 2^{i-1}(-1) + 2^{j-1}(+1) = 1,$$

also $G_n = 1$ auf $\{\tau \leq n\}$, und auf $\{\tau > n\}$ gilt

$$G_n = -\sum_{i=1}^{n} 2^{i-1} = 1 - 2^n.$$

Man erhält

$$G_n = (1 - 2^n) 1_{\{\tau > n\}} + 1_{\{\tau \leq n\}}$$

für $n \in \mathbb{N}$ und insbesondere

$$G_\tau = 1 \text{ f.s.} \quad \text{und} \quad K_\tau = K_0 + 1 \text{ f.s.}$$

Der Spieler scheint mit dieser Strategie auch aus einem ungünstigen Spiel im Fall $p < 1/2$ ein günstiges zu machen. Allerdings ist dazu unbegrenztes Kapital erforderlich und daher von der Strategie abzuraten.

Wegen $EG_\tau = 1 > EG_0 = 0$ ist die Stoppzeit τ nach Optional sampling 2.12(a), (c) im Martingalfall $p = 1/2$ und im Supermartingalfall $p < 1/2$ nicht regulär für G oder K. Nur im (echten) Submartingalfall $p > 1/2$ ist τ nach 2.13 regulär für G und K, denn

$$\begin{aligned} E|G_n| 1_{\{\tau > n\}} &= (2^n - 1) P(\tau > n) = (2^n - 1) p \sum_{j=n+1}^{\infty} (1-p)^{j-1} \\ &= (2^n - 1)(1-p)^n \to 0 \quad \text{für } n \to \infty, \end{aligned}$$

und dies ist im Einklang mit 2.12(b). Dabei haben wir für $0 < x < 1$ die Gleichung

$$\sum_{j=n+1}^{\infty} x^{j-1} = \frac{1}{x}\Big(\sum_{j=0}^{\infty} x^j - \sum_{j=0}^{n} x^j\Big) = \frac{1}{x}\left(\frac{1}{1-x} - \frac{1-x^{n+1}}{1-x}\right) = \frac{x^n}{1-x}$$

benutzt. Wegen $G^\tau = G$ bedeutet die Regularität von τ für G die gleichgradige Integrierbarkeit von G.

(b) (Gewinn oder Ruin?) Mit einem Einsatz von einem Euro pro Spiel und einem Anfangskapital von $y = K_0$ Euro, $y \in \mathbb{N}$ möchte der Spieler einen Gewinn von z Euro, $z \in \mathbb{N}$ erzielen und dann das Spiel beenden. Wie groß ist die Wahrscheinlichkeit, dass er vorher sein Kapital verspielt hat, also ruiniert ist, und deshalb das Spiel beenden muss?

Mit der Stoppzeit

$$\tau := \inf\{n \geq 1 : X_n \in \{-y, z\}\}$$

und der Strategie $H_n := 1_{\{\tau \geq n\}}$ für $n \geq 1$ ist $P(G_\tau = -y)$ die gesuchte Ruinwahrscheinlichkeit, falls $\tau < \infty$ f.s., wobei nach 2.8(a) $G = H \bullet X = X^\tau$. Die Stoppzeit τ ist tatsächlich nicht nur fast sicher endlich, sondern es existieren sogar (von p und $y + z$ abhängende) Konstanten $a \in (0, \infty)$ und $\gamma \in (0, 1)$ mit

$$P(\tau > n) \leq a\gamma^n$$

für alle $n \in \mathbb{N}_0$. Zum Beweis dieser Abschätzung seien $k := y + z$ und $U_j := X_{(j+1)k} - X_{jk}$ für $j \in \mathbb{N}_0$. Dann gilt für $m \in \mathbb{N}$

$$\{\tau > km\} = \bigcap_{i=1}^{km}\{-y < X_i < z\} \subset \bigcap_{j=0}^{m-1}\{U_j \leq k - 1\}.$$

Da $U_0, U_1, U_2, \ldots$ unabhängig sind, $U_j \stackrel{d}{=} X_k$ für alle $j \in \mathbb{N}_0$ gilt und

$$P(X_k \leq k - 1) \leq P\Big(\bigcup_{i=1}^{k}\{Z_i = -1\}\Big) = 1 - P\Big(\bigcap_{i=1}^{k}\{Z_i = +1\}\Big) = 1 - p^k,$$

folgt

$$P(\tau > km) \leq \prod_{j=0}^{m-1} P(U_j \leq k - 1) = P(X_k \leq k - 1)^m \leq (1 - p^k)^m.$$

Diese Ungleichung gilt natürlich auch für $m = 0$. Für $n \in \mathbb{N}_0$ wähle man $m \in \mathbb{N}_0$ mit $km \leq n < k(m + 1)$. Dann gilt mit $a := (1 - p^k)^{-1}$ und $\gamma := (1 - p^k)^{1/k}$

$$P(\tau > n) \leq P(\tau > km) \leq (1 - p^k)^m = a\gamma^{k(m+1)} \leq a\gamma^n.$$

Insbesondere gilt für $r \geq 1$

$$\begin{aligned} E\tau^r &= r\int_0^\infty t^{r-1}P(\tau > t)dt \leq r\sum_{n=0}^{\infty}(n + 1)^{r-1}P(\tau > n) \\ &\leq ar\sum_{n=0}^{\infty}(n + 1)^{r-1}\gamma^n < \infty. \end{aligned}$$

Wegen $EZ_1 = 2p - 1, P(G_\tau = z) = 1 - P(G_\tau = -y), G^\tau = X^\tau$ und $G_\tau = X_\tau$ ist τ nach 2.18 regulär für G, die erste Waldsche Gleichung 2.18 liefert

$$\begin{aligned} E\tau(2p-1) = EG_\tau &= zP(G_\tau = z) - yP(G_\tau = -y) \\ &= z - (y+z)P(G_\tau = -y), \end{aligned}$$

und wegen $\operatorname{Var} Z_1 = 4p(1-p)$ gilt nach der zweiten Waldschen Gleichung 2.18

$$E\tau 4p(1-p) = E(G_\tau - \tau(2p-1))^2.$$

Im Fall $p = 1/2$ folgt für die Ruinwahrscheinlichkeit

$$P(G_\tau = -y) = \frac{z}{y+z},$$

was nicht überrascht, und

$$\begin{aligned} E\tau = EG_\tau^2 &= z^2 P(G_\tau = z) + y^2 P(G_\tau = -y) \\ &= z^2 \frac{y}{y+z} + y^2 \frac{z}{y+z} = yz. \end{aligned}$$

Im Fall $p \neq 1/2$ ist der für $\vartheta := \log((1-p)/p)$ durch

$$M_n := e^{\vartheta X_n} = \prod_{i=1}^n e^{\vartheta Z_i}, \quad M_0 := 1$$

definierte geometrische $\mathbb{F}$-Random walk (1.7(b)) ein Martingal, denn

$$Ee^{\vartheta Z_1} = pe^{\vartheta} + (1-p)e^{-\vartheta} = 1.$$

Wegen

$$M_n^\tau = e^{\vartheta X_{\tau \wedge n}} \leq e^{|\vartheta|(y \vee z)}$$

für alle $n \in \mathbb{N}_0$ ist τ regulär für M, so dass mit Optional sampling folgt

$$\begin{aligned} 1 = EM_0 = EM_\tau &= Ee^{\vartheta G_\tau} \\ &= e^{\vartheta z} P(G_\tau = z) + e^{-\vartheta y} P(G_\tau = -y) \\ &= \left(\frac{1-p}{p}\right)^z (1 - P(G_\tau = -y)) + \left(\frac{p}{1-p}\right)^y P(G_\tau = -y), \end{aligned}$$

also

$$P(G_\tau = -y) = \frac{(\frac{1-p}{p})^z - 1}{(\frac{1-p}{p})^z - (\frac{p}{1-p})^y}.$$

Außerdem gilt nach der ersten Waldschen Gleichung

$$E\tau = \frac{z - (y+z)P(G_\tau = -y)}{2p-1}.$$

Ist beispielsweise $y = z = 100$ Euro und $p = 1/2$, so erhält man $P(G_\tau = -y) = 1/2$ und $E\tau = 10.000$, während für $p = 18/37$ (Europäisches Roulette, der Spieler setzt auf die Farbe Rot) die Ruinwahrscheinlichkeit $P(G_\tau = -y) = 0{,}9955\ldots$ und $E\tau \approx 3666$ resultieren, also eine drastische Änderung der Ruinwahrscheinlichkeit.

(c) (Gewinn?) Wir untersuchen jetzt die Stoppzeit

$$\sigma := \inf\{n \geq 1 : X_n = z\}$$

und die Strategie $H_n := 1_{\{\sigma \geq n\}}$ für $z \in \mathbb{N}$. Im für den Spieler günstigen Fall $p > 1/2$ ist σ integrierbar, denn wegen $G^\sigma = X^\sigma$ gilt mit Optional stopping $E(\sigma \wedge n)(2p-1) = EG_{\sigma\wedge n} \leq z$ und mit monotoner Konvergenz folgt $E\sigma = \lim_{n\to\infty} E(\sigma \wedge n) \leq z/(2p-1) < \infty$. Daher liefert die erste Waldsche Gleichung 2.18 $E\sigma(2p-1) = EG_\sigma = z$, also

$$E\sigma = \frac{z}{2p-1}.$$

Nach 2.18 ist σ regulär für G.

Im Fall $p \leq 1/2$ vergleichen wir σ mit den Stoppzeiten $\tau_y := \inf\{n \geq 1 : X_n \in \{-y, z\}\}$ für $y \in \mathbb{N}$. Wegen $\tau_1 \leq \tau_2 \leq \ldots \leq \sigma$ und $\{\sigma < \infty\} = \bigcup_{y=1}^\infty \{\tau_y = \sigma\}$ f.s. folgt mit der Stetigkeit (von unten) von P

$$\begin{aligned} P(\sigma < \infty) &= \lim_{y\to\infty} P(\tau_y = \sigma) = \lim_{y\to\infty} P(G_{\tau_y} = z) \\ &= 1 - \lim_{y\to\infty} P(G_{\tau_y} = -y). \end{aligned}$$

Die Formeln in (b) für die Ruinwahrscheinlichkeiten liefern

$$P(\sigma < \infty) = \begin{cases} 1, & \text{falls } p = 1/2, \\ (\frac{p}{1-p})^z, & \text{falls } p < 1/2. \end{cases}$$

Insbesondere gilt $P(\sigma = \infty) > 0$ und damit $E\sigma = \infty$, falls $p < 1/2$, und für $p = 1/2$ gilt auch $E\sigma = \infty$ wegen $E\tau_y = yz \leq E\sigma$ für alle $y \in \mathbb{N}$. (Der Fall $p = 1/2$ ist schon in 2.18 enthalten.) Wie im Fall $p = 1/2$ ist σ auch im Fall $p < 1/2$ nicht regulär für G, weil nach dem starken Gesetz der großen Zahlen $X_n \to -\infty$ f.s., daher mit Fatous Lemma

$$\infty = \infty P(\sigma = \infty) \leq \liminf_{n\to\infty} E|G_n| 1_{\{\sigma=\infty\}}$$

und somit 2.13(ii) nicht erfüllt ist.

Im letzten Beispiel wird das Martingal 1.7(d) im Mittelpunkt stehen.

Beispiel 2.20 (Stimmenauszählung) (a) Die Kandidaten A und B stellen sich einer Wahl. Dabei können neben A und B eventuell noch andere Kandidaten gewählt werden. Am Ende der Stimmenauszählung hat A k Stimmen mehr als B, $k \in \mathbb{N}$. Wie groß ist die Wahrscheinlichkeit, dass A nach Auszählung der ersten n Stimmen vor B liegt für alle $n = 1, \ldots, N$, wobei N die Gesamtzahl der Wähler bezeichnet?

Zur Modellierung seien A_n und B_n die Anzahl der Stimmen für A beziehungsweise B nach n ausgezählten Stimmen. Die gesuchte Wahrscheinlichkeit ist also

$$p := P(B_n < A_n \text{ für alle } 1 \leq n \leq N | A_N = k + B_N).$$

Definiert man Z_i als Votum des i-ten Wählers, wobei $Z_i = 0$, falls Votum für A, $Z_i = 2$, falls Votum für B, $Z_i = 1$, falls Votum für keinen der beiden ausfällt, und $S_n := \sum_{i=1}^n Z_i$, so gilt

$$S_n = n + B_n - A_n$$

und damit

$$p = P\left(\max_{1 \leq n \leq N} \frac{S_n}{n} < 1 \middle| S_N = N - k\right).$$

Nimmt man an, dass $Z_1, \ldots, Z_N$ unabhängig und identisch verteilt sind, folgt aus der Gleichung in (b)

$$p = \frac{k}{N}.$$

Diese Wahrscheinlichkeit ist erstaunlich klein.

(b) Sind $Z_1, \ldots, Z_N$ unabhängige und identisch verteilte $\mathbb{N}_0$-wertige Zufallsvariable mit $Z_1 \in \mathcal{L}^1$, $N \in \mathbb{N}$ und $S_n := \sum_{i=1}^n Z_i$, so gilt

$$P\left(\max_{1 \leq n \leq N} \frac{S_n}{n} < 1 \middle| S_N\right) = \left(1 - \frac{S_N}{N}\right)^+.$$

Zum Beweis dieser Gleichung sei $D := \{\max_{1 \leq n \leq N} S_n/n < 1\}$. Nach 1.7(d) wird durch

$$X_n := \frac{S_{-n}}{-n} \text{ für } n \in T := \{-N, \ldots, -1\}$$

ein $\mathbb{F}$ Martingal definiert mit $\mathbb{F} = \mathbb{F}^X$. Für die Stoppzeit

$$\tau := \inf\{n \in T : X_n \geq 1\} \wedge (-1)$$

erhält man

$$X_\tau + 1_D = X_{-N} + (1 - X_{-N})^+ =: R,$$

denn auf $D = \{\max_{n \in T} X_n < 1\}$ gilt $R = 1$ und ferner $\tau = -1$, also $X_\tau = X_{-1} = Z_1 < 1$ und damit $X_\tau = 0$. Auf $D^c \cap \{\tau = n\}$ für $n > -N$ gilt $X_\tau = X_n \geq 1$ und $X_{n-1} < 1$, also $-n \leq S_{-n} \leq S_{-n+1}$. Dies impliziert $-n = S_{-n}$ und damit $X_\tau = X_n = 1$. Da $X_{-N} < 1$, gilt auch $R = 1$. Auf $D^c \cap \{\tau = -N\}$ gilt

$X_\tau = X_{-N} \geq 1$ und $R = X_{-N}$. Da die einfache Stoppzeit τ regulär für X ist, liefert nun der Optional sampling Satz wegen $\mathcal{F}_{-N} = \sigma(X_{-N})$

$$\begin{aligned}
P(D|S_N) &= P(D|X_{-N}) = P(D|\mathcal{F}_{-N}) \\
&= E(X_{-N} + (1 - X_{-N})^+ - X_\tau|\mathcal{F}_{-N}) \\
&= X_{-N} + (1 - X_{-N})^+ - E(X_\tau|\mathcal{F}_{-N}) \\
&= X_{-N} + (1 - X_{-N})^+ - X_{-N} \\
&= (1 - X_{-N})^+ = \left(1 - \frac{S_N}{N}\right)^+.
\end{aligned}$$

(Durch Übergang zu $Z_i \wedge N$ kann man übrigens auf die Voraussetzung $Z_1 \in \mathcal{L}^1$ verzichten.)

Mit Optional Sampling und 2.14(b) folgt $EX_\sigma = EX_\tau$ für jedes Martingal X und einfache Stoppzeiten σ und τ. Wir zeigen noch, dass diese Bedingung auch hinreichend ist und somit die folgende Charakterisierung gilt.

Satz 2.21 *(Martingaltest) Sei Σ die Menge der einfachen $\mathbb{F}$-Stoppzeiten. Ein adaptierter $\mathcal{L}^1$-Prozess ist genau dann ein Martingal, wenn $(EX_\sigma)_{\sigma\in\Sigma}$ konstant ist. X ist genau dann ein Submartingal, wenn $(EX_\sigma)_{\sigma\in\Sigma}$ monoton wachsend ist (im Sinne von $E(X_\sigma) \leq EX_\tau$, falls $\sigma \leq \tau$ f.s.).*

Beweis Wir beweisen den Submartingalfall. Die Notwendigkeit folgt aus Optional sampling, da einfache Stoppzeiten wegen 2.14(b) regulär für $\mathcal{L}^1$-Prozesse sind. Seien andererseits $n \in T, n < \beta$ und $F \in \mathcal{F}_n$. Dann ist

$$\tau := n1_F + (n+1)1_{F^c}$$

nach 2.3(f) eine einfache Stoppzeit mit $\tau \leq n+1$. Wegen $X_\tau = X_n 1_F + X_{n+1}1_{F^c}$ folgt aus der Monotoniebedingung im Satz

$$0 \leq EX_{n+1} - EX_\tau = E(X_{n+1}1_F - X_n 1_F).$$

Dies gilt für alle $F \in \mathcal{F}_n$, was $E(X_{n+1}|\mathcal{F}_n) \geq X_n$ zeigt. □

Bemerkung 2.22 Im nach 2.21 naheliegendem Konzept des **asymptotischen Martingals** wird die Konstanz von $(EX_\sigma)_{\sigma\in\Sigma}$ durch die Konvergenz in $\mathbb{R}$ ersetzt. Etwa im Fall $\alpha > -\infty$ und $\beta = \infty$ ist dabei die Menge Σ durch die partielle Halbordnung „$\sigma \leq \tau$ f.s.“ nach rechts gerichtet (also für alle $\sigma, \tau \in \Sigma$ existiert ein $\rho \in \Sigma$ mit $\sigma \leq \rho$ f.s. und $\tau \leq \rho$ f.s., etwa $\rho = \sigma \vee \tau$). Dann sind auch $\mathcal{L}^1$-beschränkte Submartingale asymptotische Martingale, denn das Netz $(EX_\sigma)_{\sigma\in\Sigma}$ ist nach 2.14(e), (f) in $\mathbb{R}$ beschränkt und konvergiert gegen $\sup_{\sigma\in\Sigma} EX_\sigma \in \mathbb{R}$.

Diese Verallgemeinerung des Martingalkonzepts entfaltet ihre Schönheit allerdings erst für Prozesse mit Werten in unendlich dimensionalen Banach-Räumen.

2.3 Lokale Martingale

Die Lokalisierung von Eigenschaften von Prozessen mit Hilfe von Stoppzeiten ist eine wichtige Beweismethode. Hier wird die Lokalisierung der Martingaleigenschaft kurz dargestellt. Sie erlaubt eine elegante Untersuchung von h-Transformierten (und findet Anwendung in den Kap. 7 und 8), spielt aber sonst in der Theorie zeitdiskreter stochastischer Prozesse keine große Rolle.

Definition 2.23 *Sei $\alpha > -\infty$. Ein $\mathbb{F}$-adaptierter reeller Prozess X heißt* ***lokales $\mathbb{F}$-Martingal****, falls es eine fast sicher monoton wachsende Folge $(\tau_k)_{k\geq 1}$ von $\mathbb{F}$-Stoppzeiten gibt mit $P(\lim_{k\to\infty} \tau_k = \beta) = 1$ und der Eigenschaft, dass X^{τ_k} für jedes $k \geq 1$ ein $\mathbb{F}$-Martingal ist.*

Die Folge $(\tau_k)_{k\geq 1}$ heißt dann **lokalisierend**. Die einzige Integrierbarkeitsvoraussetzung für lokale Martingale ist $X_\alpha \in \mathcal{L}^1$ wegen $X_\alpha^{\tau_k} = X_\alpha$. Martingale sind lokale Martingale: Man wähle $\tau_k = \beta$ für alle k oder $\tau_k = (k \vee \alpha) \wedge \beta$. Wir zeigen, dass lokale Martingale unter Integrierbarkeitsvoraussetzungen nur an X^+ oder X^- schon (echte) Martingale sind.

Satz 2.24 *(Jacod und Shiryaev) Seien $\alpha > -\infty$ und X ein lokales Martingal. Falls ein $q \in T$ existiert mit $X_n^- \in \mathcal{L}^1$ für alle $n \in T^q$ oder mit $X_n^+ \in \mathcal{L}^1$ für alle $n \in T^q$, ist X ein Martingal.*

Gilt zusätzlich $\beta < \infty$, so ist also ein lokales Martingal mit $X_\beta \geq 0$ schon ein (echtes) Martingal.

Beweis Wir nehmen zunächst $X_n^- \in \mathcal{L}^1$ für alle $n \in T^q$ an. Sei $(\tau_k)_{k\geq 1}$ eine (die Martingaleigenschaft) lokalisierende Folge von Stoppzeiten für X.

1. Es gilt $X_n^- \in \mathcal{L}^1$ für alle $n \in T$. Dies sieht man durch Rückwärtsinduktion. Für $n = q$ gilt nach Voraussetzung $X_q^- \in \mathcal{L}^1$, und falls $X_n^- \in \mathcal{L}^1$ für ein $\alpha < n \leq q$ gilt, folgt wegen der Submartingaleigenschaft von $(X^{\tau_k})^- = (X^-)^{\tau_k}$

$$\begin{aligned} EX_{n-1}^- 1_{\{\tau_k \geq n\}} &= EX_{\tau_k \wedge (n-1)}^- 1_{\{\tau_k \geq n\}} \leq EX_{\tau_k \wedge n}^- 1_{\{\tau_k \geq n\}} \\ &= EX_n^- 1_{\{\tau_k \geq n\}} \leq EX_n^- < \infty. \end{aligned}$$

Wegen $1_{\{\tau_k \geq n\}} \uparrow 1_\Omega$ f.s. für $k \to \infty$ liefert monotone Konvergenz

$$EX_{n-1}^- = \int \lim_{k\to\infty} X_{n-1}^- 1_{\{\tau_k \geq n\}} dP = \lim_{k\to\infty} EX_{n-1}^- 1_{\{\tau_k \geq n\}} \leq EX_n^- < \infty.$$

2. X ist ein $\mathcal{L}^1$-Prozess. Wegen $X_{\tau_k \wedge n}^+ \to X_n^+$ f.s. für $k \to \infty$ und

$$\begin{aligned} EX_{\tau_k \wedge n}^+ &= EX_{\tau_k \wedge n} + EX_{\tau_k \wedge n}^- = EX_\alpha + EX_{\tau_k \wedge n}^- \\ &= EX_\alpha + E\Big(\sum_{j=\alpha}^{n-1} X_j^- 1_{\{\tau_k = j\}} + X_n^- 1_{\{\tau_k \geq n\}}\Big) \\ &\leq EX_\alpha + \sum_{j=\alpha}^{n} EX_j^- \end{aligned}$$

für alle $k \geq 1$ folgt mit dem Fatou-Lemma

$$EX_n^+ \leq \liminf_{k\to\infty} EX_{\tau_k\wedge n}^+ \leq EX_\alpha + \sum_{j=\alpha}^{n} EX_j^- < \infty$$

für alle $n \in T$. Zusammen mit 1. erhält man $X_n \in \mathcal{L}^1$ für alle $n \in T$.

3. X ist ein Martingal. Für $n \in T$ gilt wegen $X_n^{\tau_k} \to X_n$ f.s. für $k \to \infty$ und $|X_n^{\tau_k}| \leq \sum_{j=\alpha}^n |X_j| \in \mathcal{L}^1$ mit dominierter Konvergenz $X_n^{\tau_k} \overset{\mathcal{L}^1}{\to} X_n$ für $k \to \infty$. Mit A.13(a) folgt

$$X_{n-1}^{\tau_k} = E(X_n^{\tau_k}|\mathcal{F}_{n-1}) \overset{\mathcal{L}^1}{\to} E(X_n|\mathcal{F}_{n-1})$$

für $n > \alpha$, und da auch $X_{n-1}^{\tau_k} \overset{\mathcal{L}^1}{\to} X_{n-1}$ gilt, impliziert dies $E(X_n|\mathcal{F}_{n-1}) = X_{n-1}$. Also ist X ein Martingal.

Unter der Voraussetzung $X_n^+ \in \mathcal{L}^1$ für alle $n \in T^q$, folgt die Behauptung durch Übergang zu $-X$, da auch $-X$ ein lokales Martingal ist. □

Wichtig für uns ist die Anwendung auf h-Transformierte. Die h-Transformierten von Martingalen sind lokale Martingale, da vorhersehbare reelle Prozesse (abgesehen vom Anfangswert) lokale $\mathcal{L}^\infty$-Prozesse sind.

Satz 2.25 *Sei $\alpha > -\infty$. Sind X ein Martingal, H ein vorhersehbarer reeller Prozess und $M_\alpha \in \mathcal{L}^1(\mathcal{F}_\alpha, P)$, so ist*

$$M := M_\alpha + H \bullet X$$

ein lokales Martingal.

Beweis Für $k \in \mathbb{N}$ wird nach 2.3 und 2.5 durch

$$\tau_k := \inf\{n \in T : n < \beta, |H_{n+1}| > k\} \wedge \beta$$

eine Stoppzeit definiert mit

$$\{\tau_k \geq n\} = \{\sup_{\alpha+1\leq j\leq n} |H_j| \leq k\}$$

für $n \in T, n > \alpha$. Die Folge $(\tau_k)_{k\geq 1}$ ist offensichtlich monoton wachsend überall auf Ω und wegen $\{\tau_k \geq n\} \uparrow \{\sup_{\alpha+1\leq j\leq n} |H_j| < \infty\} = \Omega$ gilt $\lim_{k\to\infty} P(\tau_k \geq n) = 1$ für alle $n \in T$, also $P(\lim_{k\to\beta} \tau_k = \beta) = 1$. Für den gestoppten Prozess M^{τ_k} gilt mit $K_n := 1_{\{\tau_k\geq n\}}$ wegen 2.10

$$M^{\tau_k} = M_\alpha + (H \bullet X)^{\tau_k} = M_\alpha + HK \bullet X.$$

Da $|H_n K_n| \leq k$ für $n \geq \alpha + 1$, ist M^{τ_k} ein $\mathcal{L}^1$-Prozess und damit ist M^{τ_k} ein Martingal wegen 1.9. □

Symmetrische, nicht notwendig integrierbare Random walks sind lokale Martingale bezüglich einer geeigneten Filtration. Ferner ist Verkleinerung der Filtration bei lokalen Martingalen nicht erlaubt. Dies zeigt das abschließende Beispiel.

Beispiel 2.26 Seien $T = \mathbb{N}_0$, $(Z_n)_{n\geq 1}$ eine unabhängige Folge identisch verteilter reeller Zufallsvariablen mit symmetrischer Verteilung P^{Z_1}, also $P^{Z_1} = P^{-Z_1}$, und $X_n := \sum_{j=1}^n Z_j$ mit $X_0 = 0$. Ferner seien $Y_n := \sum_{j=1}^n \operatorname{sign}(Z_j)$ mit $Y_0 = 0$ und $\operatorname{sign} = 1_{(0,\infty)} - 1_{(-\infty,0)}$, $H_n := |Z_n|$ für $n \geq 1$, $H_0 := 0$ und

$$\mathcal{F}_n := \sigma(Z_1, \ldots, Z_n, |Z_{n+1}|)$$

mit $\mathcal{F}_0 = \sigma(|Z_1|)$. Dann ist H $\mathbb{F}$-vorhersehbar und $X = H \bullet Y$. Wegen

$$(Z_{n+1}, |Z_{n+1}|, Z_1, \ldots, Z_n) \stackrel{d}{=} (-Z_{n+1}, |Z_{n+1}|, Z_1, \ldots, Z_n)$$

gilt mit A.12(d) für $n \in \mathbb{N}_0$

$$\begin{aligned} E(\Delta Y_{n+1}|\mathcal{F}_n) &= E(\operatorname{sign}(Z_{n+1})|\mathcal{F}_n) \\ &= E(1_{(0,\infty)}(Z_{n+1})|\mathcal{F}_n) - E(1_{(0,\infty)}(-Z_{n+1})|\mathcal{F}_n) = 0. \end{aligned}$$

(Im Fall $P(Z_1 = 0) = 0$ sind $\sigma(\operatorname{sign}(Z_{n+1}))$ und $\mathcal{F}_n$ sogar unabhängig und Y ist ein einfacher symmetrischer $\mathbb{F}$-Random walk auf $\mathbb{Z}$.) Daher ist Y ein $\mathbb{F}$-Martingal und wegen 2.25 ist dann X ein lokales $\mathbb{F}$-Martingal.

Allerdings sind $\sigma(Z_{n+1})$ und $\mathcal{F}_n$ nicht unabhängig. Sobald für eine Filtration $\mathbb{G} \supset \mathbb{F}^X$ die σ-Algebren $\sigma(Z_1)$ und $\mathcal{G}_0$ unabhängig sind und $Z_1 \notin \mathcal{L}^1$, ist X kein lokales $\mathbb{G}$-Martingal: Für jede $\mathbb{G}$-Stoppzeit τ mit $P(\tau = 0) < 1$ gilt

$$E|X_1^\tau| = E1_{\{\tau\geq 1\}}|Z_1| = P(\tau \geq 1)E|Z_1| = \infty.$$

Insbesondere ist X kein lokales $\mathbb{F}^X$-Martingal, falls $Z_1 \notin \mathcal{L}^1$.

Aufgaben

2.1 Seien $\tau_1, \tau_2, \ldots$ $\mathbb{F}$-Stoppzeiten. Nach Satz 2.3 sind dann auch $\sigma := \inf_{k\geq 1} \tau_k$ und $\tau := \sup_{k\geq 1} \tau_k$ $\mathbb{F}$-Stoppzeiten. Zeigen Sie

$$\mathcal{F}_\sigma = \bigcap_{k=1}^\infty \mathcal{F}_{\tau_k} \quad \text{und} \quad \mathcal{F}_\tau = \sigma\Big(\bigcup_{k=1}^\infty \mathcal{F}_{\tau_k}\Big).$$

2.2 Seien $\tau_1, \ldots, \tau_m$ Stoppzeiten und $\{F_1, \ldots, F_m\}$ eine Partition von Ω mit $F_i \in \mathcal{F}_{\tau_i}$ für alle i. Zeigen Sie, dass

$$\tau := \sum_{i=1}^m \tau_i 1_{F_i}$$

eine Stoppzeit ist.

2.3 Zeigen Sie, dass jede Stoppzeit erste Eintrittszeit eines adaptierten $\{0, 1\}$-wertigen Prozesses ist.

2.4 Zeigen Sie in der Situation von Beispiel 2.19(a) für den Gewinnprozess G

$$EG_n = 1 - (2(1-p))^n$$

und in der Situation von Beispiel 2.19(b)

$$EG_n = (2p-1)\sum_{j=1}^{n} P(\tau \geq j).$$

2.5 Seien $\alpha > -\infty$ und X ein positives Supermartingal. Zeigen Sie, dass der Zustand 0 „absorbierend" für X ist, das heißt $\{X_n = 0\} \subset \{X_{n+1} = 0\}$ f.s. für alle $n \in T, n < \beta$.

Hinweis: Man untersuche die Stoppzeit $\sigma := \inf\{n \in T : X_n = 0\}$

2.6 (Simulation, von Neumann) Seien $(\mathcal{X}, \mathcal{A})$ ein messbarer Raum und Q_1, Q_2 Verteilungen auf $\mathcal{A}$ mit μ-Dichten f_1, f_2 für ein σ-endliches Maß μ auf $\mathcal{A}$. Wir nehmen an, dass

$$f_1 \leq c f_2 \ \mu\text{-f.s.}$$

für eine Konstante $c \in (0, \infty)$. Seien weiter $T = \mathbb{N}$, $(U_n, X_n)_{n\geq 1}$ eine unabhängige Folge identisch verteilter Zufallsvariablen mit

$$P^{(U_1,X_1)} = U(0,1) \otimes Q_2$$

und

$$\tau := \inf\{n \geq 1 : cU_n f_2(X_n) \leq f_1(X_n)\}.$$

Zeigen Sie, dass τ eine P-fast sicher endliche $\mathbb{F}^{(U,X)}$-Stoppzeit ist mit

$$P^{X_\tau} = Q_1.$$

Damit lässt sich die Verteilung Q_1 simulieren, wenn Q_2 simulierbar ist.

Hinweis: Für alle $A \in \mathcal{A}$ gilt

$$E 1_A(X_1) 1_{\{cU_1 f_2(X_1) \leq f_1(X_1)\}} = \frac{Q_1(A)}{c}.$$

2.7 Seien X ein Martingal und τ eine Stoppzeit mit $X_\tau \in \mathcal{L}^1$. Zeigen Sie, dass

$$(E(X_{\tau\vee n}|\mathcal{F}_n))_{n\in T}$$

ein Martingal ist.

Hinweis: Optional switching 2.9.

2.8 Seien $T = \mathbb{N}_0$ und X ein einfacher symmetrischer $\mathbb{F}$-Random walk auf $\mathbb{Z}$, $X_n = \sum_{i=0}^{n} Z_i$ mit $X_0 = Z_0 = 0$ und $P(Z_1 = +1) = P(Z_1 = -1) = 1/2$. Beweisen Sie, dass

$$\tau := \inf\{n \geq 0 : X_n > X_{n+1}\}.$$

eine fast sicher endliche, für das Martingale X reguläre Zufallszeit ist und $EX_\tau = 1$ gilt. Insbesondere gilt Optional sampling 2.12 nicht für Zufallszeiten. (Dies zeigt auch die Zufallszeit $\sigma := 1_{\{Z_1=1\}}$.)

2.9 Die integrierbare Stoppzeit in Beispiel 2.19(a) erfüllt die Regularitätsbedingung (i) von Lemma 2.13, aber nicht (iii). Zeigen Sie die Existenz einer integrierbaren Stoppzeit und eines Martingals derart, dass (iii) von Lemma 2.13 erfüllt ist, aber nicht (i).

Hinweis: Seien $T = \mathbb{N}$, $(Z_n)_{n\geq 1}$ eine unabhängige Folge reeller Zufallsvariablen mit $P(Z_n = +2^n) = P(Z_n = -2^n) = 1/4$ und $P(Z_n = 0) = 1/2$, $X_n := \sum_{i=1}^n Z_i$ und $\mathbb{F} := \mathbb{F}^Z = \mathbb{F}^X$. Wegen $EZ_n = 0$ für alle $n \geq 1$ ist X ein Martingal. Untersuchen Sie die Stoppzeit

$$\tau := \inf\{n \geq 1 : X_n \neq 0\} = \inf\{n \geq 1 : Z_n \neq 0\}.$$

2.10 Seien $\alpha > -\infty$ und X ein $\mathcal{L}^2$-Martingal. Zeigen Sie, dass die Stoppzeit

$$\tau := \inf\{n \in T : n < \beta, \langle X\rangle_{n+1} > a\}$$

für $a > 0$ regulär für X ist.

2.11 Seien $\alpha > -\infty$ und X ein $\mathcal{L}^1$-beschränktes Submartingal. Zeigen Sie, dass die Stoppzeit

$$\tau := \inf\{n \in T : X_n \in \{a, b\}\}$$

für $a, b \in \mathbb{R}, a < b$ regulär für X ist.

2.12 ($\mathcal{L}^\infty$-beschränkter Zuwachsprozess) Seien $\alpha > -\infty$, τ eine integrierbare Stoppzeit und X ein adaptierter $\mathcal{L}^1$-Prozess mit $\sup_{n\in T} |\Delta X_n| \leq c$ f.s. für $c \in \mathbb{R}_+$. Zeigen Sie, dass τ regulär für X ist.

2.13 Seien $T = \mathbb{N}_0$ und X ein einfacher symmetrischer $\mathbb{F}$-Random walk auf $\mathbb{Z}$, $X_n = \sum_{i=0}^n Z_i$ mit $X_0 = Z_0 = 0$ und $P(Z_1 = +1) = P(Z_1 = -1) = 1/2$. Ferner seien $\tau := \inf\{n \geq 1 : |X_n| = z\}$ mit $z \in \mathbb{N}$ und für $0 < a < \pi/2z$

$$M_n := (\cos a)^{-n} \cos(aX_n).$$

Zeigen Sie, dass M ein Martingal mit Anfangswert $M_0 = 1$ und τ regulär für M ist.

2.14 (Optional sampling) Seien X ein Martingal und $(\tau_k)_{k\geq 1}$ eine Folge von T-wertigen, für X regulären Stoppzeiten mit $\tau_1 \leq \tau_2 \leq \ldots$ überall auf Ω. Zeigen Sie, dass $(X_{\tau_k})_{k\geq 1}$ bezüglich der Filtration $(\mathcal{F}_{\tau_k})_{k\geq 1}$ ein Martingal ist.

2.15 (Das Problem der vollständigen Serie) Aus einer Kollektion von N Objekten wird zufällig jeweils ein Objekt gezogen und wieder zurückgelegt, $N \in \mathbb{N}$. Nach wievielen Zügen (im Mittel) ist jedes Objekt mindestens einmal gezogen worden?

Zur Modellierung seien $(Z_n)_{n\geq 1}$ eine unabhängige Folge auf $\{1, \ldots, N\}$ identisch Laplace-verteilter Zufallsvariablen, $X_n := N - |\{Z_1, \ldots, Z_n\}|$ mit $X_0 = N$,

$$\tau := \inf\{n \geq 0 : X_n = 0\},$$

$\mathbb{F} := \mathbb{F}^Z$ mit $\mathcal{F}_0 := \{\emptyset, \Omega\}$ und $f(m) := \sum_{i=1}^{n} 1/i$ mit $f(0) = 0$. Zeigen Sie, dass durch

$$M_n := f(X_n) + \frac{1}{N} \sum_{j=1}^{n} 1_{\{X_{j-1} > 0\}}$$

für $n \in \mathbb{N}_0$ ein Martingal mit Anfangswert $M_0 = f(N)$ definiert wird und τ eine fast sicher endliche, für M reguläre Stoppzeit ist. Bestätigen Sie damit

$$E\tau = Nf(N).$$

Hinweis: Für $n \geq 2$ gilt

$$|\{Z_1, \ldots, Z_n\}| = 1 + \sum_{i=2}^{n} 1_{\{Z_i \neq Z_1, \ldots, Z_i \neq Z_{i-1}\}}.$$

2.16 Zeigen Sie in der Situation von Aufgabe 2.15, dass durch

$$U_n := NX_n + \sum_{j=1}^{n} X_{j-1}$$

für $n \in \mathbb{N}_0$ ein Martingal mit Anfangswert $U_0 = N^2$ definiert wird und τ für U regulär ist. Folgern Sie daraus mit Optional sampling

$$E \sum_{n=0}^{\infty} X_n = N^2.$$

Hinweis: Aufgabe 2.12.

2.17 (h-Transformierte lokaler Martingale) Seien $\alpha > -\infty$, X ein lokales Martingal, H ein vorhersehbarer reeller Prozess und $M_\alpha \in \mathcal{L}^1(\mathcal{F}_\alpha, P)$. Zeigen Sie, dass

$$M := M_\alpha + H \bullet X$$

ein lokales Martingal ist. Dies verallgemeinert Satz 2.25.

2.18 Sei X ein adaptierter reeller Prozess. Zeigen Sie $\sup_{n \in T} |X_n| < \infty$ f.s., falls $\{X_\tau : \tau \in \Sigma\}$ stochastisch beschränkt ist.

Kapitel 3
Ungleichungen für Martingale

Wir beweisen in diesem Kapitel Ungleichungen für den Maximumprozess, die quadratische Variation und die quadratische Charakteristik von Martingalen. Ferner wird die Upcrossing-Ungleichung behandelt. Sie sind entscheidend etwa für die Martingalkonvergenz, starke Gesetze der großen Zahlen, Regularität von Stoppzeiten und etliche Anwendungen in Teil II.

Seien $(\Omega, \mathcal{F}, P)$ ein Wahrscheinlichkeitsraum, $T = [\alpha, \beta] \cap \mathbb{Z}$ ein $\mathbb{Z}$-Intervall und $\mathbb{F} = (\mathcal{F}_n)_{n \in T}$ eine Filtration in $\mathcal{F}$. Mit Σ wird die Menge der einfachen Stoppzeiten bezeichnet.

3.1 Ungleichungen für den Maximumprozess

Für einen reellen Prozess $X = (X_n)_{n \in T}$ definieren wir

$$X_n^* := \sup_{j \leq n} X_j$$

und

$$X_\beta^* := \sup_{n \in T} X_n, \quad \text{falls } \beta = \infty.$$

Dann heißt $X^* := (X_n^*)_{n \in T}$ der **Maximumprozess** von X. Wir werden im folgenden die Ergebnisse oft nur für X_β^* formulieren. Die Anwendung auf den eingeschränkten Prozess $(X_j)_{j \in T_n}$ mit $T_n = \{j \in T : j \leq n\}$ oder auf den bei n gestoppten Prozess $X^n = (X_{n \wedge j})_{j \in T}$ liefert dann wegen $(X^n)_\beta^* = X_n^*$ die entsprechenden Ergebnisse für X_n^*.

Die zentralen Abschätzungen der „tails" und der $\mathcal{L}^p$-Normen des Maximumprozesses von Martingalen und damit zusammenhängender Prozesse basieren auf den beiden folgenden allgemeinen Resultaten.

H. Luschgy, *Martingale in diskreter Zeit*, Springer-Lehrbuch Masterclass,
DOI 10.1007/978-3-642-29961-2_3,

Lemma 3.1 *Sei $X = (X_n)_{n \in T}$ ein adaptierter reeller Prozess. Dann gelten für alle $a > 0$ und $n \in T$*

$$aP(X_n^* > a) \leq \sup_{\substack{\sigma \in \Sigma \\ \sigma \leq n}} EX_\sigma^+ - EX_n^+ 1_{\{X_n^* \leq a\}}$$

und

$$P(X_\beta^* \geq a) \leq \frac{1}{a} \sup_{\sigma \in \Sigma} EX_\sigma^+.$$

Die zweite Ungleichung in 3.1 ist nur formal besser als die entsprechende Ungleichung für $P(X_\beta^* > a)$ mit strikter Ungleichheit: Beide Versionen sind äquivalent, wie am Ende des Beweises gezeigt wird.

Beweis Für $k \in T$ mit $k \leq n$ definiere man eine einfache Stoppzeit durch

$$\tau := \inf\{j \in T : k \leq j \leq n \text{ und } X_j > a\} \wedge n.$$

Wegen $\{\max_{k \leq j \leq n} X_j > a\} \subset \{X_\tau > a\}$ und $\{\max_{k \leq j \leq n} X_j \leq a\} \subset \{\tau = n\}$ gilt dann

$$\begin{aligned} a1_{\{\max_{k \leq j \leq n} X_j > a\}} &\leq X_\tau 1_{\{\max_{k \leq j \leq n} X_j > a\}} = X_\tau^+ 1_{\{\max_{k \leq j \leq n} X_j > a\}} \\ &= X_\tau^+ - X_\tau^+ 1_{\{\max_{k \leq j \leq n} X_j \leq a\}} = X_\tau^+ - X_n^+ 1_{\{\max_{k \leq j \leq n} X_j \leq a\}}, \end{aligned}$$

also durch Bilden des Erwartungswertes

$$aP(\max_{k \leq j \leq n} X_j > a) \leq \sup_{\substack{\sigma \in \Sigma \\ \sigma \leq n}} EX_\sigma^+ - EX_n^+ 1_{\{\max_{k \leq j \leq n} X_j \leq a\}}.$$

Ist $\alpha > -\infty$, so liefert die Wahl $k = \alpha$ die erste Ungleichung. Im Fall $\alpha = -\infty$ folgt die erste Ungleichung wegen

$$\{X_n^* > a\} = \bigcup_{\substack{k \in T \\ k \leq n}} \{\max_{k \leq j \leq n} X_j > a\}$$

durch Grenzübergang $k \to -\infty$, wobei auf der linken Seite der obigen Ungleichung die Stetigkeit (von unten) von P und auf der rechten Seite der Satz von der dominierten (oder monotonen) Konvergenz benutzt wird.

Insbesondere gilt

$$aP(X_n^* > a) \leq \sup_{\substack{\sigma \in \Sigma \\ \sigma \leq n}} EX_\sigma^+ \leq \sup_{\sigma \in \Sigma} EX_\sigma^+$$

für alle $n \in T$. Für $n = \beta$, falls $\beta < \infty$ oder wegen

$$\{X_\infty^* > a\} = \bigcup_{n \in T} \{X_n^* > a\}$$

durch Grenzübergang $n \to \infty$, falls $\beta = \infty$ folgt

$$aP(X_\beta^* > a) \leq \sup_{\sigma \in \Sigma} EX_\sigma^+$$

für alle $a > 0$. Daher gilt für $s \in \mathbb{N}$ mit $a - 1/s > 0$

$$(a - 1/s)P(X_\beta^* \geq a) \leq (a - 1/s)P(X_\beta^* > a - 1/s) \leq \sup_{\sigma \in \Sigma} EX_\sigma^+$$

und der Grenzübergang $s \to \infty$ liefert die zweite Ungleichung. □

„Schwache" Wahrscheinlichkeitsungleichungen implizieren bisweilen „starke" $\mathcal{L}^p$-Ungleichungen.

Lemma 3.2 *Seien U und V Zufallsvariable mit Werten in $\mathbb{R}_+ \cup \{\infty\}$ und $b, c, p \in (0, \infty)$ mit $b \geq 1$.*

(a) Falls

$$P(U > ba) \leq \frac{c}{a} EV 1_{\{U > a\}}$$

für alle $a > 0$, so gilt für $p > 1$

$$\|U\|_p \leq \frac{cb^p p}{p-1} \|V\|_p,$$

und falls $bc < e$ gilt

$$\|U\|_1 \leq \frac{be}{e - bc}(1 + c\|V \log^+ V\|_1).$$

(b) Falls

$$E(U - a)^+ \leq EV 1_{\{U > a\}}$$

für alle $a > 0$, so gilt für $p \geq 1$

$$\|U\|_p \leq p\|V\|_p.$$

(c) Falls

$$P(U > a) \leq \frac{c}{a}$$

für alle $a > 0$, so gilt für $p < 1$

$$\|U\|_p \leq \frac{c}{(1-p)^{1/p}}.$$

(d) Für $p < 1$ gilt

$$EU^p = (1 - p) \int_0^\infty t^{-1/p} E(U \wedge t^{1/p}) dt.$$

Die Funktion $\log^+$ ist der Positivteil der natürlichen Logarithmusfunktion und wie üblich durch $\log^+ x := 0 \vee \log x$ für $x \in \mathbb{R}_+ \cup \{\infty\}$ definiert ($\log^+ 0 := 0$, $\log^+ \infty := \infty$).

Die Voraussetzung in (b) ist eine Verschärfung der Voraussetzung in (a) und liefert eine bessere Konstante für die $\mathcal{L}^p$-Ungleichung, denn wegen $U - a > \frac{b-1}{b} U$ auf $\{U > ba\}$ für $b > 1$ gilt

$$\begin{aligned} P(U > ba) &\leq \frac{1}{ba} EU1_{\{U>ba\}} = \frac{1}{a(b-1)} \frac{b-1}{b} EU1_{\{U>ba\}} \\ &\leq \frac{1}{a(b-1)} E(U-a)1_{\{U>ba\}} \leq \frac{1}{a(b-1)} E(U-a)^+. \end{aligned}$$

Beweis Es sei daran erinnert, dass

$$EZ^p = \int_0^\infty P(Z^p > t)dt = p \int_0^\infty t^{p-1} P(Z > t)dt$$

für jede $\mathbb{R}_+ \cup \{\infty\}$-wertige Zufallsvariable Z gilt, wobei $dt = d\lambda(t)$ und λ das Lebesguemaß bezeichnet.

(a) Sei zunächst $p > 1$ und $q := p/(p-1)$ der zu p konjugierte Exponent. Wir können ohne Einschränkung $\|V\|_p < \infty$ und $\|U\|_p > 0$ annehmen. Mit dem Satz von Fubini und der Hölder-Ungleichung erhält man

$$\begin{aligned} \frac{\|U\|_p^p}{b^p} &= E\left(\frac{U}{b}\right)^p = p \int_0^\infty t^{p-1} P(U > bt)dt \\ &\leq cp \int_0^\infty t^{p-2} \left(\int V 1_{\{U>t\}} dP \right) dt \\ &= cp \int V \int_0^\infty t^{p-2} 1_{[0,U)}(t) dt dP \\ &= cp \int V \frac{1}{p-1} U^{p-1} dP \\ &\leq \frac{cp}{p-1} \|V\|_p \|U^{p-1}\|_q = \frac{cp}{p-1} \|V\|_p \|U\|_p^{p-1}. \end{aligned}$$

Falls $\|U\|_p < \infty$, folgt die $\mathcal{L}^p$-Ungleichung durch Division. (Die Einschränkung $b \geq 1$ ist dann überflüssig.) Andernfalls ersetze man U durch $U \wedge r \in \mathcal{L}^p$ für $r \in \mathbb{N}$. Wegen $b \geq 1$ erfüllt auch $U \wedge r$ die Voraussetzung, denn für $r > ba$ gilt $\{U \wedge r > ba\} = \{U > ba\}$ und $\{U \wedge r > a\} = \{U > a\}$ und für $r \leq ba$ gilt $\{U \wedge r > ba\} = \emptyset$. Man erhält

$$\|U \wedge r\|_p \leq \frac{cb^p p}{p-1} \|V\|_p$$

und durch Grenzübergang $r \to \infty$ folgt mit monotoner Konvergenz

$$\|U\|_p = \lim_{r\to\infty} \|U \wedge r\|_p \le \frac{cb^p p}{p-1}\|V\|_p.$$

Seien nun $p = 1$ und $bc < e$. Wir können $EV \log^+ V < \infty$ annehmen, was $U < \infty$ f.s. impliziert. Mit dem Satz von Fubini erhält man

$$\begin{aligned}
E\left(\frac{U}{b}-1\right) \le E\left(\frac{U}{b}-1\right)^+ &= \int_0^\infty P\left(\frac{U}{b}-1>t\right)dt \\
&= \int_0^\infty P(U > b(t+1))dt \\
&\le c\int_0^\infty \frac{1}{t+1}\left(\int V 1_{\{U>t+1\}}dP\right)dt \\
&= c\int_{\{U>1\}} V \int_0^\infty \frac{1}{t+1} 1_{[0,U-1)}(t)dtdP \\
&= c\int_{\{U>1\}} V \log U dP \\
&= cEV \log^+ U,
\end{aligned}$$

und die (noch zu zeigende) Ungleichung

$$x \log^+ y \le x \log^+ x + y/e \quad \text{für } x, y \in \mathbb{R}_+$$

liefert

$$E\left(\frac{U}{b}-1\right) \le c\left(EV\log^+ V + \frac{EU}{e}\right).$$

Falls $EU < \infty$, folgt durch Subtraktion

$$EU\left(\frac{1}{b}-\frac{c}{e}\right) \le 1 + cEV\log^+ V,$$

also

$$EU \le \frac{be}{e-bc}(1 + cEV\log^+ V).$$

Andernfalls ersetze man U durch $U \wedge r$ und argumentiere wie im Fall $p > 1$.

Die obige Abschätzung für $x\log^+ y$ ist für $x = 0$ oder $y \le 1$ offensichtlich richtig, und da die Funktion $z \mapsto \log z$ konkav ist und $z \mapsto z/e$ die Tangente in

$z = e$ beschreibt, gilt $\log z \leq z/e$ für $z > 0$, also für $x > 0, y > 1, x \log^+ y = x \log y = x \log x + x \log(y/x) \leq x \log^+ x + y/e$.

(b) Wir können $\|V\|_p < \infty$ und $\|U\|_p > 0$ annehmen. Mit dem Satz von Fubini gilt für $p > 1$

$$\begin{aligned}\int_0^\infty t^{p-2} E(U-t)^+ dt &= \int_0^\infty t^{p-2}(U-t)1_{\{U>t\}} dt \\ &= \int \int_0^\infty t^{p-2}(U-t)1_{[0,U)}(t) dt dP \\ &= \int \int_0^\infty (t^{p-2}U - t^{p-1})1_{[0,U)}(t) dt dP \\ &= \int \left(\frac{1}{p-1}U^p - \frac{1}{p}U^p\right) dP \\ &= \frac{1}{p(p-1)} EU^p\end{aligned}$$

und damit wie in (a)

$$\begin{aligned}\|U\|_p^p = EU^p &= p(p-1)\int_0^\infty t^{p-2}E(U-t)^+ dt \\ &\leq p(p-1)\int_0^\infty t^{p-2}\left(\int V1_{\{U>t\}} dP\right) dt \\ &\leq p\|V\|_p \|U\|_p^{p-1}.\end{aligned}$$

Falls $\|U\|_p < \infty$, folgt die $\mathcal{L}^p$-Ungleichung durch Division. Andernfalls argumentiere man wieder mit Übergang zu $U \wedge r$, denn $U \wedge r$ erfüllt auch die Voraussetzung wegen $\{U \wedge r > a\} = \{U > a\}$ und $(U \wedge r - a)^+ \leq (U - a)^+$ für $r > a$ und $(U \wedge r - a)^+ = 0$ für $r \leq a$.

Für $p = 1$ und $k \in \mathbb{N}$ gilt

$$EU1_{\{U>1/k\}} \leq EV + 1/k,$$

also mit monotoner Konvergenz

$$EU = EU1_{\{U>0\}} = \lim_{k\to\infty} EU1_{\{U>1/k\}} \leq EV.$$

(c) Es gilt für $x > 0$ wegen $p < 1$

$$EU^p = \int_0^\infty P(U > t^{1/p}) dt \leq \int_0^x dt + c\int_x^\infty t^{-1/p} dt = x + \frac{cp}{1-p} x^{1-1/p}.$$

Minimierung über $x \in (0, \infty)$ liefert (mit $x = c^p$) die Behauptung.

(d) Mit dem Satz von Fubini gilt für $p < 1$

$$\begin{aligned}\int_0^\infty t^{-1/p} E(U \wedge t^{1/p})dt &= \int_{\{U>0\}} \int_0^\infty t^{-1/p} U \wedge t^{1/p} dt dP \\ &= \int_{\{U>0\}} \int_0^\infty (1_{[0,U^p)}(t) + U 1_{[U^p,\infty)}(t) t^{-1/p}) dt dP \\ &= \int_{\{U>0\}} \left(U^p + U U^{-1+p} \frac{p}{1-p} \right) dP \\ &= \frac{1}{1-p} E U^p.\end{aligned}$$

□

Fundamental sind die „Maximalungleichungen" von Doob. Sie beschreiben den Zusammenhang zwischen dem Maximumprozess eines Martingals und dem Martingal selbst und folgen mit Optional sampling.

Satz 3.3 *(Doob)*

(a) Ist X ein Submartingal, so gelten für alle $a > 0$ und $n \in T$

$$P(X_n^* > a) \leq \frac{1}{a} E X_n^+ 1_{\{X_n^* > a\}},$$

$$P(X_\beta^* \geq a) \leq \frac{1}{a} \sup_{n\in T} E X_n^+ \quad \textit{und} \quad P(|X|_\beta^* \geq a) \leq \frac{1}{a}(2 \sup_{n \in T} E X_n^+ - \inf_{n\in T} E X_n).$$

Ist X ein positives Supermartingal, so gilt für $a > 0$

$$P(X_\beta^* \geq a) \leq \frac{1}{a} \sup_{n\in T} E X_n.$$

(b) Ist X ein positives Submartingal, so gilt für $p \in (0, \infty)$

$$\begin{aligned}\|X_\beta^*\|_p &\leq \frac{p}{p-1} \sup_{n\in T} \|X_n\|_p, \quad \textit{falls } p > 1, \\ \|X_\beta^*\|_1 &\leq \frac{e}{e-1}(1 + \sup_{n\in T} \|X_n \log^+ X_n\|_1), \\ \|X_\beta^*\|_p &\leq \frac{1}{(1-p)^{1/p}} \sup_{n\in T} \|X_n\|_1, \quad \textit{falls } p < 1.\end{aligned}$$

Beweis (a) Ist X ein Submartingal, so ist nach 1.5 auch X^+ ein Submartingal. Mit Optional sampling 2.12(b) folgt

$$\sup_{\substack{\sigma\in\Sigma \\ \sigma\leq n}} E X_\sigma^+ = E X_n^+$$

und daher

$$\sup_{\sigma \in \Sigma} EX_\sigma^+ = \sup_{n \in T} EX_n^+,$$

also nach 3.1 für $a > 0$ und $n \in T$

$$aP(X_n^* > a) \leq EX_n^+ - EX_n^+ 1_{\{X_n^* \leq a\}} = EX_n^+ 1_{\{X_n^* > a\}}$$

und

$$aP(X_\beta^* \geq a) \leq \sup_{n \in T} EX_n^+.$$

Für $\sigma \in \Sigma$ mit $\sigma \geq n$ gilt nach Optional sampling

$$E|X_\sigma| = 2EX_\sigma^+ - EX_\sigma \leq 2EX_\sigma^+ - EX_n \leq 2EX_\sigma^+ - \inf_{j \in T} EX_j,$$

und mit 3.1 folgt

$$aP(|X|_\beta^* \geq a) \leq \sup_{\sigma \in \Sigma} E|X_\sigma| \leq 2 \sup_{n \in T} EX_n^+ - \inf_{n \in T} EX_n.$$

Ist X ein positives Supermartingal, so ist $-X$ ein Submartingal mit $|-X| = X$, und man erhält aus obiger Abschätzung

$$aP(X_\beta^* \geq a) = aP(|-X|_\beta^* \geq a) \leq 2 \sup_{n \in T} E(-X_n)^+ - \inf_{n \in T} E(-X_n) = \sup_{n \in T} EX_n.$$

(b) Für $p > 1$ erhält man aus der ersten Ungleichung in (a) und 3.2(a)

$$\|X_n^*\|_p \leq \frac{p}{p-1} \|X_n\|_p$$

für alle $n \in T$ und mit monotoner Konvergenz folgt

$$\|X_\beta^*\|_p = \lim_{n \to \beta} \|X_n^*\|_p \leq \frac{p}{p-1} \sup_{n \in T} \|X_n\|_p.$$

Ebenso folgen die beiden anderen Ungleichungen aus 3.2(a) und (c). □

Die Konstanten $p/(p-1)$ in den $\mathcal{L}^p$-Ungleichungen 3.3(b) für $p \in (1, \infty)$ sind optimal, sie können nicht verbessert werden ([75], S. 14).

Für positive Supermartingale X mit $\beta = \infty$ gilt also $X_\infty^* = \sup_{n \in T} X_n < \infty$ f.s., falls $\alpha > -\infty$. Dies folgt aus 3.3(a) wegen $\sup_{n \in T} EX_n = EX_\alpha < \infty$ und

$$P(X_\infty^* = \infty) = \lim_{k \to \infty} P(X_\infty^* \geq k) \leq \lim_{k \to \infty} \frac{1}{k} EX_\alpha = 0.$$

Allgemeiner folgt $|X|_\infty^* = \sup_{n \in T} |X_n| < \infty$ f.s. für $\mathcal{L}^1$-beschränkte Submartingale X wegen 1.22. Wir werden in Kap. 4 sehen, dass solche Submartingale schon für $n \to \infty$ fast sicher konvergieren.

Der Fall $p = 1$ in 3.3(b) ist kritisch. Das folgende Beispiel zeigt, dass man auf den $\log^+$-Term nicht verzichten kann: In der Situation von 1.7(f) mit $(\Omega, \mathcal{F}, P) = ([0,1), \mathcal{B}([0,1)), \lambda_{[0,1)})$ ist

$$X_n = 2^n 1_{[0,1/2^n)}, \quad n \in T = \mathbb{N}_0$$

ein positives Martingal mit $EX_n = 1$, also $\sup_{n\in\mathbb{N}_0} \|X_n\|_1 = 1$. Andererseits gilt aber

$$\| \sup_{n\in\mathbb{N}_0} X_n \|_1 = \infty,$$

denn wegen $\sup_{j\in\mathbb{N}_0} X_j \geq X_n = 2^n$ auf $[0, 1/2^n)$ folgt

$$E \sup_{j\in\mathbb{N}_0} X_j = \sum_{n=0}^{\infty} \int_{1/2^{n+1}}^{1/2^n} \sup_{j\in\mathbb{N}_0} X_j \, dP \geq \sum_{n=0}^{\infty} 2^n \left(\frac{1}{2^n} - \frac{1}{2^{n+1}} \right) = \sum_{n=0}^{\infty} \frac{1}{2} = \infty.$$

Die $\mathcal{L}^1$-Beschränktheit von Martingalen X impliziert also nicht $\| |X|_\infty^* \|_1 < \infty$. Wir werden auf solche Unterschiede übrigens im Zusammenhang mit einer kurzen Untersuchung von Martingalräumen in Kap. 4 zurückkommen.

Eine interessante Konsequenz von 3.3(b) betrifft die Prozesse der Zuwächse in der Doob-Zerlegung.

Korollar 3.4 *Seien $\alpha > -\infty$, X ein adaptierter $\mathcal{L}^1$-Prozess mit Doob-Zerlegung $X = M + A$ und $1 < p < \infty$. Dann gelten*

$$\| |\Delta A|_\beta^* \|_p \leq \frac{p}{p-1} \| |\Delta X|_\beta^* \|_p \quad \textit{und} \quad \| |\Delta M|_\beta^* \|_p \leq \frac{2p-1}{p-1} \| |\Delta X|_\beta^* \|_p.$$

Beweis Wir können ohne Einschränkung $\| |\Delta X|_\beta^* \|_p < \infty$ annehmen. Für das durch

$$Y_n := E(|\Delta X|_\beta^* | \mathcal{F}_n)$$

definierte positive Martingal gilt mit 3.3(b) und der bedingten Jensen-Ungleichung

$$\|Y_\beta^*\|_p \leq \frac{p}{p-1} \sup_{n\in T} \|Y_n\|_p \leq \frac{p}{p-1} \| |\Delta X|_\beta^* \|_p.$$

Wegen $|\Delta A_n| \leq E(|\Delta X_n| \, |\mathcal{F}_{n-1}) \leq Y_{n-1} \leq Y_\beta^*$ für alle $n > \alpha$ folgt

$$\| |\Delta A|_\beta^* \|_p \leq \|Y_\beta^*\|_p \leq \frac{p}{p-1} \| |\Delta X|_\beta^* \|_p,$$

und wegen $|\Delta M_n| \leq |\Delta X_n| + |\Delta A_n| \leq |\Delta X|_\beta^* + |\Delta A|_\beta^*$ für alle $n > \alpha$ erhält man damit

$$\| |\Delta M|_\beta^* \|_p \leq \| |\Delta X|_\beta^* \|_p + \| |\Delta A|_\beta^* \|_p \leq \left(1 + \frac{p}{p-1} \right) \| |\Delta X|_\beta^* \|_p. \qquad \square$$

Die folgende Verallgemeinerung der Doob-Ungleichungen 3.3(a) (bei $\alpha > -\infty$) auf „vorhersehbar skalierte" Submartingale ist für starke Gesetze der großen Zahlen interessant.

Satz 3.5 *(Chow) Seien $\alpha > -\infty$, X ein Submartingal, H ein vorhersehbarer, fallender, positiver reeller Prozess und HX ein $\mathcal{L}^1$-Prozess. Dann gelten für alle $a > 0$ und $n \in T$*

$$aP((HX)_n^* > a) \leq EH_\alpha X_\alpha^+ + E(H \bullet X^+)_n - EH_n X_n^+ 1_{\{(HX)_n^* \leq a\}}$$

und

$$aP((HX)_\beta^* \geq a) \leq EH_\alpha X_\alpha^+ + \sup_{n \in T} E(H \bullet X^+)_n.$$

Beweis Wegen $(HX)^+ = HX^+$ folgt aus 3.1

$$aP((HX)_n^* > a) \leq \sup_{\substack{\sigma \in \Sigma \\ \sigma \leq n}} E(HX^+)_\sigma - EH_n X_n^+ 1_{\{(HX)_n^* \leq a\}}.$$

Spezielle partielle Summation 1.15(b) liefert

$$HX^+ = H_\alpha X_\alpha^+ + H \bullet X^+ + X_-^+ \bullet H,$$

und wegen $H_n X_n^+ \in \mathcal{L}^1$ für $n \in T$ und $0 \leq H_n X_{n-1}^+ \leq H_{n-1} X_{n-1}^+ \in \mathcal{L}^1$ für $n \geq \alpha + 1$ sind die drei Summanden in obiger Darstellung von HX^+ integrierbar. Damit ist $H \bullet X^+$ nach 1.9 wegen der Positivität von H ein Submartingal, und ferner gilt $X_-^+ \bullet H \leq 0$ wegen $\Delta H_n \leq 0$. Mit Optional sampling 2.12(b) folgt

$$\sup_{\substack{\sigma \in \Sigma \\ \sigma \leq n}} E(HX^+)_\sigma \leq EH_\alpha X_\alpha^+ + E(H \bullet X^+)_n$$

und damit die erste Ungleichung. Die zweite Ungleichung folgt aus der zweiten Ungleichung in 3.1. □

Wir beschreiben noch eine Verallgemeinerung von 3.3(a) auf h-Transformierte. Das Ergebnis zeigt den Zusammenhang zwischen dem Maximumprozess der h-Transformierten eines Martingals und dem Martingal selbst.

Satz 3.6 *(h-Transformierte, Burkholder) Seien $\alpha > -\infty$ und H ein vorhersehbarer, beschränkter reeller Prozess mit $\sup_{n \in T} |H_n| \leq c$ f.s.*

(a) Ist X ein positives Supermartingal, so gilt für alle $a > 0$

$$P(|H_\alpha X_\alpha + H \bullet X|_\beta^* \geq a) \leq \frac{9c}{a} EX_\alpha.$$

(b) Ist X ein Submartingal, so gilt für alle $a > 0$

$$P(|H_\alpha X_\alpha + H \bullet X|_\beta^* \geq a) \leq \frac{36c}{a} \sup_{n \in T} EX_n^+ - \frac{18c}{a} EX_\alpha.$$

Insbesondere gilt

$$P(|H_\alpha X_\alpha + H \bullet X|_\beta^* \geq a) \leq \frac{18c}{a} \sup_{n \in T} E|X_n|,$$

falls X ein Martingal ist.

Für Martingale beispielsweise kann man die Ungleichung (b) wegen

$$\sup_{n \in T} \| H_n \|_\infty = \| \sup_{n \in T} |H_n| \, \|_\infty$$

auch so lesen:

$$P(|H_\alpha X_\alpha + H \bullet X|_\beta^* \geq a) \leq \frac{18}{a} \sup_{n \in T} \| H_n \|_\infty \sup_{n \in T} \| X_n \|_1 .$$

Die optimale Konstante ist hier 2 (statt 18) ([72] und [73], Theorem 1.3).

Beweis (Neveu) Wir können ohne Einschränkung $c > 0$ und dann $c = 1$ annehmen, denn für $K := H/c$ gilt $\sup_{n \in T} |K_n| \leq 1$ f.s. und $c(K_\alpha X_\alpha + K \bullet X) = H_\alpha X_\alpha + H \bullet X$.

(a) Für $a > 0$ ist $Y := X \wedge a$ ein positives Supermartingal. Seien $Y = M - A$ die Doob-Zerlegung von Y und

$$Z := H_\alpha Y_\alpha + H \bullet Y = H_\alpha M_\alpha + H \bullet M - H \bullet A.$$

Wegen

$$|(H \bullet A)_n| \leq \sum_{j=\alpha+1}^{n} |H_j| \Delta A_j \leq \sum_{j=\alpha+1}^{n} \Delta A_j = A_n ,$$

also

$$|H \bullet A|_\beta^* = \sup_{n \in T} |(H \bullet A)_n| \leq A_\beta$$

und $A_n = M_n - Y_n \leq M_n$ gilt

$$E|H \bullet A|_\beta^* \leq E A_\beta = \lim_{n \to \beta} E A_n \leq E M_\alpha = E Y_\alpha \leq E X_\alpha .$$

Ferner gilt nach 1.17(b) für $n \in T$

$$E M_n^2 \leq 2a E Y_\alpha \leq 2a E X_\alpha$$

und damit für das Martingal $H_\alpha M_\alpha + H \bullet M$ wegen 1.16 und 1.19

$$\begin{aligned} E(H_\alpha M_\alpha + (H \bullet M)_n)^2 &= E(H_\alpha M_\alpha)^2 + E[H \bullet M]_n \\ &= E(H_\alpha M_\alpha)^2 + E H^2 \bullet [M]_n \\ &\leq E M_\alpha^2 + E[M]_n = E M_n^2 \leq 2a E X_\alpha , \end{aligned}$$

also

$$\sup_{n \in T} E(H_\alpha M_\alpha + (H \bullet M)_n)^2 \leq 2a E X_\alpha .$$

Wegen $Y = X$ auf $\{\sup_{n\in T} X_n \leq a\}$ erhält man durch Anwendung der Ungleichung 3.3(a) auf das Submartingal $(H_\alpha M_\alpha + H \bullet M)^2$ und mit der Markov-Ungleichung für $\lambda \in (0,1)$

$$\begin{aligned}
&P(\sup_{n\in T} X_n \leq a, |H_\alpha X_\alpha + H \bullet X|_\beta^* \geq a)\\
&\quad = P(\sup_{n\in T} X_n \leq a, |Z|_\beta^* \geq a) \leq P(|Z|_\beta^* \geq a)\\
&\quad \leq P(|H_\alpha M_\alpha + H \bullet M|_\beta^* \geq \lambda a) + P(|H \bullet A|_\beta^* \geq (1-\lambda)a)\\
&\quad \leq \frac{1}{\lambda^2 a^2} \sup_{n\in T} E(H_\alpha M_\alpha + (H \bullet M)_n)^2 + \frac{1}{(1-\lambda)a} E|H \bullet A|_\beta^*\\
&\quad \leq \frac{2a}{\lambda^2 a^2} EX_\alpha + \frac{1}{(1-\lambda)a} EX_\alpha\\
&\quad = \frac{EX_\alpha}{a}\left(\frac{2}{\lambda^2} + \frac{1}{1-\lambda}\right).
\end{aligned}$$

Da $\min_{0<\lambda<1}(2\lambda^{-2} + (1-\lambda)^{-1}) < 8$, liefert dies mit der Ungleichung 3.3(a) für X wegen $\sup_{n\in T} EX_n = EX_\alpha$

$$\begin{aligned}
&P(|H_\alpha X_\alpha + H \bullet X|_\beta^* \geq a)\\
&\quad \leq P(\sup_{n\in T} X_n > a) + P(\sup_{n\in T} X_n \leq a, |H_\alpha X_\alpha + H \bullet X|_\beta^* \geq a)\\
&\quad \leq \frac{1}{a} EX_\alpha + \frac{8}{a} EX_\alpha = \frac{9}{a} EX_\alpha.
\end{aligned}$$

(b) Wir können $\sup_{n\in T} EX_n^+ < \infty$ annehmen. Dann existiert die Krickeberg-Zerlegung 1.26 $X = N - U$ von X. Wegen

$$H_\alpha X_\alpha + H \bullet X = H_\alpha N_\alpha + H \bullet N - (H_\alpha U_\alpha + H \bullet U)$$

folgt aus (a) und 1.26

$$\begin{aligned}
&P(|H_\alpha X_\alpha + H \bullet X|_\beta^* \geq a)\\
&\quad \leq P(|H_\alpha N_\alpha + H \bullet N|_\beta^* \geq a/2) + P(|H_\alpha U_\alpha + H \bullet U|_\beta^* \geq a/2)\\
&\quad \leq \frac{18}{a}(EN_\alpha + EU_\alpha) = \frac{36}{a} EN_\alpha - \frac{18}{a} EX_\alpha\\
&\quad = \frac{36}{a} \sup_{n\in T} EX_n^+ - \frac{18}{a} EX_\alpha.
\end{aligned}$$

Ist X ein Martingal, so gilt $EN_\alpha + EU_\alpha = \sup_{n\in T} E|X_n|$. □

Die Abschneidetechnik im Beweis von Teil (a) des obigen Satzes funktioniert nur für positive Supermartingale, da $X \wedge a$ für ein Submartingal X kein Submartingal sein muss.

Die entsprechenden $\mathcal{L}^p$-Ungleichungen findet man in 3.19.

Satz 3.6 folgt nicht (direkt) aus den Ungleichungen 3.3(a), die für Martingale X

$$P(|H_\alpha X_\alpha + H \bullet X|^*_\beta \geq a) \leq \frac{1}{a} \sup_{n \in T} \|H_\alpha X_\alpha + (H \bullet X)_n\|_1$$

liefern, denn aus der $\mathcal{L}^1$-Beschränktheit von X folgt nicht die $\mathcal{L}^1$-Beschränktheit von $H \bullet X$ mit $\sup_{n \in T} |H_n| \leq 1$. Dies zeigt das Beispiel 4.22.

Wir untersuchen jetzt den Maximumprozess allgemeiner positiver Prozesse, die durch einen wachsenden Prozess „dominiert" werden.

Definition 3.7 *Sei $\alpha > -\infty$. Ein adaptierter, positiver reeller Prozess Y heißt durch einen adaptierten, wachsenden, positiven reellen Prozess A Lenglart-dominiert oder kurz **L-dominiert**, falls*

$$E(Y_\sigma | \mathcal{F}_\alpha) \leq E(A_\sigma | \mathcal{F}_\alpha)$$

für alle einfachen Stoppzeiten σ.

Bemerkung 3.8 Die L-Dominiertheit impliziert

$$EY_\sigma \leq EA_\sigma$$

für alle $\sigma \in \Sigma$. Die Umkehrung gilt, falls $A_\alpha = 0$: Die Wahl $\sigma = \alpha$ liefert zunächst $0 \leq EY_\alpha \leq EA_\alpha = 0$, also $Y_\alpha = 0$. Für $\sigma \in \Sigma$ und $F \in \mathcal{F}_\alpha$ ist $\tau := \sigma 1_F + \alpha 1_{F^c}$ nach 2.3 eine einfache Stoppzeit, und wegen $Y_\tau = Y_\alpha = 0 = A_\tau$ auf F^c erhält man

$$\int_F Y_\sigma dP = \int_F Y_\tau dP = \int Y_\tau dP \leq \int A_\tau dP = \int_F A_\tau dP = \int_F A_\sigma dP.$$

Da dies für jedes $F \in \mathcal{F}_\alpha$ gilt, folgt $E(Y_\sigma | \mathcal{F}_\alpha) \leq E(A_\sigma | \mathcal{F}_\alpha)$.

Ein typisches Beispiel liefert die Doob-Zerlegung $Y = M + B$ eines positiven Submartingals Y. Die L-Dominiertheit von Y durch $A := Y_\alpha + B$ folgt hier aus dem Optional sampling Satz 2.12(a).

Satz 3.9 *(Lenglart) Seien $\alpha > -\infty$ und Y durch A L-dominiert.*

(a) Für alle $a, b > 0$ gilt

$$aP(Y^*_\beta \geq a, A_\beta \leq b) \leq EA_\beta \wedge (b + (\Delta A_{\tau_b}) 1_{\{\tau_b < \infty\}}) \leq EA_\beta \wedge (b + (\Delta A)^*_\beta),$$

wobei $\tau_b = \inf\{n \in T : A_n > b\}$ (und $\Delta A_{\tau_b} = (\Delta A)_{\tau_b}$).

(b) Ist A vorhersehbar, so gelten für $a, b > 0$ und $p \in (0, 1)$

$$P(Y^*_\beta \geq a, A_\beta \leq b) \leq \frac{1}{a} E(A_\beta \wedge b) \quad \textit{und} \quad \|Y^*_\beta\|_p \leq \left(\frac{2-p}{1-p}\right)^{1/p} \|A_\beta\|_p.$$

(c) Sind Y wachsend und A vorhersehbar, so gilt für $p \in (0, 1]$

$$\|Y_\beta\|_p \leq 2^{1/p} \|A_\beta\|_p.$$

Beweis (a) Für die Stoppzeit

$$\tau = \tau_b =: \inf\{n \in T : A_n > b\}$$

folgt mit 3.1 für $a, b > 0$ wegen $\{\tau = \infty\} = \{A_\beta \leq b\}$ (mit $A_\infty := A_\beta$, falls $\beta < \infty$)

$$\begin{aligned} P(Y_\beta^* \geq a, A_\beta \leq b) &= P(\sup_{n \in T} Y_n \geq a, \tau = \infty) \\ &= P(\sup_{n \in T} Y_n^\tau \geq a, \tau = \infty) \\ &\leq P(\sup_{n \in T} Y_n^\tau \geq a, \tau > \alpha) \\ &= P(\sup_{n \in T} Y_n^\tau 1_{\{\tau > \alpha\}} \geq a) \\ &\leq \frac{1}{a} \sup_{\sigma \in \Sigma} E Y_{\tau \wedge \sigma} 1_{\{\tau > \alpha\}}. \end{aligned}$$

Für $\sigma \in \Sigma$ erhält man wegen $\{\tau > \alpha\} \in \mathcal{F}_\alpha$ und $\tau \wedge \sigma \in \Sigma$ mit Taking out what is known

$$\begin{aligned} E Y_{\tau \wedge \sigma} 1_{\{\tau > \alpha\}} &= E E(Y_{\tau \wedge \sigma} | \mathcal{F}_\alpha) 1_{\{\tau > \alpha\}} \leq E E(A_{\tau \wedge \sigma} | \mathcal{F}_\alpha) 1_{\{\tau > \alpha\}} \\ &= E A_{\tau \wedge \sigma} 1_{\{\tau > \alpha\}} \leq E A_\tau 1_{\{\tau > \alpha\}} \end{aligned}$$

und daher

$$P(Y_\beta^* \geq a, A_\beta \leq b) \leq \frac{1}{a} E A_\tau 1_{\{\tau > \alpha\}}.$$

Wegen $A_\tau = A_{\tau - 1} + \Delta A_\tau \leq b + \Delta A_\tau$ auf $\{\alpha < \tau < \infty\}$ und $\Delta A_\tau = A_\tau - A_{\tau - 1} = 0$ auf $\{\tau = \alpha\}$ gilt

$$\begin{aligned} A_\tau 1_{\{\tau > \alpha\}} &= A_\tau 1_{\{\alpha < \tau < \infty\}} + A_\tau 1_{\{\tau = \infty\}} \\ &\leq (b + \Delta A_\tau) 1_{\{\alpha < \tau < \infty\}} + b 1_{\{\tau = \infty\}} \\ &= b 1_{\{\tau > \alpha\}} + (\Delta A_\tau) 1_{\{\tau < \infty\}} \\ &\leq b + (\Delta A_\tau) 1_{\{\tau < \infty\}}, \end{aligned}$$

also wegen $A_\tau \leq A_\beta$

$$E A_\tau 1_{\{\tau > \alpha\}} \leq E A_\beta \wedge (b + (\Delta A_\tau) 1_{\{\tau < \infty\}}).$$

Die letzte Ungleichung in (a) folgt wegen

$$\Delta A_\tau = \Delta A_n \leq \sup_{j \in T} \Delta A_j = (\Delta A)_\beta^*$$

auf $\{\tau = n\}$ für alle $n \in T$.

(b) Jetzt definieren wir eine Stoppzeit durch

$$\rho := \inf\{n \in T : n < \beta, A_{n+1} > b\} \wedge \beta.$$

Dann gilt $A_\rho \le b$ auf $\{\rho > \alpha\}$ und $\{\rho = \beta\} = \{A_\beta \le b\}$, und wie in (a) erhält man

$$P(Y_\beta^* \ge a, A_\beta \le b) \le \frac{1}{a} E A_\rho 1_{\{\rho>\alpha\}} \le \frac{1}{a} E(A_\beta \wedge b).$$

Insbesondere gilt für $a > 0$ und $b = a$

$$P(Y_\beta^* > a) \le P(Y_\beta^* \ge a) \le \frac{1}{a} E(A_\beta \wedge a) + P(A_\beta > a).$$

Mit 3.2(d) folgt für $p < 1$

$$\begin{aligned} E(Y_\beta^*)^p &= \int_0^\infty P(Y_\beta^* > t^{1/p})dt \\ &\le \int_0^\infty t^{-1/p} E(A_\beta \wedge t^{1/p})dt + \int_0^\infty P(A_\beta > t^{1/p})dt \\ &= \frac{1}{1-p} E A_\beta^p + E A_\beta^p = \frac{2-p}{1-p} E A_\beta^p. \end{aligned}$$

(c) Falls Y wachsend ist, kann man die Konstante in der $\mathcal{L}^p$-Ungleichung von (b) verbessern. Zunächst folgt mit monotoner Konvergenz für bedingte Erwartungswerte für jede Stoppzeit τ (mit $Y_\infty := Y_\beta$, falls $\beta < \infty$)

$$E(Y_\tau|\mathcal{F}_\alpha) = \lim_{n\to\beta} E(Y_{\tau\wedge n}|\mathcal{F}_\alpha) \le \lim_{n\to\beta} E(A_{\tau\wedge n}|\mathcal{F}_\alpha) = E(A_\tau|\mathcal{F}_\alpha)$$

und damit wie in (a)

$$E Y_\tau 1_{\{\tau>\alpha\}} \le E A_\tau 1_{\{\tau>\alpha\}}.$$

Für die Stoppzeit

$$\rho = \inf\{n \in T : n < \beta, A_{n+1} > b\} \wedge \beta$$

erhält man wegen $\{\rho = \beta\} = \{A_\beta \le b\}$

$$\begin{aligned} E(A_\beta \wedge b) &= \int_{\{\rho=\beta\}} A_\beta \wedge b dP + \int_{\{\rho<\beta\}} A_\beta \wedge b dP \\ &= \int_{\{\rho=\beta\}} A_\rho dP + bP(\rho < \beta) \ge bP(\rho < \beta), \end{aligned}$$

und mit der offensichtlichen Ungleichung

$$Y_\beta \wedge b \le Y_\rho 1_{\{\rho=\beta\}} + b 1_{\{\rho<\beta\}}$$

folgt wegen $A_\rho \le b$ auf $\{\rho > \alpha\}$

$$\begin{aligned} E(Y_\beta \wedge b) &\le EY_\rho 1_{\{\rho>\alpha\}} + bP(\rho < \beta) \\ &\le EA_\rho 1_{\{\rho>\alpha\}} + E(A_\beta \wedge b) \le 2E(A_\beta \wedge b). \end{aligned}$$

Damit liefert 3.2(d) für $p < 1$

$$\begin{aligned} EY_\beta^p &= (1-p)\int_0^\infty t^{-1/p} E(Y_\beta \wedge t^{1/p})dt \\ &\le 2(1-p)\int_0^\infty t^{-1/p} E(A_\beta \wedge t^{1/p})dt = 2EA_\beta^p. \end{aligned}$$

Für $p = 1$ folgt mit der Voraussetzung und monotoner Konvergenz $EY_\beta \le EA_\beta$.□

Die $\mathcal{L}^p$-Ungleichung in Teil (b) ist für $p = 1$ und $\beta = \infty$ nicht richtig: Es existiert keine „universelle“ Konstante $c \in (0,\infty)$ mit $\|Y_\infty^*\|_1 \le c\|A_\infty\|_1$. Dazu sei Y ein positives Supermartingal mit $\|Y_\infty^*\|_1 = \infty$ (wie etwa das Martingal im Beispiel nach 3.3) und $A = Y_\alpha$. Mit Optional sampling wird dann Y durch A L-dominiert. Die Konstante heißt hier **universell**, da sie von allem unabhängig sein soll (von den involvierten Prozessen, der Filtration, dem zugrunde liegenden Wahrscheinlichkeitsraum etc.).

Die Lenglart-Ungleichungen implizieren natürlich ihrerseits einige der vorhergehenden Ungleichungen. Für Submartingale X folgt beispielsweise aus der ersten Lenglart-Ungleichung in 3.9(b) die zweite Chow-Ungleichung 3.5 mit $Y = HX^+$ und $A = H_\alpha X_\alpha^+ + H \bullet B$, wobei B der Kompensator von X^+ ist.

Interessant ist noch der Vergleich der Endlichkeitsmengen von Y_∞^* und A_∞. Die Relation $F \subset G$ f.s. für Mengen $F, G \in \mathcal{F}$ bedeutet $P(F \cap G^c) = 0$.

Korollar 3.10 *Seien $\alpha > -\infty$, $\beta = \infty$ und Y durch A L-dominiert. Ist $E(\Delta A_{\tau_b})1_{\{\tau_b<\infty\}} < \infty$ für alle $b > 0$, wobei $\tau_b = \inf\{n \in T : A_n > b\}$, oder A vorhersehbar, so gilt*

$$\{A_\infty < \infty\} \subset \{Y_\infty^* < \infty\} \text{ f.s.}$$

Beweis Die Lenglart-Ungleichung 3.9(a) liefert für alle $k, m \in \mathbb{N}$

$$P(Y_\infty^* \ge k, A_\infty \le m) \le \frac{1}{k} E(m + (\Delta A_{\tau_m})1_{\{\tau_m<\infty\}}) < \infty,$$

und durch Grenzübergang $k \to \infty$ folgt wegen

$$\{Y_\infty^* = \infty\} = \bigcap_{k=1}^\infty \{Y_\infty^* \ge k\}$$

mit der Stetigkeit (von oben) von P die Gleichung $P(Y_\infty^* = \infty, A_\infty \le m) = 0$. Wegen

$$\{A_\infty < \infty\} = \bigcup_{m=1}^{\infty} \{A_\infty \le m\}$$

liefert der Grenzübergang $m \to \infty$ damit $P(Y_\infty^* = \infty, A_\infty < \infty) = 0$, also $\{A_\infty < \infty\} \subset \{Y_\infty^* < \infty\}$ f.s.

Ist A vorhersehbar, so folgt aus 3.9(b)

$$P(Y_\infty^* \ge k, A_\infty \le m) \le \frac{m}{k},$$

und man erhält die Behauptung wie oben. □

Die folgenden $\mathcal{L}^p$-Abschätzungen zwischen einem vorhersehbaren wachsenden Prozess und seinem Potential sind dual zu 3.9(b)

Satz 3.11 *(Potentiale, Garsia, Neveu) Seien A ein vorhersehbarer wachsender Prozess mit $A_\alpha = 0$ und $A_\beta \in \mathcal{L}^1$, $X_n = E(A_\beta - A_n|\mathcal{F}_n)$ das Potential von A und $p \in [1, \infty)$.*

(a)

$$\|X_\beta^*\|_p \le \frac{p}{p-1}\|A_\beta\|_p, \quad \textit{falls } p > 1 \textit{ und } \|A_\beta\|_p \le p\|X_\beta^*\|_p.$$

(b) Falls $X_n \le E(U|\mathcal{F}_n)$ für alle $n \in T$ und eine $\mathbb{R}_+ \cup \{\infty\}$-wertige Zufallsvariable U, so gilt

$$\|A_\beta\|_p \le p\|U\|_p.$$

Beweis (b) Wir können $\|U\|_p < \infty$ annehmen. Für $a > 0$ ist

$$\tau := \inf\{n \in T : n < \beta, A_{n+1} > a\} \wedge \beta$$

eine Stoppzeit mit $A_\tau \le a$ f.s. und $\tau > -\infty$ f.s. wegen $A_\alpha = 0$. Nach 2.7(c) und der Voraussetzung gilt auf $\{\tau \in T\}$

$$X_\tau = E(A_\beta - A_\tau|\mathcal{F}_\tau) \le E(U|\mathcal{F}_\tau)$$

(und mit $X_\infty := 0$ auch auf $\{\tau = \infty\}$, falls $\beta = \infty$). Da τ nach 2.3 $\mathcal{F}_\tau$-messbar ist und damit

$$\{A_\beta > a\} = \{\tau < \beta\} \in \mathcal{F}_\tau,$$

folgt mit Taking out what is known

$$\begin{aligned} E(A_\beta - a)^+ &= E(A_\beta - a)1_{\{A_\beta > a\}} \le E(A_\beta - A_\tau)1_{\{A_\beta > a\}} \\ &= EE(A_\beta - A_\tau|\mathcal{F}_\tau)1_{\{A_\beta > a\}} \le EE(U|\mathcal{F}_\tau)1_{\{A_\beta > a\}} = EU1_{\{A_\beta > a\}}. \end{aligned}$$

Die Behauptung folgt aus 3.2(b).

(a) Für das durch $M_n := E(A_\beta|\mathcal{F}_n)$ definierte Martingal gilt $0 \leq X = M - A \leq M$ und wegen der bedingten Jensen-Ungleichung $M_n^p \leq E(A_\beta^p|\mathcal{F}_n)$. Mit der $\mathcal{L}^p$-Ungleichung 3.3(b) von Doob folgt

$$\|X_\beta^*\|_p \leq \|M_\beta^*\|_p \leq \frac{p}{p-1} \sup_{n\in T} \|M_n\|_p \leq \frac{p}{p-1} \|A_\beta\|_p.$$

Die zweite Ungleichung folgt aus (b), denn für $U := X_\beta^*$ und $n \in T$ gilt

$$X_n = E(X_n|\mathcal{F}_n) \leq E(U|\mathcal{F}_n).$$ □

3.2 Ungleichungen für die quadratische Variation

In diesem Abschnitt wird vorausgesetzt, dass T linksabgeschlossen ist, also $\alpha > -\infty$. Die bekannten Eigenschaften der euklidischen Norm implizieren zunächst die folgenden elementaren Ungleichungen für die quadratische Variation. Es ist günstig diese für $[X]^{1/2}$ statt $[X]$ zu formulieren.

Lemma 3.12 *Seien $\alpha > -\infty$, X und Y adaptierte Prozesse und $n \in T \cup \{\beta\}$.*

(a) $((X_\alpha \pm Y_\alpha)^2 + [X \pm Y]_n)^{1/2} \leq (X_\alpha^2 + [X]_n)^{1/2} + (Y_\alpha^2 + [Y]_n)^{1/2}$.
(b) $|X_\alpha Y_\alpha| + \sum_{j=\alpha+1}^n |\Delta X_j \Delta Y_j| \leq (X_\alpha^2 + [X]_n)^{1/2}(Y_\alpha^2 + [Y]_n)^{1/2}$.
Insbesondere gilt $|X_\alpha| + \sum_{j=\alpha+1}^n |\Delta X_j| \leq (n-\alpha+1)^{1/2}(X_\alpha^2 + [X]_n)^{1/2}$.
(c) $(X_\alpha^2 + [X]_n)^{1/2} \leq |X_\alpha| + \sum_{j=\alpha+1}^n |\Delta X_j|$.

Beweis Für $n \in T$ sei $m := n - \alpha + 1$. Dann folgt (a) aus der Dreiecksungleichung für die euklidische Norm auf $\mathbb{R}^m$, (b) folgt aus der Ungleichung $\sum_{i=1}^m |a_i b_i| \leq (\sum_{i=1}^m a_i^2)^{1/2}(\sum_{i=1}^m b_i^2)^{1/2}$, der Spezialfall mit dem Prozess $Y_n = n - \alpha + 1$, und (c) folgt aus der Ungleichung $(\sum_{i=1}^m a_i^2)^{1/2} \leq \sum_{i=1}^m |a_i|$. Falls $\beta = \infty$, liefert der Grenzübergang $n \to \infty$ die Behauptungen. □

Eine weitere einfache Beobachtung liefert die folgenden $\mathcal{L}^2$-Gleichungen für (nicht notwendig $\mathcal{L}^2$-)Martingale.

Lemma 3.13 *Seien $\alpha > -\infty$ und X ein Martingal. Dann gelten*

$$\|X_n\|_2 = \|(X_\alpha^2 + [X]_n)^{1/2}\|_2$$

für alle $n \in T$ und

$$\sup_{n\in T} \|X_n\|_2 = \|(X_\alpha^2 + [X]_\beta)^{1/2}\|_2.$$

Beweis Gilt $\|(X_\alpha^2 + [X]_n)^{1/2}\|_2 < \infty$, so folgt $X_k = X_\alpha + \sum_{j=\alpha+1}^k \Delta X_j \in \mathcal{L}^2$ für $k \leq n$. Also ist $(X_k)_{k\in T_n}$ mit $T_n = \{k \in T : k \leq n\}$ ein $\mathcal{L}^2$-Martingal, und die erste Gleichung folgt aus 1.16(c). Gilt $\|X_n\|_2 < \infty$, so folgt für $k \in T_n$ aus der bedingten Jensen-Ungleichung $X_k^2 = (E(X_n|\mathcal{F}_k))^2 \leq E(X_n^2|\mathcal{F}_k)$ und damit $X_k \in \mathcal{L}^2$. Man erhält die erste Gleichung wie oben.

Die zweite Gleichung folgt aus der ersten und monotoner Konvergenz. □

Für $\mathcal{L}^2$-beschränkte Martingale X gilt nach 3.13 $E[X]_\infty < \infty$ im Fall $\beta = \infty$, insbesondere also $[X]_\infty < \infty$ f.s. Überraschend ist, dass schon für positive Supermartingale und allgemeiner für $\mathcal{L}^1$-beschränkte Submartingale $[X]_\infty$ fast sicher endlich ist. Dies ist eine Konsequenz des folgenden Satzes.

Satz 3.14 *(Burkholder) Sei $\alpha > -\infty$.*

(a) Ist X ein positives Supermartingal, so gilt für alle $a > 0$

$$P((X_\alpha^2 + [X]_\beta)^{1/2} \geq a) \leq \frac{3}{a} E X_\alpha.$$

(b) Ist X ein Submartingal, so gilt für alle $a > 0$

$$P((X_\alpha^2 + [X]_\beta)^{1/2} \geq a) \leq \frac{12}{a} \sup_{n \in T} E X_n^+ - \frac{6}{a} E X_\alpha.$$

Insbesondere gilt

$$P((X_\alpha^2 + [X]_\beta)^{1/2} \geq a) \leq \frac{6}{a} \sup_{n \in T} E|X_n|,$$

falls X ein Martingal ist.

Beweis (a) Für $a > 0$ ist $Y := X \wedge a$ ein positives Supermartingal mit

$$E Y_\alpha^2 + E[Y]_n \leq 2a E Y_\alpha \leq 2a E X_\alpha$$

für alle $n \in T$ wegen 1.17(b), und im Fall $\beta = \infty$ folgt mit monotoner Konvergenz

$$E Y_\alpha^2 + E[Y]_\beta \leq 2a E X_\alpha.$$

Wegen $Y = X$ auf $\{\sup_{n \in T} X_n \leq a\}$ erhält man mit der Markov-Ungleichung

$$\begin{aligned} P(\sup_{n \in T} X_n \leq a, (X_\alpha^2 + [X]_\beta)^{1/2} \geq a) &= P(\sup_{n \in T} X_n \leq a, (Y_\alpha^2 + [Y]_\beta)^{1/2} \geq a) \\ &\leq P((Y_\alpha^2 + [Y]_\beta) \geq a^2) \\ &\leq \frac{1}{a^2} E(Y_\alpha^2 + [Y]_\beta) \leq \frac{2}{a} E X_\alpha. \end{aligned}$$

Dies liefert zusammen mit der Doob-Ungleichung 3.3(a) wegen $\sup_{n \in T} E X_n = E X_\alpha$

$$\begin{aligned} & P((X_\alpha^2 + [X]_\beta)^{1/2} \geq a) \\ & \quad \leq P(\sup_{n \in T} X_n > a) + P(\sup_{n \in T} X_n \leq a, (X_\alpha^2 + [X]_\beta)^{1/2} \geq a) \\ & \quad \leq \frac{1}{a} E X_\alpha + \frac{2}{a} E X_\alpha = \frac{3}{a} E X_\alpha. \end{aligned}$$

(b) Wir können ohne Einschränkung $\sup_{n\in T} EX_n^+ < \infty$ annehmen. Dann existiert die Krickeberg-Zerlegung 1.26 $X = M - U$ des Submartingals X. Wegen 3.12(a) gilt

$$(X_\alpha^2 + [X]_\beta)^{1/2} \leq (M_\alpha^2 + [M]_\beta)^{1/2} + (U_\alpha^2 + [U]_\beta)^{1/2},$$

und aus (a) und 1.26 folgt für $a > 0$

$$\begin{aligned} P((X_\alpha^2 + [X]_\beta)^{1/2} \geq a) \\ &\leq P((M_\alpha^2 + [M]_\beta)^{1/2} \geq a/2) + P((U_\alpha^2 + [U]_\beta)^{1/2} \geq a/2) \\ &\leq \frac{6}{a} EM_\alpha + \frac{6}{a} EU_\alpha = \frac{12}{a} EM_\alpha - \frac{6}{a} EX_\alpha \\ &= \frac{12}{a} \sup_{n\in T} EX_n^+ - \frac{6}{a} EX_\alpha. \end{aligned}$$

Ist X ein Martingal, so gilt $EM_\alpha + EU_\alpha = \sup_{n\in T} E|X_n|$. □

Die Konstante 6 in 3.14(b) für den Martingalfall kann man verbessern. Die optimale (universelle) Konstante ist $\sqrt{e} = 1{,}6487\ldots$ [83].

Wir kommen jetzt zu den berühmten Burkholder-Davis-Gundy-Ungleichungen oder kurz **BDG-Ungleichungen** über die Äquivalenz der $\mathcal{L}^p$-Normen von $[X]^{1/2}$ und $|X|$ beziehungsweise $|X|^*$ für Martingale X und $p \geq 1$. Sie verallgemeinern die bekannten Gleichungen 3.13 für $p = 2$ und haben viele interessante Konsequenzen. Sie werden etwa in den Kap. 11 und 12 und bei der Untersuchung starker Gesetze der großen Zahlen in Kap. 5 eine wichtige Rolle spielen.

Satz 3.15 *(BDG-Ungleichungen) Seien $\alpha > -\infty$ und $p \in [1,\infty)$. Es existieren universelle Konstanten $c_p, C_p \in (0,\infty)$ (die nur von p abhängen) mit*

$$c_p \|(X_\alpha^2 + [X]_\beta)^{1/2}\|_p \leq \sup_{n\in T} \|X_n\|_p \leq C_p \|(X_\alpha^2 + [X]_\beta)^{1/2}\|_p, \quad \textit{falls } p > 1$$

und

$$c_1 \|(X_\alpha^2 + [X]_\beta)^{1/2}\|_1 \leq \|\sup_{n\in T} |X_n|\,\|_1 \leq C_1 \|(X_\alpha^2 + [X]_\beta)^{1/2}\|_1$$

für alle Martingale X.

Der folgende Beweis liefert die Konstanten $c_p = (p-1)/26\sqrt{2e}p^{3/2}$ und $C_p = 26\sqrt{2e}q^{3/2}/(q-1) = 26\sqrt{2e}p^{3/2}/(p-1)^{1/2}$ mit $q = p/(p-1)$, falls $p > 1$ und $c_1 = 1/42$ und $C_1 = 31$. Sie sind nicht optimiert zugunsten einfacher Beweise. Die Konstanten können für $p > 1$ verbessert werden zu $C_p = (p-1) \vee 1/(p-1)$ und $c_p = 1/C_p$, wie 3.28 zeigen wird. Für $p = 1$ ist $c_1 = 1/\sqrt{3}$ die optimale (universelle) Konstante ([76], Theorem 1.1).

Beweis für $p > 1$ Der Beweis basiert auf den Doob-Ungleichungen, den Burkholder-Ungleichungen, der Krickeberg-Zerlegung und einem interessanten „Dualitätsargument".

Es reicht zu zeigen, dass

$$c_p\|(X_\alpha^2+[X]_n)^{1/2}\|_p \le \|X_n\|_p \le C_p\|(X_\alpha^2+[X]_n)^{1/2}\|_p$$

für alle $n \in T$ gilt: Falls $\beta < \infty$, folgt die Behauptung aus der Monotonie von $n \mapsto \|(X_\alpha^2+[X]_n)^{1/2}\|_p$, und im Fall $\beta=\infty$ folgt mit monotoner Konvergenz

$$\begin{aligned} c_p\|(X_\alpha^2+[X]_\infty)^{1/2}\|_p &= c_p \lim_{n\to\infty}\|(X_\alpha^2+[X]_n)^{1/2}\|_p \\ &\le \sup_{n\in T}\|X_n\|_p \\ &\le C_p \lim_{n\to\infty}\|(X_\alpha^2+[X]_n)^{1/2}\|_p \\ &= C_p\|(X_\alpha^2+[X]_\infty)^{1/2}\|_p. \end{aligned}$$

Für $n \in T$ sei $T_n = \{j \in T : j \le n\}$.

1. Die erste Ungleichung folgt ziemlich schnell aus der folgenden Abschätzung. Seien X ein positives Martingal, $\vartheta \in (0,\infty)$, $b := (1+2\vartheta^2)^{1/2}$ und

$$Y_n := \vartheta(X_\alpha^2+[X]_n)^{1/2} \vee X_n^*.$$

Dann gilt für alle $a>0$ und $n \in T$

$$P(Y_n > ba) \le \frac{13}{a} EX_n 1_{\{Y_n>a\}}.$$

Dazu definieren wir für $a>0$ die Stoppzeit

$$\tau := \inf\{n \in T : \vartheta(X_\alpha^2+[X]_n)^{1/2} > a\}$$

und den Prozess

$$Z_n := X_n 1_{\{\vartheta(X_\alpha^2+[X]_n)^{1/2}>a\}},$$

$n \in T$. Da der Prozess $(X_\alpha^2+[X])^{1/2}$ wachsend ist, gilt

$$Z_n = X_n 1_{\{\tau \le n\}}.$$

Wegen der Positivität von X ist Z nach Optional switching 2.9 ein Submartingal. Auf der Menge

$$F_n := \{\vartheta(X_\alpha^2+[X]_n)^{1/2} > ba, X_n^* \le a\} \in \mathcal{F}_n$$

gilt $\tau \le n$ wegen $\vartheta(X_\alpha^2+[X]_n)^{1/2} > a$ und daher auf $F_n \cap \{\alpha+1 \le \tau\}$

$$|\Delta X_\tau| = |X_\tau - X_{\tau-1}| \le X_\tau \vee X_{\tau-1} \le X_n^* \le a.$$

Wegen $\vartheta^2(X_\alpha^2 + [X]_{\tau-1}) \le a^2$ auf $\{\alpha + 1 \le \tau\}$ erhält man auf $F_n \cap \{\alpha + 1 \le \tau\}$

$$\begin{aligned}(1 + 2\vartheta^2)a^2 = b^2a^2 &< \vartheta^2(X_\alpha^2 + [X]_n)\\ &= \vartheta^2(X_\alpha^2 + [X]_{\tau-1}) + \vartheta^2(\Delta X_\tau)^2 + \vartheta^2 \sum_{j=\tau+1}^{n} (\Delta X_j)^2\\ &\le a^2 + \vartheta^2 a^2 + \vartheta^2 \sum_{j=\tau+1}^{n} (\Delta Z_j)^2\\ &\le (1 + \vartheta^2)a^2 + \vartheta^2[Z]_n,\end{aligned}$$

also $[Z]_n > a^2$. Auf $F_n \cap \{\tau = \alpha\}$ gilt $b^2a^2 < \vartheta^2(X_\alpha^2 + [Z]_n) \le \vartheta^2a^2 + \vartheta^2[Z]_n$ und daher ebenfalls $[Z]_n > a^2$. Mit der Burkholder-Ungleichung 3.14(b) angewandt auf das positive Submartingal $(Z_j)_{j \in T_n}$ folgt

$$\begin{aligned}P(F_n) \le P([Z]_n^{1/2} > a) &\le P((Z_\alpha^2 + [Z]_n)^{1/2} \ge a)\\ &\le \frac{12}{a} \sup_{j \in T_n} EZ_j = \frac{12}{a} EZ_n,\end{aligned}$$

und zusammen mit der Doob-Ungleichung 3.3(a) für X liefert dies für $n \in T$

$$\begin{aligned}P(Y_n > ba) &\le P(X_n^* > a) + P(Y_n > ba, X_n^* \le a)\\ &= P(X_n^* > a) + P(F_n)\\ &\le \frac{1}{a} EX_n 1_{\{X_n^* > a\}} + \frac{12}{a} EX_n 1_{\{\vartheta(X_\alpha^2 + [X]_n)^{1/2} > a\}}\\ &\le \frac{13}{a} EX_n 1_{\{Y_n > a\}}.\end{aligned}$$

2. Sei X ein positives Martingal. Aus 1. und 3.2(a) folgt wegen $p > 1$

$$\vartheta \|(X_\alpha^2 + [X]_n)^{1/2}\|_p \le \|Y_n\|_p \le \frac{13b^p p}{p-1} \|X_n\|_p,$$

also

$$\|(X_\alpha^2 + [X]_n)^{1/2}\|_p \le \frac{13(1 + 2\vartheta^2)^{p/2} p}{\vartheta(p-1)} \|X_n\|_p$$

für alle $n \in T$. Da $\min_{\vartheta > 0}(1 + 2\vartheta^2)^{p/2}\vartheta^{-1} < \sqrt{2ep}$, liefert dies

$$\|(X_\alpha^2 + [X]_n)^{1/2}\|_p \le \frac{13\sqrt{2e}\, p^{3/2}}{p-1} \|X_n\|_p.$$

(Die Aussagen 1. und 2. gelten übrigens ohne jede Änderung im Beweis für positive Submartingale X.)

3. Ist X ein Martingal, so gilt für alle $n \in T$

$$c_p \|(X_\alpha^2 + [X]_n)^{1/2}\|_p \le \|X_n\|_p.$$

Für $n \in T$ sei dazu $X_j = M_j - N_j$, $j \in T_n$ die Krickeberg-Zerlegung 1.26 des Martingals $(X_j)_{j \in T_n}$ (natürlich bezüglich der Filtration $(\mathcal{F}_j)_{j \in T_n}$). Dabei ist die Voraussetzung von 1.26 wegen der Endlichkeit von T_n erfüllt. Wegen $M_n = X_n^+$ und $N_n = X_n^-$ gilt $\|M_n\|_p \le \|X_n\|_p$ und $\|N_n\|_p \le \|X_n\|_p$, also $\|M_n\|_p + \|N_n\|_p \le 2\|X_n\|_p$. Mit 3.12(a) folgt wegen der Minkowski-Ungleichung und 2. angewandt auf die positiven Martingale $(M_j)_{j \in T_n}$ und $(N_j)_{j \in T_n}$

$$\begin{aligned}\|(X_\alpha^2 + [X]_n)^{1/2}\|_p &\le \|(M_\alpha^2 + [M]_n)^{1/2}\|_p + \|(N_\alpha^2 + [N]_n)^{1/2}\|_p \\ &\le \frac{13\sqrt{2e}\,p^{3/2}}{p-1}(\|M_n\|_p + \|N_n\|_p) \\ &\le \frac{26\sqrt{2e}\,p^{3/2}}{p-1}\|X_n\|_p.\end{aligned}$$

4. Wir beweisen jetzt die zweite Ungleichung: Ist X ein Martingal, so gilt für alle $n \in T$

$$\|X_n\|_p \le C_p \|(X_\alpha^2 + [X]_n)^{1/2}\|_p.$$

Sei $n \in T$. Wir können ohne Einschränkung $\|X_n\|_p > 0$ und

$$\|(X_\alpha^2 + [X]_n)^{1/2}\|_p < \infty$$

annehmen. Wegen 3.12(b) folgt für $k \in T_n$

$$\begin{aligned}|X_k| = \left|X_\alpha + \sum_{j=\alpha+1}^{k} \Delta X_j\right| &\le |X_\alpha| + \sum_{j=\alpha+1}^{k} |\Delta X_j| \\ &\le (k-\alpha+1)^{1/2}(X_\alpha^2 + [X]_k)^{1/2} \\ &\le (n-\alpha+1)^{1/2}(X_\alpha^2 + [X]_n)^{1/2}\end{aligned}$$

und damit $\|X_k\|_p \le (n-\alpha+1)^{1/2}\|(X_\alpha^2 + [X]_n)^{1/2}\|_p < \infty$ für alle $k \in T_n$. Zu dem $\mathcal{L}^p$-Martingal $(X_k)_{k \in T_n}$ definieren wir das „duale Martingal" durch

$$U_k := E(\operatorname{sign}(X_n)|X_n|^{p-1}|\mathcal{F}_k),$$

$k \in T_n$, wobei $\operatorname{sign} = 1_{(0,\infty)} - 1_{(-\infty,0)}$. Aus der bedingten Jensen-Ungleichung folgt mit $q = p/(p-1)$

$$|U_k|^q \le E(|X_n|^{(p-1)q}|\mathcal{F}_k) = E(|X_n|^p|\mathcal{F}_k),$$

also

$$\|U_k\|_q \le (E|X_n|^p)^{1/q} = \|X_n\|_p^{p-1} < \infty.$$

Insbesondere ist $(U_k)_{k \in T_n}$ ein $\mathcal{L}^q$-Martingal und wegen $U_n = \operatorname{sign}(X_n)|X_n|^{p-1}$ gilt $|X_n|^p = X_n U_n$. Mit partieller Summation 1.15(a) folgt nun

$$|X_n|^p = X_n U_n = X_\alpha U_\alpha + (X_- \bullet U)_n + (U_- \bullet X)_n + [X, U]_n.$$

Wegen der Hölder-Ungleichung sind $X_- \bullet U$, $U_- \bullet X$ und $[X,U]$ $\mathcal{L}^1$-Prozesse auf T_n und somit sind $X_- \bullet U$ und $U_- \bullet X$ nach 1.9 Martingale auf T_n mit Anfangswert 0. Man erhält

$$E|X_n|^p = E(X_\alpha U_\alpha + [X,U]_n) = E\Big(X_\alpha U_\alpha + \sum_{j=\alpha+1}^{n} \Delta X_j \Delta U_j\Big).$$

Aus 3.12(b), der Hölder-Ungleichung und 3. angewandt auf das Martingal $(U_j)_{j \in T_n}$ folgt

$$\begin{aligned}
\|X_n\|_p^p = E|X_n|^p &\leq E(X_\alpha^2 + [X]_n)^{1/2}(U_\alpha^2 + [U]_n)^{1/2} \\
&\leq \|(X_\alpha^2 + [X]_n)^{1/2}\|_p \|(U_\alpha^2 + [U]_n)^{1/2}\|_q \\
&\leq \|(X_\alpha^2 + [X]_n)^{1/2}\|_p \frac{26\sqrt{2e}q^{3/2}}{q-1} \|U_n\|_q \\
&\leq \frac{26\sqrt{2e}q^{3/2}}{q-1} \|(X_\alpha^2 + [X]_n)^{1/2}\|_p \|X_n\|_p^{p-1}.
\end{aligned}$$

Division durch $\|X_n\|_p^{p-1}$ liefert die Behauptung. □

Im Fall $p = 1$ benutzen wir zum Beweis der BDG-Ungleichungen die folgende Zerlegung für Martingale.

Lemma 3.16 *(Davis-Zerlegung) Seien $\alpha > -\infty$, X ein Martingal und $Y := |\Delta X|^*$. Dann hat X eine Zerlegung*

$$X = M + N,$$

wobei M und N Martingale sind mit $M_\alpha = X_\alpha$, $N_\alpha = 0$,

$$|\Delta M_n| \leq 4Y_{n-1} \quad \text{und} \quad E \sum_{j=\alpha+1}^{n} |\Delta N_j| \leq 4EY_n$$

für alle $n \in T$.

Beweis Für $n \geq \alpha + 1$ sei

$$F_n := \{|\Delta X_n| \leq 2Y_{n-1}\}.$$

Ferner seien

$$M_n = X_\alpha + \sum_{j=\alpha+1}^{n} (1_{F_j} \Delta X_j - E(1_{F_j} \Delta X_j | \mathcal{F}_{j-1}))$$

der Martingalanteil in der Doob-Zerlegung von $X_\alpha + \sum_{j=\alpha+1}^{n} 1_{F_j} \Delta X_j, n \in T$ und

$$N_n = \sum_{j=\alpha+1}^{n} (1_{F_j^c} \Delta X_j - E(1_{F_j^c} \Delta X_j | \mathcal{F}_{j-1}))$$

der Martingalanteil von $\sum_{j=\alpha+1}^{n} 1_{F_j^c} \Delta X_j, n \in T$. Dann gilt $X = M + N$ und mit der bedingten Jensen-Ungleichung folgt für $n \geq \alpha + 1$

$$\begin{aligned}|\Delta M_n| &\leq 1_{F_n} |\Delta X_n| + E(1_{F_n} |\Delta X_n| \,|\mathcal{F}_{n-1}) \\ &\leq 2Y_{n-1} + 2E(Y_{n-1}|\mathcal{F}_{n-1}) = 4Y_{n-1}.\end{aligned}$$

Wegen

$$2Y_n \geq 2|\Delta X_n| > |\Delta X_n| + 2Y_{n-1},$$

also $|\Delta X_n| < 2\Delta Y_n$ auf F_n^c für $n \geq \alpha + 1$ gilt ferner

$$|\Delta N_n| \leq 1_{F_n^c} |\Delta X_n| + E(1_{F_n^c} |\Delta X_n| \,|\mathcal{F}_{n-1}) \leq 2\Delta Y_n + 2E(\Delta Y_n|\mathcal{F}_{n-1})$$

und damit

$$\sum_{j=\alpha+1}^{n} E|\Delta N_j| \leq 4 \sum_{j=\alpha+1}^{n} E\Delta Y_j = 4EY_n.$$ □

Beweis von Satz 3.15 für $p = 1$ Der Beweis basiert auf den Lenglart-Ungleichungen und der Davis-Zerlegung.

1. Seien X ein Martingal und H ein vorhersehbarer, positiver reeller Prozess mit

$$|\Delta X_n| \leq H_n$$

für alle $n \in T, n \geq \alpha + 1$. Die Zuwächse von X werden also durch H „vorhersehbar" kontrolliert. Dann gelten

$$E(X_\alpha^2 + [X]_\beta)^{1/2} \leq 2E \sup_{n \in T} |X_n| + 2E \sup_{n \geq \alpha+1} H_n$$

und

$$E \sup_{n \in T} |X_n| \leq 3E(X_\alpha^2 + [X]_\beta)^{1/2} + 3E \sup_{n \geq \alpha+1} H_n.$$

Der Anfangswert H_α von H spielt keine Rolle.

Für eine einfache Stoppzeit σ ist X^σ nach Optional stopping ein Martingal und für $F \in \mathcal{F}_\alpha$ ist auch $X^\sigma 1_F$ ein Martingal. Nach 2.10 gilt $[X^\sigma 1_F] = [X]^\sigma 1_F$. Wählt man $n \in T$ mit $\sigma \leq n$, so folgt mit 3.13

$$EX_\sigma^2 1_F = E(X_n^\sigma)^2 1_F = E(X_\alpha^2 1_F + [X^\sigma 1_F]_n) = E(X_\alpha^2 + [X]_\sigma)1_F.$$

Weil dies für alle $F \in \mathcal{F}_\alpha$ gilt, resultiert

$$E(X_\sigma^2|\mathcal{F}_\alpha) = E(X_\alpha^2 + [X]_\sigma|\mathcal{F}_\alpha).$$

Für den durch

$$A_\alpha := X_\alpha^2 \quad \text{und} \quad A_n := (\sup_{j \leq n-1} |X_j| + \sup_{\alpha+1 \leq j \leq n} H_j)^2,\ n \geq \alpha + 1$$

definierten vorhersehbaren wachsenden Prozess A gilt

$$|X_n| \le |X_{n-1}| + |\Delta X_n| \le |X_{n-1}| + H_n \le A_n^{1/2}$$

für alle $n \ge \alpha + 1$, so dass $X_\alpha^2 + [X]$ durch A L-dominiert wird. Die Lenglart-Ungleichung 3.9(c) mit $p = 1/2$ liefert

$$E(X_\alpha^2 + [X]_\beta)^{1/2} \le 2EA_\beta^{1/2} \le 2E \sup_{n\in T} |X_n| + 2E \sup_{n\ge\alpha+1} H_n.$$

Ferner gilt für den durch

$$B_\alpha := X_\alpha^2 \quad \text{und} \quad B_n := X_\alpha^2 + [X]_{n-1} + \sup_{\alpha+1\le j\le n} H_j^2,\ n \ge \alpha + 1$$

definierten vorhersehbaren wachsenden Prozess B

$$X_\alpha^2 + [X]_n = X_\alpha^2 + [X]_{n-1} + (\Delta X_n)^2 \le X_\alpha^2 + [X]_{n-1} + H_n^2 \le B_n$$

für alle $n \ge \alpha + 1$. Daher wird X^2 durch B L-dominiert, was mit der $\mathcal{L}^{1/2}$-Ungleichung 3.9(b) von Lenglart und der Ungleichung $\sqrt{a+b} \le \sqrt{a} + \sqrt{b}$ für $a, b \in \mathbb{R}_+$

$$E \sup_{n\in T} |X_n| \le 3EB_\beta^{1/2} \le 3E(X_\alpha^2 + [X]_\beta)^{1/2} + 3E \sup_{n\ge\alpha+1} H_n$$

impliziert.

2. Wir beweisen jetzt die BDG-Ungleichungen. Sei X ein Martingal und $X = M + N$ eine Davis-Zerlegung von X. Aus 1. folgt dann

$$E(M_\alpha^2 + [M]_\beta)^{1/2} \le 2E \sup_{n\in T} |M_n| + 8E \sup_{n\in T} |\Delta X_n|$$

und

$$E \sup_{n\in T} |M_n| \le 3E(M_\alpha^2 + [M]_\beta)^{1/2} + 12E \sup_{n\in T} |\Delta X_n|.$$

Wegen 3.12(c) und $N_\alpha = 0$ erhält man ferner mit monotoner Konvergenz

$$E[N]_\beta^{1/2} = \lim_{n\to\beta} E[N]_n^{1/2} \le \lim_{n\to\beta} E \sum_{j=\alpha+1}^{n} |\Delta N_j| \le 4E \sup_{n\in T} |\Delta X_n|$$

und

$$E \sup_{n\in T} |N_n| = \lim_{n\to\beta} E \sup_{j\le n} |N_j| \le \lim_{n\to\beta} E \sum_{j=\alpha+1}^{n} |\Delta N_j| \le 4E \sup_{n\in T} |\Delta X_n|.$$

Mit 3.12(a) und $\sup_{n\in T}|\Delta X_n| \le 2\sup_{n\in T}|X_n|$ folgt nun

$$\begin{aligned} E(X_\alpha^2+[X]_\beta)^{1/2} &\le E(M_\alpha^2+[M]_\beta)^{1/2}+E[N]_\beta^{1/2} \\ &\le 2E\sup_{n\in T}|M_n|+24E\sup_{n\in T}|X_n| \\ &\le 2E\sup_{n\in T}|X_n|+2E\sup_{n\in T}|N_n|+24E\sup_{n\in T}|X_n| \\ &\le 42E\sup_{n\in T}|X_n|. \end{aligned}$$

Andererseits folgt wegen 3.12(a) und $\sup_{n\in T}|\Delta X_n| \le (X_\alpha^2+[X]_\beta)^{1/2}$

$$\begin{aligned} E\sup_{n\in T}|X_n| &\le E\sup_{n\in T}|M_n|+E\sup_{n\in T}|N_n| \\ &\le 3E(M_\alpha^2+[M]_\beta)^{1/2}+16E(X_\alpha^2+[X]_\beta)^{1/2} \\ &\le 3E(X_\alpha^2+[X]_\beta)^{1/2}+3E[N]_\beta^{1/2}+16E(X_\alpha^2+[X]_\beta)^{1/2} \\ &\le 31E(X_\alpha^2+[X]_\beta)^{1/2}. \end{aligned}$$

□

Die BDG-Ungleichungen für $p > 1$ lassen sich auch aus denen für $p = 1$ folgern.

Alternativer Beweis von Satz 3.15 für $p > 1$ Dieser Beweis basiert auf den Doob-Ungleichungen, den Potentialungleichungen und den BDG-Ungleichungen für $p = 1$. Er liefert die Konstanten $c_p = (p-1)/(2+2/c_1)p^2$ und $C_p = (C_1+1)p$, also etwa $c_p = (p-1)/86p^2$ und $C_p = 32p$.

1. Es ist günstig $\beta = \infty$ anzunehmen. (Falls $\beta < \infty$, definiere man durch $X_n := X_\beta$ und $\mathcal{F}_n := \mathcal{F}_\beta$ für $n > \beta$ eine Fortsetzung von X und $\mathbb{F}$ zu einem Martingal auf $[\alpha,\infty] \cap \mathbb{Z}$.) Für $n \in T, n \ge \alpha+1$ und $F \in \mathcal{F}_n$ ist $(X-X^n)1_F$ ein Martingal mit Anfangswert 0 und

$$[(X-X^n)1_F]_\infty = [X-X^n]_\infty 1_F = \sum_{j=n+1}^{\infty}(\Delta X_j)^2 1_F,$$

wobei X^n den bei n gestoppten Prozess X bezeichnet. Die BDG-Ungleichungen für $p = 1$ liefern

$$c_1\int_F [X-X^n]_\infty^{1/2}dP \le \int_F \sup_{j\in T}|X_j-X_j^n|dP \le C_1\int_F [X-X^n]_\infty^{1/2}dP.$$

Da dies für alle $F \in \mathcal{F}_n$ gilt, folgt

$$c_1E([X-X^n]_\infty^{1/2}|\mathcal{F}_n) \le E(\sup_{j\in T}|X_j-X_j^n|\,|\mathcal{F}_n) \le C_1E([X-X^n]_\infty^{1/2}|\mathcal{F}_n).$$

Für $F \in \mathcal{F}_\alpha$ ist $X1_F$ ein Martingal und wie oben erhält man

$$c_1E((X_\alpha^2+[X]_\infty)^{1/2}|\mathcal{F}_\alpha) \le E(\sup_{j\in T}|X_j|\,|\mathcal{F}_\alpha) \le C_1E((X_\alpha^2+[X]_\infty)^{1/2}|\mathcal{F}_\alpha).$$

2. Zum Beweis der ersten BDG-Ungleichung können wir $\sup_{n\in T} \|X_n\|_p < \infty$ annehmen. Wegen der Doob-Ungleichung 3.3(b) gilt dann $\| \sup_{n\in T} |X_n| \|_p < \infty$, also auch $\| \sup_{n\in T} |X_n| \|_1 < \infty$ und somit $\|(X_\alpha^2 + [X]_\infty)^{1/2}\|_1 < \infty$. Für den durch

$$A_\alpha := 0 \quad \text{und} \quad A_n := (X_\alpha^2 + [X]_{n-1})^{1/2},\ n \geq \alpha + 1$$

definierten vorhersehbaren wachsenden Prozess A mit Anfangswert 0 und $A_\infty \in \mathcal{L}^1$ gilt für $n \geq \alpha + 1$

$$\begin{aligned} A_\infty - A_n &= (X_\alpha^2 + [X]_\infty)^{1/2} - (X_\alpha^2 + [X]_{n-1})^{1/2} \\ &= \Big(X_\alpha^2 + [X]_{n-1} + \sum_{j=n}^{\infty}(\Delta X_j)^2\Big)^{1/2} - (X_\alpha^2 + [X]_{n-1})^{1/2} \\ &\leq \Big(\sum_{j=n}^{\infty}(\Delta X_j)^2\Big)^{1/2} = ((\Delta X_n)^2 + [X - X^n]_\infty)^{1/2} \\ &\leq |\Delta X_n| + [X - X^n]_\infty^{1/2} \end{aligned}$$

und damit nach 1.

$$\begin{aligned} E(A_\infty - A_n|\mathcal{F}_n) &\leq E(|\Delta X_n| + [X - X^n]_\infty^{1/2}|\mathcal{F}_n) \\ &\leq E(|\Delta X_n|\,|\mathcal{F}_n) + c_1^{-1} E(\sup_{j\in T} |X_j - X_j^n|\,|\mathcal{F}_n) \\ &\leq E(2 \sup_{j\in T} |X_j| + 2c_1^{-1} \sup_{j\in T} |X_j|\,|\mathcal{F}_n) \\ &= (2 + 2/c_1) E(\sup_{j\in T} |X_j|\,|\mathcal{F}_n). \end{aligned}$$

Für $n = \alpha$ gilt mit 1.

$$E(A_\infty - A_\alpha|\mathcal{F}_\alpha) = E((X_\alpha^2 + [X]_\infty)^{1/2}|\mathcal{F}_\alpha) \leq E(\sup_{j\in T} |X_j|\,|\mathcal{F}_\alpha).$$

Die Potentialungleichung 3.11(b) liefert zusammen mit der Doob-Ungleichung 3.3(b) für $p > 1$

$$\|(X_\alpha^2 + [X]_\infty)^{1/2}\|_p \leq (2 + 2/c_1)p\| \sup_{n\in T} |X_n| \|_p \leq \frac{(2 + 2/c_1)p^2}{p-1} \sup_{n\in T} \|X_n\|_p.$$

3. Zum Beweis der zweiten BDG-Ungleichung können wir

$$\|(X_\alpha + [X]_\infty)^{1/2}\|_p < \infty$$

annehmen. Dann gilt auch $\|(X_\alpha + [X]_\infty)^{1/2}\|_1 < \infty$ und somit $\|\sup_{n\in T} |X_n|\|_1 < \infty$. Für den durch

$$A_\alpha =: 0 \quad \text{und} \quad A_n := \sup_{j\leq n-1} |X_j|,\ n \geq \alpha + 1$$

definierten vorhersehbaren wachsenden Prozess A mit Anfangswert 0 und $A_\infty \in \mathcal{L}^1$ gilt für $n \geq \alpha + 1$

$$\begin{aligned}A_\infty - A_n &= \sup_{j\in T}|X_j| - \sup_{j\leq n-1}|X_j| = (\sup_{j\geq n}|X_j| - \sup_{j\leq n-1}|X_j|)^+\\ &\leq (\sup_{j\geq n}|X_j| - |X_n| + |\Delta X_n|)^+\\ &\leq \sup_{j\geq n}|X_j - X_n| + |\Delta X_n| = \sup_{j\geq n}|X_j - X_j^n| + |\Delta X_n|\end{aligned}$$

und damit nach 1.

$$\begin{aligned}E(A_\infty - A_n|\mathcal{F}_n) &\leq E(|\Delta X_n| + \sup_{j\in T}|X_j - X_j^n|\,|\mathcal{F}_n)\\ &\leq E(|\Delta X_n|\,|\mathcal{F}_n) + C_1 E([X - X^n]_\infty^{1/2}|\mathcal{F}_n)\\ &\leq E((X_\alpha^2 + [X]_\infty)^{1/2} + C_1(X_\alpha^2 + [X]_\infty)^{1/2}|\mathcal{F}_n)\\ &= (C_1 + 1)E((X_\alpha^2 + [X]_\infty)^{1/2}|\mathcal{F}_n).\end{aligned}$$

Für $n = \alpha$ gilt mit 1.

$$E(A_\infty - A_\alpha|\mathcal{F}_\alpha) = E(\sup_{n\in T}|X_n|\,|\mathcal{F}_\alpha) \leq C_1 E((X_\alpha^2 + [X]_\infty)^{1/2}|\mathcal{F}_\alpha).$$

Die Potentialungleichung 3.11(b) liefert

$$\sup_{n\in T}\|X_n\|_p \leq \|\sup_{n\in T}|X_n|\,\|_p \leq (C_1 + 1)p\|(X_\alpha^2 + [X]_\infty)^{1/2}\|_p.$$ □

Zusammen mit 3.3(b) angewandt auf $|X|$ liefern die BDG-Ungleichungen

$$c_p\|(X_\alpha^2 + [X]_\beta)^{1/2}\|_p \leq \|\sup_{n\in T}|X_n|\,\|_p \leq B_p\|(X_\alpha^2 + [X]_\beta)^{1/2}\|_p$$

für alle $p \in [1, \infty)$ mit $B_1 = C_1$ und $B_p = pC_p/(p-1)$ für $p > 1$. Während also die BDG-Ungleichungen 3.15 für $p > 1$ (mit anderen Konstanten) richtig bleiben, wenn man dort $\sup_{n\in T}\|X_n\|_p$ durch $\|\sup_{n\in T}|X_n|\,\|_p$ ersetzt, kann man für $p = 1$ in der ersten BDG-Ungleichung $\|\sup_{n\in T}|X_n|\,\|_1$ nicht durch $\sup_{n\in T}\|X_n\|_1$ ersetzen. Dies zeigt das Beispiel nach 3.3.

In der zeitstetigen Theorie $T = \mathbb{R}_+$ gelten die BDG-Ungleichungen in der obigen Version für „pfadstetige" Martingale auch im Fall $0 < p < 1$. Das folgende Beispiel zeigt, dass in der hier behandelten zeitdiskreten Theorie (und damit in der zeitstetigen Theorie für Prozesse mit Sprüngen) die BDG-Ungleichungen für $0 < p < 1$ nicht richtig sind. Dies ist bedauerlich, denn die Konsequenzen wären reizvoll; siehe etwa [127].

Beispiel 3.17 Seien $T = \mathbb{N}_0$ und $p \in (0, 1)$

(a) Es existiert keine (universelle) Konstante $C_p \in (0, \infty)$ mit

$$C_p^{-1}\|X_n\|_p \leq \|(X_0^2 + [X]_n)^{1/2}\|_p$$

für alle Martingale X und alle $n \in \mathbb{N}_0$.

Dazu benutzen wir die folgenden $\mathbb{F}^{(j)}$-Martingale $X^{(j)}$. Für $j \in \mathbb{N}$ seien $(Z_n)_{n\geq 1} = (Z_n^{(j)})_{n\geq 1}$ eine unabhängige Folge identisch verteilter Zufallvariablen mit $P(Z_1 = 1) = 1 - 1/(1+j)$, $P(Z_1 = -j) = 1/(1+j)$, $X_n = X_n^{(j)} := \sum_{i=1}^n Z_i$ mit $X_0 = Z_0 := 0$ und $\mathbb{F} = \mathbb{F}^{(j)} := \mathbb{F}^Z = \mathbb{F}^X$. Wegen $EZ_1 = 0$ ist der $\mathbb{F}$-Random walk X ein Martingal. Für $j \geq 2n$ gilt offenbar $|X_n| \geq n$, also

$$E|X_n|^p \geq n^p.$$

Wegen $[X]_n = n$ auf $F_n := \bigcap_{i=1}^n \{Z_i = 1\}$ und $[X]_n \leq nj^2$ erhält man

$$\begin{aligned} E[X]_n^{p/2} &\leq n^{p/2}P(F_n) + n^{p/2}j^pP(F_n^c) \\ &= n^{p/2}\Big(1 - \frac{1}{1+j}\Big)^n + n^{p/2}j^p\Big(1 - \Big(1 - \frac{1}{1+j}\Big)^n\Big). \end{aligned}$$

Es folgt

$$\frac{E[X^{(j)}]_n^{p/2}}{E|X_n^{(j)}|^p} \leq \frac{(1 - \frac{1}{1+j})^n + j^p(1 - (1 - \frac{1}{1+j})^n)}{n^{p/2}}$$

für alle $n \in \mathbb{N}, j \geq 2n$. Weil der Zähler wegen $p < 1$ für $j \to \infty$ gegen 1 konvergiert (Regel von de l'Hospital für $n \geq 2$), resultiert

$$\inf_{j\in\mathbb{N}} \frac{\|([X^{(j)}]_n)^{1/2}\|_p}{\|X_n^{(j)}\|_p} \leq n^{-1/2}$$

für alle $n \in \mathbb{N}$. Daher kann keine Konstante C_p mit $C_p^{-1} > 0$ und der gewünschten Eigenschaft existieren.

Zieht man eine feste (von j unabhängige) Filtration vor, so nehme man an, dass die Folgen $Z^{(j)}$, $j \in \mathbb{N}$ unabhängig sind und definiere $\mathbb{F}$ durch $\mathcal{F}_n := \sigma(Z_i^{(j)}, 0 \leq i \leq n, j \in \mathbb{N})$. Dann sind $\sigma(Z_{n+1}^{(j)})$ und $\mathcal{F}_n$ unabhängig und damit ist $X^{(j)}$ nach 1.7(a) ein ($\mathbb{F}$-Random walk und) $\mathbb{F}$-Martingal für alle $j \geq 1$.

(b) Es existiert keine (universelle) Konstante $c_p \in (0, \infty)$ mit

$$c_p\|(X_0^2 + [X]_n)^{1/2}\|_p \leq \|\sup_{i\leq n}|X_i|\,\|_p$$

für alle Martingale X und alle $n \in \mathbb{N}_0$.

Für $j \in \mathbb{N}$ seien dazu jetzt $(Z_n)_{n\geq 1}$ eine unabhängige Folge von Zufallsvariablen mit $P(Z_n = 1) = 1 - 1/(1+j)$, $P(Z_n = -j) = 1/(1+j)$, falls $n \in \mathbb{N}$ ungerade ist und $P(Z_n = -1) = 1 - 1/(1+j)$, $P(Z_n = j) = 1/(1+j)$, falls n gerade ist, $X_n = X_n^{(j)} := \sum_{i=1}^n Z_i$ mit $X_0 = Z_0 := 0$ und $\mathbb{F} = \mathbb{F}^{(j)} := \mathbb{F}^Z$. Wegen $EZ_n = 0$ ist X ein Martingal. Offenbar gilt $[X]_n \geq n$, also

$$E[X]_n^{p/2} \geq n^{p/2}.$$

Wegen $\sup_{i\leq n}|X_i|\leq 1$ auf

$$F_n := \bigcap_{\substack{i=1\\ i \text{ ungerade}}}^{n} \{Z_i = 1\} \cap \bigcap_{\substack{i=1\\ i \text{ gerade}}}^{n} \{Z_i = -1\}$$

und $\sup_{i\leq n}|X_i|\leq nj$ erhält man

$$\begin{aligned} E\sup_{i\leq n}|X_i|^p &\leq P(F_n) + n^p j^p P(F_n^c)\\ &= \Big(1-\frac{1}{1+j}\Big)^n + n^p j^p\Big(1-\Big(1-\frac{1}{1+j}\Big)^n\Big). \end{aligned}$$

Es folgt

$$\frac{E\sup_{i\leq n}|X_i^{(j)}|^p}{E[X^{(j)}]_n^{p/2}} \leq \frac{(1-\frac{1}{1+j})^n + n^p j^p(1-(1-\frac{1}{1+j})^n)}{n^{p/2}}$$

für alle $n, j\in\mathbb{N}$. Die Konvergenz des Zählers gegen 1 für $j\to\infty$ liefert

$$\inf_{j\in\mathbb{N}} \frac{\|\sup_{i\leq n}|X_i^{(j)}|\,\|_p}{\|[X^{(j)}]_n^{1/2}\|_p} \leq n^{-1/2}$$

für alle $n\in\mathbb{N}$.

Als unmittelbare Folgerungen aus den BDG-Ungleichungen erhält man ein Regularitätskriterium für Stoppzeiten und $\mathcal{L}^p$-Abschätzungen für h-Transformierte.

Korollar 3.18 *(Regularität von Stoppzeiten) Seien $\alpha > -\infty$ und X ein Martingal. Ist τ eine Stoppzeit mit*

$$E[X]_\tau^{1/2} < \infty,$$

so ist τ regulär für X.

Ein handlicheres, allerdings schwächeres Kriterium findet man in 3.24.

Beweis Da der gestoppte Prozess X^τ nach Optional stopping 2.8 ein Martingal ist und $[X^\tau]_\beta = [X]_\tau$ wegen 2.10(b) gilt, folgt aus den BDG-Ungleichungen (für X^τ)

$$E\sup_{n\in T}|X^\tau|_n \leq C_1 E(X_\alpha^2 + [X^\tau]_\beta)^{1/2} \leq C_1(E|X_\alpha| + E[X]_\tau^{1/2}) < \infty.$$

Dies impliziert mit 2.14(c) die Regularität von τ für X. □

Korollar 3.19 *(h-Transformierte) Seien $\alpha > -\infty$, X ein Martingal, H ein vorhersehbarer reeller Prozess und $p\in[1,\infty)$. Dann gilt*

$$\sup_{n\in T}\|H_\alpha X_\alpha + (H\bullet X)_n\|_p \leq \frac{C_p}{c_p}\sup_{n\in T}\|H_n\|_\infty \sup_{n\in T}\|X_n\|_p, \quad \textit{falls } p>1$$

und

$$\|\sup_{n\in T}|H_\alpha X_\alpha + (H\bullet X)_n|\,\|_1 \leq \frac{C_1}{c_1}\sup_{n\in T}\|H_n\|_\infty \|\sup_{n\in T}|X_n|\,\|_1$$

mit Konstanten c_p und C_p aus 3.15.

Beweis Wir können $b := \sup_{n\in T} \|H_n\|_\infty < \infty$ annehmen, also $\sup_{n\in T} |H_n| \leq b$ f.s. Dann ist $H_\alpha X_\alpha + H \bullet X$ nach 1.9 ein Martingal. Wegen $[H \bullet X]_n = (H^2 \bullet [X])_n \leq b^2[X]_n$ folgt aus den BDG-Ungleichungen für $p > 1$

$$\begin{aligned}\sup_{n\in T} \|H_\alpha X_\alpha + (H \bullet X)_n\|_p &\leq C_p\|(H_\alpha^2 X_\alpha^2 + [H \bullet X]_\beta)^{1/2}\|_p \\ &\leq bC_p\|(X_\alpha^2 + [X]_\beta)^{1/2}\|_p \\ &\leq bC_p c_p^{-1} \sup_{n\in T} \|X_n\|_p.\end{aligned}$$

Analog folgt im Fall $p = 1$ die obige Ungleichung aus den BDG-Ungleichungen für $p = 1$. □

Beispiel 4.22 wird zeigen, dass die erste obige $\mathcal{L}^p$-Ungleichung für $p = 1$ nicht richtig ist und Satz 3.27, dass die Konstanten C_p/c_p für $p \in (1, \infty)$ zu $(p - 1) \vee 1/(p - 1)$ verbessert werden können. Diese Konstanten sind optimal als universelle Konstanten ([73], Theorem 1.1).

Mit Hilfe der BDG-Ungleichungen folgt, dass die Endlichkeitsmengen von $[X]_\infty$ und $|X|_\infty^*$ für Martingale X mit $|\Delta X|_\infty^* \in \mathcal{L}^1$ fast sicher übereinstimmen.

Satz 3.20 *Seien $\alpha > -\infty$, $\beta = \infty$ und X ein Martingal.*

(a) $\{[X]_\infty < \infty\} \subset \{\sup_{n\in T} |X_n| < \infty\}$ *f.s., falls* $E|\Delta X_{\tau_b}|1_{\{\tau_b<\infty\}} < \infty$ *für alle* $b > 0$ *mit* $\tau_b = \inf\{n \in T : [X]_n > b\}$.

(b) $\{\sup_{n\in T} |X_n| < \infty\} \subset \{[X]_\infty < \infty\}$ *f.s., falls* $E|\Delta X_{\sigma_b}|1_{\{\sigma_b<\infty\}} < \infty$ *für alle* $b > 0$ *mit* $\sigma_b = \inf\{n \in T : |X_n| > b\}$.

Die fast sichere Gleichheit gilt insbesondere, falls $E \sup_{n\in T} |\Delta X_n| < \infty$.

Beweis (a) Aus der zweiten BDG-Ungleichung für $p = 1$ und 3.8 folgt, dass $|X - X_\alpha|$ durch $A := C_1[X]^{1/2}$ L-dominiert wird, denn für $\sigma \in \Sigma$ gilt mit 2.10(b) für das Martingal $X^\sigma - X_\alpha$

$$\begin{aligned}\|\,|X_\sigma - X_\alpha|\,\|_1 &\leq \|\sup_{n\in T} |X_n^\sigma - X_\alpha|\,\|_1 \leq C_1\|[X^\sigma - X_\alpha]_\infty^{1/2}\|_1 \\ &= C_1\|[X]_\sigma^{1/2}\|_1 = \|A_\sigma\|_1.\end{aligned}$$

Wegen $\Delta A_n \leq C_1([X]_n - [X]_{n-1})^{1/2} = C_1|\Delta X_n|$ folgt (a) aus 3.10.

(b) Aus der schon im alternativen Beweis von 3.15 benutzten $\mathcal{F}_\alpha$-bedingten Version der ersten BDG-Ungleichung für $p = 1$

$$E((X_\alpha^2 + [X]_\infty)^{1/2}|\mathcal{F}_\alpha) \leq c_1^{-1} E(\sup_{n\in T} |X_n|\,|\mathcal{F}_\alpha)$$

folgt, dass $(X_\alpha^2 + [X])^{1/2}$ durch $A := c_1^{-1}|X|^*$ L-dominiert wird, denn für das Martingal X^σ mit $\sigma \in \Sigma$ gilt danach

$$\begin{aligned} E((X_\alpha^2 + [X]_\sigma)^{1/2}|\mathcal{F}_\alpha) &= E((X_\alpha^2 + [X^\sigma]_\infty)^{1/2}|\mathcal{F}_\alpha) \\ &\leq c_1^{-1} E(\sup_{n\in T} |X_n^\sigma| \, |\mathcal{F}_\alpha) \\ &= c_1^{-1} E(\sup_{n\leq\sigma} |X_n| \, |\mathcal{F}_\alpha) \\ &= E(A_\sigma|\mathcal{F}_\alpha). \end{aligned}$$

Wegen $\Delta A_n \leq c_1^{-1}|\Delta X_n|$ und $\sigma_b = \inf\{n \in T : \sup_{j\leq n} |X_j| > b\}$ folgt (b) aus 3.10. □

3.3 Ungleichungen für die quadratische Charakteristik

Die vorhersehbare quadratische Variation (oder die quadratische Charakteristik im Martingalfall) ist als Kompensator der quadratischen Variation eines $\mathcal{L}^2$-Prozesses X typischerweise einfacher als die quadratische Variation. Als Anwendung der Potentialungleichungen und der Lenglart-Ungleichungen erhält man $\mathcal{L}^p$-Abschätzungen zwischen $\langle X\rangle^{1/2}$ und $[X]^{1/2}$. (Der Übergang von $\langle X\rangle$ zu $\langle X\rangle^{1/2}$ entspricht dem Übergang von der Varianz zur homogenen Standardabweichung bei reellen Zufallsvariablen.) Der Maximumprozess der Absolutbeträge der Zuwächse beschreibt dabei den möglichen Unterschied.

In diesem Abschnitt wird T linksabgeschlossen sein. Da $\langle X\rangle - [X]$ für einen adaptierten $\mathcal{L}^2$-Prozess X nach 1.16 ein Martingal mit Anfangswert 0 ist, gilt für $p = 2$ und $n \in T$

$$\|(X_\alpha^2 + \langle X\rangle_n)^{1/2}\|_2^2 = E(X_\alpha^2 + \langle X\rangle_n) = E(X_\alpha^2 + [X]_n) = \|(X_\alpha^2 + [X]_n)^{1/2}\|_2^2$$

und daher mit monotoner Konvergenz, falls $\beta = \infty$

$$\|(X_\alpha^2 + \langle X\rangle_\beta)^{1/2}\|_2 = \|(X_\alpha^2 + [X]_\beta)^{1/2}\|_2.$$

Satz 3.21 *Seien $\alpha > -\infty$ und X ein adaptierter $\mathcal{L}^2$-Prozess.*

(a) Für $p \leq 2 < \infty$ gilt

$$\begin{aligned} \sqrt{2/p}\|(X_\alpha^2 + \langle X\rangle_\beta)^{1/2}\|_p &\leq \|(X_\alpha^2 + [X]_\beta)^{1/2}\|_p \\ &\leq \sqrt{p/2}(\|(X_\alpha^2 + \langle X\rangle_\beta)^{1/2}\|_p + \|\sup_{n\in T} |\Delta X_n| \, \|_p). \end{aligned}$$

(b) Für $0 < p \leq 2$ gilt

$$\|(X_\alpha^2 + [X]_\beta)^{1/2}\|_p \leq 2^{1/p}\|(X_\alpha^2 + \langle X\rangle_\beta)^{1/2}\|_p.$$

Die Konstante in der ersten Ungleichung von (a) ist optimal, während in (b) für $\mathcal{L}^2$-Martingale die optimale Konstante $\sqrt{2/p}$ (statt $2^{1/p}$) ist [148].

Die obigen Ungleichungen bleiben richtig, wenn man überall den Anfangswert X_α^2 weglässt. Dies sieht man durch Anwendung auf den Prozess $X - X_\alpha$ wegen $[X - X_\alpha] = [X]$, $\langle X - X_\alpha\rangle = \langle X\rangle$ und $\Delta(X - X_\alpha) = \Delta X$.

Beweis (a) Zum Beweis der ersten Ungleichung können wir

$$\|(X_\alpha^2 + [X]_\beta)^{1/2}\|_p < \infty$$

annehmen. Wegen $\|\cdot\|_2 \leq \|\cdot\|_p$ gilt dann $[X]_\beta \in \mathcal{L}^1$ und damit auch $\langle X\rangle_\beta \in \mathcal{L}^1$. Da $\langle X\rangle - [X]$ nach 1.16(a) ein Martingal ist, folgt für $k > n$

$$E(\langle X\rangle_k - [X]_k|\mathcal{F}_n) = \langle X\rangle_n - [X]_n,$$

und man erhält

$$E(\langle X\rangle_k|\mathcal{F}_n) - \langle X\rangle_n = E([X]_k|\mathcal{F}_n) - [X]_n \leq E(X_\alpha^2 + [X]_k|\mathcal{F}_n).$$

Für den durch

$$A_\alpha := 0 \quad \text{und} \quad A_n := X_\alpha^2 + \langle X\rangle_n,\ n \geq \alpha + 1$$

definierten vorhersehbaren wachsenden Prozess A mit Anfangswert 0 und $A_\beta \in \mathcal{L}^1$ folgt für $k > n, n \geq \alpha + 1$

$$E(A_k|\mathcal{F}_n) - A_n = E(\langle X\rangle_k|\mathcal{F}_n) - \langle X\rangle_n \leq E(X_\alpha^2 + [X]_k|\mathcal{F}_n)$$

und für $n = \alpha$

$$E(A_k|\mathcal{F}_\alpha) - A_\alpha = E(X_\alpha^2 + \langle X\rangle_k|\mathcal{F}_\alpha) = E(X_\alpha^2 + [X]_k|\mathcal{F}_\alpha),$$

also falls $\beta = \infty$ durch Grenzübergang $k \to \infty$ mit monotoner Konvergenz für bedingte Erwartungswerte

$$E(A_\beta|\mathcal{F}_n) - A_n \leq E(X_\alpha^2 + [X]_\beta|\mathcal{F}_n)$$

für alle $n \in T$. Wegen $A_\beta = X_\alpha^2 + \langle X\rangle_\beta$ liefert die Potentialungleichung 3.11(b) für $p \geq 2$

$$\|X_\alpha^2 + \langle X\rangle_\beta\|_{p/2} \leq \frac{p}{2}\|X_\alpha^2 + [X]_\beta\|_{p/2}$$

und damit die erste Ungleichung wegen $\|\sqrt{U}\|_p = \|U\|_{p/2}^{1/2}$.

Zum Beweis der zweiten Ungleichung können wir $\|(X_\alpha^2 + \langle X\rangle_\beta)^{1/2}\|_p < \infty$ annehmen. Damit gilt $\langle X\rangle_\beta \in \mathcal{L}^1$, also auch $[X]_\beta \in \mathcal{L}^1$. Ferner ist es günstig $\beta = \infty$ anzunehmen. Für den durch

$$B_\alpha := 0 \quad \text{und} \quad B_n := X_\alpha^2 + [X]_{n-1},\ n \geq \alpha + 1$$

definierten vorhersehbaren wachsenden Prozess B mit $B_\infty \in \mathcal{L}^1$ erhält man wie oben für $n \geq \alpha + 1$

$$\begin{aligned} E(B_\infty - B_n|\mathcal{F}_n) &= E([X]_\infty - [X]_{n-1}|\mathcal{F}_n) \\ &= E((\Delta X_n)^2 + [X]_\infty - [X]_n|\mathcal{F}_n) \\ &= E((\Delta X_n)^2 + \langle X\rangle_\infty - \langle X\rangle_n|\mathcal{F}_n) \\ &\leq E(\sup_{n\in T}(\Delta X_n)^2 + X_\alpha^2 + \langle X\rangle_\infty|\mathcal{F}_n) \end{aligned}$$

und für $n = \alpha$

$$E(B_\infty - B_\alpha|\mathcal{F}_\alpha) = E(X_\alpha^2 + [X]_\infty|\mathcal{F}_\alpha) = E(X_\alpha^2 + \langle X\rangle_\infty|\mathcal{F}_\alpha).$$

Die Potentialungleichung 3.11(b) liefert jetzt für $p \geq 2$ zusammen mit der Minkowski-Ungleichung

$$\begin{aligned}\|X_\alpha^2 + [X]_\infty\|_{p/2} &= \|B_\infty\|_{p/2}\\ &\leq \frac{p}{2}\|\sup_{n\in T}(\Delta X_n)^2 + X_\alpha^2 + \langle X\rangle_\infty\|_{p/2}\\ &\leq \frac{p}{2}(\|X_\alpha^2 + \langle X\rangle_\infty\|_{p/2} + \|\sup_{n\in T}(\Delta X_n)^2\|_{p/2}).\end{aligned}$$

Damit folgt die zweite Ungleichung wegen $\|\sqrt{U}\|_p = \|U\|_{p/2}^{1/2}$ und $\sqrt{x+y} \leq \sqrt{x} + \sqrt{y}$ für $x, y \geq 0$.

(b) In der Lenglart-Ungleichung 3.9(c) wähle man $Y = X_\alpha^2 + [X]$ und $A = X_\alpha^2 + \langle X\rangle$. Da $Y - A$ ein Martingal mit Anfangswert 0 ist, folgt mit Optional sampling für $\sigma \in \Sigma$

$$E(Y_\sigma|\mathcal{F}_\alpha) = E(A_\sigma|\mathcal{F}_\alpha),$$

insbesondere ist Y L-dominiert durch A. Aus 3.9(c) folgt für $p \leq 2$

$$\|X_\alpha^2 + [X]_\beta\|_{p/2} \leq 2^{2/p}\|X_\alpha^2 + \langle X\rangle_\beta\|_{p/2}$$

und damit die Behauptung. □

Das folgende Beispiel zeigt, dass die erste Ungleichung in 3.21(a) für $p < 2$ und die Ungleichung 3.21(b) für $p > 2$ auch für Martingale nicht richtig sind. Die $\mathcal{L}^p$-Normen von $\langle X\rangle^{1/2}$ und $[X]^{1/2}$ sind also im Allgemeinen nur für $p = 2$ äquivalent.

Beispiel 3.22 Sei $T = \mathbb{N}_0$.

(a) Sei $p \in (0, 2)$. Es existiert keine (universelle) Konstante $C_p \in (0, \infty)$ mit

$$C_p\|(X_0^2 + \langle X\rangle_n)^{1/2}\|_p \leq \|(X_0^2 + [X]_n)^{1/2}\|_p$$

für alle $\mathcal{L}^2$-Martingale X und alle $n \in \mathbb{N}_0$.

Dann benutzen wir die $\mathcal{L}^2$-Martingale $X = X^{(j)}$ für $j \in \mathbb{N}$ mit $X_0 = 0$ aus Beispiel 3.17(a). Wegen $\langle X\rangle_n = nEZ_1^2$,

$$EZ_1^2 = 1 - \frac{1}{1+j} + \frac{j^2}{1+j} = j$$

und

$$E[X]_n^{p/2} \leq n^{p/2}\left(1 - \frac{1}{1+j}\right)^n + n^{p/2}j^p\left(1 - \left(1 - \frac{1}{1+j}\right)^n\right)$$

folgt

$$\begin{aligned}\frac{E[X^{(j)}]_n^{p/2}}{E\langle X^{(j)}\rangle_n^{p/2}} &\leq \frac{n^{p/2}(1-\frac{1}{1+j})^n + n^{p/2}j^p(1-(1-\frac{1}{1+j})^n)}{n^{p/2}j^{p/2}} \\ &= j^{-p/2}\left(1-\frac{1}{1+j}\right)^n + j^{p/2}\left(1-\left(1-\frac{1}{1+j}\right)^n\right)\end{aligned}$$

für alle $n, j \in \mathbb{N}$. Wegen $p/2 < 1$ konvergiert die obere Schranke für $j \to \infty$ gegen 0, so dass

$$\inf_{j\in\mathbb{N}} \frac{\|[X^{(j)}]_n^{1/2}\|_p}{\|\langle X\rangle_n^{1/2}\|_p} = 0$$

für alle $n \in \mathbb{N}$.

(b) Sei $p \in (2, \infty)$. Es existiert keine (universelle) Konstante $C_p \in (0, \infty)$ mit

$$\|(X_0^2 + [X]_n)^{1/2}\|_p \leq C_p\|(X_0^2 + \langle X\rangle_n)^{1/2}\|_p$$

für alle $\mathcal{L}^2$-Martingale X und $n \in \mathbb{N}_0$.

Für die Martingale $X = X^{(j)}$ aus Beispiel 3.17(a) gilt $[X]_n = n$ auf $F_n = \bigcap_{i=1}^n \{Z_i = 1\}$ und $[X]_n \geq j^2$ f.s. auf F_n^c, also

$$E[X]_n^{p/2} \geq n^{p/2}P(F_n) + j^p P(F_n^c) \geq j^p\left(1-\left(1-\frac{1}{1+j}\right)^n\right).$$

Es folgt

$$\frac{E\langle X^{(j)}\rangle_n^{p/2}}{E[X^{(j)}]_n^{p/2}} \leq \frac{n^{p/2}j^{p/2}}{j^p(1-(1-\frac{1}{1+j})^n)} = \frac{n^{p/2}}{j^{p/2}(1-(1-\frac{1}{1+j})^n)}$$

für alle $n, j \in \mathbb{N}$. Wegen $p/2 > 1$ konvergiert der Nenner für $j \to \infty$ gegen ∞, so dass

$$\inf_{j\in\mathbb{N}} \frac{\|\langle X^{(j)}\rangle_n^{1/2}\|_p}{\|[X^{(j)}]_n^{1/2}\|_p} = 0$$

für alle $n \in \mathbb{N}$.

Satz 3.21 und die BDG-Ungleichungen implizieren $\mathcal{L}^p$-Abschätzungen zwischen $\langle X\rangle$ und $|X|^*$ für $\mathcal{L}^2$-Martingale X und ein Regularitätskriterium für Stoppzeiten.

Korollar 3.23 *(Burkholder) Seien $\alpha > -\infty$ und X ein $\mathcal{L}^2$-Martingal.*

(a) Für $2 \leq p < \infty$ gilt

$$\begin{aligned}&\left(\frac{\sqrt{p/2}}{c_p} + \frac{2p}{p-1}\right)^{-1}(\|(X_\alpha^2 + \langle X\rangle_\beta)^{1/2}\|_p + \|\sup_{n\in T}|\Delta X_n|\,\|_p) \\ &\leq \sup_{n\in T}\|X_n\|_p \leq C_p\sqrt{p/2}(\|(X_\alpha^2 + \langle X\rangle_\beta)^{1/2}\|_p + \|\sup_{n\in T}|\Delta X_n|\,\|_p),\end{aligned}$$

wobei c_p und C_p die Konstanten aus 3.15 sind.

(b) Für $0 < p \leq 2$ *gilt*

$$\| \sup_{n \in T} |X_n| \, \|_p \leq C_p \| (X_\alpha^2 + \langle X \rangle_\beta)^{1/2} \|_p$$

mit $C_p = (\frac{4-p}{2-p})^{1/p}$, *falls* $p < 2$ *und* $C_2 = 2$.

Beweis (a) Wegen der Doob-Ungleichung 3.3(b) gilt

$$\| \sup_{n \in T} |\Delta X_n| \, \|_p \leq 2 \| \sup_{n \in T} |X_n| \, \|_p \leq \frac{2p}{p-1} \sup_{n \in T} \|X_n\|_p.$$

Damit folgt (a) aus 3.21(a) und 3.15.

(b) In der $\mathcal{L}^p$-Ungleichung 3.9(b) von Lenglart wähle man $Y = X^2$ und $A = X_\alpha^2 + \langle X \rangle$. Da $Y - A$ nach 1.16(b) ein Martingal mit Anfangswert 0 ist, folgt mit Optional sampling für $\sigma \in \Sigma$

$$E(Y_\sigma - A_\sigma | \mathcal{F}_\alpha) = Y_\alpha - A_\alpha = 0,$$

also ist Y L-dominiert durch A. Aus 3.9(b) folgt für $p < 2$

$$\| \sup_{n \in T} X_n^2 \|_{p/2} \leq \left(\frac{2 - p/2}{1 - p/2} \right)^{2/p} \| X_\alpha^2 + \langle X \rangle \|_{p/2}$$

und damit wegen $\|U\|_{p/2} = \|\sqrt{U}\|_p^2$ die Behauptung. Für $p = 2$ folgt mit der $\mathcal{L}^2$-Ungleichung 3.3(b) von Doob

$$\begin{aligned} \| \, |X|_\beta^* \|_2^2 &= E \sup_{n \in T} X_n^2 \leq 4 \sup_{n \in T} E X_n^2 \\ &= 4E(X_\alpha^2 + \langle X \rangle_\infty) = 4 \| (X_\alpha^2 + \langle X \rangle_\infty)^{1/2} \|_2^2. \end{aligned}$$

Für $1 \leq p \leq 2$ folgt die Ungleichung (mit anderen Konstanten) auch aus 3.21(b) und 3.15. □

Korollar 3.24 *(Regularität von Stoppzeiten) Seien* $\alpha > -\infty$ *und* X *ein* $\mathcal{L}^2$*-Martingal. Ist* τ *eine Stoppzeit mit*

$$E \langle X \rangle_\tau^{1/2} < \infty,$$

so ist τ *regulär für* X.

Beweis Für das $\mathcal{L}^2$-Martingal X^τ gilt nach 2.10 $\langle X^\tau \rangle = \langle X \rangle^\tau$ und daher $\langle X^\tau \rangle_\beta = \langle X \rangle_\tau$. Es folgt mit 3.21(b) (angewandt auf X^τ)

$$\| [X]_\tau^{1/2} \|_1 \leq 2 \| \langle X \rangle_\tau^{1/2} \|_1 < \infty$$

und damit ist τ nach 3.18 regulär für X. □

Beispiel 3.25 (Waldsche Gleichung) Seien $T = \mathbb{N}_0$, X ein $\mathbb{F}$-Random walk, $X_n = \sum_{i=1}^n Z_i$ mit $X_0 = Z_0 = 0$ und $EZ_1 = 0$ und τ eine Stoppzeit. Nach Beispiel 2.18 gilt

$$E \sum_{i=1}^{\tau} Z_i = 0,$$

falls $E\tau < \infty$. Diese Gleichung bleibt unter der schwächeren Bedingung $E\sqrt{\tau} < \infty$ richtig, falls $Z_1 \in \mathcal{L}^2$: Wegen $\langle X \rangle_n = nEZ_1^2$ gilt dann für das $\mathcal{L}^2$-Martingal X

$$E\sqrt{\langle X \rangle_\tau} = E\sqrt{\tau E Z_1^2} < \infty$$

und daher folgt mit 3.24 und Optional sampling $EX_\tau = EX_0 = 0$.

Wir vergleichen jetzt noch die Endlichkeitsmengen von $\langle X \rangle_\infty$ und $[X]_\infty$.

Satz 3.26 *Seien $\alpha > -\infty, \beta = \infty$ und X ein adaptierter $\mathcal{L}^2$-Prozess.*

(a) $\{\langle X \rangle_\infty < \infty\} \subset \{[X]_\infty < \infty\}$ f.s.
(b) $\{\langle X \rangle_\infty < \infty\} = \{[X]_\infty < \infty\}$, f.s., falls $E(\Delta X_{\tau_b})^2 1_{\{\tau_b < \infty\}} < \infty$ für alle $b > 0$ mit $\tau_b = \inf\{n \in T : [X]_n > b\}$. Die fast sichere Gleichheit gilt insbesondere, falls $E \sup_{n \in T} (\Delta X_n)^2 < \infty$.

Beweis (a) Wegen der Martingaleigenschaft von $[X] - \langle X \rangle$ und Optional sampling ist $[X]$ L-dominiert durch $\langle X \rangle$. Da $\langle X \rangle$ vorhersehbar ist, folgt (a) aus 3.10.

(b) Der Prozess $\langle X \rangle$ wird L-dominiert durch $[X]$ und $\Delta[X]_n = (\Delta X_n)^2$. Damit folgt auch (b) direkt aus 3.10. □

Teil (b) ist auch für $\mathcal{L}^2$-Martingale ohne die Voraussetzung an die Zuwächse nicht richtig: Für das $\mathcal{L}^2$-Martingal M in Beispiel 1.18 gilt $\langle M \rangle_\infty = \infty$, aber nach dem Borel-Cantelli-Lemma (oder wegen 3.14(b), da M $\mathcal{L}^1$-beschränkt ist) gilt $[M]_\infty < \infty$ f.s.

3.4 Burkholders Methode

Die Methode von Burkholder zum Vergleich von Martingalen liefert oft scharfe Ungleichungen. Wir demonstrieren dies bei $\mathcal{L}^p$-Ungleichungen für „differentiell subordinierte" $\mathbb{R}^d$-wertige Martingale. Man erhält damit die besten bekannten (universellen) Konstanten in den BDG-Ungleichungen für $p > 1$.

Ein $\mathbb{F}$-adaptierter $(\mathbb{R}^d, \mathcal{B}(\mathbb{R}^d))$-wertiger Prozess $X = (X^1, \ldots, X^d)$ heißt $\mathbb{F}$-Martingal, falls die Komponentenprozesse $X^i = (X_n^i)_{n \in T}$, $1 \leq i \leq d$ $\mathbb{F}$-Martingale sind. Sei $\|\cdot\|$ die euklidische Norm auf $\mathbb{R}^d$ und

$$xy := \sum_{i=1}^{d} x_i y_i$$

das Skalarprodukt von $x, y \in \mathbb{R}^d$.

Satz 3.27 *(Burkholder) Seien $\alpha > -\infty$ und X und Y $\mathbb{R}^d$-wertige Martingale. Falls*

$$\|X_\alpha\| \le \|Y_\alpha\| \quad \text{und} \quad \|\Delta X_n\| \le \|\Delta Y_n\| \text{ für alle } n \in T, n \ge \alpha + 1,$$

so gilt für jedes $p \in (1, \infty)$

$$\sup_{n \in T}(E\|X_n\|^p)^{1/p} \le C_p \sup_{n \in T}(E\|Y_n\|^p)^{1/p}$$

mit $C_p = (p-1) \vee 1/(p-1)$.

Die oben vorausgesetzte Eigenschaft nennt man auch **differentielle Subordination** von X durch Y. Es ist bemerkenswert, dass die Konstanten C_p nicht von der Dimension des Zustandsraums abhängen. Sie sind optimal als universelle Konstanten ([75], Theorem 1.1, [74], Theorem 3.1).

Bevor wir 3.27 beweisen, beschreiben wir die Konsequenzen für die BDG-Ungleichungen.

Korollar 3.28 *(BDG-Ungleichungen für $p > 1$) Seien $\alpha > -\infty$, X ein Martingal und $p \in (1, \infty)$. Dann gilt*

$$\frac{1}{C_p}\|(X_\alpha^2 + [X]_\beta)^{1/2}\|_p \le \sup_{n \in T}\|X_n\|_p \le C_p\|(X_\alpha^2 + [X]_\beta)^{1/2}\|_p$$

mit C_p aus 3.27.

Die Konstanten $1/C_p$ sind im Fall $1 < p \le 2$ für die erste Ungleichung optimal und die Konstanten C_p sind im Fall $2 \le p < \infty$ für die zweite Ungleichung optimal ([75], Theorem 3.3, [74], Theorem 3.1).

Beweis Es reicht die Behauptung für die Einschränkungen von X auf $\{j \in T : j \le n\}$ für alle $n \in T$ zu zeigen. Wir können also $\beta < \infty$ annehmen. Sei $d := |T|$. Durch

$$M_n := (X_\alpha, \Delta X_{\alpha+1}, \ldots, \Delta X_n, 0, \ldots, 0)$$

und

$$N_n := (X_n, 0, \ldots, 0)$$

werden $\mathbb{R}^d$-wertige Martingale definiert mit den Eigenschaften

$$\|M_\alpha\| = \|N_\alpha\| = |X_\alpha|, \quad \|\Delta M_n\| = \|\Delta N_n\| = |\Delta X_n| \text{ für } n \in T, n \ge \alpha + 1$$

und

$$\|M_n\| = (X_\alpha^2 + [X]_n)^{1/2}, \quad \|N_n\| = |X_n| \text{ für } \quad n \in T.$$

Wegen $\|(X_\alpha^2 + [X]_\beta)^{1/2}\|_p = \sup_{n \in T} \|(X_\alpha^2 + [X]_n)^{1/2}\|_p$ liefert 3.27

$$\|(X_\alpha^2 + [X]_\beta)^{1/2}\|_p \le C_p \sup_{n \in T}\|X_n\|_p$$

und

$$\sup_{n \in T} \|X_n\|_p \le C_p \|(X_\alpha^2 + [X]_\beta)^{1/2}\|_p. \qquad \square$$

Der Beweis von 3.27 ist völlig elementar, kaum probabilistisch und ziemlich mysteriös. Er besteht im Wesentlichen aus dem Nachweis der folgenden beiden Eigenschaften der Burkholder-Funktion f, die im nächsten Lemma definiert wird.

Lemma 3.29 *Für $p \in (1, \infty)$ seien*

$$a_p := \begin{cases} p^{2-p}(p-1)^{p-1}, & \textit{falls } p \ge 2, \\ p^{2-p}, & \textit{falls } p < 2 \end{cases}$$

und $f : (\mathbb{R}^d)^2 \to \mathbb{R}$,

$$f(x, y) = f_p(x, y) := (\|x\| - C_p\|y\|)(\|x\| + \|y\|)^{p-1}$$

mit C_p aus 3.27. Dann gilt

$$\|x\|^p - (C_p\|y\|)^p \le a_p f(x, y)$$

für alle $x, y \in \mathbb{R}^d$.

Beweis Es reicht

$$\|x\|^p - (C_p\|y\|)^p \le a_p(\|x\| - C_p\|y\|)$$

für alle $x, y \in \mathbb{R}^d$ mit $\|x\| + \|y\| = 1$ zu zeigen. Dazu wiederum reicht es

$$\|x\|^p - ((p-1)\|y\|)^p \begin{cases} \le p^{2-p}(p-1)^{p-1}(\|x\| - (p-1)\|y\|), & \text{falls } p \ge 2, \\ \ge p^{2-p}(p-1)^{p-1}(\|x\| - (p-1)\|y\|), & \text{falls } p < 2 \end{cases}$$

für alle $x, y \in \mathbb{R}^d$ mit $\|x\| + \|y\| = 1$ zu zeigen. Dies ist im Fall $p \ge 2$ wegen $C_p = p - 1$ klar, und im Fall $p < 2$ folgt die gewünschte Ungleichung wegen $C_p = 1/(p-1)$ durch Rollentausch von x und y und Division durch $(p-1)^p$. Mit $s = \|y\|$ und $\varphi : [0, 1] \to \mathbb{R}$,

$$\varphi(s) = \varphi_p(s) := p^{2-p}(p-1)^{p-1}(1 - ps) - (1-s)^p + (p-1)^p s^p$$

ist daher

$$\varphi(s) \begin{cases} \ge 0, & \text{falls } p \ge 2, \\ \le 0, & \text{falls } p < 2 \end{cases}$$

für alle $s \in [0, 1]$ zu bestätigen.

Für $p = 2$ gilt $\varphi_2(s) = 1 - 2s - (1-s)^2 + s^2 = 0$ für alle $s \in [0,1]$. Für $p \neq 2$ gilt zunächst

$$\varphi(0) \begin{cases} > 0, & \text{falls } p > 2, \\ < 0, & \text{falls } p < 2, \end{cases}$$

denn $\varphi_p(0) = p^{2-p}(p-1)^{p-1} - 1 = \exp(\psi(p)) - 1$ mit $\psi : (1,\infty) \to \mathbb{R}$,

$$\psi(p) := (p-1)\log(p-1) - (p-2)\log p,$$

$\psi(2) = 0 = \psi(1+), \psi(\infty) = \infty$, ψ ist strikt konvex auf $[1,2]$ mit $\psi(1) := 0$ und strikt konkav auf $[2,\infty)$ wegen

$$\psi''(p) = \frac{1}{p-1} - \frac{1}{p} - \frac{2}{p^2} = \frac{1}{p}\left(\frac{1}{p-1} - \frac{2}{p}\right)$$

für $p > 1$ und $\psi'' > 0$ auf $(1,2)$ und $\psi'' < 0$ auf $(2,\infty)$, was $\psi < 0$ auf $(1,2)$ und $\psi > 0$ auf $(2,\infty)$ impliziert. Wegen $\varphi(1) = (p-1)^p(1 - p^{2-p})$ gilt weiter

$$\varphi(1) \begin{cases} > 0, & \text{falls } p > 2, \\ < 0, & \text{falls } p < 2. \end{cases}$$

Für $s \in (0,1)$ gilt

$$\begin{aligned} \varphi'(s) &= p[(p-1)^p s^{p-1} + (1-s)^{p-1} - p^{2-p}(p-1)^{p-1}], \\ \varphi''(s) &= p(p-1)[(p-1)^p s^{p-2} - (1-s)^{p-2}] \end{aligned}$$

und

$$\varphi'''(s) = p(p-1)(p-2)[(p-1)^p s^{p-3} + (1-s)^{p-3}].$$

Es folgt

$$\varphi(1/p) = \varphi'(1/p) = 0,$$

$\varphi''(0+) = -p(p-1) < 0$, $\varphi''(1-) > 0$, φ'' ist strikt monoton wachsend auf $(0,1)$, falls $p > 2$, und $\varphi''(0+) = \infty$, $\varphi''(1-) = -\infty$, φ'' ist strikt monoton fallend auf $(0,1)$, falls $p < 2$. Also hat φ'' genau eine Nullstelle $t = t_p$ in $(0,1)$ und

$$\varphi''|(0,t) \begin{cases} < 0, & \text{falls } p > 2, \\ > 0, & \text{falls } p < 2 \end{cases}$$

und

$$\varphi''|(t,1) \begin{cases} > 0, & \text{falls } p > 2, \\ < 0, & \text{falls } p < 2. \end{cases}$$

Wegen $\varphi''(1/p) > 0$, falls $p > 2$ und $\varphi''(1/p) < 0$, falls $p < 2$ gilt $t \in (0, 1/p)$. Sei nun $p > 2$. Wegen $\varphi(1/p) = \varphi'(1/p) = 0$ und $\varphi'' > 0$ auf $(1/p, 1)$ ist $\varphi' > 0$ auf $(1/p, 1)$ und damit $\varphi > 0$ auf $(1/p, 1)$. Aus $\varphi'(1/p) = 0$ und $\varphi'' > 0$ auf $(t, 1/p)$ folgt $\varphi' < 0$ auf $(t, 1/p)$. Daher ist φ strikt monoton fallend auf $(t, 1/p)$, was $\varphi|[t, 1/p) > \varphi(1/p) = 0$ impliziert. Weil $\varphi'' < 0$ auf $(0, t)$, ist φ strikt konkav auf $[0, t]$, und dies liefert $\varphi > 0$ auf $(0, t)$ wegen $\varphi(0) \wedge \varphi(t) > 0$. Man erhält also $\varphi \geq 0$ auf $(0, 1)$. Analog zeigt man $\varphi \leq 0$ auf $(0, 1)$ im Fall $p < 2$. □

Lemma 3.30 *Für $p \in (1, \infty)$ seien $g, h : (\mathbb{R}^d)^2 \setminus \{(0, 0)\} \to \mathbb{R}$,*

$$g(x, y) = g_p(x, y) := p(\|x\| + \|y\|)^{p-2}(\|x\| + (2 - p)\|y\|)$$

und

$$h(x, y) = h_p(x, y) := p(\|x\| + \|y\|)^{p-2}\|y\|.$$

Dann gilt für die Burkholder-Funktion $f = f_p$ aus 3.29 mit C_p aus 3.27

$$f(x + u, y + v) - f(x, y) \leq \begin{cases} g(x, y)\frac{xu}{\|x\|} - C_p h(x, y)\frac{yv}{\|y\|}, & \text{falls } p \geq 2, \\ h(y, x)\frac{xu}{\|x\|} - C_p g(y, x)\frac{yv}{\|y\|}, & \text{falls } p \leq 2 \end{cases}$$

für alle $(x, u) \in (\mathbb{R}^d)^2$ und $(y, v) \in (\mathbb{R}^d)^2$ mit

$$\min_{t \in [0,1]} \|x + tu\| \wedge \|y + tv\| > 0 \quad \text{und} \quad \|u\| \leq \|v\|.$$

Beweis Für $p \in (1, \infty)$, $(x, u) \in (\mathbb{R}^d)^2$ und $(y, v) \in (\mathbb{R}^d)^2$ mit

$$\min_{t \in [0,1]} \|x + tu\| \wedge \|y + tv\| > 0$$

definieren wir Funktionen $\psi, \varphi : [0, 1] \to \mathbb{R}$ durch

$$\psi(t) := \|x + tu\| + \|y + tv\|$$

und

$$\varphi(t) = \varphi_p(t; (x, u), (y, v)) := (\|x + tu\| - (p - 1)\|y + tv\|)\psi(t)^{p-1}.$$

Dann gilt

$$f(x + tu, y + tv) = \begin{cases} \varphi(t; (x, u), (y, v)), & \text{falls } p \geq 2, \\ -C_p\varphi(t; (y, v), (x, u)), & \text{falls } p \leq 2. \end{cases}$$

Wegen

$$\frac{\partial}{\partial t}\|x + tu\| = \frac{(x + tu)u}{\|x + tu\|}$$

und

$$\psi'(t) = \frac{(x+tu)u}{\|x+tu\|} + \frac{(y+tu)v}{\|y+tv\|}$$

gilt für φ

$$\begin{aligned}
\varphi'(t) &= \left(\frac{(x+tu)u}{\|x+tu\|} - (p-1)\frac{(y+tv)v}{\|y+tv\|} \right) \psi(t)^{p-1} \\
&\quad + (\|x+tu\| - (p-1)\|y+tv\|)(p-1)\psi(t)^{p-2}\psi'(t) \\
&= p\psi(t)^{p-2} \left\{ \frac{1}{p}\psi(t)\psi'(t) - \psi(t)\frac{(y+tv)v}{\|y+tv\|} \right. \\
&\qquad \left. + \frac{p-1}{p}\psi(t)\psi'(t) - (p-1)\psi'(t)\|y+tv\| \right\} \\
&= p\psi(t)^{p-2} \left\{ \frac{(x+tu)u}{\|x+tu\|}(\|x+tu\| + (2-p)\|y+tv\|) \right. \\
&\qquad \left. + \frac{(y+tv)v}{\|y+tv\|}(1-p)\|y+tv\| \right\} \\
&= g(x+tu, y+tv)\frac{(x+tu)u}{\|x+tu\|} + (1-p)h(x+tu, y+tv)\frac{(y+tv)v}{\|y+tv\|}.
\end{aligned}$$

Ferner gilt

$$\varphi''(t) \begin{cases} \leq 0, & \text{falls } p \geq 2 \text{ und } \|u\| \leq \|v\|, \\ \geq 0, & \text{falls } p \leq 2 \text{ und } \|u\| \geq \|v\|. \end{cases}$$

Dies folgt wegen

$$\varphi'(t) = p\left\{ \psi(t)^{p-1}\frac{(x+tu)u}{\|x+tu\|} + (1-p)\psi(t)^{p-2}\psi'(t)\|y+tv\| \right\},$$

einer Konsequenz der zweiten obigen Gleichung für φ',

$$\begin{aligned}
\frac{\partial}{\partial t}\frac{(x+tu)u}{\|x+tu\|} &= \frac{\|u\|^2\|x+tu\| - ((x+tu)u)^2/\|x+tu\|}{\|x+tu\|^2} \\
&= \frac{\|u\|^2 - ((x+tu)u)^2/\|x+tu\|^2}{\|x+tu\|} \geq 0
\end{aligned}$$

und

$$\psi''(t) = \frac{\partial}{\partial t}\frac{(x+tu)u}{\|x+tu\|} + \frac{\partial}{\partial t}\frac{(y+tu)v}{\|y+tv\|} \geq 0$$

aus

$$
\begin{aligned}
\frac{1}{p}\varphi''(t) &= (p-1)\psi(t)^{p-2}\psi'(t)\frac{(x+tu)u}{\|x+tu\|} + \psi(t)^{p-1}\frac{\partial}{\partial t}\frac{(x+tu)u}{\|x+tu\|} \\
&\quad + (1-p)(p-2)\psi(t)^{p-3}\psi'(t)^2\|y+tv\| \\
&\quad + (1-p)\psi(t)^{p-2}\left(\psi''(t)\|y+tv\| + \psi'(t)\frac{(y+tv)v}{\|y+tv\|}\right) \\
&= (1-p)(p-2)\psi(t)^{p-3}\psi'(t)^2\|y+tv\| \\
&\quad + (p-1)\psi(t)^{p-2}\left\{\psi'(t)\frac{(x+tu)u}{\|x+tu\|} - \psi''(t)\|y+tv\|\right. \\
&\qquad\qquad \left. - \psi'(t)\frac{(y+tv)v}{\|y+tv\|} + \psi(t)\frac{\partial}{\partial t}\frac{(x+tu)u}{\|x+tu\|}\right\} \\
&\quad - (p-2)\psi(t)^{p-1}\frac{\partial}{\partial t}\frac{(x+tu)u}{\|x+tu\|} \\
&= (1-p)(p-2)\psi(t)^{p-3}\psi'(t)^2\|y+tv\| \\
&\quad + (p-1)\psi(t)^{p-2}(\|u\|^2 - \|v\|^2) - (p-2)\psi(t)^{p-2}\frac{\partial}{\partial t}\frac{(x+tu)u}{\|x+tu\|}.
\end{aligned}
$$

Der Mittelwertsatz liefert nun im Fall $p \geq 2$ unter der Bedingung $\|u\| \leq \|v\|$

$$
\begin{aligned}
f(x+u, y+v) - f(x,y) = \varphi(1) - \varphi(0) &= \varphi'(\xi) \\
&\leq \varphi'(0) = g(x,y)\frac{xu}{\|x\|} - C_p h(x,y)\frac{yv}{\|y\|}
\end{aligned}
$$

und im Fall $p \leq 2$, ebenfalls unter $\|u\| \leq \|v\|$

$$
\begin{aligned}
f(x+u, y+v) - f(x,y) &= -C_p(\varphi(1;(y,v),(x,u)) - \varphi(0;(y,v),(x,u)) \\
&= -C_p\varphi'(\xi;(y,v),(x,u)) \leq -C_p\varphi'(0;(y,v),(x,u)) \\
&= -C_p g(y,x)\frac{yv}{\|y\|} - C_p(1-p)h(y,x)\frac{xu}{\|x\|}. \qquad \square
\end{aligned}
$$

Beweis von Satz 3.27 Sei $p \in (1,\infty)$. Wir nehmen zunächst an, dass ein $\varepsilon > 0$ existiert mit

$$\|X_\alpha(\omega) - x\| \geq \varepsilon \quad \text{und} \quad \|Y_\alpha(\omega) - y\| \geq \varepsilon$$

für alle x in der linearen Hülle von $\{\Delta X_n(\omega) : n \in T, n \geq \alpha+1\}$, alle y in der linearen Hülle von $\{\Delta Y_n(\omega) : n \in T, n \geq \alpha+1\}$ und alle $\omega \in \Omega$. Wir können ohne Einschränkung $\sup_{n\in T}(E\|Y_n\|^p)^{1/p} < \infty$ annehmen. Wegen

$$\|X_n\| \leq \|Y_\alpha\| + \sum_{j=\alpha+1}^{n} \|\Delta Y_j\| \leq \|Y_\alpha\| + \sum_{j=\alpha+1}^{n} (\|Y_j\| + \|Y_{j-1}\|)$$

gilt dann $\|X_n\| \in \mathcal{L}^p$ für alle $n \in T$. Für die Borel-messbaren Funktionen $f = f_p$, $g = g_p$ und $h = h_p$ aus 3.29 und 3.30 folgt

$$f(X_n, Y_n) \in \mathcal{L}^1, \quad g(X_n,Y_n), g(Y_n,X_n), h(X_n,Y_n), h(Y_n,X_n) \in \mathcal{L}^q$$

für alle $n \in T$, wobei $q := p/(p-1)$. Wir zeigen durch Induktion

$$Ef(X_n, Y_n) \leq 0$$

für alle $n \in T$, was wegen 3.29 die Behauptung impliziert. Da $C_p \geq 1$, gilt für $n = \alpha$

$$f(X_\alpha, Y_\alpha) \leq \|Y_\alpha\|(1 - C_p)(2\|Y_\alpha\|)^{p-1} \leq 0$$

und damit $Ef(X_\alpha, Y_\alpha) \leq 0$. Wegen $\|\Delta X_{n+1}\| \leq \|\Delta Y_{n+1}\|$ und

$$\begin{aligned} &\min_{t\in[0,1]} \|X_n + t\Delta X_{n+1}\| \wedge \|Y_n + t\Delta Y_{n+1}\| \\ &= \min_{t\in[0,1]} \Big\| X_\alpha + \sum_{j=\alpha+1}^{n} \Delta X_j + t\Delta X_{n+1} \Big\| \wedge \Big\| Y_\alpha + \sum_{j=\alpha+1}^{n} \Delta Y_j + t\Delta Y_{n+1} \Big\| \geq \varepsilon \end{aligned}$$

überall auf Ω folgt mit 3.30 und der Induktionsvoraussetzung

$$\begin{aligned} Ef(X_{n+1}, Y_{n+1}) &= Ef(X_n + \Delta X_{n+1}, Y_n + \Delta Y_{n+1}) \\ &\leq Eg(X_n, Y_n)\frac{X_n \Delta X_{n+1}}{\|X_n\|} - C_p Eh(X_n, Y_n)\frac{Y_n \Delta Y_{n+1}}{\|Y_n\|}, \end{aligned}$$

falls $p \geq 2$, und

$$Ef(X_{n+1}, Y_{n+1}) \leq Eh(Y_n, X_n)\frac{X_n \Delta X_{n+1}}{\|X_n\|} - C_p Eg(Y_n, X_n)\frac{Y_n \Delta Y_{n+1}}{\|Y_n\|},$$

falls $p \leq 2$.

Dabei liegen sämtliche Integranden in $\mathcal{L}^1$ wegen

$$|X_n \Delta X_{n+1}|/\|X_n\| \leq \|\Delta X_{n+1}\| \in \mathcal{L}^p, \quad |Y_n \Delta Y_{n+1}|/\|Y_n\| \in \mathcal{L}^p$$

und der Hölder-Ungleichung. Die Martingaleigenschaft von X und die $\mathcal{F}_n$-Messbarkeit von $g(X_n, Y_n)X_n^i/\|X_n\|$ liefern

$$\begin{aligned} Eg(X_n, Y_n)\frac{X_n \Delta X_{n+1}}{\|X_n\|} &= \sum_{i=1}^{d} Eg(X_n, Y_n)\frac{X_n^i \Delta X_{n+1}^i}{\|X_n\|} \\ &= \sum_{i=1}^{d} Eg(X_n, Y_n)\frac{X_n^i}{\|X_n\|}E(\Delta X_{n+1}^i | \mathcal{F}_n) = 0. \end{aligned}$$

Genauso sieht man, dass auch die anderen Summanden in der oberen Schranke für $Ef(X_{n+1}, Y_{n+1})$ verschwinden, so dass $Ef(X_{n+1}, Y_{n+1}) \leq 0$.

Im allgemeinen Fall gehe man über zu den $\mathbb{R}^{d+1}$-wertigen Martingalen $X^\varepsilon := (\varepsilon, X)$ und $Y^\varepsilon := (\varepsilon, Y)$ für $\varepsilon > 0$. Diese Martingale erfüllen die obige Annahme, und wegen $\|X_n^\varepsilon\| = (\varepsilon^2 + \|X_n\|^2)^{1/2} \geq \|X_n\|$ und $\|Y_n^\varepsilon\| \leq \varepsilon + \|Y_n\|$, wobei die euklidische Norm auf $\mathbb{R}^{d+1}$ auch mit $\|\cdot\|$ bezeichnet wird, erhält man für alle $\varepsilon > 0$

$$\begin{aligned}\sup_{n\in T}(E\|X_n\|^p)^{1/p} &\leq \sup_{n\in T}(E\|X_n^\varepsilon\|^p)^{1/p}\\ &\leq C_p \sup_{n\in T}(E\|Y_n^\varepsilon\|^p)^{1/p}\\ &\leq C_p(\varepsilon + \sup_{n\in T}(E\|Y_n\|^p)^{1/p}).\end{aligned}$$

Durch Grenzübergang $\varepsilon \to 0$ folgt die Behauptung. □

3.5 Upcrossing-Ungleichung

Für einen reellen Prozess $X = (X_n)_{n\in T}$ mit endlichem T und $a, b \in \mathbb{R}, a < b$ definieren wir die Anzahl der aufsteigenden Überquerungen oder **Upcrossings** von $[a, b]$ durch

$$\begin{aligned}U_{a,b}(X) := \max\{k \in \mathbb{N}_0 : \exists n_1 < m_1 < \ldots < n_k < m_k\\ \text{mit } n_j, m_j \in T, X_{n_j} \leq a \text{ und } X_{m_j} \geq b\}.\end{aligned}$$

Es gilt $U_{a,b}(X) \leq |T|/2$. Für beliebiges T und endliche Teilmengen S von T wird mit $U_{a,b}(X, S)$ die Anzahl der Upcrossings des auf S eingeschränkten Prozesses $(X_n)_{n\in S}$ bezeichnet. Im Fall $\beta < \infty$ sei

$$U_{a,b}(X) := \sup_{m\in T} U_{a,b}(X, T^m)$$

mit $T^m = \{j \in T : m \leq j\}$ und für beliebiges T sei

$$U_{a,b}(X) := \sup_{n\in T} U_{a,b}(X, T_n)$$

mit $T_n = \{j \in T : j \leq n\}$.

Die folgenden Abschätzungen sind für die Untersuchung der fast sicheren Konvergenz von Martingalen im nächsten Kapitel wichtig.

Satz 3.31 *(Upcrossing-Ungleichung, Doob, Snell). Sei $\beta < \infty$. Für $a, b \in \mathbb{R}$, $a < b$ ist $U_{a,b}(X)$ bezüglich $\mathcal{F}_\beta$ messbar, und es gilt*

$$EU_{a,b}(X) \leq \frac{E(X_\beta - a)^+}{b - a},$$

falls X ein Submartingal ist, und

$$EU_{a,b}(X) \leq \frac{E(X_\beta - a)^-}{b - a},$$

falls X ein Supermartingal ist.

Beweis Wegen $U_{a,b}(X, T^m) \uparrow U_{a,b}(X)$ für $m \to \alpha$ folgt mit monotoner Konvergenz

$$EU_{a,b}(X) = \sup_{m \in T} EU_{a,b}(X, T^m).$$

Wir können also ohne Einschränkung $\alpha > -\infty$ annehmen.

Sei zunächst X ein beliebiger adaptierter reeller Prozess. Wir definieren $\tau_0 := -\infty$ (oder $\tau_0 := \alpha - 1$) und für $k \geq 1$ Stoppzeiten

$$\sigma_k := \min\{j \in T : j > \tau_{k-1}, X_j \leq a\}$$

und

$$\tau_k := \min\{j \in T : j > \sigma_k, X_j \geq b\}.$$

Dann gilt

$$U_{a,b}(X) = \max\{k \in \mathbb{N}_0 : \tau_k < \infty\}$$

und $\{U_{a,b}(X) \geq k\} = \{\tau_k \leq \beta\} \in \mathcal{F}_\beta$, insbesondere ist $U_{a,b}(X)$ bezüglich $\mathcal{F}_\beta$ messbar.

Der für $j \in T$ durch

$$H_j := \sum_{r \geq 1} 1_{\{\sigma_r < j \leq \tau_r\}}$$

definierte Prozess H ist vorhersehbar, $0 \leq H_j \leq 1$, und auf dem Ereignis

$$\{U_{a,b}(X) = k\} = \{\tau_k \leq \beta, \tau_{k+1} = \infty\}$$

gilt mit 2.8(a)

$$\begin{aligned}(H \bullet X)_\beta &= \sum_{j=\alpha+1}^{\beta} H_j \Delta X_j = \sum_{r \geq 1} \sum_{j=\alpha+1}^{\beta} (1_{\{\tau_r \geq j\}} - 1_{\{\sigma_r \geq j\}}) \Delta X_j \\ &= \sum_{r \geq 1} (X_{\tau_r \wedge \beta} - X_{\sigma_r \wedge \beta}) = \sum_{r=1}^{k} (X_{\tau_r} - X_{\sigma_r}) + X_\beta - X_{\sigma_{k+1} \wedge \beta}.\end{aligned}$$

Wegen $X_{\tau_r} - X_{\sigma_r} \geq b - a$ für $r \leq k$ und $X_\beta - X_{\sigma_{k+1} \wedge \beta} \geq (X_\beta - a) \wedge 0 = -(X_\beta - a)^-$ folgt $(H \bullet X)_\beta \geq k(b-a) - (X_\beta - a)^-$. Man erhält

$$(b-a) U_{a,b}(X) \leq (H \bullet X)_\beta + (X_\beta - a)^-.$$

Dies liefert für den Prozess $Y := X \vee a$ wegen $U_{a,b}(Y) = U_{a,b}(X)$

$$(b-a) U_{a,b}(X) \leq (H \bullet Y)_\beta = Y_\beta - Y_\alpha - ((1-H) \bullet Y)_\beta.$$

Sei nun X ein Supermartingal. Nach 1.9 ist auch $H \bullet X$ ein Supermartingal, also $E(H \bullet X)_\beta \le E(H \bullet X)_\alpha = 0$, und damit folgt

$$(b-a)EU_{a,b}(X) \le E(H \bullet X)_\beta + E(X_\beta - a)^- \le E(X_\beta - a)^-.$$

Ist X ein Submartingal, so ist auch Y und damit $(1-H) \bullet Y$ ein Submartingal, und man erhält

$$(b-a)EU_{a,b}(X) \le EY_\beta - EY_\alpha \le EY_\beta - a = E(X_\beta - a)^+. \qquad \square$$

Wegen $E(X_\beta - a)^\pm < \infty$ ist die Anzahl der Upcrossings von Submartingalen und Supermartingalen auf rechtsabgeschlossenen Zeitbereichen nach 3.31 fast sicher endlich, so dass also „große Variationen“ dort nur endlich oft vorkommen.

Ferner gilt etwa für die Stoppzeiten σ_2 und τ_1 aus obigem Beweis (bei $\alpha > -\infty$) $\tau_1 \le \sigma_2$, was nach Optional sampling 4.28 im Submartingalfall $E(X_{\sigma_2} - X_{\tau_1}) \ge 0$ (mit $X_\infty := X_\beta$) impliziert. Andererseits gilt $X_{\sigma_2} - X_{\tau_1} \le a - b < 0$ auf dem Ereignis $\{\sigma_2 < \infty\}$, dass X ein zweites Upcrossing beginnt. Also muss $P(\sigma_2 < \infty)$ hinreichend klein sein.

Aufgaben

3.1 Sei X ein Supermartingal. Zeigen Sie für $a > 0$

$$aP(\sup_{n\in T} X_n \ge a) \le \sup_{n\in T} EX_n + \sup_{n\in T} EX_n^-$$

und

$$aP(\sup_{n\in T} |X_n| \ge a) \le \sup_{n\in T} EX_n + 2\sup_{n\in T} EX_n^- \le 3\sup_{n\in T} \|X_n\|_1.$$

3.2 Seien $\alpha > -\infty$, X ein positives Supermartingal und $0 < p < 1$. Zeigen Sie

$$\|\sup_{n\in T} X_n\|_p \le \left(\frac{1}{1-p}\right)^{1/p} EX_\alpha \quad \text{und} \quad \|\sup_{n\in T} X_n\|_p \le \left(\frac{2-p}{1-p}\right)^{1/p} \|X_\alpha\|_p.$$

3.3 Sei X ein Submartingal. Zeigen Sie

$$P(\sup_{n\in T} X_n \ge a) \le e^{-ta} \sup_{n\in T} Ee^{tX_n}$$

für alle $a \in \mathbb{R}$ und $t > 0$.

Hinweis: e^{tX} ist nach Satz 1.5(b) ein positives Submartingal, falls e^{tX} ein $\mathcal{L}^1$-Prozess ist.

3.4 Sei X ein Martingal. Zeigen Sie für $a > 0$

$$P(\sup_{n\in T} |\Delta X_n| \geq a) \leq \frac{2}{a} \sup_{n\in T} E|X_n|.$$

Im Fall $\alpha > -\infty$ ist die beste (universelle) Konstante hier $1/\log 2 = 1.4426\ldots$ (statt 2) [84].

3.5 In der Situation von Beispiel 3.25 mit $Z_1 \in \mathcal{L}^2$ sei

$$\sigma := \inf\{n \geq 1 : X_n > a\}$$

für $a \geq 0$. Zeigen Sie für diese Stoppzeit $E\sqrt{\sigma} = \infty$.

3.6 (Martingalversion der Rosenthal-Ungleichungen) Seien $\alpha > -\infty$, X ein $\mathcal{L}^2$-Martingal und $2 \leq p < \infty$. Zeigen Sie für alle $n \in T$

$$c_p\Big(\|(X_\alpha^2 + \langle X\rangle_n)^{1/2}\|_p^p + \sum_{j=\alpha+1}^{n} E|\Delta X_j|^p\Big)$$
$$\leq E|X_n|^p \leq C_p\Big(\|(X_\alpha^2 + \langle X\rangle_n)^{1/2}\|_p^p + \sum_{j=\alpha+1}^{n} E|\Delta X_j|^p\Big)$$

mit nur von p abhängenden universellen Konstanten $c_p, C_p \in (0, \infty)$.

Hinweis: Für $x \in \mathbb{R}^k$ und $1 \leq q < \infty$ gilt $(\sum_{j=1}^k |x_j|^q)^{1/q} \leq \sum_{j=1}^k |x_j|$ und insbesondere $(\sum_{j=1}^k |x_j|^p)^{1/p} \leq (\sum_{j=1}^k x_j^2)^{1/2}$ für $2 \leq p < \infty$.

3.7 Seien $\alpha > -\infty$ und X ein Martingal.

(a) Sei $1 \leq p \leq 2$. Zeigen Sie für alle $n \in T$

$$E|X_n|^p \leq C_p^p\Big(E|X_\alpha|^p + \sum_{j=\alpha+1}^{n} E|\Delta X_j|^p\Big),$$

wobei C_p die universelle Konstante aus Satz 3.15 beziehungsweise Korollar 3.28 ist.

Hinweis: Für $x \in \mathbb{R}^k$ und $0 < q \leq 1$ gilt $(\sum_{j=1}^k |x_j|)^q \leq \sum_{j=1}^k |x_j|^q$.

Man kann in obiger Ungleichung C_p^p durch die Konstante 2 ersetzen (von Bahr und Esseen [147]), die für $p < 1.6583\ldots$ besser ist. Die optimalen universellen (nur von p abhängenden) Konstanten findet man in [135].

(b) Sei $2 \leq p < \infty$. Zeigen Sie für alle $n \in T$

$$E|X_n|^p \leq C_p^p(n - \alpha + 1)^{p/2-1}\Big(E|X_\alpha|^p + \sum_{j=\alpha+1}^{n} E|\Delta X_j|^p\Big),$$

wobei C_p wieder die universelle Konstante aus Korollar 3.28 ist.

Hinweis: Für $x \in \mathbb{R}^k$ und $p \geq 2$ gilt $\sum_{j=1}^k x_j^2 \leq k^{1-2/p}(\sum_{j=1}^k |x_j|^p)^{2/p}$.

3.8 (Lenglart-Ungleichung) Seien $\alpha > -\infty$, Y ein adaptierter, positiver reeller Prozess und A ein adaptierter, wachsender, positiver reeller Prozess mit

$$EY_\sigma \leq EA_\sigma \text{ für alle } \sigma \in \Sigma.$$

Zeigen Sie für alle $a, b > 0$

$$\begin{aligned} aP(Y^*_\beta \geq a, A_\beta \leq b) &\leq EA_\beta \wedge (A_\alpha + b + (\Delta A_{\tau_b}) 1_{\{\tau_b < \infty\}}) \\ &\leq EA_\beta \wedge (A_\alpha + b + (\Delta A)^*_\beta), \end{aligned}$$

wobei $\tau_b = \inf\{n \in T : A_n > b\}$.

Hinweis: Beweis von Satz 3.9(a).

3.9 Seien $T = \mathbb{N}_0$ und $F_n \in \mathcal{F}_n$. Zeigen Sie für alle $n \geq 1$ und $b > 0$

$$P\Big(\bigcup_{j=1}^n F_j\Big) \leq b + P\Big(\sum_{j=1}^n P(F_j | \mathcal{F}_{j-1}) > b\Big).$$

3.10 Finden Sie eine Modifikation des Beweises von Satz 3.14(a), die

$$P((X_\alpha^2 + [X]_\beta)^{1/2} \geq a) \leq \frac{2\sqrt{2}}{a} EX_\alpha$$

liefert. (Die obige Konstante $2\sqrt{2} = 2.8284\ldots$ ist besser als die Konstante 3 in Satz 3.14(a).)

3.11 (Garsia) Seien $\alpha > -\infty$, X ein adaptierter, wachsender, positiver $\mathcal{L}^1$-Prozess mit Kompensator A und $p \in [1, \infty)$. Zeigen Sie

$$\|X_\alpha + A_\beta\|_p \leq p \|X_\beta\|_p.$$

Diese Ungleichung ist eine Verallgemeinerung der ersten Ungleichung in Satz 3.21(a).

Hinweis: Potentialungleichung 3.11(b).

3.12 Seien $\alpha > -\infty$, X ein Martingal und $p \in [2, \infty)$. Zeigen sie

$$\| \sup_{n \in T} |X_n| \|_p \leq p \|(X_\alpha + [X]_\beta)^{1/2}\|_p.$$

Hinweis: Korollar 3.28. Die Konstante p ist dabei optimal ([75], S. 19).

3.13 Seien $\alpha > -\infty$, Y durch A L-dominiert und falls $\beta = \infty$, $Y_n \to Y_\infty$ f.s. für $n \to \infty$ und eine $[0, \infty]$-wertige Zufallsvariable Y_∞. Zeigen Sie für $p \in (0, 1]$

$$\|Y_\beta\|_p \leq 2^{1/p} \|A_\beta\|_p.$$

Dies verallgemeinert Satz 3.9(c).

3.14 Seien $\alpha > -\infty$, X ein Martingal, H ein vorhersehbarer reeller Prozess und $p \in (1, \infty)$. Zeigen Sie

$$\sup_{n \in T} \| H_\alpha X_\alpha + (H \bullet X)_n \|_p \leq C_p \sup_{n \in T} \| H_n \|_\infty \sup_{n \in T} \| X_n \|_p$$

mit $C_p = (p-1) \vee 1/(p-1)$.

Hinweis: Satz 3.27

3.15 (Upcrossing-Ungleichung) Seien $\alpha > -\infty, \beta < \infty$, X ein Submartingal und $U_{a,b}(X)$ die Anzahl der Upcrossings von $[a, b]$. Beweisen sie

$$(b-a) E U_{a,b}(X) \leq E(X_\beta - a)^+ - E(X_\alpha - a)^+.$$

Hinweis: Man gehe im Beweis von Satz 3.31 zu dem Prozess $Y := (X-a)^+$ über und benutze $U_{a,b}(X) = U_{0,b-a}(Y)$.

3.16 Sei X ein positives Supermartingal. Zeigen Sie

$$E U_{a,b}(X) \leq \frac{a}{b-a}$$

für alle $a, b \in \mathbb{R}$ mit $0 \leq a < b$.

Kapitel 4
Martingalkonvergenz und Martingalräume

In diesem Kapitel beschreiben wir das asymptotische Verhalten von Martingalen. Wir untersuchen die fast sichere Konvergenz, die $\mathcal{L}^p$-Konvergenz und allgemeiner die Konvergenzmenge. Dabei sind die Konvergenzprobleme für $n \to +\infty$ und für $n \to -\infty$ ziemlich verschieden. Die Ungleichungen aus Kap. 3 werden eine wichtige Rolle spielen. Als Anwendung erhalten wir Konvergenzaussagen für h-Transformierte und eine allgemeine Version des Optional sampling Satzes 2.12. Außerdem werden wir Konsequenzen für gewisse Räume von Martingalen diskutieren.

Seien $(\Omega, \mathcal{F}, P)$ ein Wahrscheinlichkeitsraum, $T = [\alpha, \beta] \cap \mathbb{Z}$ ein $\mathbb{Z}$-Intervall und $\mathbb{F} = (\mathcal{F}_n)_{n \in T}$ eine Filtration in $\mathcal{F}$.

4.1 Vorwärtskonvergenz

In diesem Abschnitt gilt das Interesse der Vorwärtsasymptotik für $n \to \infty$. Sei also $\beta = \infty$. Wir können ohne Einschränkung annehmen, dass T linksabgeschlossen ist.

Der folgende Konvergenzsatz über die fast sichere Konvergenz $\mathcal{L}^1$-beschränkter Submartingale ist fundamental für alle Konvergenzprobleme.

Satz 4.1 *(Fast sichere Konvergenz, Doob) Seien $\alpha > -\infty$, $\beta = \infty$ und $X = (X_n)_{n \in T}$ ein Submartingal mit $\sup_{n \in T} EX_n^+ < \infty$. Dann existiert eine Zufallsvariable $X_\infty \in \mathcal{L}^1(\mathcal{F}_\infty, P)$ mit*

$$X_n \to X_\infty \text{ f.s.} \quad \text{für } n \to \infty.$$

Beweis (Isaac, Garsia) Das Submartingal X ist nach 1.22 $\mathcal{L}^1$-beschränkt wegen $\inf_{n \in T} EX_n = EX_\alpha > -\infty$. Für

$$D := \{\lim_{n \to \infty} X_n \text{ existiert in } \mathbb{R}\}$$

H. Luschgy, *Martingale in diskreter Zeit*, Springer-Lehrbuch Masterclass,
DOI 10.1007/978-3-642-29961-2_4,

gilt $D \in \mathcal{F}_\infty$. Es reicht $P(D) = 1$ zu zeigen, denn

$$X_\infty(\omega) := \begin{cases} \lim_{n\to\infty} X_n(\omega), & \omega \in D \\ 0, & \text{sonst} \end{cases}$$

ist dann eine reelle $\mathcal{F}_\infty$-messbare Zufallsvariable mit $X_n \to X_\infty$ f.s., und mit dem Fatou-Lemma folgt

$$E|X_\infty| = E \lim_{n\to\infty} |X_n| \leq \liminf_{n\to\infty} E|X_n| \leq \sup_{n\in T} E|X_n| < \infty.$$

Die Maximalungleichung 3.3(a) liefert die Konvergenzaussage für $\mathcal{L}^2$-beschränkte Martingale. Mit der Doob-Zerlegung und der Krickeberg-Zerlegung kann das Problem auf diesen Fall reduziert werden.

1. Sei X ein $\mathcal{L}^2$-beschränktes Martingal. Mit 3.13 folgt

$$EX_\alpha^2 + \sum_{j=\alpha+1}^{\infty} E(\Delta X_j)^2 = EX_\alpha^2 + E[X]_\infty = \sup_{n\in T} EX_n^2 < \infty.$$

Für $m \in T$ sei $V_m := \sup_{j,k\geq m} |X_j - X_k|$. Da $X - X^m$ ein Martingal mit Anfangswert 0 ist, wobei X^m das bei m gestoppte Martingal X bezeichnet, folgt mit der Ungleichung 3.3(a) für $\varepsilon > 0$

$$\begin{aligned} P(V_m > \varepsilon) &\leq P(\sup_{j\geq m} |X_j - X_m| > \varepsilon/2) \\ &= P(\sup_{j\in T} |X_j - X_j^m| > \varepsilon/2) \\ &\leq \frac{4}{\varepsilon^2} \sup_{j\in T} E|X_j - X_j^m|^2 = \frac{4}{\varepsilon^2} E[X - X^m]_\infty \\ &= \frac{4}{\varepsilon^2} \sum_{j=m+1}^{\infty} E(\Delta X_j)^2 \to 0 \text{ für } m \to \infty. \end{aligned}$$

Weil der Prozess $(V_m)_{m\in T}$ fallend ist, impliziert dies $V_m \to 0$ f.s. für $m \to \infty$ und daher $P(D) = P(\{(X_n)_n \text{ ist Cauchy-Folge in } \mathbb{R}\}) = 1$.

2. Sei X ein positives $\mathcal{L}^2$-beschränktes Submartingal mit Doob-Zerlegung $X = M + A$. Nach 1.23 gilt $A_\infty \in \mathcal{L}^1$ und damit $A_\infty < \infty$ f.s. Man erhält also

$$P(\{\lim_{n\to\infty} A_n \text{ existiert in } \mathbb{R}\}) = 1.$$

Ferner ist M nach 1.17(a) ein $\mathcal{L}^2$-beschränktes Martingal. Aus 1. folgt

$$P(\{\lim_{n\to\infty} M_n \text{ existiert in } \mathbb{R}\}) = 1$$

und damit $P(D) = 1$.

3. Sei X ein positives Supermartingal. Nach 1.5 ist $Y_n := e^{-X_n}, n \in T$ ein $[0,1]$-wertiges Submartingal, insbesondere also $\mathcal{L}^2$-beschränkt. Aus 2. folgt

$$P(\{\lim_{n\to\infty} X_n \text{ existiert in } \mathbb{R}_+ \cup \{\infty\}\}) = 1.$$

Nach dem Fatou-Lemma gilt

$$E \liminf_{n\to\infty} X_n \le \liminf_{n\to\infty} EX_n \le EX_\alpha < \infty$$

und damit folgt $\liminf_{n\to\infty} X_n < \infty$ f.s. Man erhält $P(D) = 1$.

4. Nun sei X ein Submartingal mit $\sup_{n\ge 0} EX_n^+ < \infty$. Aus der Krickeberg-Zerlegung 1.26 von X und 3. folgt $P(D) = 1$. □

Der obige Konvergenzsatz ist auch eine direkte Konsequenz der Upcrossing-Ungleichung 3.31. In der Theorie zeitstetiger Prozesse ist der folgende Beweis unumgänglich.

Alternativer Beweis von Satz 4.1 Wieder wegen Fatous Lemma reicht es $P(D_0) = 1$ für

$$D_0 := \{\lim_{n\to\infty} X_n \text{ existiert in } \overline{\mathbb{R}}\} \in \mathcal{F}_\infty$$

zu zeigen. Mit 3.31 und monotoner Konvergenz folgt für $a, b \in \mathbb{R}, a < b$ die $\mathcal{F}_\infty$-Messbarkeit von $U_{a,b}(X)$ und

$$EU_{a,b}(X) = \sup_{n\in T} EU_{a,b}(X, T_n) \le \sup_{n\in T} \frac{E(X_n - a)^+}{b-a} \le \sup_{n\in T} \frac{EX_n^+ + |a|}{b-a} < \infty,$$

also gilt $U_{a,b}(X) < \infty$ f.s. Weil

$$D_0^c = \bigcup_{\substack{a,b\in\mathbb{Q}\\ a<b}} \{\liminf_{n\to\infty} X_n < a < b < \limsup_{n\to\infty} X_n\} = \bigcup_{\substack{a,b\in\mathbb{Q}\\ a<b}} \{U_{a,b}(X) = \infty\},$$

erhält man $P(D_0) = 1$. □

Der Konvergenzsatz 4.1 ist eine reine Existenzaussage. Die Beweise liefern leider keine Information zur Identifizierung des Limes.

Die Aussage von 4.1 gilt ebenso für Supermartingale X mit $\sup_{n\in T} EX_n^- < \infty$, denn $-X$ ist dann ein Submartingal mit $\sup_{n\in T} E(-X_n)^+ = \sup_{n\in T} EX_n^- < \infty$.

Die $\mathcal{L}^1$-Beschränktheit ist keine notwendige Bedingung für die fast sichere Konvergenz von Submartingalen. Dies wird etwa das Beispiel 4.22 (und der nächste Abschnitt) zeigen. Das folgende Beispiel zeigt, dass zu der Klasse der Martingale, die nicht fast sicher konvergieren, die zentrierten Random walks gehören und auch Martingale, die stochastisch konvergieren.

Beispiel 4.2 (a) (Random walk) Seien $\alpha > -\infty$, $\beta = \infty$, X ein $\mathbb{F}$-Random walk, $X_n = \Sigma_{j=\alpha}^n Z_j$ mit $EZ_{\alpha+1} = 0$. Dann ist X ein Martingal (1.7(a)), und falls $P(Z_{\alpha+1} = 0) < 1$, gilt nach A.21 fast sicher

$$-\infty = \liminf_{n\to\infty} X_n < \limsup_{n\to\infty} X_n = \infty.$$

Insbesondere ist X nicht $\mathcal{L}^1$-beschränkt und nicht einmal uneigentlich konvergent.

(b) Seien $(Z_n)_{n\geq 1}$ eine unabhängige Folge $\{-1, 0, 1\}$-wertiger Zufallsvariablen mit $P(Z_n = 0) = 1 - 1/n$, $P(Z_n = \pm 1) = 1/2n$, $\mathbb{F} := \mathbb{F}^Z$ und die Dynamik von X sei

$$X_{n+1} = Z_{n+1} 1_{\{X_n = 0\}} + (n+1) X_n |Z_{n+1}|$$

für $n \in T = \mathbb{N}$ mit $X_1 = Z_1$. Dann ist X adaptiert (Induktion), $EZ_n = 0$, $E|Z_n| = 1/n$, und mit Taking out what is known gilt wegen der Unabhängigkeit von $\sigma(Z_{n+1})$ und $\mathcal{F}_n$

$$\begin{aligned} E(X_{n+1}|\mathcal{F}_n) &= E(Z_{n+1}|\mathcal{F}_n) 1_{\{X_n=0\}} + (n+1) X_n E(|Z_{n+1}|\,|\mathcal{F}_n) \\ &= E(Z_{n+1}) 1_{\{X_n=0\}} + (n+1) X_n E|Z_{n+1}| \\ &= X_n, \end{aligned}$$

also ist X ein Martingal. Wegen $\{X_n = 0\} = \{Z_n = 0\}$ folgt

$$P(X_n = 0) = P(Z_n = 0) = 1 - 1/n \to 1$$

für $n \to \infty$. Daher konvergiert X_n stochastisch gegen 0. Da X ein $\mathbb{Z}$-wertiger Prozess ist (Induktion), gilt ferner $\{|Z_n| = 1\} = \{Z_n \neq 0\} = \{X_n \neq 0\} = \{|X_n| \geq 1\}$. Wegen

$$\sum_{n=1}^{\infty} P(|Z_n| = 1) = \sum_{n=1}^{\infty} \frac{1}{n} = \infty$$

und der Unabhängigkeit der Ereignisse $\{|Z_n| = 1\} = \{|X_n| \geq 1\}$ folgt mit dem Borel-Cantelli-Lemma $P(\limsup_{n\to\infty}\{|X_n| \geq 1\}) = 1$ und damit

$$\limsup_{n\to\infty} |X_n| \geq 1 \text{ f.s.}$$

Insbesondere gilt $P(\lim_{n\to\infty} X_n \text{ existiert in } \mathbb{R}) = 0$.

Der Konvergenzsatz 4.1 liefert zwar einen integrierbaren Limes, er liefert aber nicht die $\mathcal{L}^1$-Konvergenz. Die $\mathcal{L}^1$-Konvergenz von Submartingalen ist eine stärkere Eigenschaft als die fast sichere Konvergenz: Gilt $X_n \xrightarrow{\mathcal{L}^1} X_\infty$ für ein Submartingal X mit $X_\infty \in \mathcal{L}^1$, so ist X wegen $E|X_n| \to E|X_\infty|$ $\mathcal{L}^1$-beschränkt, und 4.1 liefert $X_n \to Y$ f.s. für ein $Y \in \mathcal{L}^1$. Damit konvergiert X_n stochastisch gegen X_∞ und Y, und die fast sichere Eindeutigkeit des Limes impliziert $X_\infty = Y$.

Das Problem der $\mathcal{L}^1$-Konvergenz wird durch den folgenden Satz gelöst.

Satz 4.3 *($\mathcal{L}^1$-Konvergenz, gleichgradig integrierbare Martingale) Seien $\alpha > -\infty$ und $\beta = \infty$.*

(a) Sei X ein Submartingal. Dann sind die folgenden Aussagen äquivalent für $n \to \infty$:

(i) Es gibt ein $X_\infty \in \mathcal{L}^1(\mathcal{F}_\infty, P)$ mit $X_n \overset{\mathcal{L}^1}{\to} X_\infty$,
(ii) X ist gleichgradig integrierbar,
(iii) es gibt ein $X_\infty \in \mathcal{L}^1(\mathcal{F}_\infty, P)$ mit $X_n \to X_\infty$ f.s., $EX_\infty = \sup_{n\in T} EX_n = \lim_{n\to\infty} EX_n$ und $E(X_\infty|\mathcal{F}_n) \geq X_n$ für alle $n \in T$.

(b) Sei X ein positives Submartingal oder ein Martingal. Dann sind äquivalent für $n \to \infty$: (i), (ii) (aus(a)),

(iii) es gibt ein $X_\infty \in \mathcal{L}^1(\mathcal{F}_\infty, P)$ mit $X_n \to X_\infty$ f.s. und $E(X_\infty|\mathcal{F}_n) \geq X_n$ beziehungsweise $E(X_\infty|\mathcal{F}_n) = X_n$ für alle $n \in T$,
(iv) es gibt ein $Y \in \mathcal{L}^1(\mathcal{F}_\infty, P)$ mit $E(Y|\mathcal{F}_n) \geq X_n$ beziehungsweise $E(Y|\mathcal{F}_n) = X_n$ für alle $n \in T$.

Die Limiten in (i) und (iii) stimmen jeweils fast sicher überein.

Beweis (a) (i) $\Leftrightarrow$ (ii). Ein $\mathcal{L}^1$-konvergenter Prozess ist nach A.4 gleichgradig integrierbar. Ist umgekehrt X gleichgradig integrierbar, so ist X nach A.3(c) $\mathcal{L}^1$-beschränkt, also $\sup_{n\in T} EX_n^+ \leq \sup_{n\in T} E|X_n| < \infty$, und der Konvergenzsatz 4.1 liefert $X_n \to X_\infty$ f.s. für ein $X_\infty \in \mathcal{L}^1(\mathcal{F}_\infty, P)$. Wegen A.4 gilt dann auch $X_n \overset{\mathcal{L}^1}{\to} X_\infty$.

(i) $\Rightarrow$ (iii). Aus der $\mathcal{L}^1$-Konvergenz $X_n \overset{\mathcal{L}^1}{\to} X_\infty$ folgt $EX_n \to EX_\infty$ und nach 4.1 auch $X_n \to X_\infty$ f.s. Ferner folgt für $n \in T$ und jedes $F \in \mathcal{F}_n$

$$\int_F X_n dP \leq \lim_{k\to\infty} \int_F X_k dP = \int_F X_\infty dP,$$

was $X_n \leq E(X_\infty|\mathcal{F}_n)$ impliziert.

(iii) $\Rightarrow$ (ii). Aus $X_n \leq E(X_\infty|\mathcal{F}_n)$ folgt mit der bedingten Jensen-Ungleichung

$$X_n^+ \leq (E(X_\infty|\mathcal{F}_n))^+ \leq E(X_\infty^+|\mathcal{F}_n)$$

für alle $n \in T$. Da der Prozess $E(X_\infty^+|\mathcal{F}_n), n \in T$ nach A.15 gleichgradig integrierbar ist, folgt die gleichgradige Integrierbarkeit von X^+ aus A.3(e). Wegen A.4 und $X_n^+ \to X_\infty^+$ f.s. gilt dann $EX_n^+ \to EX_\infty^+$. Dies impliziert $EX_n^- \to EX_\infty^-$, da $EX_n \to EX_\infty$. Es folgt die gleichgradige Integrierbarkeit von X^- wegen A.4 und damit die von X wegen A.3(d).

(b) Die Äquivalenz von (i) und (ii) folgt aus (a). Sei X ein positives Submartingal. Nach (a) gilt (ii) $\Rightarrow$ (iii), (iii) $\Rightarrow$ (iv) ist klar, und (iv) $\Rightarrow$ (ii) folgt wegen der Positivität von X aus A.15 und A.3(e).

Sei nun X ein Martingal. (i) $\Rightarrow$ (iii) folgt aus (a) angewandt auf die Submartingale X und $-X$, (iii) $\Rightarrow$ (iv) ist klar, und (iv) $\Rightarrow$ (ii) gilt nach A.15. □

Das Beispiel 4.6(a) wird zeigen, dass 4.3(b) im Submartingalfall ohne die Positivität falsch ist.

In der Situation von 4.3(iv) nennt man das Submartingal oder Martingal **rechtsabschließbar**, denn mit $X_\infty := Y$ ist $(X_n)_{n \in T \cup \{\infty\}}$ ein Submartingal beziehungsweise ein Martingal auf $T \cup \{\infty\}$. Nach 4.3(b) sind dann genau die rechtsabschließbaren Martingale gleichgradig integrierbar.

Ferner zeigt 4.3(b), dass rechtsabschließbare positive Submartingale oder Martingale schon durch den dann existierenden fast sicheren Limes rechtsabschließbar sind. Dies gilt für Submartingale auch ohne die Voraussetzung der Positivität.

Lemma 4.4 *(Rechtsabschluss) Seien $\alpha > -\infty$, $\beta = \infty$ und X ein Submartingal. Dann sind äquivalent:*

(i) Es gibt ein $Y \in \mathcal{L}^1(\mathcal{F}_\infty, P)$ mit $E(Y|\mathcal{F}_n) \geq X_n$ für alle $n \in T$,
(ii) es gibt ein $X_\infty \in \mathcal{L}^1(\mathcal{F}_\infty, P)$ mit $X_n \to X_\infty$ f.s. für $n \to \infty$ und $E(X_\infty|\mathcal{F}_n) \geq X_n$ für alle $n \in T$,
(iii) X^+ ist gleichgradig integrierbar.

Beweis (ii) $\Rightarrow$ (i) ist klar, und (i) $\Rightarrow$ (iii) folgt aus $X_n^+ \leq (E(Y|\mathcal{F}_n))^+ \leq E(Y^+|\mathcal{F}_n)$.

(iii) $\Rightarrow$ (ii). Wegen $\sup_{n \in T} EX_n^+ < \infty$ liefert 4.1 $X_n \to X_\infty$ f.s. für ein $X_\infty \in \mathcal{L}^1(\mathcal{F}_\infty, P)$. Für $n \in T$ und jedes $F \in \mathcal{F}_n$ ist auch $X^+ 1_F$ gleichgradig integrierbar und mit Fatous Lemma A.5 folgt

$$\int_F X_n dP \leq \lim_{k \to \infty} \int_F X_k dP \leq \int \limsup_{k \to \infty} X_k dP = \int_F X_\infty dP.$$

Dies impliziert $X_n \leq E(X_\infty|\mathcal{F}_n)$. □

Korollar 4.5 *Seien $\alpha > -\infty$, $\beta = \infty$ und X ein positives Supermartingal. Dann existiert eine Zufallsvariable $X_\infty \in \mathcal{L}^1(\mathcal{F}_\infty, P)$, $X_\infty \geq 0$ mit*

$$X_n \to X_\infty \text{ f.s.}$$

und

$$E(X_\infty|\mathcal{F}_n) \leq X_n \text{ für alle } n \in T.$$

Ferner ist X genau dann ein gleichgradig integrierbares Martingal, wenn $EX_\infty = EX_\alpha$.

Insbesondere sind also positive Supermartingale rechtsabschließbar.

Beweis Da das negative Submartingal $-X$ durch $Y = 0$ rechtsabschließbar ist, folgt der erste Teil aus 4.4. Ist X ein gleichgradig integrierbares Martingal, so folgt $EX_\infty = EX_\alpha$ aus 4.3(b). Gilt umgekehrt $EX_\infty = EX_\alpha$, so folgt $E(X_n - E(X_\infty|\mathcal{F}_n)) = EX_n - EX_\infty = 0$ und damit $X_n = E(X_\infty|\mathcal{F}_n)$ für alle $n \in T$. □

Fast sicher gegen eine reelle Konstante konvergierende Martingale liefern etwa wegen der Bemerkung nach 1.24 oder wegen 4.3(b) Beispiele für Martingale, die nicht $\mathcal{L}^1$-konvergent sind (abgesehen von zeitlich konstanten, deterministischen Prozessen).

Beispiel 4.6 (a) (Geometrischer Random walk) Seien $\alpha > -\infty$, $\beta = \infty$ und X ein geometrischer $\mathbb{F}$-Random walk, $X_n = \Pi_{i=\alpha}^n Z_i$ mit $Z_n \geq 0$ für alle $n \in T$, $EZ_\alpha > 0$, $EZ_{\alpha+1} = 1$ und $P(Z_{\alpha+1} = 1) < 1$. Dann ist der Prozess $X^{1/2}$ ein Potential und insbesondere

$$X_n \to 0 \text{ f.s.}$$

für $n \to \infty$. Nach 1.7(b) ist X nämlich ein positives Martingal mit $EX_n = EZ_\alpha$ und somit gilt $X_n \to X_\infty$ f.s. wegen 4.5 mit $X_\infty \in \mathcal{L}^1$, also auch $X_n^{1/2} \to X_\infty^{1/2}$ f.s. für $n \to \infty$. Weil der Prozess $X^{1/2}$ nach der bedingten Jensen-Ungleichung ein Supermartingal und außerdem $\mathcal{L}^2$-beschränkt und damit gleichgradig integrierbar ist, folgt mit 4.3

$$EZ_\alpha^{1/2}(EZ_{\alpha+1}^{1/2})^{n-\alpha} = EX_n^{1/2} \to EX_\infty^{1/2}.$$

Wegen $P(Z_{\alpha+1} = 1) < 1$ gilt $\operatorname{Var} Z_{\alpha+1}^{1/2} = 1 - (EZ_{\alpha+1}^{1/2})^2 > 0$ und daher $EX_\infty^{1/2} = 0$.

Dieses Beispiel wird in einem etwas anderen Kontext in 7.5 verallgemeinert.

Das Martingal X ist nicht $\mathcal{L}^1$-konvergent und damit nicht gleichgradig integrierbar.

Da das negative Martingal $-X$ als Submartingal durch 0 rechtsabschließbar ist, ist 4.3(b) ohne die Positivität falsch.

(b) In der Situation von Beispiel 1.7(f) mit $(\Omega, \mathcal{F}, P) = ([0,1), \mathcal{B}([0,1)), \lambda_{[0,1)})$ gilt für das positive Martingal

$$X_n = 2^n 1_{[0,1/2^n)}, n \in T = \mathbb{N}_0$$

offenbar $X_n \to 0$ überall auf (0,1), also $X_n \to 0$ f.s. und $EX_n = 1$. Also ist X nicht $\mathcal{L}^1$-konvergent und damit nicht gleichgradig integrierbar. Dies verschärft das Beispiel nach 3.3.

(c) (Gestoppter Random walk) Seien $T = \mathbb{N}_0$ und X ein einfacher symmetrischer $\mathbb{F}$-Random walk auf $\mathbb{Z}$, $X_n = \sum_{i=1}^n Z_i$ mit $X_0 = Z_0 = 0$, und $P(Z_1 = \pm 1) = 1/2$. Nach 2.18 oder 2.19(c) ist die Stoppzeit

$$\tau := \inf\{n \in \mathbb{N}_0 : X_n = 1\}$$

fast sicher endlich und nicht regulär für das Martingal X. Also ist das gestoppte Martingal $Y := X^\tau$ nicht gleichgradig integrierbar. Es gilt

$$Y_n \to X_\tau = 1 \text{ f.s.},$$

und Y ist $\mathcal{L}^1$-beschränkt mit

$$\sup_{n \in \mathbb{N}_0} \|Y_n\|_1 = 2,$$

denn $0 = EY_n = EY_n^+ - EY_n^-$, also $E|Y_n| = EY_n^+ + EY_n^- = 2EY_n^+$, und wegen $Y_n^+ = X_\tau^+ 1_{\{\tau \leq n\}} + X_n^+ 1_{\{\tau > n\}} = 1_{\{\tau \leq n\}}$ gilt $\lim_{n\to\infty} EY_n^+ = \lim_{n\to\infty} P(\tau \leq n) = P(\tau < \infty) = 1$.

Die Lösung des $\mathcal{L}^p$-Konvergenzproblems für $p > 1$ ist einfach.

Satz 4.7 *($\mathcal{L}^p$-Konvergenz, $\mathcal{L}^p$-beschränkte Martingale) Seien $\alpha > -\infty$, $\beta = \infty$, und X ein positives $\mathcal{L}^p$-Submartingal oder ein $\mathcal{L}^p$-Martingal mit $1 < p < \infty$. Dann sind äquivalent:*

(i) Es gibt ein $X_\infty \in \mathcal{L}^p(\mathcal{F}_\infty, P)$ mit $X_n \xrightarrow{\mathcal{L}^p} X_\infty$ für $n \to \infty$,
(ii) X ist $\mathcal{L}^p$-beschränkt.

Beweis (ii) $\Rightarrow$ (i). Wegen $EX_n^+ \le \|X_n\|_1 \le \|X_n\|_p$ gilt $\sup_{n\in T} EX_n^+ < \infty$, und der Konvergenzsatz 4.1 liefert die fast sichere Konvergenz von X_n gegen ein $X_\infty \in \mathcal{L}^1(\mathcal{F}_\infty, P)$. Nach der Doob-Ungleichung 3.3(b) gilt

$$E \sup_{n\in T} |X_n|^p \le \left(\frac{p}{p-1}\right)^p \sup_{n\in T} E|X_n|^p < \infty,$$

also ist $\sup_{n\in T} |X_n|^p$ eine $\mathcal{L}^1$-Majorante von $|X|^p$.Wegen A.3(a) ist $|X|^p$ daher gleichgradig integrierbar. Nun folgt mit A.4 $X_\infty \in \mathcal{L}^p$ und $X_n \xrightarrow{\mathcal{L}^p} X_\infty$.

(i) $\Rightarrow$ (ii). Mit A.4 folgt $\|X_n\|_p \to \|X_\infty\|_p$ und daher ist X $\mathcal{L}^p$-beschränkt. □

In der folgenden Martingalversion von 4.3 und 4.7 kann man den Limes identifizieren.

Satz 4.8 *(Lévy) Seien $\alpha > -\infty$, $\beta = \infty$ und $Z \in \mathcal{L}^p$ mit $1 \le p < \infty$. Dann gilt für $n \to \infty$*

$$E(Z|\mathcal{F}_n) \to E(Z|\mathcal{F}_\infty) \text{ f.s. und in } \mathcal{L}^p.$$

Beweis Durch $X_n := E(Z|\mathcal{F}_n)$ wird ein gleichgradig integrierbares Martingal definiert mit $|X_n|^p \le E(|Z|^p|\mathcal{F}_n)$ nach der bedingten Jensen-Ungleichung. Wegen $Z \in \mathcal{L}^p$ ist X daher $\mathcal{L}^p$-beschränkt. Die Konvergenzsätze 4.3 und 4.7 liefern $X_n \to X_\infty$ f.s. und in $\mathcal{L}^p$ für ein $X_\infty \in \mathcal{L}^p(\mathcal{F}_\infty, P)$ mit $X_n = E(X_\infty|\mathcal{F}_n)$ für alle $n \in T$.

Es bleibt, den Limes X_∞ als $E(Z|\mathcal{F}_\infty)$ zu identifizieren. Das Mengensystem $\mathcal{E} := \bigcup_{n\in T} \mathcal{F}_n$ ist ein durchschnittsstabiler Erzeuger von $\mathcal{F}_\infty$ mit $\Omega \in \mathcal{E}$ ($\mathcal{E}$ ist sogar eine Algebra). Für $F \in \mathcal{E}$, also $F \in \mathcal{F}_n$ für ein $n \in T$, erhält man

$$\int_F X_\infty dP = \int_F E(X_\infty|\mathcal{F}_n) dP = \int_F X_n dP = \int_F E(Z|\mathcal{F}_n) dP = \int_F Z dP.$$

Wegen A.11(h) zeigt dies $X_\infty = E(Z|\mathcal{F}_\infty)$. □

Wir können jetzt das Beispiel in 1.27(d) zur Krickeberg-Zerlegung von $X_n := E(Z|\mathcal{F}_n)$,

$$X_n = E(U^+|\mathcal{F}_n) - E(U^-|\mathcal{F}_n)$$

mit $Z \in \mathcal{L}^1$ und $U = E(Z|\mathcal{F}_\beta)$ komplettieren: Im Fall $\beta = \infty$ gilt $X_n \xrightarrow{\mathcal{L}^1} U$ nach 4.8 und wegen $|X_n^+ - U^+| \le |X_n - U|$ auch $X_n^+ \xrightarrow{\mathcal{L}^1} U^+$ für $n \to \infty$. Also gilt für das durch $M_n := E(U^+|\mathcal{F}_n)$ definierte Martingal

$$EM_n = EU^+ = \lim_{n\to\infty} EX_n^+ = \sup_{n\in T} EX_n^+.$$

Nach 1.26 ist damit die obige Zerlegung die Krickeberg-Zerlegung von X. Falls $\alpha = -\infty$, kann man X dabei wegen $\sup_{n\in T} EX_n^+ = \sup_{n\geq m} EX_n^+$ auf $\{n \in T : n \geq m\}$ einschränken, $m \in T$.

Satz 4.8 impliziert ferner eine Zerlegung für $\mathcal{L}^1$-beschränkte Submartingale, die das Konvergenzverhalten präzisiert.

Korollar 4.9 *Seien $\alpha > -\infty$, $\beta = \infty$ und X ein Submartingal mit* $\sup_{n\in T} EX_n^+ < \infty$. *Dann hat X eine fast sicher eindeutige Zerlegung*

$$X = M + N - Y,$$

wobei M ein gleichgradig integrierbares Martingal, N ein Martingal mit $N_n \to 0$ f.s. für $n \to \infty$ und Y ein Potential ist.

Mit 4.3 ist X danach genau dann $\mathcal{L}^1$-konvergent, wenn $N = 0$.

Beweis Nach 4.1 gilt $X_n \to X_\infty$ f.s. für $n \to \infty$ und ein $X_\infty \in \mathcal{L}^1(\mathcal{F}_\infty, P)$. Man definiere ein gleichgradig integrierbares Martingal durch $M_n := E(X_\infty|\mathcal{F}_n)$. Der Konvergenzsatz 4.8 liefert dann für das Submartingal $X - M$

$$X_n - M_n \to 0 \text{ f.s.}$$

für $n \to \infty$. Wegen $\sup_{n\in T} E(X_n - M_n) = \sup_{n\in T} EX_n - EX_\infty \leq \sup_{n\in T} EX_n^+ - EX_\infty < \infty$ hat $X - M$ eine Riesz-Zerlegung 1.28

$$X - M = N - Y.$$

Wegen $Y_n \to 0$ f.s. gilt $N_n \to 0$ f.s. und somit hat die Zerlegung $X = M + N - Y$ die gewünschten Eigenschaften.

Zum Nachweis der Eindeutigkeit der Zerlegung sei $X = U + V - Z$ eine weitere Zerlegung von obigem Typ. Aus der Eindeutigkeit der Riesz-Zerlegung folgt $U + V = M + N$ und $Z = Y$. Für das gleichgradig integrierbare Martingal $U - M = N - V$ gilt $N_n - V_n \to 0$ f.s. und damit $N_n - V_n \overset{\mathcal{L}^1}{\to} 0$. Es folgt $N = V$. □

Die folgenden Beispiele illustrieren verschiedene Methoden zur Identifizierung des Limes.

Beispiel 4.10 (a) Seien $T = \mathbb{N}$, $(Z_n)_{n\in\mathbb{N}}$ eine unabhängige Folge identisch verteilter Zufallsvariablen mit $Z_1 \in \mathcal{L}^2$, $EZ_1 = 0$ und $\mathbb{F} := \mathbb{F}^Z$. Nach 1.7(a) wird durch

$$X_n := \sum_{j=1}^{n} \frac{Z_j}{j}$$

ein Martingal mit $EX_n = 0$ definiert, für das

$$EX_n^2 = EZ_1^2 \sum_{j=1}^{n} j^{-2} < EZ_1^2 \sum_{j=1}^{\infty} j^{-2} = EZ_1^2 \frac{\pi^2}{6}$$

gilt. Also ist X $\mathcal{L}^2$-beschränkt und damit nach dem Konvergenzsatz 4.7 fast sicher und $\mathcal{L}^2$-konvergent gegen den Limes

$$X_\infty := \sum_{j=1}^{\infty} \frac{Z_j}{j} \in \mathcal{L}^2(\mathcal{F}_\infty, P).$$

Falls etwa $P^{Z_1} = N(0,1)$, kann man (die Verteilung von) X_∞ identifizieren. Es gilt dann

$$Ee^{itX_n} = \prod_{j=1}^{n} Ee^{i(t/j)Z_1} = \prod_{j=1}^{n} e^{-(t/j)^2/2} = \exp\left(-\frac{t^2}{2} \sum_{j=1}^{n} j^{-2}\right),$$

also

$$Ee^{itX_\infty} = \lim_{n\to\infty} Ee^{itX_n} = \exp\left(-\frac{t^2}{2} \cdot \frac{\pi^2}{6}\right)$$

für alle $t \in \mathbb{R}$. Es folgt $P^{X_\infty} = N(0, \pi^2/6)$.

(b) In der Situation von Beispiel 1.7(f) mit $(\Omega, \mathcal{F}, P) = ([0,1), \mathcal{B}([0,1)), \lambda_{[0,1)})$ sei für $f \in \mathcal{L}^p$, $1 \le p < \infty$

$$X_n(\omega) := 2^n \int_{k/2^n}^{(k+1)/2^n} f d\lambda_{[0,1)}, \quad \text{falls } \omega \in [k/2^n, (k+1)/2^n),$$

$k \in \{0, \dots, 2^n - 1\}$ für $n \in T = \mathbb{N}_0$. Wegen $X_n = E(f|\mathcal{F}_n)$ und $\mathcal{F}_\infty = \mathcal{F} = \mathcal{B}([0,1))$ (1.7(f)) folgt aus dem Konvergenzsatz 4.8

$$X_n \to E(f|\mathcal{F}_\infty) = f \text{ f.s. und in } \mathcal{L}^p$$

für $n \to \infty$.

(c) (Pólyas Urnenmodell) Wir untersuchen der Einfachheit halber den Spezialfall $r = s = m = 1$ des in 1.7(e) beschriebenen Modells: Die Urne enthält also eine rote und eine schwarze Kugel, und es wird mit der gezogenen Kugel eine weitere Kugel derselben Farbe zurückgelegt. Dann wird die Anzahl der roten Kugeln zur Zeit $n + 1$ durch

$$Y_{n+1} = Y_n + 1_{\{U_{n+1} \le X_n\}}$$

mit $Y_0 = 1$ und der Anteil der roten Kugeln zur Zeit n durch

$$X_n = \frac{Y_n}{n+2}$$

mit $X_0 = 1/2$ beschrieben, $n \in T = \mathbb{N}_0$. Das $[0, 1]$-wertige Martingal X ist $\mathcal{L}^1$-beschränkt und daher liefert der Konvergenzsatz 4.1

$$X_n \to X_\infty \text{ f.s.}$$

für $n \to \infty$ und eine $[0, 1]$-wertige $\mathcal{F}_\infty$-messbare Zufallsvariable X_∞.

Wir können X_∞ mit Hilfe der „Momentenmethode" identifizieren. Dazu sei für festes $p \in \mathbb{N}$

$$Z_n = Z_n^{(p)} := \prod_{i=0}^{p-1} \frac{Y_n + i}{n + 2 + i}.$$

Wegen $E(1_{\{U_{n+1} \leq X_n\}} | \mathcal{F}_n) = X_n = Y_n/(n+2)$ (1.7(e)) ist Z ein positives Martingal, denn es gilt mit Taking out what is known

$$\begin{aligned}
E(Z_{n+1}|\mathcal{F}_n) &= E(Z_{n+1} 1_{\{U_{n+1} > X_n\}} | \mathcal{F}_n) + E(Z_{n+1} 1_{\{U_{n+1} \leq X_n\}} | \mathcal{F}_n) \\
&= E(1_{\{U_{n+1} > X_n\}} | \mathcal{F}_n) \prod_{i=0}^{p-1} \frac{Y_n + i}{n + 1 + 2 + i} \\
&\quad + E(1_{\{U_{n+1} \leq X_n\}} | \mathcal{F}_n) \prod_{i=0}^{p-1} \frac{Y_n + 1 + i}{n + 1 + 2 + i} \\
&= \frac{n + 2 - Y_n}{n + 2} \prod_{i=0}^{p-1} \frac{Y_n + i}{n + 3 + i} + \frac{Y_n}{n + 2} \prod_{i=0}^{p-1} \frac{Y_n + 1 + i}{n + 3 + i} \\
&= \frac{Y_n(Y_n + 1) \dots (Y_n + p - 1)(n + 2 - Y_n + Y_n + p)}{(n + 2)(n + 2 + 1) \dots (n + 2 + p - 1)(n + 2 + p)} \\
&= Z_n.
\end{aligned}$$

Da mit $X_n = Y_n/(n + 2) \to X_\infty$ f.s. auch

$$\frac{Y_n + i}{n + 2 + i} \to X_\infty \text{ f.s.}$$

für $n \to \infty$ und alle $i \in \mathbb{N}_0$ gilt, erhält man

$$Z_n \to X_\infty^p \text{ f.s.}$$

Wegen $0 \leq Z_n \leq 1$ ist Z gleichgradig integrierbar und mit 4.5 folgt

$$EX_\infty^p = EZ_0 = Z_0 = \prod_{i=0}^{p-1} \frac{1 + i}{2 + i} = \frac{1}{p + 1}.$$

Dies sind aber gerade die p-ten Momente $\int t^p dU(0, 1)(t) = \int_0^1 t^p dt$ der $U(0, 1)$-Verteilung. Da eine Verteilung auf $\mathcal{B}([0, 1])$ eindeutig durch die p-ten Momente, $p \in \mathbb{N}$ bestimmt ist, gilt $P^{X_\infty} = U(0, 1)$.

Der allgemeine Fall kann genauso gelöst werden (siehe Aufgabe 4.3). Wir kommen in einem anderen Zusammenhang in 10.15 auf dieses Beispiel zurück.

4.2 Lokale Vorwärtskonvergenz

Für einen reellen Prozess $X = (X_n)_{n \in T}$ mit $\beta = \infty$ und $\alpha > -\infty$ nennen wir $\{\lim_{n\to\infty} X_n$ existiert in $\mathbb{R}\}$ die **Konvergenzmenge** von X (bei Vorwärtskonvergenz). Wir untersuchen jetzt die Struktur der Konvergenzmenge für „lokal $\mathcal{L}^1$-beschränkte“ Submartingale. Der globale Konvergenzsatz 4.1 und Lokalisierung durch Stoppzeiten liefern dann lokale Konvergenz, das heißt fast sichere Konvergenz auf einer Teilmenge von Ω. Dabei ist diese Teilmenge typischerweise die Endlichkeitsmenge eines explizit gegebenen wachsenden „Kontrollprozesses“. Diese Idee wird in dem folgenden Lemma präzisiert.

Für Mengen $F, G \in \mathcal{F}$ bedeutet die Relation $F \subset G$ f.s. wie üblich $P(F \cap G^c) = 0$ und $F = G$ f.s. bedeutet dann $P(F \Delta G) = 0$. Insbesondere bedeutet $F = \Omega$ f.s. einfach $P(F) = 1$.

Lemma 4.11 *Seien $\alpha > -\infty$, $\beta = \infty$, X ein Submartingal und $(\tau_k)_{k\geq 1}$ eine Folge von Stoppzeiten mit*

$$\sup_{n\in T} EX^+_{\tau_k \wedge n} < \infty$$

für alle $k \geq 1$. Dann gilt

$$\bigcup_{k=1}^{\infty} \{\tau_k = \infty\} \subset \{\lim_{n\to\infty} X_n \text{ existiert in } \mathbb{R}\} \text{ f.s.}$$

Beweis Sei $D := \{\lim_{n\to\infty} X_n$ existiert in $\mathbb{R}\}$. Da der gestoppte Prozess X^{τ_k} nach Optional stopping 2.8 ein Submartingal ist, liefert der Konvergenzsatz 4.1 $P(D_k) = 1$ für die Konvergenzmenge

$$D_k := \{\lim_{n\to\infty} X_{\tau_k \wedge n} \text{ existiert in } \mathbb{R}\}$$

von X^{τ_k}. Auf $\{\tau_k = \infty\}$ stimmen X und X^{τ_k} überein, also gilt $\{\tau_k = \infty\} \cap D_k \subset D$ und damit $\{\tau_k = \infty\} \subset D$ f.s. für alle $k \geq 1$. Wegen

$$P\Big(\Big(\bigcup_{k=1}^{\infty}\{\tau_k = \infty\}\Big) \cap D^c\Big) \leq \sum_{k=1}^{\infty} P(\{\tau_k = \infty\} \cap D^c) = 0$$

folgt $\bigcup_{k=1}^{\infty}\{\tau_k = \infty\} \subset D$ f.s. □

Falls das Submartingal X $\mathcal{L}^1$-beschränkt ist (oder gleichbedeutend, falls $\sup_{n\in T} EX_n^+ < \infty$), erfüllt die Stoppzeit $\tau_1 = \infty$ die Voraussetzung von 4.11 und man erhält wieder

$$\Omega = \{\tau_1 = \infty\} = \{\lim_{n\to\infty} X_n \text{ existiert in } \mathbb{R}\} \text{ f.s.},$$

also 4.1.

Eine erste Anwendung von 4.11 zeigt, dass unter geeigneten Voraussetzungen an den Prozess der Zuwächse eines Submartingals der Maximumprozess die Rolle eines Kontrollprozesses spielt. Natürlich gilt für jeden reellen Prozess X

$$\{\lim_{n\to\infty} X_n \text{ existiert in } \mathbb{R}\} \subset \{\sup_{n\in T} |X_n| < \infty\} \subset \{\sup_{n\in T} X_n < \infty\}.$$

Satz 4.12 *(Doob) Seien* $\alpha > -\infty$, $\beta = \infty$ *und* X *ein Submartingal mit* $E \sup_{n\in T} \Delta X_n^+ < \infty$. *Dann gilt*

$$\{\sup_{n\in T} |X_n| < \infty\} = \{\sup_{n\in T} X_n < \infty\} = \{\lim_{n\to\infty} X_n \text{ existiert in } \mathbb{R}\} \textit{ f.s.}$$

Wegen $\Delta X_\alpha = 0$ gilt $\sup_{n\in T} \Delta X_n \geq 0$ und daher

$$\sup_{n\in T} \Delta X_n = \sup_{n\in T} (\Delta X_n)^+.$$

Ebenso gilt $\sup_{n\in T} \Delta X_n^+ = \sup_{n\in T} (\Delta X_n^+)^+$ und wegen $X_n^+ \leq (\Delta X_n)^+ + X_{n-1}^+$ folgt

$$\sup_{n\in T} \Delta X_n^+ \leq \sup_{n\in T} (\Delta X_n)^+ = \sup_{n\in T} \Delta X_n.$$

Die Bedingung $E \sup_{n\in T} \Delta X_n^+ < \infty$ ist also schwächer als etwa $E \sup_{n\in T} \Delta X_n < \infty$.

Beweis Für $a > 0$ definiere man die Stoppzeit

$$\tau = \tau_a := \inf\{n \in T : X_n > a\}.$$

Auf $\{\alpha < \tau < \infty\}$ gilt $X_{\tau-1} \leq a$, also auch $X_{\tau-1}^+ \leq a$ und daher

$$X_\tau^+ = X_{\tau-1}^+ + \Delta X_\tau^+ \leq a + \sup_{n\in T} \Delta X_n^+.$$

Wegen

$$X_{\tau\wedge n}^+ = X_\alpha^+ 1_{\{\tau=\alpha\}} + X_\tau^+ 1_{\{\alpha<\tau\leq n\}} + X_n^+ 1_{\{\tau>n\}}$$

und $X_n^+ \leq a$ auf $\{\tau > n\}$ folgt

$$EX_{\tau\wedge n}^+ \leq EX_\alpha^+ + a + E \sup_{j\in T} \Delta X_j^+ + a < \infty$$

für alle $n \in T$. Ferner gilt

$$\bigcup_{k=1}^\infty \{\tau_k = \infty\} = \bigcup_{k=1}^\infty \{\sup_{n\in T} X_n \leq k\} = \{\sup_{n\in T} X_n < \infty\}$$

und damit folgt

$$\{\sup_{n\in T} X_n < \infty\} \subset \{\lim_{n\to\infty} X_n \text{ existiert in } \mathbb{R}\} \text{ f.s.}$$

aus 4.11. □

Die obige Bedingung an den Prozess der Zuwächse des Submartingals X ist nicht direkt vergleichbar mit der $\mathcal{L}^1$-Beschränktheit von X. So gilt für einen einfachen symmetrischen Random walk X auf $\mathbb{Z}$ (1.10) $|\Delta X_n| \leq 1$, aber X ist nach 4.2(a) nicht $\mathcal{L}^1$-beschränkt, und in der Situation von Beispiel 1.7(f) gilt $E \sup_{n \in \mathbb{N}_0} (\Delta X_n)^+ = \infty$ für das durch $X_n = 2^n 1_{[0,1/2^n)}$ gegebene positive und damit $\mathcal{L}^1$-beschränkte Martingal: Wegen $\Delta X_n = 2^{n-1}(1_{[0,1/2^n)} - 1_{[1/2^n,1/2^{n-1})})$, also $(\Delta X_n)^+ = \frac{1}{2} X_n$ für $n \geq 1$ erhält man nach 4.6(b)

$$\sup_{n \in \mathbb{N}_0} \Delta X_n^+ = \sup_{n \in \mathbb{N}_0} (\Delta X_n)^+ = \frac{1}{2} \sup_{n \in \mathbb{N}} X_n \notin \mathcal{L}^1.$$

Das folgende Beispiel zeigt, dass 4.12 ohne die Voraussetzung an die Zuwächse nicht richtig ist.

Beispiel 4.13 Seien $(Z_n)_{n \geq 1}$ eine unabhängige Folge von Zufallsvariablen mit $P(Z_n = -1) = 1 - 2^{-n}$ und $P(Z_n = 2^n - 1) = 2^{-n}$, $X_n := \sum_{j=1}^n (-1)^j Z_j$, $T := \mathbb{N}$ und $\mathbb{F} := \mathbb{F}^Z$. Wegen $EZ_n = 0$ für alle $n \in \mathbb{N}$ ist X ein Martingal. Für $n \geq 2$ gilt auf $D_n := \bigcap_{j=n}^{\infty} \{Z_j = -1\}$ für $j \geq n$

$$|X_j| \leq |X_{n-1}| + \left| \sum_{k=n}^{j} (-1)^k Z_k \right| \leq |X_{n-1}| + 1$$

und für $j \leq n - 1$

$$|X_j| \leq \sum_{k=1}^{j} |Z_k| \leq \sum_{k=1}^{n-1} |Z_k| \leq \sum_{k=1}^{n-1} (2^k - 1) \leq 2^n - 1,$$

also $D_n \subset \{\sup_{j \in \mathbb{N}} |X_j| \leq 2^n\}$ f.s. Es folgt

$$P(\sup_{j \in \mathbb{N}} |X_j| > 2^n) \leq P(D_n^c) = P\Big(\bigcup_{j=n}^{\infty} \{Z_j \neq -1\}\Big) \leq \sum_{j=n}^{\infty} 2^{-j} = 2^{-(n-1)}$$

und damit $\sup_{n \in \mathbb{N}} |X_n| < \infty$ f.s. Andererseits gilt

$$P(D_1) = \prod_{n=1}^{\infty} (1 - 2^{-n}) > 0$$

und $D_1 \subset \bigcap_{n \in \mathbb{N}} (\{X_{2n} = 0\} \cap \{X_{2n-1} = 1\})$, also

$$P(\lim_{n \to \infty} X_n \text{ existiert in } \mathbb{R}) \leq P(D_1^c) < 1.$$

Korollar 4.14 *Seien $\alpha > -\infty$, $\beta = \infty$ und X ein Martingal mit*

$$E \sup_{n \in T} |\Delta X_n| < \infty.$$

(a) $\{[X]_\infty < \infty\} = \{\lim_{n \to \infty} X_n \text{ existiert in } \mathbb{R}\}$ *f.s.*

(b) $\{\lim_{n \to \infty} X_n \text{ existiert in } \mathbb{R}\} \cup \{\limsup_{n \to \infty} X_n = \infty, \liminf_{n \to \infty} X_n = -\infty\} = \Omega$ *f.s.*

Beweis (a) Nach 3.20 gilt

$$\{[X]_\infty < \infty\} = \{\sup_{n \in T} |X_n| < \infty\} \text{ f.s.}$$

Damit folgt die Behauptung aus 4.12.

(b) Die Martingale X und $-X$ erfüllen die Voraussetzung von 4.12. Also gilt wegen $\sup_{n \in T}(-X_n) = -\inf_{n \in T} X_n$

$$\begin{aligned}\{\lim_{n\to\infty} X_n \text{ existiert in } \mathbb{R}\}^c &= \{\sup_{n \in T} X_n = \infty, \inf_{n \in T} X_n = -\infty\} \\ &= \{\limsup_{n\to\infty} X_n = \infty, \liminf_{n\to\infty} X_n = -\infty\} \text{ f.s.} \qquad \square\end{aligned}$$

Das asymptotische Verhalten von X auf dem Komplement der Konvergenzmenge lässt sich wesentlich präziser als in 4.14(b) beschreiben. Dies geschieht in Kap. 5.

Wir zeigen nun, dass die Konvergenzmenge eines Submartingals durch den Kompensator des Prozesses der Positivteile kontrolliert wird. Der folgende Satz enthält 3.26 (unter der Bedingung $E \sup_{n \in T}(\Delta X_n)^2 < \infty$) als Spezialfall und Teil (a) ist für Submartingale eine Verschärfung von 3.10.

Satz 4.15 *Seien $\alpha > -\infty$, $\beta = \infty$, X ein Submartingal mit Kompensator A und B der Kompensator von X^+.*

(a) $\{B_\infty < \infty\} \subset \{\lim_{n\to\infty} X_n$ existiert in $\mathbb{R}\}$ *f.s.*
(b) $\{B_\infty < \infty\} = \{\lim_{n\to\infty} X_n$ existiert in $\mathbb{R}\} \subset \{A_\infty < \infty\}$ *f.s., falls* $E \sup_{n \in T} \Delta X_n^+ < \infty$.

Beweis (a) Für $a > 0$ definiere man die Stoppzeit

$$\sigma = \sigma_a := \inf\{n \in T : B_{n+1} > a\}.$$

Mit 2.16 gilt für $n \in T$

$$EX_{\sigma\wedge n}^+ = EX_\alpha^+ + EB_{\sigma\wedge n} \le EX_\alpha^+ + a < \infty,$$

und wegen

$$\bigcup_{k=1}^\infty \{\sigma_k = \infty\} = \bigcup_{k=1}^\infty \{B_\infty \le k\} = \{B_\infty < \infty\}$$

folgt die Behauptung aus 4.11.

(b) Für $a > 0$ definiere man die Stoppzeit

$$\tau = \tau_a := \inf\{n \in T : X_n > a\}.$$

Wie im Beweis von 4.12 folgt $\sup_{n \in T} EX_{\tau\wedge n}^+ < \infty$ und daher ist X^τ $\mathcal{L}^1$-beschränkt. Da A^τ nach 2.10(d) der Kompensator von X^τ ist, liefert 1.23 $A_\tau = A_\infty^\tau \in \mathcal{L}^1$ und insbesondere $P(A_\tau < \infty) = 1$. Wegen $\{\tau = \infty\} \cap \{A_\tau < \infty\} \subset \{A_\infty < \infty\}$ gilt also $\{\tau = \infty\} \subset \{A_\infty < \infty\}$ f.s. Es folgt

$$\{\sup_{n\in T} X_n < \infty\} = \bigcup_{k=1}^{\infty} \{\tau_k = \infty\} \subset \{A_\infty < \infty\} \text{ f.s.}$$

Da B^τ der Kompensator des Submartingals $(X^+)^\tau$ ist, erhält man genauso

$$\{\sup_{n\in T} X_n < \infty\} \subset \{B_\infty < \infty\} \text{ f.s.}$$

Damit folgt (b) aus (a) und 4.12. □

Satz 4.15 hat interessante und nützliche Anwendungen.

Korollar 4.16 *(Bedingtes Borel-Cantelli-Lemma, Lévy) Seien $\alpha > -\infty$, $\beta = \infty$ und $(F_n)_{n\geq\alpha+1}$ eine Folge von Mengen mit $F_n \in \mathcal{F}_n$ für alle $n \geq \alpha + 1$. Dann gilt*

$$\limsup_{n\to\infty} F_n = \left\{ \sum_{n=\alpha+1}^{\infty} P(F_n|\mathcal{F}_{n-1}) = \infty \right\} \textit{f.s.}$$

Beweis Der Prozess A mit $A_n := \sum_{j=\alpha+1}^{n} P(F_j|\mathcal{F}_{j-1})$ ist der Kompensator des durch $X_n := \sum_{j=\alpha+1}^{n} 1_{F_j}$ mit $X_\alpha = 0$ definierten positiven Submartingals. Wegen $|\Delta X_n| \leq 1$ folgt aus 4.15(b) ($A = B$)

$$\limsup_{n\to\infty} F_n = \left\{ \sum_{j=\alpha+1}^{\infty} 1_{F_j} = \infty \right\} = \{A_\infty = \infty\} \text{ f.s.} \qquad \square$$

Das (übliche) Borel-Cantelli-Lemma ist eine Konsequenz von 4.16 (mit $\alpha = 0$): Falls $\sum_{n=1}^{\infty} P(F_n) = E \sum_{n=1}^{\infty} P(F_n|\mathcal{F}_{n-1}) < \infty$, gilt $\sum_{n=1}^{\infty} P(F_n|\mathcal{F}_{n-1}) < \infty$ f.s., und aus 4.16 folgt $\limsup_{n\to\infty} F_n = \emptyset$ f.s. Falls die Folge $(F_n)_{n\geq 1}$ unabhängig ist und $\mathcal{F}_n = \sigma(F_1, \ldots, F_n)$ mit $\mathcal{F}_0 = \{\emptyset, \Omega\}$, gilt $P(F_n|\mathcal{F}_{n-1}) = P(F_n)$, und aus $\sum_{n=1}^{\infty} P(F_n) = \infty$ folgt mit 4.16 $\limsup_{n\to\infty} F_n = \Omega$ f.s.

Korollar 4.17 *(Lévy) Seien $\alpha > -\infty$, $\beta = \infty$ und X ein $\mathcal{L}^2$-Martingal.*

(a) $\{\langle X\rangle_\infty < \infty\} \subset \{\lim_{n\to\infty} X_n$ existiert in $\mathbb{R}\}$ *f.s.*
(b) $\{\langle X\rangle_\infty < \infty\} = \{\lim_{n\to\infty} X_n$ existiert in $\mathbb{R}\}$ *f.s., falls* $E \sup_{n\in T} |\Delta X_n|^2 < \infty$.

Beweis (a) Nach 1.16(b) ist $\langle X\rangle$ der Kompensator von X^2. Wegen $\langle X\rangle = \langle X+1\rangle$ gilt mit 4.15(a) und Subtraktion

$$\begin{aligned}\{\langle X\rangle_\infty < \infty\} &\subset \{\lim_{n\to\infty} X_n^2 \text{ existiert in } \mathbb{R}\} \cap \{\lim_{n\to\infty} (X_n+1)^2 \text{ existiert in } \mathbb{R}\} \\ &= \{\lim_{n\to\infty} X_n \text{ existiert in } \mathbb{R}\} \text{ f.s.}\end{aligned}$$

(b) folgt aus 4.14(a) und 3.26(b). □

Teil (b) ist ohne die Voraussetzung an die Zuwächse nicht richtig: Für das $\mathcal{L}^2$-Martingal M aus 1.18 gilt $\langle M\rangle_\infty = \infty$, aber M ist $\mathcal{L}^1$-beschränkt und konvergiert daher fast sicher in $\mathbb{R}$ nach 4.1.

Teil (a) des folgenden Satzes präzisiert die Rolle des Kompensators von X in 4.15(b) und liefert eine Verallgemeinerung von 4.17(b).

Satz 4.18 *Seien $\alpha > -\infty$ und $\beta = \infty$.*

(a) (Bedingter Zweireihensatz, Doob) Sei X ein $\mathcal{L}^2$-Submartingal mit Doob-Zerlegung $X = M + A$ und $E \sup_{n \in T} |\Delta X_n|^2 < \infty$. Dann gilt

$$\{\langle M \rangle_\infty < \infty, A_\infty < \infty\} = \{\langle X \rangle_\infty < \infty, A_\infty < \infty\}$$
$$= \{\lim_{n\to\infty} X_n \text{ existiert in } \mathbb{R}\} \; f.s.$$

(b) (Bedingter Dreireihensatz) Seien X ein adaptierter Prozess, $c \in \mathbb{R}_+$,

$$Y_n := \sum_{j=\alpha+1}^{n} \Delta X_j 1_{\{|\Delta X_j| \leq c\}}$$

und $Y = M + A$ die Doob-Zerlegung von Y. Dann gilt

$$\left\{ \sum_{n=\alpha+1}^{\infty} P(|\Delta X_n| > c | \mathcal{F}_{n-1}) < \infty, \langle M \rangle_\infty < \infty, \lim_{n\to\infty} A_n \text{ existiert in } \mathbb{R} \right\}$$
$$\subset \{\lim_{n\to\infty} X_n \text{ existiert in } \mathbb{R}\} \; f.s.$$

Beweis (a) Wegen 3.4 gelten $E \sup_{n\in T} |\Delta M_n|^2 < \infty$ und $E \sup_{n\in T} |\Delta A_n|^2 < \infty$. Insbesondere ist M ein $\mathcal{L}^2$-Martingal und A ein $\mathcal{L}^2$-Prozess. Nach 4.15(b) gilt

$$\{\lim_{n\to\infty} X_n \text{ existiert in } \mathbb{R}\} \subset \{A_\infty < \infty\} \text{ f.s.},$$

und mit 4.17(b) folgt

$$\{\langle M \rangle_\infty < \infty\} \cap \{A_\infty < \infty\} = \{\lim_{n\to\infty} M_n \text{ existiert in } \mathbb{R}\} \cap \{A_\infty < \infty\}$$
$$= \{\lim_{n\to\infty} X_n \text{ existiert in } \mathbb{R}\} \cap \{A_\infty < \infty\}$$
$$= \{\lim_{n\to\infty} X_n \text{ existiert in } \mathbb{R}\} \text{ f.s.}$$

Wegen $\langle M, A \rangle = 0$ gilt ferner

$$\langle X \rangle = \langle M \rangle + \langle A \rangle = \langle M \rangle + [A].$$

Da nach 3.12(c) $[A]^{1/2} \leq A$, folgt

$$\{\langle X \rangle_\infty < \infty, A_\infty < \infty\} = \{\langle M \rangle_\infty < \infty, [A]_\infty < \infty, A_\infty < \infty\}$$
$$= \{\langle M \rangle_\infty < \infty, A_\infty < \infty\} \text{ f.s.}$$

(b) Wegen

$$|\Delta M_n| \leq |\Delta Y_n| + \Delta A_n$$
$$= |\Delta Y_n| + E(\Delta X_n 1_{\{|\Delta X_n| \leq c\}} | \mathcal{F}_{n-1}) \leq 2c$$

für alle $n \in T, n \geq \alpha + 1$ ist der Prozess ΔM beschränkt. Ferner gilt nach 4.16

$$\left\{ \sum_{n=\alpha+1}^{\infty} P(|\Delta X_n| > c|\mathcal{F}_{n-1}) < \infty \right\} = (\limsup_{n\to\infty}\{|\Delta X_n| > c\})^c$$
$$= \liminf_{n\to\infty}\{|\Delta X_n| \leq c\}$$
$$= \bigcup_{n=\alpha+1}^{\infty} \bigcap_{m\geq n}\{|\Delta X_m| \leq c\} \text{ f.s.}$$

Weil $X_n - X_\alpha = \sum_{j=\alpha+1}^{n} \Delta X_j$, folgt mit 4.17(b), wenn D die linke Seite der behaupteten Inklusion bezeichnet,

$$D \cap \{\lim_{n\to\infty} X_n \text{ existiert in } \mathbb{R}\} = D \cap \{\lim_{n\to\infty} (X_n - X_\alpha) \text{ existiert in } \mathbb{R}\}$$
$$= D \cap \{\lim_{n\to\infty} Y_n \text{ existiert in } \mathbb{R}\}$$
$$= D \text{ f.s.},$$

also $D \subset \{\lim_{n\to\infty} X_n \text{ existiert in } \mathbb{R}\}$ f.s. □

In 4.18(b) gilt im Allgemeinen nicht die fast sichere Gleichheit: Seien $(X_n)_{n\geq 1}$ eine unabhängige Folge von Zufallsvariablen mit $P(X_n = \pm 1/\sqrt{n}) = 1/2$, $X_0 = 0$, $T := \mathbb{N}_0$ und $\mathbb{F} := \mathbb{F}^X$. Für die Doob-Zerlegung $X = M + A$ gilt $M_n = \sum_{j=1}^{n} X_j$ und $A_n = -\sum_{j=1}^{n} X_{j-1}$ und damit $\langle M\rangle_n = \sum_{j=1}^{n} EX_j^2 = \sum_{j=1}^{n} j^{-1} \to \langle M\rangle_\infty = \infty$. Andererseits gilt $X_n \to 0$. f.s. wegen $\sum_{n=1}^{\infty} P(|X_n| > \varepsilon) < \infty$ für alle $\varepsilon > 0$.

Der bedingte Dreireihensatz impliziert eine Verallgemeinerung von 4.17(a).

Korollar 4.19 *Seien $\alpha > -\infty$, $\beta = \infty$, X ein Martingal und $0 < p \leq 2$. Dann gilt*

$$\left\{ \sum_{j=\alpha+1}^{\infty} E(|\Delta X_j|^p|\mathcal{F}_{j-1}) < \infty \right\} \subset \{\lim_{n\to\infty} X_n \text{ existiert in } \mathbb{R}\} \textit{ f.s.}$$

Beweis Sei zunächst $1 \leq p \leq 2$. Für $c \in (0, \infty)$ und $j \in T, j \geq \alpha + 1$ gilt

$$P(|\Delta X_j| > c|\mathcal{F}_{j-1}) \leq c^{-p} E(|\Delta X_j|^p 1_{\{|\Delta X_j|>c\}}|\mathcal{F}_{j-1}) \leq c^{-p} E(|\Delta X_j|^p|\mathcal{F}_{j-1}),$$

also

$$D := \left\{ \sum_{j=\alpha+1}^{\infty} E(|\Delta X_j|^p|\mathcal{F}_{j-1}) < \infty \right\} \subset \left\{ \sum_{j=\alpha+1}^{\infty} P(|\Delta X_j| > c|\mathcal{F}_{j-1}) < \infty \right\}.$$

Für die Doob-Zerlegung $Y = M + A$ von Y aus 4.18(b) gilt

$$A_n = \sum_{j=\alpha+1}^{n} E(\Delta X_j 1_{\{|\Delta X_j|\leq c\}}|\mathcal{F}_{j-1}) = -\sum_{j=\alpha+1}^{n} E(\Delta X_j 1_{\{|\Delta X_j|>c\}}|\mathcal{F}_{j-1})$$

wegen der Martingaleigenschaft $E(\Delta X_j|\mathcal{F}_{j-1}) = 0$ und

$$\langle M\rangle_n = \sum_{j=\alpha+1}^{n} \mathrm{Var}(\Delta X_j 1_{\{|\Delta X_j|\leq c\}}|\mathcal{F}_{j-1}).$$

Es folgt für $j \geq \alpha + 1$ wegen $p \geq 1$

$$\begin{aligned}|\Delta A_j| &\leq E(|\Delta X_j| 1_{\{|\Delta X_j|>c\}}|\mathcal{F}_{j-1})\\ &\leq c^{1-p} E(|\Delta X_j|^p 1_{\{|\Delta X_j|>c\}}|\mathcal{F}_{j-1}) \leq c^{1-p} E(|\Delta X_j|^p|\mathcal{F}_{j-1}),\end{aligned}$$

also

$$D \subset \{\lim_{n\to\infty} A_n \text{ existiert in } \mathbb{R}\},$$

und ferner wegen $p \leq 2$

$$\begin{aligned}\langle M\rangle_n &\leq \sum_{j=\alpha+1}^{n} E((\Delta X_j)^2 1_{\{|\Delta X_j|\leq c\}}|\mathcal{F}_{j-1})\\ &\leq c^{2-p} \sum_{j=\alpha+1}^{n} E(|\Delta X_j|^p 1_{\{|\Delta X_j|\leq c\}}|\mathcal{F}_{j-1})\\ &\leq c^{2-p} \sum_{j=\alpha+1}^{n} E(|\Delta X_j|^p|\mathcal{F}_{j-1}),\end{aligned}$$

also

$$D \subset \{\langle M\rangle_\infty < \infty\}.$$

Damit folgt die Behauptung aus 4.18(b).

Nun sei $0 < p < 1$ und $V_n := \sum_{j=\alpha+1}^{n} |\Delta X_j|^p$. Für den Kompensator B von V gilt mit 4.15(a)

$$D = \{B_\infty < \infty\} \subset \{\lim_{n\to\infty} V_n \text{ existiert in } \mathbb{R}\} = \{V_\infty < \infty\} \text{f.s.}$$

Dies impliziert die Behauptung, denn

$$\{V_\infty < \infty\} \subset \left\{\sum_{j=\alpha+1}^{\infty} |\Delta X_j| < \infty\right\} \subset \{\lim_{n\to\infty} X_n \text{ existiert in } \mathbb{R}\}$$

wegen $p < 1$. □

Als weitere Anwendung von 4.11 erhält man folgenden globalen Konvergenzsatz.

Satz 4.20 *Seien* $\alpha > -\infty$, $\beta = \infty$, X *ein Martingal,* Y *ein Submartingal mit* $\sup_{n \in T} EY_n^+ < \infty$ *und* $[X]^{1/2}$ *durch* $[Y]^{1/2}$ *L-dominiert. Dann gilt*

$$\{\lim_{n\to\infty} X_n \text{ existiert in } \mathbb{R}\} = \Omega \text{ } f.s.$$

Die obige Bedingung der L-Dominiertheit ist erfüllt, falls $[X] \leq [Y]$ und insbesondere falls $|\Delta X| \leq |\Delta Y|$, also bei differentieller Subordination von $X - X_\alpha$ durch $Y - Y_\alpha$.

Beweis Für $a > 0$ definiere man die Stoppzeit

$$\tau = \tau_a := \inf\{n \in T : |Y_n| \vee [Y]_n^{1/2} > a\}.$$

Dann gilt $[Y]_\tau^{1/2} = 0$ auf $\{\tau = \alpha\}$, auf $\{\alpha < \tau < \infty\}$ erhält man

$$\begin{aligned}[Y]_\tau^{1/2} &= ([Y]_{\tau-1} + |\Delta Y_\tau|^2)^{1/2} \leq (a^2 + |\Delta Y_\tau|^2)^{1/2} \\ &\leq a + |\Delta Y_\tau| \leq a + |Y_\tau| + |Y_{\tau-1}| \leq 2a + |Y_\tau|\end{aligned}$$

und $[Y]_\tau^{1/2} \leq a$ auf $\{\tau = \infty\}$, also

$$[Y]_\tau^{1/2} \leq 2a + |Y_\tau| 1_{\{\tau<\infty\}}.$$

Mit 2.14(e), (f) folgt

$$\begin{aligned}E[Y]_\tau^{1/2} &\leq 2a + E|Y_\tau| 1_{\{\tau<\infty\}} \\ &\leq 2a + 2(\sup_{n\in T} EY_n^+ - EY_\alpha) < \infty.\end{aligned}$$

Da $\tau \wedge n$ für $n \in T$ eine einfache Stoppzeit ist, gilt $E[X]_{\tau\wedge n}^{1/2} \leq E[Y]_{\tau\wedge n}^{1/2}$ (dies ist die L-Dominiertheit von $[X]^{1/2}$ durch $[Y]^{1/2}$) und daher mit monotoner Konvergenz

$$E[X]_\tau^{1/2} \leq E[Y]_\tau^{1/2} < \infty.$$

Wegen $[X]_\tau = [X^\tau]_\infty$ folgt $E \sup_{n\in T} |X_n^\tau| < \infty$ für das Martingal X^τ aus den BDG-Ungleichungen 3.15 für $p = 1$. Damit liefert 4.11

$$\bigcup_{k=1}^{\infty} \{\tau_k = \infty\} \subset \{\lim_{n\to\infty} X_n \text{ existiert in } \mathbb{R}\} \text{ f.s.}$$

Weil

$$\bigcup_{k=1}^{\infty} \{\tau_k = \infty\} = \bigcup_{k=1}^{\infty} \{\sup_{n\in T} |Y_n| \leq k, [Y]_\infty^{1/2} \leq k\} = \{\sup_{n\in T} |Y_n| < \infty, [Y]_\infty < \infty\}$$

nach den Ungleichungen 3.3(a) und 3.14(b) ein fast sicheres Ereignis ist, folgt die Behauptung. □

Beispiel 4.22 wird zeigen, dass das Martingal X in 4.20 nicht $\mathcal{L}^1$-beschränkt zu sein braucht.

Die Konvergenzmenge der h-Transformierten $H \bullet X$ $\mathcal{L}^1$-beschränkter Submartingale (Supermartingale) X wird durch den Maximumprozeß von $|H|$ kontrolliert.

Satz 4.21 *(h-Transformierte, Burkholder) Seien* $\alpha > -\infty$, $\beta = \infty$, X *ein* $\mathcal{L}^1$-*beschränktes Submartingal (Supermartingal) und* H *ein vorhersehbarer reeller Prozess. Dann gilt*

$$\{\sup_{n\in T} |H_n| < \infty\} \subset \{\lim_{n\to\infty} (H \bullet X)_n \text{ existiert in } \mathbb{R}\} \textit{ f.s.}$$

Beweis 1. Sei X ein positives Supermartingal. Für $c \in \mathbb{R}, c > 0$ sei $K_n := H_n 1_{\{|H_n|\leq c\}}$ und $Y := X \wedge c$. Dann ist K vorhersehbar und Y ein positives Supermartingal. Sei $Y = M - A$ die Doob-Zerlegung von Y. Für die fast sichere Konvergenz von $K \bullet Y$ in $\mathbb{R}$ reicht es wegen

$$K \bullet Y = K \bullet M - K \bullet A$$

zu zeigen, dass die Summanden fast sicher konvergieren.

Die fast sichere Konvergenz von $K \bullet A$ folgt aus

$$\sum_{j=\alpha+1}^{n} |K_j \Delta A_j| \leq c \sum_{j=\alpha+1}^{n} \Delta A_j = cA_n \leq cA_\infty$$

und $EA_\infty \leq EY_\alpha < \infty$, also $A_\infty < \infty$ f.s.

Der Prozess $K \bullet M$ ist ein Martingal und M ist nach 1.17(b) $\mathcal{L}^2$-beschränkt. Wegen $[K \bullet M] = K^2 \bullet [M] \leq c[M]$ ist damit auch $K \bullet M$ $\mathcal{L}^2$-beschränkt. Der Konvergenzsatz 4.1 liefert die fast sichere Konvergenz von $K \bullet M$.

Nun kommen wir zur Konvergenz von $H \bullet X$. Wegen $X = Y$ und $H = K$ und damit $H \bullet X = K \bullet Y$ auf $\{\sup_{n\in T} |H_n| \leq c, \sup_{n\in T} X_n \leq c\}$ erhält man zunächst

$$\{\sup_{n\in T} |H_n| \leq c, \sup_{n\in T} X_n \leq c\} \subset \{\lim_{n\to\infty} (H \bullet X)_n \text{ existiert in } \mathbb{R}\} \text{ f.s.}$$

für jedes $c \in \mathbb{R}$. Es folgt

$$\begin{aligned}\{\sup_{n\in T} |H_n| < \infty, \sup_{n\in T} X_n < \infty\} &= \bigcup_{k=1}^{\infty} \{\sup_{n\in T} |H_n| \leq k, \sup_{n\in T} X_n \leq k\} \\ &\subset \{\lim_{n\to\infty} (H \bullet X)_n \text{ existiert in } \mathbb{R}\} \text{ f.s.,}\end{aligned}$$

und weil $\{\sup_{n\in T} X_n < \infty\}$ nach der Ungleichung 3.3(a) ein fast sicheres Ereignis ist, gilt die Behauptung für positive Supermartingale X.

2. Sei X ein $\mathcal{L}^1$-beschränktes Submartingal mit der Krickeberg-Zerlegung $X = M - Y$. Wegen $H \bullet X = H \bullet M - H \bullet Y$ folgt mit 1.

$$\begin{aligned}\{\sup_{n\in T} |H_n| < \infty\} &\subset \{\lim_{n\to\infty} (H \bullet M)_n \text{ existiert in } \mathbb{R}\} \\ &\quad \cap \{\lim_{n\to\infty} (H \bullet Y)_n \text{ existiert in } \mathbb{R}\} \\ &\subset \{\lim_{n\to\infty} (H \bullet X)_n \text{ existiert in } \mathbb{R}\} \text{ f.s.}\end{aligned}$$

□

Falls $\sup_{n\in T}|H_n| < \infty$ f.s., konvergiert die h-Transformierte $H \bullet X$ fast sicher in $\mathbb{R}$. Dies gilt insbesondere für $\mathcal{L}^\infty$-beschränkte Prozesse H. Konvergenzsätze für $H \bullet X$ sind bemerkenswert, da $H \bullet X$ im Allgemeinen weder ein Submartingal noch ein Supermartingal ist. Ferner zeigt das folgende Beispiel, dass auch für $\mathcal{L}^1$-beschränkte Martingale X und $\mathcal{L}^\infty$-beschränkte vorhersehbare Prozesse H das Martingal $H \bullet X$ nicht $\mathcal{L}^1$-beschränkt (und der fast sichere Limes nicht integrierbar) sein muss. In diesem Fall folgt die fast sichere Konvergenz auch aus 4.20, aber nicht (direkt) aus dem Konvergenzsatz 4.1.

Beispiel 4.22 Seien $(\Omega, \mathcal{F}) = (\mathbb{N}, \mathcal{P}(\mathbb{N}))$ und $P(\{n\}) = 1/n(n+1)$, also $P(\{1,\dots,n\}) = \sum_{j=1}^n (1/j - 1/(j+1)) = 1 - 1/(n+1)$. Ferner seien

$$X_n := -1_{\{1,\dots,n\}} + n1_{\{n+1,n+2,\dots\}}$$

für $n \in T = \mathbb{N}_0$ mit $X_0 = 0$ und $\mathcal{F}_n := \sigma(\{1\},\dots,\{n\})$ mit $\mathcal{F}_0 = \{\emptyset, \Omega\}$. Dann ist X adaptiert, und wegen

$$\Delta X_n = -n1_{\{n\}} + 1_{\{n+1,n+2\dots\}}$$

für $n \geq 1$ gilt

$$\int_{\{j\}} \Delta X_n dP = 0 \quad \text{für } j \in \{1,\dots,n-1\}$$

und

$$\begin{aligned}\int_{\{n,n+1,\dots\}} \Delta X_n dP &= -nP(\{n\}) + P(\{n+1,n+2,\dots\}) \\ &= -\frac{n}{n(n+1)} + \frac{1}{n+1} = 0,\end{aligned}$$

was nach A.14 (oder A.11(h)) $E(\Delta X_n|\mathcal{F}_{n-1}) = 0$ impliziert. Damit ist X ein Martingal, das wegen

$$\begin{aligned}E|X_n| &= P(\{1,\dots,n\}) + nP(\{n+1,n+2,\dots\}) \\ &= 1 - \frac{1}{n+1} + \frac{n}{n+1} \leq 2\end{aligned}$$

$\mathcal{L}^1$-beschränkt ist. (X ist übrigens nicht gleichgradig integrierbar, da $X_n \to -1$ überall auf Ω.) Die h-Transformierte $H \bullet X$ mit $H_n := (-1)^{n+1}$ ist nach 1.9 und 4.21 ein fast sicher in $\mathbb{R}$ konvergierendes Martingal, und für $k \in \mathbb{N}$ gilt $(H \bullet X)_n(2k-1) = -(2k-1)$, falls $n \geq 2k-1$ und $(H \bullet X)_n(2k) = 2k+1$, falls $n \geq 2k$. Für den fast sicheren Limes Y von $(H \bullet X)_n$ folgt $P(|Y| \geq m) \geq P(\{m, m+1,\dots\}) = 1/m$ und damit $E|Y| = \infty$. Insbesondere ist $H \bullet X$ wegen 4.1 nicht $\mathcal{L}^1$-beschränkt.

4.3 Rückwärtskonvergenz

Wir untersuchen in diesem Abschnitt die Rückwärtsasymptotik von Martingalen für $n \to -\infty$. In diesem Abschnitt wird also $\alpha = -\infty$ sein, und wir können ohne Einschränkung annehmen, dass T rechtsabgeschlossen ist.

Für Submartingale gilt ohne weitere Voraussetzungen die (eventuell uneigentliche) fast sichere Rückwärtskonvergenz.

Satz 4.23 *(Fast sichere Konvergenz, Doob) Seien $\alpha = -\infty$, $\beta < \infty$ und X ein Submartingal. Dann existiert eine $\mathbb{R} \cup \{-\infty\}$-wertige, $\mathcal{F}_{-\infty}$-messbare Zufallsvariable $X_{-\infty}$ mit $X_{-\infty}^+ \in \mathcal{L}^1$,*

$$X_n \to X_{-\infty} \text{ f.s.} \quad \text{für } n \to -\infty$$

und $X_{-\infty} \leq E(X_n|\mathcal{F}_{-\infty})$ für alle $n \in T$.

Beweis Für

$$D := \{\lim_{n \to -\infty} X_n \text{ existiert in } \mathbb{R} \cup \{-\infty\}\}$$

gilt $D = \{\lim_{n \leq m, n \to -\infty} X_n \text{ existiert in } \mathbb{R} \cup \{-\infty\}\} \in \mathcal{F}_m$ für jedes $m \in T$ und damit $D \in \mathcal{F}_{-\infty}$. Es reicht $P(D) = 1$ zu zeigen, denn

$$X_{-\infty}(\omega) := \begin{cases} \lim_{n \to -\infty} X_n(\omega), & \omega \in D \\ 0, & \text{sonst} \end{cases}$$

ist dann eine $\mathbb{R} \cup \{-\infty\}$-wertige, $\mathcal{F}_{-\infty}$-messbare Zufallsvariable mit $X_n \to X_{-\infty}$ f.s., und mit Fatous Lemma und der Submartingaleigenschaft von X^+ folgt

$$\begin{aligned} EX_{-\infty}^+ &= E \lim_{n \to -\infty} X_n^+ \leq \liminf_{n \to -\infty} EX_n^+ \\ &\leq \sup_{n \in T} EX_n^+ = EX_\beta^+ < \infty. \end{aligned}$$

Da $X \vee q$ für $q \in \mathbb{Z}$ ein Submartingal ist, gilt ferner nach 1.3(c) für $n \geq k$

$$E(X_n \vee q|\mathcal{F}_{-\infty}) \geq E(X_k \vee q|\mathcal{F}_{-\infty}),$$

also mit Fatous Lemma für bedingte Erwartungswerte A.13(d)

$$\begin{aligned} E(X_n \vee q|\mathcal{F}_{-\infty}) &\geq \lim_{k \to -\infty} E(X_k \vee q|\mathcal{F}_{-\infty}) \geq E(\liminf_{k \to -\infty} X_k \vee q|\mathcal{F}_{-\infty}) \\ &= E(X_{-\infty} \vee q|\mathcal{F}_{-\infty}) = X_{-\infty} \vee q \geq X_{-\infty} \end{aligned}$$

und daher mit monotoner Konvergenz für bedingte Erwartungswerte

$$E(X_n|\mathcal{F}_{-\infty}) = \lim_{q \to -\infty} E(X_n \vee q|\mathcal{F}_{-\infty}) \geq X_{-\infty}.$$

Der Beweis von $P(D) = 1$ erfordert nur kleine Modifikationen des Beweises von 4.1. Wieder mit der Doob-Zerlegung und der Krickeberg-Zerlegung kann das Problem auf den Fall von $\mathcal{L}^2$-Martingalen reduziert werden.

1. Sei X ein $\mathcal{L}^2$-Martingal. Wegen

$$\sup_{j,k \leq n} E(X_j - X_k)^2 \leq E[X]_n \to 0$$

für $n \to -\infty$ ist X eine Cauchy-Folge in $\mathcal{L}^2$ und daher $\mathcal{L}^2$-konvergent gegen ein $X_{-\infty} \in \mathcal{L}^2$. Weil es eine fast sicher konvergente Teilfolge gibt, kann man annehmen, dass $X_{-\infty}$ bezüglich $\mathcal{F}_{-\infty}$ messbar ist. Dann ist auch $X - X_{-\infty}$ ein $\mathcal{L}^2$-Martingal und mit der Ungleichung 3.3(a) folgt für $\varepsilon > 0$

$$\begin{aligned} P(\sup_{m \leq n} |X_m - X_{-\infty}| > \varepsilon) &\leq \frac{1}{\varepsilon^2} \sup_{m \leq n} E|X_m - X_{-\infty}|^2 \\ &= \frac{1}{\varepsilon^2} E|X_n - X_{-\infty}|^2 \to 0 \end{aligned}$$

für $n \to -\infty$. Damit gilt $X_n \to X_{-\infty}$ f.s.

2. Sei X ein positives $\mathcal{L}^2$-Submartingal mit Doob-Zerlegung $X = M + A$. Dann gilt $A_{-\infty} = 0$ und M ist nach 1.23 ein $\mathcal{L}^2$-Martingal. Aus 1. folgt $P(\lim_{n \to -\infty} X_n$ existiert in $\mathbb{R}_+) = 1$.

3. Sei X ein positives Supermartingal. Nach 1.5 ist $Y_n := e^{-X_n}, n \in T$ ein $[0,1]$-wertiges Submartingal. Aus 2. folgt $P(\lim_{n \to -\infty} X_n$ existiert in $\mathbb{R}_+ \cup \{\infty\}) = 1$.

4. Sei nun X ein Submartingal. Wegen $\sup_{n \in T} EX_n^+ = EX_\beta^+ < \infty$ existiert die Krickeberg-Zerlegung 1.26 $X = M - Y$ von X. Mit dem Fatou-Lemma gilt

$$E \liminf_{n \to -\infty} M_n \leq \liminf_{n \to -\infty} EM_n = EM_n < \infty$$

und damit folgt aus 3.

$$P(\lim_{n \to -\infty} M_n \text{ existiert in } \mathbb{R}_+) = P(\lim_{n \to -\infty} Y_n \text{ existiert in } \mathbb{R}_+ \cup \{\infty\}) = 1.$$

Dies impliziert $P(D) = 1$. □

Alternativer Beweis von Satz 4.23 Die Alternative ist wie in 4.1 die Anwendung der Upcrossing-Ungleichung 3.31. Sie liefert

$$EU_{a,b}(X) \leq \frac{E(X_\beta - a)^+}{b - a} < \infty$$

und insbesondere $U_{a,b}(X) < \infty$ f.s. für alle $a, b \in \mathbb{R}$ mit $a < b$. Man erhält $P(\lim_{n \to -\infty} X_n$ existiert in $\overline{\mathbb{R}}) = 1$, und aus Fatous Lemma folgt $P(\lim_{n \to -\infty} X_n$ existiert in $\mathbb{R} \cup \{-\infty\}) = 1$. Nun argumentiere man wie am Anfang des ersten Beweises von 4.23. □

Der Prozess $X_n = n$ ist ein Beispiel für ein uneigentlich (gegen $-\infty$) rückwärts konvergierendes Submartingal.

Für die gleichgradige Integrierbarkeit und damit die $\mathcal{L}^1$-Konvergenz reicht es etwa schon, dass der fast sichere Limes integrierbar ist. Bemerkenswert ist auch die Äquivalenz der folgenden Bedingungen (ii) und (iii).

Satz 4.24 *($\mathcal{L}^1$-Konvergenz) Seien $\alpha = -\infty$, $\beta < \infty$ und X ein Submartingal. Dann sind die folgenden Aussagen äquivalent für $n \to -\infty$:*

(i) Es gibt ein $X_{-\infty} \in \mathcal{L}^1(\mathcal{F}_{-\infty}, P)$ mit $X_n \xrightarrow{\mathcal{L}^1} X_{-\infty}$,
(ii) X ist gleichgradig integrierbar,
(iii) $\inf_{n \in T} EX_n > -\infty$,
(iv) es gibt ein $X_{-\infty} \in \mathcal{L}^1(\mathcal{F}_{-\infty}, P)$ mit $X_n \to X_{-\infty}$ f.s.,
(v) es gibt ein $Y \in \mathcal{L}^1(\mathcal{F}_{-\infty}, P)$ mit $Y \leq E(X_n|\mathcal{F}_{-\infty})$ für alle $n \in T$.

Die Limiten in (i) und (iv) stimmen fast sicher überein.

Da $\sup_{n \in T} EX_n^+ = EX_\beta^+ < \infty$, ist die Bedingung (iii) nach 1.22 äquivalent zur $\mathcal{L}^1$-Beschränktheit von X.

Beweis (i) $\Rightarrow$ (iv) folgt mit 4.23 und der fast sicheren Eindeutigkeit des Limes. (iv) $\Rightarrow$ (v) folgt mit $Y := X_{-\infty}$ aus 4.23. (v) $\Rightarrow$ (iii) folgt wegen $-\infty < EY \leq EX_n$ für alle $n \in T$. (iii) $\Rightarrow$ (ii). Nach 1.23 existiert die Doob-Zerlegung $X = M + A$ von X. Es gilt $M_n = E(M_\beta|\mathcal{F}_n)$ und $A_\beta \in \mathcal{L}^1$. Also ist M nach A.15 gleichgradig integrierbar und damit auch X nach 1.23. (ii) $\Rightarrow$ (i). Da X $\mathcal{L}^1$-beschränkt ist, folgt für den nach 4.23 existierenden fast sicheren Limes $X_{-\infty}$ von X_n mit Fatous Lemma

$$E|X_{-\infty}| \leq \liminf_{n \to -\infty} E|X_n| \leq \sup_{n \in T} E|X_n| < \infty,$$

also $X_{-\infty} \in \mathcal{L}^1(\mathcal{F}_{-\infty}, P)$. Die gleichgradige Integrierbarkeit impliziert $X_n \xrightarrow{\mathcal{L}^1} X_{-\infty}$.
□

Aus 4.23 und 4.24 folgt, dass für den fast sicheren Limes $X_{-\infty}$ eines beliebigen Submartingals X die Gleichung

$$EX_{-\infty} = \inf_{n \in T} EX_n$$

gilt: Ist $\inf_{n \in T} EX_n = -\infty$, so liefert 4.23 $EX_{-\infty} \leq EE(X_n|\mathcal{F}_{-\infty}) = EX_n$ für alle $n \in T$ und damit $EX_{-\infty} = -\infty$. Gilt $\inf_{n \in T} EX_n > -\infty$, so folgt mit 4.24 $X_n \xrightarrow{\mathcal{L}^1} X_{-\infty}$, also auch $EX_{-\infty} = \lim_{n \to -\infty} EX_n = \inf_{n \in T} EX_n$.

In der Situation von 4.24(v) nennt man das Submartingal **linksabschließbar**, denn mit $X_{-\infty} := Y$ ist $(X_n)_{n \in T \cup \{-\infty\}}$ ein Submartingal auf $T \cup \{-\infty\}$. Linksabschließbare Submartingale sind nach 4.23 und 4.24 auch durch den fast sicheren Limes linksabschließbar.

Die Lösung des $\mathcal{L}^p$-Konvergenzproblems für $p > 1$ ist wieder einfach.

Satz 4.25 *($\mathcal{L}^p$-Konvergenz) Seien $\alpha = -\infty$, $\beta < \infty$ und X ein positives Submartingal oder ein Martingal mit $X_\beta \in \mathcal{L}^p$, $1 < p < \infty$. Dann ist X $\mathcal{L}^p$-beschränkt und es gibt ein $X_{-\infty} \in \mathcal{L}^p(\mathcal{F}_{-\infty}, P)$ mit*

$$X_n \xrightarrow{\mathcal{L}^p} X_{-\infty} \quad \text{für } n \to -\infty.$$

Beweis Da $|X|$ ein Submartingal ist (wegen der Positivität von X im Submartingalfall), gilt $|X_n| \leq E(|X_\beta|\,|\mathcal{F}_n)$. Mit der bedingten Jensen-Ungleichung folgt

$$|X_n|^p \leq (E(|X_\beta|\,|\mathcal{F}_n))^p \leq E(|X_\beta|^p|\mathcal{F}_n),$$

also $E|X_n|^p \leq E|X_\beta|^p < \infty$ für alle $n \in T$. Damit ist X $\mathcal{L}^p$-beschränkt und insbesondere gleichgradig integrierbar. Nach 4.24 existiert ein $X_{-\infty} \in \mathcal{L}^1(\mathcal{F}_{-\infty}, P)$ mit $X_n \to X_{-\infty}$ f.s. für $n \to -\infty$. Die restlichen Behauptungen folgen aus der Doob-Ungleichung 3.3(b) wie im Beweis von 4.7. □

Wie in 4.8 kann man für Martingale vom Typ $X_n = E(Z|\mathcal{F}_n)$ den Limes identifizieren, und jedes Martingal ist hier wegen $X_n = E(X_\beta|\mathcal{F}_n)$ von diesem Typ.

Satz 4.26 *Seien $\alpha = -\infty$, $\beta < \infty$ und $Z \in \mathcal{L}^p$ mit $1 \leq p < \infty$. Dann gilt für $n \to -\infty$*

$$E(Z|\mathcal{F}_n) \to E(Z|\mathcal{F}_{-\infty}) \textit{ f.s. und in } \mathcal{L}^p.$$

Insbesondere gilt für jedes Martingal X mit $X_\beta \in \mathcal{L}^p$ für $n \to -\infty$

$$X_n \to E(X_\beta|\mathcal{F}_{-\infty}) \textit{ f.s. und in } \mathcal{L}^p.$$

Beweis Durch $X_n := E(Z|\mathcal{F}_n)$ wird ein gleichgradig integrierbares und $\mathcal{L}^p$-beschränktes Martingal definiert. Die Konvergenzsätze 4.24 und 4.25 liefern $X_n \to X_{-\infty}$ f.s. und in $\mathcal{L}^p$ für ein $X_{-\infty} \in \mathcal{L}^p(\mathcal{F}_{-\infty}, P)$. Aus 4.23 angewandt auf die Martingale X und $-X$ folgt $X_{-\infty} = E(X_n|\mathcal{F}_{-\infty})$ für alle $n \in T$, insbesondere also mit der Turmeigenschaft

$$X_{-\infty} = E(X_\beta|\mathcal{F}_{-\infty}) = E(E(Z|\mathcal{F}_\beta)|\mathcal{F}_{-\infty}) = E(Z|\mathcal{F}_{-\infty}).$$ □

Jedes Martingal X ist durch $E(X_\beta|\mathcal{F}_{-\infty})$ linksabschließbar, also $E(X_\beta|\mathcal{F}_{-\infty}) = E(X_n|\mathcal{F}_{-\infty})$ für alle $n \in T$.

Beispiel 4.27 (Starkes Gesetz der großen Zahlen von Kolmogorov) Für eine unabhängige $\mathcal{L}^1$-Folge $(Z_n)_{n\geq 1}$ identisch verteilter Zufallsvariablen gilt nach 1.7(d)

$$X_{-n} := \frac{1}{n}\sum_{j=1}^{n} Z_j = E(X_{-1}|\mathcal{F}_{-n}) = E(Z_1|\mathcal{F}_{-n})$$

für $-n \in T = -\mathbb{N}$ und $\mathbb{F} = \mathbb{F}^X$. Es folgt mit dem Konvergenzsatz 4.26

$$X_{-n} = \frac{1}{n}\sum_{j=1}^{n} Z_j \to X_{-\infty} := E(X_{-1}|\mathcal{F}_{-\infty}) \text{ f.s. und in } \mathcal{L}^1$$

für $n \to \infty$. Da $\limsup_{n\to\infty} \sum_{j=1}^n Z_j/n$ bezüglich der (Z_n)-terminalen σ-Algebra messbar und daher nach dem 0-1-Gesetz von Kolmogorov fast sicher konstant ist, gilt $X_{-\infty} = EZ_1$. Man erhält für $n \to \infty$

$$\frac{1}{n}\sum_{j=1}^{n} Z_j \to EZ_1 \text{ f.s. und in } \mathcal{L}^1.$$

4.4 Optional sampling

Wir werden jetzt mit Hilfe der obigen Konvergenzsätze die vor 2.12 angekündigte Version des Optional sampling Satzes ohne Endlichkeitsbedingungen an die Stoppzeiten beweisen. Der folgende Satz ist allerdings für Submartingale X keine (lupenreine) Verallgemeinerung von 2.12, da im Fall $\alpha = -\infty$ zusätzlich die Bedingung $\inf_T EX_n > -\infty$ auftaucht. Dabei werden $X_{-\infty}$ im Fall $\alpha = -\infty$ durch

$$X_{-\infty} := \begin{cases} \lim_{n\to-\infty} X_n, & \text{falls } \lim_{n\to-\infty} X_n \text{ in } \mathbb{R} \text{ existiert,} \\ 0, & \text{sonst} \end{cases}$$

und X_∞ im Fall $\beta = \infty$ durch

$$X_{\infty} := \begin{cases} \lim_{n\to\infty} X_n, & \text{falls } \lim_{n\to\infty} X_n \text{ in } \mathbb{R} \text{ existiert,} \\ 0, & \text{sonst} \end{cases}$$

spezifiziert.

Satz 4.28 *(Optional sampling) Seien σ und τ Stoppzeiten.*

(a) Ist X ein Martingal und τ regulär für X (im Sinne von 2.11), so gelten

$$E|X_\tau| < \infty, \quad E(X_\tau|\mathcal{F}_\sigma) = X_{\sigma\wedge\tau} \quad \textit{und} \quad EX_\tau = EX_{\sigma\wedge\tau} \in \mathbb{R}.$$

Insbesondere gelten

$$E(X_\tau|\mathcal{F}_\sigma) = X_\sigma \quad \textit{und} \quad EX_\tau = EX_\sigma,$$

falls $\sigma \le \tau$ f.s.

(b) Ist X ein Submartingal mit $\inf_{n\in T} EX_n > -\infty$ und τ regulär für X^+, so gelten

$$E|X_\tau| < \infty, \quad E(X_\tau|\mathcal{F}_\sigma) \ge X_{\sigma\wedge\tau} \quad \textit{und} \quad EX_\tau \ge EX_{\sigma\wedge\tau}.$$

Beweis (b) Wir können ohne Einschränkung $T = \mathbb{Z}$ annehmen. Nach dem Konvergenzsatz 4.24 gilt $X_{-\infty} \in \mathcal{L}^1(\mathcal{F}_{-\infty}, P)$ und

$$X_n \to X_{-\infty} \text{ f.s.} \quad \text{für } n \to -\infty.$$

(Dabei kann man formal X auf $\{n \in T : n \le q\}$ für ein $q \in T$ einschränken.) Mit Optional stopping 2.8(b) sind daher die gestoppten Prozesse X^τ und $(X^+)^\tau = (X^\tau)^+$ Submartingale. Da τ regulär für X^+ ist, gilt insbesondere $\sup_{n\in T} E(X_n^\tau)^+ < \infty$. Der Konvergenzsatz 4.1 liefert

$$X_n^\tau \to Y_\infty \text{ f.s.} \quad \text{für } n \to \infty$$

mit einer Zufallsvariablen $Y_\infty \in \mathcal{L}^1(\mathcal{F}_\infty, P)$ und nach 4.4 gilt

$$E(Y_\infty|\mathcal{F}_n) \ge X_n^\tau \quad \text{für alle } n \in T.$$

(Dazu beachte man, dass die Einschränkung von $(X^\tau)^+$ auf $\{n \in T : n \geq q\}$ für jedes $q \in T$ gleichgradig integrierbar ist.) Wegen $X_n^\tau \to X_\tau$ überall auf $\{\tau < \infty\}$ für $n \to \infty$ und $Y_\infty = X_\infty$ f.s. auf $\{\tau = \infty\}$ gilt $Y_\infty = X_\tau$ f.s. Damit folgt $X_\tau \in \mathcal{L}^1(\mathcal{F}_\infty, P)$ und

$$E(X_\tau|\mathcal{F}_n) \geq X_{\tau\wedge n} \quad \text{für alle } n \in T.$$

Diese Ungleichung gilt auch für $n \in \{+\infty, -\infty\}$. Für $n = \infty$ folgt dies aus der $\mathcal{F}_\infty$-Messbarkeit von X_τ. Für $n = -\infty$ folgt die Ungleichung aus dem Konvergenzsatz 4.26. Danach gilt

$$E(X_\tau|\mathcal{F}_n) \to E(X_\tau|\mathcal{F}_{-\infty}) \text{ f.s.} \quad \text{für } n \to -\infty,$$

und ferner gilt wegen $X_n \to X_{-\infty}$ f.s. auch

$$X_{\tau\wedge n} \to X_{-\infty} \text{ f.s.} \quad \text{für } n \to -\infty.$$

Man erhält

$$E(X_\tau|\mathcal{F}_n) \geq X_{\tau\wedge n} \quad \text{für alle } n \in T \cup \{+\infty, -\infty\}.$$

Wegen 2.4(c) folgt nun

$$E(X_\tau|\mathcal{F}_\sigma) \geq X_{\sigma\wedge\tau}$$

und damit auch $EX_\tau \geq X_{\sigma\wedge\tau}$.

(a) folgt aus (b) angewandt auf X und $-X$. □

Korollar 4.29 *Eine Stoppzeit τ ist für ein positives Martingal X genau dann regulär, wenn $EX_\tau = EX_n, n \in T$.*

Dies erweitert 2.16 für den Martingalfall auf beliebige Stoppzeiten und beliebige T.

Beweis Weil X^τ nach 2.8(b) ein (positives) Martingal ist und $X_n^\tau \to X_\tau$ f.s. für $n \to \infty$, ist τ etwa nach 4.5 genau dann regulär für X, wenn $EX_\tau = EX_n^\tau$ für $n \in T$. Weil außerdem konstante Stoppzeiten in T für jeden $\mathcal{L}^1$-Prozess regulär sind, folgt aus 4.28(a) mit $\sigma = \alpha$

$$EX_n = EX_\alpha \quad \text{und} \quad EX_n^\tau = EX_\alpha^\tau = EX_\alpha,$$

also $EX_n^\tau = EX_n$ für $n \in T$. (Dieses Argument ist natürlich nur im Fall $\alpha = -\infty$ interessant.) □

4.5 Martingalräume

Die obigen Konvergenzsätze und die Ungleichungen aus Kap. 3 haben interessante Konsequenzen für die Beschreibung von Räumen von Martingalen.

Die Menge aller $\mathbb{F}$-Martingale bezeichnen wir mit $\mathcal{M}(\mathbb{F})$. Für $1 \leq p < \infty$ seien

$$\mathcal{M}^p(\mathbb{F}) := \{X \in \mathcal{M}(\mathbb{F}) : \sup_{n\in T} \|X_n\|_p < \infty\}$$

die Menge der $\mathcal{L}^p$-beschränkten $\mathbb{F}$-Martingale,

$$\mathcal{H}^p(\mathbb{F}) := \{X \in \mathcal{M}(\mathbb{F}) : \| \sup_{n \in T} |X_n| \|_p < \infty\},$$
$$\mathcal{M}^{\text{gi}}(\mathbb{F}) := \{X \in \mathcal{M}(\mathbb{F}) : X \text{ ist gleichgradig integrierbar}\}$$

und

$$\mathcal{L}\log\mathcal{L}(\mathbb{F}) := \{X \in \mathcal{M}(\mathbb{F}) : \sup_{n \in T} \| |X_n| \log^+ |X_n| \|_1 < \infty\}.$$

Dadurch sind Vektorräume definiert. Die Abhängigkeit dieser Räume von der Filtration wird häufig nicht mehr explizit angegeben.

Satz 4.30

(a) Für $1 < p < \infty$ gilt

$$\mathcal{H}^p = \mathcal{M}^p \subset \mathcal{L}\log\mathcal{L} \subset \mathcal{H}^1 \subset \mathcal{M}^{\text{gi}} \subset \mathcal{M}^1.$$

Ferner gilt im Fall $\alpha > -\infty$

$$\{X \in \mathcal{H}^1 : X \geq 0, X_\alpha \log^+ X_\alpha \in \mathcal{L}^1,$$
$$\exists c \in (0, \infty) \text{ mit } X_{n+1} \leq c X_n \text{ für alle } n \in T, n < \beta\} \subset \mathcal{L}\log\mathcal{L}.$$

(b) $\mathcal{M}^{\text{gi}} = \{X \in \mathcal{M} : \exists Y \in \mathcal{L}^1(\mathcal{F}_\beta, P)$ mit $X_n = E(Y|\mathcal{F}_n)$ für alle $n \in T\}$ und für $1 < p < \infty$ gilt

$$\mathcal{M}^p = \{X \in \mathcal{M} : \exists Y \in \mathcal{L}^p(\mathcal{F}_\beta, P) \text{ mit } X_n = E(Y|\mathcal{F}_n) \text{ für alle } n \in T\}.$$

Ferner gilt

$$\mathcal{L}\log\mathcal{L} = \{X \in \mathcal{M} : \exists Y \in \mathcal{L}^1(\mathcal{F}_\beta, P) \text{ mit } |Y| \log^+ |Y| \in \mathcal{L}^1$$
$$\text{und } X_n = E(Y|\mathcal{F}_n) \text{ für alle } n \in T\}.$$

(c) Seien $\alpha > -\infty$ und $1 \leq p < \infty$. Dann gelten

$$\mathcal{H}^p = \{X \in \mathcal{M} : \|(X_\alpha^2 + [X]_\beta)^{1/2}\|_p < \infty\},$$
$$\{X \in \mathcal{M} : X \text{ ist } \mathcal{L}^2\text{-Martingal}, \|\langle X\rangle_\beta^{1/2}\|_p < \infty\} \subset \mathcal{H}^p, \quad \text{falls } 1 \leq p \leq 2$$

und

$$\mathcal{H}^p \subset \{X \in \mathcal{M} : X \text{ ist } \mathcal{L}^2\text{-Martingal}, \|\langle X\rangle_\beta^{1/2}\|_p < \infty\}, \quad \text{falls } 2 \leq p < \infty.$$

Beweis (a) Die Gleichung $\mathcal{H}^p = \mathcal{M}^p$ für $p > 1$ folgt aus der $\mathcal{L}^p$-Ungleichung 3.3(b) von Doob, $\mathcal{M}^p \subset \mathcal{L}\log\mathcal{L}$ für $p > 1$ ist klar, und $\mathcal{L}\log\mathcal{L} \subset \mathcal{H}^1$ folgt ebenfalls aus 3.3(b). Die Inklusion $\mathcal{H}^1 \subset \mathcal{M}^{\text{gi}}$ folgt aus A.3(a) und $\mathcal{M}^{\text{gi}} \subset \mathcal{M}^1$ folgt aus A.3(c).

Zum Nachweis der letzten Inklusion sei X ein Element der linken Seite. Für $a > 0$ definiere man die Stoppzeit

$$\tau = \tau_a := \inf\{n \in T : X_n > a\}.$$

Mit 2.4(c) (oder Optional sampling) gilt $E(X_n|\mathcal{F}_\tau) = X_{\tau\wedge n}$ für alle $n \in T$, und auf $\{\alpha < \tau \leq n\}$ gilt $X_\tau \leq cX_{\tau-1} \leq ca$, also

$$\begin{aligned}\int\limits_{\{\alpha<\tau\leq n\}} X_n dP &= \int\limits_{\{\alpha<\tau\leq n\}} E(X_n|\mathcal{F}_\tau) dP = \int\limits_{\{\alpha<\tau\leq n\}} X_{\tau\wedge n} dP \\ &= \int\limits_{\{\alpha<\tau\leq n\}} X_\tau dP \leq caP(\alpha < \tau \leq n).\end{aligned}$$

Wegen $\{X_n^* > a\} = \{\tau \leq n\}$ folgt

$$\begin{aligned}\int\limits_{\{X_n>a\}} X_n dP \leq \int\limits_{\{X_n^*>a\}} X_n dP &= \int\limits_{\{X_\alpha>a\}} X_n dP + \int\limits_{\{\alpha<\tau\leq n\}} X_n dP \\ &= \int\limits_{\{X_\alpha>a\}} X_\alpha dP + \int\limits_{\{\alpha<\tau\leq n\}} X_n dP \\ &\leq \int\limits_{\{X_\alpha>a\}} X_\alpha dP + caP(X_n^* > a).\end{aligned}$$

Dies gilt für jedes $a > 0$ und daher

$$\int_1^\infty \int X_n 1_{\{X_n>a\}} dP \frac{da}{a} \leq \int_1^\infty \int X_\alpha 1_{\{X_\alpha>a\}} dP \frac{da}{a} + c\int_1^\infty aP(X_n^* > a)\frac{da}{a}.$$

Mit dem Satz von Fubini gilt

$$\int_1^\infty \int X_n 1_{\{X_n>a\}} dP \frac{da}{a} = \int X_n \int_1^\infty 1_{[0,X_n)}(a)\frac{da}{a} dP = \int X_n \log^+ X_n dP$$

und ebenso

$$\int_1^\infty X_\alpha 1_{\{X_\alpha>a\}} dP \frac{da}{a} = \int X_\alpha \log^+ X_\alpha dP.$$

Man erhält

$$EX_n \log^+ X_n \leq EX_\alpha \log^+ X_\alpha + cEX_n^*$$

für jedes $n \in T$, und mit monotoner Konvergenz folgt

$$\sup_{n \in T} \|X_n \log^+ X_n\|_1 \leq \|X_\alpha \log^+ X_\alpha\|_1 + c\|\sup_{n \in T} X_n\|_1 < \infty,$$

also $X \in \mathcal{L} \log \mathcal{L}$.

(b) Wir können ohne Einschränkung $\beta = \infty$ annehmen. Die erste Gleichung folgt aus dem Konvergenzsatz 4.3(b). Dabei kann man formal den Zeitbereich auf $\{n \in T : n \geq q\}$ für ein $q \in T$ einschränken, erhält für $X \in \mathcal{M}^{\mathrm{gi}}$ dann $X_n = E(Y|\mathcal{F}_n)$ für $n \geq q$ und $Y \in \mathcal{L}^1(\mathcal{F}_\infty, P)$ und daher mit der Turmeigenschaft für $n < q$

$$E(Y|\mathcal{F}_n) = E(E(Y|\mathcal{F}_q)|\mathcal{F}_n) = E(X_q|\mathcal{F}_n) = X_n.$$

Die zweite Gleichung folgt analog aus dem Konvergenzsatz 4.7.

Zum Beweis der dritten Gleichung sei zunächst $X \in \mathcal{L} \log \mathcal{L}$. Nach (a) gilt $X \in \mathcal{M}^{\mathrm{gi}}$ und daher $X_n = E(Y|\mathcal{F}_n)$ für ein $Y \in \mathcal{L}^1(\mathcal{F}_\infty, P)$ und $n \in T$. Der Konvergenzsatz 4.8 liefert $X_n \to Y$ f.s. und damit auch $|X_n| \log^+ |X_n| \to |Y| \log^+ |Y|$ f.s. für $n \to \infty$, und mit Fatous Lemma folgt

$$\begin{aligned} E|Y| \log^+ |Y| &\leq \liminf_{n \to \infty} E|X_n| \log^+ |X_n| \\ &\leq \sup_{n \in T} E|X_n| \log^+ |X_n| < \infty. \end{aligned}$$

Sei nun umgekehrt $X_n = E(Y|\mathcal{F}_n)$ mit $|Y| \log^+ |Y| \in \mathcal{L}^1(\mathcal{F}_\infty, P)$. Da die Funktion $f : \mathbb{R} \to \mathbb{R}$, $f(x) = x \log^+ x 1_{(0,\infty)}(x)$ konvex und monoton wachsend ist, folgt mit der bedingten Jensen-Ungleichung für $n \in T$

$$|X_n| \log^+ |X_n| = f(|E(Y|\mathcal{F}_n)|) \leq f(E(|Y|\,|\mathcal{F}_n) \leq E(f(|Y|)|\mathcal{F}_n)$$

und damit

$$E|X_n| \log^+ |X_n| \leq Ef(|Y|) = E|Y| \log^+ |Y| < \infty$$

für alle $n \in T$, also $X \in \mathcal{L} \log \mathcal{L}$.

(c) folgt aus den BDG-Ungleichungen 3.15 und den Ungleichungen 3.21. □

Nach Beispiel 4.6 gilt $\mathcal{M}^{\mathrm{gi}} \neq \mathcal{M}^1$. Das folgende Beispiel zeigt, dass $\mathcal{H}^1 \neq \mathcal{M}^{\mathrm{gi}}$.

Beispiel 4.31 In der Situation von Beispiel 1.7(f) mit $(\Omega, \mathcal{F}, P) = ([0,1), \mathcal{B}([0,1)), \lambda_{[0,1)})$ seien $f \in \mathcal{L}^1$, $f \geq 0$ mit $f \log^+ f \notin \mathcal{L}^1$ und $X_n := E(f|\mathcal{F}_n)$ für $n \in T = \mathbb{N}_0$ mit $X_0 = Ef = \int_0^1 f(t)dt$. Beispielsweise hat die Funktion

$$f := \sum_{n=1}^\infty \frac{2^n}{n^2} 1_{[2^{-n}, 2^{-n+1})}$$

die geforderten Eigenschaften. Dann gilt $X \in \mathcal{M}^{\mathrm{gi}}$, $X \geq 0$ und $X \notin \mathcal{L} \log \mathcal{L}$. Ferner gilt $X_{n+1} \leq 2X_n$ für alle $n \in \mathbb{N}_0$, denn bezeichnet J_{n+1} eines der $\mathcal{F}_{n+1}$

erzeugenden Intervalle und J_n eines der $\mathcal{F}_n$ erzeugenden Intervalle mit $J_{n+1} \subset J_n$, so ist X_{n+1} konstant auf J_{n+1} und X_n ist konstant auf J_n (A.14), so dass auf J_{n+1} gilt

$$X_{n+1} P(J_{n+1}) = \int_{J_{n+1}} X_{n+1} dP \le \int_{J_n} X_{n+1} dP = \int_{J_n} X_n dP = X_n P(J_n)$$

und damit

$$X_{n+1} \le \frac{P(J_n)}{P(J_{n+1})} X_n = 2X_n.$$

Aus 4.30(a) folgt $X \notin \mathcal{H}^1$.

Eine Klasse $\mathbb{F}$-adaptierter $(\mathcal{X}, \mathcal{A})$-wertiger Prozesse $\mathcal{C}$ heißt **stopp-stabil**, falls $X^\tau \in \mathcal{C}$ für alle $X \in \mathcal{C}$ und alle $\mathbb{F}$-Stoppzeiten τ.

Eine Klasse $\mathbb{F}$-adaptierter reeller Prozesse $\mathcal{C}$ mit $\alpha > -\infty$ heißt ***h*-stabil**, falls $H \bullet X \in \mathcal{C}$ für alle $X \in \mathcal{C}$ und alle $\mathbb{F}$-vorhersehbaren reellen Prozesse H mit $\sup_{n \in T} |H_n| \le 1$ f.s. Die h-Stabilität spielt eine entscheidende Rolle bei der Untersuchung der unbedingten $\mathcal{L}^p$-Konvergenz von Martingalen in Kap. 12. Der Raum $\mathcal{L} \log \mathcal{L}$ wird im Folgenden nicht mehr berücksichtigt.

Satz 4.32 *Seien $\alpha > -\infty$ und $1 \le p < \infty$.*

(a) $\mathcal{H}^p, \mathcal{M}^{gi}, \mathcal{M}^1$ und $\mathcal{M}$ sind stopp-stabil.
(b) $\mathcal{H}^p$ und $\mathcal{M}$ sind h-stabil.

Die obigen Aussagen sind teilweise schon bekannt.

Beweis (b) $\mathcal{M}$ ist h-stabil nach 1.9(a) und $\mathcal{H}^p$ ist h-stabil nach 3.19 wegen $\mathcal{H}^p = \mathcal{M}^p$ für $p > 1$.

(a) Da wegen 2.8(a) jede h-stabile Klasse stopp-stabil ist, sind $\mathcal{M}$ und $\mathcal{H}^p$ nach (b) stopp-stabil. Sei τ eine Stoppzeit. Für $X \in \mathcal{M}^1$ gilt $\sup_{n \in T} E|X_{\tau \wedge n}| < \infty$ nach 2.14(f), also $X^\tau \in \mathcal{M}^1$. Ist $X \in \mathcal{M}^{gi}$, so gilt nach 4.30(b) $X_n = E(Y|\mathcal{F}_n)$ für ein $Y \in \mathcal{L}^1(\mathcal{F}_\beta, P)$, und mit 2.4(c) folgt

$$X_{\tau \wedge n} = E(Y|\mathcal{F}_{\tau \wedge n}) = E(E(Y|\mathcal{F}_\tau)|\mathcal{F}_n)$$

für alle $n \in T$, was $X^\tau \in \mathcal{M}^{gi}$ impliziert. □

Nach Beispiel 4.22 ist $\mathcal{M}^1$ nicht h-stabil. Das folgende Beispiel zeigt, dass auch $\mathcal{M}^{gi}$ nicht h-stabil ist.

Beispiel 4.33 Sei $T = \mathbb{N}_0$. Wir nehmen an, dass auf $(\Omega, \mathcal{F}, P)$ eine unabhängige Folge $H = (H_n)_{n \ge 0}$ identisch verteilter Zufallsvariablen mit $P(H_0 = +1) = P(H_0 = -1) = 1/2$ existiert, die unabhängig von $\mathcal{F}_\infty$ ist. Man definiere eine Filtration $\mathbb{G} = (\mathcal{G}_n)_{n \in \mathbb{N}_0}$ durch $\mathcal{G}_n := \sigma(\mathcal{F}_n \cup \mathcal{F}^H_{n+1})$. Dann gilt

$$\mathcal{M}(\mathbb{F}) \subset \mathcal{M}(\mathbb{G}),$$

denn nach A.12(h) gilt für $X \in \mathcal{M}(\mathbb{F})$

$$E(X_{n+1}|\mathcal{G}_n) = E(X_{n+1}|\mathcal{F}_n) = X_n.$$

Ferner ist H $\mathbb{G}$-vorhersehbar. Wir zeigen für $X \in \mathcal{M}(\mathbb{F})$

$$E[X]_n^{1/2} \leq \sqrt{3} E|(H \bullet X)_n|.$$

Wegen der Unabhängigkeit von H und X gilt

$$\begin{aligned} E|(H \bullet X)_n| &= E\Big|\sum_{j=1}^n H_j \Delta X_j\Big| \\ &= \int E\Big|\sum_{j=1}^n H_j a_j\Big| dP^{(\Delta X_1,\ldots,\Delta X_n)}(a_1,\ldots,a_n). \end{aligned}$$

Für $a \in \mathbb{R}^n$ und $Z := \sum_{j=1}^n H_j a_j$ gilt weiter

$$\begin{aligned} EZ^2 &= \sum_{j=1}^n a_j^2, \\ EZ^4 &= \sum_{j=1}^n a_j^4 + 3\sum_{i\neq j} a_i^2 a_j^2 \leq 3\Big(\sum_{j=1}^n a_j^2\Big)^2 = 3(EZ^2)^2, \end{aligned}$$

und mit der Hölder-Ungleichung folgt

$$\begin{aligned} EZ^2 &= \|Z^2\|_1 = \|\,|Z|^{2/3}|Z|^{4/3}\|_1 \\ &\leq \|\,|Z|^{2/3}\|_{3/2}\|\,|Z|^{4/3}\|_3 \\ &= (E|Z|)^{2/3}(EZ^4)^{1/3}, \end{aligned}$$

also

$$E|Z| \geq \frac{(EZ^2)^{3/2}}{(EZ^4)^{1/2}} \geq \frac{(EZ^2)^{3/2}}{\sqrt{3}EZ^2} = \frac{1}{\sqrt{3}}(EZ^2)^{1/2}.$$

(Dies ist ein Spezialfall der **Khinchin-Ungleichung**.) Man erhält

$$E|(H \bullet X)_n| \geq \frac{1}{\sqrt{3}} \int \Big(\sum_{j=1}^n a_j^2\Big)^{1/2} dP^{(\Delta X_1,\ldots,\Delta X_n)}(a_1,\ldots,a_n) = \frac{1}{\sqrt{3}} E[X]_n^{1/2}.$$

Sei nun $X \in \mathcal{M}^{\text{gi}}(\mathbb{F})$, aber $X \notin \mathcal{H}^1(\mathbb{F})$ (4.31). Dann folgt mit monotoner Konvergenz und 4.30(c)

$$\infty = E[X]_\infty^{1/2} \leq \sqrt{3} \sup_{n\in\mathbb{N}_0} E|(H \bullet X)_n|,$$

also $H \bullet X \notin \mathcal{M}^1(\mathbb{G})$ und insbesondere $H \bullet X \notin \mathcal{M}^{\text{gi}}(\mathbb{G})$. Damit ist $\mathcal{M}^{\text{gi}}(\mathbb{G})$ nicht h-stabil.

Bemerkenswert ist, dass die Räume $\mathcal{H}^1$ und $\mathcal{M}$ „lokal" übereinstimmen. Für eine Klasse $\mathcal{C}$ von $\mathbb{F}$-adaptierten $(\mathcal{X}, \mathcal{A})$-wertigen Prozessen bezeichnen wir die **lokalisierte Klasse** mit $\mathcal{C}_{\text{lok}}$, das heißt $X \in \mathcal{C}_{\text{lok}}$, falls X $\mathbb{F}$-adaptiert $(\mathcal{X}, \mathcal{A})$-wertig ist und eine f.s. monoton wachsende Folge $(\tau_k)_{k\geq 1}$ von $\mathbb{F}$-Stoppzeiten existiert mit $P(\lim_{n\to\infty} \tau_k = \beta) = 1$ und $X^{\tau_k} \in \mathcal{C}$ für alle $k \geq 1$. Die Prozesse in $\mathcal{M}_{\text{lok}}$ sind dann die in 2.24 eingeführten lokalen Martingale. Die Folge $(\tau_k)_{k\geq 1}$ heißt wieder **lokalisierend**.

Satz 4.34 *Seien $\alpha > -\infty$ und $1 \leq p < \infty$. Dann sind $\mathcal{H}^p_{\text{lok}}, \mathcal{M}^{\text{gi}}_{\text{lok}}, \mathcal{M}^1_{\text{lok}}$ und $\mathcal{M}_{\text{lok}}$ Vektorräume und*

$$\mathcal{H}^1_{\text{lok}} = \mathcal{M}^{\text{gi}}_{\text{lok}} = \mathcal{M}^1_{\text{lok}} = \mathcal{M}_{\text{lok}}.$$

Beweis Da $\mathcal{H}^p, \mathcal{M}^{\text{gi}}, \mathcal{M}^1$ und $\mathcal{M}$ nach 4.32 stopp-stabile Vektorräume sind, sind auch die lokalisierten Klassen Vektorräume. Sind beispielsweise $(\tau_k)_{k\geq 1}$ beziehungsweise $(\sigma_k)_{k\geq 1}$ lokalisierend für $X, Y \in \mathcal{M}_{\text{lok}}$ und $a, b \in \mathbb{R}$, so gilt $\rho_k := \tau_k \wedge \sigma_k \to \beta$ f.s. und

$$(aX + bY)^{\rho_k} = a(X^{\tau_k})^{\sigma_k} + b(Y^{\sigma_k})^{\tau_k} \in \mathcal{M}$$

für alle $k \geq 1$ und daher $aX + bY \in \mathcal{M}_{\text{lok}}$.

Im Fall $\beta < \infty$ gilt $\mathcal{H}^1 = \mathcal{M}^{\text{gi}} = \mathcal{M}^1 = \mathcal{M}$ und damit obige Gleichung für die lokalisierten Räume. Sei $\beta = \infty$. Mit 4.30(a) folgt

$$\mathcal{H}^1_{\text{lok}} \subset \mathcal{M}^{\text{gi}}_{\text{lok}} \subset \mathcal{M}^1_{\text{lok}} \subset \mathcal{M}_{\text{lok}}.$$

Ferner gilt

$$\mathcal{M} \subset \mathcal{H}^1_{\text{lok}},$$

denn für $X \in \mathcal{M}$ und die Stoppzeiten $\tau_k = k \vee \alpha, k \in \mathbb{N}$ gilt offenbar $X^{\tau_k} \in \mathcal{H}^1$ und damit $X \in \mathcal{H}^1_{\text{lok}}$. Die Inklusion $\mathcal{M} \subset \mathcal{H}^1_{\text{lok}}$ impliziert

$$\mathcal{M}_{\text{lok}} \subset (\mathcal{H}^1_{\text{lok}})_{\text{lok}}.$$

Es bleibt

$$(\mathcal{H}^1_{\text{lok}})_{\text{lok}} \subset \mathcal{H}^1_{\text{lok}}$$

zu zeigen. Sei $X \in (\mathcal{H}^1_{\text{lok}})_{\text{lok}}$ und $(\tau_n)_{n\geq 1}$ eine lokalisierende Folge für X mit $X^{\tau_n} \in \mathcal{H}^1_{\text{lok}}$. Für jedes $n \in \mathbb{N}$ existiert eine lokalisierende Folge $(\sigma_k(n))_{k\geq 1}$ für X^{τ_n} mit $(X^{\tau_n})^{\sigma_k(n)} \in \mathcal{H}^1$, und da $\lim_{k\to\infty} P(\sigma_k(n) < n) = 0$, existieren $k_n \in \mathbb{N}$ mit $P(\sigma_{k_n}(n) < n) \leq 2^{-n}$. Für $n \in \mathbb{N}$ sei

$$\rho_n := \tau_n \wedge \inf_{m\geq n} \sigma_{k_m}(m).$$

Dann ist ρ_n nach 2.3 eine Stoppzeit, und weil $(\tau_n)_{n\geq 1}$ f.s. monoton wachsend ist, ist auch $(\rho_n)_{n\geq 1}$ f.s. monoton wachsend. Ferner gilt für $n \in \mathbb{N}$

$$\begin{aligned} P(\rho_n < \tau_n \wedge n) &\leq P(\inf_{m\geq n} \sigma_{k_m}(m) < n) \\ &\leq \sum_{m\geq n} P(\sigma_{k_m}(m) < n) \leq \sum_{m\geq n} P(\sigma_{k_m}(m) < m) \\ &\leq \sum_{m\geq n} 2^{-m} = 2^{-(n-1)}, \end{aligned}$$

so dass $P(\liminf_{n\to\infty}\{\rho_n \geq \tau_n \wedge n\}) = 1$ nach dem Borel-Cantelli-Lemma. Da $\tau_n \wedge n \to \infty$ f.s., erhält man $\rho_n \to \infty$ f.s. Wegen

$$X^{\rho_n} = ((X^{\tau_n})^{\sigma_k(n)})^{\rho_n}$$

und weil $\mathcal{H}^1$ nach 4.32 stopp-stabil ist, folgt $X^{\rho_n} \in \mathcal{H}^1$ für alle $n \in \mathbb{N}$ und damit $X \in \mathcal{H}^1_{\text{lok}}$. □

Eine ausführliche Untersuchung von Martingalräumen findet man in [36] und dem wundervollen Buch von Garsia [19].

Aufgaben

4.1 Zeigen Sie, dass das Martingal in Aufgabe 1.1 nicht gleichgradig integrierbar ist.

4.2 Sei $\beta = \infty$. Finden Sie ein Martingal X mit $0 < P(\lim_{n\to\infty} X_n$ existiert in $\mathbb{R}) < 1$.

Hinweis: Für eine unabhängige Folge $(Z_n)_{n\geq 0}$ identisch verteilter Zufallsvariablen mit $P(Z_0 = +1) = P(Z_0 = -1) = 1/2$ untersuche man den durch $X_n := (Z_0 + 1)\sum_{i=1}^n Z_i$ für $n \geq 0$ definierten Prozess.

4.3 (Pólyas Urnenmodell) In Pólyas Urnenmodell 1.7(e) mit Parametern $r, s, m \in \mathbb{N}$ konvergieren die Anteile X_n der roten Kugeln nach dem Konvergenzsatz 4.1 (oder 4.5) fast sicher gegen eine $[0, 1]$-wertige Zufallsvariable X_∞. Zeigen Sie mit der Momentenmethode aus Beispiel 4.10(c)

$$P^{X_\infty} = \text{Beta}(r/m, s/m).$$

Hinweis: Für jedes $p \in \mathbb{N}$ wird durch

$$Z_n := \prod_{i=0}^{p-1} \frac{Y_n + mi}{r + s + m(n+i)}, \quad n \in \mathbb{N}_0$$

ein Martingal definiert mit $Z_n \to X_\infty^p$ f.s. Die Momente der Beta-Verteilung findet man in Beispiel 10.15.

4.4 (Optional splitting) Seien $\alpha > -\infty$, $\beta = \infty$, X ein adaptierter $\mathcal{L}^1$-beschränkter Prozess und $x_0 \in \mathbb{R}$ mit

$$E(X_{n+1}|\mathcal{F}_n) \begin{cases} \leq X_n & \text{auf } \{X_n \leq x_0\} \\ \geq X_n & \text{auf } \{X_n > x_0\} \end{cases}$$

für alle $n \in T$ und $\Delta X_n \to 0$ f.s. für $n \to \infty$. Zeigen Sie, dass X_n fast sicher gegen eine integrierbare Zufallsvariable konvergiert.

Hinweis: Aufgabe 1.11.

4.5 (Quasimartingale) Seien $\alpha > -\infty$ und $\beta = \infty$. Zeigen Sie, dass Quasimartingale (im Sinne von Aufgabe 1.12) für $n \to \infty$ fast sicher gegen eine integrierbare Zufallsvariable konvergieren.

4.6 Zeigen Sie, dass jedes Potential fast sicher gegen 0 konvergiert für $n \to \infty$.

4.7 Seien $T = \mathbb{N}_0$ und X ein geometrischer $\mathbb{F}$-Random walk, $X_n = \prod_{i=0}^n Z_i$ mit $X_0 = Z_0 = 1$ und $P(Z_1 = 5/3) = P(Z_1 = 1/2) = 1/2$. Zeigen Sie, dass X ein Submartingal ist mit $EX_n \to \infty$ und $X_n \to 0$ f.s. für $n \to \infty$.

4.8 Seien $\alpha > -\infty$, $\beta = \infty$ und X ein $\mathcal{L}^2$-beschränktes Martingal. Zeigen Sie für den fast sicheren Grenzwert $X_\infty \in \mathcal{L}^2(\mathcal{F}_\infty, P)$

$$\|X_\infty\|_p \geq \frac{1}{\sqrt{p/2}} \|\langle X \rangle_\infty^{1/2}\|_p, \quad \text{falls } p \geq 2.$$

Hinweis: Da $\langle X \rangle - X^2$ ein Martingal ist, folgt für $k, n \in T, k \geq n$

$$E(\langle X \rangle_k - \langle X \rangle_n | \mathcal{F}_n) = E(X_k^2|\mathcal{F}_n) - X_n^2 \leq E(X_k^2|\mathcal{F}_n)$$

und damit für das Potential von $\langle X \rangle$

$$E(\langle X \rangle_\infty - \langle X \rangle_n | \mathcal{F}_n) \leq E(X_\infty^2|\mathcal{F}_n)$$

für alle $n \in T$. Nun wende man die Potentialungleichung 3.11(b) an.

4.9 Beweisen Sie die folgende Verallgemeinerung der Konvergenzsätze 4.8 und 4.26. Für $1 \leq p < \infty$ seien dazu Z ein $\mathcal{L}^p$-Prozess mit $\sup_{n \in T} |Z_n| \in \mathcal{L}^p$ und $Z_\infty, Z_{-\infty} \in \mathcal{L}^p$.

(a) Seien $\alpha > -\infty$ und $\beta = \infty$. Falls $Z_n \to Z_\infty$ f.s. für $n \to \infty$, gilt

$$E(Z_n|\mathcal{F}_n) \to E(Z_\infty|\mathcal{F}_\infty) \text{ f.s. und in } \mathcal{L}^p$$

für $n \to \infty$.

(b) Seien $\alpha = -\infty$ und $\beta < \infty$. Falls $Z_n \to Z_{-\infty}$ f.s. für $n \to -\infty$, gilt

$$E(Z_n|\mathcal{F}_n) \to E(Z_{-\infty}|\mathcal{F}_{-\infty}) \text{ f.s. und in } \mathcal{L}^p$$

für $n \to -\infty$.

4.10 Seien $\alpha > -\infty$, $\beta = \infty$, X ein positives Supermartingal und $(\tau_k)_{k\geq 1}$ eine Folge von Stoppzeiten mit $\tau_1 \leq \tau_2 \leq \ldots$ überall auf Ω. Zeigen Sie, dass $(X_{\tau_k})_{k\geq 1}$ bezüglich der Filtration $(\mathcal{F}_{\tau_k})_{k\geq 1}$ ein Supermartingal ist, wobei X_∞ als der nach Satz 4.5 existierende fast sichere Limes von X spezifiziert wird.

Hinweis: Optional sampling 4.28.

4.11 Seien $\alpha = -\infty$, $\beta < \infty$ und X ein Submartingal mit $\inf_{n\in T} EX_n > -\infty$ und Doob-Zerlegung 1.23 $X = M + A$. Zeigen Sie

$$X_n \to E(X_\beta - A_\beta|\mathcal{F}_{-\infty}) \text{ f.s. und in } \mathcal{L}^1$$

für $n \to -\infty$.

4.12 Seien $\alpha > -\infty$, $\beta = \infty$ und X ein $\mathcal{L}^1$-beschränktes Submartingal. Dann gilt nach Satz 3.14 für die quadratische Variation $[X]_\infty < \infty$ f.s. Zeigen Sie, dass dies wegen

$$[X]_n = X_n^2 - X_\alpha^2 - 2(X_- \bullet X)_n$$

auch eine direkte Konsequenz der Konvergenzsätze 4.1 und 4.21 ist.

4.13 (Lokale Konvergenz) Seien $\alpha > -\infty$, $\beta = \infty$ und X, Y adaptierte reelle Prozesse. Für die Stoppzeit

$$\sigma_k := \inf\{n \in T : Y_n > k\}$$

sei

$$P(\lim_{n\to\infty} X_n^{\sigma_k} \text{ existiert in } \mathbb{R}) = 1$$

für alle $k \in \mathbb{N}$. Zeigen Sie

$$\{\sup_{n\in T} Y_n < \infty\} \subset \{\lim_{n\to\infty} X_n \text{ existiert in } \mathbb{R}\} \text{ f.s.}$$

Bei diesem Zugang zum lokalen Konvergenzproblem taucht der Kontrollprozess explizit auf.

Hinweis: Beweis von Lemma 4.11.

4.14 Seien $\alpha > -\infty$, $\beta = \infty$ und X ein gleichgradig integrierbares Martingal. Zeigen Sie

$$aP(\sup_{n\in T} |X_n| > a) \to 0 \quad \text{für } a \to \infty.$$

Hinweis: Für die Stoppzeit $\tau_a := \inf\{n \in T : |X_n| > a\}$ mit $a > 0$ gilt

$$E|X_{\tau_a}|1_{\{\tau_a<\infty\}} \leq E|X_\infty|1_{\{\tau_a<\infty\}} \to 0 \quad \text{für } a \to \infty.$$

Dabei ist X_∞ der $\mathcal{L}^1$-Limes von X_n im Konvergenzsatz 4.3.

4.15 (Lokale Konvergenz) Zeigen Sie, dass Satz 4.12 und Satz 4.15(b) richtig bleiben, wenn man die Bedingung $E \sup_{n\in T} \Delta X_n^+ < \infty$ durch die schwächere Bedingung

$$E(\Delta X_{\tau_k}^+)1_{\{\tau_k<\infty\}} < \infty \quad \text{für alle } k \in \mathbb{N}$$

ersetzt, wobei $\tau_k := \inf\{n \in T : X_n > k\}$.

4.16 (h-Transformierte) Seien $\alpha > -\infty$, $\beta = \infty$, X ein Martingal mit

$$E \sup_{n\in T} |\Delta X_n| < \infty$$

und H ein vorhersehbarer reeller Prozess. Zeigen Sie

$$\{[H \bullet X]_\infty < \infty, \sup_{n\in T} |H_n| < \infty\} \subset \{\lim_{n\to\infty} (H \bullet X)_n \text{ existiert in } \mathbb{R}\} \text{ f.s.}$$

Dies ist eine Variante von Satz 4.21.

4.17 Seien $(Z_n)_{n\geq 1}$ eine unabhängige $\mathcal{L}^1$-Folge identisch verteilter Zufallsvariablen und $X_n := \sum_{j=1}^n Z_j/n$ für $n \geq 1$. Zeigen Sie, dass $E \sup_{n\geq 1} |X_n| < \infty$ genau dann gilt, wenn $E|Z_1| \log^+ |Z_1| < \infty$.

Hinweis: Beispiel 1.7(d) und Satz 4.30.

4.18 Sei X ein gleichgradig integrierbares Submartingal. Zeigen Sie, dass jede Stoppzeit regulär für X ist (mit den Spezifikationen von Satz 4.28).

4.19 (Doob-Ungleichungen) Seien $\beta = \infty$, $p \in (0, \infty)$ X ein Submartingal, X^+ gleichgradig integrierbar und $X_\infty \in \mathcal{L}^1(\mathcal{F}_\infty, P)$ der fast sichere Limes von X_n für $n \to \infty$. Zeigen Sie für $a > 0$

$$P(X_\infty^* > a) \leq \frac{1}{a} E X_\infty^+ 1_{\{X_\infty^* > a\}}$$

und im Fall $X \geq 0$

$$\|X_\infty^*\|_p = \frac{p}{p-1} \|X_\infty\|_p, \quad \text{falls } p > 1,$$
$$\|X_\infty^*\|_1 = \frac{e}{e-1}(1 + \|X_\infty \log^+ X_\infty\|_1),$$
$$\|X_\infty^*\|_p = (1-p)^{-1/p} \|X_\infty\|_1, \quad \text{falls } p < 1.$$

Hinweis: Lemma 3.2, oder Satz 3.3 und

$$\|X_\infty\|_p = \sup_{n\in T} \|X_n\|_p \quad \text{falls } p \geq 1,$$
$$\|X_\infty \log^+ X_\infty\|_1 = \sup_{n\in T} \|X_n \log^+ X_n\|_1.$$

Kapitel 5
SLLN, LIL und CLT

In diesem Kapitel behandeln wir starke Gesetze der großen Zahlen (SLLN) und stabile zentrale Grenzwertsätze (CLT) für Martingale. Das Konzept der stabilen Konvergenz von Zufallsvariablen wird im vierten Abschnitt beschrieben. Ferner beweisen wir exponentielle Ungleichungen für Martingale mit Hilfe von exponentiellen Supermartingalen. Diese Ungleichungen liefern etwa Charakterisierungen der Konvergenzgeschwindigkeit in Gesetzen der großen Zahlen und obere Schranken für Gesetze vom iterierten Logarithmus (LIL).

Seien $(\Omega, \mathcal{F}, P)$ ein Wahrscheinlichkeitsraum, $T = [\alpha, \beta] \cap \mathbb{Z}$ und $\mathbb{F} = (\mathcal{F}_n)_{n \in T}$ eine Filtration in $\mathcal{F}$. In diesem Kapitel sei T linksabgeschlossen also $\alpha > -\infty$.

5.1 Starke Gesetze der großen Zahlen

Das Interesse gilt der Vorwärtsasymptotik. In diesem Abschnitt seien $\beta = \infty$ und $H = (H_n)_{n \in T}$ ein vorhersehbarer, wachsender, positiver reeller Prozess. Wir untersuchen die normierte Version X/H von Martingalen X und formulieren hinreichende Bedingungen für die fast sichere Konvergenz $X_n/H_n \to 0$ auf $\{H_\infty = \infty\}$, also für $\{H_\infty = \infty\} \subset \{\lim_{n \to \infty} X_n/H_n = 0\}$ f.s. Dazu ist das folgende Lemma sehr nützlich.

Lemma 5.1 *(Kronecker) Seien $(a_n)_{n \geq 1}$ eine monoton wachsende Folge in $(0, \infty)$ mit $a_n \uparrow \infty$ und $(c_n)_{n \geq 1}$ eine Folge in $\mathbb{R}$. Falls $\sum_{n=1}^{\infty} c_n/a_n$ in $\mathbb{R}$ konvergiert, gilt*

$$\lim_{n \to \infty} \frac{1}{a_n} \sum_{j=1}^{n} c_j = 0.$$

Beweis Seien $b_n := a_n - a_{n-1}$ mit $a_0 := 0$ und $d_n := \sum_{j=1}^{n} c_j/a_j$ mit $d_0 = 0$. Dann gelten $b_n \geq 0, \sum_{j=1}^{n} b_j = a_n$,

$$\sum_{j=1}^{n} c_j = \sum_{j=1}^{n} a_j (d_j - d_{j-1}) = \sum_{j=1}^{n} b_j (d_n - d_{j-1})$$

H. Luschgy, *Martingale in diskreter Zeit*, Springer-Lehrbuch Masterclass,
DOI 10.1007/978-3-642-29961-2_5, © Springer-Verlag Berlin Heidelberg 2013

für $n \geq 1$ und damit für $1 \leq k < n$ mit $d := \lim_{n\to\infty} d_n \in \mathbb{R}$

$$\left|\frac{1}{a_n}\sum_{j=1}^n c_j\right| \leq \frac{1}{a_n}\left|\sum_{j=1}^k b_j(d_n - d_{j-1})\right| + \frac{1}{a_n}\Big(\sum_{j=k+1}^n b_j\Big)\max_{k\leq j\leq n}|d_n - d_j|$$
$$\leq \frac{1}{a_n}\left|\sum_{j=1}^k b_j(d_n - d_{j-1})\right| + |d_n - d| + \max_{k\leq j\leq n}|d - d_j|.$$

Es folgt für alle $k \geq 1$

$$\limsup_{n\to\infty}\frac{1}{a_n}\left|\sum_{j=1}^n c_j\right| \leq \sup_{j\geq k}|d - d_j|$$

und der Grenzübergang $k \to \infty$ liefert die Behauptung. □

Für stochastische Prozesse kann man 5.1 so lesen:

Lemma 5.2 *Sei X ein adaptierter reeller Prozess. Dann gilt*

$$\{H_\infty = \infty\} \cap \{(1+H)^{-1} \bullet X \text{ konvergiert in } \mathbb{R}\} \subset \left\{\lim_{n\to\infty}\frac{X_n}{H_n} = 0\right\}.$$

Beweis Wir können ohne Einschränkung $\alpha = 0$ annehmen. Für ein Element ω der Menge auf der linken Seite setze man in 5.1 $a_n := 1 + H_n(\omega)$ und $c_n := \Delta X_n(\omega)$ für $n \geq 1$. Dann gilt $a_n \uparrow \infty$ und $\sum_{n=1}^\infty c_n/a_n$ konvergiert in $\mathbb{R}$. Es folgt

$$\frac{X_n(\omega) - X_0(\omega)}{1 + H_n(\omega)} = \frac{1}{a_n}\sum_{j=1}^n c_j \to 0$$

und damit $X_n(\omega)/H_n(\omega) \to 0$ für $n \to \infty$. □

Ferner benötigen wir noch die folgende Abschätzung.

Lemma 5.3 *Seien A ein vorhersehbarer, wachsender, positiver reeller Prozess, $p \in (0,\infty)$ und $f : \mathbb{R}_+ \to \mathbb{R}_+$ eine monoton wachsende Funktion. Dann gilt*

$$((1 + f(A))^{-p} \bullet A)_\infty \leq \int_0^\infty \frac{1}{(1+f(t))^p}dt.$$

Beweis Es gilt

$$
\begin{aligned}
((1+f(A))^{-p} \bullet A)_\infty &= \sum_{j=\alpha+1}^{\infty} \frac{\Delta A_j}{(1+f(A_j))^p} \\
&= \sum_{j=\alpha+1}^{\infty} \int_{A_{j-1}}^{A_j} \frac{1}{(1+f(A_j))^p} dt \\
&\leq \sum_{j=\alpha+1}^{\infty} \int_{A_{j-1}}^{A_j} \frac{1}{(1+f(t))^p} dt \leq \int_0^\infty \frac{1}{(1+f(t))^p} dt. \quad \square
\end{aligned}
$$

Die starken Gesetze der großen Zahlen für Martingale X in diesem Abschnitt basieren auf Bedingungen über das Verhalten der „p-Variation" beziehungsweise der „vorhersehbaren p-Variation" von $(1+H)^{-1} \bullet X$, das heißt auf $\sum_{j=\alpha+1}^{n} |\Delta X_j|^p/(1+H_j)^p$ und $\sum_{j=\alpha+1}^{n} E(|\Delta X_j|^p|\mathcal{F}_{j-1})/(1+H_j)^p$.

Satz 5.4 *(Chow) Sei X ein Martingal.*

(a) Sei $0 < p \leq 2$. Falls

$$\sum_{j=\alpha+1}^{\infty} \frac{E(|\Delta X_j|^p|\mathcal{F}_{j-1})}{(1+H_j)^p} < \infty \text{ f.s.},$$

gilt $X_n/H_n \to 0$ f.s. auf $\{H_\infty = \infty\}$ für $n \to \infty$.

(b) Sei $2 < p < \infty$. Falls

$$\sum_{j=\alpha+1}^{\infty} \frac{E(|\Delta X_j|^p|\mathcal{F}_{j-1})}{(1+H_j)^{1+p/2}} < \infty \text{ f.s.},$$

gilt $X_n/H_n \to 0$ f.s. auf $\{\sum_{j=\alpha+1}^{\infty}(1+H_j)^{-1} < \infty\}$ für $n \to \infty$.

Teil (b) des obigen Satzes unterscheidet sich in zweifacher Hinsicht von der Version (a) für $p > 2$. Wegen $1 + p/2 < p$ ist die Voraussetzung stärker und wegen $\{\sum_{j=\alpha+1}^{\infty}(1+H_j)^{-1} < \infty\} \subset \{H_\infty = \infty\}$ ist die Aussage schwächer.

Beweis Sei

$$Y := (1+H)^{-1} \bullet X.$$

(a) Nach 1.9 ist Y ein Martingal mit Anfangswert $Y_\alpha = 0$, für das $\Delta Y_n = (1+H_n)^{-1}\Delta X_n$ gilt. Man erhält mit Taking out what is known

$$\sum_{j=\alpha+1}^{\infty} E(|\Delta Y_j|^p|\mathcal{F}_{j-1}) = \sum_{j=\alpha+1}^{\infty} \frac{E(|\Delta X_j|^p|\mathcal{F}_{j-1})}{(1+H_j)^p} < \infty \text{ f.s.}$$

und 4.19 liefert $P(\lim_{n\to\infty} Y_n$ existiert in $\mathbb{R}) = 1$. Damit folgt die Behauptung aus 5.2.

(b) Für $n \geq \alpha + 1$ gilt mit der bedingten Jensen-Ungleichung

$$(E(|\Delta X_n|^2|\mathcal{F}_{n-1}))^{p/2} \leq E(|\Delta X_n|^p|\mathcal{F}_{n-1}),$$

also

$$E(|\Delta Y_n|^2|\mathcal{F}_{n-1}) = \frac{E(|\Delta X_n|^2|\mathcal{F}_{n-1})}{(1+H_n)^2} \leq \frac{E(|\Delta X_n|^p|\mathcal{F}_{n-1}))^{2/p}}{(1+H_n)^2}.$$

Auf $\{E(|\Delta X_n|^p|\mathcal{F}_{n-1})^{2/p} > 1 + H_n\}$ gilt

$$\begin{aligned} E(|\Delta X_n|^p|\mathcal{F}_{n-1})^{2/p} &= E(|\Delta X_n|^p|\mathcal{F}_{n-1}) E(|\Delta X_n|^p|\mathcal{F}_{n-1})^{\frac{2}{p}-1} \\ &\leq E(|\Delta X_n|^p|\mathcal{F}_{n-1})(1+H_n)^{1-p/2} \end{aligned}$$

und daher

$$E(|\Delta Y_n|^2|\mathcal{F}_{n-1}) \leq \frac{E(|\Delta X_n|^p|\mathcal{F}_{n-1})}{(1+H_n)^{1+\frac{p}{2}}} + \frac{1}{1+H_n}.$$

Mit 4.19 folgt

$$\begin{aligned} \Big\{\sum_{j=\alpha+1}^{\infty} (1+H_j)^{-1} < \infty\Big\} &\subset \Big\{\sum_{j=\alpha+1}^{\infty} E(|\Delta Y_j|^2|\mathcal{F}_{j-1}) < \infty\Big\} \\ &\subset \{\lim_{n\to\infty} Y_n \text{ existiert in } \mathbb{R}\} \text{ f.s.} \end{aligned}$$

und damit wegen 5.2

$$\begin{aligned} \Big\{\sum_{j=\alpha+1}^{\infty} (1+H_j)^{-1} < \infty\Big\} &\subset \{H_\infty = \infty\} \cap \{\lim_{n\to\infty} Y_n \text{ existiert in } \mathbb{R}\} \\ &\subset \{\lim_{n\to\infty} X_n/H_n = 0\} \text{ f.s.} \end{aligned}$$

□

Satz 5.4(a) enthält „fast" das starke Gesetz der großen Zahlen von Kolmogorov: Ist $X_n = \sum_{j=0}^{n} Z_j$ ein $\mathbb{F}^Z$-Random walk mit $Z_1 \in \mathcal{L}^{1+\delta}$ für ein $\delta > 0$ und $EZ_1 = 0$, so gilt

$$\sum_{j=1}^{\infty} \frac{E|Z_j|^{1+\delta}}{j^{1+\delta}} = E|Z_1|^{1+\delta} \sum_{j=1}^{\infty} \frac{1}{j^{1+\delta}} < \infty$$

und damit $X_n/n \to 0$ f.s.

Ein wichiger Spezialfall ist $p = 2$.

Korollar 5.5 *Seien X ein $\mathcal{L}^2$-Martingal und $f : \mathbb{R}_+ \to \mathbb{R}_+$ eine monoton wachsende Funktion mit*

$$\int_0^\infty \frac{1}{(1+f(t))^2} dt < \infty.$$

Dann gilt

$$\frac{X_n}{f(\langle X\rangle_n)} \to 0 \text{ f.s. auf } \{\langle X\rangle_\infty = \infty\}$$

für $n \to \infty$.

Beweis Wegen 5.3 gilt für $H_n := f(\langle X\rangle_n)$

$$\sum_{j=\alpha+1}^\infty \frac{E((\Delta X_j)^2|\mathcal{F}_{j-1})}{(1+H_j)^2} = ((1+f(\langle X\rangle))^{-2} \bullet \langle X\rangle)_\infty$$
$$\leq \int_0^\infty \frac{1}{(1+f(t))^2} dt < \infty.$$

Damit folgt die Behauptung aus 5.4(a), denn wegen $f(t) \to \infty$ für $t \to \infty$ gilt $\{H_\infty = \infty\} = \{\langle X\rangle_\infty = \infty\}$. □

Die Funktionen $f(t) = t^a$ und $f(t) = t^{1/2} \log^+(t)^a$ für $a > 1/2$ erfüllen die Integrabilitätsbedingung in 5.5.

Satz 5.4(b) ist auf $H_n = n$ wegen $\sum_{n=1}^\infty 1/n = \infty$ nicht anwendbar. Ein entsprechendes Resultat für diese (deterministische) Normierung liefert Teil (b) des nächsten Satzes.

Satz 5.6 *(Chow) Sei $\alpha \geq 0$.*

(a) Seien X ein positives Submartingal und $(a_n)_{n\geq\alpha+1}$ eine monoton wachsende Folge in $(0,\infty)$ mit $a_n \uparrow \infty$. Falls

$$\sum_{j=\alpha+1}^\infty \frac{E(\Delta X_j)}{a_j} < \infty,$$

gilt $X_n/a_n \to 0$ f.s. für $n \to \infty$.

(b) Seien $2 < p < \infty$ und X ein $\mathcal{L}^p$-Martingal. Falls

$$\sum_{j=\alpha+1}^\infty \frac{E|\Delta X_j|^p}{j^{1+p/2}} < \infty,$$

gilt $X_n/n \to 0$ f.s. für $n \to \infty$.

Wegen

$$\sum_{j=\alpha+1}^\infty \frac{E|\Delta X_j|^p}{j^{1+p/2}} = E \sum_{j=\alpha+1}^\infty \frac{E(|\Delta X_j|^p|\mathcal{F}_{j-1})}{j^{1+p/2}}$$

ist die Voraussetzung in 5.6(b) stärker als die Voraussetzung in 5.4(b) mit $H_n = n$.

Beweis Wir können ohne Einschränkung $\alpha = 0$ annehmen.

(a) Die Chow-Ungleichung 3.5 liefert für das auf $\{n \in T : n \geq m\}, m \in T$ eingeschränkte Submartingal X und $\varepsilon > 0$

$$\varepsilon P\left(\sup_{n\geq m} \frac{X_n}{a_n} \geq \varepsilon\right) \leq \frac{EX_m}{a_m} + \sup_{n\geq m} E\left(\sum_{j=m+1}^{n} \frac{\Delta X_j}{a_j}\right)$$
$$= \frac{EX_m}{a_m} + \sum_{j=m+1}^{\infty} \frac{E(\Delta X_j)}{a_j}.$$

Wegen der Voraussetzung gilt $\sum_{j=m+1}^{\infty} E(\Delta X_j)/a_j \to 0$, und mit dem Kronecker-Lemma 5.1 folgt

$$\frac{EX_m}{a_m} = \frac{1}{a_m}\Big(EX_0 + \sum_{j=1}^{m} E(\Delta X_j)\Big) \to 0$$

für $m \to \infty$. Man erhält

$$P\left(\sup_{n\geq m} \frac{X_n}{a_n} \geq \varepsilon\right) \to 0$$

für $m \to \infty$ und damit $X_n/a_n \to 0$ f.s.

(b) Nach (a) reicht es

$$\sum_{j=2}^{\infty} \frac{E(\Delta|Y_j|^p)}{j^p} < \infty$$

für das positive Submartingal $|Y|^p$ mit $Y := X - X_0$ zu zeigen. Mit der Hölder-Ungleichung (für das Zählmaß auf $\{1, \ldots, n\}$ und Exponenten $p/2$ und $p/(p-2)$) folgt

$$[Y]_n = \sum_{j=1}^{n} (\Delta Y_j)^2 \leq n^{1-\frac{2}{p}} \Big(\sum_{j=1}^{n} |\Delta Y_j|^p\Big)^{2/p},$$

und damit liefern die BDG-Ungleichungen 3.15 für das auf $\{j \in T : j \leq n\}$ eingeschränkte Martingal Y

$$E|Y_n|^p = \|Y_n\|_p^p \leq C_p \|[Y]_n^{1/2}\|_p^p \leq C_p n^{\frac{p}{2}-1} E\Big(\sum_{j=1}^{n} |\Delta Y_j|^p\Big)$$

mit einer universellen (nur von p abhängigen) Konstanten $C_p \in (0, \infty)$. Man erhält wegen der Ungleichung

$$\frac{1}{x^p} - \frac{1}{(x+1)^p} = \frac{(x+1)^p - x^p}{x^p(x+1)^p} \leq \frac{p(x+1)^{p-1}}{x^p(x+1)^p} \leq \frac{p}{x^{p+1}}$$

für $x > 0$ und $\Delta|Y_n|^p = |Y_n|^p - |Y_{n-1}|^p$

$$\begin{aligned}\sum_{j=2}^{n} \frac{E(\Delta|Y_j|^p)}{j^p} &\le \sum_{j=1}^{n}\left(\frac{1}{j^p} - \frac{1}{(j+1)^p}\right)E|Y_j|^p + \frac{E|Y_n|^p}{(n+1)^p}\\ &\le C_p \sum_{j=1}^{n}\left(\frac{1}{j^p} - \frac{1}{(j+1)^p}\right) j^{\frac{p}{2}-1} \sum_{i=1}^{j} E|\Delta Y_i|^p\\ &\quad + C_p n^{-\frac{p}{2}-1} \sum_{j=1}^{n} E|\Delta Y_j|^p\\ &\le C_p p \sum_{j=1}^{n} j^{-\frac{p}{2}-2} \sum_{i=1}^{j} E|\Delta Y_i|^p + C_p n^{-\frac{p}{2}-1} \sum_{j=1}^{n} E|\Delta Y_j|^p\\ &= C_p p \sum_{i=1}^{n} E|\Delta Y_i|^p \sum_{j=i}^{n} j^{-\frac{p}{2}-2} + C_p n^{-\frac{p}{2}-1} \sum_{j=1}^{n} E|\Delta Y_j|^p\\ &\le C_p p \sum_{i=1}^{n} E|\Delta Y_i|^p \, i^{-\frac{p}{2}-1} + C_p n^{-\frac{p}{2}-1} \sum_{j=1}^{n} E|\Delta Y_j|^p.\end{aligned}$$

Das Kronecker-Lemma 5.1 liefert $n^{-\frac{p}{2}-1} \sum_{j=1}^{n} E|\Delta Y_j|^p \to 0$ für $n \to \infty$ wegen $\Delta Y = \Delta X$ und damit

$$\sum_{j=2}^{\infty} \frac{E(\Delta|Y_j|^p)}{j^p} \le C_p p \sum_{j=1}^{\infty} \frac{E|\Delta Y_j|^p}{j^{\frac{p}{2}+1}} < \infty. \qquad \square$$

Es gibt eine „optionale" Version von 5.4(a) ohne Vorhersehbarkeit.

Satz 5.7 *Sei X ein Martingal mit $E \sup_{n\in T} \frac{|\Delta X_n|}{1+H_n} < \infty$. Falls*

$$\sum_{j=\alpha+1}^{\infty} \frac{|\Delta X_j|^2}{(1+H_j)^2} < \infty \text{ f.s. },$$

gilt $X_n/H_n \to 0$ f.s. auf $\{H_\infty = \infty\}$ für $n \to \infty$.

Der Fall $0 < p < 2$ ist hier, anders als in 5.4(a), nicht interessant, weil

$$\sum_{j=\alpha+1}^{\infty} |\Delta X_j|^p/(1+H_j)^p < \infty \text{ f.s.}$$

die fast sichere Endlichkeit von $\sum_{j=\alpha+1}^{\infty} |\Delta X_j|^2/(1+H_j)^2$ impliziert.

Beweis Für das Martingal $Y := (1+H)^{-1} \bullet X$ gilt $|\Delta Y_n| = |\Delta X_n|/(1+H_n)$ und daher $[Y]_\infty < \infty$ f.s. und $E \sup_{n\in T} |\Delta Y_n| < \infty$. Wegen 4.14(a) gilt

$$\{\lim_{n\to\infty} Y_n \text{ existiert in } \mathbb{R}\} = \{[Y]_\infty < \infty\} = \Omega \text{ f.s.}$$

und damit folgt die Behauptung aus 5.2. $\square$

Satz 5.7 impliziert das folgende starke Gesetz der großen Zahlen für wachsende positive Prozesse.

Satz 5.8 *(Meyer, Freedman, Liptser und Shiryaev) Sei X ein adaptierter, wachsender, positiver $\mathcal{L}^1$-Prozess mit Kompensator A und $E \sup_{n \in T} \Delta X_n < \infty$. Dann gilt*

$$\frac{X_n}{A_n} \to 1 \text{ f.s. auf } \{A_\infty = \infty\}$$

für $n \to \infty$.

Der obige Satz verschärft 4.15(b), wonach $\{X_\infty = \infty\} = \{A_\infty = \infty\}$ f.s.

Beweis Ist $X = M + A$ die Doob-Zerlegung von X, so ist wegen $M_n/A_n = (X_n - A_n)/A_n = X_n/A_n - 1$

$$\frac{M_n}{A_n} \to 0 \text{ f.s. auf } \{A_\infty = \infty\}$$

für $n \to \infty$ zu zeigen. Wegen

$$\frac{|\Delta M_n|}{1 + A_n} \leq \frac{\Delta X_n + \Delta A_n}{1 + A_n} \leq \Delta X_n + 1$$

folgt

$$E \sup_{n \in T} \frac{|\Delta M_n|}{1 + A_n} \leq E \sup_{n \in T} \Delta X_n + 1 < \infty.$$

Weiter gilt

$$\begin{aligned}
\sum_{j=\alpha+1}^{\infty} \frac{|\Delta M_j|^2}{(1 + A_j)^2} &\leq 2 \sum_{j=\alpha+1}^{\infty} \frac{(\Delta X_j)^2 + (\Delta A_j)^2}{(1 + A_j)^2} \\
&\leq 2 \sup_{n \in T} \Delta X_n \sum_{j=\alpha+1}^{\infty} \frac{\Delta X_j}{(1 + A_j)^2} + 2 \sum_{j=\alpha+1}^{\infty} \frac{(\Delta A_j)^2}{(1 + A_j)^2} \\
&= 2 \sup_{n \in T} \Delta X_n ((1 + A)^{-2} \bullet X)_\infty + 2((1 + A)^{-2} \Delta A \bullet A)_\infty.
\end{aligned}$$

Lemma 5.3 liefert

$$((1 + A)^{-2} \bullet A)_\infty \leq \int_0^\infty \frac{1}{(1 + t)^2} dt = 1,$$

und weil $(1 + A)^{-2} \bullet A$ nach 1.19(c) der Kompensator von $(1 + A)^{-2} \bullet X$ ist, erhält man mit monotoner Konvergenz

$$E((1 + A)^{-2} \bullet X)_\infty = E((1 + A)^{-2} \bullet A)_\infty \leq 1 < \infty$$

und insbesondere $((1 + A)^{-2} \bullet X)_\infty < \infty$ f.s. Ferner ist $(1 + A)^{-2}\Delta A \bullet A$ der Kompensator von $(1 + A)^{-2}\Delta A \bullet X$ und daher

$$\begin{aligned} E((1 + A)^{-2}\Delta A \bullet A)_\infty &= E((1 + A)^{-2}\Delta A \bullet X)_\infty \\ &= E \sum_{j=\alpha+1}^{\infty} \frac{\Delta A_j \Delta X_j}{(1 + A_j)^2} \\ &\leq E \sup_{n \in T} \Delta X_n ((1 + A)^{-2} \bullet A)_\infty \\ &\leq E \sup_{n \in T} \Delta X_n < \infty. \end{aligned}$$

Damit folgt die Behauptung aus 5.7. □

Korollar 5.9 *Ist X ein adaptierter $\mathcal{L}^2$-Prozess mit $E \sup_{n\in T}(\Delta X_n)^2 < \infty$, so gilt*

$$\frac{[X]_n}{\langle X \rangle_n} \to 1 \text{ f.s. auf } \{\langle X \rangle_\infty = \infty\}$$

für $n \to \infty$.

Beweis Da $\langle X \rangle$ nach 1.16(a) der Kompensator von $[X]$ ist, folgt die Behauptung aus 5.8. □

Das obige Korollar ist auch für $\mathcal{L}^2$-Martingale ohne die Voraussetzung an die Zuwächse nicht richtig: Für das $\mathcal{L}^2$-Martingal M in 1.18 gilt $\langle M \rangle_\infty = \infty$ und $[M]_\infty < \infty$ f.s. und daher $[M]_n / \langle M \rangle_n \to 0$ f.s.

Beispiel 5.10 (Ein autoregressives Modell erster Ordnung) Seien $T = \mathbb{N}_0$ und $(Z_n)_{n\geq 1}$ eine unabhängige Folge identisch verteilter Zufallsvariablen mit $Z_1 \in \mathcal{L}^2$, $EZ_1 = 0$ und $\sigma^2 := \operatorname{Var} Z_1 = EZ_1^2 > 0$. Ferner sei $X_0 \in \mathcal{L}^2$ eine von $(Z_n)_{n\geq 1}$ unabhängige Zufallsvariable. Die Dynamik von X sei

$$X_n = \vartheta X_{n-1} + Z_n, n \geq 1,$$

wobei $\vartheta \in \mathbb{R}$ als unbekannter Parameter angesehen wird. Mit $\mathcal{F}_n := \sigma(X_0, Z_1, \ldots, Z_n) = \mathcal{F}_n^X$ und $\mathbb{F} = (\mathcal{F}_n)_{n\geq 0}$ erhält man den $\mathbb{F}$-bedingten Kleinste-Quadrate-Schätzer $\hat{\vartheta}_n$ für ϑ auf Basis der Beobachtungen $X_0, X_1, \ldots, X_n$ durch Minimierung von

$$\sum_{j=1}^{n} (X_j - E(\vartheta X_{j-1} + Z_j | \mathcal{F}_{j-1}))^2 = \sum_{j=1}^{n} (X_j - \vartheta X_{j-1})^2$$

über $\vartheta \in \mathbb{R}$, also

$$\hat{\vartheta}_n = \frac{\sum_{j=1}^n X_j X_{j-1}}{\sum_{j=1}^n X_{j-1}^2} \text{ auf } \left\{\sum_{j=1}^{n} X_{j-1}^2 > 0\right\}$$

für $n \geq 1$. Setze $\hat{\vartheta}_n := 0$ auf $\{\sum_{j=1}^n X_{j-1}^2 = 0\}$. Wir zeigen die (**starke**) **Konsistenz** von $\hat{\vartheta}_n$, das heißt

$$\hat{\vartheta}_n \to \vartheta \text{ f.s.} \quad \text{für } n \to \infty,$$

falls ϑ der wahre Wert des Parameters ist.

Mit Induktion folgt, dass X (für jeden Wert des Parameters ϑ) ein adaptierter $\mathcal{L}^2$-Prozess ist. Sei $Y_n := \sum_{i=1}^n Z_i$ mit $Y_0 = 0$ und $M := (X_- \bullet Y)/\sigma^2$. Dann ist Y ein $\mathcal{L}^2$-Martingal (1.7(a)), damit M ein Martingal nach 1.9, und wegen der Unabhängigkeit von Z_j und X_{j-1} ist M ein $\mathcal{L}^2$-Prozess. Wegen

$$\sum_{j=1}^n X_j X_{j-1} = \sum_{j=1}^n (\vartheta X_{j-1} + Z_j) X_{j-1} = \vartheta \sum_{j=1}^n X_{j-1}^2 + \sigma^2 M_n$$

und

$$\langle M \rangle_n = \frac{1}{\sigma^4} (X_-^2 \bullet \langle Y \rangle)_n = \frac{1}{\sigma^4} \sum_{j=1}^n X_{j-1}^2 \sigma^2 = \frac{1}{\sigma^2} \sum_{j=1}^n X_{j-1}^2$$

für $n \geq 1$ gilt

$$\hat{\vartheta}_n = \vartheta + \frac{M_n}{\langle M \rangle_n} \quad \text{auf} \left\{ \sum_{j=1}^n X_{j-1}^2 > 0 \right\} = \{\langle M \rangle_n > 0\}$$

für $n \geq 1$. Aus dem starken Gesetz der großen Zahlen 5.5 folgt

$$\frac{M_n}{\langle M \rangle_n} \to 0 \text{ f.s.} \quad \text{auf } \{\langle M \rangle_\infty = \infty\}$$

für $n \to \infty$, und wegen

$$\begin{aligned} \infty = \sum_{j=1}^\infty Z_j^2 &= \sum_{j=1}^\infty (X_j - \vartheta X_{j-1})^2 \leq 2 \sum_{j=1}^\infty (X_j^2 + \vartheta^2 X_{j-1}^2) \\ &\leq 2(1 + \vartheta^2) \sum_{j=1}^\infty X_{j-1}^2 = 2(1 + \vartheta^2) \sigma^2 \langle M \rangle_\infty \end{aligned}$$

gilt $\{[Y]_\infty = \infty\} \subset \{\langle M \rangle_\infty = \infty\}$. Das starke Gesetz der großen Zahlen von Kolmogorov liefert $[Y]_\infty = \infty$ f.s. und damit $\langle M \rangle_\infty = \infty$ f.s., was die Konsistenz von $\hat{\vartheta}_n$ zeigt.

5.2 Exponentielle Ungleichungen

In diesem Abschnitt beweisen wir exponentielle Maximalungleichungen für Martingale. Interessante Rollen spielen dabei exponentielle Supermartingale und die **Fenchel-Legendre Transformierte**

$$\overline{f}(y) := \sup_{\lambda \in I} (\lambda y - f(\lambda)), \; y \in \mathbb{R}$$

für Funktionen $f : I \to \mathbb{R}$ und Intervalle $I \subset \mathbb{R}_+$. Genauer untersuchen wir Ungleichungen des folgenden Typs.

Satz 5.11 *(Exponentielle Ungleichungen) Seien X und A adaptierte reelle Prozesse, $I \subset \mathbb{R}_+$ ein Intervall, $f : I \to \mathbb{R}$ und*

$$\exp\left(\lambda X - f(\lambda) A\right)$$

sei für alle $\lambda \in I$ ein Supermartingal mit $E \exp(\lambda X_\alpha - f(\lambda) A_\alpha) \le 1$.

(a) Ist $f \ge 0$, so gilt für alle $a, b > 0$

$$P(X_n \ge a \text{ und } A_n \le b \text{ für ein } n \in T) \le \exp\left(-b\overline{f}\left(\frac{a}{b}\right)\right).$$

(b) Für alle $a, b > 0$ gilt

$$P\left(\frac{X_n}{A_n} \ge a \text{ und } A_n \ge b \text{ für ein } n \in T\right) \le \exp(-b\overline{f}(a)).$$

(c) Ist A positiv, so gilt für alle $a > 0$ und $n \in T$

$$P(X_n \ge a A_n) \le \inf_{p>1} (E \exp\{-(p-1) A_n \overline{f}(a)\})^{1/p}.$$

Beweis (a) Für $\lambda \in I$ sei $Y := \exp(\lambda X - f(\lambda) A)$. Wegen der Positivität von f und λ gilt

$$\begin{aligned}\bigcup_{n\in T} \{X_n \ge a, A_n \le b\} &\subset \bigcup_{n\in T} \{Y_n \ge \exp(\lambda a - f(\lambda) b)\} \\ &\subset \{\sup_{n\in T} Y_n \ge \exp(\lambda a - f(\lambda) b)\},\end{aligned}$$

und aus der Doob-Ungleichung 3.3(a) folgt wegen $\sup_{n\in T} EY_n = EY_\alpha \le 1$

$$\begin{aligned}P(X_n \ge a \text{ und } A_n \le b \text{ für ein } n \in T) &\le P(\sup_{n\in T} Y_n \ge \exp(\lambda a - f(\lambda) b)) \\ &\le \exp\{-(\lambda a - f(\lambda) b)\} \sup_{n\in T} EY_n \\ &\le \exp\{-(\lambda a - f(\lambda) b)\}.\end{aligned}$$

Da diese Abschätzung für jedes $\lambda \in I$ gilt, erhält man

$$\begin{aligned}P(X_n \ge a \text{ und } A_n \le b \text{ für ein } n \in T) &\le \inf_{\lambda\in I} \exp\{-(\lambda a - f(\lambda) b)\} \\ &= \exp\{-\sup_{\lambda\in I}(\lambda a - f(\lambda) b)\} \\ &= \exp\left\{-b \sup_{\lambda\in I}\left(\lambda \frac{a}{b} - f(\lambda)\right)\right\} \\ &= \exp\left(-b\overline{f}\left(\frac{a}{b}\right)\right).\end{aligned}$$

(b) (Shiryaev) Wir können ohne Einschränkung $\overline{f}(a) > 0$ annehmen. Für $\lambda \in I$ mit $\lambda a - f(\lambda) \geq 0$ und $Y := \exp(\lambda X - f(\lambda)A)$ gilt

$$\begin{aligned}\bigcup_{n\in T}\left\{\frac{X_n}{A_n} \geq a, A_n \geq b\right\} &= \bigcup_{n\in T}\{X_n \geq aA_n, A_n \geq b\}\\ &\subset \bigcup_{n\in T}\{Y_n \geq \exp((\lambda a - f(\lambda))A_n), A_n \geq b\}\\ &\subset \bigcup_{n\in T}\{Y_n \geq \exp((\lambda a - f(\lambda))b)\}\\ &\subset \{\sup_{n\in T} Y_n \geq \exp(\lambda ab - f(\lambda)b)\}.\end{aligned}$$

Da diese Inklusion für jedes $\lambda \in I$ mit $\lambda a - f(\lambda) \geq 0$ gilt und

$$\sup\{\lambda ab - f(\lambda)b : \lambda \in I, \lambda a - f(\lambda) \geq 0\} = b\overline{f}(a),$$

erhält man die Behauptung wie in (a).

(c) Für $\lambda \in I$ und $p > 1$ gilt mit $q := p/(p-1)$ wegen $\{X_n \geq aA_n\} \subset \{\exp(\lambda X_n/q - \lambda a A_n/q) \geq 1\}$, der Markov-Ungleichung und der Hölder-Ungleichung

$$\begin{aligned}P(X_n \geq aA_n) &\leq E\exp\left(\frac{\lambda}{q}X_n - \frac{\lambda a}{q}A_n\right)\\ &= E\exp\left(\frac{\lambda}{q}X_n - \frac{f(\lambda)}{q}A_n\right)\exp\left(-\frac{A_n}{q}(\lambda a - f(\lambda))\right)\\ &\leq (E\exp(\lambda X_n - f(\lambda)A_n))^{1/q}\left(E\exp\left\{-\frac{p}{q}A_n(\lambda a - f(\lambda))\right\}\right)^{1/p}\\ &\leq (E\exp\{-(p-1)A_n(\lambda a - f(\lambda))\})^{1/p}.\end{aligned}$$

Wegen der Positivität von A können wir ohne Einschränkung $\overline{f}(a) > 0$ annehmen und mit dominierter Konvergenz folgt

$$\inf_{\lambda\in I}(E\exp\{-(p-1)A_n(\lambda a - f(\lambda))\})^{1/p} \leq (E\exp\{-(p-1)A_n\overline{f}(a)\})^{1/p}. \quad \square$$

In 5.11 ist typischerweise $A_\alpha = 0$ und dann wird die Anfangsbedingung für das exponentielle Supermartingal durch $X_\alpha = 0$ sichergestellt.

Natürlich sind die Ungleichungen 5.11(a) und (b) nur für $\overline{f}(a/b) > 0$ beziehungsweise $\overline{f}(a) > 0$ interessant. Weil $\overline{f}$ auf $\mathbb{R}_+$ monoton wachsend ist und $b\overline{f}(a/b) = \sup_{\lambda\in I}(\lambda a - f(\lambda)b)$ gilt, ist die obere Schranke in 5.11(a) monoton wachsend in b und monoton fallend in a. Die obere Schranke in 5.11(b) ist monoton fallend in a und b. Dies entspricht dem Verhalten der linken Seiten der Ungleichungen.

Die Funktion f ist typischerweise konvex und dann ist zur Berechnung der oberen Schranken ein „einfaches" Maximierungsproblem für eine konkave Funktion zu lösen.

Korollar 5.12 *(Zweiseitige Version) Seien X und A adaptierte reelle Prozesse, $f : I \to \mathbb{R}$ und*

$$\exp(\lambda X - f(|\lambda|)A)$$

sei für alle $\lambda \in I \cup (-I)$ ein Supermartingal mit $E \exp(\lambda X_\alpha - f(|\lambda|)A_\alpha) \leq 1$. Dann gelten für alle $a, b > 0$

$$P(|X_n| \geq a \text{ und } A_n \leq b \text{ für ein } n \in T) \leq 2\exp\left(-b\overline{f}\left(\frac{a}{b}\right)\right), \quad \textit{falls } f \geq 0,$$

$$P\left(\frac{|X_n|}{A_n} \geq a \text{ und } A_n \geq b \text{ für ein } n \in T\right) \leq 2\exp(-b\overline{f}(a))$$

und alle $n \in T$

$$P(|X_n| \geq aA_n) \leq 2 \inf_{p>1}(E\exp\{-(p-1)A_n\overline{f}(a)\})^{1/p}, \quad \textit{falls } A \geq 0.$$

Beweis Wegen

$$\exp(\lambda(-X) - f(\lambda)A) = \exp(-\lambda X - f(|-\lambda|)A)$$

für $\lambda \in I$ kann man 5.11 auf X und $-X$ anwenden. Die Behauptungen folgen damit aus

$$\{|X_n| \geq a, A_n \leq b\} = \{X_n \geq a, A_n \leq b\} \cup \{-X_n \geq a, A_n \leq b\},$$
$$\left\{\frac{|X_n|}{A_n} \geq a, A_n \geq b\right\} = \left\{\frac{X_n}{A_n} \geq a, A_n \geq b\right\} \cup \left\{\frac{-X_n}{A_n} \geq a, A_n \geq b\right\}$$

und

$$\{|X_n| \geq aA_n\} = \{X_n \geq aA_n\} \cup \{-X_n \geq aA_n\}. \qquad \square$$

Bemerkung 5.13 (Ungleichungen für den Maximumprozess) Die Ungleichungen in 5.11 und 5.12 implizieren Maximalungleichungen, falls A wachsend ist. Seien also X ein reeller Prozess, A ein wachsender reeller Prozess und $a, b > 0$.

(a) Wegen

$$\{X_n^* \geq a, A_n \leq b\} \subset \bigcup_{j=\alpha}^{n} \{X_j \geq a, A_j \leq b\} \text{ f.s.}$$

und

$$\begin{aligned}\{X_n^* \geq a\} &= \{X_n^* \geq a, A_n \leq b\} \cup \{X_n^* \geq a, A_n > b\} \\ &\subset \{X_n^* \geq a, A_n \leq b\} \cup \{A_n > b\}\end{aligned}$$

folgen aus

$$P(X_n \geq a \text{ und } A_n \leq b \text{ für ein } n \in T) \leq c = c(a,b)$$

die Maximalungleichungen

$$P(X_n^* \geq a, A_n \leq b) \leq c \quad \text{und} \quad P(X_n^* \geq a) \leq c + P(A_n > b)$$

für $n \in T$.

Falls $\beta = \infty$, folgen wegen

$$\{X_\infty^* > a, A_\infty \leq b\} = \bigcup_{n \in T} \{X_n^* > a, A_\infty \leq b\}$$

und der Stetigkeit von unten auch

$$P(X_\infty^* > a, A_\infty \leq b) \leq c \quad \text{und} \quad P(X_\infty^* > a) \leq c + P(A_\infty > b).$$

Gelten die beiden Ungleichungen in einer Umgebung von a und ist $x \mapsto c(x,b)$ stetig im Punkt a, so gelten diese Ungleichungen für $P(X_\infty^* \geq a, \ldots)$ statt mit strikter Ungleichheit:

Es gilt etwa

$$P(X_\infty^* \geq a, A_\infty \leq b) \leq P(X_\infty^* > x, A_\infty \leq b) \leq c(x,b)$$

für $x < a$ und $c(x,b) \to c(a,b)$ für $x \to a$.

(b) Für $n \in T$ sei $T^n = \{j \in T : j \geq n\}$. Wegen

$$\left\{ \sup_{j \in T^n} \frac{X_j}{A_j} > a, A_n \geq b \right\} \subset \bigcup_{j \in T^n} \left\{ \frac{X_j}{A_j} \geq a, A_j \geq b \right\} \text{ f.s.}$$

und

$$\left\{ \sup_{j \in T^n} \frac{X_j}{A_j} > a \right\} \subset \left\{ \sup_{j \in T^n} \frac{X_j}{A_j} > a, A_n \geq b \right\} \cup \{A_n < b\}$$

folgen aus

$$P\left(\frac{X_n}{A_n} \geq a \text{ und } A_n \geq b \text{ für ein } n \in T \right) \leq c = c(a,b)$$

die Ungleichungen

$$P\left(\sup_{j \in T^n} \frac{X_j}{A_j} > a, A_n \geq b \right) \leq c \quad \text{und} \quad P\left(\sup_{j \in T^n} \frac{X_j}{A_j} > a \right) \leq c + P(A_n < b)$$

für $n \in T$. Gelten die obigen Ungleichungen in einer Umgebung von a und ist $x \mapsto c(x,b)$ stetig im Punkt a, so gelten die Ungleichungen wie in (a) für $P(\sup_{j \in T^n} \frac{X_j}{A_j} \geq a, \ldots)$ statt mit strikter Ungleichheit.

Für Martingale (oder Supermartingale) X wird die Rolle der Funktion f in 5.11 sehr oft von den folgenden Funktionen gespielt. Sei $\varphi : \mathbb{R} \to \mathbb{R}$,

$$\varphi(x) := e^x - 1 - x.$$

Für $c > 0$ sei

$$\varphi_c(x) := \frac{1}{c^2}\varphi(cx) = \frac{1}{c^2}(e^{cx} - 1 - cx)$$

und für $c = 0$

$$\varphi_0(x) := \frac{x^2}{2}.$$

Wir benötigen einige elementare Eigenschaften dieser Funktionen. Im Rest dieses Abschnitts ist

$$I = \mathbb{R}_+.$$

Lemma 5.14

(a) *Es gilt* $\varphi \geq 0$ *auf* $\mathbb{R}$, $c \mapsto \varphi_c(x)$ *ist monoton wachsend auf* $\mathbb{R}_+$ *für alle* $x \geq 0$, *und für* $c \geq 0$ *gilt* $\varphi(\lambda x) \leq x^2 \varphi_c(\lambda)$ *für alle* $x \leq c$, $\lambda \geq 0$. *Ferner gilt* $\varphi(x - (x^+)^2/2) \leq x^2/2$ *für alle* $x \in \mathbb{R}$.
(b) $e^{\lambda x} \leq \cosh(\lambda) + x \sinh(\lambda)$ *für alle* $|x| \leq 1$, $\lambda \in \mathbb{R}$ *und* $\cosh(x) \leq \exp(x^2/2)$ *für* $x \in \mathbb{R}$.
(c) $\varphi(x) \leq x \sinh(x)$ *und* $\varphi(x) \leq \varphi(|x|)$ *für alle* $x \in \mathbb{R}$.
(d) *Sei* $I = \mathbb{R}_+$. $\overline{\varphi}(y) = (y+1)\log(y+1) - y$ *für* $y \geq 0$, $\overline{\varphi}(y) \geq y^2/2(1+y/3)$ *und* $\overline{\varphi}(y) \geq (y/2)\operatorname{arsinh}(y/2)$ *für* $y \geq 0$, $\overline{\varphi}_c(y) = c^{-2}\overline{\varphi}(cy)$ *für* $c > 0$, $y \in \mathbb{R}$ *und* $\overline{\varphi}_0(y) = \varphi_0(y)$ *für* $y \geq 0$.

Die Funktion arsinh ist die Umkehrfunktion von sinh und durch die Formel

$$\operatorname{arsinh}(x) = \log(x + \sqrt{1 + x^2})$$

für $x \in \mathbb{R}$ gegeben.

Die untere Schranke $y^2/2(1 + y/3)$ für $\overline{\varphi}$ in 5.14(d) ist für kleine $y \geq 0$ besser als die untere Schranke $(y/2)\operatorname{arsinh}(y/2)$ und für große y schlechter. Genauer gilt

$$\left\{y \in \mathbb{R}_+ : \frac{y^2}{2(1 + y/3)} \geq \frac{y}{2}\operatorname{arsinh}\left(\frac{y}{2}\right)\right\} = [0, y_0]$$

mit $y_0 = 9.8942\ldots$

Beweis (a) Wegen $\varphi'(x) = e^x - 1$ gilt $\varphi' > 0$ auf $(0, \infty)$ und $\varphi' < 0$ auf $(-\infty, 0)$, also $\varphi \geq 0$ auf $\mathbb{R}$, da $\varphi(0) = 0$.

Sei $g(x) := \varphi(x)/x^2$ für $x \neq 0$ und $g(0) := 1/2$. Weil

$$g(x) = \int_0^1 \int_0^z e^{xy} dy dz,$$

ist g monoton wachsend. Wegen

$$\varphi_c(x) = g(cx)x^2$$

für alle $c \geq 0, x \in \mathbb{R}$, folgt die Monotonie von $c \mapsto \varphi_c(x)$ auf $\mathbb{R}_+$ für $x \geq 0$ aus der von g. Ferner folgt aus obiger Gleichung für $x \leq c, \lambda \geq 0$

$$\varphi(\lambda x) = \lambda^2 \varphi_\lambda(x) = \lambda^2 x^2 g(\lambda x) \leq \lambda^2 x^2 g(\lambda c) = x^2 \varphi_c(\lambda).$$

Insbeondere folgt für $c = 0, x \leq 0$

$$\varphi(x - (x^+)^2/2) = \varphi(x) \leq x^2 \varphi_0(1) = \frac{x^2}{2}.$$

Für $x \geq 0$ definiere man $k(x) := \log(1 + x) - x + x^2/2$. Dann gilt $k(0) = 0$ und $k' \geq 0$, also ist k monoton wachsend und damit $k \geq 0$ auf $\mathbb{R}_+$. Es folgt für $x \geq 0$

$$\exp(x - x^2/2) \leq 1 + x,$$

also

$$\varphi(x - x^2/2) = \exp(x - x^2/2) - 1 - x + x^2/2 \leq x^2/2.$$

(b) Wegen der Konvexität von $x \mapsto e^x$ gilt für $|x| \leq 1$ und $\lambda \in \mathbb{R}$

$$\begin{aligned} e^{\lambda x} &= \exp\left(\frac{1+x}{2}\lambda + \frac{1-x}{2}(-\lambda)\right) \leq \frac{1+x}{2}e^{\lambda} + \frac{1-x}{2}e^{-\lambda} \\ &= \frac{1}{2}(e^{\lambda} + e^{-\lambda}) + \frac{x}{2}(e^{\lambda} - e^{-\lambda}) = \cosh(\lambda) + x\sinh(\lambda). \end{aligned}$$

Ferner gilt für $x \in \mathbb{R}$

$$\cosh(x) = \sum_{j=0}^{\infty} \frac{x^{2j}}{(2j)!} \leq \sum_{j=0}^{\infty} \frac{x^{2j}}{2^j j!} = e^{x^2/2}.$$

(c) Wegen $\varphi \geq 0$ gilt für $x \in \mathbb{R}$

$$\begin{aligned} \varphi(x) &= e^x - 1 + e^{-x} - 1 - \varphi(-x) \leq e^x + e^{-x} - 2 = 2(\cosh(x) - 1) \\ &= 2\sum_{j=1}^{\infty} \frac{x^{2j}}{(2j)!} = 2\sum_{j=0}^{\infty} \frac{x^{2j+2}}{(2j+2)!} \leq 2\sum_{j=0}^{\infty} \frac{x^{2j+2}}{2(2j+1)!} = x\sinh(x). \end{aligned}$$

Ferner gilt für $x \leq 0$

$$\varphi(x) - \varphi(-x) = e^x - e^{-x} - 2x = 2(\sinh(x) - x) = 2\sum_{j=1}^{\infty} \frac{x^{2j+1}}{(2j+1)!} \leq 0.$$

(d) Das maximierende λ in $I = \mathbb{R}_+$ für die konkave Funktion $\lambda \mapsto \lambda y - \varphi(\lambda)$ ist $\lambda_0 = \log(y+1)$, $y \geq 0$, und damit erhält man

$$\begin{aligned}\overline{\varphi}(y) &= \lambda_0 y - \varphi(\lambda_0) = y\log(y+1) - (y+1) + 1 + \log(y+1) \\ &= (y+1)\log(y+1) - y = \int_0^y \log(1+t)dt.\end{aligned}$$

Ferner gilt für $c > 0$, $y \in \mathbb{R}$

$$\overline{\varphi}_c(y) = \sup_{\lambda \geq 0}(\lambda y - \varphi_c(\lambda)) = \frac{1}{c^2}\sup_{\lambda \geq 0}(\lambda c^2 y - \varphi(c\lambda)) = \frac{1}{c^2}\overline{\varphi}(cy)$$

und für $c = 0$, $y \geq 0$

$$\overline{\varphi}_0(y) = \sup_{\lambda \geq 0}\left(\lambda y - \frac{\lambda^2}{2}\right) = \frac{y^2}{2} = \varphi_0(y),$$

wobei $\lambda_0 = y$ das maximierende λ in $\mathbb{R}_+$ ist. Außerdem gilt

$$\overline{\varphi}(y) \geq \frac{y^2}{2(1+y/3)} =: g(y)$$

für $y \geq 0$, denn

$$\begin{aligned}&\overline{\varphi}(0) = g(0) = 0, && \overline{\varphi}'(y) = \log(1+y), \\ &g'(y) = (2y + y^2/3)/2(1+y/3)^2, && \overline{\varphi}'(0) = g'(0) = 0\end{aligned}$$

und

$$\overline{\varphi}''(y) = (1+y)^{-1} \geq g''(y) = (1+y/3)^{-3},$$

also $\overline{\varphi}' \geq g'$ und daher $\overline{\varphi} \geq g$ auf $\mathbb{R}_+$.

Wegen (c) gilt $\varphi(x) \leq x\sinh(x) =: h(x)$ für $x \in \mathbb{R}$, also $\overline{\varphi} \geq \overline{h}$ auf $\mathbb{R}$. Mit der Wahl

$$\lambda_0 := \operatorname{arsinh}(y/2)$$

für $y \geq 0$ folgt $\lambda_0 \geq 0$, $h(\lambda_0) = \lambda_0 y/2$ und damit

$$\overline{\varphi}(y) \geq \sup_{\lambda \geq 0}(\lambda y - h(\lambda)) \geq \lambda_0 y - h(\lambda_0) = \frac{\lambda_0 y}{2} = \frac{y}{2}\operatorname{arsinh}\left(\frac{y}{2}\right). \qquad \square$$

Ist X ein $\mathcal{L}^2$-Martingal mit $X_\alpha = 0$ und mit **$\mathbb{F}$-bedingt normalverteilten Zuwächsen**, das heißt

$$P^{\Delta X_n | \mathcal{F}_{n-1}} = N(0, \sigma_n^2)$$

oder gleichbedeutend

$$E(e^{\lambda \Delta X_n} | \mathcal{F}_{n-1}) = e^{\lambda^2 \sigma_n^2 / 2}$$

für alle $n \in T, n \geq \alpha + 1, \lambda \in \mathbb{R}$ und einen vorhersehbaren, positiven reellen Prozess $\sigma^2 = (\sigma_n^2)_{n \in T}$, so gilt $\sigma_n^2 = \mathrm{Var}(\Delta X_n | \mathcal{F}_{n-1}) = \Delta \langle X \rangle_n$, und daher ist

$$Y := \exp\left(\lambda X - \frac{\lambda^2}{2} \langle X \rangle \right)$$

für alle $\lambda \in \mathbb{R}$ ein Martingal mit Anfangswert 1: Wegen

$$Y_n = Y_{n-1} \exp\left(\lambda \Delta X_n - \frac{\lambda^2}{2} \Delta \langle X \rangle_n \right)$$

gilt mit Taking out what is known

$$E(Y_n | \mathcal{F}_{n-1}) = Y_{n-1} \exp\left(-\frac{\lambda^2}{2} \Delta \langle X \rangle_n \right) E(e^{\lambda \Delta X_n} | \mathcal{F}_{n-1}) = Y_{n-1}.$$

Ein Beispiel für ein solches Martingal X findet man in 5.19(b). Im Allgemeinen ist Y kein Martingal oder Supermartingal. Allerdings kann man Y für unsere Zwecke durch andere exponentielle Supermartingale ersetzen.

Ein $\mathbb{F}$-adaptierter reeller Prozess X hat **$\mathbb{F}$-bedingt symmetrische Zuwächse**, falls

$$P^{\Delta X_n | \mathcal{F}_{n-1}} = P^{-\Delta X_n | \mathcal{F}_{n-1}}$$

für alle $n \in T, n \geq \alpha + 1$. Der Prozess X ist dann ein Martingal, falls X ein $\mathcal{L}^1$-Prozess ist. Die $\mathbb{F}$-bedingte Normalität der Zuwächse impliziert deren $\mathbb{F}$-bedingte Symmetrie.

Lemma 5.15 *(Exponentielle Supermartingale)*

(a) (Bedingt symmetrische Zuwächse, de la Peña) Sei X ein $\mathbb{F}$-adaptierter reeller Prozess mit $X_\alpha = 0$ und $\mathbb{F}$-bedingt symmetrischen Zuwächsen. Dann ist

$$Y := \exp\left(\lambda X - \frac{\lambda^2}{2} [X] \right)$$

für alle $\lambda \in \mathbb{R}$ ein Supermartingal mit Anfangswert 1.

(b) ($\mathcal{L}^\infty$-Zuwachsprozess) Sei X ein Supermartingal mit $X_\alpha = 0$ und $|\Delta X_n| \leq c_n$ f.s. mit $c_n \in \mathbb{R}_+$ für alle $n \geq \alpha + 1$. Dann ist

$$Z_n := \exp\left(\lambda X_n - \frac{\lambda^2}{2} \sum_{j=\alpha+1}^{n} c_j^2 \right), \quad n \in T$$

für alle $\lambda \geq 0$ ein Supermartingal mit Anfangswert 1. Falls X ein Martingal ist, so ist Z für alle $\lambda \in \mathbb{R}$ ein Supermartingal.

Beweis (a) Für $n \geq \alpha + 1$ und $\lambda \in \mathbb{R}$ gilt

$$Y_n = Y_{n-1} \exp\left(\lambda \Delta X_n - \frac{\lambda^2}{2}(\Delta X_n)^2\right)$$

und daher

$$E(Y_n|\mathcal{F}_{n-1}) = Y_{n-1} E\left(\exp\left(\lambda \Delta X_n - \frac{\lambda^2}{2}(\Delta X_n)^2\right)\Big|\mathcal{F}_{n-1}\right).$$

Aus der $\mathbb{F}$-bedingten Symmetrie der Zuwächse folgt

$$E\left(\exp\left(\lambda \Delta X_n - \frac{\lambda^2}{2}(\Delta X_n)^2\right)\Big|\mathcal{F}_{n-1}\right) = E\left(\exp\left(-\lambda \Delta X_n - \frac{\lambda^2}{2}(\Delta X_n)^2\right)\Big|\mathcal{F}_{n-1}\right)$$

und damit wegen 5.14(b)

$$\begin{aligned} &E\left(\exp\left(\lambda \Delta X_n - \frac{\lambda^2}{2}(\Delta X_n)^2\right)\Big|\mathcal{F}_{n-1}\right) \\ &= E\left(\frac{1}{2}\exp\left(\lambda \Delta X_n - \frac{\lambda^2}{2}(\Delta X_n)^2\right) + \frac{1}{2}\exp\left(-\lambda \Delta X_n - \frac{\lambda^2}{2}(\Delta X_n)^2\right)\Big|\mathcal{F}_{n-1}\right) \\ &= E\left(\exp\left(-\frac{\lambda^2}{2}(\Delta X_n)^2\right)\cosh(\lambda \Delta X_n)\Big|\mathcal{F}_{n-1}\right) \leq 1. \end{aligned}$$

Man erhält $E(Y_n|\mathcal{F}_{n-1}) \leq Y_{n-1}$. Induktion liefert $EY_n \leq EY_\alpha = 1$ für alle $n \in T$, so dass Y ein $\mathcal{L}^1$-Prozess ist.

(b) Für $n \geq \alpha + 1$ und $\lambda \geq 0$ gilt

$$Z_n = Z_{n-1} \exp\left(\lambda \Delta X_n - \frac{\lambda^2}{2} c_n^2\right)$$

und daher

$$E(Z_n|\mathcal{F}_{n-1}) = Z_{n-1} \exp\left(\frac{-\lambda^2 c_n^2}{2}\right) E(e^{\lambda \Delta X_n}|\mathcal{F}_{n-1}).$$

Ferner gilt nach 5.14(b) im Fall $c_n > 0$

$$e^{\lambda \Delta X_n} = e^{\lambda c_n \Delta X_n / c_n} \leq \cosh(\lambda c_n) + \frac{\Delta X_n}{c_n} \sinh(\lambda c_n),$$

also wegen der Supermartingaleigenschaft $E(\Delta X_n|\mathcal{F}_{n-1}) \leq 0$ und $\sinh(\lambda c_n) \geq 0$

$$E(e^{\lambda \Delta X_n}|\mathcal{F}_{n-1}) \leq \cosh(\lambda c_n) \leq \exp\left(\frac{\lambda^2 c_n^2}{2}\right).$$

Es folgt $E(Z_n|\mathcal{F}_{n-1}) \leq Z_{n-1}$. Im Fall $c_n = 0$ gilt $Z_n = Z_{n-1}$.

Ist X ein Martingal, so kann man wegen $|\Delta(-X)_n| = |-\Delta X_n| = |\Delta X_n|$ den ersten Teil von (b) auf $-X$ anwenden und erhält, dass Z für alle $\lambda \in \mathbb{R}$ ein Supermartingal ist. □

Ohne die Symmetrievoraussetzung in 5.15(a) erhält man exponentielle Supermartingale für $\mathcal{L}^2$-Supermartingale X, wenn man $[X]$ durch eine Mischung aus der quadratischen Variation des Anteils von X mit (eventuell großen) positiven Zuwächsen und der vorhersehbaren quadratischen Variation des Rests ersetzt.

Lemma 5.16 *(Exponentielle Supermartingale) Sei X ein Supermartingal mit $X_\alpha = 0$.*

(a) Für $c \in \mathbb{R}_+$ seien

$$X_n^{1,c} := \sum_{j=\alpha+1}^{n} \Delta X_j 1_{\{\Delta X_j > c\}} \quad \text{und} \quad X_n^{2,c} := \sum_{j=\alpha+1}^{n} \Delta X_j 1_{\{\Delta X_j \leq c\}},$$

und $X^{2,c}$ sei ein $\mathcal{L}^2$-Prozess. Dann ist

$$Y := \exp(\lambda X - \varphi_c(\lambda)([X^{1,c}] + \langle X^{2,c}\rangle))$$

für alle $\lambda \geq 0$ ein Supermartingal mit Anfangswert 1.

(b) (Dzhaparidze und van Zanten) Sei X ein $\mathcal{L}^2$-Prozess und für $c \in \mathbb{R}_+$ sei

$$X_n^c := \sum_{j=\alpha+1}^{n} \Delta X_j 1_{\{|\Delta X_j| > c\}}.$$

Dann ist

$$Z := \exp(\lambda X - \varphi_c(|\lambda|)([X^c] + \langle X\rangle))$$

für alle $\lambda \geq 0$ ein Supermartingal mit Anfangswert 1. Falls X ein Martingal ist, so ist Z für alle $\lambda \in \mathbb{R}$ ein Supermartingal.

Für $c = 0$ ist 5.16(a) die zeitdiskrete Version eines Ergebnisses von Barlow, Jacka und Yor [66]. Für beliebiges $c \in \mathbb{R}_+$ gilt $[X^{1,c}] + \langle X^{2,c}\rangle \leq [X^{1,c}] + \langle X\rangle \leq [X^c] + \langle X\rangle$. Deshalb ist Y „besser" als Z im Hinblick auf 5.11(a) (und (b) folgt aus (a).) Falls $\sup_{n\in T} \Delta X_n \leq c$ f.s., gilt $X^{1,c} = 0$ und

$$Y = \exp(\lambda X - \varphi_c(\lambda)\langle X\rangle).$$

Dieses Supermartingal geht zurück auf Meyer und Neveu.

Für $c = 0$ gilt $X^c = X$ in 5.16(b) und somit

$$Z = \exp\left(\lambda X - \frac{\lambda^2}{2}([X] + \langle X\rangle)\right).$$

Beweis (a) Für $n \geq \alpha + 1$ und $\lambda \geq 0$ gilt

$$\begin{aligned} E(Y_n|\mathcal{F}_{n-1}) = {} & Y_{n-1} \exp(-\varphi_c(\lambda)\Delta\langle X^{2,c}\rangle_n) \\ & \cdot E(\exp(\lambda\Delta X_n - \varphi_c(\lambda)\Delta[X^{1,c}]_n)|\mathcal{F}_{n-1}). \end{aligned}$$

Wegen $\varphi_0(\lambda) = \lambda^2/2 \leq \varphi_c(\lambda)$ (5.14(a)) gilt weiter

$$\begin{aligned} \exp(\lambda\Delta X_n - \varphi_c(\lambda)\Delta[X^{1,c}]_n) &\leq \exp\left(\lambda\Delta X_n - \frac{\lambda^2}{2}\Delta[X^{1,c}]_n\right) \\ &= \varphi\left(\lambda\Delta X_n - \frac{\lambda^2}{2}\Delta[X^{1,c}]_n\right) + 1 + \lambda\Delta X_n - \frac{\lambda^2}{2}\Delta[X^{1,c}]_n. \end{aligned}$$

Auf $\{\Delta X_n \le c\}$ gilt $\Delta[X^{1,c}]_n = (\Delta X_n)^2 1_{\{\Delta X_n > c\}} = 0$ und nach 5.14(a)

$$\varphi(\lambda \Delta X_n) \le \varphi_c(\lambda)(\Delta X_n)^2,$$

und auf $\{\Delta X_n > c\}$ gilt $\Delta[X^{1,c}]_n = (\Delta X_n)^2$ und wieder nach 5.14(a)

$$\varphi\left(\lambda \Delta X_n - \frac{\lambda^2}{2}(\Delta X_n)^2\right) \le \frac{\lambda^2}{2}(\Delta X_n)^2.$$

Man erhält wegen $\Delta[X^{2,c}]_n = (\Delta X_n)^2 1_{\{\Delta X_n \le c\}}$

$$\exp(\lambda \Delta X_n - \varphi_c(\lambda)\Delta[X^{1,c}]_n) \le 1 + \lambda \Delta X_n + \varphi_c(\lambda)\Delta[X^{2,c}]_n,$$

also wegen $E(\Delta X_n|\mathcal{F}_{n-1}) \le 0$ und $\varphi \ge 0$ oder $e^x \ge 1 + x$ für $x \in \mathbb{R}$

$$\begin{aligned} E(\exp(\lambda \Delta X_n - \varphi_c(\lambda)\Delta[X^{1,c}]_n)|\mathcal{F}_{n-1}) &\le 1 + \varphi_c(\lambda)E(\Delta[X^{2,c}]_n|\mathcal{F}_{n-1}) \\ &= 1 + \varphi_c(\lambda)\Delta\langle X^{2,c}\rangle_n \le \exp(\varphi_c(\lambda)\Delta\langle X^{2,c}\rangle_n). \end{aligned}$$

Es folgt $E(Y_n|\mathcal{F}_{n-1}) \le Y_{n-1}$.

(b) Mit

$$X_n^{3,c} := \sum_{j=\alpha+1}^{n} \Delta X_j 1_{\{\Delta X_j < -c\}}$$

gilt $X^c = X^{1,c} + X^{3,c}$, und daher hat Z die multiplikative Zerlegung

$$Z = YG$$

mit

$$\begin{aligned} G &:= \exp\{-\varphi_c(\lambda)([X^c] - [X^{1,c}] + \langle X\rangle - \langle X^{2,c}\rangle)\} \\ &= \exp\{-\varphi_c(\lambda)([X^{3,c}] + \langle X^{1,c}\rangle)\} \end{aligned}$$

und $\lambda \ge 0$. Da G ein fallender Prozess mit $G_\alpha = 1$ ist, folgt aus (a)

$$\begin{aligned} E(Z_n|\mathcal{F}_{n-1}) &= E(Y_n G_n|\mathcal{F}_{n-1}) \le E(Y_n|\mathcal{F}_{n-1})G_{n-1} \\ &\le Y_{n-1}G_{n-1} = Z_{n-1} \end{aligned}$$

für $n \ge \alpha + 1$ und damit ist Z ein Supermartingal.

Ist X ein Martingal, so kann man den ersten Teil von (b) auch auf $-X$ anwenden und erhält wegen $[(-X)^c] = [X^c]$ und $\langle -X\rangle = \langle X\rangle$, dass Z für alle $\lambda \in \mathbb{R}$ ein Supermartingal ist. □

Die obigen exponentiellen Supermartingale zusammen mit 5.11, 5.12 und 5.13 implizieren exponentielle Ungleichungen für Martingale. Wir formulieren nur die zweiseitigen Versionen.

Satz 5.17 *(Exponentielle Ungleichungen)*

(a) *Sei X ein $\mathcal{L}^2$-Martingal mit $X_\alpha = 0$ und für $c \geq 0$ sei X^c wie in 5.16(b) definiert. Dann gelten für alle $a, b > 0, n \in T$*

$$P(|X|_\beta^* \geq a, [X^c]_\beta + \langle X\rangle_\beta \leq b) \leq 2\exp\left(-b\overline{\varphi}_c\left(\frac{a}{b}\right)\right)$$
$$= 2\exp\left\{-\left(\frac{a}{c} + \frac{b}{c^2}\right)\log\left(\frac{ac}{b} + 1\right) + \frac{a}{c}\right\}, \quad \textit{falls } c > 0$$
$$\leq 2\exp\left(-\frac{a^2}{2b(1 + ac/3b)}\right) \wedge 2\exp\left\{-\frac{a}{2c}\operatorname{arsinh}\left(\frac{ac}{2b}\right)\right\},$$
$$P(|X|_\beta^* \geq a, \langle X\rangle_\beta \leq b) \leq 2\exp\left(-b\overline{\varphi}_c\left(\frac{a}{b}\right)\right) + P(|\Delta X|_\beta^* > c),$$
$$P\left(\sup_{j\geq n}\frac{|X_j|}{[X^c]_j + \langle X\rangle_j} \geq a, [X^c]_n + \langle X\rangle_n \geq b\right) \leq 2\exp(-b\overline{\varphi}_c(a))$$
$$= 2\exp\left\{-\left(\frac{ab}{c} + \frac{b}{c^2}\right)\log(ac + 1) + \frac{ab}{c}\right\}, \quad \textit{falls } c > 0$$
$$\leq 2\exp\left(-\frac{a^2 b}{2(1 + ac/3)}\right) \wedge 2\exp\left\{-\frac{ab}{2c}\operatorname{arsinh}\left(\frac{ac}{2}\right)\right\}$$

und

$$P(|X_n| \geq a([X^c]_n + \langle X\rangle_n))$$
$$\leq 2\inf_{p>1}(E\exp\{-(p-1)\overline{\varphi}_c(a)([X^c]_n + \langle X\rangle_n)\})^{1/p}.$$

(b) *Sei X ein $\mathbb{F}$-adaptierter reeller Prozess mit $X_\alpha = 0$ und $\mathbb{F}$-bedingt symmetrischen Zuwächsen. Dann gelten für alle $a, b > 0, n \in T$*

$$P(|X|_\beta^* \geq a, [X]_\beta \leq b) \leq 2\exp\left(-\frac{a^2}{2b}\right),$$
$$P\left(\sup_{j\geq n}\frac{|X_j|}{[X]_j} \geq a, [X]_n \geq b\right) \leq 2\exp\left(-\frac{a^2 b}{2}\right)$$

und

$$P(|X_n| \geq a[X]_n) \leq 2\inf_{p>1}\left(E\exp\left(-\frac{(p-1)a^2}{2}[X]_n\right)\right)^{1/p}.$$

Ist X ein $\mathcal{L}^2$-Martingal mit $\mathbb{F}$-bedingt normalverteilten Zuwächsen, so kann man $[X]$ durch $\langle X\rangle$ ersetzen.

(c) *(Hoeffding, Azuma) Sei X ein Martingal mit $X_\alpha = 0$ und $|\Delta X_n| \leq c_n$ f.s. mit $c_n \in \mathbb{R}_+$ für alle $n \geq \alpha + 1$. Dann gelten für alle $a > 0, n \in T$*

$$P(|X|_\beta^* \geq a) \leq 2\exp\left(-\frac{a^2}{2\sum_{j=\alpha+1}^{\beta} c_j^2}\right)$$

und

$$P\left(\frac{\sup_{j\geq n}|X_j|}{\sum_{k=\alpha+1}^{j}c_k^2}\geq a\right)\leq 2\exp\left(-\frac{a^2\sum_{j=\alpha+1}^{n}c_j^2}{2}\right).$$

Beweis (a) Für $\lambda\in\mathbb{R}$ ist

$$\exp(\lambda X-\varphi_c(|\lambda|)([X^c]+\langle X\rangle))$$

nach 5.16(b) ein Supermartingal. Weil $\varphi_c\geq 0$ und $\overline{\varphi}_c$ auf $\mathbb{R}_+$ stetig ist nach 5.14(a), (d), kann man 5.12 und 5.13 mit $f=\varphi_c$, $I=\mathbb{R}_+$ und $A=[X^c]+\langle X\rangle$ anwenden. Die Formeln für $b\overline{\varphi}_c(a/b)$ und $b\overline{\varphi}_c(a)$ folgen aus 5.14(d). Ferner gilt nach 5.14(d) für $y\geq 0$ und $c>0$

$$\overline{\varphi}_c(y)=\frac{1}{c^2}\overline{\varphi}(cy)\geq\frac{c^2y^2}{2c^2(1+cy/3)}=\frac{y^2}{2(1+cy/3)}$$

und damit

$$b\overline{\varphi}_c\left(\frac{a}{b}\right)\geq\frac{ba^2}{2b^2(1+ca/3b)}=\frac{a^2}{2(b+ac/3)}$$

und

$$b\overline{\varphi}_c(a)\geq\frac{a^2b}{2(1+ac/3)}.$$

Außerdem gilt nach 5.14(d) für $y\geq 0$, $c>0$

$$\overline{\varphi}_c(y)\geq\frac{y}{2c}\operatorname{arsinh}\left(\frac{cy}{2}\right),$$

also

$$b\overline{\varphi}_c\left(\frac{a}{b}\right)\geq\frac{a}{2c}\operatorname{arsinh}\left(\frac{ac}{2b}\right)\quad\text{und}\quad b\overline{\varphi}_c(a)\geq\frac{ab}{2c}\operatorname{arsinh}\left(\frac{ac}{2}\right).$$

Damit sind die erste und dritte Gruppe von Gleichungen und Ungleichungen bewiesen.

Für $D:=\{|X|_\beta^*\geq a,\langle X\rangle_\beta\leq b\}$ gilt

$$D\cap\{[X^c]_\beta+\langle X\rangle_\beta\leq b\}=\{|X|_\beta^*\geq a,[X^c]_\beta+\langle X\rangle_\beta\leq b\}$$

und

$$D\cap\{[X^c]_\beta+\langle X\rangle_\beta>b\}\subset\{[X^c]_\beta>0\}=\{|\Delta X|_\beta^*>c\}.$$

Es folgt

$$\begin{aligned}P(D)&\leq P(|X|_\beta^*\geq a,[X^c]_\beta+\langle X\rangle_\beta\leq b)+P(|\Delta X|_\beta^*>c)\\&\leq 2\exp\left(-b\overline{\varphi}_c\left(\frac{a}{b}\right)\right)+P(|\Delta X|_\beta^*>c).\end{aligned}$$

Ferner folgt die letzte Ungleichung aus der letzten Ungleichung in 5.12.

(b) Für $\lambda \in \mathbb{R}$ ist

$$\exp\left(\lambda X - \frac{\lambda^2}{2}[X]\right)$$

nach 5.15(a) ein Supermartingal, und für $\mathcal{L}^2$-Martingale X mit $\mathbb{F}$-bedingt normalverteilten Zuwächsen ist auch

$$\exp\left(\lambda X - \frac{\lambda^2}{2}\langle X\rangle\right)$$

ein Supermartingal wegen der Bemerkung nach 5.14. Wegen $\overline{\varphi}_0(y) = y^2/2$ folgt damit (b) aus 5.12 und 5.13.

(c) Für $\lambda \in \mathbb{R}$ ist

$$\exp\left(\lambda X_n - \frac{\lambda^2}{2}\sum_{j=\alpha+1}^{n} c_j^2\right), \quad n \in T$$

nach 5.15(b) ein Supermartingal. Daher kann man 5.12 und 5.13 mit $f = \varphi_0$, $I = \mathbb{R}_+$ und $A_n = \sum_{j=\alpha+1}^{n} c_j^2$ anwenden. Wegen $\overline{\varphi}_0(y) = y^2/2$ folgt für $b := \sum_{j=\alpha+1}^{\beta} c_j^2$ im Fall $b \in (0,\infty)$

$$P(|X|_\beta^* \geq a) = P(|X|_\beta^* \geq a, A_\beta \leq b) \leq 2\exp\left(-\frac{a^2}{2\sum_{j=\alpha+1}^{\beta} c_j^2}\right).$$

Diese Ungleichung gilt natürlich auch für $b = 0$ und $b = \infty$. Für $n \in T$ und $d_n := \sum_{j=\alpha+1}^{n} c_j^2$ folgt im Fall $d_n > 0$

$$\begin{aligned} P\left(\sup_{j\geq n}\frac{|X_j|}{A_j} \geq a\right) &= P\left(\sup_{j\geq n}\frac{|X_j|}{A_j} \geq a, A_n \geq d_n\right) \\ &\leq 2\exp(-d_n\overline{\varphi}_0(a)) = 2\exp\left(-\frac{a^2\sum_{j=\alpha+1}^{n} c_j^2}{2}\right), \end{aligned}$$

und diese Ungleichung gilt auch im Fall $d_n = 0$. □

Bemerkung 5.18 Für $c > 0$ sei $\gamma_c : (0,\infty) \to \mathbb{R}_+$,

$$\gamma_c(y) := \frac{2\overline{\varphi_c}(y)}{y^2} = \frac{2\overline{\varphi}(cy)}{c^2y^2}.$$

Dann gilt $\gamma_c(0+) = 1$, $1 \geq \gamma_c(y) \geq 1/(1 + cy/3)$ wegen 5.14(a), (d), und man kann die exponentiellen Schranken in 5.17(a) schreiben als

$$\exp\left(-b\overline{\varphi}_c\left(\frac{a}{b}\right)\right) = \exp\left(-\frac{a^2}{2b}\gamma_c\left(\frac{a}{b}\right)\right)$$

und

$$\exp(-b\overline{\varphi}_c(a)) = \exp\left(-\frac{a^2 b}{2}\gamma_c(a)\right).$$

Satz 5.17(a) liefert für Martingale mit $\mathcal{L}^\infty$-beschränktem Zuwachsprozess eine wesent- liche Verbesserung (eines Spezialfalls) der Lenglart-Ungleichung 3.9(b). Danach gilt für $\mathcal{L}^2$-Martingale X mit $X_\alpha = 0$ und $a, b > 0, n \in T$

$$P(|X|_n^* \geq a, \langle X\rangle_n \leq b) = P(\sup_{j \leq n} |X_j|^2 \geq a^2, \langle X\rangle_n \leq b) \leq \frac{1}{a^2/b},$$

da X^2 durch $\langle X\rangle$ L-dominiert wird, während unter der Voraussetzung

$$\sup_{n \in T} |\Delta X_n| \leq c \text{ f.s.}$$

aus 5.17(a) folgt

$$P(|X|_n^* \geq a, \langle X\rangle_n \leq b) \leq 2\exp\left(-\frac{a^2}{2b}\gamma_c\left(\frac{a}{b}\right)\right)$$

mit der Funktion γ_c aus 5.18. Bei $\beta = \infty$ und „moderaten" Abweichungen $a/b = a_n/b_n \to 0$ und $a_n^2/b_n \to \infty$ für $n \to \infty$ (a_n wächst moderat im Vergleich zur zugelassenen Variabilität b_n) sieht man wegen $\gamma_c(0+) = 1$ den Unterschied.

Eine analoge Verbesserung erhält man nach 5.17(b) für $\mathcal{L}^2$-Martingale mit $\mathbb{F}$-bedingt normalverteilten Zuwächsen unter $a_n^2/b_n \to \infty$.

Satz 5.17 liefert ferner Charakterisierungen der Konvergenzgeschwindigkeit in Gesetzen der großen Zahlen. Das illustrieren die folgenden Beispiele.

Beispiel 5.19 (a) Seien $\beta = \infty$ und X ein Martingal mit $X_\alpha = 0$ und

$$\sup_{n \in T} |\Delta X_n| \leq c \text{ f.s.}$$

mit $c \in (0, \infty)$. Dann gilt etwa im starken Gesetz der großen Zahlen 5.5 (bei $\langle X\rangle_\infty = \infty$ f.s.) wegen 5.17(a) für $a > 0, n \in T$

$$P\left(\sup_{j \geq n} \frac{|X_j|}{\langle X\rangle_j} \geq a\right) \leq 2\exp(-b\overline{\varphi}_c(a)) + P(\langle X\rangle_n < b)$$

für alle $b > 0$ und daher

$$P\left(\sup_{j \geq n} \frac{|X_j|}{\langle X\rangle_j} \geq a\right) \leq \inf_{b>0}(2\exp(-b\overline{\varphi}_c(a)) + P(\langle X\rangle_n < b)).$$

Falls etwa $\langle X\rangle_n \geq b_n$ f.s. für alle $n \geq \alpha + 1$, folgt

$$P\left(\sup_{j \geq n} \frac{|X_j|}{\langle X\rangle_j} \geq a\right) \leq 2\exp(-b_n\overline{\varphi}_c(a)).$$

Es sei daran erinnert, dass $X_n/\langle X\rangle_n \to 0$ f.s. äquivalent zu

$$P\Big(\sup_{j\geq n}\frac{|X_j|}{\langle X\rangle_j}\geq a\Big)\to 0,\quad n\to\infty$$

für alle $a>0$ ist.

Nach dem starken Gesetz der großen Zahlen 5.4(a) mit $\alpha=0$ und $H_n := n^q$ gilt $X_n/n^q \to 0$ f.s. für $q>1/2$. Die Konvergenzgeschwindigkeit im entsprechenden schwachen Gesetz wird nach 5.17(c) durch

$$P\Big(\frac{|X_n|}{n^q}\geq a\Big)=P(|X_n|\geq an^q)\leq 2\exp\Big(-\frac{a^2n^{2q}}{2nc^2}\Big)=2\exp\Big(-\frac{a^2n^{2q-1}}{2c^2}\Big)$$

für $a>0$, $n\in T=\mathbb{N}_0$ charakterisiert. Im Fall $q=1$ beschreibt diese Schranke sogar die Konvergenzgeschwindigkeit im starken Gesetz, denn wieder nach 5.17(c) gilt

$$P\Big(\sup_{j\geq n}\frac{|X_j|}{j}\geq a\Big)=P\Big(\sup_{j\geq n}\frac{|X_j|}{jc^2}\geq\frac{a}{c^2}\Big)\leq 2\exp\Big(-\frac{na^2}{2c^2}\Big)$$

für $a>0$.

(b) (Ein autoregressives Modell erster Ordnung) In der Situation von Beispiel 5.10 sei $P^{Z_1}=N(0,\sigma^2)$. Der Schätzer $\hat{\vartheta}_n$ für ϑ ist (stark) konsistent, also $\hat{\vartheta}_n \to \vartheta$ f.s. für $n\to\infty$, falls ϑ der wahre Wert des Parameters ist. In der Darstellung 5.10

$$\hat{\vartheta}_n=\vartheta+\frac{M_n}{\langle M\rangle_n}\ \text{auf}\{\langle M\rangle_n>0\},$$

wobei $M=(X_-\bullet Y)/\sigma^2$ ein $\mathcal{L}^2$-Martingal mit $\langle M\rangle_\infty=\infty$ f.s. und Y der $\mathbb{F}$-Random walk $Y_n=\sum_{i=1}^n Z_i$ mit $Y_0=0$ ist, hat M $\mathbb{F}$-bedingt normalverteilte Zuwächse: Weil $\sigma(Z_n)$ und $\mathcal{F}_{n-1}$ unabhängig sind, liefert die Substitutionsregel A.19 für $\lambda\in\mathbb{R}$

$$\begin{aligned}E(e^{\lambda\Delta M_n}|\mathcal{F}_{n-1})&=E(\exp(\lambda X_{n-1}Z_n/\sigma^2)|\mathcal{F}_{n-1})\\&=\exp(\lambda^2X_{n-1}^2/2\sigma^2)=\exp(\lambda^2\Delta\langle M\rangle_n/2),\end{aligned}$$

also $P^{\Delta M_n|\mathcal{F}_{n-1}}=N(0,X_{n-1}^2/\sigma^2)$. Man erhält mit 5.17(b) für die Konvergenzgeschwindigkeit von $\hat{\vartheta}_n$ gegen ϑ für $a>0$ auf $\{\langle M\rangle_n\geq b_n\}=\{\sum_{j=1}^n X_{j-1}^2\geq\sigma^2 b_n\}$ mit $b_n>0$

$$\begin{aligned}P\Big(\sup_{j\geq n}|\hat{\vartheta}_j-\vartheta|\geq a,\sum_{j=1}^n X_{j-1}^2\geq\sigma^2b_n\Big)&=P\Big(\sup_{j\geq n}\frac{|M_j|}{\langle M\rangle_j}\geq a,\langle M\rangle_n\geq b_n\Big)\\&\leq 2\exp\Big(-\frac{a^2b_n}{2}\Big).\end{aligned}$$

Natürlich konvergiert $\hat{\vartheta}_n$ auch stochastisch gegen ϑ („schwache Konsistenz"). Für die Konvergenzgeschwindigkeit bezüglich stochastischer Konvergenz gilt wegen $\{|\hat{\vartheta}_n - \vartheta| \geq a\} \subset \{|M_n| \geq a\langle M\rangle_n\}$ nach 5.17(b)

$$P(|\hat{\vartheta}_n - \vartheta| \geq a) \leq 2 \inf_{p>1}\left(E\exp\left(-\frac{(p-1)a^2}{2}\langle M\rangle_n\right)\right)^{1/p}.$$

Unter der Voraussetzung $X_0 \stackrel{d}{=} Z_1$ lässt sich die Laplace-Transformierte von $\langle M\rangle_n$ durch die Laplace-Transformierte der χ^2_n-Verteilung abschätzen. Für $n \geq 1$ gilt

$$X_n^2 = (\vartheta X_{n-1} + Z_n)^2 = \vartheta^2 X_{n-1}^2 + 2\vartheta X_{n-1} Z_n + Z_n^2$$

und damit für $t \in \mathbb{R}$ mit $t < 1/2\sigma^2$, $b = b(t) := 1/(1-2t\sigma^2)^{1/2}$ und $\tau := b\sigma$ wegen A.19

$$\begin{aligned} E(e^{tX_n^2}|\mathcal{F}_{n-1}) &= e^{t\vartheta^2 X_{n-1}^2} E(\exp(2t\vartheta X_{n-1} Z_n + tZ_n^2)|\mathcal{F}_{n-1}) \\ &= e^{t\vartheta^2 X_{n-1}^2} \int \exp(2t\vartheta X_{n-1} z + tz^2) dN(0,\sigma^2)(z) \\ &= e^{t\vartheta^2 X_{n-1}^2} \frac{1}{\sqrt{2\pi}\sigma} \int_{\mathbb{R}} \exp(2t\vartheta X_{n-1} z) \exp\left(-\frac{z^2}{2}\left(\frac{1}{\sigma^2} - 2t\right)\right) dz \\ &= e^{t\vartheta^2 X_{n-1}^2} \frac{1}{\sqrt{2\pi}\sigma} \int_{\mathbb{R}} \exp(2t\vartheta X_{n-1} z) \exp\left(-\frac{z^2}{2\tau^2}\right) dz \\ &= e^{t\vartheta^2 X_{n-1}^2} \frac{\tau}{\sigma} \exp(4t^2\vartheta^2 X_{n-1}^2 \tau^2/2) \\ &= b\exp\{t\vartheta^2 X_{n-1}^2(1 + 2tb^2\sigma^2)\} \\ &= b\exp(tb^2\vartheta^2 X_{n-1}^2). \end{aligned}$$

Insbesondere gilt für $t \leq 0, n \geq 1$

$$E(e^{tX_n^2}|\mathcal{F}_{n-1}) \leq b(t)$$

und

$$Ee^{tX_0^2} = b(t).$$

Da $\langle M\rangle_n = \sum_{j=1}^n X_{j-1}^2/\sigma^2$ und da für $n \geq 2$

$$E(e^{t\langle M\rangle_n}|\mathcal{F}_{n-2}) = e^{t\langle M\rangle_{n-1}} E\left(\exp\left(\frac{t}{\sigma^2} X_{n-1}^2\right) \middle| \mathcal{F}_{n-2}\right) \leq e^{t\langle M\rangle_{n-1}} (1-2t)^{-1/2},$$

also

$$Ee^{t\langle M\rangle_n} \leq Ee^{t\langle M\rangle_{n-1}}(1-2t)^{-1/2},$$

folgt mit Induktion

$$Ee^{t\langle M\rangle_n} \leq (1-2t)^{-n/2}$$

für alle $t \leq 0, n \geq 1$.

Man erhält für $n \geq 1$ und $a > 0$

$$\begin{aligned} P(|\hat{\vartheta}_n - \vartheta| \geq a) &\leq 2 \inf_{p>1} \exp\left(-\frac{n}{2}\frac{\log(1+(p-1)a^2)}{p}\right) \\ &= 2\exp\left(-\frac{na^2}{2}\sup_{y>0}\frac{\log(1+ya^2)}{a^2(y+1)}\right). \end{aligned}$$

Für die durch $g(y) := \log(1+ya^2)/a^2(y+1), y > 0$ definierte Funktion g gilt

$$g'(y) = \frac{a^2 - \overline{\varphi}(ya^2)}{a^2(y+1)^2(1+ya^2)}$$

mit $\overline{\varphi}$ aus 5.14(d). Ist $z = z(a) > 0$ die eindeutige Lösung in $(0,\infty)$ der Gleichung $\overline{\varphi}(z) = a^2$, so maximiert $y = y(a) := z/a^2$ die Funktion g. Wegen

$$g(y) = g(z/a^2) = \frac{\log(1+z)}{z+a^2} = \frac{1}{1+z}$$

folgt für $n \geq 1, a > 0$

$$P(|\hat{\vartheta}_n - \vartheta| \geq a) \leq 2\exp\left(-\frac{na^2}{2(1+z(a))}\right)$$

(Bercu und Touati [68], Corollary 5.2). Für kleine a, genauer für $a < 3/2$ gilt ferner nach 5.14(d)

$$\overline{\varphi}(2a) \geq \frac{4a^2}{2(1+2a/3)} = \frac{6a^2}{3+2a} > a^2,$$

also $z(a) \leq 2a$, und daher

$$P(|\hat{\vartheta}_n - \vartheta| \geq a) \leq 2\exp\left(-\frac{na^2}{2(1+2a)}\right).$$

Spezielle exponentielle Supermartingale liefern auch Abschätzungen für exponentielle Momente von Prozessen.

Satz 5.20 *(Exponentielle Momente, de la Peña, Klass und Lai, de la Peña) Seien X und A adaptierte reelle Prozesse, A sei positiv und*

$$E\exp\left(\lambda X_n - \frac{\lambda^2}{2}A_n\right) \leq 1$$

für alle $\lambda \in \mathbb{R}$ *und* $n \in T$. *Dann gelten für alle* $a > 0$ *und* $n \in T$ *mit* $E\sqrt{A_n} > 0$

$$E\exp\left(\frac{X_n^2}{4(A_n + (E\sqrt{A_n})^2)}\right) \leq \sqrt{2},$$

$$E\exp\left(\frac{a|X_n|}{(A_n + (E\sqrt{A_n})^2)^{1/2}}\right) \leq \sqrt{2}\exp(a^2),$$

$$P\left(\frac{|X_n|}{(A_n + (E\sqrt{A_n})^2)^{1/2}} \geq a\right) \leq \sqrt{2}\exp\left(-\frac{a^2}{4}\right)$$

und für $n \in T$ *mit* $EX_n^2 > 0$

$$P\left(\frac{|X_n|}{(A_n + EX_n^2)^{1/2}} \geq a\right) \leq a^{-2/3}\exp\left(-\frac{a^2}{3}\right).$$

Die obige Voraussetzung ist erfüllt, falls $\exp(\lambda X - (\lambda^2/2)A)$ für alle $\lambda \in \mathbb{R}$ ein Supermartingal mit $E\exp(\lambda X_\alpha - (\lambda^2/2)A_\alpha) \leq 1$ ist.

Der Satz ist auf die Martingale in 5.15 und 5.16(b) für $c = 0$ anwendbar.

Wegen $(E\sqrt{A_n})^2 \leq EA_n$ liefert die dritte Ungleichung insbesondere

$$P\left(\frac{|X_n|}{(A_n + EA_n)^{1/2}} \geq a\right) \leq \sqrt{2}\exp\left(-\frac{a^2}{4}\right).$$

Falls $EA_n = EX_n^2$, ist die letzte Ungleichung besser sobald $2^{-1/2}a^{-2/3}e^{-a^2/12} < 1$, also $a > 0{,}5708\ldots$ Diese beiden Ungleichungen sind wegen der Nomierung $(A_n + (E\sqrt{A_n})^2)^{1/2}$ beziehungsweise $(A_n + EX_n^2)^{1/2}$ im Zusammenhang mit den in Abschn. 5.5 behandelten zentralen Grenzwertsätzen zu sehen.

Beweis (Mischungsmethode) Wegen

$$\int \exp(\lambda x)dN(0,\sigma^2)(\lambda) = \frac{1}{\sqrt{2\pi}\sigma}\int_{\mathbb{R}} \exp(\lambda x)\exp\left(-\frac{\lambda^2}{2\sigma^2}\right)d\lambda = \exp\left(\frac{x^2\sigma^2}{2}\right)$$

für $x \in \mathbb{R}$ gilt mit dem Satz von Fubini für $b > 0$ und $n \in T$

$$\begin{aligned}
1 &\geq \int E\exp\left(\lambda X_n - \frac{\lambda^2}{2}A_n\right)dN\left(0,\frac{1}{b^2}\right)(\lambda) \\
&= E\frac{b}{\sqrt{2\pi}}\int_{\mathbb{R}} \exp\left(\lambda X_n - \frac{\lambda^2}{2}A_n\right)\exp\left(-\frac{\lambda^2 b^2}{2}\right)d\lambda \\
&= E\frac{b}{(A_n+b^2)^{1/2}}\frac{(A_n+b^2)^{1/2}}{\sqrt{2\pi}}\int_{\mathbb{R}} \exp(\lambda X_n)\exp\left(-\frac{\lambda^2(A_n+b^2)}{2}\right)d\lambda \\
&= E\frac{b}{(A_n+b^2)^{1/2}}\exp\left(\frac{X_n^2}{2(A_n+b^2)}\right).
\end{aligned}$$

Der Rest des Beweises basiert auf dieser Abschätzung. Mit der Cauchy-Schwarz-Ungleichung folgt

$$
\begin{aligned}
E\exp\left(\frac{X_n^2}{4(A_n+b^2)}\right) &= E\frac{\sqrt{b}\exp(X_n^2/4(A_n+b^2))}{(A_n+b^2)^{1/4}}\frac{(A_n+b^2)^{1/4}}{\sqrt{b}} \\
&\le \left(E\frac{b\exp(X_n^2/2(A_n+b^2))}{(A_n+b^2)^{1/2}}\right)^{1/2}\left(E\frac{(A_n+b^2)^{1/2}}{b}\right)^{1/2} \\
&\le \left(E\frac{(A_n+b^2)^{1/2}}{b}\right)^{1/2} \\
&= \left(E\left(\frac{A_n}{b^2}+1\right)^{1/2}\right)^{1/2} \le \left(E\frac{\sqrt{A_n}}{b}+1\right)^{1/2}.
\end{aligned}
$$

Zum Beweis der ersten drei Ungleichungen können wir ohne Einschränkung $E\sqrt{A_n} < \infty$ annehmen. Die Wahl $b := E\sqrt{A_n}$ liefert die erste Ungleichung. Zusammen mit der Markov-Ungleichung erhält man

$$
\begin{aligned}
P\left(\frac{|X_n|}{(A_n+(E\sqrt{A_n})^2)^{1/2}} \ge a\right) &= P\left(\frac{X_n^2}{4(A_n+(E\sqrt{A_n})^2)} \ge \frac{a^2}{4}\right) \\
&\le \sqrt{2}\exp\left(-\frac{a^2}{4}\right),
\end{aligned}
$$

also die dritte Ungleichung. Wegen der Ungleichung $|xy| \le (x^2+y^2)/2$ für $x, y \in \mathbb{R}$ gilt mit $x := |X_n|/(2(A_n+(E\sqrt{A_n})^2))^{1/2}$ und $y := \sqrt{2}a$

$$
\frac{a|X_n|}{(A_n+(E\sqrt{A_n})^2)^{1/2}} \le \frac{X_n^2}{4(A_n+(E\sqrt{A_n})^2)} + a^2
$$

und damit

$$
\begin{aligned}
E\exp\left(\frac{a|X_n|}{(A_n+(E\sqrt{A_n})^2)^{1/2}}\right) &\le E\exp\left(\frac{X_n^2}{4(A_n+(E\sqrt{A_n})^2)}\right)\exp(a^2) \\
&\le \sqrt{2}\exp(a^2).
\end{aligned}
$$

Das ist die zweite Ungleichung.

Zum Nachweis der letzten Ungleichung können wir ohne Einschränkung $EX_n^2 < \infty$ annehmen. Für $F \in \mathcal{F}$ und $b > 0$ folgt mit der Markov-Ungleichung (bezüglich $P(\cdot \cap F)$)

$$
\begin{aligned}
&P\left(\left\{\frac{|X_n|}{(A_n+b^2)^{1/2}} \ge a\right\} \cap F\right) \\
&\quad = P\left(\left\{\frac{X_n^2}{4(A_n+b^2)} \ge \frac{a^2}{4}\right\} \cap F\right) \\
&\quad \le P\left(\left\{\frac{|X_n|^{1/2}}{(A_n+b^2)^{1/4}}\exp\left(\frac{X^2}{4(A_n+b^2)}\right) \ge a^{1/2}e^{a^2/4}\right\} \cap F\right) \\
&\quad \le a^{-1/2}e^{-a^2/4}E\frac{|X_n|^{1/2}}{(A_n+b^2)^{1/4}}\exp\left(\frac{X_n^2}{4(A_n+b^2)}\right)1_F,
\end{aligned}
$$

und die Cauchy-Schwarz-Ungleichung liefert

$$
\begin{aligned}
E & \frac{|X_n|^{1/2}}{(A_n + b^2)^{1/4}} \exp\left(\frac{X_n^2}{4(A_n + b^2)}\right) 1_F \\
& = E \frac{b^{1/2}}{(A_n + b^2)^{1/4}} \exp\left(\frac{X_n^2}{4(A_n + b^2)}\right) \frac{|X_n|^{1/2}}{b^{1/2}} 1_F \\
& \le \left(E \frac{b}{(A_n + b^2)^{1/2}} \exp\left(\frac{X_n^2}{2(A_n + b^2)}\right)\right)^{1/2} \left(E \frac{|X_n|}{b} 1_F\right)^{1/2} \\
& \le \left(E \frac{|X_n|}{b} 1_F\right)^{1/2}.
\end{aligned}
$$

Mit der Wahl $b := (EX_n^2)^{1/2}$ und wieder der Cauchy-Schwarz-Ungleichung erhält man

$$
E \frac{|X_n|}{b} 1_F \le \left(E \frac{X_n^2}{b^2}\right)^{1/2} P(F)^{1/2} = P(F)^{1/2}.
$$

Dies impliziert

$$
P\left(\left\{\frac{|X_n|}{(A_n + EX_n^2)^{1/2}} \ge a\right\} \cap F\right) \le a^{-1/2} e^{-a^2/4} P(F)^{1/4}
$$

und die Wahl $F := \{|X_n|/(A_n + EX_n^2)^{1/2} \ge a\}$ liefert die letzte Ungleichung. □

Wir untersuchen jetzt noch exponentielle Ungleichungen für wachsende Prozesse X. Für solche Prozesse spielt die Funktion $\psi : \mathbb{R} \to \mathbb{R}$,

$$
\psi(x) := e^x - 1
$$

die Rolle von φ. Für $c > 0$ sei

$$
\psi_c(x) := \frac{1}{c} \psi(cx) = \frac{1}{c}(e^{cx} - 1),
$$

und für $c = 0$ sei $\psi_0(x) := x$.

Lemma 5.21

(a) *$\psi \ge 0$ auf $\mathbb{R}_+$, $c \mapsto \psi_c(\lambda)$ ist monoton wachsend auf $\mathbb{R}_+$ für alle $\lambda \in \mathbb{R}$, und für $c \ge 0$ gilt $\psi(\lambda x) \le x\psi_c(\lambda)$ für alle $0 \le x \le c, \lambda \in \mathbb{R}$. Ferner gilt $\overline{\psi}(y) = y \log y - y + 1$ für $y \ge 1$ mit $I = \mathbb{R}_+$, $\overline{\psi}(y) \ge 3(y-1)^2/2(2+y)$ für $y \ge 1$, und $\overline{\psi_c}(y) = \frac{1}{c}\overline{\psi}(y)$ für $c > 0$, $y \in \mathbb{R}$.*

(b) *(Exponentielles Supermartingal, Freedman) Sei X ein adaptierter, wachsender reeller Prozess mit $X_\alpha = 0$ und $\sup_{n \in T} \Delta X_n \le c$ f.s. für $c \in (0, \infty)$ und A sei der Kompensator von X. Dann ist*

$$
Y := \exp(\lambda X - \psi_c(\lambda) A)
$$

für alle $\lambda \in \mathbb{R}$ ein Supermartingal mit Anfangswert 1.

Beweis (a) Wegen der Konvexität von $x \mapsto e^x$ gilt für $c > 0, 0 \le x \le c, \lambda \in \mathbb{R}$

$$\begin{aligned} e^{\lambda x} &= \exp\left(\frac{x}{c}c\lambda + \left(1 - \frac{x}{c}\right)0\right) \le \frac{x}{c}e^{\lambda c} + \left(1 - \frac{x}{c}\right)e^0 \\ &= \frac{x}{c}(e^{\lambda c} - 1) + 1 = x\psi_c(\lambda) + 1, \end{aligned}$$

also

$$\psi(\lambda x) \le x\psi_c(\lambda).$$

Es folgt für $0 < c_1 < c_2, \lambda \in \mathbb{R}$

$$\psi(\lambda c_1) \le c_1 \psi_{c_2}(\lambda)$$

und damit

$$\psi_{c_1}(\lambda) \le \psi_{c_2}(\lambda).$$

Für $0 < c$ und $\lambda \in \mathbb{R}$ gilt mit 5.14(a) $\varphi(c\lambda) \ge 0$, also $c\lambda \le e^{c\lambda} - 1$ und damit

$$\psi_0(\lambda) = \lambda \le \psi_c(\lambda).$$

Dies liefert die Monotonie von $c \mapsto \psi_c(\lambda)$ auf $\mathbb{R}_+$ für $\lambda \in \mathbb{R}$.

Ferner gilt mit 5.14(d) für $y \ge 1$ wegen $\psi(x) = \varphi(x) + x$

$$\begin{aligned} \overline{\psi}(y) &= \sup_{\lambda \ge 0}(\lambda(y-1) - \varphi(\lambda)) = \overline{\varphi}(y-1) \\ &= y \log y - y + 1 \end{aligned}$$

und $\overline{\psi}(y) \ge (y-1)^2/2(1 + (y-1)/3) = 3(y-1)^2/2(2+y)$. Außerdem gilt für $y \in \mathbb{R}, c > 0$

$$\overline{\psi}_c(y) = \sup_{\lambda \ge 0}\left(\lambda y - \frac{1}{c}\psi(c\lambda)\right) = \frac{1}{c}\sup_{\lambda \ge 0}(\lambda c y - \psi(c\lambda)) = \frac{1}{c}\overline{\psi}(y).$$

(b) Für $n \ge \alpha + 1$ und $\lambda \in \mathbb{R}$ gilt

$$E(Y_n|\mathcal{F}_{n-1}) = Y_{n-1}\exp(-\psi_c(\lambda)\Delta A_n)E(e^{\lambda \Delta X_n}|\mathcal{F}_{n-1})$$

und wegen $0 \le \Delta X_n \le c$ nach (a)

$$\begin{aligned} E(e^{\lambda \Delta X_n}|\mathcal{F}_{n-1}) &= E(\psi(\lambda \Delta X_n)|\mathcal{F}_{n-1}) + 1 \le \psi_c(\lambda)E(\Delta X_n|\mathcal{F}_{n-1}) + 1 \\ &= \psi_c(\lambda)\Delta A_n + 1 \le \exp(\psi_c(\lambda)\Delta A_n), \end{aligned}$$

also $E(Y_n|\mathcal{F}_{n-1}) \le Y_{n-1}$. □

Satz 5.22 *(Exponentielle Ungleichungen, wachsende Prozesse) Sei X ein adaptierter, wachsender reeller Prozess mit $X_\alpha = 0$ und $\sup_{n\in T} \Delta X_n \le c$ f.s. für $c \in (0,\infty)$ und A sei der Kompensator von X. Dann gilt für alle $a, b > 0$ mit $a \ge b$*

$$P(X_\beta \ge a, A_\beta \le b) \le \exp\left(-b\overline{\psi}_c\left(\frac{a}{b}\right)\right) = \exp\left(-\frac{a}{c}\log\left(\frac{a}{b}\right) + \frac{a-b}{c}\right)$$
$$\le \exp\left(-\frac{3(a-b)^2}{2c(2b+a)}\right)$$

und für alle $a > 1$, $b > 0$, $n \in T$

$$P\left(\sup_{j\ge n}\frac{X_j}{A_j} \ge a, A_n \ge b\right) \le \exp(-b\overline{\psi}_c(a)) = \exp\left(-\frac{ab}{c}\log a + \frac{b(a-1)}{c}\right)$$
$$\le \exp\left(-\frac{3b(a-1)^2}{2c(2+a)}\right).$$

Ferner gilt für $a > 1$ und $n \in T$

$$P(X_n \ge aA_n) \le \inf_{p>1}(E\exp(-(p-1)\overline{\psi}_c(a)A_n))^{1/p}.$$

Beweis Für $\lambda \ge 0$ ist

$$\exp(\lambda X - \psi_c(\lambda)A)$$

nach 5.21(b) ein Supermartingal mit Anfangswert 1. Wegen $\psi_c \ge 0$ auf $\mathbb{R}_+$ und der Stetigkeit von $\overline{\psi}_c$ auf $[1,\infty)$ nach 5.21(a) kann man 5.11 und 5.13 mit $f = \psi_c$ und $I = \mathbb{R}_+$ anwenden. Zusammen mit den Formeln in 5.21(a) folgen die Behauptungen. □

Da $\psi \ge \varphi$ auf $\mathbb{R}_+$, sind die oberen Schranken in 5.22 schlechter als die für Supermartingale.

Eine typische Anwendung ist die Charakterisierung der (einseitigen) Konvergenzgeschwindigkeit im starken Gesetz der großen Zahlen 5.8 mit $\beta = \infty$ im Fall $A_\infty = \infty$ f.s. Falls $X_\alpha = 0$ und $\sup_{n\in T} \Delta X_n \le c$ f.s. mit $c \in (0,\infty)$, gilt für $a > 0$ und $n \in T$ nach 5.22

$$P\left(\sup_{j\ge n}\left(\frac{X_j}{A_j} - 1\right) > a\right) \le P\left(\sup_{j\ge n}\frac{X_j}{A_j} \ge a+1\right)$$
$$\le \inf_{b>0}\{\exp(-b\overline{\psi}_c(a+1)) + P(A_n < b)\}.$$

5.3 Gesetze vom iterierten Logarithmus

In diesem Abschnitt sei $\beta = \infty$. Für ein $\mathcal{L}^2$-Martingal X gilt nach 4.14(b) und 4.17(b)

$$\limsup_{n\to\infty} X_n = \infty \text{ f.s. auf } \{\langle X\rangle_\infty = \infty\},$$

falls $E \sup_{n \in T} |\Delta X_n|^2 < \infty$, und nach dem starken Gesetz der großen Zahlen 5.5 gilt

$$\lim_{n \to \infty} \frac{X_n}{\langle X \rangle_n^{1/2} (\log \langle X \rangle_n)^\delta} = 0 \text{ f.s.} \quad \text{auf } \{\langle X \rangle_\infty = \infty\}$$

für $\delta > 1/2$. Das fast sichere asymptotische Verhalten von X auf $\{\langle X \rangle_\infty = \infty\}$ kann unter geeigneten Voraussetzungen an ΔX sehr präzise durch „ein Gesetz vom iterierten Logarithmus" beschrieben werden. Das folgende allgemeine Resultat liefert auch für andere Normierungen als $\langle X \rangle$ eine obere Schranke.

Satz 5.23 *Seien X und A adaptierte reelle Prozesse, A sei positiv, $I \subset \mathbb{R}_+$ ein Intervall und $f : I \to \mathbb{R}_+$. Ferner sei*

$$\exp(\lambda X - f(\lambda) A)$$

für alle $\lambda \in I$ ein Supermartingal mit $E \exp(\lambda X_\alpha - f(\lambda) A_\alpha) \leq 1$ und

$$\overline{f}(y) \geq \frac{y^2}{2} \gamma(y) \quad \textit{für } y > 0 \textit{ und eine Funktion } \gamma \textit{ mit } \gamma(0+) = 1.$$

Dann gilt

$$\limsup_{n \to \infty} \frac{X_n}{(2 A_n \log \log A_n)^{1/2}} \leq 1 \textit{ f.s. auf } \{\lim_{n \to \infty} A_n = \infty\}.$$

Ist $\exp(\lambda X - f(|\lambda|) A)$ sogar für alle $\lambda \in I \cup (-I)$ ein Supermartingal mit $E \exp(\lambda X_\alpha - f(|\lambda|) A_\alpha) \leq 1$, so gilt

$$\limsup_{n \to \infty} \frac{|X_n|}{(2 A_n \log \log A_n)^{1/2}} \leq 1 \textit{ f.s. auf } \{\lim_{n \to \infty} A_n = \infty\}.$$

Beweis Sei $h(t) := (2t \log \log t)^{1/2}$, falls $t \geq e^e$ und $h(t) := (2t)^{1/2}$, falls $0 \leq t < e^e$. Die Funktion h ist monoton wachsend (und stetig). Wir zeigen

$$\{\lim_{n \to \infty} A_n = \infty\} \subset \left\{ \limsup_{n \to \infty} \frac{X_n}{h(A_n)} \leq s \right\} \text{ f.s.}$$

für alle $s \in (1, \infty)$. Dann folgt

$$\begin{aligned} \{\lim_{n \to \infty} A_n = \infty\} &\subset \bigcap_{m=1}^{\infty} \left\{ \limsup_{n \to \infty} \frac{X_n}{h(A_n)} \leq 1 + \frac{1}{m} \right\} \\ &= \left\{ \limsup_{n \to \infty} \frac{X_n}{h(A_n)} \leq 1 \right\} \text{ f.s.} \end{aligned}$$

Für $s \in (1, \infty)$ und $k \in \mathbb{N}$ sei

$$F_k := \bigcup_{n \in T} \{X_n \geq s h(s^k), A_n \leq s^{k+1}\}.$$

Nach 5.11(a) gilt mit $a := sh(s^k)$ und $b := s^{k+1}$ für $s^k \geq e^e$

$$P(F_k) \leq \exp\left(-b\overline{f}\left(\frac{a}{b}\right)\right) \leq \exp\left(-\frac{a^2}{2b}\gamma\left(\frac{a}{b}\right)\right)$$
$$= \exp\left(-\frac{s^2h(s^k)^2}{2s^{k+1}}\gamma\left(\frac{sh(s^k)}{s^{k+1}}\right)\right) = \exp\left(-s\log(k\log s)\gamma\left(\frac{h(s^k)}{s^k}\right)\right).$$

Sei $t \in (1/s, 1)$. Wegen $\gamma(0+) = 1$ und $h(s^k)/s^k \to 0$ für $k \to \infty$ gilt $\gamma(h(s^k)/s^k) \geq t$ und damit

$$P(F_k) \leq \exp(-st\log(k\log s)) = k^{-st}(\log s)^{-st}$$

für alle hinreichend großen $k \in \mathbb{N}$. Wegen $st > 1$ folgt $\sum_{k=1}^{\infty} P(F_k) < \infty$ und das Borel-Cantelli-Lemma impliziert

$$P(\limsup_{k\to\infty} F_k) = 0.$$

Sei nun

$$\omega \in \{\lim_{n\to\infty} A_n = \infty\} \cap (\limsup_{k\to\infty} F_k)^c = \{\lim_{n\to\infty} A_n = \infty\} \cap \liminf_{k\to\infty} F_k^c.$$

Dann gibt es ein $m \in \mathbb{N}, m \geq \alpha$ mit

$$\omega \in F_k^c = \bigcap_{n\in T}(\{X_n < sh(s^k)\} \cup \{A_n > s^{k+1}\})$$

für alle $k \geq m$. Wegen $\lim_{n\to\infty} A_n(\omega) = \infty$ existiert ferner ein $p \in \mathbb{N}$, $p \geq m$ mit $A_n(\omega) > s^m$ für alle $n \geq p$. Für $n \geq p$ wähle man ein $k \geq m$ mit $s^k < A_n(\omega) \leq s^{k+1}$. Da $\omega \in F_k^c$, gilt $X_n(\omega) \leq sh(s^k)$ und wegen der Monotonie von h

$$\frac{X_n(\omega)}{h(A_n(\omega))} \leq \frac{sh(s^k)}{h(A_n(\omega))} \leq \frac{sh(s^k)}{h(s^k)} = s.$$

Es folgt

$$\limsup_{n\to\infty} \frac{X_n(\omega)}{h(A_n(\omega))} \leq s.$$

Man erhält damit

$$\{\lim_{n\to\infty} A_n = \infty\} \cap (\limsup_{k\to\infty} F_k)^c \subset \left\{\limsup_{n\to\infty} \frac{X_n}{h(A_n)} \leq s\right\},$$

also

$$\{\lim_{n\to\infty} A_n = \infty\} \subset \left\{\limsup_{n\to\infty} \frac{X_n}{h(A_n)} \leq s\right\} \text{ f.s.}$$

Für den Beweis der zweiten Ungleichung ersetze man F_k durch

$$G_k := \bigcup_{n\in T}\{|X_n| \geq sh(s^k), A_n \leq s^{k+1}\}$$

und wende 5.12 an. □

Satz 5.23 ist auf die Prozesse X in 5.15 und 5.16 anwendbar. Insbesondere ist 5.23 mit $A = \langle X\rangle$ anwendbar auf $\mathcal{L}^2$-Martingale X mit $X_\alpha = 0$ und $\sup_{n\in T}|\Delta X_n| \leq c$ f.s., $c \in (0,\infty)$ oder mit $\mathbb{F}$-bedingt normalverteilten Zuwächsen.

Im Fall $\sup_{n\in T}|\Delta X_n| \leq c$ f.s. ist die Konstante 1 optimal, also

$$\limsup_{n\to\infty}\frac{X_n}{(2\langle X\rangle_n \log\log\langle X\rangle_n)^{1/2}} = 1 \text{ f.s. auf } \{\langle X\rangle_\infty = \infty\}$$

(Stout [143]) und damit auch

$$\limsup_{n\to\infty}\frac{|X_n|}{(2\langle X\rangle_n \log\log\langle X\rangle_n)^{1/2}} = 1 \text{ f.s. auf } \{\langle X\rangle_\infty = \infty\}.$$

Dies liefert angewandt auf das Martingal $-X$

$$\liminf_{n\to\infty}\frac{X_n}{(2\langle X\rangle_n \log\log\langle X\rangle_n)^{1/2}} = -1 \text{ f.s. auf } \{\langle X\rangle_\infty = \infty\}.$$

Das folgende Beispiel zeigt, dass die Konstante 1 in 5.23 für $\mathcal{L}^2$-Martingale mit $\mathbb{F}$-bedingt normalverteilten Zuwächsen im Allgemeinen nicht optimal ist.

Beispiel 5.24 Seien $T = \mathbb{N}_0$, $(Z_n)_{n\geq 1}$ eine unabhängige Folge $N(0,\sigma_n^2)$-verteilter Zufallsvariablen Z_n, wobei $\sigma_1^2 := e^e$ und $\sigma_n^2 := \exp(e^n) - \exp(e^{n-1})$ für $n \geq 2$, $X_n := \sum_{j=1}^n Z_j$ mit $X_0 = 0$ und $\mathbb{F} := \mathbb{F}^X$. Das $\mathcal{L}^2$-Martingal X hat wegen $P^{Z_n|\mathcal{F}_{n-1}} = P^{Z_n} = N(0,\sigma_n^2)$ $\mathbb{F}$-bedingt normalverteilte Zuwächse und $\langle X\rangle_n = \sum_{i=1}^n \sigma_i^2 = \exp(e^n)$ für $n \geq 1$. Weil $X_n/\langle X\rangle_n^{1/2}$ für $n \geq 1$ $N(0,1)$-verteilt ist, gilt für $\varepsilon > 0$

$$\sum_{n=1}^\infty P\left(\frac{|X_n|}{(2\langle X\rangle_n \log\log\langle X\rangle_n)^{1/2}} \geq \varepsilon\right) = \sum_{n=1}^\infty P\left(\frac{|X_n|}{\langle X\rangle_n^{1/2}} \geq \sqrt{2n}\varepsilon\right)$$
$$= 2\sum_{n=1}^\infty (1 - \Phi(\sqrt{2n}\varepsilon))$$

und wegen

$$1 - \Phi(x) = \frac{1}{\sqrt{2\pi}}\int_x^\infty e^{-t^2/2}dt \leq \frac{1}{x\sqrt{2\pi}}\int_x^\infty te^{-t^2/2}dt = \frac{1}{x\sqrt{2\pi}}e^{-x^2/2}$$

für $x > 0$ ist obige Reihe konvergent. Es folgt

$$\frac{X_n}{(2\langle X\rangle_n \log\log\langle X\rangle_n)^{1/2}} \to 0 \text{ f.s.}$$

für $n \to \infty$.

Beispiel 5.25 (a) (Ein autoregressives Modell erster Ordnung) In der Situation von Beispiel 5.19(b) mit $P^{Z_1} = N(0, \sigma^2)$ ist $\exp(\lambda M - (\lambda^2/2)\langle M\rangle)$ für alle $\lambda \in \mathbb{R}$ ein Martingal mit Anfangswert 1, so dass nach 5.23

$$\limsup_{n\to\infty} \frac{\langle M\rangle_n^{1/2}}{(2\log\log\langle M\rangle_n)^{1/2}} |\hat{\vartheta}_n - \vartheta| = \limsup_{n\to\infty} \frac{|M_n|}{(2\langle M\rangle_n \log\log\langle M\rangle_n)^{1/2}} \le 1 \text{ f.s.}$$

wobei $\langle M\rangle_n = \sum_{j=1}^n X_{j-1}^2/\sigma^2$.

(b) (Obere Schranke im klassischen LIL, Hartman und Wintner) Seien $(Z_n)_{n\ge 1}$ eine unabhängige $\mathcal{L}^2$-Folge identisch verteilter Zufallsvariablen und $\sigma^2 := \operatorname{Var} Z_1$. Dann gilt

$$\limsup_{n\to\infty} \frac{\sum_{j=1}^n (Z_j - EZ_1)}{(2n\log\log n)^{1/2}} \le \sigma \text{ f.s.}$$

Dazu kann man ohne Einschränkung $\sigma^2 > 0$ annehmen. Mit $T = \mathbb{N}_0$, $X_n := \sum_{j=1}^n (Z_j - EZ_1)$,

$$A_n := \sum_{j=1}^n (Z_j - EZ_1)^2 1_{\{Z_j - EZ_1 > 0\}} + nE(Z_1 - EZ_1)^2 1_{\{Z_1 - EZ_1 \le 0\}}$$

$(X_0 = A_0 = 0)$ und $\mathbb{F} := \mathbb{F}^X$ ist

$$\exp\left(\lambda X - \frac{\lambda^2}{2} A\right)$$

nach 5.16(a) für alle $\lambda \ge 0$ ein Supermartingal mit Anfangswert 1. Ferner gilt nach dem starken Gesetz der großen Zahlen von Kolmogorov

$$\frac{A_n}{n} \to \sigma^2 \text{ f.s.}$$

und damit

$$\left(\frac{2A_n \log\log A_n}{2n\log\log n}\right)^{1/2} \to \sigma \text{ f.s.}$$

für $n \to \infty$. Die Behauptung folgt aus Satz 5.23.

5.4 Stabile Konvergenz

Das Konzept der stabilen Konvergenz von Zufallsvariablen ist eine interessante, von Rényi eingeführte Verschärfung der Verteilungskonvergenz. Wir werden im nächsten Abschnitt stabile Versionen zentraler Grenzwertsätze für Martingale angeben.

Die dazu benötigten Resultate über stabile Konvergenz werden in diesem Abschnitt behandelt. Filtrationen spielen keine Rolle.

Für einen Markov-Kern K von $(\Omega, \mathcal{F})$ nach $(\mathbb{R}^d, \mathcal{B}(\mathbb{R}^d))$ und ein Wahrscheinlichkeitsmaß Q auf $\mathcal{F}$ wird durch

$$Q \otimes K(C) := \iint 1_C(\omega, x) K(\omega, dx) dQ(\omega)$$

für $C \in \mathcal{F} \otimes \mathcal{B}(\mathbb{R}^d)$ ein Wahrscheinlichkeitsmaß auf $\mathcal{F} \otimes \mathcal{B}(\mathbb{R}^d)$ und durch

$$QK(B) := Q \otimes K(\Omega \times B) = \int K(\omega, B) dQ(\omega)$$

für $B \in \mathcal{B}(\mathbb{R}^d)$ die Randverteilung von $Q \otimes K$ auf $\mathcal{B}(\mathbb{R}^d)$ definiert. Mit einer $(\mathbb{R}^d, \mathcal{B}(\mathbb{R}^d))$-wertigen Zufallsvariablen X assoziieren wir den durch

$$\delta_X(\omega, B) := \delta_{X(\omega)}(B) = 1_B(X(\omega))$$

für $\omega \in \Omega$ und $B \in \mathcal{B}(\mathbb{R}^d)$ definierten Markov-Kern (Dirac-Kern) von $(\Omega, \mathcal{F})$ nach $(\mathbb{R}^d, \mathcal{B}(\mathbb{R}^d))$. Wir bezeichnen mit $C_b(\mathbb{R}^d)$ den Vektorraum aller stetigen, beschränkten reellen Funktionen auf $\mathbb{R}^d$ und mit $\|h\|_{\sup} := \sup\{|h(x)| : x \in \mathbb{R}^d\}$ die Supremumsnorm. Für Funktionen $f : \Omega \to \mathbb{R}$ und $h : \mathbb{R}^d \to \mathbb{R}$ sei $f \otimes h : \Omega \times \mathbb{R}^d \to \mathbb{R}$.

$$f \otimes h(\omega, x) := f(\omega) h(x).$$

Definitionen 5.26 *Seien K_n, K Markov-Kerne von $(\Omega, \mathcal{F})$ nach $(\mathbb{R}^d, \mathcal{B}(\mathbb{R}^d))$ und X_n Zufallsvariablen mit Werten in $(\mathbb{R}^d, \mathcal{B}(\mathbb{R}^d))$.*

(a) Die Folge $(K_n)_{n\geq 1}$ heißt ***schwach konvergent*** *gegen K und wir schreiben*

$$K_n \to K \textit{ schwach}, \quad \textit{falls } \lim_{n\to\infty} \int f \otimes h \, dP \otimes K_n = \int f \otimes h \, dP \otimes K$$

für alle $f \in \mathcal{L}^1(P)$ und $h \in C_b(\mathbb{R}^d)$.

(b) Die Folge $(X_n)_{n\geq 1}$ heißt ***stabil konvergent*** *gegen K und wir schreiben*

$$X_n \to K \textit{ stabil}, \quad \textit{falls } \delta_{X_n} \to K \textit{ schwach}.$$

Ist dabei $K(\omega, \cdot) = \nu$ für P-fast alle $\omega \in \Omega$ und eine Verteilung ν auf $\mathcal{B}(\mathbb{R}^d)$ (K also in diesem Sinne uanbhängig von ω), so heißt $(X_n)_{n\geq 1}$ ***mischend konvergent*** *gegen ν und wir schreiben*

$$X_n \to \nu \textit{ mischend}.$$

Nach dem Satz von Fubini für Markov-Kerne bedeutet die stabile Konvergenz $X_n \to K$

$$\lim_{n\to\infty} E f h(X_n) = \int f \int h(x) K(\cdot, dx) dP$$

für alle $f \in \mathcal{L}^1(P), h \in C_b(\mathbb{R}^d)$. Mit der Wahl $f = 1$ folgt dann

$$X_n \xrightarrow{d} PK.$$

Die mischende Konvergenz $X_n \to \nu$ bedeutet

$$\lim_{n\to\infty} Efh(X_n) = \int f dP \int h d\nu$$

für alle $f \in \mathcal{L}^1(P), h \in C_b(\mathbb{R}^d)$, woraus insbesondere $X_n \xrightarrow{d} \nu$ folgt.

Typische Limeskerne bei stabiler Konvergenz $X_n \to K$ sind von der Form

$$K(\omega, \cdot) = \mu^{\varphi(\omega,\cdot)}$$

für ein Wahrscheinlichkeitsmaß μ auf $\mathcal{B}(\mathbb{R}^k)$ und eine „konkrete" messbare Abbildung $\varphi : (\Omega \times \mathbb{R}^k, \mathcal{F} \otimes \mathcal{B}(\mathbb{R}^k)) \to (\mathbb{R}^d, \mathcal{B}(\mathbb{R}^d))$. Speziell für $d = k = 1$, $\mu := N(0, 1)$ und $\varphi(\omega, x) := V(\omega)^{1/2}x$ für eine positive reelle Zufallsvariable V erhält man den **Gauß-Kern**

$$K(\omega, \cdot) = N(0, 1)^{\varphi(\omega,\cdot)} = N(0, V(\omega)).$$

Im folgenden Satz beschreiben wir die wichtigsten Charakterisierungen der stabilen Konvergenz. Für $F \in \mathcal{F}$ mit $P(F) > 0$ sei

$$P_F := P(\cdot \cap F)/P(F).$$

Satz 5.27 *Seien $\mathcal{G} \subset \mathcal{F}$ eine Unter-σ-Algebra, X_n bezüglich $\mathcal{G}$ messbare Zufallsvariable mit Werten in $(\mathbb{R}^d, \mathcal{B}(\mathbb{R}^d))$, K ein Markov-Kern von $(\Omega, \mathcal{G})$ nach $(\mathbb{R}^d, \mathcal{B}(\mathbb{R}^d))$ und $\mathcal{E} \subset \mathcal{G}$ eine Unter-Algebra mit $\sigma(\mathcal{E}) = \mathcal{G}$. Für $n \to \infty$ sind äquivalent:*

(i) $X_n \to K$ *stabil,*
(ii) $Q^{X_n} \to QK$ *schwach für alle Verteilungen Q auf $\mathcal{F}$ mit $Q \ll P$,*
(iii) $P_F^{X_n} \to P_F K$ *schwach für alle $F \in \mathcal{E}$ mit $P(F) > 0$,*
(iv) $\lim_{n\to\infty} E1_F \exp(itX_n) = E1_F \int \exp(itx)K(\cdot, dx)$ *für alle $F \in \mathcal{E}$ und $t \in \mathbb{R}^d$, wobei $tx := \sum_{i=1}^d t_i x_i$ für $t, x \in \mathbb{R}^d$,*
(v) $\lim_{n\to\infty} \int g(\omega, X_n(\omega))dP(\omega) = \int g dP \otimes K$ *für alle messbaren beschränkten Funktionen $g : (\Omega \times \mathbb{R}^d, \mathcal{F} \otimes \mathcal{B}(\mathbb{R}^d)) \to (\mathbb{R}, \mathcal{B}(\mathbb{R}))$ mit $g(\omega, \cdot) \in C_b(\mathbb{R}^d)$ für alle $\omega \in \Omega$,*
(vi) $(X_n, Y) \to K_Y$ *stabil für alle reellen Zufallsvariablen Y, wobei K_Y der durch $K_Y(\omega, \cdot) := K(\omega, \cdot) \otimes \delta_{Y(\omega)}$ definierte Markov-Kern von $(\Omega, \mathcal{F})$ nach $(\mathbb{R}^{d+1}, \mathcal{B}(\mathbb{R}^{d+1}))$ ist,*
(vii) $(X_n, Y) \xrightarrow{d} PK_Y$ *für alle reellen Zufallsvariablen Y mit K_Y aus (vi).*

Beweis (i) $\Rightarrow$ (ii). Für $h \in C_b(\mathbb{R}^d)$, $Q \ll P$ und $f := dQ/dP$ gilt nach dem Satz von Fubini für Markov-Kerne

$$\lim_{n\to\infty} \int h dQ^{X_n} = \lim_{n\to\infty} \int f h(X_n) dP = \int f \otimes h dP \otimes K$$
$$= \iint h(x) K(\cdot, dx) dQ = \int h dQK.$$

(ii) $\Rightarrow$ (iii) ist klar wegen $P_F \ll P$.

(iii) $\Rightarrow$ (i). Seien $F \in \mathcal{G}$ mit $P(F) > 0$ und $\varepsilon \in (0, P(F))$. Dann gibt es eine Menge $G \in \mathcal{E}$ mit $P(F \Delta G) \leq \varepsilon$ (denn das Mengensystem $\mathcal{H} := \{F \in \mathcal{G} : \exists G \in \mathcal{E}$ mit $P(F \Delta G) \leq \varepsilon\}$ ist eine σ-Algebra, die $\mathcal{E}$ enthält, was $\mathcal{H} = \mathcal{G}$ impliziert). Insbesondere ist $P(G) > 0$. Für $h \in C_b(\mathbb{R}^d)$ gilt wegen der Dreiecksungleichung

$$\left| \int 1_F h(X_n) dP - \int 1_F \otimes h dP \otimes K \right|$$
$$\leq \int |1_F - 1_G| \, |h(X_n)| dP + \left| \int 1_G h(X_n) dP - \int 1_G \otimes h dP \otimes K \right|$$
$$+ \int |1_G \otimes h - 1_F \otimes h| dP \otimes K$$
$$\leq 2\|h\|_{\sup} P(F \Delta G) + P(G) \left| \int h(X_n) dP_G - \int h dP_G K \right|$$

und damit

$$\limsup_{n\to\infty} \left| \int 1_F h(X_n) dP - \int 1_F \otimes h dP \otimes K \right| \leq 2\varepsilon \|h\|_{\sup}.$$

Der Grenzübergang $\varepsilon \to 0$ liefert

$$\lim_{n\to\infty} E 1_F h(X_n) = \int 1_F \otimes h dP \otimes K.$$

Das gilt natürlich auch im Fall $P(F) = 0$. Für $f \in \mathcal{L}^1(\mathcal{G}, P)$, $f \geq 0$, positive $\mathcal{G}$-Elementarfunktionen f_k mit $f_k \uparrow f$ und $h \in C_b(\mathbb{R}^d)$ gilt

$$\left| \int f h(X_n) dP - \int f \otimes h dP \otimes K \right|$$
$$\leq \int (f - f_k) |h(X_n)| dP + \left| \int f_k h(X_n) dP - \int f_k \otimes h dP \otimes K \right|$$
$$+ \int |f_k \otimes h - f \otimes h| dP \otimes K$$
$$\leq 2\|h\|_{\sup} \int (f - f_k) dP + \left| \int f_k h(X_n) dP - \int f_k \otimes h dP \otimes K \right|,$$

also

$$\limsup_{n\to\infty} \left| \int f h(X_n) dP - \int f \otimes h dP \otimes K \right| \leq 2\|h\|_{\sup} \int (f - f_k) dP$$

für alle $k \geq 1$. Der Grenzübergang $k \to \infty$ liefert mit monotoner Konvergenz

$$\lim_{n\to\infty} Efh(X_n) = \int f \otimes h dP \otimes K.$$

Das gilt dann auch für $f \in \mathcal{L}^1(\mathcal{G}, P)$. Für $f \in \mathcal{L}^1(P)$ gilt $E(f|\mathcal{G}) \in \mathcal{L}^1(\mathcal{G}, P)$ und damit wegen der $\mathcal{G}$-Messbarkeit von X_n und K

$$\begin{aligned}\lim_{n\to\infty} Efh(X_n) &= \lim_{n\to\infty} \int E(f|\mathcal{G})h(X_n)dP \\ &= \int E(f|\mathcal{G}) \otimes hdP \otimes K = \int f \otimes hdP \otimes K.\end{aligned}$$

(iii) $\Leftrightarrow$ (iv) folgt aus Lévys Stetigkeitssatz.

(ii) $\Rightarrow$ (v). Für $A \in \mathcal{B}(\mathbb{R}^d)$ mit $PK(\partial A) = 0$, wobei ∂A den topologischen Rand von A bezeichnet, und $f \in \mathcal{L}^1(P)$, $f \geq 0$ gilt zunächst

$$\lim_{n\to\infty} Ef1_A(X_n) = \int f \otimes 1_A dP \otimes K,$$

denn wir können $\int fdP = 1$ annehmen, und für die Verteilung $Q := fP$ gilt $QK \ll PK$, also auch $QK(\partial A) = 0$ und daher nach dem Portmanteau-Theorem

$$\lim_{n\to\infty} Ef1_A(X_n) = \lim_{n\to\infty} Q^{X_n}(A) = QK(A) = \int f \otimes 1_A dP \otimes K.$$

Durch Übergang zu $(g + c)/2c$ mit $c := \sup_{\omega,x} |g(\omega, x)|$, falls $c > 0$, können wir ohne Einschränkung $0 \leq g \leq 1$ annehmen. Hat g die Form

$$g = \sum_{k=1}^{\infty} f_k \otimes 1_{A_k}$$

mit $\mathcal{F}$-messbaren Funktionen $f_k, 0 \leq f_k \leq 1$ und einer Borel-messbaren Partition $\{A_k : k \in \mathbb{N}\}$ von $\mathbb{R}^d$ mit $PK(\partial A_k) = 0$ für alle k, so gilt

$$\lim_{n\to\infty} \int g(\omega, X_n(\omega))dP(\omega) = \int gdP \otimes K.$$

Zu $\varepsilon > 0$ gibt es nämlich ein $k_0 \in \mathbb{N}$ mit

$$PK\Big(\bigcup_{k>k_0} A_k\Big) \leq \varepsilon,$$

also

$$\begin{aligned}\lim_{n\to\infty} P^{X_n}\Big(\bigcup_{k>k_0} A_k\Big) &= \lim_{n\to\infty}\Big(1 - \sum_{k=1}^{k_0} P^{X_n}(A_k)\Big) \\ &= 1 - \sum_{k=1}^{k_0} PK(A_k) = PK\Big(\bigcup_{k>k_0} A_k\Big) \leq \varepsilon.\end{aligned}$$

Wegen der Dreiecksungleichung und monotoner Konvergenz gilt

$$\begin{aligned}
&\left|\int g(\omega, X_n(\omega))dP - \int g dP \otimes K\right| \\
&\quad \leq \sum_{k>k_0} \int f_k 1_{A_k}(X_n)dP + \sum_{k=1}^{k_0}\left|\int f_k 1_{A_k}(X_n)dP - \int f_k \otimes 1_{A_k} dP \otimes K\right| \\
&\quad + \sum_{k>k_0} \int f_k \otimes 1_{A_k} dP \otimes K \\
&\quad \leq P^{X_n}\Big(\bigcup_{k>k_0} A_k\Big) + \sum_{k=1}^{k_0}\left|\int f_k 1_{A_k}(X_n)dP - \int f_k \otimes 1_{A_k} dP \otimes K\right| \\
&\quad + PK\Big(\bigcup_{k>k_0} A_k\Big),
\end{aligned}$$

so dass

$$\limsup_{n\to\infty}\left|\int g(\omega, X_n(\omega))dP - \int g dP \otimes K\right| \leq 2\varepsilon.$$

Der Grenzübergang $\varepsilon \to 0$ liefert die obige Behauptung.

Sei nun $\{x_k : k \in \mathbb{N}\}$ eine dichte Teilmenge von $\mathbb{R}^d$. Wir konstruieren für jedes $m \in \mathbb{N}$ eine Borel-messbare Partition $\{A_{k,m} : k \in \mathbb{N}\}$ von $\mathbb{R}^d$ mit $PK(\partial A_{k,m}) = 0$ und $A_{k,m} \subset B(x_k, 1/m)$ für alle k, m wobei $B(x_k, c) := \{y \in \mathbb{R}^d : \|y - x_k\| \leq c\}$. ($\|\cdot\|$ bezeichnet die euklidische Norm (oder irgendeine andere Norm) auf $\mathbb{R}^d$.) Dazu sei F_k die Verteilungsfunktion von $(PK)^{\|x_k - \cdot\|}$. Dann gilt $PK(B(x_k, c)) = F_k(c)$. Wählt man Stetigkeitsstellen $c_{k,m}$ von F_k in $[1/2m, 1/m]$, so gelten

$$\begin{aligned}
PK(\partial B(x_k, c_{k,m})) &= PK(\{y \in \mathbb{R}^d : \|y - x_k\| = c_{k,m}\}) \\
&= F_k(c_{k,m}) - F_k(c_{k,m}-) = 0
\end{aligned}$$

und

$$\bigcup_{k=1}^{\infty} B(x_k, c_{k,m}) = \mathbb{R}^d.$$

Die Mengen

$$A_{k,m} := B(x_k, c_{k,m}) \setminus \bigcup_{j=1}^{k-1} B(x_j, c_{j,m})$$

haben wegen $\partial A_{k,m} \subset \bigcup_{j=1}^{k} \partial B(x_j, c_{j,m})$ die gewünschten Eigenschaften. Mit

$$\underline{f}_{k,m}(\omega) := \inf_{x \in A_{k,m}} g(\omega, x) \quad \text{und} \quad \overline{f}_{k,m}(\omega) := \sup_{x \in A_{k,m}} g(\omega, x)$$

definieren wir

$$\underline{g}_m := \sum_{k=1}^{\infty} \underline{f}_{k,m} \otimes 1_{A_{k,m}} \quad \text{und} \quad \overline{g}_m := \sum_{k=1}^{\infty} \overline{f}_{k,m} \otimes 1_{A_{k,m}}.$$

Dann gelten $\underline{g}_m \leq g \leq \overline{g}_m$ und $\overline{\underline{g}}_m \to g$ punktweise auf $\Omega \times \mathbb{R}^d$. Wegen der Separabilität von $A_{k,m}$ sind dabei die Funktionen $\overline{\underline{f}}_{k,m}$ bezüglich $\mathcal{F}$ messbar. Man erhält für jedes $m \geq 1$

$$\begin{aligned}
\int \underline{g}_m dP \otimes K &= \lim_{n\to\infty} \int \underline{g}_m(\omega, X_n(\omega))dP(\omega) \\
&\leq \liminf_{n\to\infty} \int g(\omega, X_n(\omega))dP(\omega) \\
&\leq \limsup_{n\to\infty} \int g(\omega, X_n(\omega))dP(\omega) \\
&\leq \lim_{n\to\infty} \int \overline{g}_m(\omega, X_n(\omega))dP(\omega) \\
&= \int \overline{g}_m dP \otimes K
\end{aligned}$$

und mit dominierter Konvergenz

$$\lim_{m\to\infty} \int \overline{\underline{g}}_m dP \otimes K = \int g dP \otimes K,$$

was

$$\lim_{n\to\infty} \int g(\omega, X_n(\omega))dP(\omega) = \int g dP \otimes K$$

impliziert.

(v) $\Rightarrow$ (vi). Für $F \in \mathcal{F}$ und $h \in C_b(\mathbb{R}^{d+1})$ definieren wir $g : (\Omega \times \mathbb{R}^d, \mathcal{F} \otimes \mathcal{B}(\mathbb{R}^d)) \to (\mathbb{R}, \mathcal{B}(\mathbb{R}))$ durch

$$g(\omega, x) := 1_F(\omega)h(x, Y(\omega)).$$

Da g beschränkt ist und $g(\omega, \cdot) \in C_b(\mathbb{R}^d)$ für alle $\omega \in \Omega$, erhält man mit dem Satz von Fubini für Kerne

$$\begin{aligned}
\lim_{n\to\infty} E1_F h(X_n, Y) &= \lim_{n\to\infty} \int g(\omega, X_n(\omega))dP(\omega) = \int g dP \otimes K \\
&= \iiint 1_F(\omega)h(x, y)d\delta_{Y(\omega)}(y)K(\omega, dx)dP(\omega) \\
&= \int 1_F \otimes h dP \otimes K_Y.
\end{aligned}$$

Die stabile Konvergenz (vi) folgt wegen (iii) $\Rightarrow$ (i).

(vi) $\Rightarrow$ (vii) ist klar.

(vii) $\Rightarrow$ (iii). Für $F \in \mathcal{F}$, $h \in C_b(\mathbb{R}^d)$, $k \in C_b(\mathbb{R})$ mit $k(x) = x$ für $x \in [0,1]$ und $Y := 1_F$ gilt wegen $h \otimes k \in C_b(\mathbb{R}^{d+1})$

$$\begin{aligned}\lim_{n\to\infty} E1_F h(X_n) &= \lim_{n\to\infty} Eh \otimes k(X_n, Y) = \int h \otimes k dPK_Y \\ &= \iiint h(x)k(y)d\delta_{Y(\omega)}(y)K(\omega, dx)dP(\omega) \\ &= \int 1_F \otimes h dP \otimes K.\end{aligned}$$

□

Wegen der Äquivalenz von (i) und (iv) ist die **Cramér-Wold-Technik** auch auf die stabile Konvergenz anwendbar. Es gilt $X_n \to K$ stabil genau dann, wenn $tX_n \to K^t$ stabil für alle $t \in \mathbb{R}^d$, wobei $K^t(\omega,\cdot)$ das Bildmaß von $K(\omega,\cdot)$ unter der Abbildung $x \mapsto tx$ bezeichnet.

Der Limeskern bei schwacher Konvergenz $K_n \to K$ ist P-fast sicher eindeutig: Falls $\int f \otimes h dP \otimes K_1 = \int f \otimes h dP \otimes K_2$ für alle $f \in \mathcal{L}^1(P), h \in C_b(\mathbb{R}^d)$, gilt $\int h dP_F K_1 = \int h dP_F K_2$ für alle $h \in C_b(\mathbb{R}^d)$ und damit $P_F K_1 = P_F K_2$ für alle $F \in \mathcal{F}$ mit $P(F) > 0$, weil $C_b(\mathbb{R}^d)$ verteilungsbestimmend ist. Dies impliziert $K_1(\cdot, A) = K_2(\cdot, A)$ P-f.s. für alle $A \in \mathcal{B}(\mathbb{R}^d)$, also wegen A.16(b) $K_1(\omega,\cdot) = K_2(\omega,\cdot)$ für P-fast alle ω.

Die stabile Konvergenz von Zufallsvariablen ist eine Eigenschaft der Zufallsvariablen selbst und nicht nur ihrer Verteilungen: Sind zum Beispiel U eine $U(0,1)$-verteilte Zufallsvariable, $X_n := U$, falls n gerade ist, $X_n := 1-U$, falls n ungerade ist und $Y_n := U$ für alle $n \geq 1$, so gelten $P^{X_n} = P^{Y_n}$ für alle n, $Y_n \to \delta_U$ stabil, aber X_n konvergiert nicht stabil, denn sonst wäre $\delta_U = \delta_{1-U}$ wegen der Eindeutigkeit des Limeskerns, also $U = 1 - U$ oder $U = 1/2$.

Ist der Limeskern ein Dirac-Kern, so stimmen stabile Konvergenz und stochastische Konvergenz überein.

Korollar 5.28 *Für reelle Zufallsvariable X_n und X sind äquivalent:*

(i) $X_n \to X$ *stochastisch,*
(ii) $X_n \to \delta_X$ *stabil,*
(iii) $Q^{X_n} \to Q^X$ *schwach für alle Verteilungen Q auf $\mathcal{F}$ mit $Q \ll P$.*

Beweis (i) $\Rightarrow$ (iii). Für $Q \ll P$ folgt aus (i) $X_n \to X$ Q-stochastisch und damit (iii).

(iii) $\Rightarrow$ (ii) folgt wegen $Q^X = Q\delta_X$ aus 5.27.

(ii) $\Rightarrow$ (i). Sei $g : (\Omega \times \mathbb{R}, \mathcal{F} \otimes \mathcal{B}(\mathbb{R})) \to (\mathbb{R}, \mathcal{B}(\mathbb{R}))$,

$$g(\omega, x) := |X(\omega) - x| \wedge 1.$$

Weil g beschränkt ist und $g(\omega,\cdot) \in C_b(\mathbb{R})$ für alle $\omega \in \Omega$, folgt aus 5.27

$$\begin{aligned}\lim_{n\to\infty} E(|X_n - X| \wedge 1) &= \lim_{n\to\infty} \int g(\omega, X_n(\omega))dP(\omega) \\ &= \int g dP \otimes \delta_X = \int g(\omega, X(\omega))dP(\omega) = 0,\end{aligned}$$

was (i) impliziert (A.1).

□

Der entscheidende Vorteil der stabilen Konvergenz gegenüber der Verteilungskonvergenz liegt in Teil (a) des folgenden Korollars.

Korollar 5.29 *Seien X_n Zufallsvariable mit Werten in $(\mathbb{R}^d, \mathcal{B}(\mathbb{R}^d))$ und K ein Markov-Kern von $(\Omega, \mathcal{F})$ nach $(\mathbb{R}^d, \mathcal{B}(\mathbb{R}^d))$ mit $X_n \to K$ stabil für $n \to \infty$.*

(a) Sind Y_n und Y reelle Zufallsvariable mit $Y_n \to Y$ stochastisch, so gilt

$$(X_n, Y_n) \to K_Y \text{ stabil}$$

mit K_Y aus 5.27(vi).

(b) Ist $g : \mathbb{R}^d \to \mathbb{R}$ Borel-messbar und PK-fast sicher stetig, so gilt

$$g(X_n) \to K^g \text{ stabil}$$

mit $K^g(\omega, \cdot) := K(\omega, \cdot)^g$.

Die PK-fast sichere Stetigkeit von g bedeutet, dass die Borel-Menge $\{x \in \mathbb{R}^d : g \text{ ist nicht stetig in } x\}$ das PK-Maß Null hat.

Beweis (a) Nach 5.27 gilt $(X_n, Y, Z) \stackrel{d}{\to} PK_{Y,Z}$ für jede reelle Zufallsvariable Z mit $K_{Y,Z} := (K_Y)_Z$ gemäß 5.27(vi) und daher $(X_n, Y_n, Z) \stackrel{d}{\to} PK_{Y,Z}$. Dies impliziert die stabile Konvergenz $(X_n, Y_n) \to K_Y$ wieder nach 5.27.

(b) Für jede Verteilung Q auf $\mathcal{F}$ mit $Q \ll P$ gilt nach 5.27 die schwache Konvergenz $Q^{X_n} \to QK$, und weil g auch QK-f.s. stetig ist, folgt für die Bildmaße

$$(Q^{X_n})^g \to (QK)^g \text{ schwach}$$

([17], Satz 8.4.16). Wegen $(Q^{X_n})^g = Q^{g(X_n)}$ und $(QK)^g = QK^g$ liefert 5.27 die Behauptung. □

Das folgende Approximationsresultat ist etwa für den Beweis des zentralen Grenzwertsatzen 5.34 sehr nützlich.

Satz 5.30 *(Approximation) Seien $X_{n,r}, Y_n$ Zufallsvariable mit Werten in $(\mathbb{R}^d, \mathcal{B}(\mathbb{R}^d))$ und K_r, K Markov-Kerne von $(\Omega, \mathcal{F})$ nach $(\mathbb{R}^d, \mathcal{B}(\mathbb{R}^d))$. Aus*

(i) $X_{n,r} \to K_r$ stabil für $n \to \infty$ und alle $r \in \mathbb{N}$,

(ii) $K_r \to K$ schwach für $r \to \infty$,

(iii) $\lim_{r\to\infty} \limsup_{n\to\infty} P(\|X_{n,r} - Y_n\| > \varepsilon) = 0$ für alle $\varepsilon > 0$ (wobei $\|\cdot\|$ die euklidische Norm auf $\mathbb{R}^d$ bezeichnet) folgt

$$Y_n \to K \text{ stabil.}$$

Beweis Für $F \in \mathcal{F}$ mit $P(F) > 0$ gilt

$$P_F^{X_{n,r}} \to P_F K_r \text{ schwach} \quad \text{für } n \to \infty$$

wegen (i) und 5.27 und ebenso

$$P_F K_r \to P_F K \text{ schwach} \quad \text{für } r \to \infty$$

wegen (ii). Es bleibt zu zeigen, dass daraus zusammen mit (iii)

$$P_F^{Y_n} \to P_F K \text{ schwach}$$

folgt, was wieder wegen 5.27 die stabile Konvergenz $Y_n \to K$ impliziert.

Sei $A \subset \mathbb{R}^d$ abgeschlossen und für $\varepsilon > 0$ sei $A_\varepsilon := \{y \in \mathbb{R}^d : \inf_{x \in A} \|y - x\| \leq \varepsilon\}$. Wegen $\{Y_n \in A\} \subset \{X_{n,r} \in A_\varepsilon\} \cup \{\|X_{n,r} - Y_n\| > \varepsilon\}$ gilt

$$P_F^{Y_n}(A) \leq P_F^{X_{n,r}}(A_\varepsilon) + P_F(\|X_{n,r} - Y_n\| > \varepsilon).$$

Weil A_ε abgeschlossen ist, folgt mit der Subadditivität von lim sup und dem Portmanteau-Theorem

$$\limsup_{n\to\infty} P_F^{Y_n}(A) \leq P_F K_r(A_\varepsilon) + \limsup_{n\to\infty} P_F(\|X_{n,r} - Y_n\| > \varepsilon)$$

und ferner

$$\limsup_{r\to\infty} P_F K_r(A_\varepsilon) \leq P_F K(A_\varepsilon).$$

Wegen (iii) und $A_\varepsilon \downarrow A$ für $\varepsilon \downarrow 0$ erhält man

$$\limsup_{n\to\infty} P_F^{Y_n}(A) \leq P_F K(A),$$

was wieder nach dem Portmanteau-Theorem die schwache Konvergenz $P_F^{Y_n} \to P_F K$ impliziert. □

5.5 Zentrale Grenzwertsätze

Viele zentrale Grenzwertsätze sind stabil. Wir werden zwei Situationen untersuchen, die für Anwendungen in Teil II wichtig sind. Wir beginnen mit der Standardversion für Martingale mit „asymptotisch vernachlässigbaren" Zuwächsen. Für $F \in \mathcal{F}$ mit $P(F) > 0$ sei wieder $P_F = P(\cdot \cap F)/(P(F)$.

Satz 5.31 *(Stabiler CLT) Seien $T = \mathbb{N}_0$, X ein $\mathcal{L}^2$-Martingal und $(a_n)_{n\geq 1}$ eine Folge in $(0,\infty)$ mit $a_n \to \infty$. Die folgenden Bedingungen seien erfüllt:*

(i) Es existiert eine positive reelle Zufallsvariable V mit

$$\frac{\langle X \rangle_n}{a_n^2} \to V \text{ stochastisch}$$

für $n \to \infty$,

*(ii) (**$\mathbb{F}$-bedingte Lindeberg-Bedingung**)*

$$\frac{1}{a_n^2} \sum_{j=1}^n E((\Delta X_j)^2 1_{\{|\Delta X_j| > \varepsilon a_n\}} | \mathcal{F}_{j-1}) \to 0 \quad \text{stochastisch für alle } \varepsilon > 0$$

für $n \to \infty$.

Dann gilt

$$\frac{X_n}{a_n} \to N(0, V) \text{ stabil}$$

für $n \to \infty$. *Falls* $P(V > 0) > 0$, *gilt bei zufälliger Normierung*

$$\frac{X_n}{\langle X \rangle_n^{1/2}} \to N(0, 1)\ P_{\{V>0\}}\text{-mischend}$$

$(X_n/0 := 0)$.

Insbesondere folgt

$$\frac{X_n}{a_n} \xrightarrow{d} PN(0, V),$$

und für die Fourier-Transformierte der Limesverteilung gilt nach dem Satz von Fubini für Markov-Kerne

$$\int e^{itx} dPN(0, V)(x) = \iint e^{itx} N(0, V)(dx)dP = E\exp(-t^2 V/2)$$

für $t \in \mathbb{R}$. Mit einer $N(0, 1)$-verteilten, von V unabhängigen Zufallsvariable Z ergeben sich die Darstellungen

$$PN(0, V) = P^{V^{1/2}Z} \quad \text{und} \quad N(0, V) = P^{V^{1/2}Z|V},$$

denn nach dem Satz von Fubini hat $V^{1/2}Z$ die charakteristische Funktion

$$E\exp(itV^{1/2}Z) = \iint \exp(itV^{1/2}z)dP^Z(z)dP = E\exp(-t^2 V/2)$$

für $t \in \mathbb{R}$, was die erste Gleichung impliziert, und die zweite Gleichung folgt aus A.19. Verteilungen vom Typ $PN(0, V)$ nennt man **Mischungen von zentrierten Normalverteilungen**.

Beweis Für die stabile Konvergenz $X_n/a_n \to N(0, V)$ siehe [22], Corollary 3.1.

Wegen (i) und 5.29(a) folgt

$$\left(\frac{X_n}{a_n}, \frac{\langle X \rangle_n}{a_n^2}\right) \to K_V := N(0, V) \otimes \delta_V \text{ stabil},$$

und falls $P(V > 0) > 0$, gilt natürlich auch die $P_{\{V>0\}}$-stabile Konvergenz. Die Funktion $g : \mathbb{R}^2 \to \mathbb{R}$, $g(x, y) := x/\sqrt{y}$, falls $y > 0$ und $g(x, y) := 0$, falls $y \leq 0$ ist Borel-messbar und $P_{\{V>0\}}K_V$-fast sicher stetig, denn

$$P_{\{V>0\}}K_V(\mathbb{R} \times \{0\}) = \int N(0, V)(\mathbb{R})\delta_V(\{0\})dP_{\{V>0\}} = P_{\{V>0\}}(V = 0) = 0.$$

Ferner gilt für $\omega \in \{V > 0\}$ und $A \in \mathcal{B}(\mathbb{R})$

$$\begin{aligned} K_V^g(\omega, A) &= \iint 1_{g^{-1}(A)}(x, y) N(0, V(\omega))(dx)\delta_{V(\omega)}(dy) \\ &= N(0, V(\omega))(V(\omega)^{1/2} A) = N(0, 1)(A), \end{aligned}$$

also $K_V^g(\omega, \cdot) = N(0, 1)$ für $P_{\{V>0\}}$-fast alle $\omega \in \Omega$. Man erhält mit 5.29(b)

$$\frac{X_n}{\langle X \rangle_n^{1/2}} = g\left(\frac{X_n}{a_n}, \frac{\langle X \rangle_n}{a_n^2}\right) \to N(0, 1) \ P_{\{V>0\}}\text{-mischend.} \qquad \square$$

Beispiel 10.22 wird zeigen, dass Satz 5.31 nicht richtig bleibt, wenn man in (i) die stochastische Konvergenz durch die Verteilungskonvergenz ersetzt.

Bemerkung 5.32 (a) Die **$\mathbb{F}$-bedingte Lyapunov-Bedingung**

$$\frac{1}{a_n^{2+\delta}} \sum_{j=1}^n E(|\Delta X_j|^{2+\delta} | \mathcal{F}_{j-1}) \to 0 \text{ stochastisch} \quad \text{für ein } \delta > 0$$

für einen adaptierten $\mathcal{L}^2$-Prozess X impliziert die $\mathbb{F}$-bedingte Lindeberg-Bedingung 5.31(ii) wegen

$$(\Delta X_j)^2 1_{\{|\Delta X_j| > \varepsilon a_n\}} \leq (\Delta X_j)^2 \frac{|\Delta X_j|^\delta}{(\varepsilon a_n)^\delta} 1_{\{|\Delta X_j| > \varepsilon a_n\}} \leq \frac{|\Delta X_j|^{2+\delta}}{(\varepsilon a_n)^\delta}$$

für alle $\varepsilon > 0$.

(b) Aus der bedingten Lindeberg-Bedingung 5.31(ii) für einen adaptierten $\mathcal{L}^2$-Prozess X folgt

$$\frac{1}{a_n} \max_{1 \leq j \leq n} |\Delta X_j| \to 0 \text{ stochastisch}$$

für $n \to \infty$. In diesem Sinne sind die Zuwächse **asymptotisch vernachlässigbar** (mit Rate a_n).

Dazu sei für $\varepsilon > 0$ und $n \in \mathbb{N}$

$$W_{n,j} = W_{n,j}(\varepsilon) := \frac{1}{a_n^2} \sum_{k=1}^j (\Delta X_k)^2 1_{\{|\Delta X_k| > \varepsilon a_n\}}.$$

Dann ist $(W_{n,j})_{j \geq 0}$ ein positives Submartingal mit Kompensator

$$L_{n,j} = L_{n,j}(\varepsilon) = \frac{1}{a_n^2} \sum_{k=1}^j E((\Delta X_k)^2 1_{\{|\Delta X_k| > \varepsilon a_n\}} | \mathcal{F}_{k-1}).$$

Die erste Lenglart-Ungleichung in 3.9(b) liefert für alle $\delta, \eta > 0$ (und die auf $T_n = \{0, \ldots, n\}$ eingeschränkten Prozesse)

$$P(W_{n,n} > \delta) \leq \frac{\eta}{\delta} + P(L_{n,n} > \eta),$$

was mit 5.31(ii)

$$W_{n,n} \to 0 \text{ stochastisch}$$

impliziert. Wegen

$$\frac{|\Delta X_j|^2}{a_n^2} \leq \varepsilon^2 + \frac{|\Delta X_j|^2}{a_n^2} 1_{\{|\Delta X_j| > \varepsilon a_n\}}$$

folgt

$$\frac{1}{a_n^2} \max_{1 \leq j \leq n} |\Delta X_j|^2 \leq \varepsilon^2 + W_{n,n}(\varepsilon)$$

für alle $\varepsilon > 0$ und damit $\max_{1 \leq j \leq n} |\Delta X_j|^2 / a_n^2 \to 0$ stochastisch.

Korollar 5.33 *(Klassischer stabiler CLT, Takahashi, Rényi) Sei $(Z_n)_{n \geq 1}$ eine unabhängige Folge identisch verteilter Zufallsvariablen mit $Z_1 \in \mathcal{L}^2$. Dann gilt*

$$\frac{1}{\sqrt{n}} \sum_{j=1}^{n} (Z_j - EZ_1) \to N(0, \operatorname{Var} Z_1) \textit{ mischend}$$

für $n \to \infty$.

Beweis Seien

$$M_n := \sum_{j=1}^{n} (Z_j - EZ_1),$$

$M_0 := 0$ und $\mathbb{F} := \mathbb{F}^M$. Der $\mathbb{F}$-Random walk M ist ein $\mathcal{L}^2$-Martingal mit $\langle M \rangle_n / n = \operatorname{Var} Z_1$ für $n \geq 1$. Ferner ist die bedingte Lindeberg-Bedingung für $a_n = \sqrt{n}$ erfüllt, weil

$$\begin{aligned} &\frac{1}{n} \sum_{j=1}^{n} E((Z_j - EZ_1)^2 1_{\{|Z_j - EZ_1| > \varepsilon \sqrt{n}\}} | \mathcal{F}_{j-1}) \\ &= \frac{1}{n} \sum_{j=1}^{n} E(Z_1 - EZ_1)^2 1_{\{|Z_j - EZ_1| > \varepsilon \sqrt{n}\}} \\ &= E(Z_1 - EZ_1)^2 1_{\{|Z_1 - EZ_1| > \varepsilon \sqrt{n}\}} \to 0 \end{aligned}$$

für alle $\varepsilon > 0$ mit dominierter Konvergenz. □

Für explosive Prozesse mit exponentieller Wachtumsrate a_n sind die Zuwächse nicht asymptotisch vernachlässigbar. Die bedingte Lindeberg-Bedingung ist wegen 5.32(b) daher nicht erfüllt. Ein einfaches Beispiel erhält man durch $X_n := \sum_{i=1}^{n} Z_i$ für eine unabhängige Folge $(Z_n)_{n \geq 1}$ von Zufallsvariablen mit $P^{Z_n} = N(0, 2^{n-1})$ und $a_n := 2^{n/2}$. Der folgende zentrale Grenzwertsatz ist für solche Situationen geeignet.

Ein reeller Prozess X heißt **stochastisch beschränkt**, falls die Menge $\{X_n : n \in T\}$ stochastisch beschränkt ist, also $\lim_{a\to\infty} \sup_{n\in T} P(|X_n| > a) = 0$.

Da jetzt zwei Verteilungen eine Rolle spielen werden, sprechen wir zur Unterscheidung von P-stochastischer Konvergenz, P-stochastischer Beschränktheit etc. und bezeichnen mit E_P beziehungsweise $E_P(\,\cdot\,|\mathcal{G})$ den (bedingten) Erwartungswert bezüglich P.

Satz 5.34 *(Stabiler CLT mit exponentiell wachsender Rate) Seien $T = \mathbb{N}_0$, X und A adaptierte reelle Prozesse, A sei positiv mit $A_n > 0$ für alle $n \geq n_0$ und ein $n_0 \in \mathbb{N}$ und $(a_n)_{n\geq 1}$ eine Folge in $(0, \infty)$ mit $a_n \to \infty$. Die folgenden Bedingungen seien erfüllt:*

(i) Es existiert eine positive reelle Zufallsvariable V mit

$$\frac{A_n}{a_n^2} \to V \ \ P\text{-stochastisch}$$

für $n \to \infty$ und $P(V > 0) > 0$,

(ii) $(X_n/a_n)_{n\geq 1}$ ist $P_{\{V>0\}}$-stochastisch beschränkt,

(iii) es existiert ein $p \in (1, \infty)$ mit

$$\lim_{n\to\infty} \frac{a_{n-r}^2}{a_n^2} = \frac{1}{p^r} \quad \text{für alle } r \in \mathbb{N},$$

(iv) es existiert ein $b \in \mathbb{R}_+$ mit

$$E_P\left(\exp\left(it\frac{\Delta X_n}{A_n^{1/2}}\right)\bigg|\mathcal{F}_{n-1}\right) \to \exp(-bt^2/2) \ \ P_{\{V>0\}}\text{-stochastisch}$$

für $n \to \infty$ und alle $t \in \mathbb{R}$.

Dann gelten

$$\frac{X_n}{a_n} \to N\left(0, \frac{bp}{p-1}V\right) \ \ P_{\{V>0\}}\text{-stabil}$$

und

$$\frac{X_n}{A_n^{1/2}} \to N\left(0, \frac{bp}{p-1}\right) \ \ P_{\{V>0\}}\text{-mischend}$$

für $n \to \infty$.

Typische Raten sind $a_n = cp^{n/2}$ mit $p \in (1, \infty)$ und $c \in (0, \infty)$. Für $\mathcal{L}^2$-Martingale X und $A = \langle X \rangle$ folgt dieser zentrale Grenzwertsatz (bis auf eine nicht unwesentliche Verbesserung hinsichtlich der Rate a_n) aus einem Grenzwertsatz von Scott [141].

Zum Beweis von 5.34 benötigen wir das folgende elementare Resultat.

Lemma 5.35 *Für komplexe Zahlen $b_0, \ldots, b_r, c_0, \ldots, c_r$ gilt*

$$\prod_{j=0}^{r} c_j - \prod_{j=0}^{r} b_j = \sum_{j=0}^{r} d_j(c_j - b_j)$$

mit

$$d_j := \prod_{k=0}^{j-1} c_k \prod_{k=j+1}^{r} b_k.$$

Beweis Für $-1 \leq j \leq r$ sei

$$e_j := \prod_{k=0}^{j} c_k \prod_{k=j+1}^{r} b_k.$$

Dann gelten $d_j c_j = e_j$ und $d_j b_j = e_{j-1}$ für $0 \leq j \leq r$, also

$$\sum_{j=0}^{r} d_j(c_j - b_j) = \sum_{j=0}^{r}(e_j - e_{j-1}) = e_r - e_{-1} = \prod_{k=0}^{r} c_k - \prod_{k=0}^{r} b_k. \qquad \square$$

Beweis von Satz 5.34 (Häusler) Sei

$$P_V := P_{\{V>0\}}$$

Wir können ohne Einschränkung annehmen, dass V bezüglich $\mathcal{F}_\infty$ messbar ist. Für

$$L_n := P(V > 0|\mathcal{F}_n)/P(V > 0)$$

gilt nach dem Konvergenzsatz 4.8

$$L_n \overset{\mathcal{L}^1(P)}{\to} 1_{\{V>0\}}/P(V > 0) = dP_V/dP$$

für $n \to \infty$. (L ist der Dichteprozess von P_V bezüglich P, also

$$L_n = dP_V|\mathcal{F}_n/dP|\mathcal{F}_n$$

für alle $n \in \mathbb{N}_0$. Dies spielt hier allerdings keine Rolle. Dichteprozesse werden in Abschn. 7.1 behandelt.)

1. Für alle $r \in \mathbb{N}_0$ gilt

$$\sum_{j=0}^{r} \frac{\Delta X_{n-j}}{p^{j/2} A_{n-j}^{1/2}} \to N\Big(0, b \sum_{j=0}^{r} p^{-j}\Big) \ P_V\text{-mischend}$$

für $n \to \infty$.

Nach 5.27 (mit $\mathcal{G} := \mathcal{F}_\infty$ und $\mathcal{E} := \bigcup_{n\in\mathbb{N}_0} \mathcal{F}_n$) reicht es zu zeigen, dass

$$\int_F \exp\Big(it \sum_{j=0}^r \frac{\Delta X_{n-j}}{p^{j/2} A_{n-j}^{1/2}}\Big) dP_V \to P_V(F) \exp\Big(-bt^2 \sum_{j=0}^r p^{-j}/2\Big)$$

für $n \to \infty$ und alle $t \in \mathbb{R}$, $F \in \bigcup_{n\in\mathbb{N}_0} \mathcal{F}_n$, $r \in \mathbb{N}_0$. In der Notation

$$B_{n,j} := \exp(it\Delta X_{n-j}/p^{j/2} A_{n-j}^{1/2}), \quad C_j := \exp(-bt^2 p^{-j}/2)$$

und

$$g_n := \prod_{j=0}^r C_j - \prod_{j=0}^r B_{n,j}$$

für $n \geq n_0 + r$ und $t \in \mathbb{R}$ fest bedeutet dies

$$\int_F g_n dP_V \to 0.$$

Sei $F \in \mathcal{F}_{n_1}$ für ein $n_1 \in \mathbb{N}_0$. Für $0 \leq j \leq r$ sei

$$D_{n,j} := \prod_{k=0}^{j-1} C_k \prod_{k=j+1}^{r} B_{n,k}.$$

Dann gilt $|D_{n,j}| \leq 1$, $D_{n,j}$ ist $\mathcal{F}_{n-j-1}$-messbar, und für $n \geq (n_0+r) \vee (n_1+r+1)$ und $0 \leq j \leq r$ ist $1_F L_{n-r-1}$ bezüglich $\mathcal{F}_{n-r-1}$, also auch bezüglich $\mathcal{F}_{n-j-1}$ messbar. Wegen Lemma 5.35, Taking out what is known und $L_n \leq 1/P(V > 0)$ folgt für $n \geq (n_0 + r) \vee (n_1 + r + 1)$

$$\begin{aligned}\Big|\int_F L_{n-r-1} g_n dP\Big| &= \Big|\sum_{j=0}^r \int_F L_{n-r-1} D_{n,j}(C_j - E_P(B_{n,j}|\mathcal{F}_{n-j-1}))dP\Big| \\ &\leq \sum_{j=0}^r \int L_{n-r-1} |C_j - E_P(B_{n,j}|\mathcal{F}_{n-j-1})| dP \\ &\leq \sum_{j=0}^r \int |C_j - E_P(B_{n,j}|\mathcal{F}_{n-j-1})| dP_V + 2\sum_{j=0}^r \int_{\{V=0\}} L_{n-r-1} dP.\end{aligned}$$

Aus (iv) und $|C_j - E_P(B_{n,j}|\mathcal{F}_{n-j-1})| \leq 2$ folgt weiter mit A.4

$$\int |C_j - E_P(B_{n,j}|\mathcal{F}_{n-j-1})| dP_V \to 0$$

für $n \to \infty$. Außerdem gilt

$$\int_{\{V=0\}} L_{n-r-1} dP \to P_V(V = 0) = 0,$$

so dass

$$\int_F L_{n-r-1} g_n \, dP \to 0$$

für $n \to \infty$. Ferner gilt wegen $|g_n| \leq 2$

$$\left| \int_F g_n \, dP_V - \int_F L_{n-r-1} g_n \, dP \right| \leq 2 \int |dP_V/dP - L_{n-r-1}| \, dP \to 0$$

für $n \to \infty$.

2. Für alle $r \in \mathbb{N}_0$ gilt

$$\frac{X_n - X_{n-r-1}}{A_n^{1/2}} \to N\Big(0, b \sum_{j=0}^{r} p^{-j}\Big) \; P_V\text{-mischend}$$

für $n \to \infty$.

Für $0 \leq j \leq r$ gilt

$$\frac{\Delta X_{n-j}}{p^{j/2} A_{n-j}^{1/2}} - \frac{a_{n-r-1} \Delta X_{n-j}}{a_n A_{n-r-1}^{1/2}} = \frac{\Delta X_{n-j}}{A_{n-j}^{1/2}} \left(p^{-j/2} - \frac{a_{n-j}}{a_n} \frac{A_{n-j}^{1/2}/a_{n-j}}{A_{n-r-1}^{1/2}/a_{n-r-1}} \right)$$
$$\to 0 \; P_V\text{-stochastisch}$$

für $n \to \infty$, denn wegen (i) und (iii) konvergiert der zweite Faktor P_V-stochastisch gegen Null und nach 1. (mit $r = 0$) konvergiert der erste Faktor in Verteilung unter P_V. Es folgt

$$\sum_{j=0}^{r} \frac{\Delta X_{n-j}}{p^{j/2} A_{n-j}^{1/2}} - \frac{a_{n-r-1}}{a_n A_{n-r-1}^{1/2}} \sum_{j=0}^{r} \Delta X_{n-j} \to 0 \; P_V\text{-stochastisch}$$

für $n \to \infty$. Da $\sum_{j=0}^{r} \Delta X_{n-j} = X_n - X_{n-r-1}$, erhält man mit 1. und 5.29

$$\frac{a_{n-r-1}}{a_n} \frac{X_n - X_{n-r-1}}{A_{n-r-1}^{1/2}} \to N\Big(0, b \sum_{j=0}^{r} p^{-j}\Big) \; P_V\text{-mischend}$$

für $n \to \infty$. Wegen

$$\frac{A_{n-r-1}^{1/2}/a_{n-r-1}}{A_n^{1/2}/a_n} \to 1 \; P_V\text{-stochastisch}$$

nach (i) folgt die Behauptung wieder mit 5.29.

3. Für alle $\varepsilon > 0$ gilt

$$\lim_{r \to \infty} \limsup_{n \to \infty} P_V\left(\left| \frac{X_n}{A_n^{1/2}} - \frac{X_n - X_{n-r-1}}{A_n^{1/2}} \right| > \varepsilon \right) = 0.$$

Für $r \in \mathbb{N}_0, n \geq n_0 \vee (r+2)$ und $\delta, \varepsilon > 0$ gilt

$$\begin{aligned} &P_V\left(\frac{|X_{n-r-1}|}{A_n^{1/2}} > \varepsilon\right) \\ &= P_V\left(\frac{|X_{n-r-1}|}{A_n^{1/2}} > \varepsilon, \frac{A_n}{a_n^2} > \delta\right) + P_V\left(\frac{|X_{n-r-1}|}{A_n^{1/2}} > \varepsilon, \frac{A_n}{a_n^2} \leq \delta\right) \\ &\leq P_V(|X_{n-r-1}| > \varepsilon\sqrt{\delta}a_n) + P_V\left(\frac{A_n}{a_n^2} \leq \delta, V > 2\delta\right) + P_V(V \leq 2\delta) \\ &\leq \sup_{j\geq 1} P_V\left(\frac{|X_j|}{a_j} > \frac{\varepsilon\sqrt{\delta}a_n}{a_{n-r-1}}\right) + P_V\left(\left|\frac{A_n}{a_n^2} - V\right| > \delta\right) + P_V(V \leq 2\delta). \end{aligned}$$

Wegen (iii) gilt $a_n/a_{n-r-1} \geq p^{(r+1)/2}/2$ für hinreichend große n, genauer für alle $n \geq n_2(r)$. Dies impliziert mit (i) und (ii)

$$\begin{aligned} &\limsup_{r\to\infty} \limsup_{n\to\infty} P_V\left(\frac{|X_{n-r-1}|}{A_n^{1/2}} > \varepsilon\right) \\ &\quad \leq \limsup_{r\to\infty}\left(\sup_{j\geq 1} P_V\left(\frac{|X_j|}{a_j} > \frac{1}{2}\varepsilon\sqrt{\delta}p^{(r+1)/2}\right) + P_V(V \leq 2\delta)\right) \\ &\quad = P_V(V \leq 2\delta). \end{aligned}$$

Weil $P_V(V \leq 2\delta) \to P_V(V = 0) = 0$ für $\delta \to 0$, folgt die Behauptung.

4. Wegen

$$N\left(0, b\sum_{j=0}^{r} p^{-j}\right) \to N\left(0, b\sum_{j=0}^{\infty} p^{-j}\right) \text{ schwach}$$

für $r \to \infty$ und $\sum_{j=0}^{\infty} p^{-j} = p/(p-1)$ folgt

$$\frac{X_n}{A_n^{1/2}} \to N\left(0, \frac{bp}{p-1}\right) \; P_V\text{-mischend}$$

aus 2., 3. und 5.30. Weil $A_n^{1/2}/a_n \to V^{1/2}$ P_V-stochastisch nach (i), impliziert dies mit 5.29

$$\frac{X_n}{a_n} = \frac{X_n}{A_n^{1/2}} \frac{A_n^{1/2}}{a_n} \to N\left(0, \frac{bp}{p-1}V\right) \; P_V\text{-stabil.} \qquad \square$$

In der Situation von 5.34 mit $b > 0$ in (iv) kann die bedingte Lindeberg-Bedingung bezüglich P oder auch nur bezüglich $P_{\{V>0\}}$ (mit Rate a_n) für $\mathcal{L}^2$-Prozesse X nicht erfüllt sein: Andernfalls würde $\Delta X_n/a_n \to 0$ $P_{\{V>0\}}$-stochastisch nach 5.32(b) gelten und damit $\Delta X_n/A_n^{1/2} \to 0$ $P_{\{V>0\}}$-stochastisch wegen 5.34(i), im Widerspruch zur $P_{\{V>0\}}$-mischenden Konvergenz $\Delta X_n/A_n^{1/2} \to N(0,b)$, die in Teil 1 des obigen Beweises gezeigt wurde.

Mit kaum mehr Aufwand kann man übrigens in 5.34(iv) die Fourier-Transformierte der $N(0,b)$-Verteilung durch die Fourier-Transformierte einer beliebigen Verteilung auf $\mathcal{B}(\mathbb{R})$ mit endlichem ersten logarithmischen Moment ersetzen bei geeigneter Modifikation des Limeskerns (siehe Aufgabe 5.20).

Bemerkung 5.36 Ist in 5.34 der Prozess X ein $\mathcal{L}^2$-Martingal und $A = \langle X \rangle$, so folgt aus Bedingung (i) schon die P-stochastische Beschränktheit von $(X_n/a_n)_{n\geq 1}$, insbesondere also (ii).

Weil $(X_0^2+\langle X\rangle_n)/a_n^2 \to V$ P-stochastisch nach (i), ist $((X_0^2+\langle X\rangle_n)/a_n^2)_{n\geq 1}$ P-stochastisch beschränkt. Das Submartingal X^2 wird durch $X_0^2 + \langle X \rangle$ L-dominiert, so dass nach der ersten Lenglart-Ungleichung in 3.9(b) für alle $n \geq 1$ und $b, c > 0$ (und den auf $T_n = \{0, \ldots, n\}$ eingeschränkten Prozess X)

$$P\left(\frac{|X_n|}{a_n} > b\right) = P(X_n^2 > b^2 a_n^2) \leq \frac{c}{b^2} + P(X_0^2 + \langle X\rangle_n > c a_n^2)$$

gilt, also

$$\sup_{n\geq 1} P\left(\frac{|X_n|}{a_n} > b\right) \leq \frac{c}{b^2} + \sup_{n\geq 1} P\left(\frac{X_0^2 + \langle X\rangle_n}{a_n^2} > c\right).$$

Dies impliziert die Behauptung.

Nicht nur zum Nachweis der Voraussetzungen der beiden obigen zentralen Grenzwertsätze ist das folgende Lemma sehr nützlich.

Lemma 5.37 *(Toeplitz) Sei $(b_n)_{n\geq 1}$ eine Folge in $\mathbb{R}_+$ mit $b_1 > 0$ und $\sum_{n=1}^\infty b_n = \infty$.*

(a) Sei $(x_n)_{n\geq 1}$ eine Folge in $\mathbb{R}$. Falls $\lim_{n\to\infty} x_n = x$ mit $x \in \mathbb{R}$, gilt

$$\lim_{n\to\infty} \frac{\sum_{j=1}^n b_j x_j}{\sum_{j=1}^n b_j} = x.$$

(b) Seien $b_n > 0$ für alle $n \geq 1$ und $(a_n)_{n\geq 1}$ eine Folge in $\mathbb{R}$. Falls $\lim_{n\to\infty} a_n/b_n = c$ mit $c \in \mathbb{R}$, gilt

$$\lim_{n\to\infty} \frac{\sum_{j=1}^n a_j}{\sum_{j=1}^n b_j} = c.$$

Die Voraussetzung in (b) kann man als $\Delta(\sum_{j=1}^n a_j)/(\Delta(\sum_{j=1}^n b_j) \to c$ lesen. Daher heißt die Variante (b) auch **diskrete Regel von de l'Hospital**.

Beweis (a) Seien $\varepsilon > 0$ und $n_0 \in \mathbb{N}$ mit $|x_n - x| \leq \varepsilon$ für alle $n > n_0$. Dann gilt für $n > n_0$

$$\begin{aligned}\left|\frac{\sum_{j=1}^n b_j x_j}{\sum_{j=1}^n b_j} - x\right| &\leq \frac{\sum_{j=1}^n b_j |x_j - x|}{\sum_{j=1}^n b_j} \\ &= \frac{\sum_{j=1}^{n_0} b_j |x_j - x|}{\sum_{j=1}^n b_j} + \frac{\sum_{j=n_0+1}^n b_j |x_j - x|}{\sum_{j=1}^n b_j} \\ &\leq \frac{\sum_{j=1}^{n_0} b_j |x_j - x|}{\sum_{j=1}^n b_j} + \varepsilon.\end{aligned}$$

Es folgt

$$\limsup_{n\to\infty}\left|\frac{\sum_{j=1}^n b_j x_j}{\sum_{j=1}^n b_j} - x\right| \le \varepsilon.$$

(b) folgt aus (a) mit $x_n := a_n/b_n$. □

Beispiel 5.38 (Ein Autoregressives Modell erster Ordnung) In der Situation von Beispiel 5.10 seien wieder $Y_n = \sum_{i=1}^n Z_i$ und $M = (X_- \bullet Y)/\sigma^2$ mit $\langle M\rangle_n = \sum_{j=1}^n X_{j-1}^2/\sigma^2$. Wir setzen zusätzlich die Stetigkeit der Verteilung von Z_1 voraus. Wegen der Unabhängigkeit von X_{n-1} und Z_n hat dann auch X_n für alle $n \ge 1$ eine stetige Verteilung. Für die quadratische Charakteristik des $\mathcal{L}^2$-Martingals M folgt

$$\langle M\rangle_n \ge \frac{X_1^2}{\sigma^2} > 0 \quad \text{für } n \ge 2$$

und somit

$$\hat{\vartheta}_n - \vartheta = \frac{M_n}{\langle M\rangle_n} \quad \text{für } n \ge 2.$$

Mit Induktion folgt noch

$$X_n = \vartheta^n X_0 + \sum_{j=1}^n \vartheta^{n-j} Z_j \quad \text{für } n \ge 0$$

$(0^0 := 1)$.

(a) Sei $|\vartheta| < 1$. Wir beweisen für den konsistenten Schätzer $\hat{\vartheta}_n$

$$\sqrt{n}(\hat{\vartheta}_n - \vartheta) \to N(0, 1-\vartheta^2) \text{ mischend}$$

für $n \to \infty$, falls ϑ der wahre Wert des Parameters ist.

Wir zeigen zunächst, dass X^2 gleichgradig integrierbar ist. Für $c \in (0,\infty)$ und $n \ge 1$ seien dazu

$$V_n = V_n(c) := Z_n 1_{\{|Z_n|\le c\}} - EZ_n 1_{\{|Z_n|\le c\}} \quad \text{und} \quad W_n = W_n(c) := Z_n - V_n.$$

Mit

$$G_n = G_n(c) := \sum_{j=1}^n \vartheta^{n-j} V_j \quad \text{und} \quad H_n = H_n(c) := \sum_{j=1}^n \vartheta^{n-j} W_j$$

folgt

$$X_n = \vartheta^n X_0 + G_n + H_n$$

für alle $n \geq 0$. Für G gilt

$$\begin{aligned}|G_n| &\leq \sum_{j=1}^{n} |\vartheta|^{n-j}|V_j| \leq 2c \sum_{j=1}^{n} |\vartheta|^{n-j} \\ &= 2c \sum_{i=0}^{n-1} |\vartheta|^i = 2c \frac{1-|\vartheta|^n}{1-|\vartheta|} \leq \frac{2c}{1-|\vartheta|}\end{aligned}$$

für alle $n \geq 0$. Weil $(W_n)_{n\geq 1}$ eine unabhängige Folge identisch verteilter Zufallsvariablen mit $EW_1 = EZ_1 = 0$ ist, gilt für H

$$EH^2 = \sum_{j=1}^{n} \vartheta^{2(n-j)} EW_1^2 = EW_1^2 \frac{1-\vartheta^{2n}}{1-\vartheta^2} \leq \frac{EW_1^2}{1-\vartheta^2}$$

für alle $n \geq 0$, und wegen $W_1 = Z_1 1_{\{|Z_1|>c\}} + EZ_1 1_{\{|Z_1|\leq c\}}$ und $Z_1 \in \mathcal{L}^2$ gilt $EW_1(c)^2 \to (EZ_1)^2 = 0$ für $c \to \infty$. Sei $\varepsilon > 0$. Man wähle $c > 0$ mit $\sup_{n\geq 0} EH_n(c)^2 \leq \varepsilon/2$ und dann $a \in \mathbb{R}$ mit $a \geq 8c^2/(1-|\vartheta|)^2$. Wegen

$$\{G_n^2 + H_n^2 > a\} \subset \{G_n^2 \leq H_n^2, H_n^2 > a/2\} \cup \{G_n^2 \geq H_n^2, G_n^2 > a/2\}$$

folgt

$$(G_n^2 + H_n^2) 1_{\{G_n^2+H_n^2>a\}} \leq 2H_n^2 1_{\{H_n^2>a/2\}} + 2G_n^2 1_{\{G_n^2>a/2\}} \leq 2H_n^2$$

für alle $n \geq 0$ und daher

$$\sup_{n\geq 0} E(G_n^2 + H_n^2) 1_{\{G_n^2+H_n^2>a\}} \leq 2 \sup_{n\geq 0} EH_n^2 \leq \varepsilon.$$

Damit ist $(G_n^2 + H_n^2)_{n\geq 0}$ gleichgradig integrierbar, was wegen $X_n^2 \leq 16(X_0^2 + G_n^2 + H_n^2)$ die gleichgradige Integrierbarkeit von X^2 impliziert. Insbesondere ist X^2 $\mathcal{L}^1$-beschränkt.

Für die quadratische Charakteristik des $\mathcal{L}^2$-Martingals M gilt

$$\frac{\langle M\rangle_n}{n} \to \frac{1}{1-\vartheta^2} \text{ stochastisch}$$

für $n \to \infty$, also 5.31(i) mit $a_n = \sqrt{n}$, denn aus

$$\begin{aligned}\frac{1}{\sigma^2}\sum_{j=1}^{n} X_j^2 &= \frac{1}{\sigma^2}\sum_{j=1}^{n}(\vartheta X_{j-1} + Z_j)^2 \\ &= \frac{\vartheta^2}{\sigma^2}\sum_{j=1}^{n} X_{j-1}^2 + \frac{2\vartheta}{\sigma^2}\sum_{j=1}^{n} X_{j-1}Z_j + \frac{1}{\sigma^2}\sum_{j=1}^{n} Z_j^2 \\ &= \vartheta^2\langle M\rangle_n + 2\vartheta M_n + \frac{1}{\sigma^2}\sum_{j=1}^{n} Z_j^2\end{aligned}$$

und

$$\frac{EX_n^2}{n} \leq \frac{1}{n} \sup_{j \geq 0} EX_j^2 \to 0,$$

$$\frac{EM_n^2}{n^2} = \frac{E\langle M \rangle_n}{n^2} \leq \frac{n}{n^2\sigma^2} \sup_{j \geq 0} EX_j^2 \to 0, \qquad \frac{1}{n\sigma^2} \sum_{j=1}^{n} Z_j^2 \to 1 \text{ f.s.},$$

letzteres gilt nach dem starken Gesetz der großen Zahlen von Kolomogorov, folgt

$$\begin{aligned}
\frac{1-\vartheta^2}{n} \langle M \rangle_n &= \frac{1}{n\sigma^2}(X_0^2 - X_n^2) + \frac{1}{n\sigma^2} \sum_{j=1}^{n} X_j^2 - \frac{\vartheta^2 \langle M \rangle_n}{n} \\
&= \frac{1}{n\sigma^2}(X_0^2 - X_n^2) + \frac{2\vartheta M_n}{n} + \frac{1}{n\sigma^2} \sum_{j=1}^{n} Z_j^2 \\
&\to 1 \text{ stochastisch}
\end{aligned}$$

Ferner gilt für $\varepsilon > 0$ und $n \geq 1$

$$\begin{aligned}
L_n(\varepsilon) &:= \frac{1}{n} \sum_{j=1}^{n} E((\Delta M_j)^2 1_{\{|\Delta M_j| > \varepsilon \sqrt{n}\}} | \mathcal{F}_{j-1}) \\
&= \frac{1}{n\sigma^4} \sum_{j=1}^{n} X_{j-1}^2 E(Z_j^2 1_{\{|X_{j-1} Z_j| > \sigma^2 \varepsilon \sqrt{n}\}} | \mathcal{F}_{j-1})
\end{aligned}$$

und für $j \leq n$ wegen $\{|X_{j-1}Z_j| > \delta\} \subset \{X_{j-1}^2 > \delta\} \cup \{Z_j^2 > \delta\}$ für $\delta \geq 0$

$$\begin{aligned}
E(Z_j^2 1_{\{|X_{j-1} Z_j| > \sigma^2 \varepsilon \sqrt{n}\}} | \mathcal{F}_{j-1}) &\leq E(Z_j^2 1_{\{X_{j-1}^2 > \sigma^2 \varepsilon \sqrt{n}\}} | \mathcal{F}_{j-1}) \\
&\quad + E(Z_j^2 1_{\{Z_j^2 > \sigma^2 \varepsilon \sqrt{n}\}} | \mathcal{F}_{j-1}) \\
&= \sigma^2 1_{\{X_{j-1}^2 > \sigma^2 \varepsilon \sqrt{n}\}} + EZ_1^2 1_{\{Z_1^2 > \sigma^2 \varepsilon \sqrt{n}\}},
\end{aligned}$$

also

$$L_n(\varepsilon) \leq \frac{1}{n\sigma^2} \sum_{j=1}^{n} X_{j-1}^2 1_{\{X_{j-1}^2 > \sigma^2 \varepsilon \sqrt{n}\}} + \frac{1}{n\sigma^2} \langle M \rangle_n EZ_1^2 1_{\{Z_1^2 > \sigma^2 \varepsilon \sqrt{n}\}}.$$

Wegen der gleichgradigen Integrierbarkeit von X^2 gilt

$$\frac{1}{n\sigma^2} \sum_{j=1}^{n} EX_{j-1}^2 1_{\{X_{j-1}^2 > \sigma^2 \varepsilon \sqrt{n}\}} \leq \frac{1}{\sigma^2} \sup_{j \geq 1} EX_{j-1}^2 1_{\{X_{j-1}^2 > \sigma^2 \varepsilon \sqrt{n}\}} \to 0$$

für $n \to \infty$, und weil $\langle M \rangle_n / n$ stochstisch konvergiert, folgt

$$\frac{1}{n\sigma^2} \langle M \rangle_n EZ_1^2 1_{\{Z_1^2 > \sigma^2 \varepsilon \sqrt{n}\}} \to 0 \text{ stochastisch}$$

für $n \to \infty$ mit dominierter Konvergenz. Daher ist die bedingte Lindeberg-Bedingung 5.31 (ii) erfüllt. Der zentrale Grenzwertsatz 5.31 liefert

$$\frac{M_n}{\sqrt{n}} \to N\left(0, \frac{1}{1-\vartheta^2}\right) \text{ mischend}$$

und damit wegen 5.29

$$\sqrt{n}(\hat{\vartheta}_n - \vartheta) = \frac{\sqrt{n} M_n}{\langle M \rangle_n} = \frac{M_n/\sqrt{n}}{\langle M \rangle/n} \to N(0, 1-\vartheta^2) \text{ mischend.}$$

Bei zufälliger Normierung gilt

$$\Big(\sum_{j=1}^{n} X_{j-1}^2\Big)^{1/2} (\hat{\vartheta}_n - \vartheta) \to N(0, \sigma^2) \text{ mischend}$$

wieder mit 5.29 wegen

$$\Big(\sum_{j=1}^{n} X_{j-1}^2\Big)^{1/2} (\hat{\vartheta}_n - \vartheta) = \frac{\sigma M_n/\sqrt{n}}{(\langle M \rangle_n / n)^{1/2}} \quad \text{für } n \geq 2.$$

(b) (Explosiver Fall) Sei $|\vartheta| > 1$. Wir nehmen hier $P^{Z_1} = N(0, \sigma^2)$ an (wie in 5.19(b)). Weil durch

$$N_n := \vartheta^{-n} X_n = X_0 + \sum_{j=1}^{n} \vartheta^{-j} Z_j$$

ein $\mathcal{L}^2$-beschränktes Martingal definiert wird, gilt mit 4.7

$$N_n \to N_\infty := X_0 + \sum_{j=1}^{\infty} \vartheta^{-j} Z_j \text{ f.s. und in } \mathcal{L}^2,$$

$$EN_n^2 = EX_0^2 + \sigma^2 \sum_{j=1}^{n} \vartheta^{-2j} \to EX_0^2 + \frac{\sigma^2}{\vartheta^2 - 1} = EN_\infty^2$$

und ferner

$$P^{N_\infty - X_0} = N\left(0, \frac{\sigma^2}{\vartheta^2 - 1}\right).$$

Insbesondere hat N_∞ eine stetige Verteilung. Die diskrete Regel von de l'Hospital 5.37(b) liefert

$$\frac{\sum_{j=1}^{n} X_{j-1}^2}{\sum_{j=1}^{n} \vartheta^{2(j-1)}} \to N_\infty^2 \text{ f.s.}$$

Wegen $\sum_{j=1}^{n} \vartheta^{2(j-1)} = (\vartheta^{2n}-1)/(\vartheta^2-1) \sim \vartheta^{2n}/(\vartheta-1)$ folgt

$$\frac{\vartheta^2-1}{\vartheta^{2n}} \sum_{j=1}^{n} X_{j-1}^2 \to N_\infty^2 \text{ f.s.},$$

und mit

$$a_n := \frac{|\vartheta|^n}{(\vartheta^2-1)^{1/2}}$$

erhält man

$$\frac{\langle M \rangle_n}{a_n^2} \to \frac{N_\infty^2}{\sigma^2} =: V \text{ f.s.}$$

für $n \to \infty$ und $P(V > 0) = 1$, also 5.34(i) mit $A := \langle M \rangle$. Die Bedingung 5.34(iii) gilt mit $p := \vartheta^2$.

Ferner gilt für alle $n \geq 2$ und $t \in \mathbb{R}$ mit der Substitutionsregel A.19

$$\begin{aligned} E\left(\exp\left(it\frac{\Delta M_n}{\langle M \rangle_n^{1/2}}\right)\middle|\mathcal{F}_{n-1}\right) &= E\left(\exp\left(it\frac{X_{n-1}Z_n}{\sigma^2 \langle M \rangle_n^{1/2}}\right)\middle|\mathcal{F}_{n-1}\right) \\ &= \int \exp\left(it\frac{X_{n-1}z}{\sigma^2 \langle M \rangle_n^{1/2}}\right) dP^{Z_1}(z) \\ &= \exp\left(-\frac{\sigma^2 t^2 X_{n-1}^2}{2\sigma^4 \langle M \rangle_n}\right) \\ &= \exp\left(-\frac{t^2 X_{n-1}^2}{2\sum_{j=1}^{n} X_{j-1}^2}\right). \end{aligned}$$

Wegen

$$\frac{X_{n-1}^2}{\sum_{j=1}^{n} X_{j-1}^2} = \frac{N_{n-1}^2/\vartheta^2}{\sum_{j=1}^{n} X_{j-1}^2/\vartheta^{2n}} \to \frac{N_\infty^2/\vartheta^2}{N_\infty^2/(\vartheta^2-1)} = \frac{\vartheta^2-1}{\vartheta^2} \text{ f.s.}$$

impliziert dies

$$E\left(\exp\left(it\frac{\Delta M_n}{\langle M \rangle_n^{1/2}}\right)\middle|\mathcal{F}_{n-1}\right) \to \exp(-bt^2/2) \text{ f.s.} \quad \text{mit } b := (\vartheta^2-1)/\vartheta^2$$

für $n \to \infty$, also 5.34(iv). Da $bp/(p-1) = 1$, liefern der zentrale Grenzwertsatz 5.34 und 5.36

$$\frac{M_n}{\langle M \rangle_n^{1/2}} \to N(0,1) \text{ mischend}$$

und demnach

$$\left(\sum_{j=1}^{n} X_{j-1}^2\right)^{1/2} (\hat{\vartheta}_n - \vartheta) = \frac{\sigma M_n}{\langle M \rangle_n^{1/2}} \to N(0,\sigma^2) \text{ mischend}$$

für $n \to \infty$ (exakt wie im Fall $|\vartheta| < 1$). Wegen

$$a_n(\hat{\vartheta}_n - \vartheta) = \frac{a_n}{\langle M \rangle_n^{1/2}} \frac{M_n}{\langle M \rangle_n^{1/2}} \quad \text{für } n \geq 2$$

folgt mit 5.29 bei deterministischer Normierung

$$\frac{|\vartheta|^n}{(\vartheta^2 - 1)^{1/2}}(\hat{\vartheta}_n - \vartheta) \to N\left(0, \frac{1}{V}\right) = N\left(0, \frac{\sigma^2}{N_\infty^2}\right) \text{ stabil}$$

und insbesondere

$$\frac{|\vartheta|^n}{(\vartheta^2 - 1)^{1/2}}(\hat{\vartheta}_n - \vartheta) \xrightarrow{d} PN\left(0, \frac{\sigma^2}{N_\infty^2}\right).$$

Falls $P^{X_0} = N(0, \tau^2)$ mit $\tau^2 \geq 0$, ist diese Limesverteilung eine (skalierte) Cauchy-Verteilung mit λ-Dichte

$$\frac{\sqrt{\gamma^2}}{\pi(1 + x^2\gamma^2)}, \quad \text{wobei } \gamma^2 := \frac{\tau^2}{\sigma^2} + \frac{1}{\vartheta^2 - 1}$$

(siehe Aufgabe 5.19).

Weitere Anwendungen der zentralen Grenzwertsätze findet man in den Kapiteln 9–11 (und in den Aufgaben 5.22 und 5.23).

Aufgaben

Im Folgenden sei $\alpha > -\infty$.

5.1 (SLLN, Chow) Seien $\beta = \infty$, $0 < p \leq 2$, X ein $\mathcal{L}^p$-Martingal, $A_n := \sum_{j=\alpha+1}^n E(|\Delta X_j|^p | \mathcal{F}_{j-1})$ und $f : \mathbb{R}_+ \to \mathbb{R}_+$ eine monoton wachsende Funktion mit

$$\int_0^\infty \frac{1}{(1 + f(t))^p} dt < \infty.$$

Zeigen Sie

$$\frac{X_n}{f(A_n)} \to 0 \text{ f.s. auf } \{A_\infty = \infty\}$$

für $n \to \infty$. Dies verallgemeinert Korollar 5.5.

5.2 (SLLN) Seien $T = \mathbb{N}_0$ und X ein $\mathcal{L}^2$-Martingal. Zeigen Sie:

(a) Ist $(a_n)_{n\geq 1}$ eine monoton wachsende Folge in $(0,\infty)$ mit $a_n \uparrow \infty$ und

$$\sum_{n=0}^{\infty} \frac{E\langle X\rangle_{2^{n+1}}}{a_{2^n}^2} < \infty,$$

so gilt $X_n/a_n \to 0$ f.s. für $n \to \infty$.

(b) Aus $\sup_{n\geq 1} n^{-b} E\langle X\rangle_n < \infty$ mit $b \in \mathbb{R}_+$ folgt

$$\frac{X_n}{n^{\frac{b}{2}+\varepsilon}} \to 0 \text{ f.s.}$$

für $n \to \infty$ und jedes $\varepsilon > 0$.

Hinweis zu (a): Man kann ohne Einschränkung $X_0 = 0$ annehmen. Für $\varepsilon > 0$ und

$$A_n = A_n(\varepsilon) := \left\{ \sup_{2^n \leq j < 2^{n+1}} \frac{|X_j|}{a_j} \geq \varepsilon \right\}, \quad n \in \mathbb{N}_0$$

gilt $A_n \subset \{\sup_{1\leq j<2^{n+1}} \frac{|X_j|}{a_j} \geq \varepsilon a_{2^n}\}$ und aus der Doob-Ungleichung 3.3(a) folgt

$$P(A_n) \leq \varepsilon^{-2} a_{2^n}^{-2} E\langle X\rangle_{2^{n+1}},$$

also $\sum_{n=0}^{\infty} P(A_n) < \infty$. Das Borel-Cantelli-Lemma liefert die Behauptung.

5.3 (SLLN) Seien $\beta = \infty$ und X ein adaptierter, wachsender, positiver $\mathcal{L}^1$-Prozess mit Kompensator A. Zeigen sie

$$\frac{X_n}{A_n^{1+\delta}} \to 0 \text{ f.s. auf } \{A_\infty = \infty\}$$

für $n \to \infty$ und jedes $\delta > 0$.

Hinweis: Das positive Submartingal

$$\frac{1}{1 + A^{1+\delta}} \bullet X$$

ist $\mathcal{L}^1$-beschränkt.

5.4 Seien $(Z_n)_{n\geq 1}$ eine unabhängige Folge von Zufallsvariablen mit $P(Z_n = n) = P(Z_n = -n) = 1/2n^2$ und $P(Z_n = 0) = 1 - 1/n^2$, $X_n := \sum_{j=1}^{n} Z_j$ für $n \geq 0$ und $\mathbb{F} := \mathbb{F}^X$. Zeigen Sie, dass X ein fast sicher in $\mathbb{R}$ konvergentes $\mathcal{L}^2$-Martingal ist mit

$$\langle X\rangle_\infty = \infty \quad \text{und} \quad [X]_\infty < \infty \text{ f.s.}$$

Dieses Beispiel ist interessant im Zusammenhang mit Satz 3.26, Korollar 4.17 und Korollar 5.9.

Hinweis: Nach dem Borel-Cantelli-Lemma gilt $P(\liminf_{n\to\infty}\{Z_n = 0\}) = 1$.

5.5 ($\mathcal{L}^\infty$-beschränkter Zuwachsprozess) Sei X ein Martingal mit $X_\alpha = 0$ und $\|\sup_{n\in T}|\Delta X_n|\|_\infty < \infty$. Zeigen Sie für alle $a, b, c > 0$ mit $\|\sup_{n\in T}|\Delta X_n|\|_\infty \leq c$ und $\|\langle X\rangle_\beta\|_\infty \leq b$ die Martingalversion der Bennett-Ungleichung

$$P(|X|_\beta^* \geq a) \leq 2\exp\left\{-\left(\frac{a}{c} + \frac{b}{c^2}\right)\log\left(\frac{ac}{b} + 1\right) + \frac{a}{c}\right\},$$

die Martingalversion der Bernstein-Ungleichung

$$P(|X|_\beta^* \geq a) \leq 2\exp\left(-\frac{a^2}{2b(1 + ac/3b)}\right)$$

und die Martingalversion der Prohorov-Ungleichung

$$P(|X|_\beta^* \geq a) \leq 2\exp\left(-\frac{a}{2c}\operatorname{arsinh}\left(\frac{ac}{2b}\right)\right)$$

(Johnson, Schechtman und Zinn, Hitczenko).

Hinweis: Unmittelbare Konsequenz von Satz 5.17(a).

5.6 (Martingalversion der Bernstein-Bedingung, Pinelis, van de Geer, de la Peña) Sei X ein $\mathcal{L}^2$-Supermartingal mit $X_\alpha = 0$ und

$$E(|\Delta X_n|^k|\mathcal{F}_{n-1}) \leq \frac{k!}{2}\Delta\langle X\rangle_n c^{k-2} \text{ f.s.}$$

mit $c \in (0, \infty)$ für alle $n \in T$, $n \geq \alpha + 1$ und $k \geq 3$. Ferner sei $f(x) := x^2/2(1-cx)$ für $x \in I := [0, 1/c)$. Zeigen Sie, dass

$$\exp(\lambda X - f(\lambda)\langle X\rangle)$$

für alle $\lambda \in I$ ein Supermartingal mit Anfangswert 1 ist.

Sei nun X ein $\mathcal{L}^2$-Martingal. Folgern Sie für $a, b > 0$

$$P(|X|_\beta^* \geq a, \langle X\rangle_\beta \leq b) \leq 2\exp\left(-\frac{a^2}{2b(1 + ac/b)}\right),$$

$$P\left(\sup_{j\geq n}\frac{|X_j|}{\langle X\rangle_j} > a, \langle X\rangle_\beta \geq b\right) \leq 2\exp\left(-\frac{a^2 b}{2(1 + ac)}\right)$$

und falls $\beta = \infty$,

$$\limsup_{n\to\infty}\frac{|X_n|}{(2\langle X\rangle_n \log\log\langle X\rangle_n)^{1/2}} \leq 1 \text{ f.s. auf } \{\langle X\rangle_\infty = \infty\}.$$

Hinweis: Zunächst ist $\exp(\lambda X - f(|\lambda|)\langle X\rangle)$ für alle $\lambda \in I \cup (-I)$ ein Supermartingal. Damit folgt aus Korollar 5.12 und Bemerkung 5.13

$$P(|X|_\beta^* > a, \langle X\rangle_\beta \leq b) \leq 2\exp\left(-b\overline{f}\left(\frac{a}{b}\right)\right)$$

mit

$$\overline{f}(y) = \sup_{\lambda \in I}(\lambda y - f(\lambda))$$

für $y \in \mathbb{R}$. Für $y \geq 0$ und $\lambda_0 := y/(1+cy)$ erhält man wegen $\lambda_0 \in I$

$$\overline{f}(y) \geq \lambda_0 y - f(\lambda_0) = \frac{y^2}{2(1+cy)}.$$

Mit etwas Aufwand kann man das Maximierungsproblem für $\overline{f}$ exakt lösen: Das maximierende λ in I ist

$$\lambda_1 = \frac{1}{c} - \frac{1}{c(2cy+1)^{1/2}}$$

und damit folgt

$$\overline{f}(y) = \lambda_1 y - f(\lambda_1) = \frac{y^2}{1 + cy + (1+2cy)^{1/2}}$$

für $y \geq 0$.

Falls $\sup_{n \in T} |\Delta X_n| \leq c_0$ f.s. mit $c_0 \in (0, \infty)$, gilt obige Bernstein-Bedingung mit $c = c_0/3$, denn $3^{k-2} \leq k!/2$ für $k \geq 3$. Für $b \geq \|\langle X \rangle_\beta\|_\infty$ erhält man dann wieder die Bernstein-Ungleichung aus Aufgabe 5.5.

5.7 Sei X ein Supermartingal mit $X_\alpha = 0$, für $c \geq 0$ seien $X^{1,c}$ und $X^{2,c}$ wie in Lemma 5.16(a) definiert und $X^{2,c}$ sei ein $\mathcal{L}^2$-Prozess. Zeigen Sie für $a, b > 0$ (und $I = \mathbb{R}_+$)

$$P(X_\beta^* \geq a, \langle X^{2,c} \rangle_\beta \leq b) \leq \exp\left(-b\overline{\varphi}_c\left(\frac{a}{b}\right)\right) + P((\Delta X)_\beta^* > c).$$

5.8 (Bercu und Touati) Sei X ein $\mathcal{L}^2$-Martingal mit $X_\alpha = 0$. Zeigen Sie für $a, b > 0, n \in T$

$$P\left(\frac{|X_n|}{\langle X \rangle_n} \geq a, \langle X \rangle_n \geq [X]_n + b\right) \leq 2\exp\left(-\frac{a^2 b}{2}\right)$$

und

$$P\left(\frac{|X_n|}{\langle X \rangle_n} \geq a, [X]_n \geq \langle X \rangle_n + b\right) \leq 2\exp\left(-\frac{a^2 b}{2}\right).$$

5.9 (Häusler) Sei X ein $\mathcal{L}^2$-Martingal mit $X_\alpha = 0$. Zeigen Sie für alle $a, b, c > 0$, $n \in T$

$$P(|X|_n^* \geq a) \leq 2\exp\left\{\frac{a}{c}\left(1 - \log\left(\frac{ac}{b}\right)\right)\right\} + P(\langle X \rangle_n > b) + \sum_{j=\alpha+1}^{n} P(|\Delta X_j| < c).$$

Hinweis: Direkte Konsequenz von Satz 5.17(a).

5.10 (Exponentielles Supermartingal) Seien X ein Supermartingal mit $X_\alpha = 0$, V ein adaptierter $\mathcal{L}^1$-Prozess mit $V_\alpha = 0$ und Kompensator B. Ferner sei

$$\sum_{j=\alpha+1}^{n} \varphi(\Delta X_j - \Delta V_j), n \in T$$

ein $\mathcal{L}^1$-Prozess und A sein Kompensator. Zeigen Sie, dass

$$\exp(X - (V - B) - A)$$

ein Supermartingal mit Anfangswert 1 ist. Folgern Sie daraus Lemma 5.16(a) für $\mathcal{L}^2$-Supermartingale X.

5.11 (Poisson-Random walk) Seien $T = \mathbb{N}_0$, $(Z_n)_{n\geq 1}$ eine unabhängige Folge identisch Poisson-verteilter Zufallsvariablen mit Parameter $\vartheta > 0$, $Y_n := \sum_{j=1}^n Z_j$ mit $Y_0 = 0$, $X_n := \sum_{j=1}^n (Z_j - \vartheta)$ mit $X_0 = 0$, $\mathbb{F} := \mathbb{F}^Y$ und A der Kompensator von Y. Zeigen Sie, dass

$$V := \exp(\lambda X - \varphi(\lambda)\langle X\rangle)$$

für alle $\lambda \in \mathbb{R}$ ein Martingal mit Anfangswert 1 ist und $V = \exp(\lambda Y - \psi(\lambda)A)$.

Hinweis: Für eine Poisson-verteilte Zufallsvariable Z mit Parameter $\vartheta > 0$ gilt $Ee^{\lambda Z} = \exp(\vartheta(e^\lambda - 1))$ für alle $\lambda \in \mathbb{R}$, $EZ = \vartheta$ und $\mathrm{Var} Z = \vartheta$.

5.12 Sei X ein adaptierter, wachsender reeller Prozess mit $X_\alpha = 0$, $\sup_{n\in T} \Delta X_n \leq 1$ f.s. und Kompensator A. Zeigen Sie für die Stoppzeit

$$\tau := \inf\{n \in T : A_{n+1} > b\}$$

mit $b > 0$:

$$Ee^{\lambda X_\tau} \leq \exp(b(e^\lambda - 1))$$

für alle $\lambda \geq 0$. (Die rechte Seite ist die momenterzeugende Funktion einer Poisson-Verteilung mit Parameter b.)

Hinweis: Für jedes $\lambda \geq 0$ ist $Y := \exp(\lambda X - \psi(\lambda)A)$ nach Lemma 5.21(b) ein Supermartingal mit Anfangswert 1. Mit Optional stopping ist auch Y^τ ein Supermartingal.

5.13 Seien $(Z_n)_{n\geq 1}$ eine unabhängige Folge identisch verteilter reeller Zufallsvariablen mit $|Z_1| \leq c$ f.s., $c \in (0, \infty)$, $EZ_1 = 0$, $\sigma^2 := \mathrm{Var}\, Z_1 > 0$ und $X_n := \sum_{j=1}^n Z_j$. Zeigen Sie für die Konvergenzgeschwindigkeit im starken Gesetz der großen Zahlen von Komogorov $X_n/n \to 0$ f.s.

$$P\left(\sup_{j\geq n} \frac{|X_j|}{j} \geq a\right) \leq 2\exp\left(-\frac{na^2}{2(\sigma^2 + ca/3)}\right),$$

$a > 0, n \in \mathbb{N}$.

5.14 (Freedman) Sei X ein adaptierter, wachsender reeller Prozess mit $X_\alpha = 0$, $\sup_{n \in T} \Delta X_n \leq c$ f.s., $c \in (0, \infty)$ und Kompensator A. Zeigen Sie für $0 \leq a \leq b$

$$P(X_n \leq a \text{ und } A_n \geq b \text{ für ein } n \in T) \leq \exp\left(\frac{a}{c} \log \frac{b}{a} - \frac{b-a}{c} \right),$$

wobei man die obere Schranke als $\exp(-b/c)$ lese, falls $a = 0$.

Hinweis: Nach Lemma 5.21(b) ist $\exp(-\lambda X - \psi_c(-\lambda)A)$ für jedes $\lambda \geq 0$ ein Supermartingal und es gilt $\psi_c(-\lambda) \leq 0$ für $\lambda \geq 0$. Dies impliziert wie in Satz 5.11

$$P(X_n \leq a \text{ und } A_n \geq b \text{ für ein } n \in T) \leq \exp\{\inf_{\lambda \geq 0}(\lambda a + \psi_c(-\lambda)b)\}.$$

5.15 Seien X_n Zufallsvariable mit Werten in $(\mathbb{R}^d, \mathcal{B}(\mathbb{R}^d))$ und K ein Markov-Kern von $(\Omega, \mathcal{F})$ nach $(\mathbb{R}^d, \mathcal{B}(\mathbb{R}^d))$. Zeigen Sie, dass

$$X_n \to K \text{ stabil}$$

genau dann gilt, wenn

$$Q^{X_n} \to QK \text{ schwach}$$

für alle Verteilungen Q auf $\mathcal{F}$ mit $Q \equiv P$.

5.16 Seien X_n reelle Zufallsvariable und ν eine Verteilung auf $\mathcal{B}(\mathbb{R})$ mit $X_n \to \nu$ mischend. Zeigen Sie, dass X_n nicht stochastisch konvergiert, falls ν kein Dirac-Maß ist.

5.17 Zeigen sie in der Situation des klassischen zentralen Grenzwertsatzes 5.33

$$\left(\frac{1}{\sqrt{n}} \sum_{j=1}^{n} (Z_j - EZ_1), Y \right) \xrightarrow{d} N(0, \operatorname{Var} Z_1) \otimes P^Y$$

für $n \to \infty$ und jede reelle Zufallsvariable Y.

5.18 Seien $T = \mathbb{N}_0$, $(Z_n)_{n \geq 1}$ eine unabhängige Folge identisch verteilter reeller Zufallsvariablen mit $Z_1 \in \mathcal{L}^4$ und $EZ_1 = 0$, $Z_0 := 0$, $\mathbb{F} := \mathbb{F}^Z$, $Y_n := \sum_{i=1}^n Z_i$, $N_n := \sum_{i=1}^n Z_i / i$ und $M := N_- \cdot Y$. Zeigen sie für das Martingal M

$$\frac{M_n}{\sqrt{n}} \to N(0, \sigma^2 N_\infty^2) \text{ stabil}$$

mit $\sigma^2 := \operatorname{Var} Z_1$ und $N_\infty := \sum_{i=1}^\infty Z_i / i$.

Hinweis: Zentraler Grenzwertsatz 5.31.

5.19 (Explosives autoregressives Modell erster Ordnung) In der Situation von Beispiel 5.38(b) mit $|\vartheta| > 1$, $P^{Z_1} = N(0, \sigma^2)$ und $P^{X_0} = N(0, \tau^2)$ gilt

$$P^{N_\infty/\sigma} = N(0, \gamma^2) \quad \text{mit } \gamma^2 = \frac{\tau^2}{\sigma^2} + \frac{1}{\vartheta^2 - 1}.$$

Zeigen sie, dass $PN(0, \sigma^2/N_\infty^2)$ eine Cauchy-Verteilung mit λ-Dichte $\sqrt{\gamma^2}/\pi(1 + x^2\gamma^2)$ ist.

Hinweis: Bezeichnet Φ die Verteilungsfunktion von $N(0,1)$, so gilt

$$PN(0, \sigma^2/N_\infty^2)((-\infty, t]) = 2\int_0^\infty \Phi(tx)dN(0,\gamma^2)(x)$$

für $t \in \mathbb{R}$. Differentation liefert die Behauptung.

5.20 (Stabiler Grenzwertsatz, Häusler) Man ersetze im zentralen Grenzwertsatz 5.34 die Bedingung (iv) durch

(iv)′ es existiert eine Verteilung μ auf $\mathcal{B}(\mathbb{R})$ mit $\int \log^+ |x| d\mu(x) < \infty$ und

$$E_P\left(\exp\left(it\frac{\Delta X_n}{A_n^{1/2}}\right)\middle|\mathcal{F}_{n-1}\right) \to \int \exp(itx)d\mu(x)\ P_{\{V>0\}}\text{-stochastisch}$$

für $n \to \infty$ und alle $t \in \mathbb{R}$.

Sei $(W_n)_{n\geq 0}$ eine unabhängige Folge identisch verteilter Zufallsvariablen mit $P^{W_0} = \mu$.

Wegen $p > 1$ und $\log^+ |W_0| \in \mathcal{L}^1$ ist die Reihe $\sum_{j=0}^\infty p^{-j/2} W_j$ nach dem Borel-Cantelli-Lemma (für die Ereignisse $\{|W_n| > s^n\}$ mit $1 < s < p^{1/2}$) fast sicher absolut konvergent und definiert eine reelle Zufallsvariable. Sei ν die Verteilung von $\sum_{j=0}^\infty p^{-j/2} W_j$. Zeigen Sie

$$\frac{X_n}{A_n^{1/2}} \to \nu\ P_{\{V>0\}}\text{-mischend}$$

und

$$\frac{X_n}{a_n} \to K\ P_{\{V>0\}}\text{-stabil}$$

für $n \to \infty$, wobei $K(\omega,\cdot) := \nu^{\varphi(\omega,\cdot)}$ mit $\varphi(\omega, x) := V(\omega)^{1/2}x$. Ist $(W_n)_{n\geq 0}$ von V unabhängig, so gilt

$$K = P^{\sqrt{V}\sum_{j=0}^\infty p^{-j/2} W_j | V}.$$

5.21 (Explosives autoregressives Modell erster Ordnung, Anderson, Touati, Häusler) In der Situation von Beispiel 5.10 seien $|\vartheta| > 1$ und P^{Z_1} stetig und symmetrisch (bezüglich 0). Seien $(W_n)_{n\geq 0}$ eine unabhängige Folge identisch verteilter Zufallsvariablen mit $P^{W_0} = P^{Z_1}$ und ν die Verteilung von

$$((\vartheta^2 - 1)/\vartheta^2)^{1/2} \sum_{j=0}^\infty \vartheta^{-j} W_j.$$

Zeigen Sie für den Schätzer $\hat{\vartheta}_n$

$$\Big(\sum_{j=1}^{n} X_{j-1}^2\Big)^{1/2} (\hat{\vartheta}_n - \vartheta) \to \nu \text{ mischend}$$

und

$$\frac{|\vartheta|^n}{(\vartheta^2 - 1)^{1/2}} (\hat{\vartheta}_n - \vartheta) \to K \text{ stabil}$$

für $n \to \infty$, wobei $K(\omega, \cdot) := \nu^{\varphi(\omega,\cdot)}$ mit $\varphi(\cdot, x) := x/(X_0 + \sum_{j=1}^{\infty} \vartheta^{-j} Z_j)$. Dies verallgemeinert Beispiel 5.38(b).

Hinweis: Aufgabe 5.20.

5.22 (Ein adaptiver Monte Carlo-Schätzer, Arouna) Für $X \in \mathcal{L}^1$ soll $\vartheta := EX$ berechnet werden. Wir nehmen an, dass ein messbarer Raum $(\mathcal{Z}, \mathcal{C})$, eine messbare Abbildung

$$F : (\mathbb{R}^d \times \mathcal{Z}, \mathcal{B}(\mathbb{R}^d) \otimes \mathcal{C}) \to (\mathbb{R}, \mathcal{B}(\mathbb{R}))$$

und eine $(\mathcal{Z}, \mathcal{C})$-wertige Zufallsvariable Z existieren mit $F(\lambda, Z) \in \mathcal{L}^1$ für alle $\lambda \in \mathbb{R}^d$ und

$$EX = EF(\lambda, Z) \quad \text{für alle } \lambda \in \mathbb{R}^d.$$

Seien $(Z_n)_{n \geq 1}$ eine unabhängige Folge identisch verteilter, $(\mathcal{Z}, \mathcal{C})$-wertiger Zufallsvariablen mit $Z_1 \stackrel{d}{=} Z$, $\mathcal{F}_n := \sigma(Z_1, \ldots, Z_n)$ mit $\mathcal{F}_0 = \{\emptyset, \Omega\}, \mathbb{F} := (\mathcal{F}_n)_{n \geq 0}$ und $(\lambda_n)_{n \geq 0}$ eine $\mathbb{F}$-adaptierte Folge von $\mathbb{R}^d$-wertigen Zufallsvariablen mit $\lambda_0 := 0$. Das Interesse gilt dem adaptiven Monte Carlo-Schätzer

$$\hat{\vartheta}_n := \frac{1}{n} \sum_{j=1}^{n} F(\lambda_{j-1}, Z_j), \quad n \geq 1$$

für ϑ. Für $p \in [1, \infty)$ sei $f_p : \mathbb{R}^d \to [0, \infty]$,

$$f_p(\lambda) := E|F(\lambda, Z|^p.$$

Zeigen Sie: Falls

$$Ef_1(\lambda_n) < \infty \text{ für alle } n \geq 0 \quad \text{und} \quad \sup_{n \geq 0} f_p(\lambda_n) < \infty \text{ f.s. für ein } p > 1,$$

gilt

$$\hat{\vartheta}_n \to \vartheta \text{ f.s.}$$

für $n \to \infty$, und falls

$$\lambda_n \to \lambda_\infty \text{ f.s. für eine } \mathbb{R}^d\text{-wertige Zufallsvariable } \lambda_\infty,$$
$$F(\lambda, Z) \in \mathcal{L}^2 \text{ für alle } \lambda \in \mathbb{R}^d \text{ und } f_2 \text{ stetig ist,}$$
$$Ef_2(\lambda_n) < \infty \text{ für alle } n \geq 0 \text{ und } \sup_{n \geq 0} f_p(\lambda_n) < \infty \text{ f.s. für ein } p > 2,$$

gilt

$$\sqrt{n}(\hat{\vartheta}_n - \vartheta) \to N(0, f_2(\lambda_\infty) - \vartheta^2) \text{ stabil}$$

für $n \to \infty$. Dabei ist hauptsächlich die optimale Varianzreduktion $\lambda_\infty = \lambda_{\min}$ mit $\lambda_{\min} \in \mathbb{R}^d$,

$$f_2(\lambda_{\min}) - \vartheta^2 = \operatorname{Var} F(\lambda_{\min}, Z) = \min_{\lambda \in \mathbb{R}^d} \operatorname{Var} F(\lambda, Z)$$

interessant (sofern $\operatorname{Var} F(\lambda_{\min}, Z) < \operatorname{Var} X$).

Hinweis: Seien $T = \mathbb{N}_0$ und

$$M_n := \sum_{j=1}^{n} (F(\lambda_{j-1}, Z_j) - \vartheta) \quad \text{mit } M_0 = 0.$$

Unter der Bedingung $E f_1(\lambda_n) < \infty$ für alle $n \geq 0$ ist M ein Martingal und unter $E f_2(\lambda_n) < \infty$ für alle $n \geq 0$ ist M ein $\mathcal{L}^2$-Martingal mit quadratischer Charakteristik

$$\langle M \rangle_n = \sum_{j=1}^{n} (f_2(\lambda_{j-1}) - \vartheta^2).$$

Die Behauptungen folgen aus Satz 5.4(a), Satz 5.31 und Bemerkung 5.32(a).

5.23 (Ein adaptiver Monte Carlo-Schätzer, Pagès) Sei $X \in \mathcal{L}^2$ mit $\operatorname{Var} X > 0$. Der Wert $\vartheta := EX$ soll berechnet werden. Dazu sei $Y \in \mathcal{L}^2$ eine weitere Zufallsvariable (Kontrollvariable) mit $EY = EX$, $\operatorname{Var} Y > 0$ und $\operatorname{Var}(X - Y) > 0$. Für $\lambda \in \mathbb{R}$ sei $W(\lambda) := X - \lambda(X - Y)$. Dann gilt $EW(\lambda) = \vartheta$,

$$g(\lambda) := \operatorname{Var} W(\lambda) = \operatorname{Var} X - 2\lambda \operatorname{Kov}(X, X - Y) + \lambda^2 \operatorname{Var}(X - Y),$$

$$\min_{\lambda \in \mathbb{R}} g(\lambda) = g(\lambda_{\min}) \quad \text{mit } \lambda_{\min} := \frac{\operatorname{Kov}(X, X - Y)}{\operatorname{Var}(X - Y)}$$

und

$$\sigma^2_{\min} := g(\lambda_{\min}) = \operatorname{Var} X - \frac{\operatorname{Kov}(X, Y - Y)^2}{\operatorname{Var}(X - Y)} = \operatorname{Var} X(1 - \rho^2_{X,X-Y}),$$

wobei

$$\rho_{X,X-Y} := \frac{\operatorname{Kov}(X, Y - Y)}{(\operatorname{Var} X \operatorname{Var}(X - Y))^{1/2}}$$

den Korrelationskoeffizient bezeichnet. Seien nun $((X_n, Y_n))_{n \geq 1}$ eine unabhängige Folge identisch verteilter Zufallsvariablen mit $(X_1, Y_1) \stackrel{d}{=} (X, Y)$,

$$\hat{\lambda}_n := \frac{\sum_{j=1}^n X_j(X_j - Y_j)}{\sum_{j=1}^n (X_j - Y_j)^2} \quad \text{für } n \geq 1,\ \hat{\lambda}_0 := 0,$$

$$\tilde{\lambda}_n := (-n) \vee (\hat{\lambda}_n \wedge n) \quad \text{für } n \geq 0$$

und

$$\hat{\theta}_n := \frac{1}{n} \sum_{j=1}^{n} (X_j - \tilde{\lambda}_{j-1}(X_j - Y_j)) \quad \text{für } n \geq 1.$$

Zeigen Sie, dass der adaptive Monte Carlo-Schätzer $\hat{\vartheta}_n$ für ϑ konsistent ist, also $\hat{\vartheta}_n \to \vartheta$ f.s., und falls $X, Y \in \mathcal{L}^{2+\delta}$ für ein $\delta > 0$, dieser Schätzer die optimale Varianzreduktion liefert:

$$\sqrt{n}(\hat{\vartheta}_n - \vartheta) \to N(0, \sigma^2_{\min}) \text{ mischend}$$

für $n \to \infty$.

Hinweis: Aufgabe 5.22. Nach dem starken Gesetz der großen Zahlen von Kolmogorov gilt $\hat{\lambda}_n \to \lambda_{\min}$ f.s. und damit $\tilde{\lambda}_n \to \lambda_{\min}$ f.s.

Kapitel 6
Markov-Prozesse, Martingale und optimales Stoppen

Es gibt interessante Beziehungen zwischen der Martingaltheorie und der Theorie der Markov-Prozesse. Wir bringen hier grundlegende Definitionen und Eigenschaften, die für diesen Zusammenhang wichtig sind.

Sei $(\Omega, \mathcal{F}, P)$ wie immer ein Wahrscheinlichkeitsraum, $T = [\alpha, \beta] \cap \mathbb{Z}$ ein $\mathbb{Z}$-Intervall und $\mathbb{F} = (\mathcal{F}_n)_{n \in T}$ eine Filtration in $\mathcal{F}$. Für Folgen (a_n) und (b_n) in $\mathbb{R}$ bedeutet $a_n \sim b_n$ für $n \to \infty$, dass $\lim_{n \to \infty} a_n / b_n = 1$.

6.1 Markov-Prozesse

Wir untersuchen $(\mathcal{X}, \mathcal{A})$-wertige Prozesse X für einen messbaren Raum $(\mathcal{X}, \mathcal{A})$, die eine einfache Abhängigkeitsstruktur haben. Ist Q ein Markov-Kern von $(\mathcal{X}, \mathcal{A})$ nach $(\mathcal{Y}, \mathcal{B})$ für einen weiteren messbaren Raum $(\mathcal{Y}, \mathcal{B})$ und μ ein Wahrscheinlichkeitsmaß auf $\mathcal{A}^k$ für ein $k \in \mathbb{N}$, so wird durch

$$\mu \otimes Q(C) := \iint 1_C(x_1, \ldots, x_k, y) Q(x_k, dy) d\mu(x_1, \ldots, x_k)$$

für $C \in \mathcal{A}^k \otimes \mathcal{B}$ ein Wahrscheinlichkeitsmaß auf $\mathcal{A}^k \otimes \mathcal{B}$ und durch

$$\mu Q(B) := \int Q(x_k, B) d\mu(x_1, \ldots, x_k) = \mu \otimes Q(\mathcal{X}^k \times B)$$

für $B \in \mathcal{B}$ die Randverteilung von $\mu \otimes Q$ auf $\mathcal{B}$ definiert. Einen Markov-Kern von $(\mathcal{X}, \mathcal{A})$ nach $(\mathcal{X}, \mathcal{A})$ nennen wir Markov-Kern auf $(\mathcal{X}, \mathcal{A})$.

Definition 6.1 *Sei R ein Markov-Kern auf $(\mathcal{X}, \mathcal{A})$. Ein $\mathbb{F}$-adaptierter $(\mathcal{X}, \mathcal{A})$-wertiger Prozess $X = (X_n)_{n \in T}$ heißt* ***(homogener) $\mathbb{F}$-Markov-Prozess*** *mit Übergangskern R, falls*

$$P(X_{n+1} \in A | \mathcal{F}_n) = R(X_n, A)$$

für alle $n \in T, n < \beta$ und $A \in \mathcal{A}$.

H. Luschgy, *Martingale in diskreter Zeit*, Springer-Lehrbuch Masterclass,
DOI 10.1007/978-3-642-29961-2_6, © Springer-Verlag Berlin Heidelberg 2013

Für X gilt dann die **(schwache) $\mathbb{F}$-Markov-Eigenschaft**

$$P(X_{n+1} \in A|\mathcal{F}_n) = P(X_{n+1} \in A|X_n)$$

für alle $n \in T, n < \beta, A \in \mathcal{A}$, denn aus der Turmeigenschaft folgt

$$P(X_{n+1} \in A|X_n) = E(P(X_{n+1} \in A|\mathcal{F}_n)|X_n) = E(R(X_n, A)|X_n) = R(X_n, A).$$

Diese Eigenschaft bedeutet, dass der zukünftige Zustand X_{n+1} des Prozesses von der n-Vergangenheit $\mathcal{F}_n$ nur durch die Gegenwart X_n abhängt. Der Markov-Kern $R(X_n, \cdot)$ von $(\Omega, \sigma(X_n))$ nach $(\mathcal{X}, \mathcal{A})$ ist eine bedingte Verteilung von X_{n+1} unter $\mathcal{F}_n$ und auch unter X_n, während der Markov-Kern R selbst eine bedingte Verteilung von X_{n+1} unter $X_n = x$ ist. Es gilt also

$$P^{X_n} \otimes R = P^{(X_n, X_{n+1})}$$

und insbesondere

$$P^{X_n} R = P^{X_{n+1}}$$

für alle $n \in T, n < \beta$. Da der Übergangskern R nicht vom Zeitpunkt $n \in T$ abhängt, spricht man von der (zeitlichen) Homogenität des $\mathbb{F}$-Markov-Prozesses X.

Ist $\mathbb{G}$ eine weitere Filtration in $\mathcal{F}$ mit $\mathbb{F}^X \subset \mathbb{G} \subset \mathbb{F}$, so ist X auch ein $\mathbb{G}$-Markov-Prozess mit Übergangskern R: Mit der Turmeigenschaft gilt

$$P(X_{n+1} \in A|\mathcal{G}_n) = E(P(X_{n+1} \in A|\mathcal{F}_n)|\mathcal{G}_n) = E(R(X_n, A)|\mathcal{G}_n) = R(X_n, A)$$

für $n \in T, n < \beta$ und $A \in \mathcal{A}$. Insbesondere ist ein $\mathbb{F}$-Markov-Prozess ein $\mathbb{F}^X$-Markov-Prozess. Genauso wie für Martingale werden wir für Markov-Prozesse die Abhängigkeit von der Filtration häufig nicht mehr explizit angeben.

Der Kern R beschreibt die 1-Schritt Übergangswahrscheinlichkeiten. Die k-Schritt Übergangskerne lassen sich folgendermaßen konstruieren. Für Markov-Kerne Q_1 und Q_2 auf $(\mathcal{X}, \mathcal{A})$ ist die durch

$$\begin{aligned} Q_1 Q_2(x, A) &:= \iint 1_A(x_2) Q_2(x_1, dx_2) Q_1(x, dx_1) \\ &= \int Q_2(x_1, A) Q_1(x, dx_1) = Q_1(x, \cdot) Q_2(A) \end{aligned}$$

für $x \in \mathcal{X}, A \in \mathcal{A}$ definierte Komposition wieder ein Markov-Kern auf $(\mathcal{X}, \mathcal{A})$. Mit dem Satz von Fubini für Kerne folgt die Assoziativität der Komposition. Für $k \in \mathbb{N}_0$ definieren wir Markov-Kerne R_k auf $(\mathcal{X}, \mathcal{A})$ rekursiv durch $R_0(x, \cdot) := \delta_x$ und für $k \geq 1$

$$R_k := R_{k-1} R.$$

Insbesondere gilt $R_1 = R$. Wegen der Assoziativität erhalten wir die **Chapman-Kolmogorov-Gleichungen**

$$R_k R_m = R_{k+m}$$

für alle $k, m \in \mathbb{N}_0$, denn mit Induktion über m gilt $R_k R_m = R_k R_{m-1} R = R_{k+m-1} R = R_{k+m}$. Damit ist $(R_k)_{k \geq 0}$ eine kommutative Halbgruppe. Sie heißt **Markov-Halbgruppe** von X.

Für $f : (\mathcal{X}, \mathcal{A}) \to (\overline{\mathbb{R}}, \mathcal{B}(\overline{\mathbb{R}}))$ und $x \in \mathcal{X}$ sei

$$Rf(x) := \int f(y) R(x, dy),$$

falls f bezüglich $R(x, \cdot)$ quasiintegrierbar ist.

Lemma 6.2 *(k-Schritt Übergangskerne) Für einen $(\mathcal{X}, \mathcal{A})$-wertigen Markov-Prozess X mit Übergangskern R gelten*

$$P(X_{n+k} \in A | \mathcal{F}_n) = R_k(X_n, A) \quad \textit{und} \quad E(f(X_{n+k}) | \mathcal{F}_n) = R_k f(X_n)$$

für alle $n \in T, k \in \mathbb{N}_0$ mit $n + k \in T, A \in \mathcal{A}$ und messbare Funktionen $f : (\mathcal{X}, A) \to (\overline{\mathbb{R}}, \mathcal{B}(\overline{\mathbb{R}}))$, falls $f(X_{n+k})$ P-quasiintegrierbar ist.

Beweis Die Gleichungen gelten für $k = 0$ wegen $R_0 f(X_n) = f(X_n)$. Da $R(X_n, \cdot)$ eine bedingte Verteilung von X_{n+1} unter $\mathcal{F}_n$ ist, gilt die zweite Gleichung für $k = 1$ und alle n wegen A.18(b). Damit folgt die erste Gleichung mit Induktion über k. Sei dazu $k \geq 2$. Wir nehmen an, dass die erste Gleichung bei festem A für $k - 1$ und alle n richtig ist. Dann liefert die Turmeigenschaft

$$\begin{aligned} P(X_{n+k} \in A | \mathcal{F}_n) &= E(P(X_{n+1+k-1} \in A | \mathcal{F}_{n+1}) | \mathcal{F}_n) \\ &= E(R_{k-1}(X_{n+1}, A) | \mathcal{F}_n) \\ &= R(R_{k-1}(\cdot, A))(X_n) \\ &= R R_{k-1}(X_n, A) = R_k(X_n, A) \end{aligned}$$

für alle n. Die zweite Gleichung für $k \geq 2$ folgt nun aus der ersten Gleichung wie für $k = 1$. □

Nach 6.2 gilt

$$P^{X_n} \otimes R_k = P^{(X_n, X_{n+k})}$$

und insbesondere für die Randverteilungen

$$P^{X_n} R_k = P^{X_{n+k}}.$$

Wir zeigen jetzt, dass sämtliche endlichdimensionalen Randverteilungen eines Markov-Prozesses (und damit seine Verteilung) durch seine eindimensionalen Randverteilungen und den Übergangskern R eindeutig bestimmt sind. Im Fall $\alpha > -\infty$ reichen dazu schon die Anfangsverteilung P^{X_α} und R. Für $k, m \in \mathbb{N}$ und Markov-Kerne Q_1 von $(\mathcal{X}, \mathcal{A})$ nach $(\mathcal{X}^k, \mathcal{A}^k)$ und Q_2 von $(\mathcal{X}, \mathcal{A})$ nach $(\mathcal{X}^m, \mathcal{A}^m)$ ist das durch

$$\begin{aligned} & Q_1 \otimes Q_2(x, B) \\ & \quad := \iint 1_B(x_1, \ldots, x_{k+m}) Q_2(x_k, d(x_{k+1}, \ldots, x_{k+m})) Q_1(x, d(x_1, \ldots, x_k)) \\ & \quad = Q_1(x, \cdot) \otimes Q_2(B) \end{aligned}$$

für $x \in \mathcal{X}$ und $B \in \mathcal{A}^{k+m}$ definierte Produkt ein Markov-Kern von $(\mathcal{X}, \mathcal{A})$ nach $(\mathcal{X}^{k+m}, \mathcal{A}^{k+m})$. Mit dem Satz von Fubini für Kerne erhält man die Assoziativität des Produkts, also $(Q_1 \otimes Q_2) \otimes Q_3 = Q_1 \otimes (Q_2 \otimes Q_3)$ für einen weiteren Markov-Kern Q_3 von $(\mathcal{X}, \mathcal{A})$ nach $(\mathcal{X}^r, \mathcal{A}^r)$. Für $k \in \mathbb{N}$ definieren wir rekursiv Produktkerne R^k von $(\mathcal{X}, \mathcal{A})$ nach $(\mathcal{X}^k, \mathcal{A}^k)$ durch $R^1 := R$ und für $k \geq 2$

$$R^k := R^{k-1} \otimes R.$$

Wegen der Assoziativität gilt dann

$$R^k(x, B) = \int \dots \int 1_B(x_1, \dots, x_k) R(x_{k-1}, dx_k) \dots R(x, dx_1)$$

für $x \in \mathcal{X}$, $B \in \mathcal{A}^k$,

$$R^k \otimes R^m = R^{k+m} \quad \text{für } k, m \in \mathbb{N}$$

und für die Randverteilungen

$$\begin{aligned}
&R^k(x, \mathcal{X}^{k-1} \times A) = R_k(x, A) \quad \text{für } k \geq 2,\ x \in \mathcal{X},\ A \in \mathcal{A}, \\
&\mu \otimes R^m(\mathcal{X}^k \times \cdot) = \mu R_k \otimes R^{m-k} \quad \text{für } k, m \in \mathbb{N},\ k < m, \\
&\mu \otimes R^m(\mathcal{X}^m \times \cdot) = \mu R_m \quad \text{für } m \in \mathbb{N},
\end{aligned}$$

wobei μ ein Wahrscheinlichkeitsmaß auf $\mathcal{A}$ bezeichnet.

Satz 6.3 *(Endlichdimensionale Randverteilungen) Seien X ein $(\mathcal{X}, \mathcal{A})$-wertiger Prozess und R ein Markov-Kern auf $(\mathcal{X}, \mathcal{A})$. Dann ist X genau dann ein $\mathbb{F}^X$-Markov-Prozess mit Übergangskern R, wenn*

$$P^{(X_n, \dots, X_{n+k})} = P^{X_n} \otimes R^k$$

für alle $n \in T, k \in \mathbb{N}$ mit $n + k \in T$. Falls $\alpha > -\infty$, ist dies äquivalent zu

$$P^{(X_\alpha, \dots, X_{\alpha+k})} = P^{X_\alpha} \otimes R^k$$

für alle $k \in \mathbb{N}$ mit $\alpha + k \in T$.

Beweis Sei X ein $\mathbb{F}^X$-Markov-Prozess mit Übergangskern R. Wir zeigen die Formel für die endlichdimensionalen Randverteilungen von X durch Induktion über k bei festem $n \in T$. Für $k = 1$ folgt dies aus der Definition 6.1. Für $k \geq 2$ und $A_0, \dots, A_k \in \mathcal{A}$ gilt wegen $C := \bigcap_{i=0}^{k-1} \{X_{n+i} \in A_i\} \in \mathcal{F}_{n+k-1}^X$ und der Induktionsvoraussetzung

$$
\begin{aligned}
&P^{(X_n,\dots,X_{n+k})}\Big(\prod_{i=0}^{k} A_i\Big)\\
&\quad = P(C \cap \{X_{n+k} \in A_k\}) = \int_C R(X_{n+k-1}, A_k)dP\\
&\quad = \int \prod_{i=0}^{k-1} 1_{A_i}(x_i) R(x_{k-1}, A_k) dP^{(X_n,\dots,X_{n+k-1})}(x_0,\dots,x_{k-1})\\
&\quad = \int \prod_{i=0}^{k-1} 1_{A_i}(x_i) R(x_{k-1}, A_k) dP^{X_n} \otimes R^{k-1}(x_0,\dots,x_{k-1})\\
&\quad = P^{X_n} \otimes R^{k-1} \otimes R\Big(\prod_{i=0}^{k} A_i\Big) = P^{X_n} \otimes R^{k}\Big(\prod_{i=0}^{k} A_i\Big).
\end{aligned}
$$

Weil $\{\prod_{i=0}^{k} A_i \,:\, A_i \in \mathcal{A}\}$ ein durchschnittsstabiler Erzeuger von $\mathcal{A}^{k+1}$ ist, folgt aus dem Eindeutigkeitssatz für Wahrscheinlichkeitsmaße

$$P^{(X_n,\dots,X_{n+k})} = P^{X_n} \otimes R^k.$$

Zum Beweis der Umkehrung sei $n \in T, n < \beta$ und

$$\mathcal{E}_n := \Big\{\bigcap_{i=m}^{n} \{X_i \in A_i\} : m \in T, m \le n, A_m, \dots, A_n \in \mathcal{A}\Big\}.$$

Dann ist $\mathcal{E}_n$ ein durchschnittsstabiler Erzeuger von $\mathcal{F}_n^X$ mit $\Omega \in \mathcal{E}_n$, und für $F \in \mathcal{E}_n$, also $F = \bigcap_{i=m}^{n}\{X_i \in A_i\}$, und $A \in \mathcal{A}$ gilt

$$
\begin{aligned}
\int_F R(X_n, A)dP &= \int \prod_{i=m}^{n} 1_{A_i}(x_i) R(x_n, A) dP^{(X_m,\dots,X_n)}(x_m,\dots,x_n)\\
&= P^{X_m} \otimes R^{n-m} \otimes R\Big(\prod_{i=m}^{n} A_i \times A\Big)\\
&= P^{X_m} \otimes R^{n-m+1}\Big(\prod_{i=m}^{n} A_i \times A\Big)\\
&= P^{(X_m,\dots,X_{n+1})}\Big(\prod_{i=m}^{n} A_i \times A\Big)\\
&= P(F \cap \{X_{n+1} \in A\}).
\end{aligned}
$$

Dies impliziert wegen A.11(h) (oder dem Maßeindeutigkeitssatz)

$$P(X_{n+1} \in A | \mathcal{F}_n^X) = R(X_n, A).$$

Sei nun $\alpha > -\infty$ und

$$P^{(X_\alpha,\dots,X_{\alpha+k})} = P^{X_\alpha} \otimes R^k$$

für alle $k \in \mathbb{N}$ mit $\alpha + k \in T$. Für $n \in T$, $n > \alpha$, $k \in \mathbb{N}$ mit $n + k \in T$ gilt dann nach den Formeln für Randverteilungen

$$\begin{aligned} P^{(X_n,\dots,X_{n+k})} &= P^{(X_\alpha,\dots,X_{n-1},X_n,\dots,X_{n+k})}(\mathcal{X}^{n-\alpha} \times \cdot) \\ &= P^{X_\alpha} \otimes R^{n+k-\alpha}(\mathcal{X}^{n-\alpha} \times \cdot) = P^{X_\alpha} R_{n-\alpha} \otimes R^k \end{aligned}$$

und

$$P^{X_\alpha} R_{n-\alpha} = P^{X_\alpha} \otimes R^{n-\alpha}(\mathcal{X}^{n-\alpha} \times \cdot) = P^{(X_\alpha,\dots,X_n)}(\mathcal{X}^{n-\alpha} \times \cdot) = P^{X_n},$$

also

$$P^{(X_n,\dots,X_{n+k})} = P^{X_n} \otimes R^k. \qquad \square$$

Im Fall $\alpha > -\infty$ wird das Existenzproblem für Markov-Prozesse mit gegebener Anfangsverteilung und gegebenem Übergangskern durch den folgenden Satz gelöst.

Satz 6.4 *(Existenz) Seien $\alpha > -\infty$ und R ein Markov-Kern auf $(\mathcal{X}, \mathcal{A})$. Dann gibt es zu jeder Verteilung μ auf $\mathcal{A}$ genau eine Verteilung P_μ auf $\mathcal{A}^T$ mit der Eigenschaft, dass der Prozess $X = (X_n)_{n\in T}$ der Projektionen $X_n : (\mathcal{X}^T, \mathcal{A}^T) \to (\mathcal{X}, \mathcal{A})$ unter P_μ ein $\mathbb{F}^X$-Markov-Prozess mit Übergangskern R und Anfangsverteilung $P_\mu^{X_\alpha} = \mu$ ist. Für $P_x := P_{\delta_x}$ gilt ferner*

$$P_x^{X_n} = R_{n-\alpha}(x, \cdot)$$

für alle $x \in \mathcal{X}, n \in T$, und durch $K(x, \cdot) := P_x$ wird ein Markov-Kern von $(\mathcal{X}, \mathcal{A})$ nach $(\mathcal{X}^T, \mathcal{A}^T)$ definiert mit

$$P_\mu = \mu K = \int P_x d\mu(x).$$

Beweis Ist $\beta < \infty$, so hat

$$P_\mu := \mu \otimes R^{\beta-\alpha}$$

wegen 6.3 die gewünschte Eigenschaft. Im Fall $\beta = \infty$ existiert nach dem Satz von Ionescu Tulcea ([17], Satz 1.9.3) genau eine Verteilung P_μ auf $\mathcal{A}^T$ mit

$$P_\mu^{(X_\alpha,\dots,X_{\alpha+k})} = \mu \otimes R^k$$

für alle $k \in \mathbb{N}$. Insbesondere gilt $P_\mu^{X_\alpha} = \mu$. Dies impliziert nach 6.3, dass X unter P_μ ein $\mathbb{F}^X$-Markov-Prozess mit Übergangskern R ist. Aus 6.2 folgt für $x \in \mathcal{X}$ und $n \in T$

$$P_x^{X_n} = P_x^{X_\alpha} R_{n-\alpha} = \delta_x R_{n-\alpha} = R_{n-\alpha}(x, \cdot).$$

Ferner ist

$$\mathcal{D} := \{C \in \mathcal{A}^T : K(\cdot, C) \text{ ist } \mathcal{A}\text{-messbar und } P_\mu(C) = \mu K(C)\}$$

ein Dynkin-System, das den durchschnittsstabilen Erzeuger

$$\mathcal{E} := \Big\{\bigcap_{i=\alpha}^{\alpha+k}\{X_i \in A_i\} : k \in \mathbb{N}_0, \alpha + k \in T, A_\alpha, \ldots, A_{\alpha+k} \in \mathcal{A}\Big\}$$

von $\mathcal{A}^T = \mathcal{F}_\beta^X$ enthält, denn für $C \in \mathcal{E}, C = \bigcap_{i=\alpha}^{\alpha+k}\{X_i \in A_i\}$ mit $k \geq 1$ gilt

$$\begin{aligned} K(x, C) &= P_x(C) = P_x^{(X_\alpha,\ldots,X_{\alpha+k})}\Big(\prod_{i=\alpha}^{\alpha+k} A_i\Big) \\ &= \delta_x \otimes R^k\Big(\prod_{i=\alpha}^{\alpha+k} A_i\Big) = 1_{A_\alpha}(x) R^k\Big(x, \prod_{i=\alpha+1}^{\alpha+k} A_i\Big), \end{aligned}$$

also insbesondere die $\mathcal{A}$-Messbarkeit von $K(\cdot, C)$, und daher

$$P_\mu(C) = P_\mu^{(X_\alpha,\ldots,X_{\alpha+k})}\Big(\prod_{i=\alpha}^{\alpha+k} A_i\Big) = \mu \otimes R^k\Big(\prod_{i=\alpha}^{\alpha+k} A_i\Big) = \int P_x(C) d\mu(x).$$

Für $C = \{X_\alpha \in A_\alpha\}$ gilt $K(x, C) = 1_{A_\alpha}(x)$ und $P_\mu(C) = \mu(A_\alpha) = \int P_x(C) d\mu(x)$. Es folgt $\mathcal{D} = \mathcal{A}^T$. □

Statt im Fall $\alpha > -\infty$ für jede Verteilung μ auf $\mathcal{A}$ einen Markov-Prozess $Y = Y(\mu)$ mit Anfangsverteilung $P^{Y_\alpha(\mu)} = \mu$ und Übergangskern R zu untersuchen, kann man auch zum **kanonischen Markov-Prozess** X mit Kern R und Verteilungen $(P_x)_{x \in \mathcal{X}}$ auf $\mathcal{A}^T$ gemäß 6.4 übergehen. Wegen

$$P^{Y(\mu)} = P_\mu^X = P_\mu = \int P_x d\mu(x)$$

lässt sich dann jedes Verteilungsproblem für $Y(\mu)$ in ein Problem für den kanonischen Prozess übersetzen. Nur die ursprüngliche Filtration geht dabei verloren.

Integration bezüglich P_x wird mit E_x bezeichnet.

Markov-Prozesse können als stochastische dynamische Systeme interpretiert werden, wobei das Rauschen durch eine unabhängige Folge identisch verteilter Zufallsvariablen modelliert wird. Wir formulieren nur die uns interessierende Richtung.

Satz 6.5 *(Stochastische dynamische Systeme) Seien $\alpha > -\infty$, $(\mathcal{Z}, \mathcal{C})$ ein messbarer Raum, $(Z_n)_{n \in T, n \geq \alpha+1}$ eine $\mathbb{F}$-adaptierte Folge identisch verteilter $(\mathcal{Z}, \mathcal{C})$-wertiger Zufallsvariablen, $\sigma(Z_{n+1})$ und $\mathcal{F}_n$ seien unabhängig für alle $n \in T$ mit $n < \beta$, X_α eine $\mathcal{F}_\alpha$-messbare $(\mathcal{X}, \mathcal{A})$-wertige Zufallsvariable und $F : (\mathcal{X} \times \mathcal{Z}, \mathcal{A} \otimes \mathcal{C}) \to (\mathcal{X}, \mathcal{A})$. Dann wird durch X_α und*

$$X_n = F(X_{n-1}, Z_n) \quad \textit{für } n \in T, n \geq \alpha + 1$$

ein $(\mathcal{X}, \mathcal{A})$-wertiger $\mathbb{F}$-Markov-Prozess $X = (X_n)_{n \in T}$ definiert mit Übergangskern

$$R(x, \cdot) = P^{F(x, Z_{\alpha+1})} \quad \textit{für } x \in \mathcal{X}.$$

Die Abbildung R ist in der Tat ein Markov-Kern auf $(\mathcal{X}, \mathcal{A})$, weil

$$x \mapsto R(x, A) = \int 1_A(F(x, z)) dP^{Z_{\alpha+1}}(z)$$

$(\mathcal{A}, \mathcal{B}(\mathbb{R}))$-messbar ist. Die Homogenität des obigen Markov-Prozesses ist eine Konsequenz der Voraussetzung an das Rauschen $Z_n \stackrel{d}{=} Z_{\alpha+1}$ für alle $n \geq \alpha + 1$ und der Unabhängigkeit der Abbildung F von n.

Beweis Mit Induktion folgt die $\mathbb{F}$-Adaptiertheit von X, und für $n \in T, n < \beta$ und $A \in \mathcal{A}$ gilt wegen der Substitutionsregel A.19

$$\begin{aligned} P(X_{n+1} \in A | \mathcal{F}_n) &= E(1_A(F(X_n, Z_{n+1})) | \mathcal{F}_n) \\ &= \int 1_A(F(X_n, z)) dP^{Z_{\alpha+1}}(z) = R(X_n, A). \end{aligned}$$

□

Beispiel 6.6 (a) In der Situation von 6.5 seien $(\mathcal{X}, \mathcal{A}) = (\mathcal{Z}, \mathcal{C}) = (\mathbb{R}, \mathcal{B}(\mathbb{R}))$ und $Z_\alpha = X_\alpha$. Dann ist jeder der folgenden Prozesse ein Markov-Prozess mit dem angegebenen Übergangskern:

$$\begin{aligned} X_n &= \sum_{i=\alpha}^{n} Z_i, \ R(x, \cdot) = P^{x + Z_{\alpha+1}}, \\ X_n &= \prod_{i=\alpha}^{n} Z_i, \ R(x, \cdot) = P^{x Z_{\alpha+1}}, \\ X_n &= \min_{\alpha \leq i \leq n} Z_i, \ R(x, \cdot) = P^{x \wedge Z_{\alpha+1}}, \\ X_n &= \max_{\alpha \leq i \leq n} Z_i, \ R(x, \cdot) = P^{x \vee Z_{\alpha+1}}. \end{aligned}$$

Mit $(\mathcal{X}, \mathcal{A}) = (\mathbb{R}^2, \mathcal{B}(\mathbb{R}^2))$ und $Z_\alpha = X_\alpha^1 = X_\alpha^2$ gilt dies etwa auch für den Prozess

$$\begin{aligned} X_n &= (X_n^1, X_n^2) = \Big(\prod_{i=\alpha}^{n} Z_i, \min_{\alpha \leq j \leq n} \prod_{i=\alpha}^{j} Z_i \Big), \\ R((x_1, x_2), \cdot) &= P^{(x_1 Z_{\alpha+1}, x_2 \wedge (x_1 Z_{\alpha+1}))} \end{aligned}$$

wegen

$$X_n = (X_{n-1}^1 Z_n, X_{n-1}^2 \wedge X_n^1) = (X_{n-1}^1 Z_n, X_{n-1}^2 \wedge (X_{n-1}^1 Z_n)).$$

(b) (Zufällige Abbildungen) In der Situation von 6.5 seien $\mathcal{X}$ abzählbar (um Messbarkeitsprobleme zu vermeiden), $\mathcal{A}$ die Potenzmenge $\mathcal{P}(\mathcal{X})$, $\mathcal{Z} = \mathcal{X}^{\mathcal{X}}, \mathcal{C} =$

$\mathcal{A}^{\mathcal{X}}$ und $X_n = Z_n(X_{n-1})$ für $n \geq \alpha + 1$. Dann ist X ein Markov-Prozess mit Übergangskern $R(x, \cdot) = P^{Z_{\alpha+1}(x)}$.

(c) (Pólyas Urnenmodell) In der Situation von Beispiel 1.7(e) sei noch $Z_n := r + s + nm - Y_n$ die Anzahl der schwarzen Kugeln in der Urne zur Zeit n. Dann ist $(Y, Z) = ((Y_n, Z_n))_{n \in T}$ ein Markov-Prozess mit Werten in $\mathcal{X} = \mathbb{N}^2$ und Übergangskern

$$R((y, z), \cdot) = \frac{y}{y+z}\delta_{(y+m,z)} + \frac{z}{y+z}\delta_{(y,z+m)},$$

denn für $A \subset \mathbb{N}^2$ und $n \in T = \mathbb{N}_0$ gilt mit der Substitutionsregel A.19

$$\begin{aligned} P((Y_{n+1}, Z_{n+1}) \in A | \mathcal{F}_n) &= X_n 1_A(Y_n + m, Z_n) + (1 - X_n) 1_A(Y_n, Z_n + m) \\ &= R((Y_n, Z_n), A). \end{aligned}$$

Dagegen sind die Übergangskerne der eindimensionalen Prozesse X, Y (und Z) abhängig von $n \in T$: Es gilt für $n \in T$, $A \subset \mathbb{N}$

$$P(Y_{n+1} \in A | \mathcal{F}_n) = Q_{Y,n}(Y_n, A)$$

mit

$$Q_{Y,n}(y, \cdot) = \frac{y}{r+s+nm}\delta_{y+m} + \left(1 - \frac{y}{r+s+nm}\right)\delta_y$$

für $y \in \mathbb{N}$, und für $B \in \mathcal{B}([0,1])$ gilt

$$P(X_{n+1} \in B | \mathcal{F}_n) = Q_{X,n}(X_n, B)$$

mit

$$Q_{X,n}(x, \cdot) = x\delta_{\frac{(r+s+nm)x+m}{r+s+(n+1)m}} + (1-x)\delta_{\frac{(r+s+nm)x}{r+s+(n+1)m}}$$

für $x \in [0,1]$. (Die eindimensionalen Prozesse sind inhomogene $\mathbb{F}$-Markov-Prozesse.)

Wir zeigen jetzt entscheidende Erweiterungen der Markov-Eigenschaft. Dabei ist es bequem, den durch

$$\theta : \mathcal{X}^{\mathbb{N}_0} \to \mathcal{X}^{\mathbb{N}_0}, \quad \theta((x_k)_{k \geq 0}) := (x_{1+k})_{k \geq 0}$$

definierten **Shift** zu benutzen. Ferner sei $\theta_0 := id$ und für $n \geq 1$ $\theta_n := \theta_{n-1} \circ \theta$, also $\theta_n((x_k)_{k \geq 0}) = (x_{n+k})_{k \geq 0}$. Für einen $\mathbb{F}$-adaptierten $(\mathcal{X}, \mathcal{A})$-wertigen Prozess X mit $T = \mathbb{N}_0$ und $n \in \mathbb{N}_0$ ist der Prozess $\theta_n(X)$ dann $(\mathcal{F}_{n+k})_{k \geq 0}$-adaptiert.

Satz 6.7 *(Markov-Eigenschaft) Für einen $(\mathcal{X}, \mathcal{A})$-wertigen Markov-Prozess X mit Übergangskern R gilt*

$$P((X_n, \ldots, X_{n+k}) \in B | \mathcal{F}_n) = \delta_{X_n} \otimes R^k(B)$$

für alle $n \in T, k \in \mathbb{N}$ *mit* $n + k \in T$, $B \in \mathcal{A}^{k+1}$ *und im Fall* $T = \mathbb{N}_0$

$$P(\theta_n(X) \in C | \mathcal{F}_n) = P_{X_n}(C)$$

und

$$E(f(\theta_n(X))|\mathcal{F}_n) = E_{X_n} f = \int f(y) P_{X_n}(dy)$$

für alle $n \in T, C \in \mathcal{A}^T$ *und messbare Funktionen* $f : (\mathcal{X}^T, \mathcal{A}^T) \to (\overline{\mathbb{R}}, \mathcal{B}(\overline{\mathbb{R}}))$, *falls* $f(\theta_n(X))$ P*-quasiintegrierbar ist.*

Dabei ist $\delta_{X_n} \otimes R^k$ der Markov-Kern $(\omega, B) \mapsto \delta_{X_n(\omega)} \otimes R^k(B)$ von $(\Omega, \sigma(X_n))$ nach $(\mathcal{X}^{k+1}, \mathcal{A}^{k+1})$.

Beweis 1. Wir zeigen zunächst

$$E\Big(\prod_{i=0}^{k} f_i(X_{n+i})\Big|\mathcal{F}_n\Big) = E\Big(\prod_{i=0}^{k} f_i(X_{n+i})\Big|X_n\Big)$$

für alle $k \in \mathbb{N}_0$ und alle messbaren beschränkten Funktionen $f_i : (\mathcal{X}, \mathcal{A}) \to (\mathbb{R}, \mathcal{B}(\mathbb{R})), i \in \{0, \dots, k\}$ durch Induktion über k bei festem $n \in T$. Für $k = 0$ ist dies klar und für $k \geq 1$ gilt mit der Turmeigenschaft und der Induktionsvoraussetzung

$$\begin{aligned}
E\Big(\prod_{i=0}^{k} f_i(X_{n+i})|\mathcal{F}_n\Big) &= E\Big(\prod_{i=0}^{k-1} f_i(X_{n+i}) E(f_k(X_{n+k})|\mathcal{F}_{n+k-1})\Big|\mathcal{F}_n\Big) \\
&= E\Big(\prod_{i=0}^{k-1} f_i(X_{n+i}) R f_k(X_{n+k-1})\Big|\mathcal{F}_n\Big) \\
&= E\Big(\prod_{i=0}^{k-1} f_i(X_{n+i}) R f_k(X_{n+k-1})\Big|X_n\Big) \\
&= E\Big(\prod_{i=0}^{k} f_i(X_{n+i})\Big|X_n\Big).
\end{aligned}$$

2. Für $n \in T$ und $k \in \mathbb{N}$ mit $n + k \in T$ und $B = \prod_{i=0}^{k} A_i$ mit $A_i \in \mathcal{A}$ gilt nach 1.

$$P((X_n, \dots, X_{n+k}) \in B | \mathcal{F}_n) = P((X_n, \dots, X_{n+k}) \in B | X_n)$$

und für $F = \{X_n \in A\} \in \sigma(X_n)$ mit $A \in \mathcal{A}$ wegen 6.3

$$\begin{aligned}
\int_F \delta_{X_n} \otimes R^k(B) dP &= \iint 1_A(x_0) 1_B(x_0, \dots, x_k) R^k(x_0, d(x_1, \dots, x_k)) dP^{X_n}(x_0) \\
&= P^{X_n} \otimes R^k((A \times \mathcal{X}^k) \cap B) \\
&= P^{(X_n, \dots, X_{n+k})}((A \times \mathcal{X}^k) \cap B) \\
&= P(F \cap \{(X_n, \dots, X_{n+k}) \in B\}).
\end{aligned}$$

Also gilt die erste Gleichung für $B = \prod_{i=0}^{k} A_i$. Weil die Mengen $B \in \mathcal{A}^{k+1}$, für die die erste Gleichung gilt, ein Dynkin-System bilden und $\{\prod_{i=0}^{k} A_i : A_0, \dots, A_k \in \mathcal{A}\}$ ein durchschnittsstabiler Erzeuger von $\mathcal{A}^{k+1}$ ist, gilt die erste Gleichung für alle $B \in \mathcal{A}^{k+1}$.

Im Fall $T = \mathbb{N}_0$ gilt für $n \in \mathbb{N}_0, k \in \mathbb{N}$ und $C = \{(\pi_0, \dots, \pi_k) \in B\}$ mit $B \in \mathcal{A}^{k+1}$, wobei $\pi_n : \mathcal{X}^T \to \mathcal{X}$ die n-te Projektion bezeichnet, wegen der ersten Gleichung, 6.4 und 6.3

$$\begin{aligned} P(\theta_n(X) \in C|\mathcal{F}_n) &= P((X_n, \dots, X_{n+k}) \in B|\mathcal{F}_n) \\ &= \delta_{X_n} \otimes R^k(B) = P_{X_n}^{(\pi_0,\dots,\pi_n)}(B) = P_{X_n}(C). \end{aligned}$$

Für $k = 0$ und $C = \{\pi_0 \in B\}$ gilt $P(\theta_n(X) \in C|\mathcal{F}_n) = \delta_{X_n}(B) = P_{X_n}(C)$. Weil $\{(\pi_0, \dots, \pi_k)^{-1}(B) : k \in \mathbb{N}_0, B \in \mathcal{A}^{k+1}\}$ ein durchschnittsstabiler Erzeuger von $\mathcal{A}^T$ ist, gilt die zweite Gleichung für alle $C \in \mathcal{A}^T$. Damit ist der Markov-Kern $P_{X_n} = K(X_n, \cdot)$ von $(\Omega, \sigma(X_n))$ nach $(\mathcal{X}^T, \mathcal{A}^T)$ eine bedingte Verteilung von $\theta_n(X)$ unter $\mathcal{F}_n$ und die letzte Gleichung folgt aus A.18. □

Nach 6.7 gilt im Fall $T = \mathbb{N}_0$

$$P^{X_n} \otimes K = P^{(X_n, \theta_n(X))}$$

und mit $\nu := P^{X_n} = P^{X_0} R_n$

$$P_\nu = \nu K = P^{X_0} R_n K = P^{X_n} K = P^{\theta_n(X)}.$$

In der (schwachen) Markov-Eigenschaft kann man noch den festen Zeitpunkt $n \in T$ durch eine Stoppzeit ersetzen.

Satz 6.8 *(Starke Markov-Eigenschaft) Seien $T = \mathbb{N}_0, X$ ein $(\mathcal{X}, \mathcal{A})$-wertiger Markov-Prozess mit Übergangskern R und τ eine Stoppzeit. Dann gilt*

$$E(f(\theta_\tau(X))|\mathcal{F}_\tau) = E_{X_\tau} f \;\; P\text{-f.s. auf } \{\tau < \infty\}$$

für alle messbaren Funktionen $f : (\mathcal{X}^T, \mathcal{A}^T) \to (\overline{\mathbb{R}}_+, \mathcal{B}(\overline{\mathbb{R}}_+))$.

Beweis Aus 2.7(c) und 6.7 folgt

$$\begin{aligned} E(1_{\{\tau<\infty\}} f(\theta_\tau(X))|\mathcal{F}_\tau) &= \sum_{n\in\mathbb{N}_0} 1_{\{\tau=n\}} E(f(\theta_n(X))|\mathcal{F}_n) \\ &= \sum_{n\in\mathbb{N}_0} 1_{\{\tau=n\}} E_{X_n} f = 1_{\{\tau<\infty\}} E_{X_\tau} f. \end{aligned}$$ □

Die starke Markov-Eigenschaft ermöglicht Charakterisierungen rekurrenter Zustände für Markov-Prozesse mit abzählbarem Zustandsraum. Wir definieren Rekurrenz mit dem assoziierten Potentialkern.

Definition 6.9 *Für einen Markov-Kern R auf $(\mathcal{X}, \mathcal{A})$ heißt*

$$U = U(R) := \sum_{k=0}^{\infty} R_k$$

Potentialkern *von R.*

Dabei ist U (nach dem Satz von Fubini für das Zählmaß) in der Tat ein Kern auf $(\mathcal{X}, \mathcal{A})$, das heißt $U(x, \cdot)$ ist für jedes $x \in \mathcal{X}$ ein Maß auf $\mathcal{A}$ und $U(\cdot, A)$ ist für jedes $A \in \mathcal{A}$ bezüglich $(\mathcal{A}, \mathcal{B}(\overline{\mathbb{R}}))$ messbar.

Im Rest dieses Abschnitts seien $\mathcal{X}$ abzählbar, $\mathcal{A} = \mathcal{P}(\mathcal{X}), T = \mathbb{N}_0$ und X ein kanonischer Markov-Prozess mit Verteilungen $(P_x)_{x \in \mathcal{X}}$, Übergangskern R und zugehörigem Potentialkern U, insbesondere also $(\Omega, \mathcal{F}) = (\mathcal{X}^T, \mathcal{A}^T)$ und $\mathbb{F} = \mathbb{F}^X$.

Das **zufällige Zählmaß** von X wird durch

$$N(A) := \sum_{n=0}^{\infty} 1_A(X_n)$$

für $A \subset \mathcal{X}$ definiert. $N(A)$ beschreibt die Zahl der Besuche von X in A. Man erhält wegen 6.4

$$E_x N(A) = \sum_{n=0}^{\infty} P_x(X_n \in A) = \sum_{n=0}^{\infty} R_n(x, A) = U(x, A).$$

Wir schreiben zur Abkürzung

$$R(x, y) = R(x, \{y\}), U(x, y) = U(x, \{y\}) \quad \text{und} \quad N(y) = N(\{y\}).$$

Wegen $R_0(x, x) = 1$ gilt $U(x, x) \geq 1$.

Definition 6.10 *Ein Zustand $x \in \mathcal{X}$ heißt* ***R-rekurrent****, falls $U(x, x) = \infty$,* ***R-transient****, falls $U(x, x) < \infty$ und* ***R-absorbierend****, falls $R(x, x) = 1$.*

Die Abhängigkeit der obigen Eigenschaften vom Markov-Kern R wird häufig nicht mehr angegeben. Absorbierende Zustände sind natürlich rekurrent: Aus $R(x, x) = 1$ folgt nämlich induktiv für $k \geq 2$

$$R_k(x, x) = \sum_{z \in \mathcal{X}} R_{k-1}(z, x) R(x, z) = R_{k-1}(x, x) = 1$$

und daher $U(x, x) = \infty$. Ist $x \in \mathcal{X}$ rekurrent, so kehrt der Prozess X im P_x-Mittel unendlich oft nach x zurück. Wir werden sehen, dass diese Aussage auch fast sicher gilt.

Zur Beschreibung der Verteilung von $N(x)$ für $x \in \mathcal{X}$ definieren wir für $k \geq 0$ Stoppzeiten rekursiv durch $\tau_x^0 := 0$ und für $k \geq 1$

$$\tau_x^k := \inf\{n > \tau_x^{k-1} : X_n = x\}.$$

Nach 2.5 sind die Eintrittszeiten (Rückkehrzeiten) τ_x^k in der Tat Stoppzeiten und $\tau_x^k \geq 1$ für $k \geq 1$. Es gilt dann

$$\left\{\sum_{n=1}^{\infty} 1_{\{x\}}(X_n) \geq k\right\} = \{\tau_x^k < \infty\}$$

für alle $k \in \mathbb{N}_0$ und daher

$$N(x) = 1_{\{x\}}(X_0) + \sum_{k=1}^{\infty} 1_{\{\tau_x^k < \infty\}}.$$

Seien $\tau_x := \tau_x^1$ und

$$F(x, y) := P_x(\tau_y < \infty) = P_x\Big(\bigcup_{n=1}^{\infty}\{X_n = y\}\Big).$$

$F(x, x)$ ist die Rückkehrwahrscheinlichkeit nach x.

Satz 6.11 *(Rückkehrzeiten und Potentialkern) Für alle $x, y \in \mathcal{X}$ und $k \in \mathbb{N}$ gelten*

$$P_x(\tau_y^k < \infty) = F(x, y)F(y, y)^{k-1},$$

$$U(x, y) = \frac{F(x, y)}{1 - F(y, y)}, \textit{ falls } x \neq y \quad \textit{und} \quad U(x, x) = \frac{1}{1 - F(x, x)}$$

(mit $0/0 := 0$ und $c/0 := \infty$ für $c > 0$).

Beweis Für $k \geq 2$ und $m \in \mathbb{N}$ gilt auf $\{\tau_y^{k-1} = m\}$

$$\begin{aligned}\tau_y^{k-1} + \tau_y \circ \theta_{\tau_y^{k-1}} &= m + \tau_y \circ \theta_m = m + \inf\{n > 0 : X_{n+m} = x\}\\ &= m + \inf\{j > m : X_j = x\} - m = \tau_y^k.\end{aligned}$$

Man erhält auf $\{\tau_y^{k-1} < \infty\}$

$$\tau_y^k = \tau_y^{k-1} + \tau_y \circ \theta_{\tau_y^{k-1}}.$$

Wir zeigen die erste Gleichung durch Induktion über k bei festen $x, y \in \mathcal{X}$. Für $k = 1$ ist das die Definition und für $k \geq 2$ folgt wegen $\{\tau_y^k < \infty\} \subset \{\tau_y^{k-1} < \infty\}$, der starken Markov-Eigenschaft 6.8, $X_{\tau_y^{k-1}} = y$ auf $\{\tau_y^{k-1} < \infty\}$ und der Induktionsvoraussetzung

$$\begin{aligned}P_x(\tau_y^k < \infty) &= P_x(\tau_y^k < \infty, \tau_y^{k-1} < \infty)\\ &= P_x(\tau_y^{k-1} < \infty, \tau_y \circ \theta_{\tau_y^{k-1}} < \infty)\\ &= E_x(1_{\{\tau_y^{k-1} < \infty\}} E_x(1_{\{\tau_y < \infty\}}(\theta_{\tau_y^{k-1}})|\mathcal{F}_{\tau_y^{k-1}}))\\ &= E_x(1_{\{\tau_y^{k-1} < \infty\}} E_{X_{\tau_y^{k-1}}} 1_{\{\tau_y < \infty\}})\\ &= P_x(\tau_y^{k-1} < \infty) P_y(\tau_y < \infty)\\ &= F(x, y)F(y, y)^{k-2} F(y, y) = F(x, y)F(y, y)^{k-1}.\end{aligned}$$

Die erste Gleichung impliziert

$$\begin{aligned} U(x,y) = E_x N(y) &= P_x(X_0 = y) + \sum_{k=1}^{\infty} P_x(\tau_y^k < \infty) \\ &= P_x(X_0 = y) + F(x,y) \sum_{k=0}^{\infty} F(y,y)^k \\ &= P_x(X_0 = y) + \frac{F(x,y)}{1 - F(y,y)}, \end{aligned}$$

also die zweite und dritte Gleichung. □

Satz 6.11 zeigt insbesondere, dass $F(x,y) > 0$ für $x \neq y$ genau dann gilt, wenn $U(x,y) > 0$ und ferner $F(x,x) > 0$ genau dann, wenn $U(x,x) > 1$.

Man erhält die folgende Charakterisierung rekurrenter Zustände.

Satz 6.12 *(Rekurrenz) Für einen Zustand $x \in \mathcal{X}$ sind äquivalent:*

(i) x ist rekurrent,
(ii) $F(x,x) = 1$,
(iii) $P_x(N(x) = \infty) = 1$.

Ferner gelten $P_y(N(x) \in \{0,\infty\}) = 1$ und $P_y(N(x) = \infty) = F(y,x)$ für alle $y \in \mathcal{X}$, falls x rekurrent ist, und $U(y,x) < \infty$ für alle $y \in \mathcal{X}$, falls x transient ist.

Die Bedingung (ii) besagt, dass der Prozess P_x-fast sicher in den Zustand x zurückkehrt und (iii), dass der Prozess P_x-fast sicher unendlich oft nach x zurückkehrt.

Beweis Die Äquivalenz der Bedingungen (i) und (ii) folgt direkt aus 6.11, und die Bedingung (iii) impliziert natürlich $U(x,x) = E_x N(x) = \infty$, also (i). Aus (ii) folgt $P_x(\tau_x^k < \infty) = 1$ für alle $k \geq 1$ wegen 6.11 und damit

$$N(x) = 1_{\{x\}}(X_0) + \sum_{k=1}^{\infty} 1_{\{\tau_x^k < \infty\}} = \infty \ P_x\text{-f.s.},$$

also (iii).

Ist $x \in \mathcal{X}$ rekurrent und $y \in \mathcal{X}$ mit $y \neq x$, so gilt nach obiger Äquivalenz $F(x,x) = 1$ und daher nach 6.11 für alle $k \geq 1$

$$P_y(N(x) \geq k) = P_y(\tau_x^k < \infty) = F(y,x).$$

Man erhält mit der Stetigkeit (von oben) von P_y,

$$P_y(N(x) = \infty) = P_y\Big(\bigcap_{k=1}^{\infty} \{N(x) \geq k\}\Big) = \lim_{k\to\infty} P_y(N(x) \geq k) = F(y,x),$$

und weil

$$P_y(N(x) = 0) = P_y(\tau_x = \infty) = 1 - F(y, x),$$

folgt $P_y(N(x) \in \{0, \infty\}) = 1$.

Ist $x \in \mathcal{X}$ transient und $y \in \mathcal{X}$ mit $y \neq x$, so gilt nach der obigen Äquivalenz $F(x, x) < 1$, und aus 6.11 folgt $U(y, x) = F(y, x)/(1 - F(x, x)) < \infty$. □

Ist $x \in \mathcal{X}$ transient, so ist $N(x)$ unter P_x wegen 6.11 geometrisch verteilt mit

$$P_x(N(x) = k) = (1 - F(x, x))F(x, x)^{k-1}$$

für $k \in \mathbb{N}$.

$\mathcal{X}$ heißt ***R*-irreduzibel**, falls $U(x, y) > 0$ für alle $x, y \in \mathcal{X}$.

Satz 6.13 *(Rekurrenz und Irreduzibilität) Ist $x \in \mathcal{X}$ rekurrent und gilt $F(x, y) > 0$, so ist auch y rekurrent, $F(x, y) = F(y, x) = 1$ und damit $P_x(N(y) = \infty) = P_y(N(x) = \infty) = 1$. Insbesondere ist jeder Zustand rekurrent oder jeder Zustand transient, falls $\mathcal{X}$ irreduzibel ist.*

Beweis Wegen 6.12 können wir $x \neq y$ annehmen. Nach 6.11 gilt $U(x, y) > 0$, es gibt also ein $n \geq 1$ mit $R_n(x, y) > 0$. Wieder mit 6.11, den Chapman-Kolmogorov-Gleichungen und der Rekurrenz von x folgt

$$\begin{aligned} U(y, y) &\geq F(x, y)U(y, y) = U(x, y) \\ &\geq \sum_{k=0}^{\infty} R_{n+k}(x, y) \geq \sum_{k=0}^{\infty} R_k(x, x)R_n(x, y) \\ &= U(x, x)R_n(x, y) = \infty. \end{aligned}$$

Daher ist y rekurrent. Weil

$$\{\tau_y < \infty\} \subset \{\tau_x \circ \theta_{\tau_y} < \infty\} \; P_x\text{-f.s.}$$

wegen

$$\tau_y + \tau_x \circ \theta_{\tau_y} = \inf\{n > \tau_y : X_n = x\}$$

auf $\{\tau_y < \infty\}$, erhält man mit der starken Markov-Eigenschaft 6.8

$$\begin{aligned} F(x, y) &= P_x(\tau_y < \infty) = P_x(\tau_y < \infty, \tau_x \circ \theta_{\tau_y} < \infty\} \\ &= E_x(1_{\{\tau_y < \infty\}} E_x(1_{\{\tau_x < \infty\}}(\theta_{\tau_y})|\mathcal{F}_{\tau_y})) \\ &= P_x(\tau_y < \infty)P_y(\tau_x < \infty) = F(x, y)F(y, x). \end{aligned}$$

Dies impliziert $F(y, x) = 1$ und damit $P_y(N(x) = \infty) = 1$ wegen 6.12. Rollentausch von x und y liefert $F(x, y) = P_x(N(y) = \infty) = 1$. □

Der obige Satz hat die folgende interessante Konsequenz: Gibt es ein $y \in \mathcal{X}$ mit $F(x, y) > 0$ und $F(y, x) < 1$, so ist x transient.

Beispiel 6.14 (Einfacher Random walk auf $\mathbb{Z}$) Seien $T = \mathbb{N}_0$ und Y ein einfacher $\mathbb{F}$-Random walk auf $\mathbb{Z}$, $Y_n = Z_0 + \sum_{i=1}^n Z_i$ mit $P(Z_1 = +1) = p$, $P(Z_1 = -1) = 1-p$, $p \in (0,1)$ und einer $\mathbb{Z}$-wertigen Zufallsvariablen Z_0. Wegen 6.6(a) gilt für den Übergangskern $R(x,y) = P(x + Z_1 = y)$, also $R(x,y) = p$, falls $y = x+1$, $R(x,y) = 1-p$, falls $y = x-1$ und $R(x,y) = 0$ sonst. Definiert man $Y(x)_n := x + \sum_{i=1}^n Z_i$ und ist X der kanonische Prozess, so gilt

$$R_n(x,\cdot) = P_x^{X_n} = P^{Y(x)_n}$$

und damit

$$R_n(x,y) = P\Big(\sum_{i=1}^n Z_i = y - x\Big) = R_n(0, y-x)$$

für alle $n \in \mathbb{N}_0, x, y \in \mathbb{Z}$. Speziell gilt $R_n(x,x) = R_n(0,0)$ und für den Potentialkern $U(x,x) = U(0,0)$ für alle $x \in \mathbb{Z}$. Demnach sind alle Zustände rekurrent oder alle Zustände transient. Da $\mathbb{Z}$ offenbar R-irreduzibel ist, folgt dies auch aus 6.13. Wegen $R_n(0,0) = 0$ für ungerades n und

$$R_n(0,0) = P\Big(\sum_{i=1}^n (Z_i + 1)/2 = n/2\Big) = \binom{n}{n/2} p^{n/2}(1-p)^{n-n/2}$$

für gerades $n \in \mathbb{N}, n \geq 2$ folgt

$$U(0,0) = 1 + \sum_{n=1}^{\infty} R_{2n}(0,0) = 1 + \sum_{n=1}^{\infty} \binom{2n}{n} (p(1-p))^n.$$

Die Stirlingsche Formel $n! \sim \sqrt{2\pi n}(n/e)^n$ liefert

$$\binom{2n}{n} \sim \frac{4^n}{\sqrt{\pi n}}$$

für $n \to \infty$, und weil $p(1-p) < 1/4$ für $p \neq 1/2$, erhält man

$$U(0,0) \begin{cases} = \infty, & \text{falls } p = 1/2, \\ < \infty, & \text{falls } p \neq 1/2. \end{cases}$$

Es liegt also Rekurrenz vor bei $p = 1/2$ und Transienz bei $p \neq 1/2$.

Dies ist auch eine Konsequenz von 6.12. Mit $\sigma_x := \inf\{n \geq 1 : Y(0)_n = x\}$ für $x \in \mathbb{Z}$ gilt nämlich wegen 2.19(c)

$$\begin{aligned} F(0,0) &= P_0(\tau_0 < \infty) = P(\sigma_0 < \infty) \\ &= P(\sigma_0 < \infty, Z_1 = +1) + P(\sigma_0 < \infty, Z_1 = -1) \\ &= P\Big(\Big(\bigcup_{n=1}^{\infty}\Big\{\sum_{i=2}^{n} Z_i = -1\Big\}\Big) \cap \{Z_1 = 1\}\Big) \\ &\quad + P\Big(\Big(\bigcup_{n=1}^{\infty}\Big\{\sum_{i=2}^{n} Z_i = 1\Big\}\Big) \cap \{Z_1 = -1\}\Big) \\ &= pP(\sigma_{-1} < \infty) + (1-p)P(\sigma_1 < \infty) \\ &= 2(p \wedge (1-p)). \end{aligned}$$

6.2 Harmonische Funktionen und Martingale

Sei R ein Markov-Kern auf $(\mathcal{X}, \mathcal{A})$. Wir nennen eine Funktion $f : T \times \mathcal{X} \to \mathbb{R}$ bezüglich $(\mathcal{A}, \mathcal{B}(\mathbb{R}))$ messbar, falls $f_n := f(n, \cdot)$ für alle $n \in T$ bezüglich $(\mathcal{A}, \mathcal{B}(\mathbb{R}))$ messbar ist. Eine solche Funktion f heißt R-quasiintegrierbar (R-integrierbar) falls f_n für alle $x \in \mathcal{X}$ und alle $n \in T, n > \alpha$ bezüglich $R(x, \cdot)$ quasiintegrierbar (integrierbar) ist.

Definition 6.15 *Eine R-quasiintegrierbare Funktion $f : T \times \mathcal{X} \to \mathbb{R}$ heißt **R-harmonisch**, falls*

$$Rf_{n+1} = f_n$$

*für alle $n \in T, n < \beta$. f heißt **R-superharmonisch**, falls*

$$Rf_{n+1} \leq f_n$$

für alle $n \in T, n < \beta$.

Die Abhängigkeit der obigen Eigenschaften vom Markov-Kern R wird häufig nicht mehr angegeben.

Der folgende Satz liefert die Grundlage des Zusammenhangs zwischen Martingalen und Markov-Prozessen.

Satz 6.16 *Seien X ein $(\mathcal{X}, \mathcal{A})$-wertiger Markov-Prozess mit Übergangskern R, $f : T \times \mathcal{X} \to \mathbb{R}$ eine $(\mathcal{A}, \mathcal{B}(\mathbb{R}))$-messbare Funktion und $f(n, X_n) \in \mathcal{L}^1$ für alle $n \in T$. Ist dann f harmonisch, so ist $(f(n, X_n))_{n\in T}$ ein Martingal. Ist f superharmonisch, so ist $(f(n, X_n))_{n\in T}$ ein Supermartingal und sind f positiv und $\alpha > -\infty$, so reicht die Integrabilitätsvoraussetzung $f(\alpha, X_\alpha) \in \mathcal{L}^1$. Im Fall $\alpha > -\infty$ ist*

$$f_n(X_n) - \sum_{i=\alpha+1}^{n} (Rf_i - f_{i-1})(X_{i-1}), \quad n \in T$$

ein Martingal.

Beweis Der durch $Y_n := f(n, X_n)$ definierte Prozess Y ist adaptiert. Für $n \in T, n < \beta$ und harmonische Funktionen f gilt

$$E(Y_{n+1}|\mathcal{F}_n) = Rf_{n+1}(X_n) = f_n(X_n) = Y_n.$$

Genauso folgt die Supermartingaleigenschaft von Y für superharmonische f. Ist $f \geq 0$, so gilt ohne jede Integrabilitätsvoraussetzung an Y

$$E(Y_{n+1}|\mathcal{F}_n) = Rf_{n+1}(X_n) \leq f_n(X_n) = Y_n,$$

und falls $\alpha > -\infty$ und $Y_\alpha \in \mathcal{L}^1$, liefert Induktion $EY_n \leq EY_\alpha < \infty$ für alle $n \in T$. Also ist Y ein Supermartingal. Ebenfalls im Fall $\alpha > -\infty$ gilt für den Kompensator A von Y

$$A_n = \sum_{j=\alpha+1}^{n} E(\Delta Y_j|\mathcal{F}_{j-1}) = \sum_{j=\alpha+1}^{n} (Rf_j - f_{j-1})(X_{j-1}). \qquad \square$$

Man beachte, dass die $\mathcal{L}^1$-Voraussetzung für den Prozess $(f(n, X_n))_{n \in T}$ wegen

$$\begin{aligned} E|f_n(X_n)| &= EE(|f_n(X_n)|\,|\mathcal{F}_{n-1}) = ER|f_n|(X_{n-1}) \\ &= \iint |f_n|(y)R(x, dy)dP^{X_{n-1}}(x) \end{aligned}$$

schon für alle $n \in T, n > \alpha$ die Bedingung $f_n \in \mathcal{L}^1(R(x, \cdot))$ für $P^{X_{n-1}}$-fast alle x impliziert.

Beispiel 6.17 (a) (Pólyas Urnenmodell) Die von $n \in T = \mathbb{N}_0$ unabhängige Funktion $f : \mathcal{X} = \mathbb{N}^2 \to \mathbb{R}_+, f(y, z) := y/(y + z)$ ist harmonisch für den Übergangskern R des zweidimensionalen Markov-Prozesses (Y, Z) aus Beispiel 6.6(c), denn

$$\begin{aligned} Rf(y, z) &= \frac{y}{y + z} f(y + m, z) + \frac{z}{y + z} f(y, z + m) \\ &= \frac{y(y + m) + yz}{(y + z)(y + m + z)} = f(y, z). \end{aligned}$$

Man erhält das aus Beispiel 1.7(e) bekannte Resultat, dass $X_n = f(Y_n, Z_n), n \in T$ ein Martingal ist.

(b) (Random walk) Seien $T = \mathbb{N}_0$ und X ein $\mathbb{F}$-Random walk, $X_n = \sum_{i=0}^n Z_i$ mit $Z_1 \in \mathcal{L}^2$. Nach 6.6(a) ist X ein Markov-Prozess mit Übergangskern $R(x, \cdot) = P^{x+Z_1}$ und Zustandsraum $(\mathcal{X}, \mathcal{A}) = (\mathbb{R}, \mathcal{B}(\mathbb{R}))$. Die $(\mathcal{B}(\mathbb{R}), \mathcal{B}(\mathbb{R}))$-messbare Funktion $f : \mathbb{N}_0 \times \mathbb{R} \to \mathbb{R}, f(n, x) := (x - nEZ_1)^2 - n \operatorname{Var} Z_1$ ist harmonisch. Falls $Z_0 \in \mathcal{L}^2$, erhält man das aus 1.20(a) bekannte Resultat, dass $f(n, X_n) = Y_n^2 - \langle Y \rangle_n$ mit $Y_n = Z_0 + \sum_{i=1}^n (Z_i - EZ_1)$ ein Martingal ist.

(c) (Geometrischer Random walk) Ein Stück Kreide der Länge 1 wird an einer zufälligen (uniform verteilten) Stelle in zwei Stücke gebrochen, das rechte Stück wird beiseitegelegt und das linke Stück wieder zufällig in zwei Stücke gebrochen etc. Die Länge des verbleibenden Bruchstücks nach n Brüchen sei X_n. Wie schnell konvergiert X_n gegen 0?

Dazu seien $T = \mathbb{N}_0$ und X ein geometrischer $\mathbb{F}$-Random walk, $X_n = \prod_{i=0}^n Z_i$ mit $X_0 = Z_0 = 1$ und $P^{Z_1} = U(0, 1)$. Wir wählen $(\mathcal{X}, \mathcal{A}) = ((0, 1], \mathcal{B}((0, 1]))$ als Zustandsraum. Nach 6.6(a) ist X ein Markov-Prozess mit Übergangskern

$$R(x, \cdot) = P^{xZ_1} = U(0, x) \text{ für } x \in (0, 1].$$

Eine $(\mathcal{A}, \mathcal{B}(\mathbb{R}))$-messbare Funktion $f : \mathbb{N}_0 \times (0, 1] \to \mathbb{R}_+$ ist also genau dann harmonisch, wenn

$$\frac{1}{x} \int_0^x f(n + 1, y) dy = f(n, x)$$

für alle $x \in (0, 1]$ und $n \in \mathbb{N}_0$ gilt. Die positiven Funktionen

$$f_a(n, x) := (1 + a)^n x^a, a > -1$$

erfüllen diese Bedingung. Wegen $Ef_a(0, X_0) = 1 < \infty$ ist $(f_a(n, X_n))_{n \in \mathbb{N}_0}$ nach 6.16 ein positives Martingal.

Diese Martingale kann man zur Bestimmung der fast sicheren Konvergenzordnung von X_n gegen 0 benutzen. Weil $(f_a(n, X_n))_{n \in \mathbb{N}_0}$ wieder ein geometrischer $\mathbb{F}$-Random walk ist, gilt nach 4.6(a)

$$f_a(n, X_n) \to 0 \text{ f.s.}$$

für $n \to \infty$ und alle $a > -1, a \neq 0$. Die Funktion $\varphi : (-1, \infty) \to \mathbb{R}_+, \varphi(a) := (1 + a)^{1/a}$ für $a \neq 0$ und $\varphi(0) := e$ ist stetig und strikt monoton fallend mit $\varphi(-1+) = \infty$ und $\varphi(\infty) = 1$. Für den fast sicheren Limes gilt wegen

$$\lim_{n \to \infty} \varphi(a)^n X_n = \lim_{n \to \infty} f_a(n, X_n)^{1/a} = \begin{cases} 0, & \text{falls } a > 0, \\ \infty, & \text{falls } -1 < a < 0 \end{cases}$$

also

$$\lim_{n \to \infty} r^n X_n = \begin{cases} 0, & \text{falls } 0 < r < e, \\ \infty, & \text{falls } r > e, \end{cases}$$

wobei $e = 2{,}71828\ldots$ Die Ordnung der fast sicheren Konvergenz von X_n gegen 0 ist approximativ e^{-n}. Wegen $EX_n = 2^{-n}$ konvergiert damit X_n viel schneller gegen 0 als die Erwartungswerte.

(d) Sei T endlich, $T = \{\alpha, \ldots, \beta\}$. Ist $g : (\mathcal{X}, \mathcal{A}) \to (\mathbb{R}, \mathcal{B}(\mathbb{R}))$ für alle $k \in \{1, \ldots, \beta - \alpha\}$ R_k-integrierbar, so wird durch $f(n, x) := R_{\beta - n} g(x)$ eine harmonische Funktion definiert. Umgekehrt ist jede harmonische Funktion f, für die f_n für alle $n > \alpha$ R-integrierbar ist, mit $g := f_\beta$ von dieser Form.

Im Folgenden untersuchen wir nur noch von $n \in T$ unabhängige harmonische oder superharmonische Funktionen. Solche superharmonischen positiven Funktionen lassen sich in einen harmonischen Anteil und einen Potentialanteil zerlegen. Eine positive R-superharmonische Funktion $f : (\mathcal{X}, \mathcal{A}) \to (\mathbb{R}_+, \mathcal{B}(\mathbb{R}_+))$ heißt dabei ***R*-Potential**, falls

$$R_k f \to 0 \quad \text{für } k \to \infty.$$

Harmonizität und die Potentialeigenschaft sind disjunkte Konzepte: Für ein harmonisches Potential f gilt $f = 0$ wegen $R_k f = f$.

Potentiale sind die endlichen Bilder positiver Funktionen des Potentialkerns. Da sich der Potentialkern U wie eine geometrische Reihe verhält, kann man die Gleichung

$$U = R_0 + RU$$

benutzen, wobei die Komposition von Kernen auf $(\mathcal{X}, \mathcal{A})$ genauso wie die von Markov-Kernen definiert ist. In der Tat folgt mit monotoner Konvergenz für $x \in \mathcal{X}, A \in \mathcal{A}$

$$\begin{aligned} RU(x, A) &= \int U(y, A) R(x, dy) = \sum_{k=0}^{\infty} \int R_k(y, A) R(x, dy) \\ &= \sum_{k=0}^{\infty} R_{k+1}(x, A) = \sum_{k=1}^{\infty} R_k(x, A). \end{aligned}$$

Für ein Potential f gilt $f = Ug$ mit $g = f - Rf$, wobei mit Standardschluss

$$Ug(x) := \int g(y) U(x, dy) = \sum_{k=0}^{\infty} \int g(y) R_k(x, dy) = \sum_{k=0}^{\infty} R_k g(x),$$

denn

$$Ug = \lim_{k \to \infty} \sum_{j=0}^{k} R_j(f - Rf) = \lim_{k \to \infty} (f - R_{k+1} f) = f.$$

Ist umgekehrt $f = Ug < \infty$ für eine messbare, positive reelle Funktion g, so gilt

$$R_k f = R_k U g = \sum_{j=k}^{\infty} R_j g \to 0$$

für $k \to \infty$ und $Rf = RUg \le Ug = f$, also ist f ein Potential.

Aus $Ug_1 = Ug_2 < \infty$ für messbare, positive reelle Funktionen g_i folgt ferner $g_1 = g_2$ wegen

$$g_1 + RUg_1 = Ug_1 = Ug_2 = g_2 + RUg_2$$

und $RUg_1 = RUg_2 \le Ug_i < \infty$.

Satz 6.18 *(Riesz-Zerlegung) Sei $f : (\mathcal{X}, \mathcal{A}) \to (\mathbb{R}_+, \mathcal{B}(\mathbb{R}_+))$ eine positive superharmonische Funktion. Dann hat f eine eindeutige Zerlegung*

$$f = h + g,$$

wobei h eine positive harmonische Funktion und g ein Potential ist. Es gelten $h = \lim_{k\to\infty} R_k f$ und $g = U(f - Rf)$.

Beweis Wegen $0 \le Rf \le f < \infty$ ist f R-integrierbar und die Folge $(R_k f)_{k\ge 0}$ monoton fallend. Definiert man $h := \lim_{k\to\infty} R_k f$, so ist h positiv und harmonisch, denn mit monotoner (oder dominierter) Konvergenz folgt für $x \in \mathcal{X}$

$$\begin{aligned} Rh(x) &= \int \lim_{k\to\infty} R_k f(y) R(x, dy) = \lim_{k\to\infty} \int R_k f(y) R(x, dy) \\ &= \lim_{k\to\infty} R_{k+1} f(x) = h(x). \end{aligned}$$

Die Funktion $g := f - h$ ist positiv und wegen $Rg = Rf - h \le g$ und $R_k g = R_k f - h \to 0$ ein Potential. Nach der Bemerkung vor 6.18 gilt $g = U(g - Rg) = U(f - Rf)$.

Zum Nachweis der Eindeutigkeit der Zerlegung ist nur zu beachten, dass für den Potentialanteil g in jeder Zerlegung von obigem Typ $g = U(g - Rg) = U(f - Rf)$ gilt. Daher ist der Potentialanteil und damit auch der harmonische Anteil eindeutig bestimmt. □

Als Anwendung erhält man die Riesz-Zerlegung des Supermartingals aus 6.16 im positiven Fall. Die Riesz-Zerlegung eines positiven $\mathcal{L}^1$-beschränkten Supermartingals Y schreiben wir in der Form

$$Y = M + Z,$$

wobei Z das Potential des Kompensators von $-Y$ ist, denn $-Y = N - Z$ nach 1.28, also $Y = -N + Z = M + Z$.

Satz 6.19 *(Riesz-Zerlegung für positive Supermartingale) Seien $\beta = \infty$, X ein $(\mathcal{X}, \mathcal{A})$-wertiger Markov-Prozess mit Übergangskern R und $f : (\mathcal{X}, \mathcal{A}) \to (\mathbb{R}_+, \mathcal{B}(\mathbb{R}_+))$ eine positive superharmonische Funktion mit Riesz-Zerlegung $f = h + g$. Ist $(f(X_n))_{n\in T}$ $\mathcal{L}^1$-beschränkt, so ist*

$$f(X_n) = h(X_n) + g(X_n)$$

für $n \in T$ die Riesz-Zerlegung des positiven Supermartingals $(f(X_n))_{n\in T}$. Im Fall $\alpha > -\infty$ reicht die Voraussetzung $f(X_\alpha) \in \mathcal{L}^1$.

Beweis Nach 6.16 ist $Y := (f(X_n))_{n\in T}$ in der Tat ein positives Supermartingal. Wegen $0 \le h \le f$ und $0 \le g \le f$ sind $M := (h(X_n))_{n\in T}$ und $Z := (g(X_n))_{n\in T}$ adaptierte $\mathcal{L}^1$-beschränkte Prozesse, und wieder nach 6.16 ist M ein positives Martingal und Z ein positives Supermartingal. Ferner gilt

$$Z_n \xrightarrow{\mathcal{L}^1} 0$$

für $n \to \infty$, denn für $m, n \in T, m \leq n$ folgt mit der Potentialeigenschaft von g und monotoner (oder dominierter) Konvergenz

$$\begin{aligned} EZ_n &= \int g(x) dP^{X_n}(x) = \int g(x) dP^{X_m} R_{n-m}(x) \\ &= \int R_{n-m} g(x) dP^{X_m}(x) \to 0 \end{aligned}$$

für $n \to \infty$. Damit ist $Y = M + Z$ die Riesz-Zerlegung von Y. □

Zur Illustration werden wir Eintrittswahrscheinlichkeiten als Funktion des Anfangszustandes heranziehen und eine Chararakterisierung der Rekurrenz durch Harmonizität angeben. Dazu seien im Rest dieses Abschnitts $\mathcal{X}$ abzählbar, $\mathcal{A} = \mathcal{P}(\mathcal{X}), T = \mathbb{N}_0$ und X ein kanonischer Markov-Prozess mit Übergangskern R und Verteilungen $(P_x)_{x \in \mathcal{X}}$.

Satz 6.20 *(Eintrittswahrscheinlichkeiten) Für $A \subset \mathcal{X}$ seien $\sigma_A := \inf\{n \geq 0 : X_n \in A\}$ und $f_A(x) := P_x(\sigma_A < \infty)$. Dann ist f_A die kleinste positive Lösung des diskreten* ***Dirichlet-Problems***

$$\begin{cases} Rv & \textit{auf } \mathcal{X} \setminus A, \\ 1 & \textit{auf } A \end{cases}$$

und superharmonisch. Für die Riesz-Zerlegung $f_A = h_A + g_A$ von f_A gilt

$$h_A(x) = P_x(N(A) = \infty)$$

und $g_A(x) = U(f_A - Rf_A)(x) = P_x(1 \leq N(A) < \infty)$ mit

$$f_A(x) - Rf_A(x) = P_x\Big(\sum_{j=1}^{\infty} 1_A(X_j) = 0\Big) 1_A(x).$$

Ferner gelten für alle $x \in \mathcal{X}$, $n \in \mathbb{N}_0$

$$f_A(X_n) = P_x\Big(\bigcup_{j=n}^{\infty} \{X_j \in A\} \Big| \mathcal{F}_n\Big) \quad \textit{und} \quad h_A(X_n) = P_x(N(A) = \infty | \mathcal{F}_n) \ P_x\textit{-f.s.}$$

Beweis Für $x \in \mathcal{X}$ und $n \in \mathbb{N}_0$ gilt wegen

$$n + \sigma_A \circ \theta_n = \inf\{j \geq n : X_j \in A\}$$

und $P_x^{X_n} = R_n(x, \cdot)$ mit der Markov-Eigenschaft 6.7

$$\begin{aligned} P_x\Big(\bigcup_{j=n}^{\infty} \{X_j \in A\}\Big) &= P_x(\sigma_A \circ \theta_n < \infty) = E_x P_{X_n}(\sigma_A < \infty) \\ &= E_x f_A(X_n) = R_n f_A(x). \end{aligned}$$

Es folgt für $x \in \mathcal{X} \setminus A$

$$f_A(x) = P_x\Big(\bigcup_{n=0}^{\infty}\{X_j \in A\}\Big) = P_x\Big(\bigcup_{n=1}^{\infty}\{X_j \in A\}\Big) = Rf_A(x),$$

und für $x \in A$ gilt $f_A(x) = 1$. Also ist f_A eine positive Lösung des obigen Dirichlet-Problems und wegen $f_A \le 1$ damit superharmonisch.

Sei nun v eine beliebige positive Lösung des Dirichlet-Problems. Für $n \in \mathbb{N}_0$ und $x \in \mathcal{X}$ gilt dann mit $\sigma := \sigma_A$ wegen $\{\sigma > n\} \subset \{X_n \in A^c\}$

$$\begin{aligned} E_x(v(X_{n+1}^\sigma)|\mathcal{F}_n) &= E_x(v(X_n^\sigma)|\mathcal{F}_n)1_{\{\sigma \le n\}} + E_x(v(X_{n+1})|\mathcal{F}_n)1_{\{\sigma > n\}} \\ &= v(X_n^\sigma)1_{\{\sigma \le n\}} + Rv(X_n)1_{\{\sigma > n\}} \\ &= v(X_n^\sigma)1_{\{\sigma \le n\}} + v(X_n)1_{\{\sigma > n\}} = v(X_n^\sigma). \end{aligned}$$

Da $E_x v(X_0^\sigma) = E_x v(X_0) = v(x) < \infty$, ist $(v(X_n^\sigma))_{n\in\mathbb{N}_0}$ ein $\mathcal{L}^1(P_x)$-Prozess und damit ein P_x-Martingal. Es folgt

$$v(x) = E_x v(X_n^\sigma) \ge E_x 1_{\{\sigma \le n\}} v(X_\sigma) = P_x(\sigma \le n)$$

und mit der Stetigkeit (von unten) von P_x

$$v(x) \ge \lim_{n\to\infty} P_x(\sigma \le n) = f_A(x).$$

Damit ist f_A die kleinste positive Lösung. (Falls $f_A(x) = 1$ für alle $x \in \mathcal{X}$, ist f_A die einzige positive Lösung.)

Für die Riesz-Zerlegung von f_A gilt nach 6.18

$$\begin{aligned} h_A(x) &= \lim_{n\to\infty} R_n f_A(x) = \lim_{n\to\infty} P_x\Big(\bigcup_{j=n}^{\infty}\{X_j \in A\}\Big) \\ &= P_x(\limsup_{j\to\infty}\{X_j \in A\}) = P_x(N(A) = \infty) \end{aligned}$$

und $g_A = U(f_A - Rf_A)$ mit $f_A(x) - Rf_A(x) = 0$ für $x \in \mathcal{X} \setminus A$ und für $x \in A$

$$f_A(x) - Rf_A(x) = 1 - P_x\Big(\bigcup_{n=1}^{\infty}\{X_n \in A\}\Big) = P_x\Big(\sum_{n=1}^{\infty} 1_A(X_n) = 0\Big).$$

Wegen $f_A(x) = P_x(N(A) \ge 1)$ gilt außerdem

$$g_A(x) = f_A(x) - h_A(x) = P_x(1 \le N(A) < \infty)$$

für alle $x \in \mathcal{X}$.

Ferner gilt P_x-fast sicher für alle $x \in \mathcal{X}$ wegen der Markov-Eigenschaft 6.7

$$\begin{aligned} f_A(X_n) = P_{X_n}(\sigma_A < \infty) &= E_x(1_{\{\sigma_A < \infty\}} \circ \theta_n|\mathcal{F}_n) \\ &= P_x(\sigma_A \circ \theta_n < \infty|\mathcal{F}_n) = P_x\Big(\bigcup_{j=n}^{\infty}\{X_j \in A\}|\mathcal{F}_n\Big) \end{aligned}$$

und wegen der Shift-Invarianz $1_{\{N(A)=\infty\}} \circ \theta_n = 1_{\{N(A)=\infty\}}$

$$h_A(X_n) = P_{X_n}(N(A) = \infty) = P_x(N(A) = \infty|\mathcal{F}_n).$$

□

Korollar 6.21 *(Rekurrenz und Harmonizität) Für $x \in \mathcal{X}$ seien $\sigma_x := \inf\{n \geq 0 : X_n = x\}$ und $f_x(y) := P_y(\sigma_x < \infty)$. Dann ist f_x entweder harmonisch oder ein Potential, und f_x ist genau dann harmonisch, wenn x rekurrent ist.*

Beweis Sei $f_x = h_x + g_x$ die Riesz-Zerlegung der positiven superharmonischen Funktion f_x. Ist f_x kein Potential, so gibt es ein $y \in \mathcal{X}$ mit $h_x(y) = P_y(N(x) = \infty) \neq 0$. Wegen 6.20, dem Konvergenzsatz 4.8 und $\{N(x) = \infty\} \in \mathcal{F}_\infty = \mathcal{A}^{\mathbb{N}_0}$ gilt

$$h_x(X_n) \to 1_{\{N(x)=\infty\}} \; P_y\text{-f.s..}$$

für $n \to \infty$. Für den Limes gilt dann

$$1_{\{N(x)=\infty\}} = h_x(x) \; P_y\text{-f.s.} \quad \text{auf } \{N(x) = \infty\},$$

weil $(h_x(X_n(\omega)))_{n \in \mathbb{N}_0}$ für $\omega \in \{N(x) = \infty\}$ unendlich oft den Wert $h_x(x)$ annimmt, also $h_x(x) = 1$. Daher ist h_x eine positive Lösung des Dirichlet-Problems von 6.20 (für $A = \{x\}$) mit $h_x \leq f_x$. Aus der Minimalität von f_x folgt $f_x = h_x$ und f_x ist harmonisch.

Nach 6.20 gilt

$$f_x(y) - Rf_x(y) = P_y\Big(\sum_{j=1}^{\infty} 1_{\{x\}}(X_j) = 0\Big) 1_{\{x\}}(y) = (1 - F(y,x)) 1_{\{x\}}(y)$$

für alle $y \in \mathcal{X}$. Danach ist f_x genau dann harmonisch, wenn $F(x,x) = 1$, also x wegen 6.12 rekurrent ist. □

Satz 6.16 erlaubt noch einen martingaltheoretischen Beweis der Konstanz beschränkter superharmonischer Funktionen unter Irreduzibiliät und Rekurrenz.

Satz 6.22 *Jede nach unten beschränkte superharmonische Funktion $f : \mathcal{X} \to \mathbb{R}$ ist konstant, falls $\mathcal{X}$ irreduzibel und ein $x \in \mathcal{X}$ (und damit jedes $x \in \mathcal{X}$) rekurrent ist.*

Beweis Wir können ohne Einschränkung (durch Übergang zu $f - \inf f$) $f \geq 0$ annehmen. Seien $x, y \in \mathcal{X}$. Wegen 6.16 ist $(f(X_n))_{n \in \mathbb{N}_0}$ ein positives P_x-Supermartingal. Der Martingalkonvergenzsatz 4.5 liefert

$$f(X_n) \to f(X)_\infty \; P_x\text{-f.s.}$$

für $n \to \infty$ mit $f(X)_\infty \in \mathcal{L}^1(P_x)$. Da $P_x(N(x) = \infty) = P_x(N(y) = \infty) = 1$ nach 6.13, folgt für den Limes $f(X)_\infty = f(x)$ und $f(X)_\infty = f(y)$ P_x-f.s., also $f(x) = f(y)$. □

6.3 Optimales Stoppen

In diesem Abschnitt sei T endlich, also $T = \{\alpha, \ldots, \beta\}$ mit $\alpha, \beta \in \mathbb{Z}, \alpha < \beta$. Die Menge Σ der einfachen Stoppzeiten stimmt dann mit der Menge aller T-wertiger Stoppzeiten überein.

Sei Y ein adaptierter $\mathcal{L}^1$-Prozess, wobei Y_n als Auszahlung zum Zeitpunkt $n \in T$ interpretiert wird. Das Problem des optimalen Stoppens für Y ist die Optimierungsaufgabe,

$$EY_\sigma \text{ über } \sigma \in \Sigma \text{ zu maximieren,}$$

also die Bestimmung des Wertes des Stoppproblems

$$v := \sup_{\sigma \in \Sigma} EY_\sigma$$

und einer Stoppzeit $\sigma \in \Sigma$ mit $v = EY_\sigma$.

Eine $\mathbb{F}$-Stoppzeit $\sigma \in \Sigma$ mit $v = EY_\sigma$ heißt **optimale $\mathbb{F}$-Stoppzeit**.

Das Problem des optimalen Stoppens lässt sich mit Rückwärtsinduktion lösen. Befindet man sich schon im Zeitpunkt β, ohne vorher gestoppt zu haben, hat man keine andere Wahl als die Auszahlung $Z_\beta := Y_\beta$ zu akzeptieren. Im Zeitpunkt $\beta - 1$ hat man die Wahl zwischen der Auszahlung $Y_{\beta-1}$ und der „optimalen" Auszahlung Z_β bei Fortsetzung der Beobachtung. Z_β ist aber zur Zeit $\beta - 1$ noch nicht bekannt und wird durch $E(Z_\beta|\mathcal{F}_{\beta-1})$ prognostiziert. Dies führt auf das Stoppkriterium: Stoppe zur Zeit $\beta - 1$, falls $Y_{\beta-1} \geq E(Z_\beta|\mathcal{F}_{\beta-1})$ und mache eine weitere Beobachtung, falls $Y_{\beta-1} < E(Z_\beta|\mathcal{F}_{\beta-1})$. Geeignete Iteration dieses Arguments liefert den folgenden Satz. Dazu definieren wir noch $\Sigma^n := \{\sigma \in \Sigma : \sigma \geq n\}$ und

$$v_n := \sup_{\sigma \in \Sigma^n} EY_\sigma$$

für $n \in T$. Es gilt $v = v_\alpha$.

Satz 6.23 *Seien $Z_\beta := Y_\beta$ und*

$$Z_n := \max\{Y_n, E(Z_{n+1}|\mathcal{F}_n)\} \text{ für } n = \beta - 1, \ldots, \alpha.$$

Ferner sei für $n \in T$

$$\tau_n := \inf\{j \in T : j \geq n, Y_j = Z_j\} = \inf\{j \in T : j \geq n, Y_j \geq E(Z_{j+1}|\mathcal{F}_j)\}$$

(mit $Z_{\beta+1} := Z_\beta$) und $\tau := \tau_\alpha$. Dann ist $Z = (Z_n)_{n \in T}$ das kleinste Supermartingal, das Y dominiert, Z^τ ein Martingal, $\tau_n \in \Sigma^n$,

$$Z_n = E(Y_{\tau_n}|\mathcal{F}_n) = \operatorname{ess\,sup}_{\sigma \in \Sigma^n} E(Y_\sigma|\mathcal{F}_n)$$

und

$$EZ_n = EY_{\tau_n} = v_n$$

für alle $n \in T$. Insbesondere gilt

$$EZ_\alpha = EY_\tau = v$$

und τ ist die kleinste optimale Stoppzeit (in der Halbordnung „$\tau \leq \sigma$ f.s." auf Σ).

Das in 6.23 definierte $\mathbb{F}$-Supermartingal Z heißt **Snellscher $\mathbb{F}$-Umschlag** des $\mathbb{F}$-adaptierten $\mathcal{L}^1$-Prozesses Y.

Beweis Der Prozess Z ist offenbar adaptiert und Rückwärtsinduktion zeigt, dass Z ein $\mathcal{L}^1$-Prozess ist. Aus der Definition von Z folgt $Z_n \geq E(Z_{n+1}|\mathcal{F}_n)$ für alle $n < \beta$ und daher ist Z ein Supermartingal, das Y dominiert. Ist V ein weiteres Supermartingal mit $V \geq Y$, so gilt $V_\beta \geq Y_\beta = Z_\beta$. Rückwärtsinduktion liefert $V \geq Z$, denn aus $V_n \geq Z_n$ für $n > \alpha$ folgt

$$V_{n-1} \geq E(V_n|\mathcal{F}_{n-1}) \geq E(Z_n|\mathcal{F}_{n-1}),$$

und zusammen mit $V_{n-1} \geq Y_{n-1}$ erhält man

$$V_{n-1} \geq \max\{Y_{n-1}, E(Z_n|\mathcal{F}_{n-1})\} = Z_{n-1}.$$

Also ist Z das kleinste Supermartingal, das Y dominiert.

Nach 2.5 gilt $\tau_n \in \Sigma^n$, da $\tau_n \leq \beta$ wegen $Z_\beta = Y_\beta$. Ferner ist der gestoppte Prozess Z^{τ_n} auf $\{j \in T : j \geq n\}$ ein Martingal für alle $n \in T$. Dazu sei $n \leq j < \beta$ und $G := \{\tau_n > j\}$. Wegen $G \in \mathcal{F}_j$ und

$$G \subset \{Z_j > Y_j\} \subset \{Z_j = E(Z_{j+1}|\mathcal{F}_j)\}$$

gilt dann für alle $F \in \mathcal{F}_j$

$$\begin{aligned}\int_F Z_{j+1}^{\tau_n} dP &= \int_{F\cap G} Z_{j+1} dP + \int_{F\cap G^c} Z_j^{\tau_n} dP \\ &= \int_{F\cap G} E(Z_{j+1}|\mathcal{F}_j) dP + \int_{F\cap G^c} Z_j^{\tau_n} dP \\ &= \int_{F\cap G} Z_j dP + \int_{F\cap G^c} Z_j^{\tau_n} dP \\ &= \int_F Z_j^{\tau_n} dP.\end{aligned}$$

Insbesondere ist Z^τ ein Martingal (auf T). Wegen $Z_{\tau_n} = Y_{\tau_n}$ folgt aus der Martingaleigenschaft von Z^{τ_n}

$$Z_n = Z_n^{\tau_n} = E(Z_\beta^{\tau_n}|\mathcal{F}_n) = E(Z_{\tau_n}|\mathcal{F}_n) = E(Y_{\tau_n}|\mathcal{F}_n),$$

und Optional sampling für das Supermartingal Z und $\sigma \in \Sigma^n$ liefert wegen $Z_\sigma \geq Y_\sigma$

$$Z_n \geq E(Z_\sigma|\mathcal{F}_n) \geq E(Y_\sigma|\mathcal{F}_n).$$

Man erhält

$$Z_n = E(Y_{\tau_n}|\mathcal{F}_n) = \operatorname*{ess\,sup}_{\sigma\in\Sigma^n} E(Y_\sigma|\mathcal{F}_n)$$

und durch Erwartungswertbildung

$$EZ_n = EY_{\tau_n} = v_n.$$

Insbesondere ist τ eine optimale Stoppzeit.

Ist $\sigma \in \Sigma$ eine weitere optimale Stoppzeit, so gilt wieder mit Optional sampling für Z

$$EZ_\alpha = EY_\tau = EY_\sigma \leq EZ_\sigma \leq EZ_\alpha,$$

also $EY_\sigma = EZ_\sigma$. Dies impliziert $Y_\sigma = Z_\sigma$ f.s. Man erhält $\{\sigma = n\} \subset \{Y_n = Z_n\} \subset \{\tau \leq n\}$ f.s. für alle $n \in T$ und damit $\tau \leq \sigma$ f.s. □

Satz 6.23 liefert im Prinzip einen algorithmischen Zugang zur Lösung des Stoppproblems. Wegen der dort auftauchenden bedingten Erwartungswerte erhält man allerdings nur sehr selten eine explizite Lösung.

Bemerkung 6.24 (a) Für das durch $M_n := E(Y_\beta|\mathcal{F}_n)$ definierte Martingal M gilt $Z \geq M$, denn für die konstante Stoppzeit $\sigma := \beta$ gilt $\sigma \in \Sigma^n$ und wegen 6.23 daher $Z_n \geq E(Y_\sigma|\mathcal{F}_n) = M_n$ für alle $n \in T$. Falls $M \geq Y$, so folgt $Z = M$ aus der Minimalität von Z. Insbesondere gilt dann $v = EZ_\alpha = EY_\beta$, so dass σ eine optimale Stoppzeit ist.

Ist Y ein Submartingal, also im „günstigen Spiel", so gilt $M \geq Y$ und damit $Z = M$ und $v = EY_\beta$. Z ist dann nach 1.29(a) der Martingalanteil in der Riesz-Zerlegung von Y.

(b) Ist Y ein Supermartingal, also im „ungünstigen Spiel", gilt $Z = Y$ und $\tau = \alpha$.

Beispiel 6.25 (Eins verliert) Bei einem Spiel mit einem fairen Würfel darf der Spieler maximal N mal würfeln mit $N \geq 10$ und das Spiel jederzeit beenden. Sein Gewinn ist dann die Summe der Augenzahlen sämtlicher vorhergehender Würfe. Würfelt der Spieler allerdings eine Eins, ist das Spiel beendet und der Spieler erhält keinen Gewinn.

Seien $T = \{1, \ldots, N\}$, $V_1, \ldots, V_N$ unabhängige, auf $\{1, \ldots, 6\}$ Laplace-verteilte Zufallsvariable, $S_n := \sum_{i=1}^n V_i$ und $\mathbb{F} := \mathbb{F}^V$. Die Auszahlung (der Gewinn) nach n Würfen wird dann durch

$$Y_n := 1_{\{V_1 \neq 1, \ldots, V_n \neq 1\}} S_n$$

beschrieben. Wegen $P(V_1 \neq 1) = 5/6$ und $EV_1 1_{\{V_1 \neq 1\}} = 20/6$ gilt für $n \in T$, $n < N$

$$\begin{aligned}
E(Y_{n+1}|\mathcal{F}_n) &= E(Y_n 1_{\{V_{n+1} \neq 1\}} + 1_{\{V_1 \neq 1, \ldots, V_{n+1} \neq 1\}} V_{n+1}|\mathcal{F}_n) \\
&= Y_n P(V_{n+1} \neq 1) + 1_{\{V_1 \neq 1, \ldots, V_n \neq 1\}} EV_{n+1} 1_{\{V_{n+1} \neq 1\}} \\
&= 1_{\{V_1 \neq 1, \ldots, V_n \neq 1\}} \left(\frac{5}{6} S_n + \frac{20}{6} \right).
\end{aligned}$$

Mit der Stoppzeit

$$\sigma := \inf\{n \in T : V_n = 1\}$$

folgt für $n \in T, n < N$

$$E(Y_{n+1}|\mathcal{F}_n) \leq Y_n \qquad \text{auf } \{S_n \geq 20\},$$

$$E(Y_{n+1}|\mathcal{F}_n) = Y_n = 0 \quad \text{auf } \{\sigma \leq n\} = \bigcup_{j=1}^{n} \{V_j = 1\},$$

$$E(Y_{n+1}|\mathcal{F}_n) > Y_n \qquad \text{auf } \{S_n < 20\} \cap \{\sigma > n\}.$$

Das liefert für den Snellschen Umschlag Z

$$Z_n = Y_n \qquad \text{auf } \{S_n \geq 20\}$$
$$Z_n = Y_n = 0 \quad \text{auf } \{\sigma \leq n\}$$

für $n \in T$ (Rückwärtsinduktion) und ferner für $n < N$

$$Y_n < E(Y_{n+1}|\mathcal{F}_n) \leq E(Z_{n+1}|\mathcal{F}) \leq Z_n \quad \text{auf } \{S_n < 20\} \cap \{\sigma > n\}.$$

Mit der Stoppzeit

$$\nu := \inf\{n \in T : S_n \geq 20\}$$

gilt daher für $n \in T$

$$Z_n = Y_n \quad \text{auf } \{\sigma \wedge \nu \leq n\},$$
$$Z_n > Y_n \quad \text{auf } \{\sigma \wedge \nu > n\},$$

wobei $\nu \wedge \sigma \leq 10 \leq N$, was

$$\sigma \wedge \nu = \tau$$

impliziert für die kleinste optimale Stoppzeit τ aus 6.23. Für den Wert v gilt $v = EY_{\sigma \wedge \nu}$, und wegen $EY_n = n(5/6)^{n-1} 20/6$ gilt noch

$$v \geq \max_{n \in T} EY_n = EY_5 = 8{,}0375\ldots$$

Im Markov-Fall erhält man einen einfacheren Algorithmus. Dazu seien $X = (X_n)_{n \in T}$ ein $(\mathcal{X}, \mathcal{A})$-wertiger Markov-Prozess mit Übergangskern R, $f : T \times \mathcal{X} \to \mathbb{R}$ eine $(\mathcal{A}, \mathcal{B}(\mathbb{R}))$-messbare Funktion und

$$Y_n := f(n, X_n) \quad \text{für } n \in T.$$

Wir nehmen an, dass

$$f_n \in \bigcap_{k=1}^{n-\alpha} \mathcal{L}^1(R_k)$$

für alle $n \in T, n > \alpha$ und dass Y ein $\mathcal{L}^1$-Prozess ist, wobei

$$\mathcal{L}^1(R) := \bigcap_{x \in \mathcal{X}} \mathcal{L}^1(R(x, \cdot)).$$

Satz 6.26 *Sei* $g : T \times \mathcal{X} \to \mathbb{R}$, $g_\beta := f_\beta$ *und*

$$g_n := \max\{f_n, Rg_{n+1}\} \text{ für } n = \beta - 1, \ldots, \alpha.$$

Dann ist g *die kleinste superharmonische Majorante von* f. *Für den Snellschen Umschlag* Z *gilt*

$$Z_n = g(n, X_n)$$

für alle $n \in T$ *und die kleinste optimale Stoppzeit* τ *hat die Form*

$$\tau = \inf\{n \in T : X_n \in B_n\}$$

mit $B_n = \{x \in \mathcal{X} : f_n(x) = g_n(x)\}$.

Beweis Wir zeigen zunächst durch Rückwärtsinduktion, dass

$$g_n \in \bigcap_{k=1}^{n-\alpha} \mathcal{L}^1(R_k)$$

für alle $n \in T, n > \alpha$. Für $n = \beta$ ist dies wegen $g_\beta = f_\beta$ klar. Die Behauptung gelte für $n \in T, n > \alpha + 1$. Es folgt für $1 \leq k \leq n - \alpha - 1$

$$\int |Rg_n(y)| R_k(x, dy) \leq \int R|g_n|(y) R_k(x, dy) = R_{k+1}|g_n|(x) < \infty$$

für alle $x \in \mathcal{X}$, also $Rg_n \in \bigcap_{k=1}^{n-\alpha-1} \mathcal{L}^1(R_k)$ und damit

$$g_{n-1} = \max\{f_{n-1}, Rg_n\} \in \bigcap_{k=1}^{n-\alpha-1} \mathcal{L}^1(R_k).$$

Insbesondere ist g_n R-integrierbar für alle $n \in T, n > \alpha$.

Aus der Definition von g folgt $g_n \geq Rg_{n+1}$ für alle $n < \beta$ und damit ist g superharmonisch mit $g \geq f$. Ist $h : T \times \mathcal{X} \to \mathbb{R}$ eine weitere superharmonische Majorante von f, so gilt $h_\beta \geq f_\beta = g_\beta$. Rückwärtsinduktion liefert $h \geq g$, denn aus $h_n \geq g_n$ für $n > \alpha$ folgt $h_{n-1} \geq Rh_n \geq Rg_n$, und wegen $h_{n-1} \geq f_{n-1}$ erhält man

$$h_{n-1} \geq \max\{f_{n-1}, Rg_n\} = g_{n-1}.$$

Also ist g die kleinste superharmonische Majorante von f. Für Z gilt $Z_n = g(n, X_n)$ für alle $n \in T$, denn $Z_\beta = Y_\beta = f_\beta(X_\beta) = g_\beta(X_\beta)$ und wieder mit Rückwärtsinduktion gilt für $n > \alpha$ wegen der Induktionsvoraussetzung und 6.2

$$\begin{aligned} Z_{n-1} &= \max\{f_{n-1}(X_{n-1}), E(Z_n|\mathcal{F}_{n-1})\} \\ &= \max\{f_{n-1}(X_{n-1}), E(g_n(X_n)|\mathcal{F}_{n-1})\} \\ &= \max\{f_{n-1}(X_{n-1}), Rg_n(X_{n-1})\} = g_{n-1}(X_{n-1}). \end{aligned}$$

Die Beschreibung von τ folgt damit aus 6.23. □

Anwendungen findet man in Kap. 8.

Aufgaben

6.1 (Stabilitätseigenschaft) Seien $\alpha > -\infty$ und X ein $(\mathcal{X}, \mathcal{A})$-wertiger $\mathbb{F}$-Markov-Prozess mit Übergangskern R. Zeigen Sie, dass für eine erste Eintrittszeit $\sigma := \inf\{n \in T : X_n \in A\}$ mit $A \in \mathcal{A}$ der gestoppte Prozess X^σ ein $\mathbb{F}$-Markov-Prozess mit Übergangskern

$$Q(x, \cdot) := \delta_x 1_A(x) + R(x, \cdot) 1_{A^c}(x) \quad \text{für } x \in \mathcal{X}$$

ist.

Hinweis: $\{\sigma \le n\} = \{X_n^\sigma \in A\}$ für alle $n \in T$.

6.2 (Stabilitätseigenschaft) Seien X ein $(\mathcal{X}, \mathcal{A})$-wertiger $\mathbb{F}$-Markov-Prozess mit Übergangskern R, $(\mathcal{Y}, \mathcal{B})$ ein messbarer Raum und $F{:}(\mathcal{X}, \mathcal{A}) \to (\mathcal{Y}, \mathcal{B})$ eine messbare Abbildung mit $F(\mathcal{X}) \in \mathcal{B}$. Zeigen Sie: Ist R ein Markov-Kern auf $(\mathcal{X}, \sigma(F))$, so ist $(F(X_n))_{n \in T}$ ein $\mathbb{F}$-Markov-Prozess mit Übergangskern Q, wobei

$$Q(F(x), \cdot) = R(x, \cdot)^F \quad \text{für } x \in \mathcal{X}.$$

Hinweis: Nach dem Faktorisierungslemma A.10 gibt es für $B \in \mathcal{B}$ eine messbare Funktion $g_B : (\mathcal{Y}, \mathcal{B}) \to (\mathbb{R}_+, \mathcal{B}(\mathbb{R}_+))$ mit $R(\cdot, F^{-1}(B)) = g_B \circ F$. Man definiere $Q(y, B) := g_B(y)$, falls $y \in F(\mathcal{X})$, und $Q(y, B) := \nu$, falls $y \in \mathcal{Y} \setminus F(\mathcal{X})$ für eine beliebige Verteilung ν auf $\mathcal{B}$.

Die obige Aussage ist für beliebige messbare surjektive Abbildungen F nicht richtig. Beispiel 6.6(c) zeigt, dass die Homogenität verloren gehen kann, und die zweite Projektion des zweidimensionalen Markov-Prozesses in Beispiel 6.6(a) zeigt, dass die Markov-Eigenschaft selbst nicht erhalten bleiben muss.

6.3 (Starke Markov-Eigenschaft) Seien X ein $(\mathcal{X}, \mathcal{A})$-wertiger Markov-Prozess mit Übergangskern R, $T = \mathbb{N}_0$, τ eine Stoppzeit und $f : T \times \mathcal{X}^T \to \mathbb{R}_+$ bezüglich $(\mathcal{A}^T, \mathcal{B}(\mathbb{R}_+))$ messbar. Zeigen Sie

$$E(f(\tau, \theta_\tau(X)) | \mathcal{F}_\tau) = \int f(\tau, y) K(X_\tau, dy) \; P\text{-f.s.} \quad \text{auf } \{\tau < \infty\}$$

mit K aus Satz 6.4.

6.4 Sei $\mathcal{X}$ abzählbar. Für einen Markov-Kern R auf $\mathcal{X}$ existiere eine ***R*-invariante Verteilung** ν auf $\mathcal{X}$, das heißt $\nu R = \nu$. Zeigen Sie, dass $x \in \mathcal{X}$ rekurrent ist, falls $\nu(\{x\}) > 0$.

6.5 Seien $\mathcal{X}$ abzählbar und X ein $\mathcal{X}$-wertiger kanonischer Markov-Prozess mit $T = \mathbb{N}_0$, Übergangskern R und Verteilungen $(P_x)_{x \in \mathcal{X}}$. Zeigen Sie $P_x(N(y) = 0) = 1$ oder $P_x(N(y) = \infty) = 1$ für alle $y \in \mathcal{X}$, falls $x \in \mathcal{X}$ rekurrent ist.

6.6 Seien $\alpha > -\infty$, X ein $\mathbb{F}$-adaptierter $(\mathcal{X}, \mathcal{A})$-wertiger Prozess und R ein Markov-Kern auf $(\mathcal{X}, \mathcal{A})$. Zeigen Sie: Ist

$$f(X_n) - \sum_{i=\alpha+1}^{n} (Rf - f)(X_{i-1}), \quad n \in T$$

für alle messbaren beschränkten Funktionen $f : (\mathcal{X}, \mathcal{A}) \to (\mathbb{R}, \mathcal{B}(\mathbb{R}))$ ein $\mathbb{F}$-Martingal, so ist X ein $\mathbb{F}$-Markov-Prozess mit Übergangskern R.

6.7 (Raum-Zeit-Prozess) Seien $X = (X_n)_{n \in T}$ ein $(\mathcal{X}, \mathcal{A})$-wertiger $\mathbb{F}$-Markov-Prozess mit Übergangskern R, $Y_n := (n, X_n)$ für $n \in T$ der zugehörige **Raum-Zeit-Prozess** und $(\mathcal{Y}, \mathcal{B}) := (T \times \mathcal{X}, \mathcal{P}(T) \otimes \mathcal{A})$. Zeigen Sie, dass Y ein $(\mathcal{Y}, \mathcal{B})$-wertiger $\mathbb{F}$-Markov-Prozess mit Übergangskern Q ist, wobei

$$Q((n, x), \cdot) := \delta_{1+n} \otimes R(x, \cdot)$$

für $n < \beta$ und falls $\beta < \infty$, $Q((\beta, x), \cdot) := \delta_{(\beta, x)}$.

Zeigen Sie ferner, dass eine R-integrierbare Funktion $f : T \times \mathcal{X} \to \mathbb{R}$ genau dann R-harmonisch ist, wenn f Q-harmonisch ist, also $Qf = f$ gilt.

6.8 Sei $X = (X_n)_{n \in \mathbb{N}_0}$ ein kanonischer $\mathcal{X}$-wertiger Markov-Prozess mit $\mathcal{X} = \mathbb{N}_0$, Übergangskern R und Verteilungen $(P_x)_{x \in \mathcal{X}}$, wobei

$$R(0,0) := 1 \quad \text{und} \quad R(x, y) := e^{-x} \frac{x^y}{y!}$$

für $x \geq 1$ und $y \in \mathbb{N}_0$. ($R(x, \cdot)$ ist eine Poisson-Verteilung mit Parameter x für $x \geq 1$.) Bestimmen Sie die rekurrenten Zustände. Zeigen sie ferner, dass $f : \mathbb{N}_0 \to \mathbb{N}_0$, $f(x) := x$ harmonisch ist und $X_n \to 0$ P_x-f.s. für $n \to \infty$ und alle $x \in \mathcal{X} = \mathbb{N}_0$.

6.9 Seien $\mathcal{X}$ endlich und R ein Markov-Kern auf $\mathcal{X}$. Zeigen Sie, dass es mindestens einen rekurrenten Zustand gibt.

6.10 Sei $\mathcal{X}$ abzählbar und R ein Markov-Kern auf $\mathcal{X}$. Zeigen Sie, dass $\mathcal{X}$ genau dann irreduzibel ist, wenn $F(x, y) > 0$ für alle $x, y \in \mathcal{X}$.

6.11 (Pólyas Urnenmodell) Zeigen Sie, dass $f_\vartheta : \mathbb{N}^2 \to \mathbb{R}_+$

$$f_\vartheta(y, z) := \frac{\Gamma(\frac{y+z}{m})}{\Gamma(\frac{y}{m})\Gamma(\frac{z}{m})} \vartheta^{\frac{y}{m}-1}(1-\vartheta)^{\frac{z}{m}-1}$$

mit $\vartheta \in (0,1)$ eine harmonische Funktion für den Übergangskern R des zweidimensionalen Markov-Prozesses (Y, Z) aus Beispiel 6.6(c) ist. (Das ist die λ-Dichte der Beta$(y/m, z/m)$-Verteilung an der Stelle ϑ.) Nach Satz 6.16 ist daher

$$f_\vartheta(Y_n, Z_n) = \frac{\Gamma(\frac{r+s}{m} + n)}{\Gamma(\frac{Y_n}{m})\Gamma(\frac{r+s}{m} + n - \frac{Y_n}{m})} \vartheta^{\frac{Y_n}{m}-1}(1-\vartheta)^{\frac{r+s}{m}+n-1-\frac{Y_n}{m}}, \quad n \geq 0$$

ein Martingal. Zeigen Sie ferner, dass für $A \in \mathcal{B}((0,1))$ auch $f_A : \mathbb{N}^2 \to \mathbb{R}_+$,

$$f_A(y, z) := \int_A f_\vartheta(y, z) d\vartheta$$

R-harmonisch ist,

$$f_A(Y_n, Z_n) = \text{Beta}(Y_n/m, Z_n/m)(A), n \geq 0$$

ein Martingal ist und

$$P^{X_\infty|\mathcal{F}_n} = P^{X_\infty|X_n} = \text{Beta}(Y_n/m, Z_n/m)$$

für alle $n \geq 0$ gilt, wobei X_∞ den fast sicheren Limes von X_n für $n \to \infty$ bezeichnet (Beispiel 4.10(c))

Hinweis zur bedingten Verteilung von X_∞: Aufgabe 4.3.

6.12 (Optimales Stoppen) Seien $T = \{\alpha, \alpha + 1, \ldots, \beta\}$ mit $\alpha, \beta \in \mathbb{Z}$, $\alpha < \beta$, Y ein adaptierter $\mathcal{L}^1$-Prozess und $Z = M - A$ die Doob-Zerlegung des Snellschen Umschlangs Z von Y, wobei A der Kompensator von $-Z$ ist.

(a) Zeigen Sie für das Problem des optimalen Stoppens von Y, dass $\sigma \in \Sigma$ genau dann eine optimale Stoppzeit ist, wenn $Z_\sigma = Y_\sigma$ und Z^σ ein Martingal ist.
(b) Zeigen Sie, dass

$$\begin{aligned} \tau^* &:= \inf\{n \in T : n < \beta, A_{n+1} > 0\} \wedge \beta \\ &= \inf\{n \in T : n < \beta, E(\Delta Z_{n+1}|\mathcal{F}_n) \neq 0\} \wedge \beta \end{aligned}$$

die größte optimale Stoppzeit ist und ferner, dass $\sigma \in \Sigma$ genau dann optimal ist, wenn $Z_\sigma = Y_\sigma$ und $\sigma \leq \tau^*$ f.s. (τ^* ist der erste Zeitpunkt vor β, an dem Z die Martingaleigenschaft verliert.)

6.13 (Optimales Stoppen) Seien $T = \{\alpha, \ldots \beta\}$ mit $\alpha, \beta \in \mathbb{Z}, \alpha < \beta$ und Y ein adaptierter $\mathcal{L}^1$-Prozess mit

$$\{Y_n \geq E(Y_{n+1}|\mathcal{F}_n)\} \subset \{Y_{n+1} \geq E(Y_{n+2}|\mathcal{F}_{n+1})\}$$

für alle $n \in T, n < \beta$, wobei $Y_{\beta+1} := Y_\beta$. Zeigen Sie für die kleinste optimale Stoppzeit τ gemäß Satz 6.23

$$\tau = \inf\{n \in T : Y_n \geq E(Y_{n+1}|\mathcal{F}_n)\}.$$

Beispiel 6.25 ist von diesem Typ.

6.14 Seien R ein Markov-Kern auf $(\mathcal{X}, \mathcal{A})$ und $f : (\mathcal{X}, \mathcal{A}) \to (\mathbb{R}_+, \mathcal{B}(\mathbb{R}_+))$ eine messbare beschränkte Funktion.

(a) Sei $h_0 := f$ und

$$h_k := \max\{h_{k-1}, Rh_{k-1}\} \text{ für } k \in \mathbb{N}.$$

Zeigen Sie, dass $f^* := \sup_{k \in \mathbb{N}_0} h_k$ die kleinste, („von n unabhängige") superharmonische Majorante von f ist.
(b) Sei $g(\beta) : T \times \mathcal{X} \to \mathbb{R}_+$ die superharmonische Funktion aus Satz 6.26 bezüglich $T = \{0, \ldots, \beta\}$. Zeigen Sie, dass $(g(\beta)_0)_{\beta \in \mathbb{N}}$ monoton wachsend ist und $\lim_{\beta \to \infty} g(\beta)_0 = f^*$.

Kapitel 7
Maßwechsel und optionale Zerlegung für universelle Supermartingale

In diesem Kapitel untersuchen wir die Zerlegung spezieller Supermartingale in einen Martingalanteil und einen systematischen Anteil, wobei der Martingalanteil h-Transformierte eines vorgegebenen Martingals ist. Dieses Problem wird durch die optionale Zerlegung gelöst. Diese Zerlegung, die sich wesentlich von der Doob-Zerlegung unterscheidet, ist zentral für einige finanzmathematische Anwendungen in Kap. 8. Maßwechsel und Dichteprozesse spielen eine wichtige Rolle.

Seien $(\Omega, \mathcal{F}, P)$ ein Wahrscheinlichkeitsraum, $T = [\alpha, \beta] \cap \mathbb{Z}$ und $\mathbb{F} = (\mathcal{F}_n)_{n \in T}$ eine Filtration in $\mathcal{F}$. Wie immer sei $\mathcal{F}_\beta = \sigma(\bigcup_{n \in T} \mathcal{F}_n)$, falls $\beta = \infty$.

7.1 Maßwechsel und Dichteprozess

Sei Q eine Verteilung auf $\mathcal{F}_\beta$. Falls $Q \ll P|\mathcal{F}_\beta$, so existiert nach dem Satz von Radon-Nikodym eine Dichte $Z = dQ/dP|\mathcal{F}_\beta$ mit $Z \in \mathcal{L}^1(\mathcal{F}_\beta, P)$, $Z \geq 0$ und $Q = ZP|\mathcal{F}_\beta$, wobei $P|\mathcal{F}_\beta$ die Einschränkung von P auf $\mathcal{F}_\beta$ bezeichnet.

Zur Unterscheidung sprechen wir von P-Martingalen und bezeichnen mit $\mathcal{H}^1(P)$ und $\mathcal{M}^{\text{gi}}(P)$ den Raum der P-Martingale M mit $E_P \sup_{n \in T} |M_n| < \infty$ beziehungsweise der gleichgradig integrierbaren Martingale bezüglich P. Dabei ist E_P der Erwartungswert bezüglich P. Ebenso wird die Bezeichnung $E_P(\,\cdot\,|\mathcal{G})$ benutzt.

Wir benötigen die folgenden elementaren Eigenschaften.

Lemma 7.1 *Sei Q eine Verteilung auf $\mathcal{F}_\beta$*

(a) Sei $Q \ll P|\mathcal{F}_\beta$ und Z die Dichte. Dann gilt $Q \equiv P|\mathcal{F}_\beta$ genau dann, wenn $P(Z > 0) = 1$.

(b) Sei $Q \ll P|\mathcal{F}_\beta$ mit Dichte Z und $\mathcal{G} \subset \mathcal{F}_\beta$ eine Unter-σ-Algebra. Dann gilt $Q|\mathcal{G} \ll P|\mathcal{G}$ und

$$\frac{dQ|\mathcal{G}}{dP|\mathcal{G}} = E_P(Z|\mathcal{G}) \; P\text{-f.s.}$$

H. Luschgy, *Martingale in diskreter Zeit*, Springer-Lehrbuch Masterclass,
DOI 10.1007/978-3-642-29961-2_7, © Springer-Verlag Berlin Heidelberg 2013

(c) Sei $X : (\Omega, \mathcal{F}_\beta) \to (\mathcal{X}, \mathcal{A})$ eine Zufallsvariable mit $Q^X \ll P^X$. Dann gilt $Q|\sigma(X) \ll P|\sigma(X)$ und

$$\frac{dQ|\sigma(X)}{dP|\sigma(X)} = \frac{dQ^X}{dP^X} \circ X \text{ } P\text{-f.s.}$$

Beweis (a) Für $F \in \mathcal{F}_\beta$ gilt

$$Q(F) = \int_{F \cap \{Z > 0\}} Z dP = Q(F \cap \{Z > 0\})$$

und insbesondere $Q(Z > 0) = Q(\Omega) = 1$. Falls $Q \equiv P|\mathcal{F}_\beta$, folgt $P(Z > 0) = 1$. Ist umgekehrt $P(Z > 0) = 1$, so folgt für $F \in \mathcal{F}_\beta$ mit $Q(F) = 0$

$$P(F) = P(F \cap \{Z > 0\}) = 0.$$

(b) Für alle $G \in \mathcal{G}$ gilt

$$Q(G) = \int_G Z dP = \int_G E_P(Z|\mathcal{G}) dP.$$

(c) Sei $f := dQ^X/dP^X$. Für $F \in \sigma(X)$, also $F = X^{-1}(A)$ mit $A \in \mathcal{A}$ gilt

$$Q(F) = Q^X(A) = \int_A f dP^X = \int (1_A f) \circ X dP = \int_F f \circ X dP. \qquad \square$$

Eine Verteilung Q auf $\mathcal{F}_\beta$ heißt **lokal absolutstetig** bezüglich P, falls $Q|\mathcal{F}_n \ll P|\mathcal{F}_n$ für alle $n \in T$. Wir schreiben $Q \overset{\text{lok}}{\ll} P$ für diese Beziehung. Dabei wird die Abhängigkeit von der Filtration nicht explizit angegeben. Falls $Q \overset{\text{lok}}{\ll} P$, heißt der Prozess

$$L_n := \frac{dQ|\mathcal{F}_n}{dP|\mathcal{F}_n}, \quad n \in T$$

Dichteprozess von Q bezüglich P. Im Fall $\beta < \infty$ bedeutet $Q \overset{\text{lok}}{\ll} P$ einfach $Q \ll P|\mathcal{F}_\beta$.

Der Effekt eines lokal absolutstetigen Maßwechsels auf die Struktur von Martingalen lässt sich einfach beschreiben.

Satz 7.2 *Sei Q eine Verteilung auf $\mathcal{F}_\beta$ mit $Q \overset{\text{lok}}{\ll} P$ und Dichteprozess L.*

(a) Ein adaptierter reeller Prozess M ist genau dann ein Q-Martingal, wenn ML ein P-Martingal ist. Insbesondere ist L ein P-Martingal. Entsprechende Aussagen gelten für Submartingale und Supermartingale.

(b) Ist $Z \in \mathcal{L}^1(\mathcal{F}_n, Q)$ für ein $n \in T$, so gilt

$$L_j E_Q(Z|\mathcal{F}_j) = E_P(Z L_n|\mathcal{F}_j) \text{ } P\text{-f.s.}$$

für alle $j \in T, j \leq n$.

Beweis (a) Wegen

$$\int |M_n| dQ = \int |M_n| dQ|\mathcal{F}_n = \int |M_n| L_n dP|\mathcal{F}_n = \int |M_n| L_n dP$$

für alle $n \in T$ ist M genau dann ein $\mathcal{L}^1(Q)$-Prozess, wenn ML ein $\mathcal{L}^1(P)$-Prozess ist. Ebenso gelten für $n \in T, n < \beta$ und $F \in \mathcal{F}_n$, falls M ein $\mathcal{L}^1(Q)$-Prozess ist,

$$\int_F M_n dQ = \int_F M_n L_n dP \quad \text{und} \quad \int_F M_{n+1} dQ = \int_F M_{n+1} L_{n+1} dP.$$

Dies impliziert (a).

(b) Für das durch $M_j := E_Q(Z|\mathcal{F}_j)$ definierte Q-Martingal gilt nach (a) für $j \leq n$

$$M_j L_j = E_P(M_n L_n|\mathcal{F}_j) = E_P(Z L_n|\mathcal{F}_j) \ P\text{-f.s.} \qquad \square$$

Wir untersuchen jetzt den Dichteprozess L an Stoppzeiten τ und die Lebesgue-Zerlegung von Q bezüglich P auf $\mathcal{F}_\tau$. Da L nach 7.2(a) ein positives P-Martingal ist, gilt nach 4.5 $L_n \to L_\infty$ P-f.s. für $n \to \beta$ mit $L_\infty \in \mathcal{L}^1(\mathcal{F}_\beta, P)$, $L_\infty \geq 0$ und $L_\infty = L_\beta$, falls $\beta < \infty$. Im Fall $\alpha = -\infty$ sei

$$L_{-\infty} := \frac{dQ|\mathcal{F}_{-\infty}}{dP|\mathcal{F}_{-\infty}}.$$

Dann gilt für $m \leq n$ nach 4.26

$$L_m = E_P(L_n|\mathcal{F}_m) \to E_P(L_n|\mathcal{F}_{-\infty}) \ P\text{-f.s. und in } \mathcal{L}^1(P)$$

für $m \to -\infty$, und wegen 7.1(b) erhält man $E_P(L_n|\mathcal{F}_{-\infty}) = L_{-\infty}$ P-f.s. Damit ist L auf $\{\tau = \pm\infty\}$ spezifiziert.

Satz 7.3 *(Stoppzeiten) Seien Q eine Verteilung auf $\mathcal{F}_\beta$ mit $Q \overset{\text{lok}}{\ll} P$ und Dichteprozess L und τ eine Stoppzeit*

(a) (Lebesgue-Zerlegung) Es gilt

$$Q(F) = \int_F L_\tau dP + Q(F \cap G)$$

für alle $F \in \mathcal{F}_\tau$, wobei $G := \{\sup_{n \in T} L_n = \infty\} \cap \{\tau = \infty\} \in \mathcal{F}_\tau$ und $P(G) = 0$. Insbesondere gilt $Q|\mathcal{F}_\tau = L_\tau P|\mathcal{F}_\tau$, falls $\beta < \infty$.

(b) Es gilt $Q|\mathcal{F}_\tau \ll P|\mathcal{F}_\tau$, also $Q|\mathcal{F}_\tau = L_\tau P|\mathcal{F}_\tau$ genau dann, wenn τ P-regulär für L ist. Gilt ferner $P(\tau < \infty) = 1$, so ist τ genau dann P-regulär für L, wenn $Q(\tau < \infty) = 1$.

Beweis (a) 1. Wir bestimmen zunächst die Lebesgue-Zerlegung von Q bezüglich $P|\mathcal{F}_\beta$. Es gilt $P(\sup_{n\geq m} L_n = \infty) = 0$ für alle $m \in T$, da der P-fast sichere Limes L_∞ P-integrierbar ist, und mit der Stetigkeit von P folgt $P(\sup_{n\in T} L_n = \infty) = 0$. Für $n \in T$ und $k \in \mathbb{N}$ seien $H_{n,k} := \{\sup_{j\leq n} L_j \leq k\}$ und $H_k := \{\sup_{j\in T} L_j \leq k\} = \bigcap_{n\in T} H_{n,k}$ und ferner sei $H := \{\sup_{n\in T} L_n < \infty\} = \bigcup_{k=1}^\infty H_k$. Wegen $H_{n,k} \in \mathcal{F}_n$ gilt

$$Q(F \cap H_{n,k}) = \int_F 1_{H_{n,k}} L_n dP$$

für alle $F \in \mathcal{F}_n, n \in T, k \in \mathbb{N}$. Wegen $1_{H_{n,k}} L_n \to 1_{H_k} L_\infty$ P-f.s. für $n \to \beta$ und $1_{H_{n,k}} L_n \leq k$ folgt mit der Stetigkeit von Q und dominierter Konvergenz

$$Q(F \cap H_k) = \int_F 1_{H_k} L_\infty dP$$

für alle $F \in \bigcup_{n\in T} \mathcal{F}_n, k \in \mathbb{N}$. Monotone Konvergenz liefert für $k \to \infty$

$$\begin{aligned} Q(F) = Q(F \cap H) + Q(F \cap H^c) &= \int_F 1_H L_\infty dP + Q(F \cap H^c) \\ &= \int_F L_\infty dP + Q(F \cap \{\sup_{n\in T} L_n = \infty\}) \end{aligned}$$

für alle $F \in \bigcup_{n\in T} \mathcal{F}_n$ wegen $P(H) = 1$. Nach dem Maßeindeutigkeitssatz gilt diese Gleichung dann für alle $F \in \sigma(\bigcup_{n\in T} \mathcal{F}_n) = \mathcal{F}_\beta$.

2. Für $F \in \mathcal{F}_\tau$ und $n \in T \cup \{\alpha\}$ gilt $F \cap \{\tau = n\} \in \mathcal{F}_n$ nach 2.2(a) und daher

$$\begin{aligned} Q(F \cap \{\tau < \infty\}) &= \sum_{n\in T\cup\{\alpha\}} Q(F \cap \{\tau = n\}) = \sum_{n\in T\cup\{\alpha\}} \int_{F\cap\{\tau=n\}} L_n dP \\ &= \sum_{n\in T\cup\{\alpha\}} \int_{F\cap\{\tau=n\}} L_\tau dP = \int_{F\cap\{\tau<\infty\}} L_\tau dP. \end{aligned}$$

Mit 1. folgt für $F \in \mathcal{F}_\tau$

$$\begin{aligned} Q(F) &= Q(F \cap \{\tau < \infty\}) + Q(F \cap \{\tau = \infty\}) \\ &= \int_{F\cap\{\tau<\infty\}} L_\tau dP + \int_{F\cap\{\tau=\infty\}} L_\infty dP + Q(F \cap G) \\ &= \int_F L_\tau dP + Q(F \cap G) \end{aligned}$$

und $G = \{\sup_{n\in T} L_n = \infty\} \cap \{\tau = \infty\} \in \mathcal{F}_\tau$, $P(G) = 0$.

Falls $\beta < \infty$, gilt $Q(G) = 0$ wegen $P(G) = 0$ und $G \in \mathcal{F}_\beta$.

(b) Ist τ P-regulär für L, so liefert 4.29 $E_P L_\tau = 1$. Damit ist $L_\tau P|\mathcal{F}_\tau$ ein Wahrscheinlichkeitsmaß und wegen (a) folgt $Q|\mathcal{F}_\tau = L_\tau P|\mathcal{F}_\tau$. Ist umgekehrt $Q|\mathcal{F}_\tau = L_\tau P|\mathcal{F}_\tau$, so gilt $E_P L_\tau = Q(\Omega) = 1 = E_P L_n$. Dies impliziert wieder wegen 4.29 die P-Regularität von τ für L.

Sei nun $P(\tau < \infty) = 1$. Ist τ P-regulär für L, so gilt nach der obigen Charakterisierung $Q|\mathcal{F}_\tau \ll P|\mathcal{F}_\tau$ und damit $Q(\tau = \infty) = 0$. Gilt umgekehrt $Q(\tau = \infty) = 0$, so folgt mit (a) $Q|\mathcal{F}_\tau = L_\tau P|\mathcal{F}_\tau$ und somit ist τ P-regulär für L. □

Die Spezialisierung von 7.3 im Fall $\beta = \infty$ auf die konstante Stoppzeit $\tau = \infty$ liefert die folgenden Charakterisierungen der absoluten Stetigkeit beziehungsweise der Singularität lokal absolutstetiger Verteilungen.

Satz 7.4 *(Absolutstetigkeit und Singularität) Seien $\beta = \infty$ und Q eine Verteilung auf $\mathcal{F}_\infty$ mit $Q \overset{\text{lok}}{\ll} P$ und Dichteprozess L.*

(a) $L^{1/2}$ ist ein $\mathcal{L}^2(P)$-beschränktes P-Supermartingal und $\lim_{n\to\infty} E_P L_n^{1/2} = E_P L_\infty^{1/2}$. *Ferner gilt* $Q(\inf_{n\in T} L_n > 0) = 1$.

(b) Es sind äquivalent:

(i) $Q \ll P|\mathcal{F}_\infty$,
(ii) $E_P L_\infty = 1$,
(iii) $L \in \mathcal{M}^{\text{gi}}(P)$,
(iv) $Q(\sup_{n\in T} L_n < \infty) = 1$.

(c) Es sind äquivalent:

(i) $Q \perp P|\mathcal{F}_\infty$,
(ii) $P(L_\infty = 0) = 1$,
(iii) $\lim_{n\to\infty} E_P L_n^{1/2} = 0$,
(iv) $Q(\sup_{n\in T} L_n < \infty) = 0$.

Beweis (a) Aus der bedingten Jensen-Ungleichung folgt

$$E_P(L_{n+1}^{1/2}|\mathcal{F}_n) \le (E_P(L_{n+1}|\mathcal{F}_n))^{1/2} = L_n^{1/2}$$

für alle $n \in T$. Wegen $E_P(L_n^{1/2})^2 = E_P L_n = 1$ ist das P-Supermartingal $L^{1/2}$ $\mathcal{L}^2(P)$-beschränkt und damit gleichgradig integrierbar unter P. Es folgt $\lim_{n\to\infty} E_P L_n^{1/2} = E_P L_\infty^{1/2}$.

Für die Stoppzeit

$$\tau_k := \inf\{n \in T : L_n < 1/k\},$$

$k \in \mathbb{N}$ gilt $\{\tau_k < \infty\} = \{\inf_{n\in T} L_n < 1/k\}$ und nach 7.3(a)

$$Q(\tau_k < \infty) = \int_{\{\tau_k < \infty\}} L_{\tau_k} dP \le 1/k$$

für alle $k \in \mathbb{N}$. Es folgt

$$Q(\inf_{n \in T} L_n = 0) = Q\Big(\bigcap_{k=1}^{\infty} \{\tau_k < \infty\}\Big) = 0.$$

(b) Die Äquivalenzen folgen aus 7.3 für die konstante Stoppzeit $\tau = \infty$.

(c) Aus 7.3(a) folgt die Äquivalenz von (i), (ii) und (iv), und die Äquivalenz von (ii) und (iii) folgt aus (a). □

Teil (c) des obigen Satzes zeigt einen Zusammenhang zwischen der Singularität von Verteilungen und der Potentialeigenschaft: Es gilt $Q \perp P|\mathcal{F}_\infty$ genau dann, wenn $L^{1/2}$ ein Potential bezüglich P ist.

In Anwendungen ist typischerweise $\mathbb{F} = \mathbb{F}^X$ für einen $(\mathcal{X}, \mathcal{A})$-wertigen Prozess X. Zur Illustration beschreiben wir den Fall unabhängiger Folgen. Dazu nehmen wir an, dass $X = (X_n)_{n \in T}$ bezüglich P und bezüglich Q eine unabhängige Folge $(\mathcal{X}, \mathcal{A})$-wertiger Zufallsvariablen ist mit $Q^{X_n} \ll P^{X_n}$ für alle $n \in T$ und $\alpha > -\infty$. Wir definieren

$$f_n := \frac{dQ^{X_n}}{dP^{X_n}}$$

und erhalten $f_n \in \mathcal{L}^1(P^{X_n})$, $f_n \geq 0$,

$$Q^{(X_\alpha,\ldots,X_n)} = \bigotimes_{i=\alpha}^{n} Q^{X_i} \ll \bigotimes_{i=\alpha}^{n} P^{X_i} = P^{(X_\alpha,\ldots,X_n)}$$

und

$$\frac{dQ^{(X_\alpha,\ldots,X_n)}}{dP^{(X_\alpha,\ldots,X_n)}}(x) = \prod_{i=\alpha}^{n} f_i(x_i)$$

für alle $n \in T$. Wegen $\mathbb{F} = \mathbb{F}^X$ und 7.1(c) folgt $Q \overset{\text{lok}}{\ll} P$ und für den Dichteprozess

$$L_n = \prod_{i=\alpha}^{n} f_i(X_i)$$

für alle $n \in T$.

Sind P_n, Q_n Wahrscheinlichkeitsmaße auf $\mathcal{A}$ mit $Q_n \ll P_n$ für alle $n \in T$, $P := \bigotimes_{n \in T} P_n$, $Q := \bigotimes_{n \in T} Q_n$, $(\Omega, \mathcal{F}) := (\mathcal{X}^T, \mathcal{A}^T)$ und $X := \pi$, der Prozess der Projektionen, so liegt obige Situation vor.

Satz 7.5 *(Kakutani) In obiger Situation mit $\alpha > -\infty$, $\beta = \infty$ und $Q^{X_n} \ll P^{X_n}$ für alle $n \in T$ gilt entweder $Q \ll P|\mathcal{F}_\infty$ oder $Q \perp P|\mathcal{F}_\infty$. Dabei sind äquivalent:*

(i) $Q \ll P|\mathcal{F}_\infty$,
(ii) $\prod_{i=\alpha}^{\infty} E_P f_i(X_i)^{1/2} := \lim_{n\to\infty} \prod_{i=\alpha}^{n} E_P f_i(X_i)^{1/2} > 0$,
(iii) $-\sum_{n=\alpha}^{\infty} \log E_P f_n(X_n)^{1/2} < \infty$,

(iv) $\sum_{n=\alpha}^{\infty}(1 - E_P f_n(X_n)^{1/2}) < \infty$,
(v) $L \in \mathcal{H}^1(P)$.

Falls $Q^{X_n} \equiv P^{X_n}$ für alle $n \in T$, so gilt entweder $Q \equiv P|\mathcal{F}_\infty$ oder $Q \perp P|\mathcal{F}_\infty$. Falls $P^{X_n} = P^{X_\alpha}$ und $Q^{X_n} = Q^{X_\alpha}$ für alle $n \in T$ und $Q^{X_\alpha} \ll P^{X_\alpha}$, so gilt entweder $Q = P|\mathcal{F}_\infty$ oder $Q \perp P|\mathcal{F}_\infty$.

Beweis Wegen 7.4(a) und der Unabhängigkeit der $f_n(X_n)$ unter P gilt

$$a := \prod_{n=\alpha}^{\infty} E_P f_n(X_n)^{1/2} = E_P L_\infty^{1/2} \le 1.$$

Die Implikation (i) $\Rightarrow$ (ii) folgt aus 7.4(b). Gilt (ii), also $a > 0$, so folgt $a_n := E_P f_n(X_n)^{1/2} > 0, a_n \le 1$ für alle $n \in T$ und das durch $M_n := \prod_{i=\alpha}^{n} f_i(X_i)^{1/2}/a_i$ definierte P-Martingal ist wegen

$$E_p M_n^2 = \prod_{i=\alpha}^{n} E_P f_i(X_i)/a_i^2 = \Big(\prod_{i=\alpha}^{n} a_i\Big)^{-2} \le \frac{1}{a^2} < \infty$$

$\mathcal{L}^2$-beschränkt. Dann gilt $M \in \mathcal{H}^2(P)$ nach 4.30 und wegen $L \le M^2$ folgt $L \in \mathcal{H}^1(P)$, also (v). Die Implikation (v)$\Rightarrow$ (i) folgt aus 7.4(b) und die Äquivalenz von (ii) und (iii) ist klar. Wenn eine der Reihen in (iii) und (iv) konvergiert, so folgt $a_n \to 1$, und wegen $-\log t \sim 1 - t$ für $t \to 1$ (das heißt $-\log t/(1-t) \to 1$) konvergiert dann auch die andere Reihe. Dies zeigt die Äquivalenz von (iii) und (iv). Weil nach 7.4(c) $Q \perp P|\mathcal{F}_\infty$ genau dann gilt, wenn $a = 0$, erhält man insbesondere die Dichotomie $Q \ll P|\mathcal{F}_\infty$ oder $Q \perp P|\mathcal{F}_\infty$.

Falls $Q^{X_n} \equiv P^{X_n}$ für alle $n \in T$ und Q nicht singulär zu $P|\mathcal{F}_\infty$ ist, so folgt $Q \ll P|\mathcal{F}_\infty$ und durch Rollentausch der Maße auch $P|\mathcal{F}_\infty \ll Q$.

Seien nun $P^{X_n} = P^{X_\alpha}, Q^{X_n} = Q^{X_\alpha}$ für alle $n \in T$, $Q^{X_\alpha} \ll P^{X_\alpha}$ und $Q \ne P|\mathcal{F}_\infty$. Dann gilt $Q^{X_\alpha} \ne P^{X_\alpha}$ und damit $\mathrm{Var}_P\, f_\alpha(X_\alpha)^{1/2} = 1 - a_\alpha^2 > 0$. Es folgt $a = \lim_{n\to\infty} a_\alpha^n = 0$, also $Q \perp P|\mathcal{F}_\infty$. □

Im identisch verteilten Fall mit $Q^{X_\alpha} \not\ll P^{X_\alpha}$ gilt stets $Q \perp P|\mathcal{F}_\infty$, denn dann existiert eine Menge $A \in \mathcal{A}$ mit $P^{X_\alpha}(A) = 0$ und $Q^{X_\alpha}(A) > 0$ und für $F := \bigcap_{n=\alpha}^{\infty}\{X_n \in A^c\}$ folgt $F \in \mathcal{F}_\infty$, $P(F) = 1$ und $Q(F) = 0$.

Beispiel 7.6 Seien $\alpha > -\infty, \beta = \infty, X_\alpha, X_{\alpha+1}, \ldots$ unabhängig unter P und Q, $P^{X_n} = N(\mu_n, \sigma_n^2)$ und $Q^{X_n} = N(\nu_n, \tau_n^2)$ mit $\sigma_n^2, \tau_n^2 > 0$. Dann gilt

$$f_n(x) = \frac{dQ^{X_n}}{dP^{X_n}}(x) = \frac{\sigma_n}{\tau_n}\exp\Big(-\frac{(x-\nu_n)^2}{2\tau_n^2} + \frac{(x-\mu_n)^2}{2\sigma_n^2}\Big)$$

und daher

$$\begin{aligned}E_P f_n(X_n)^{1/2} &= \int f_n(x)^{1/2} dP^{X_n}(x) \\ &= \frac{1}{\sqrt{2\pi\sigma_n\tau_n}} \int \exp\Big(-\frac{(x-\nu_n)^2}{4\tau_n^2} - \frac{(x-\mu_n)^2}{4\sigma_n^2}\Big)dx \\ &= \frac{b_n}{\sqrt{\sigma_n\tau_n}} \frac{1}{\sqrt{2\pi}b_n} \int \exp\Big(-\frac{(x-a_n)^2}{2b_n^2}\Big)dx \exp(c_n) \\ &= \frac{b_n}{\sqrt{\sigma_n\tau_n}} \exp(c_n)\end{aligned}$$

mit

$$b_n^2 := \frac{2\sigma_n^2\tau_n^2}{\sigma_n^2+\tau_n^2}, \quad \frac{b_n}{\sqrt{\sigma_n\tau_n}} = \Big(\frac{2\tau_n/\sigma_n}{1+\tau_n^2/\sigma_n^2}\Big)^{1/2}, \quad a_n := b_n^2\Big(\frac{\nu_n}{2\tau_n^2} + \frac{\mu_n}{2\sigma_n^2}\Big)$$

und

$$c_n := -\frac{(\mu_n-\nu_n)^2}{4(\sigma_n^2+\tau_n^2)} = -\frac{1}{4(1+\tau_n^2/\sigma_n^2)}\Big(\frac{\mu_n-\nu_n}{\sigma_n}\Big)^2.$$

Wegen der Äquivalenz von (i) und (iii) in 7.5 gilt $Q \equiv P|\mathcal{F}_\infty$ genau dann, wenn

$$\sum_{h=\alpha}^{\infty}\Big\{\frac{1}{2}\log\Big(\frac{1+\tau_n^2/\sigma_n^2}{2\tau_n/\sigma_n}\Big) + \frac{1}{4(1+\tau_n^2/\sigma_n^2)}\Big(\frac{\mu_n-\nu_n}{\sigma_n}\Big)^2\Big\} < \infty.$$

Da

$$\log((1+t^2)/2t) \sim (t^2-1)^2/2 \quad \text{für } t \to 1,$$

ist dies äquivalent zu

$$\sum_{n=\alpha}^{\infty}\Big\{\Big(\frac{\tau_n^2}{\sigma_n^2}-1\Big)^2 + \Big(\frac{\mu_n-\nu_n}{\sigma_n}\Big)^2\Big\} < \infty.$$

Anderfalls gilt $Q \perp P|\mathcal{F}_\infty$.

Wir untersuchen jetzt noch die Frage, wann ein positives Martingal L mit $EL_n = 1$ Dichteprozess einer lokal absolutstetigen Verteilung auf $\mathcal{F}_\beta$ bezüglich P ist. Gilt zusätzlich $L \in \mathcal{M}^{\mathrm{gi}}$, also wegen 4.3(b) die Rechtsabschließbarkeit, so wird durch $Q := L_\infty P|\mathcal{F}_\beta$ eine Verteilung auf $\mathcal{F}_\beta$ definiert mit $Q|\mathcal{F}_n = L_n P|\mathcal{F}_n$ für alle $n \in T$. Die (leider nicht sehr handliche) Bedingung in der folgenden Charakterisierung ist schwächer als die gleichgradige Integrierbarkeit.

Satz 7.7 *(Existenz lokal absolutstetiger Verteilungen) Sei L ein positives Martingal mit $EL_n = 1$. Dann sind äquivalent:*

(i) Es gibt eine Verteilung Q auf $\mathcal{F}_\beta$ mit $Q \overset{\text{lok}}{\ll} P$ und Dichteprozess L,
(ii) $EL_\tau = 1$ für alle T-wertigen Stoppzeiten τ.

Im Fall $(\Omega, \mathcal{F}) = (\mathcal{X}^T, \mathcal{B}(\mathcal{X})^T)$ und $\mathbb{F} = \mathbb{F}^\pi$ für einen polnischen Raum $\mathcal{X}$ gilt (i), wobei $\pi = (\pi_n)_{n\in T}$ den Prozess der Projektionen bezeichnet.

Beweis Falls $\beta < \infty$, hat $Q := L_\beta P|\mathcal{F}_\beta$ wegen 7.1(b) die in (i) gewünschte Eigenschaft. Die Bedingung (ii) ist dann nach 7.3 auch erfüllt.

Sei $\beta = \infty$. Die Implikation (i) $\Rightarrow$ (ii) folgt aus 7.3(a).

(ii) $\Rightarrow$ (i). Für die Verteilungen $Q_n := L_n P|\mathcal{F}_n$ auf $\mathcal{F}_n$ gilt $Q_{n+1}|\mathcal{F}_n = Q_n$ für alle $n \in T$ und deshalb wird durch

$$\mu : \bigcup_{n \in T} \mathcal{F}_n \to [0,1], \quad \mu(F) := Q_n(F), \quad \text{falls } F \in \mathcal{F}_n$$

ein Wahrscheinlichkeitsinhalt auf der Algebra $\mathcal{G} := \bigcup_{n \in T} \mathcal{F}_n$ definiert. Wir zeigen jetzt, dass μ σ-additiv ist. Sind $F_1, F_2, \ldots \in \mathcal{G}$ paarweise disjunkt mit $F := \bigcup_{k=1}^{\infty} F_k \in \mathcal{G}$, also $F_k \in \mathcal{F}_{n_k}$ und $F \in \mathcal{F}_n$ mit geeigneten $n_k, n \in T$, so ist

$$\tau := \sum_{k=1}^{\infty} (n \vee n_k) 1_{F_k} + n 1_{F^c}$$

eine T-wertige Stoppzeit und nach (ii) und 4.29 regulär für L. Wegen Optional sampling 4.28(a) (oder 2.12(a)) und $\tau \geq n$ folgt

$$\begin{aligned} \sum_{k=1}^{\infty} \mu(F_k) &= \sum_{k=1}^{\infty} \int_{F_k} L_{n \vee n_k} dP = \sum_{k=1}^{\infty} \int_{F_k} L_\tau dP = \int_F L_\tau dP \\ &= \int_F E(L_\tau|\mathcal{F}_n) dP = \int_F L_{\tau \wedge n} dP = \int_F L_n dP = \mu(F). \end{aligned}$$

Nach dem Maßfortsetzungssatz gibt es dann eine (eindeutige) Fortsetzung von μ zu einem Wahrscheinlichkeitsmaß Q auf $\sigma(\mathcal{G}) = \mathcal{F}_\infty$. Für dieses Q und $F \in \mathcal{F}_n$ gilt

$$Q(F) = \mu(F) = \int_F L_n dP$$

für alle $n \in T$, also ist Q eine lokal absolutstetige Verteilung auf $\mathcal{F}_\infty$ mit Dichteprozess L.

Seien nun $(\Omega, \mathcal{F}) = (\mathcal{X}^T, \mathcal{B}(\mathcal{X})^T), \mathbb{F} = \mathbb{F}^\pi$ und $\beta = \infty$. Für $n \in T$ definieren wir Verteilungen $Q_n := L_n P|\mathcal{F}_n$ auf $\mathcal{F}_n$ und $\mu_n := (Q_n)^{(\pi_j)_{j \in T_n}}$ auf $\mathcal{B}(\mathcal{X})^{T_n}$ mit $T_n = \{j \in T : j \leq n\}$. Wegen $Q_n|\mathcal{F}_m = Q_m$ für $m < n$ ist die Folge $(\mu_n)_{n \in T}$ projektiv, das heißt für $m < n$ gilt

$$\mu_n^{\pi_{T_n, T_m}} = \mu_m,$$

wobei $\pi_{T_n, T_m} : \mathcal{X}^{T_n} \to \mathcal{X}^{T_m}$ die Restriktionsabbildung bezeichnet. Nach dem Satz von Kolmogorov über die Existenz projektiver Limiten gibt es eine Verteilung Q auf $\mathcal{B}(\mathcal{X})^T = \mathcal{F}_\infty$ mit $Q^{\pi_{T_n}} = \mu_n$ für alle $n \in T$, wobei $\pi_{T_n} : \mathcal{X}^T \to \mathcal{X}^{T_n}$ die Restriktionsabbildung ist. Es folgt $Q|\mathcal{F}_n = Q_n$ für alle $n \in T$. □

Das folgende Beispiel zeigt, dass im Allgemeinen keine lokal absolutstetigen Verteilungen existieren.

Beispiel 7.8 Seien $(\Omega, \mathcal{F}) = (\mathbb{N}, \mathcal{P}(\mathbb{N})), T = \mathbb{N}_0, \mathcal{F}_n = \sigma(\{1\}, \ldots, \{n\})$ mit $\mathcal{F}_0 = \{\emptyset, \Omega\}$ und P eine Verteilung auf $\mathcal{F}$ mit $P(\{n\}) > 0$ für alle $n \in \mathbb{N}$. (Man wähle beispielsweise $P(\{n\}) = 1/n(n+1)$.) Dann gilt $\mathcal{F} = \mathcal{F}_\infty$ und durch

$$L_n := \frac{1}{P(\{n+1, n+2, \ldots\})} 1_{\{n+1, n+2, \ldots\}}$$

für $n \in \mathbb{N}_0$ wird ein positives Martingal definiert mit $EL_n = 1$ und $\mathbb{F} = \mathbb{F}^L$. Es gibt keine lokal absolutstetige Verteilung Q mit Dichteprozess L, denn sonst wäre wegen $\{n\} \in \mathcal{F}_n$

$$1 = Q(\Omega) = \sum_{n \in \mathbb{N}} Q(\{n\}) = \sum_{n \in \mathbb{N}} \int_{\{n\}} L_n dP = 0.$$

Dies folgt auch aus 7.7, denn für die durch $\tau(n) := n$ definierte Stoppzeit gilt $L_\tau = \sum_{n \in \mathbb{N}} L_n 1_{\{n\}} = 0$.

7.2 Optionale Zerlegung

Im Folgenden seien $\alpha > -\infty$ und $X = (X^1, \ldots, X^d)$ ein fest vorgegebener adaptierter $\mathbb{R}^d$-wertiger Prozess.

Definition 7.9 *Ein Wahrscheinlichkeitsmaß Q auf $\mathcal{F}_\beta$ heißt **äquivalentes Martingalmaß** für X, falls $Q \equiv P|\mathcal{F}_\beta$ und X ein Q-Martingal ist. Dabei ist X ein Q-Martingal, falls die Komponentenprozesse $X^i = (X^i_n)_{n \in T}$, $1 \leq i \leq d$ Q-Martingale sind. Die Menge der äquivalenten Martingalmaße wird mit*

$$\mathbb{P} = \mathbb{P}(X)$$

bezeichnet.

Man beachte die nicht explizit angegebene Abhängigkeit der Menge $\mathbb{P}$ von der Filtration $\mathbb{F}$ und von P. Nach dem Satz von Radon-Nikodym hat jedes $Q \in \mathbb{P}$ die Form $Q = ZP|\mathcal{F}_\beta$ mit $Z \in \mathcal{L}^1(\mathcal{F}_\beta, P), Z \geq 0$ und lässt sich durch $\tilde{Q} := ZP$ zu einem zu P äquivalenten Wahrscheinlichkeitsmaß auf $\mathcal{F}$ fortsetzen. Dies wird allerdings keine Rolle spielen.

Da $\mathbb{P}$ konvex ist, gilt $|\mathbb{P}| \leq 1$ oder $|\mathbb{P}| \geq |\mathbb{R}|$ für die Mächtigkeit $|\mathbb{P}|$ von $\mathbb{P}$.

Für einen vorhersehbaren $\mathbb{R}^d$-wertigen Prozess $H = (H^1, \ldots, H^d)$ wird die h-Transformierte von X wie in 1.8 durch

$$(H \bullet X)_n := \sum_{j=\alpha+1}^{n} H_j \Delta X_j, \quad n \in T$$

definiert, wobei $H_j \Delta X_j$ das Skalarprodukt

$$H_j \Delta X_j = \sum_{i=1}^{d} H^i_j \Delta X^i_j$$

bezeichnet. Wir nennen einen adaptierten reellen Prozess Y **universelles $\mathbb{P}$-Supermartingal** ($\mathbb{P}$-Submartingal) beziehungsweise **universelles $\mathbb{P}$-Martingal**, falls Y für jedes $Q \in \mathbb{P}$ ein Q-Supermartingal (Q-Submartingal) beziehungsweise Q-Martingal ist.

Lemma 7.10 *Sei $Q \in \mathbb{P}$. Seien $Y_\alpha \in \mathcal{L}^1(\mathcal{F}_\alpha, Q)$, H ein vorhersehbarer $\mathbb{R}^d$-wertiger Prozess, D ein adaptierter, wachsender reeller Prozess mit $D_\alpha = 0$ und für*

$$Y := Y_\alpha + H \bullet X - D$$

sei Y^- ein $\mathcal{L}^1(Q)$-Prozess. Dann ist $Y_\alpha + H \bullet X$ ein Q-Martingal und Y ein Q-Supermartingal.

Sind die obigen Integrabilitätsvoraussetzungen an Y_α und Y^- für alle $Q \in \mathbb{P}$ erfüllt, so ist $Y_\alpha + H \bullet X$ ein universelles $\mathbb{P}$-Martingal und Y ein universelles $\mathbb{P}$-Supermartingal.

Beweis Wegen

$$H \bullet X = \sum_{i=1}^{d} H^i \bullet X^i$$

ist $Y + D = Y_\alpha + H \bullet X$ nach 2.25 Summe lokaler Q-Martingale und damit nach 4.34 selbst ein lokales Q-Martingal. Aus $(Y + D)^- \leq Y^-$ folgt mit 2.24, dass $Y + D$ ein (echtes) Q-Martingal ist. Wegen $Y^+ \leq (Y + D)^+$ ist Y und damit auch D ein $\mathcal{L}^1(Q)$-Prozess, und da D als wachsender Prozess ein Q-Submartingal ist, folgt die Q-Supermartingaleigenschaft von Y. □

Der folgende Zerlegungssatz besagt, dass umgekehrt jedes universelle $\mathbb{P}$-Supermartingal eine Zerlegung vom Typ 7.10 besitzt, falls $\mathbb{P} \neq \emptyset$.

Satz 7.11 *(Optionale Zerlegung, Kramkov, Föllmer und Kabanov) Seien $\mathbb{P} \neq \emptyset$ und Y ein universelles $\mathbb{P}$-Supermartingal. Dann hat Y eine Zerlegung*

$$Y = Y_\alpha + H \bullet X - D,$$

wobei H ein vorhersehbarer $\mathbb{R}^d$-wertiger Prozess und D ein adaptierter, wachsender reeller Prozess mit $D_\alpha = 0$ ist.

Der Anteil $M := Y_\alpha + H \bullet X$ in der optionalen Zerlegung von Y ist nach 7.10 ein universelles $\mathbb{P}$-Martingal. Der Martingalanteil M hat eine spezielle Struktur: er ist h-Transformierte von X. Die von $Q \in \mathbb{P}$ abhängende Doob-Zerlegung von Y liefert $Y = N^{(Q)} - A^{(Q)}$, wobei $N^{(Q)}$ ein Q-Martingal ist. Andererseits ist der wachsende Prozess D nur adaptiert, während der wachsende Prozess $A^{(Q)}$ in der Doob-Zerlegung vorhersehbar ist.

Der Martingalanteil und der Prozess D in der optionalen Zerlegung sind allerdings nicht fast sicher eindeutig: Sei D ein adaptierter wachsender $\mathcal{L}^\infty(P)$-Prozess mit $D_\alpha = 0, Y := -D$ und $Y = N^{(P)} - A^{(P)}$ die Doob-Zerlegung des P-Supermartingals Y. Für $X := N^{(P)}$ ist Y ein universelles $\mathbb{P}(X)$-Supermartingal, und im Allgemeinen gilt $D \neq A^{(P)}$.

Der Beweis von 7.11 basiert auf der Abgeschlossenheit gewisser konvexer Kegel in $\mathcal{L}^1$-Räumen. Dabei ist es günstig zu Räumen von Äquivalenzklassen überzugehen. Für $n \in T, n \geq \alpha + 1$ sei

$$\mathcal{K}_n := \{U \Delta X_n : U \in L^0(\mathcal{F}_{n-1}, P; \mathbb{R}^d)\},$$

wobei $L^0(\mathcal{F}_{n-1}, P; \mathbb{R}^d)$ den Raum der P-Äquivalenzklassen $\mathcal{F}_{n-1}$-messbarer $\mathbb{R}^d$-wertiger Zufallsvariablen bezeichnet und $U\Delta X_n = \sum_{i=1}^d U^i \Delta X_n^i$. Dann ist $\mathcal{K}_n$ ein linearer Unterraum von $L^0(\mathcal{F}_n, P)$, dem Raum der P-Äquivalenzklassen $\mathcal{F}_n$-messbarer reeller Zufallsvariablen. Seien

$$L^0_+(\mathcal{F}_n, P) = \{V \in L^0(\mathcal{F}_n, P) : V \geq 0\}$$

und

$$\mathcal{K}_n - L^0_+(\mathcal{F}_n, P) = \{K - V : K \in \mathcal{K}_n, V \in L^0_+(\mathcal{F}_n, P)\}.$$

Die L^0-Räume bleiben unverändert, falls man P durch ein Wahrscheinlichkeitsmaß Q auf $\mathcal{F}_\beta$ mit $Q \equiv P|\mathcal{F}_\beta$ ersetzt.

Lemma 7.12 *(Schachermayer) Seien Q ein Wahrscheinlichkeitsmaß auf $\mathcal{F}_\beta$ mit $Q \equiv P|\mathcal{F}_\beta$ und $n \in T, n \geq \alpha + 1$. Falls*

$$\mathcal{K}_n \cap L^0_+(\mathcal{F}_n, P) = \{0\},$$

so ist

$$(\mathcal{K}_n - L^0_+(\mathcal{F}_n, P)) \cap L^1(\mathcal{F}_n, Q)$$

abgeschlossen in $L^1(\mathcal{F}_n, Q)$.

Beweis 1. Wir definieren zwei lineare Unterräume $\mathcal{N}$ und $\mathcal{N}^\perp$ von $L^0(\mathcal{F}_{n-1}, P; \mathbb{R}^d)$ durch

$$\mathcal{N} := \{\xi \in L^0(\mathcal{F}_{n-1}, P; \mathbb{R}^d) : \xi \Delta X_n = 0\}$$

und

$$\mathcal{N}^\perp := \{\eta \in L^0(\mathcal{F}_{n-1}, P; \mathbb{R}^d) : \xi\eta = 0 \text{ für alle } \xi \in \mathcal{N}\}.$$

Wegen $0 = \xi\xi = \|\xi\|^2$ für $\xi \in \mathcal{N} \cap \mathcal{N}^\perp$, wobei $\|\cdot\|$ die euklidische Norm auf $\mathbb{R}^d$ bezeichnet, gilt

$$\mathcal{N} \cap \mathcal{N}^\perp = \{0\}.$$

Jedes $U \in L^0(\mathcal{F}_{n-1}, P; \mathbb{R}^d)$ hat eine eindeutige Zerlegung

$$U = \xi + \eta$$

mit $\xi \in \mathcal{N}$ und $\eta \in \mathcal{N}^\perp$. Dazu schreiben wir $U = (U^1, \dots, U^d)$ in der Form

$$U = \sum_{i=1}^d U^i e_i,$$

wobei $e_i, i \leq i \leq d$ die Einheitsvektoren in $\mathbb{R}^d$ bezeichnen. Wenn jedes e_i eine Zerlegung

$$e_i = f_i + g_i$$

mit $f_i \in \mathcal{N}$ und $g_i \in \mathcal{N}^\perp$ besitzt, so liefern

$$\xi := \sum_{i=1}^d U^i f_i \quad \text{und} \quad \eta := \sum_{i=1}^d U^i g_i$$

wegen $\xi \in \mathcal{N}$ und $\eta \in \mathcal{N}^\perp$ die gewünschte Zerlegung für U. Die Eindeutigkeit der Zerlegung folgt aus $\mathcal{N} \cap \mathcal{N}^\perp = \{0\}$.

Es bleibt obige Zerlegung für e_i zu konstruieren. Der Vektor e_i ist Element des Hilbert-Raums $L^2 := L^2(\mathcal{F}_{n-1}, P; \mathbb{R}^d)$ der P-Äquivalenzklässen $\mathcal{F}_{n-1}$-messbarer $\mathbb{R}^d$-wertiger Zufallsvariablen U mit $E\|U\|^2 < \infty$ versehen mit dem Skalarprodukt $\langle U_1, U_2 \rangle = EU_1U_2$. Seien

$$\pi : L^2 \to \mathcal{N} \cap L^2$$

die Orthogonalprojektion auf den abgeschlossenen linearen Unterraum $\mathcal{N} \cap L^2$ von L^2, $f_i := \pi(e_i)$ und $g_i := e_i - f_i$. Dann gilt

$$g_i \in (\mathcal{N} \cap L^2)^\perp := \{U \in L^2 : EU\xi = 0 \text{ für alle } \xi \in \mathcal{N} \cap L^2\}.$$

Außerdem gilt $(\mathcal{N} \cap L^2)^\perp \subset \mathcal{N}^\perp$ und damit $g_i \in \mathcal{N}^\perp$. Andernfalls existiert ein $\eta \in (\mathcal{N} \cap L^2)^\perp$ mit $\eta \notin \mathcal{N}^\perp$. Also gibt es ein $\xi \in \mathcal{N}$ mit $P(\xi\eta > 0) > 0$. Für $\xi_m := \xi 1_{\{\xi\eta>0, \|\xi\| \leq m\}}, m \in \mathbb{N}$ gilt dann $\xi_m \in \mathcal{N} \cap L^2$ und damit $E\xi_m\eta = 0$ für alle $m \geq 1$. Andererseits gilt $0 \leq \xi_m\eta \uparrow \xi\eta 1_{\{\xi\eta>0\}}$ P-f.s. und daher mit monotoner Konvergenz

$$0 \leq E\xi_m\eta \to E\xi 1_{\{\xi\eta>0\}} > 0$$

für $m \to \infty$, also $E\xi_m\eta > 0$ für alle hinreichend großen m, ein Widerspruch.

2. Wir kommen zur Abgeschlossenheit von

$$\mathcal{C}_n := (\mathcal{K}_n - L^0_+(\mathcal{F}_n, P)) \cap L^1(\mathcal{F}_n, Q)$$

in $L^1(\mathcal{F}_n, Q)$. Seien $(W_k)_{k\geq 1}$ eine Folge in $\mathcal{C}_n$ und $W \in L^1(\mathcal{F}_n, Q)$ mit $W_k \to W$ in $L^1(\mathcal{F}_n, Q)$ für $k \to \infty$. Durch Übergang zu einer Teilfolge können wir ohne Einschränkung $W_k \to W$ Q-f.s., also auch $W_k \to W$ P-f.s. annehmen. Es gilt

$W_k = U_k \Delta X_n - V_k$ mit $U_k \in L^0(\mathcal{F}_{n-1}, P; \mathbb{R}^d)$ und $V_k \in L^0_+(\mathcal{F}_n, P)$, und wegen 1. können wir $U_k \in \mathcal{N}^\perp$ für alle $k \geq 1$ annehmen. Wir werden gleich sehen, dass

$$\liminf_{k\to\infty} \|U_k\| < \infty \ P\text{-f.s.}$$

Unter dieser Voraussetzung existieren nach A.8 ein $U \in L^0(\mathcal{F}_{n-1}, P; \mathbb{R}^d)$ und eine strikt wachsende Folge $(\sigma_k)_{k\geq 1}$ $\mathcal{F}_{n-1}$-messbarer $\mathbb{N}$-wertiger Zufallsvariablen mit

$$U_{\sigma_k} \to U \ P\text{-f.s.}$$

für $k \to \infty$. Es folgt

$$V_{\sigma_k} = U_{\sigma_k} \Delta X_n - W_{\sigma_k} \to U \Delta X_n - W =: V \ P\text{-f.s.},$$

also

$$W = U \Delta X_n - V \in \mathcal{C}_n.$$

Nach 2.7(a) sind dabei V_{σ_k} und W_{σ_k} bezüglich $\mathcal{F}_n$ und U_{σ_k} bezüglich $\mathcal{F}_{n-1}$ messbar. Damit ist $\mathcal{C}_n$ abgeschlossen in $L^1(\mathcal{F}_n, Q)$.

Wir zeigen nun, dass

$$P(\liminf_{k\to\infty} \|U_k\| = \infty) = 0.$$

Für $F := \{\liminf_{k\to\infty} \|U_k\| = \infty\}$ gilt $F \in \mathcal{F}_{n-1}$. Sei

$$Z_k := \frac{U_k}{\|U_k\|}$$

(mit $0/0 := 0$). Wegen $\liminf_{k\to\infty} \|Z_k\| \leq 1$ P-f.s. existieren nach A.8 ein $Z \in L^0(\mathcal{F}_{n-1}, P; \mathbb{R}^d)$ und eine strikt wachsende Folge $(\tau_k)_{k\geq 1}$ $\mathcal{F}_{n-1}$-messbarer $\mathbb{N}$-wertiger Zufallsvariablen mit

$$Z_{\tau_k} \to Z \ P\text{-f.s.}$$

für $k \to \infty$. Wegen $\|U_{\tau_k}\| \to \infty$ P-f.s. auf F und der P-fast sicheren Konvergenz von $(W_{\tau_k})_{k\geq 1}$ folgt

$$\begin{aligned} 0 \leq \frac{V_{\tau_k}}{\|U_{\tau_k}\|} 1_F &= \left(\frac{U_{\tau_k} \Delta X_n}{\|U_{\tau_k}\|} - \frac{W_{\tau_k}}{\|U_{\tau_k}\|} \right) 1_F \\ &= \left(Z_{\tau_k} \Delta X_n - \frac{W_{\tau_k}}{\|U_{\tau_k}\|} \right) 1_F \to Z 1_F \Delta X_n \ P\text{-f.s.} \end{aligned}$$

für $k \to \infty$ und somit $Z 1_F \Delta X_n \in \mathcal{K}_n \cap L^0_+(\mathcal{F}_n, P)$. Die Voraussetzung $\mathcal{K}_n \cap L^0_+(\mathcal{F}_n, P) = \{0\}$ impliziert $Z 1_F \Delta X_n = 0$, also $Z 1_F \in \mathcal{N}$. Da $U_k \in \mathcal{N}^\perp$ für alle $k \geq 1$, gilt für $\xi \in \mathcal{N}$

$$\xi Z_{\tau_k} = \sum_{j=1}^{\infty} \xi Z_j 1_{\{\tau_k = j\}} = \sum_{j=1}^{\infty} \frac{\xi U_j}{\|U_j\|} 1_{\{\tau_k = j\}} = 0,$$

also $Z_{\tau_k} \in \mathcal{N}^\perp$ für alle $k \geq 1$. Es folgt $Z \in \mathcal{N}^\perp$ und damit $Z1_F \in \mathcal{N}^\perp$ wegen $F \in \mathcal{F}_{n-1}$. Wegen $\mathcal{N} \cap \mathcal{N}^\perp = \{0\}$ erhält man $Z1_F = 0$, also

$$Z = 0 \text{ auf } F.$$

Andererseits gilt $\|Z_{\tau_k}\| \to 1$ P-f.s. auf F und $\|Z_{\tau_k}\| \to \|Z\|$ P-f.s. für $k \to \infty$ und damit

$$\|Z\| = 1 \text{ auf } F.$$

Es folgt $P(F) = 0$. □

Beweis von Satz 7.11 (Föllmer und Schied). Sei $Q \in \mathbb{P}$. Wir zeigen, dass für alle $n \in T, n \geq \alpha + 1$ Zufallsvariablen $H_n \in L^0(\mathcal{F}_{n-1}, Q; \mathbb{R}^d)$ und $R_n \in L^0_+(\mathcal{F}_n, Q)$ existieren mit

$$\Delta Y_n = H_n \Delta X_n - R_n.$$

Dann liefern $H := (H_n)_{n \in T}$ mit $H_\alpha := 0$ und $D_n := \sum_{j=\alpha+1}^n R_j$ mit $D_\alpha = 0$ wegen

$$Y_n = Y_\alpha + \sum_{j=\alpha+1}^n \Delta Y_j = Y_\alpha + (H \bullet X)_n - D_n$$

die gewünschte Zerlegung. Die obige Bedingung an Y bedeutet $\Delta Y_n \in \mathcal{K}_n - L^0_+(\mathcal{F}_n, Q)$ und wegen $\Delta Y_n \in L^1(\mathcal{F}_n, Q)$ auch

$$\Delta Y_n \in \mathcal{C}_n := (\mathcal{K}_n - L^0_+(\mathcal{F}_n, Q)) \cap L^1(\mathcal{F}_n, Q)$$

für alle $n \geq \alpha + 1$.

Wir nehmen an, dass

$$\Delta Y_n \notin \mathcal{C}_n$$

für ein $n \in T, n \geq \alpha + 1$. Wegen 7.10 (mit $Y_\alpha = 0$, $H_j = 0$ für $j \neq n$ und $D = 0$) gilt $\mathcal{K}_n \cap L^0_+(\mathcal{F}_n, Q) = \{0\}$, und nach 7.12 ist der konvexe Kegel $\mathcal{C}_n$ abgeschlossen in $L^1(\mathcal{F}_n, Q)$. Daher existiert nach dem Trennungssatz A.7 ein $Z \in L^\infty(\mathcal{F}_n, Q)$ mit

$$a := \sup_{W \in \mathcal{C}_n} E_Q Z W < E_Q Z \Delta Y_n < \infty,$$

und wegen $0 \in \mathcal{C}_n$ und der Kegeleigenschaft von $\mathcal{C}_n$ folgt $a = 0$, also

$$E_Q Z W \leq 0 < E_Q Z \Delta Y_n =: \delta$$

für alle $W \in \mathcal{C}_n$. Wegen $W := -1_{\{Z<0\}} \in \mathcal{C}_n$ gilt $E_Q Z^- = E_Q Z W \leq 0$, also $Z^- = 0$ und damit $Z \geq 0$, und wegen $\pm 1_F \Delta X_n^i \in \mathcal{K}_n \cap L^1(\mathcal{F}_n, Q) \subset \mathcal{C}_n$ für $F \in \mathcal{F}_{n-1}$ und $1 \leq i \leq d$ gilt $E_Q Z 1_F \Delta X_n^i = 0$. Dies impliziert

$$E_Q(Z \Delta X_n^i | \mathcal{F}_{n-1}) = 0$$

für alle $1 \leq i \leq d$. Ferner gilt nach 7.10 (mit $Y_\alpha = 0, H_j = 0$ und $\Delta D_j = 0$ für $j \neq n$) $E_Q W \leq 0$ für alle $W \in \mathcal{C}_n$. Deshalb gilt für $Z^\varepsilon := Z + \varepsilon$ mit $\varepsilon > 0$ auch $E_Q Z^\varepsilon W \leq 0$ für alle $W \in \mathcal{C}_n$, $E_{\mathbb{Q}}(Z^\varepsilon \Delta X_n^i | \mathcal{F}_{n-1}) = 0$ und $E_Q Z^\varepsilon \Delta Y_n = E_Q Z \Delta Y_n + \varepsilon E_Q \Delta Y_n > 0$, falls $\varepsilon < E_Q Z \Delta Y_n / E_Q(-\Delta Y_n)$. Daher können wir ohne Einschränkung annehmen, dass $Z \geq \varepsilon$ für ein $\varepsilon \in (0, \infty)$.

Sei

$$Q_1 := \frac{Z}{Z_{n-1}} Q \quad \text{mit } Z_{n-1} := E_Q(Z | \mathcal{F}_{n-1}).$$

Wegen $E_Q(Z/Z_{n-1}) = E_Q E_Q(Z/Z_{n-1} | \mathcal{F}_{n-1}) = 1$ ist Q_1 ein Wahrscheinlichkeitsmaß auf $\mathcal{F}_\beta$, und da $Q(Z/Z_{n-1} > 0) = 1$, gilt $Q_1 \equiv Q$ nach 7.1(a). Für den Dichteprozess

$$L_j := \frac{dQ_1 | \mathcal{F}_j}{dQ | \mathcal{F}_j}, \quad j \in T$$

gilt nach 7.1(b) $L_j = E_Q(Z/Z_{n-1} | \mathcal{F}_j)$, also

$$L_j = L_n = Z/Z_{n-1}, \quad \text{falls } j \geq n,$$

und wegen der Turmeigenschaft

$$L_j = E_Q\left(\frac{E_Q(Z | \mathcal{F}_{n-1})}{Z_{n-1}} \middle| \mathcal{F}_j \right) = 1, \quad \text{falls } j < n.$$

Der Prozess $X^i L$ ist ein $\mathcal{L}^1(Q)$-Prozess, weil L ein $\mathcal{L}^\infty(Q)$-Prozess ist. Für $1 \leq i \leq d$ und $j > n$ gilt

$$E_Q(X_j^i L_j | \mathcal{F}_{j-1}) = E_Q(X_j^i | \mathcal{F}_{j-1}) L_j = X_{j-1}^i L_{j-1}$$

und für $j = n$

$$\begin{aligned} E_Q(X_n^i L_n | \mathcal{F}_{n-1}) &= E_Q(X_n^i Z | \mathcal{F}_{n-1}) \frac{1}{Z_{n-1}} \\ &= \{E_Q(Z \Delta X_n^i | \mathcal{F}_{n-1}) + E_Q(Z X_{n-1}^i | \mathcal{F}_{n-1})\} \frac{1}{Z_{n-1}} \\ &= X_{n-1}^i = X_{n-1}^i L_{n-1}. \end{aligned}$$

Damit ist XL ein Q-Martingal und wegen 7.2(a) X ein Q_1-Martingal, also $Q_1 \in \mathbb{P}$.

Nun kommt die universelle Supermartingaleigenschaft von Y ins Spiel. Wegen $Q_1 \in \mathbb{P}$ gilt $E_{Q_1}(\Delta Y_n | \mathcal{F}_{n-1}) \leq 0$ und damit erhält man

$$0 \geq E_{Q_1} E_{Q_1}(\Delta Y_n | \mathcal{F}_{n-1}) Z_{n-1} = E_{Q_1} Z_{n-1} \Delta Y_n = E_Q Z \Delta Y_n = \delta,$$

im Widerspruch zu $\delta > 0$. □

Eine naheliegende Modifikation von 1.7(c) liefert ein wichtiges Beispiel für ein universelles $\mathbb{P}$-Supermartingal.

Satz 7.13 *Seien* $\mathbb{P} \neq \emptyset, X^i \geq 0$ *für alle* $1 \leq i \leq d$ *und* Z *eine* $\mathcal{F}_\beta$*-messbare, positive reelle Zufallsvariable mit*

$$\sup_{Q \in \mathbb{P}} E_Q Z < \infty.$$

Dann wird durch

$$Y_n := \operatorname{ess\,sup}_{Q \in \mathbb{P}} E_Q(Z|\mathcal{F}_n)$$

ein positives universelles $\mathbb{P}$*-Supermartingal definiert.*

Informationen zum essentiellen Supremum von Zufallsvariablen findet man in A.9.

Beweis (Föllmer und Schied) 1. (Pasting) Seien $Q_1, Q_2 \in \mathbb{P}$ und σ eine Stoppzeit. Dann wird durch

$$\tilde{Q}(F) = \tilde{Q}(Q_1, Q_2, \sigma)(F) := E_{Q_1} E_{Q_2}(1_F|\mathcal{F}_\sigma)$$

für $F \in \mathcal{F}_\beta$ ein Wahrscheinlichkeitsmaß auf $\mathcal{F}_\beta$ definiert mit $\tilde{Q}|\mathcal{F}_\sigma = Q_1|\mathcal{F}_\sigma$ und $\tilde{Q} \equiv P|\mathcal{F}_\beta$. Dabei folgt aus dem Satz von der monotonen Konvergenz für bedingte Erwartungswerte, dass $\tilde{Q}$ tatsächlich ein Wahrscheinlichkeitsmaß ist und dass

$$E_{\tilde{Q}} U = E_{Q_1} E_{Q_2}(U|\mathcal{F}_\sigma)$$

für jede $\mathcal{F}_\beta$-messbare positive Zufallsvariable U gilt. Für solche Zufallsvariablen U und alle $n \in T$ gilt ferner

$$E_{\tilde{Q}}(U|\mathcal{F}_n) = E_{Q_1}(E_{Q_2}(U|\mathcal{F}_{\sigma \vee n})|\mathcal{F}_n).$$

Dazu ist für $V := E_{Q_1}(E_{Q_2}(U|\mathcal{F}_{\sigma \vee n})|\mathcal{F}_n)$ und $F \in \mathcal{F}_n$ die Radon-Nikodym-Gleichung

$$E_{\tilde{Q}} U 1_F = E_{\tilde{Q}} V 1_F$$

zu bestätigen. Nach 2.4(a) gilt $F \cap \{n \leq \sigma\} \in \mathcal{F}_{n \wedge \sigma} = \mathcal{F}_n \cap \mathcal{F}_\sigma$ und nach 2.4(c)

$$V 1_{F \cap \{n \leq \sigma\}} = E_{Q_1}(E_{Q_2}(U|\mathcal{F}_{\sigma \vee n})|\mathcal{F}_{\sigma \wedge n}) 1_{F \cap \{n \leq \sigma\}}.$$

Daher ist $V 1_{F \cap \{n \leq \sigma\}}$ $\mathcal{F}_\sigma$-messbar und mit Taking out what is known und 2.4(c) folgt wegen $\tilde{Q}|\mathcal{F}_\sigma = Q_1|\mathcal{F}_\sigma$

$$\begin{aligned} E_{\tilde{Q}} U 1_{F \cap \{n \leq \sigma\}} &= E_{Q_1} E_{Q_2}(U 1_{F \cap \{n \leq \sigma\}}|\mathcal{F}_\sigma) \\ &= E_{Q_1} E_{Q_2}(U|\mathcal{F}_{\sigma \vee n}) 1_{F \cap \{n \leq \sigma\}} \\ &= E_{Q_1} E_{Q_1}(E_{Q_2}(U|\mathcal{F}_{\sigma \vee n}) 1_{F \cap \{n \leq \sigma\}}|\mathcal{F}_n) \\ &= E_{Q_1} V 1_{F \cap \{n \leq \sigma\}} = E_{\tilde{Q}} V 1_{F \cap \{n \leq \sigma\}}. \end{aligned}$$

Weiter gilt $\{n > \sigma\} \in \mathcal{F}_n \cap \mathcal{F}_\sigma$ und wieder mit 2.4(c) folgt

$$\begin{aligned} V 1_{F \cap \{n>\sigma\}} &= E_{Q_1}(E_{Q_2}(U|\mathcal{F}_{\sigma \vee n}) 1_{F \cap \{n>\sigma\}}|\mathcal{F}_n) \\ &= E_{Q_1}(E_{Q_2}(U|\mathcal{F}_n) 1_{F \cap \{n>\sigma\}}|\mathcal{F}_n) \\ &= E_{Q_2}(U 1_{F \cap \{n>\sigma\}}|\mathcal{F}_n), \end{aligned}$$

also

$$\begin{aligned} E_{\tilde{Q}} U 1_{F \cap \{n>\sigma\}} &= E_{Q_1} E_{Q_2}(U 1_{F \cap \{n>\sigma\}}|\mathcal{F}_\sigma) \\ &= E_{Q_1} E_{Q_2}(U 1_{F \cap \{n>\sigma\}}|\mathcal{F}_{n \wedge \sigma}) \\ &= E_{Q_1} E_{Q_2}(E_{Q_2}(U 1_{F \cap \{n>\sigma\}}|\mathcal{F}_n)|\mathcal{F}_\sigma) \\ &= E_{Q_1} E_{Q_2}(V 1_{F \cap \{n>\sigma\}}|\mathcal{F}_\sigma) \\ &= E_{\tilde{Q}} V 1_{F \cap \{n>\sigma\}}. \end{aligned}$$

Diese Formel für den $\mathcal{F}_n$-bedingten $\tilde{Q}$-Erwartungswert impliziert

$$\tilde{Q} \in \mathbb{P},$$

denn für $n \geq \alpha + 1$ und $1 \leq i \leq d$ gilt mit Optional sampling 2.12(a)

$$\begin{aligned} E_{\tilde{Q}}(X_n^i|\mathcal{F}_{n-1}) &= E_{Q_1}(E_{Q_2}(X_n^i|\mathcal{F}_{\sigma \vee (n-1)})|\mathcal{F}_{n-1}) \\ &= E_{Q_1}(X^i_{n \wedge (\sigma \vee (n-1))}|\mathcal{F}_{n-1}) \\ &= X^i_{n \wedge (n-1) \wedge (\sigma \vee (n-1))} = X^i_{n-1}, \end{aligned}$$

und Induktion liefert

$$E_{\tilde{Q}} X_n^i = E_{\tilde{Q}} X_\alpha^i = E_{Q_1} X_\alpha^i < \infty.$$

Also ist X ein $\tilde{Q}$-Martingal. ($\mathbb{P}$ ist „Pasting-stabil".)

2. Wir kommen nun zur universellen $\mathbb{P}$-Supermartingaleigenschaft von Y. Offenbar ist Y ein adaptierter $\mathbb{R}_+ \cup \{\infty\}$-wertiger Prozess. Ferner ist die Menge

$$\{E_Q(Z|\mathcal{F}_n) : Q \in \mathbb{P}\}$$

für alle $n \in T$ nach rechts gerichtet, denn definiert man zu $Q_1, Q_2 \in \mathbb{P}$

$$\sigma := n 1_F + \beta 1_{F^c} \quad \text{mit } F := \{E_{Q_1}(Z|\mathcal{F}_n) > E_{Q_2}(Z|\mathcal{F}_n)\},$$

so ist σ nach 2.3 wegen $F \in \mathcal{F}_n$ eine Stoppzeit, und für $\tilde{Q} := \tilde{Q}(Q_1, Q_2, \sigma) \in \mathbb{P}$ gemäß 1. folgt mit 2.4(c) und Taking out what is known

$$\begin{aligned} E_{\tilde{Q}}(Z|\mathcal{F}_n) &= E_{Q_1}(E_{Q_2}(Z|\mathcal{F}_{\sigma \vee n})|\mathcal{F}_n) \\ &= E_{Q_1}(E_{Q_2}(Z|\mathcal{F}_n) 1_F + E_{Q_2}(Z|\mathcal{F}_\beta) 1_{F^c}|\mathcal{F}_n) \\ &= E_{Q_1}(E_{Q_2}(Z|\mathcal{F}_n) 1_F + Z 1_{F^c}|\mathcal{F}_n) \\ &= E_{Q_2}(Z|\mathcal{F}_n) 1_F + E_{Q_1}(Z|\mathcal{F}_n) 1_{F^c} \\ &= E_{Q_1}(Z|\mathcal{F}_n) \vee E_{Q_2}(Z|\mathcal{F}_n). \end{aligned}$$

Also existiert nach A.9 für alle $n \in T$ eine Folge $(Q_k)_{k \geq 1}$ in $\mathbb{P}$ mit $E_{Q_k}(Z|\mathcal{F}_n) \uparrow Y_n$ f.s. für $k \to \infty$. Für $Q \in \mathbb{P}$ und $\tilde{Q}_k := \tilde{Q}(Q, Q_k, n) \in \mathbb{P}$ gemäß 1. für $n \in T, n \geq \alpha + 1$ folgt mit monotoner Konvergenz für bedingte Erwartungswerte

$$\begin{aligned} E_Q(Y_n|\mathcal{F}_{n-1}) &= E_Q(\lim_{k\to\infty} E_{Q_k}(Z|\mathcal{F}_n)|\mathcal{F}_{n-1}) \\ &= \lim_{k\to\infty} E_Q(E_{Q_k}(Z|\mathcal{F}_n)|\mathcal{F}_{n-1}) \\ &= \lim_{k\to\infty} E_{\tilde{Q}_k}(Z|\mathcal{F}_{n-1}) \\ &\leq \operatorname*{ess\,sup}_{Q\in\mathbb{P}} E_Q(Z|\mathcal{F}_{n-1}) = Y_{n-1}. \end{aligned}$$

Induktion liefert $E_Q Y_n \leq E_Q Y_\alpha$ und mit $\tilde{Q}_k := \tilde{Q}(Q, Q_k, \alpha)$ gilt

$$\begin{aligned} E_Q Y_\alpha &= E_Q(\lim_{k\to\infty} E_{Q_k}(Z|\mathcal{F}_\alpha)) = \lim_{k\to\infty} E_Q E_{Q_k}(Z|\mathcal{F}_\alpha) \\ &= \lim_{k\to\infty} E_{\tilde{Q}_k} Z \leq \sup_{Q\in\mathbb{P}} E_Q Z < \infty. \end{aligned}$$

Also ist Y ein $\mathcal{L}^1(Q)$-Prozess und damit ein Q-Supermartingal. □

7.3 Die Martingaldarstellungseigenschaft

Sei weiterhin $\alpha > -\infty$. Im Fall $\mathbb{P} \neq \emptyset$ hat jedes universelle $\mathbb{P}$-Martingal M eine Darstellung der Form

$$M = M_\alpha + H \bullet X,$$

wobei H ein vorhersehbarer $\mathbb{R}^d$-wertiger Prozess ist. Dies ist eine Konsequenz von 7.11. Wir untersuchen diese Darstellung jetzt noch für (gewöhnliche) Q-Martingale.

Definition 7.14 *Für $Q \in \mathbb{P}$ hat X die **Q-Darstellungseigenschaft**, falls jedes Q-Martingal M eine Darstellung $M = M_\alpha + H \bullet X$ der obigen Form besitzt.*

Satz 7.15 *Sei $\mathcal{F}_\alpha = \{\emptyset, \Omega\}$. Für $Q \in \mathbb{P}$ hat X genau dann die Q-Darstellungseigenschaft, wenn*

$$\mathbb{P} = \{Q\}.$$

Beweis Hat X die Q-Darstellungseigenschaft, so hat für $F \in \bigcup_{n\in T} \mathcal{F}_n$ das positive Q-Martingal

$$M_n := E_Q(1_F|\mathcal{F}_n), \quad n \in T$$

die Darstellung

$$M = M_\alpha + H \bullet X$$

mit einem vorhersehbaren $\mathbb{R}^d$-wertigen Prozess H und es gilt

$$M_\alpha = E_Q(1_F|\mathcal{F}_\alpha) = Q(F)$$

wegen $\mathcal{F}_\alpha = \{\emptyset, \Omega\}$. Für $Q_1 \in \mathbb{P}$ ist M nach 7.10 auch ein Q_1-Martingal. Wegen $F \in \mathcal{F}_n$ für ein $n \in T$ gilt $M_n = 1_F$ und daher

$$Q_1(F) = E_{Q_1} M_n = E_{Q_1} M_\alpha = Q(F).$$

Damit stimmen Q_1 und Q auf der Algebra $\bigcup_{n \in T} \mathcal{F}_n$ überein, also wegen dem Maßeindeutigkeitssatz auch auf $\mathcal{F}_\beta = \sigma(\bigcup_{n\in T} \mathcal{F}_n)$. Es folgt $\mathbb{P} = \{Q\}$.

Sei nun umgekehrt $\mathbb{P} = \{Q\}$. Ist M ein reelles Q-Martingal, so ist M ein universelles $\mathbb{P}$-Martingal und 7.11 liefert die Zerlegung

$$M = M_\alpha + H \bullet X - D.$$

Nach 7.10 ist $N := M_\alpha + H \bullet X$ ein Q-Martingal und daher ist $D = N - M$ ein Q-Martingal mit Anfangswert $D_\alpha = 0$. Wegen $\Delta D_n \geq 0$ und $E_Q \Delta D_n = 0$ für alle $n \geq \alpha + 1$ folgt $D = 0$. □

Die Darstellungseigenschaft ist in der zeitdiskreten Theorie eine sehr restriktive Eigenschaft von Martingalen. In der Situation von 7.15 folgt nämlich aus der Q-Darstellungseigenschaft von X mit Induktion, dass

$$\dim L^1(\mathcal{F}_n, Q) \leq (d+1)^{n-\alpha}$$

für alle $n \in T$. Wegen A.6 ist deshalb $Q|\mathcal{F}_n$ rein atomar mit höchstens $(d+1)^{n-\alpha}$ Atomen, und es gilt $L^0(\mathcal{F}_n, Q) = L^p(\mathcal{F}_n, Q)$ für alle $n \in T, 0 \leq p \leq \infty$. Typische Beispiele im Fall $d = 1$ sind die folgenden „binären" Modelle.

Satz 7.16 *Sei $(Z_n)_{n\in T, n\geq\alpha+1}$ eine unabhängige Folge identisch verteilter reeller Zufallsvariablen mit $P(Z_{\alpha+1} = b) =: p \in (0,1)$ und $P(Z_{\alpha+1} = a) = 1 - p, a, b \in \mathbb{R}, a < b$. Ferner sei $\mathbb{F} := \mathbb{F}^Z$ mit $\mathcal{F}_\alpha := \{\emptyset, \Omega\}$.*

(a) Der $\mathbb{F}$-Random walk

$$X_n := X_\alpha + \sum_{j=\alpha+1}^{n} (Z_j - EZ_{\alpha+1})$$

mit konstantem Anfangswert $X_\alpha \in \mathbb{R}$ hat die Darstellungseigenschaft.

(b) Sei $a > 0$. Der geometrische $\mathbb{F}$-Random walk

$$Y_n := Y_\alpha \prod_{j=\alpha+1}^{n} \frac{Z_j}{EZ_{\alpha+1}}$$

mit konstantem Anfangswert $Y_\alpha \in (0, \infty)$ hat die Darstellungseigenschaft.

Das Referenzmaß in 7.16 ist P. Wegen 7.15 folgt für die obigen Martingale $\mathbb{P}(X) = \mathbb{P}(Y) = \{P\}$.

Beweis (a) Nach 1.7(a) ist X ein Martingal. Ist M ein Martingal, so gilt $M_\alpha = EM_\alpha =: f_\alpha$ und für $n \geq \alpha + 1$ nach dem Faktorisierungslemma A.10 $M_n = f_n(Z_{\alpha+1}, \ldots, Z_n)$ mit einer Borel-messbaren Funktion $f_n : \mathbb{R}^{n-\alpha} \to \mathbb{R}$. Die Martingaleigenschaft und die Substitutionsregel A.19 liefern für $n \geq \alpha + 1$

$$\begin{aligned} f_{n-1}(Z_{\alpha+1}, \ldots, Z_{n-1}) &= M_{n-1} = E(M_n|\mathcal{F}_{n-1}) \\ &= E(f_n(Z_{\alpha+1}, \ldots, Z_n)|Z_{\alpha+1}, \ldots, Z_{n-1}) \\ &= \int f_n(Z_{\alpha+1}, \ldots, Z_{n-1}, x) dP^{Z_n}(x) \\ &= (1-p) f_n(Z_{\alpha+1}, \ldots, Z_{n-1}, a) + p f_n(Z_{\alpha+1}, \ldots, Z_{n-1}, b) \end{aligned}$$

und damit wegen $EZ_{\alpha+1} = pb + (1-p)a$, $b - EZ_{\alpha+1} = (1-p)(b-a)$ und $a - EZ_{\alpha+1} = p(a-b)$

$$\begin{aligned} f_n(Z_{\alpha+1}, \ldots, Z_{n-1}, a) - M_{n-1} &= \frac{M_{n-1} - p f_n(Z_{\alpha+1}, \ldots, Z_{n-1}, b)}{1-p} - M_{n-1} \\ &= \frac{p}{1-p}(M_{n-1} - f_n(Z_{\alpha+1}, \ldots, Z_{n-1}, b)) \\ &= \frac{a - EZ_{\alpha+1}}{b - EZ_{\alpha+1}}(f_n(Z_{\alpha+1}, \ldots, Z_{n-1}, b) - M_{n-1}). \end{aligned}$$

Definiert man einen vorhersehbaren Prozess $H = (H_n)_{n \in T}$ durch

$$H_n := \frac{f_n(Z_{\alpha+1}, \ldots, Z_{n-1}, b) - M_{n-1}}{b - EZ_{\alpha+1}}$$

für $n \geq \alpha + 1$ und $H_\alpha := 0$, so folgt für $n \geq \alpha + 1$

$$\Delta M_n = H_n \Delta X_n = H_n(Z_n - EZ_{\alpha+1}),$$

denn auf $\{Z_n = b\}$ gilt

$$\Delta M_n = f_n(Z_{\alpha+1}, \ldots, Z_{n-1}, b) - M_{n-1} = H_n(b - EZ_{\alpha+1})$$

und auf $\{Z_n = a\}$ gilt

$$\Delta M_n = f_n(Z_{\alpha+1}, \ldots, Z_{n-1}, a) - M_{n-1} = H_n(a - EZ_{\alpha+1}).$$

Man erhält

$$M_n = M_\alpha + \sum_{j=\alpha+1}^{n} \Delta M_j = M_\alpha + \sum_{j=\alpha+1}^{n} H_j \Delta X_j = M_\alpha + (H \bullet X)_n.$$

(b) Nach 1.7(b) ist Y ein Martingal. Wegen $0 < a < b$ gelten $Z_n > 0$ für $n \geq \alpha + 1$, $EZ_{\alpha+1} > 0$ und $Y_n > 0$ für alle $n \in T$. Ferner gilt mit $H := Y_- / EZ_{\alpha+1}$ die Darstellung

$$X = X_\alpha + \frac{1}{H} \bullet Y.$$

Ist nun M ein Martingal, so existiert nach (a) ein vorhersehbarer reeller Prozess K mit

$$M = M_\alpha + K \bullet X = M_\alpha + K \bullet \left(\frac{1}{H} \bullet Y\right)$$
$$= M_\alpha + \frac{K}{H} \bullet Y. \qquad \square$$

Der darstellende Prozess H in 7.16 ist auf $\{n \in T : n \geq \alpha + 1\}$ jeweils fast sicher eindeutig bestimmt: Wegen $\Delta X_n \neq 0$ und $\Delta Y_n \neq 0$ gilt $H_n = \Delta M_n / \Delta X_n$ beziehungsweise $H_n = \Delta M_n / \Delta Y_n$ für $n \geq \alpha + 1$.

Aufgaben

7.1 Sei Q eine lokal absolutstetige Verteilung auf $\mathcal{F}_\beta$ bezüglich $P|\mathcal{F}_\beta$ mit Dichteprozess L, also $L_n = dQ|\mathcal{F}_n / dP|\mathcal{F}_n$. Zeigen Sie, dass $1_{(0,\infty)}(L_n)$ ein P-Supermartingal und $1/L_n 1_{(0,\infty)}(L_n), n \in T$ ein Q-Supermartingal ist. Folgern Sie im Fall $\beta = \infty$

$$Q(\lim_{n\to\infty} L_n \quad \text{existiert in } \overline{\mathbb{R}}_+) = 1.$$

7.2 Seien $\alpha > -\infty$, Q eine lokal absolutstetige Verteilung auf $\mathcal{F}_\beta$ bezüglich $P|\mathcal{F}_\beta$ mit Dichteprozess L, $U_n := 1/L_n 1_{(0,\infty)}(L_n)$ und $Y := U_- \bullet L$. Zeigen Sie

$$L = L_\alpha + L_- \bullet Y \;\; P\text{-f.s.}$$

7.3 Seien $\beta = \infty$, Q eine Verteilung auf $\mathcal{F}_\infty$ und $L_n P|\mathcal{F}_n$ für $n \in T$ der absolutstetige Anteil von $Q|\mathcal{F}_n$ in der Lebesgue-Zerlegung bezüglich $P|\mathcal{F}_n$. Zeigen Sie, dass $L = (L_n)_{n\in T}$ ein positives P-Supermaringal ist. Zeigen Sie ferner für den P-fast sicheren Limes L_∞ von L_n für $n \to \infty$, dass $L_\infty P|\mathcal{F}_\infty$ der absolutstetige Anteil von Q in der Lebesgue-Zerlegung bezüglich $P|\mathcal{F}_\infty$ ist.

7.4 Seien $\mathbb{F} = (\mathcal{F}_n)_{n\in T}$ eine Filtration mit $\mathcal{F}_n = \sigma(\pi_n)$ für endliche Partitionen π_n von Ω, Q eine Verteilung auf $\mathcal{F}_\beta$ und

$$L_n := \sum_{\substack{C\in\pi_n \\ P(C)>0}} \frac{Q(C)}{P(C)} 1_C$$

für $n \in T$. Zeigen Sie, dass L ein P-Supermartingal und $L_n P|\mathcal{F}_n$ für jedes $n \in T$ der absolutstetige Anteil von $Q|\mathcal{F}_n$ in der Lebesgue-Zerlegung bezüglich $P|\mathcal{F}_n$ ist.

7.5 In der Situation von Beispiel 1.7(f) mit $(\Omega, \mathcal{F}, P) = ([0,1), \mathcal{B}([0,1)), \lambda_{[0,1)})$ und $\mathcal{F}_n = \sigma([k/2^n, (k+1)/2^n), 0 \leq k \leq 2^n - 1), n \in \mathbb{N}_0$ seien Q eine Verteilung auf $\mathcal{B}([0,1))$ mit Verteilungsfunktion F und

$$L_n := \sum_{k=0}^{2^n-1} 2^n(F((k+1)/2^n) - F(k/2^n))1_{[k/2^n,(k+1)/2^n)}$$

für $n \in \mathbb{N}_0$.

(a) Zeigen Sie $Q \overset{\text{lok}}{\ll} P$. Nach Aufgabe 7.4 ist L dann der Dichteprozess von Q bezüglich P und damit wegen Satz 7.2 ein P-Martingal.
(b) Sei F Lipschitz-stetig. Zeigen Sie, dass L $\mathcal{L}^\infty$-beschränkt und damit gleichgradig integrierbar ist. Für den P-fast sicheren Limes L_∞ von L_n für $n \to \infty$ gilt dann $Q = L_\infty P$ nach Satz 7.4.

7.6 Bestimmen sie in der Situation von Beispiel 1.7(f) eine Verteilung Q auf $\mathcal{F}_\infty = \mathcal{F}$ mit $Q \overset{\text{lok}}{\ll} P$, deren Dichteprozess nicht gleichgradig integrierbar ist.

7.7 Seien $\alpha > -\infty$ und Y ein $\mathbb{F}$-adaptierter $\mathcal{L}^1$-Prozess. Zeigen Sie die Existenz eines $\mathbb{F}$-vorhersehbaren reellen Prozesses H und eines $\mathbb{F}$-Submartingals X mit

$$Y = Y_\alpha + H \bullet X.$$

Hinweis: $H_n = \text{sign}(E(\Delta Y_n | \mathcal{F}_{n-1}))$ für $n \geq \alpha + 1$ und $X = H \bullet Y$, wobei hier ausnahmsweise $\text{sign} = 1_{[0,\infty)} - 1_{(-\infty,0)}$ (statt $1_{(0,\infty)} - 1_{(-\infty,0)}$).

7.8 Seien $T = \mathbb{N}_0$ und X ein einfacher $\mathbb{F}$-Random walk auf $\mathbb{Z}$, $X_n = \sum_{i=1}^n Z_i$ mit $X_0 = Z_0 = 0$ und $P(Z_1 = 1) = p = 1 - P(Z_1 = -1)$, $p \in (0,1)$. Zeigen Sie im Fall $p \neq 1/2$

$$\mathbb{P}(X) = \emptyset.$$

7.9 Seien $T = \mathbb{N}_0$ und Y ein einfacher symmetrischer $\mathbb{F}$-Random walk auf $\mathbb{Z}$, $Y_n = \sum_{i=1}^n Z_i$ mit $Y_0 = Z_0 = 0$, $P(Z_1 = 1) = P(Z_1 = -1) = 1/2$ und $\mathbb{F} = \mathbb{F}^Z$. Ferner sei $(a_n)_{n\geq 1}$ eine Folge in $[0,1)$ und $X_n := \sum_{i=1}^n (Z_i + a_i)$ mit $X_0 = 0$. Zeigen Sie, dass

$$\mathbb{P}(X) \neq \emptyset$$

genau dann gilt, wenn

$$\sum_{n=1}^\infty a_n^2 < \infty.$$

Wegen Satz 7.15 und Satz 7.16 gilt dann $|\mathbb{P}(X)| = 1$.
Hinweis: Satz von Kakutani 7.5.

7.10 Sei $\alpha > -\infty$. Zeigen Sie für das positive universelle $\mathbb{P}$-Supermartingal Y aus Satz 7.13 im Fall $\beta < \infty$: Y ist das kleinste universelle $\mathbb{P}$-Supermartingal mit $Y_\beta \geq Z$ und ferner

$$Y_\tau = \operatorname*{ess\,sup}_{Q \in \mathbb{P}} E_Q(Z|\mathcal{F}_\tau)$$

für jede Stoppzeit τ mit $\tau \leq \beta$.

7.11 Seien $\alpha > -\infty$ und $\mathcal{F}_\alpha = \{\emptyset, \Omega\}$. Zeigen Sie: Hat X für $Q \in \mathbb{P}(X)$ die Q-Darstellungseigenschaft, so gilt für die Filtration

$$\mathcal{F}_n = \mathcal{F}_n^X \; Q\text{-f.s.}$$

für alle $n \in T$.

Hinweis: Für $F \in \mathcal{F}_n$ untersuche man das Wahrscheinlichkeitsmaß $Q_1 := ZQ$ auf $\mathcal{F}_\beta$ mit $Z := 1 + \frac{1}{2}(1_F - E_Q(1_F | \mathcal{F}_n^X))$.

7.12 Seien $\alpha = 0, (Z_n)_{n \in T, n \geq 1}$ eine unabhängige Folge identisch $B(1, 1/2)$-verteilter Zufallsvariablen unter P, $\mathbb{F} := \mathbb{F}^Z$ mit $\mathcal{F}_0 := \{\emptyset, \Omega\}$, $X_n := -\sum_{j=1}^n (Z_j - 1/2)$ und $Y_n := -\sum_{j=1}^n Z_j$. Zeigen Sie, dass $\mathbb{P} = \mathbb{P}(X) \neq \emptyset$, Y ein universelles $\mathbb{P}$-Supermartingal ist und $Y_n = X_n - n/2$ und $Y_n = 0 - \sum_{j=1}^n Z_j$ optionale Zerlegungen von Y sind (im Sinne von Satz 7.11).

Teil II
Anwendungen

Kapitel 8
Optionspreistheorie

In diesem Kapitel werden wir die martingaltheoretischen Resultate aus Teil I auf das finanzmathematische Problem der Preisbestimmung für europäische und amerikanische Optionen anwenden. Dabei werden Ergebnisse aus den Kap. 1, 2, 6 und 7 benutzt.

Seien $(\Omega, \mathcal{F}, P)$ ein Wahrscheinlichkeitsraum, $T = \{0, \ldots, N\}$ mit $N \in \mathbb{N}$ und $\mathbb{F} = (\mathcal{F}_n)_{n \in T}$ eine Filtration in $\mathcal{F}$.

8.1 Arbitrage, Martingalmaße und Hedge für europäische Optionen

Wir untersuchen einen Finanzmarkt mit $d + 1$ Finanzprodukten, wie etwa Aktien, Anleihen, Währungen, Bankkonten etc., in dem zu endlich vielen Zeitpunkten Handel möglich ist. Ein zeitdiskretes **Marktmodell** besteht aus einer Filtration $\mathbb{F} = (\mathcal{F}_n)_{n \in T}$ mit $T = \{0, \ldots, N\}$, $N \in \mathbb{N}$ und einem adaptierten $\mathbb{R}^{d+1}$-wertigen Prozess $S = (S_n)_{n \in T}$, $S = (S^0, S^1, \ldots, S^d)$ mit $d \in \mathbb{N}$, $S_n^0 > 0$ und $S_n^i \geq 0$ für alle $n \in T$ und $1 \leq i \leq d$, wobei S_n^i den Preis von Finanzprodukt i zur Zeit n modelliert. S^0 wird eine besondere Rolle spielen.

Eine **Handelsstrategie** (oder dynamisches Portfolio) ist ein vorhersehbarer $\mathbb{R}^{d+1}$-wertiger Prozess $H = (H^0, H^1, \ldots, H^d)$. Dabei beschreibt H_n^i für $n \geq 1$ die Anzahl der Anteile von Finanzprodukt i im Portfolio im Zeitintervall $(n-1, n]$. Das Portfolio H_n wird im Anschluss an die Information zur Zeit $n-1$ gebildet und bis n gehalten. H_0^i beschreibt die entsprechende Anzahl zur Zeit $n = 0$. H_n^i darf negativ sein, was dann als Kredit oder Leerverkauf zu interpretieren ist. Wir unterstellen, dass die Finanzprodukte in beliebigen Mengen gehandelt werden können. Der Wert von H zur Zeit n ist $H_n S_n$, wobei das Produkt von Vektoren als Skalarprodukt zu lesen ist, also

$$H_n S_n = \sum_{i=0}^{d} H_n^i S_n^i.$$

H. Luschgy, *Martingale in diskreter Zeit*, Springer-Lehrbuch Masterclass,
DOI 10.1007/978-3-642-29961-2_8, © Springer-Verlag Berlin Heidelberg 2013

Der Prozess

$$V(H) := (H_n S_n)_{n \in T}$$

heißt **Wertprozess** von H. Transaktionskosten werden dabei vernachlässigt.

Eine Handelsstrategie H heißt **selbstfinanzierend**, falls

$$H_{n-1} S_{n-1} = H_n S_{n-1}$$

für alle $n \in T, n \geq 1$. Dies ist gleichbedeutend zu

$$\Delta V_n(H) = H_n \Delta S_n$$

für alle $n \in T, n \geq 1$. Da $H_n S_{n-1}$ für $n \geq 1$ den Wert des Portfolios H_n im Zeitintervall $(n-1, n)$ angibt, liegt Selbstfinanzierung vor, falls genau der Wert $V_{n-1}(H) = H_{n-1} S_{n-1}$ von H zur Zeit $n-1$ reinvestiert wird. Nach der Anfangsinvestition $V_0(H)$ finden also keine positiven oder negativen Entnahmen mehr statt und Änderungen $\Delta V_n(H)$ des Wertes von H resultieren nur aus Kursänderungen ΔS_n. Mit

$$\mathcal{S}$$

wird die Menge der selbstfinanzierenden Handelsstrategien bezeichnet.

Die Preistheorie für Optionen und andere Finanzderivate basiert auf dem folgenden Arbitragekonzept.

Definition 8.1 *Eine Handelsstrategie $H \in \mathcal{S}$ heißt **Arbitragestrategie**, falls*

$$V_0(H) = 0, \quad V_N(H) \geq 0 \quad \textit{und} \quad P(V_N(H) > 0) > 0.$$

*Das Marktmodell heißt **arbitragefrei**, falls es keine Arbitragestrategie gibt.*

Eine Arbitragestrategie liefert mit positiver Wahrscheinlichkeit einen risikolosen Profit.

Wegen der Voraussetzung $S^0 > 0$ kann man S^0 als Numeraire und damit

$$\beta := \frac{1}{S^0}$$

als **Diskontierungsprozess** benutzen. Mit den Bezeichnungen

$$\tilde{S} := (S^1, \ldots, S^d) \quad \text{und} \quad \tilde{H} := (H^1, \ldots, H^d)$$

gilt für den **diskontierten Preisprozess**

$$\beta S = (1, \beta \tilde{S})$$

und ferner für jede Handelsstrategie H

$$H \bullet \beta S = \tilde{H} \bullet \beta \tilde{S}.$$

Diskontierung ermöglicht den Vergleich von Preisen zu verschiedenen Zeitpunkten.

Die Menge der äquivalenten Martingalmaße für βS gemäß 7.9 wird mit

$$\mathbb{P} = \mathbb{P}(\beta S)$$

bezeichnet. Offenbar gilt

$$\mathbb{P} = \mathbb{P}(\beta \tilde{S}).$$

Wenn auch die Abhängigkeit der Menge $\mathbb{P}$ vom Maß P deutlich sein soll, schreiben wir $\mathbb{P}(\beta \tilde{S}, P)$ für $\mathbb{P}$.

Typischerweise ist der diskontierte Wertprozess einer selbstfinanzierenden Handelsstrategie ein universelles $\mathbb{P}$-Martingal.

Lemma 8.2 *Für eine Handelsstrategie H gilt $H \in \mathcal{S}$ genau dann, wenn*

$$\beta V(H) = \beta_0 V_0(H) + \tilde{H} \bullet \beta \tilde{S}.$$

Insbesondere ist für $Q \in \mathbb{P}$ und $H \in \mathcal{S}$ mit $\beta_0 V_0(H) \in \mathcal{L}^1(Q)$ und $(\beta_N V_N(H))^- \in \mathcal{L}^1(Q)$ (oder $(\beta_N V_N(H))^+ \in \mathcal{L}^1(Q)$) der diskontierte Wertprozess $\beta V(H)$ von H ein Q-Martingal.

Beweis Die komponentenweise Anwendung von 1.15(b) liefert

$$\begin{aligned}\beta V(H) = \beta H S &= \beta_0 V_0(H) + H \bullet \beta S + (\beta S)_- \bullet H \\ &= \beta_0 V_0(H) + \tilde{H} \bullet \beta \tilde{S} + (\beta S)_- \bullet H,\end{aligned}$$

und die Selbstfinanzierungsbedingung für H ist wegen $\beta > 0$ äquivalent zu $\beta_{n-1} S_{n-1} \Delta H_n = 0$ für alle $n \in T, n \geq 1$ und damit zu $(\beta S)_- \bullet H = 0$. Wegen

$$\beta V(H) = \beta_0 V_0(H) + \sum_{i=1}^{d} H^i \bullet \beta S^i$$

ist $\beta V(H)$ nach 2.25 Summe lokaler Q-Martingale und damit wegen 4.34 selbst ein lokales Q-Martingal. Die (echte) Martingaleigenschaft von $\beta V(H)$ folgt aus 2.24. □

Durch geeignete Investition in Finanzprodukt 0 (Numeraire) erhält man aus jeder Investition in die Finanzprodukte $i \in \{1, \ldots, d\}$ eine selbstfinanzierende Handelsstrategie mit vorgegebener Anfangsinvestition.

Lemma 8.3 *Seien $\tilde{H}$ ein vorhersehbarer $\mathbb{R}^d$-wertiger Prozess und M_0 eine $\mathcal{F}_0$-messbare reelle Zufallsvariable. Dann gibt es ein fast sicher eindeutiges $K = (K^0, \tilde{K}) \in \mathcal{S}$ mit $\tilde{K} = \tilde{H}$ und*

$$\beta V(K) = M_0 + \tilde{H} \bullet \beta \tilde{S}.$$

Beweis Sei $M := M_0 + \tilde{H} \bullet \beta\tilde{S}$. Für den durch $\tilde{K} := \tilde{H}$ und

$$K^0 := M - \beta\tilde{H}\tilde{S}$$

definierten Prozess $K = (K^0, \tilde{K})$ gilt wegen 1.15(b)

$$\begin{aligned} K^0 &= M_0 + \tilde{H} \bullet \beta\tilde{S} - \beta\tilde{H}\tilde{S} \\ &= M_0 - \beta_0\tilde{H}_0\tilde{S}_0 - (\beta\tilde{S})_- \bullet \tilde{H} = K_0^0 - (\beta\tilde{S})_- \bullet \tilde{H}. \end{aligned}$$

Also ist K^0 und damit K vorhersehbar. Für den diskontierten Wertprozess von K gilt

$$\beta V(K) = \beta K S = \beta(K^0 S^0 + \tilde{H}\tilde{S}) = K^0 + \beta\tilde{H}\tilde{S} = M.$$

Dies impliziert $K \in \mathcal{S}$ wegen 8.2 und außerdem die fast sichere Eindeutigkeit von K. □

Wir können jetzt ein zentrales Resultat der Preistheorie beweisen. Es liefert eine Martingal-Charakterisierung der Arbitragefreiheit von Marktmodellen.

Satz 8.4 *(Arbitragefreie Marktmodelle und Martingalmaße, Dalang, Morton und Willinger) Das Marktmodell ist genau dann arbitragefrei, wenn*

$$\mathbb{P} \neq \emptyset,$$

und dann existiert ein $Q \in \mathbb{P}$ mit $dQ/dP|\mathcal{F}_N \in \mathcal{L}^\infty(\mathcal{F}_N, P)$.

Beweis Sei $\mathbb{P} \neq \emptyset$ und $Q \in \mathbb{P}$. Ist $H \in \mathcal{S}$ mit $V_0(H) = 0$ und $V_N(H) \geq 0$, so ist $\beta V(H)$ nach 8.2 ein Q-Martingal und daher

$$E_Q \beta_N V_N(H) = E_Q \beta_0 V_0(H) = 0.$$

Dies impliziert $V_N(H) = 0$ Q-f.s. und somit $V_N(H) = 0$ P-f.s. Also existiert keine Arbitragestrategie.

Sei nun umgekehrt das Marktmodell arbitragefrei. Zur Abkürzung sei

$$X := \beta\tilde{S} = (\beta S^1, \ldots, \beta S^d).$$

1. Für

$$\mathcal{K}_n := \{U \Delta X_n : U \in L^0(\mathcal{F}_{n-1}, P; \mathbb{R}^d)\}$$

gilt

$$\mathcal{K}_n \cap L^0_+(\mathcal{F}_n, P) = \{0\}$$

für alle $n \in T, n \geq 1$. Andernfalls gibt es ein $n \in T, n \geq 1$ und ein $U \in L^0(\mathcal{F}_{n-1}, P; \mathbb{R}^d)$ mit $U \Delta X_n \geq 0$ und $P(U \Delta X_n > 0) > 0$. Definiert man einen vorhersehbaren $\mathbb{R}^d$-wertigen Prozess $\tilde{H}$ durch $\tilde{H}_n := U$ und $\tilde{H}_j := 0$ für $j \neq 0$, so gibt es nach 8.3 ein $K \in \mathcal{S}$ mit $\beta V(K) = \tilde{H} \bullet X$. Wegen $\beta_0 V_0(K) = 0$ und $\beta_N V_N(K) = U \Delta X_n$ ist dann K eine Arbitragestrategie.

Für den konvexen Kegel

$$\mathcal{C}_n(Q) := (\mathcal{K}_n - L^0_+(\mathcal{F}_n, P)) \cap L^1(\mathcal{F}_n, Q)$$

folgt aus obiger Eigenschaft von $\mathcal{K}_n$

$$\mathcal{C}_n(Q) \cap L^1_+(\mathcal{F}_n, Q) = \{0\}$$

für jedes $n \in T, n \geq 1$ und jede Verteilung Q auf $\mathcal{F}_N$ mit $Q \equiv P|\mathcal{F}_N$. Für $W \in \mathcal{C}_n(Q) \cap L^1_+(\mathcal{F}_n, Q)$ gilt nämlich $W = Y - Z \geq 0$ mit $Y \in \mathcal{K}_n$ und $Z \in L^0_+(\mathcal{F}_n, P)$, also $Y \geq Z \geq 0$. Wegen $\mathcal{K}_n \cap L^0_+(\mathcal{F}_n, P) = \{0\}$ folgt $Y = 0$ und damit $Z = 0$. Man erhält $W = 0$.

2. Für $n \in T, n \geq 1$ und jede Verteilung Q auf $\mathcal{F}_N$ mit $Q \equiv P|\mathcal{F}_N$ existiert eine Verteilung $R = R(n, Q)$ auf $\mathcal{F}_N$ mit $R \equiv Q, dR/dQ \in L^\infty(\mathcal{F}_n, Q)$ und X ist ein R-Martingal auf $\{n-1, n\} \subset T$.

Dazu sei zunächst Q_1 eine zu Q äquivalente Verteilung auf $\mathcal{F}_N$ mit $dQ_1/dQ \in L^\infty(\mathcal{F}_n, Q)$ und $X^i_n, X^i_{n-1} \in L^1(Q_1)$ für alle $1 \leq i \leq d$. Man wähle etwa

$$Q_1 := C(1 + \|X_{n-1}\| + \|X_n\|)^{-1} Q$$

mit geeigneter Normierung $C \in (0, \infty)$, wobei $\|\cdot\|$ die euklidische Norm auf $\mathbb{R}^d$ bezeichnet.

Für $Y \in L^1_+(\mathcal{F}_n, Q_1)$ mit $Y \neq 0$ gilt $Y \notin \mathcal{C}_n := \mathcal{C}_n(Q_1)$, denn $\mathcal{C}_n \cap L^1_+(\mathcal{F}_n, Q_1) = \{0\}$ nach 1. Da $\mathcal{C}_n$ nach 1. und 7.12 abgeschlossen in $L^1(\mathcal{F}_n, Q_1)$ ist, existiert nach dem Trennungssatz A.7 ein $Z \in L^\infty(\mathcal{F}_n, Q_1)$ mit

$$a := \sup_{W \in \mathcal{C}_n} E_{Q_1} ZW < E_{Q_1} ZY < \infty.$$

Wegen $0 \in \mathcal{C}_n$ und der Kegeleigenschaft von $\mathcal{C}_n$ folgt $a = 0$, also

$$E_{Q_1} ZW \leq 0 < E_{Q_1} ZY$$

für alle $W \in \mathcal{C}_n$. Wegen $W := -1_{\{Z<0\}} \in \mathcal{C}_n$ gilt $E_{Q_1} Z^- = E_{Q_1} ZW \leq 0$, also $Z \geq 0$, und wegen $E_{Q_1} ZY > 0$ gilt $Q_1(Z > 0) > 0$. Durch Übergang von Z zu $Z/\|Z\|_\infty$ können wir $Z \leq 1$ annehmen, so dass Z in der Menge

$$\mathcal{Z}_n = \mathcal{Z}_n(Q_1) := \{Z \in L^\infty(\mathcal{F}_n, Q_1) : 0 \leq Z \leq 1, Q_1(Z > 0) > 0, \\ E_{Q_1} ZW \leq 0 \text{ für alle } W \in \mathcal{C}_n\}$$

liegt. Sei

$$c := \sup\{Q_1(Z > 0) : Z \in \mathcal{Z}_n\}.$$

Man wähle $Z_k \in \mathcal{Z}_n$ mit $Q_1(Z_k > 0) \to c$ für $k \to \infty$. Für

$$Z^* := \sum_{k=1}^{\infty} 2^{-k} Z_k$$

liefert dominierte Konvergenz $Z^* \in \mathcal{Z}_n$, und wegen $\{Z^* > 0\} = \bigcup_{k=1}^\infty \{Z_k > 0\}$ folgt $Q_1(Z^* > 0) = c$. Ferner gilt $c = 1$. Andernfalls ist $Q_1(Z^* = 0) > 0$, also $Y := 1_{\{Z^*=0\}} \neq 0$, und damit existiert ein $Z \in \mathcal{Z}_n$ mit $E_{Q_1} ZY > 0$. Man erhält

$$Q_1(Z > 0, Z^* = 0) = Q_1(ZY > 0) > 0$$

und daher

$$Q_1((Z + Z^*)/2 > 0) = Q_1(Z > 0, Z^* = 0) + Q_1(Z^* > 0) > Q_1(Z^* > 0).$$

Dies widerspricht wegen $(Z + Z^*)/2 \in \mathcal{Z}_n$ der Maximalität von $Q_1(Z^* > 0)$.

Nun definieren wir ein Wahrscheinlichkeitsmaß auf $\mathcal{F}_N$ durch

$$R := \frac{Z^*}{E_{Q_1} Z^*} Q_1.$$

Wegen $Q_1(Z^* > 0) = 1$ und 7.1(a) gilt $R \equiv Q_1$, also auch $R \equiv Q$ und

$$\frac{dR}{dQ} = \frac{dR}{dQ_1}\frac{dQ_1}{dQ} \in L^\infty(\mathcal{F}_n, Q).$$

Für $j \in \{n-1, n\}$ und $1 \leq i \leq d$ erhält man

$$E_R|X_j^i| = E_Q|X_j^i|\frac{dR}{dQ_1} \leq \frac{E_{Q_1}|X_j^i|}{E_{Q_1} Z^*} < \infty$$

und wegen $\pm 1_F \Delta X_n^i \in \mathcal{C}_n$ für $F \in \mathcal{F}_{n-1}$ folgt

$$E_R 1_F \Delta X_n^i = \frac{E_{Q_1} 1_F \Delta X_n^i Z^*}{E_{Q_1} Z^*} = 0.$$

Dies impliziert $E_R(\Delta X_n^i | \mathcal{F}_{n-1}) = 0$ und damit ist X ein R-Martingal auf $\{n-1, n\}$.

3. Wir zeigen jetzt durch Rückwärtsinduktion, dass für alle $n \in T, n \geq 1$ eine Verteilung Q_n auf $\mathcal{F}_N$ existiert mit $Q_n \equiv P|\mathcal{F}_N, dQ_n/dP|\mathcal{F}_N \in L^\infty(\mathcal{F}_N, P)$ und X ist ein Q_n-Martingal auf $T^{n-1} = \{j \in T : j \geq n-1\}$. Die Verteilung $Q := Q_1$ ist dann das gesuchte äquivalente Martingalmaß. Für $n = N$ hat $Q_N := R(N, P|\mathcal{F}_N)$ nach 2. die gewünschten Eigenschaften. Für $n \in T, n \geq 2$ sei $Q_{n-1} := R(n-1, Q_n)$. Wegen der Induktionsvoraussetzung und 2. gilt dann $Q_{n-1} \equiv Q_n \equiv P|\mathcal{F}_N$ und

$$\frac{dQ_{n-1}}{dP|\mathcal{F}_n} = \frac{dQ_{n-1}}{dQ_n}\frac{dQ_n}{dP|\mathcal{F}_n} \in L^\infty(\mathcal{F}_N, P).$$

Für $1 \leq i \leq d$ und $j \in \{n-2, n-1\}$ gilt ferner

$$E_{Q_{n-1}}|X_j^i| < \infty$$

nach 2. und für $j \in T^n$

$$E_{Q_{n-1}}|X_j^i| = E_{Q_n}|X_j^i|\frac{dQ_{n-1}}{dQ_n} < \infty$$

wegen der Induktionsvoraussetzung und der Beschränktheit von dQ_{n-1}/dQ_n. Man bestätigt auch leicht die Martingaleigenschaft von X auf T^{n-2} unter Q_{n-1}. Nach 2. gilt nämlich

$$E_{Q_{n-1}}(\Delta X^i_{n-1} | \mathcal{F}_{n-2}) = 0,$$

$1 \leq i \leq d$. Für den Dichteprozess

$$L_j := \frac{dQ_{n-1}|\mathcal{F}_j}{dQ_n|\mathcal{F}_j}, \quad j \in T$$

gilt nach 7.1(b) $L_j = E_{Q_n}(dQ_{n-1}/dQ_n|\mathcal{F}_j)$, also wegen der $\mathcal{F}_{n-1}$-Messbarkeit von dQ_{n-1}/dQ_n

$$L_j = L_{n-1} = \frac{dQ_{n-1}}{dQ_n}, \quad \text{falls } j \in T^{n-1}.$$

Man erhält mit 7.2(b) und der Induktionsvoraussetzung für $j \in T^n$

$$L_{n-1} E_{Q_{n-1}}(\Delta X^i_j | \mathcal{F}_{j-1}) = E_{Q_n}(\Delta X^i_j L_{n-1} | \mathcal{F}_{j-1}) = L_{n-1} E_{Q_n}(\Delta X^i_j | \mathcal{F}_{j-1}) = 0$$

und dies impliziert $E_{Q_{n-1}}(\Delta X^i_j | \mathcal{F}_{j-1}) = 0$ für alle $1 \leq i \leq d$. Damit ist der Induktionsschritt bewiesen. □

Eine bemerkenswerte Konsequenz von 8.4 ist die folgende Integrabilitätseigenschaft beliebiger reeller Zufallsvariablen.

Korollar 8.5 *Sei $\mathbb{P} \neq \emptyset$. Für jede $\mathcal{F}_N$-messbare reelle Zufallsvariable U gibt es ein $Q \in \mathbb{P}$ mit $U \in \mathcal{L}^1(Q)$.*

Beweis Für die durch

$$P_1 := c(1 + |U|)^{-1} P$$

mit geeigneter Normierung $c \in (0, \infty)$ definierte Verteilung auf $\mathcal{F}$ gilt $P_1 \equiv P$ und $U \in \mathcal{L}^1(P_1)$. Wegen $\mathbb{P} = \mathbb{P}(\beta\tilde{S}, P) = \mathbb{P}(\beta\tilde{S}, P_1)$ gibt es nach 8.4 ein $Q \in \mathbb{P}$ mit beschränkter Dichte $dQ/dP_1|\mathcal{F}_N$. Für dieses Q gilt $U \in \mathcal{L}^1(Q)$. □

Im Markt werden nicht nur die Finanzprodukte $i \in \{0, \ldots, d\}$, sondern auch Derivate oder Claims gehandelt. Europäische Claims werden durch ihre zufallsabhängige Auszahlung an den Inhaber zum Ende der Laufzeit $n = N$ beschrieben. Formal ist ein **europäischer Claim** eine $\mathcal{F}_N$-messbare reelle Zufallsvariable C mit $C \geq 0$.

Beispiel 8.6 (Europäische Optionen) (a) Der Käufer (Halter) einer europäischen **Call-Option** auf das Finanzprodukt i erwirbt das Recht, aber nicht die Verpflichtung, das Finanzprodukt i vom Verkäufer (Stillhalter) der Option zum Zeitpunkt N zum Preis $K \in (0, \infty)$ (Strike, Ausübungspreis) zu kaufen. Der zugehörige Claim ist gegeben durch die Auszahlung (den Wert) der Option zum Zeitpunkt N, also durch

$$C = (S^i_N - K)^+.$$

Der Käufer einer europäischen **Put-Option** auf das Finanzprodukt i erwirbt das Recht, aber nicht die Verpflichtung, das Finanzprodukt i an den Verkäufer der Option zur Zeit N zum Preis $K \in (0, \infty)$ zu verkaufen. Dies entspricht einem Claim der Form

$$C = (K - S_N^i)^+.$$

Call und Put sind Beispiele für **pfadunabhängige Claims** C, bei denen $C(\omega)$ nur von $S_N(\omega)$ und nicht vom gesamten Pfad $(S_n(\omega))_{n \in T}$ abhängt.

(b) Die europäische **Down-and-out Call-Option** auf das Finanzprodukt i mit Laufzeit N, Strike $K \in (0, \infty)$ und Barriere $B \in (0, \infty)$, $B < S_0^i$ liefert die Auszahlung

$$C = (S_N^i - K)^+ 1_{\{\min_{n \in T} S_n^i > B\}}$$

für den Käufer der Option. Die Option wird also wertlos, sobald der Preis von Finanzprodukt i innerhalb der Laufzeit die Barriere B erreicht oder unterschreitet. Die entsprechende **Down-and-out Put-Option** liefert die Auszahlung

$$C = (K - S_N^i)^+ 1_{\{\min_{n \in T} S_n^i > B\}}.$$

Diese Knock-out Optionen sind Beispiele für **pfadabhängige Claims** durch den Verkäufer.

Eine Handelsstrategie $H \in \mathcal{S}$ heißt **Hedge** für den Claim C, falls $V_N(H) = C$, und C heißt **absicherbar**, falls für C ein Hedge existiert. Ein Hedge dient der Absicherung des Claims durch den Verkäufer.

Ist C ein absicherbarer europäischer Claim und $\mathcal{F}_0 = \{\emptyset, \Omega\}$, so wird der (faire) **Preis des Claims** zur Zeit $n = 0$ durch

$$\Pi(C) := \inf\{V_0(H) : H \text{ Hedge für } C\}$$

definiert. $\Pi(C)$ ist also die minimale Anfangsinvestition, die einen Portfoliowert zur Zeit $n = N$ von $V_N(H) = C$ garantiert. Da $\mathcal{F}_0 = \{\emptyset, \Omega\}$, ist $\Pi(C)$ deterministisch.

Mit Hilfe der Wahrscheinlichkeitsmaße $Q \in \mathbb{P}$ kann man Preise absicherbarer europäischer Claims berechnen. Wegen 8.4 wird dabei Arbitragefreiheit des Marktmodells angenommen. Dies ist nicht immer realistisch, da etliche Börsengeschäfte auf (kurzzeitigen) Arbitragemöglichkeiten beruhen.

Satz 8.7 *Seien $\mathbb{P} \neq \emptyset$, $\mathcal{F}_0 = \{\emptyset, \Omega\}$ und C ein absicherbarer europäischer Claim.*

(a) $\beta_N C \in \bigcap_{Q \in \mathbb{P}} \mathcal{L}^1(Q)$, der Wertprozess $V(H)$ ist unabhängig von der Wahl des Hedge H für C, und der Prozess $(E_Q(\beta_N C | \mathcal{F}_n))_{n \in T}$ ist unabhängig von der Wahl des $Q \in \mathbb{P}$.

(b) (Preisformel) Seien $Q \in \mathbb{P}$ und H ein Hedge für C. Dann gilt

$$V_n(H) = \frac{1}{\beta_n} E_Q(\beta_N C | \mathcal{F}_n)$$

für alle $n \in T$ und insbesondere

$$\Pi(C) = \frac{1}{\beta_0} E_Q(\beta_N C).$$

Beweis Seien H ein Hedge für C und $Q \in \mathbb{P}$. Wegen $\beta_N V_N(H) = \beta_N C \geq 0$ und $\mathcal{F}_0 = \{\emptyset, \Omega\}$ ist $\beta V(H)$ nach 8.2 ein Q-Martingal. Dies impliziert $\beta_N C \in \mathcal{L}^1(Q)$ und

$$\beta_n V_n(H) = E_Q(\beta_N V_N(H)|\mathcal{F}_n) = E_Q(\beta_N C|\mathcal{F}_n),$$

also

$$V_n(H) = \frac{1}{\beta_n} E_Q(\beta_N C|\mathcal{F}_n)$$

für alle $n \in T$. Da die rechte Seite dieser Gleichung nicht von H und die linke Seite nicht von Q abhängt, erhält man (a). Für $n = 0$ folgt

$$\Pi(C) = V_0(H) = \frac{1}{\beta_0} E_Q(\beta_N C).$$

und damit (b). □

In der Situation von 8.7 heißt der Prozess

$$V := V(H) = \left(\frac{1}{\beta_n} E_Q(\beta_N C|\mathcal{F}_n)\right)_{n \in T}$$

Preisprozess des Claims C.

Bemerkung 8.8 Sei C ein europäischer Claim. Ein adaptierter reeller Prozess S^{d+1} heißt **arbitragefreier Preisprozess** für C, falls

$$S_n^{d+1} \geq 0 \text{ für alle } n \in T, \quad S_N^{d+1} = C$$

und das erweiterte Marktmodell mit Preisprozess $(S^0, S^1, \ldots, S^{d+1})$ arbitragefrei ist. Ferner heißt $x \in \mathbb{R}_+$ **arbitragefreier Preis** für C, falls es einen arbitragefreien Preisprozess S^{d+1} für C mit $S_0^{d+1} = x$ gibt.

Ist unter den Voraussetzungen $\mathbb{P} \neq \emptyset$ und $\mathcal{F}_0 = \{\emptyset, \Omega\}$ der Claim C absicherbar, so ist der obige Preisprozess V des Claims der fast sicher eindeutige arbitragefreie Preisprozess und $\Pi(C)$ der eindeutige arbitragefreie Preis für C. Dies folgt aus 8.4 und 8.7.

Wir charakterisieren nun noch Marktmodelle, in denen jeder europäische Claim absicherbar ist. Solche Marktmodelle heißen **vollständig**.

Satz 8.9 *(Vollständige Marktmodelle) Ein Marktmodell mit* $\mathbb{P} \neq \emptyset$ *und* $\mathcal{F}_0 = \{\emptyset, \Omega\}$ *ist genau dann vollständig, wenn*

$$|\mathbb{P}| = 1.$$

Beweis Das Marktmodell sei vollständig. Für $F \in \mathcal{F}_N$ ist dann $C := 1_F/\beta_N$ ein absicherbarer Claim und wegen 8.7(a) ist daher $Q \mapsto E_Q \beta_N C = Q(F)$ konstant auf $\mathbb{P}$. Dies impliziert $|\mathbb{P}| = 1$.

Sei nun umgekehrt $|\mathbb{P}| = 1$, also $\mathbb{P} = \{Q\}$, und C ein europäischer Claim. Wegen 8.5 gilt $\beta_N C \in \mathcal{L}^1(Q)$. Nach 7.15 existiert zu dem Q-Martingal

$$M := (E_Q(\beta_N C|\mathcal{F}_n))_{n \in T}$$

ein vorhersehbarer $\mathbb{R}^d$-wertiger Prozess $\tilde{H}$ mit

$$M = M_0 + \tilde{H} \bullet \beta \tilde{S},$$

und nach 8.3 gibt es ein $K \in \mathcal{S}$ mit $M = \beta V(K)$. Man erhält

$$\beta_N C = M_N = \beta_N V_N(K)$$

und damit ist K ein Hedge für C. □

Die Vollständigkeit ist eine sehr restriktive Eigenschaft von Marktmodellen: Ist in der Situation von 8.9 das Marktmodell vollständig, so ist wegen der Bemerkung nach 7.15 das Maß $P|\mathcal{F}_n$ rein atomar mit höchstens $(d+1)^n$ Atomen für alle $n \in T$.

8.2 Unvollständige Marktmodelle und Superhedge für europäische Optionen

In einem arbitragefreien, unvollständigen Marktmodell ist nicht jeder europäische Claim absicherbar. Mit Hilfe der Idee des Superhedge lässt sich die Preistheorie auf solche Claims erweitern. Allerdings ist der Preis nicht-absicherbarer Claims nicht mehr eindeutig.

In diesem Abschnitt seien

$$\mathbb{P} \neq \emptyset \quad \text{und} \quad \mathcal{F}_0 = \{\emptyset, \Omega\}.$$

Für einen europäischen Claim C heißt

$$\overline{\Pi}(C) := \inf\{V_0(H) : H \in \mathcal{S}, V_N(H) \geq C\}$$

oberer Deckungspreis von C. Eine Stragtegie $H \in \mathcal{S}$ mit $V_N(H) \geq C$ heißt **Superhedge** für C. Solche Strategien dienen der Absicherung des Verkäufers des Claims.

$$\underline{\Pi}(C) := \sup\{V_0(H) : H \in \mathcal{S}, V_N(H) \leq C\}$$

heißt **unterer Deckungspreis** von C. Für $H := 0$ gilt $H \in \mathcal{S}, V_N(H) = 0 \leq C$ und daher $\underline{\Pi}(C) \geq 0$. Ziel ist eine Formel zur Berechnung von $\overline{\Pi}(C)$ und $\underline{\Pi}(C)$ analog der Preisformel 8.7(b) für absicherbare Claims und der Nachweis der Existenz eines Superhedge mit minimaler Anfangsinvestition $\overline{\Pi}(C)$.

Lemma 8.10 *Für jeden europäischen Claim C gilt*

$$0 \leq \underline{\Pi}(C) \leq \inf_{Q \in \mathbb{P}} E_Q\left(\frac{\beta_N C}{\beta_0}\right) \leq \sup_{Q \in \mathbb{P}} E_Q\left(\frac{\beta_N C}{\beta_0}\right) \leq \overline{\Pi}(C).$$

Beweis Zum Nachweis der letzten Ungleichung können wir ohne Einschränkung $\overline{\Pi}(C) < \infty$ annehmen. Dann existiert mindestens ein Superhedge für C und für jeden Superhedge H für C gilt $\beta_N V_N(H) \geq \beta_N C \geq 0$. Daher ist $\beta V(H)$ nach 8.2 ein universelles $\mathbb{P}$-Martingal. Die Martingaleigenschaft liefert

$$\beta_0 V_0(H) = E_Q \beta_N V_N(H) \geq E_Q(\beta_N C),$$

also

$$V_0(H) \geq E_Q\left(\frac{\beta_N C}{\beta_0}\right)$$

für alle $Q \in \mathbb{P}$. Es folgt

$$\overline{\Pi}(C) \geq \sup_{Q \in \mathbb{P}} E_Q\left(\frac{\beta_N C}{\beta_0}\right).$$

Zum Nachweis der zweiten Ungleichung beachte man

$$\mathbb{P}_0 := \{Q \in \mathbb{P} : E_Q(\beta_N C) < \infty\} \neq \emptyset$$

wegen 8.5 und damit $\inf_{Q \in \mathbb{P}} E_Q(\beta_N C/\beta_0) < \infty$. Für jedes $H \in \mathcal{S}$ mit $V_N(H) \leq C$ gilt $0 \leq (\beta_N V_N(H))^+ \leq \beta_N C$. Daher ist $\beta V(H)$ nach 8.2 ein universelles $\mathbb{P}_0$-Martingal. Dies liefert

$$\beta_0 V_0(H) = E_Q \beta_N V_N(H) \leq E_Q(\beta_N C),$$

also

$$V_0(H) \leq E_Q\left(\frac{\beta_N C}{\beta_0}\right)$$

für alle $Q \in \mathbb{P}_0$. Es folgt

$$\underline{\Pi}(C) \leq \inf_{Q \in \mathbb{P}} E_Q\left(\frac{\beta_N C}{\beta_0}\right).$$

□

Wir zeigen jetzt die Gleichheit in der zweiten und letzten Ungleichung von 8.10. Dies liefert einen „Superhedge-Dualitätsatz".

Satz 8.11 *(Preisformeln, Superhedge) Sei C ein europäischer Claim.*

(a) Es gilt

$$\overline{\Pi}(C) = \sup_{Q \in \mathbb{P}} E_Q\left(\frac{\beta_N C}{\beta_0}\right).$$

Insbesondere existiert genau dann ein Superhedge für C, wenn

$$\sup_{Q\in\mathbb{P}} E_Q\left(\frac{\beta_N C}{\beta_0}\right) < \infty,$$

und in diesem Fall existiert ein Superhedge K für C mit $\overline{\Pi}(C) = V_0(K)$.

(b) *Sei* $\sup_{Q\in\mathbb{P}} E_Q(\frac{\beta_N C}{\beta_0}) < \infty$. *Dann gilt*

$$\underline{\Pi}(C) = \inf_{Q\in\mathbb{P}} E_Q\left(\frac{\beta_N C}{\beta_0}\right)$$

und es existiert ein $U \in \mathcal{S}$ *mit* $V_N(U) \leq C$ *und* $\underline{\Pi}(C) = V_0(U)$.

Der Beweis basiert auf der optionalen Zerlegung von universellen $\mathbb{P}$-Supermartingalen.

Beweis (a) Zum Nachweis von

$$\overline{\Pi}(C) = \overline{\alpha}(C) := \sup_{Q\in\mathbb{P}} E_Q\left(\frac{\beta_N C}{\beta_0}\right)$$

kann man wegen 8.10 ohne Einschränkung $\overline{\alpha}(C) < \infty$ annehmen. Der durch

$$Y_n := \operatorname*{ess\,sup}_{Q\in\mathbb{P}} E_Q(\beta_N C|\mathcal{F}_n)$$

definierte Prozess Y ist nach 7.13 ein (positives) universelles $\mathbb{P}$-Supermartingal. Sei

$$Y = Y_0 + \tilde{H} \bullet (\beta\tilde{S}) - D$$

eine optionale Zerlegung 7.11 von Y. Nach 8.3 existiert ein $K \in \mathcal{S}$ mit

$$Y_0 + \tilde{H} \bullet (\beta\tilde{S}) = \beta V(K).$$

Da

$$Y_0 = \operatorname*{ess\,sup}_{Q\in\mathbb{P}} E_Q(\beta_N C) = \sup_{Q\in\mathbb{P}} E_Q(\beta_N C) = \beta_0\overline{\alpha}(C)$$

und

$$Y_N = \operatorname*{ess\,sup}_{Q\in\mathbb{P}} \beta_N C = \beta_N C,$$

folgt

$$\beta_N V_N(K) = Y_N + D_N = \beta_N C + D_N \geq \beta_N C,$$

also

$$V_N(K) \geq C$$

und damit

$$\overline{\Pi}(C) \leq V_0(K) = \frac{Y_0}{\beta_0} = \overline{\alpha}(C).$$

Zusammen mit 8.10 erhält man

$$\underline{\Pi}(C) \leq V_0(K) = \overline{\alpha}(C).$$

(b) Sei $\underline{\alpha}(C) := \inf_{Q \in \mathbb{P}} E_Q(\frac{\beta_N C}{\beta_0})$. Nach Teil (a) existiert ein Superhedge K für C. Für den Claim

$$\overline{C} := V_N(K) - C \geq 0$$

gilt

$$E_Q(\beta_N \overline{C}) = E_Q \beta_N V_N(K) - E_Q(\beta_N C) = \beta_0 V_0(K) - E_Q(\beta_N C)$$

für alle $Q \in \mathbb{P}$, weil $\beta V(K)$ wegen 8.2 ein universelles $\mathbb{P}$-Martingal ist. Es folgt

$$\overline{\alpha}(\overline{C}) = V_0(K) - \underline{\alpha}(C) < \infty.$$

Wieder nach (a) existiert ein Superhedge $\overline{K}$ für $\overline{C}$ mit

$$V_0(\overline{K}) = \overline{\alpha}(\overline{C}).$$

Für $U := K - \overline{K}$ gilt dann $U \in \mathcal{S}$ und $V_N(U) = V_N(K) - V_N(\overline{K}) \leq V_N(K) - \overline{C} = C$, also

$$\underline{\Pi}(C) \geq V_0(U) = V_0(K) - V_0(\overline{K}) = \underline{\alpha}(C).$$

Wegen 8.10 erhält man

$$\underline{\Pi}(C) = V_0(U) = \underline{\alpha}(C).$$ □

Es ist nach 8.7(a) bekannt, dass für absicherbare Claims C die Abbildung $Q \mapsto E_Q(\frac{\beta_N C}{\beta_0})$ konstant auf $\mathbb{P}$ ist. Das folgende Korollar zeigt unter anderem, dass auch die Umkehrung gilt.

Korollar 8.12 *Für einen europäischen Claim C sind äquivalent:*

(i) *C ist absicherbar,*
(ii) $\underline{\Pi}(C) = \overline{\Pi}(C)$,
(iii) $Q \mapsto E_Q(\frac{\beta_N C}{\beta_0})$ *ist konstant auf* $\mathbb{P}$,
(iv) *es gibt ein* $Q \in \mathbb{P}$ *mit*

$$E_Q\left(\frac{\beta_N C}{\beta_0}\right) = \sup_{Q \in \mathbb{P}} E_Q\left(\frac{\beta_N C}{\beta_0}\right) < \infty,$$

(v) *es gibt ein* $Q \in \mathbb{P}$ *mit*

$$E_Q\left(\frac{\beta_N C}{\beta_0}\right) = \inf_{Q \in \mathbb{P}} E_Q\left(\frac{\beta_N C}{\beta_0}\right) \quad \textit{und} \quad \sup_{Q \in \mathbb{P}} E_Q\left(\frac{\beta_N C}{\beta_0}\right) < \infty.$$

Beweis (i) $\Rightarrow$ (ii). Ist H ein Hedge für C, so gilt $\overline{\Pi}(C) \leq V_0(H) \leq \underline{\Pi}(C)$ und damit

$$\overline{\Pi}(C) = \underline{\Pi}(C) = V_0(H)$$

wegen 8.10.

(ii) $\Rightarrow$ (iii) folgt sofort aus 8.10 und (iii) $\Rightarrow$ (iv) ist wegen 8.5 klar.

(iv) $\Rightarrow$ (i). Nach 8.11(a) existiert ein Superhedge K für C mit

$$\overline{\alpha}(C) := \sup_{Q \in \mathbb{P}} E_Q\left(\frac{\beta_N C}{\beta_0}\right) = \overline{\Pi}(C) = V_0(K).$$

Für $Q \in \mathbb{P}$ gemäß (iv) gilt wegen der Q-Martingaleigenschaft von $\beta V(K)$ (8.2)

$$\beta_0 \overline{\alpha}(C) = \beta_0 V_0(K) = E_Q(\beta_N V_N(K)) \geq E_Q(\beta_N C) = \beta_0 \overline{\alpha}(C),$$

also

$$\beta_N V_N(K) = \beta_N C.$$

Damit ist K ein (exakter) Hedge für C.

(iii) $\Rightarrow$ (v) ist klar.

(v) $\Rightarrow$ (i). Nach 8.11(b) existiert ein $U \in \mathcal{S}$ mit $V_N(U) \leq C$ und

$$\underline{\alpha}(C) := \inf_{Q \in \mathbb{P}} E_Q\left(\frac{\beta_N C}{\beta_0}\right) = \underline{\Pi}(C) = V_0(U).$$

Man wähle $Q \in \mathbb{P}$ gemäß (v). Wegen $0 \leq (\beta_N V_N(U))^+ \leq \beta_N C$ ist $\beta V(U)$ nach 8.2 ein Q-Martingal. Es folgt

$$\beta_0 \underline{\alpha}(C) = \beta_0 V_0(U) = E_Q(\beta_N V_N(U)) \leq E_Q(\beta_N C) = \beta_0 \underline{\alpha}(C),$$

also

$$\beta_N V_N(U) = \beta_N C.$$

Damit ist U ein Hedge für C. □

Bemerkung 8.13 Für einen europäischen Claim C sei

$$\Phi(C) := \left\{E_Q\left(\frac{\beta_N C}{\beta_0}\right) : Q \in \mathbb{P}\right\} \cap \mathbb{R}_+.$$

Wegen der Konvexität von $\mathbb{P}$ und 8.5 ist $\Phi(C)$ ein Intervall in $\mathbb{R}_+$ und $\Phi(C) \neq \emptyset$. Falls C absicherbar ist, gilt $|\Phi(C)| = 1$. Falls C nicht absicherbar ist und $\sup_{Q \in \mathbb{P}} E_Q(\frac{\beta_N C}{\beta_0}) < \infty$, so gelten $\underline{\Pi}(C) < \overline{\Pi}(C) < \infty$ und

$$\Phi(C) = (\underline{\Pi}(C), \overline{\Pi}(C)).$$

Insbesondere ist $\Phi(C)$ dann offen. Dies folgt aus 8.11 und 8.12.

Schließlich stimmt $\Phi(C)$ mit den arbitragefreien Preisen (8.8) für C überein. Für $x = E_Q(\frac{\beta_N C}{\beta_0}) \in \Phi(C)$ wird durch

$$S_n^{d+1} := E_Q\left(\frac{\beta_N C}{\beta_n}\middle|\mathcal{F}_n\right), \quad n \in T$$

ein arbitragefreier Preisprozess für C mit $S_0^{d+1} = x$ definiert. Wenn umgekehrt $x \in \mathbb{R}_+$ ein arbitragefreier Preis und S^{d+1} ein zugehöriger arbitragefreier Preisprozess für C ist, existiert nach 8.4 ein äquivalentes Martingalmaß Q für das erweiterte Marktmodell mit Preisprozess $(S^0, S^1, \ldots, S^{d+1})$. Es gelten $Q \in \mathbb{P}$ und

$$\beta_0 x = \beta_0 S_0^{d+1} = E_Q(\beta_N S_N^{d+1}) = E_Q(\beta_N C),$$

also $x \in \Phi(C)$.

8.3 Das Cox-Ross-Rubinstein-Modell

Das Cox-Ross-Rubinstein-Modell oder kurz **CRR-Modell** besteht aus einer festverzinslichen, risikolosen Anlage mit Preisprozess

$$S_n^0 = S_0^0(1+r)^n, \quad n \in T,$$

wobei $S_0^0 \in (0,\infty)$ und $r \in \mathbb{R}_+$ den Zinssatz bezeichnet, und einem weiteren Finanzprodukt mit Preisprozess

$$S_n^1 = S_0^1 \prod_{i=1}^{n} Y_i, \quad n \in T,$$

wobei $S_0^1 \in (0,\infty)$ und $Y_1, \ldots, Y_N$ unabhängige, identisch verteilte $\{d, u\}$-wertige Zufallsvariablen sind mit $0 < d < u$ und $p := P(Y_1 = u) \in (0, 1)$. Dabei steht d für „down" und u für „up". Der Informationsverlauf wird durch die Filtration

$$\mathbb{F} := \mathbb{F}^{S^1} = \mathbb{F}^Y$$

(mit $Y_0 := S_0^1$) beschrieben. Dann ist S^1 ein geometrischer $\mathbb{F}$-Random walk und $\mathcal{F}_0 = \{\emptyset, \Omega\}$.

Die Parameter eines arbitragefreien CRR-Modells lassen sich folgendermaßen charakterisieren.

Satz 8.14 *Im CRR-Modell gilt $\mathbb{P} \neq \emptyset$ genau dann, wenn*

$$d < 1 + r < u.$$

In diesem Fall ist das CRR-Modell vollständig, also $\mathbb{P} = \{Q\}$, und die Zufallsvariablen $Y_1, \ldots, Y_N$ sind unter Q unabhängig und identisch verteilt mit

$$Q(Y_1 = u) = q := \frac{1 + r - d}{u - d} \quad \text{und} \quad Q(Y_1 = d) = 1 - q.$$

Beweis Wir benutzen die einfache Beobachtung, dass $q = (1+r-d)/(u-d)$ die eindeutige Lösung in $\mathbb{R}$ der Gleichung

$$ux + d(1-x) = 1 + r$$

ist und $q \in (0,1)$ genau dann gilt, wenn $d < 1 + r < u$.

Gilt $\mathbb{P} \neq \emptyset$, so folgt für $Q \in \mathbb{P}$

$$\beta_0 S_0^1 E_Q\left(\frac{Y_1}{1+r}\right) = E_Q \beta_1 S_1^1 = \beta_0 S_0^1,$$

also

$$1 = E_Q\left(\frac{Y_1}{1+r}\right) = \frac{uQ(Y_1 = u) + d(1 - Q(Y_1 = u))}{1+r}.$$

Man erhält $Q(Y_1 = u) = q$ und damit $d < 1 + r < u$ wegen $Q(Y_1 = u) \in (0,1)$.

Sei nun umgekehrt $d < 1 + r < u$. Dann gilt $q \in (0,1)$ und für die Funktion

$$f := \frac{q}{p} 1_{\{u\}} + \frac{1-q}{1-p} 1_{\{d\}}$$

folgt $f(Y_i) > 0$ für alle $i \in \{1, \ldots, N\}$. Wegen

$$E_P f(Y_1) = \frac{q}{p} p + \frac{1-q}{1-p}(1-p) = 1$$

wird durch

$$Q := \Big(\prod_{i=1}^{N} f(Y_i)\Big) P|\mathcal{F}_N$$

ein Wahrscheinlichkeitsmaß auf $\mathcal{F}_N$ definiert mit $Q \equiv P|\mathcal{F}_N$ wegen 7.1(a). Für Q gilt

$$Q^{(Y_1,\ldots,Y_N)} = \bigotimes_1^N f P^{Y_1}$$

und damit sind $Y_1, \ldots, Y_N$ unter Q unabhängig und identisch verteilt mit

$$Q(Y_1 = u) = f(u) P(Y_1 = u) = q.$$

Insbesondere ist der diskontierte Preisprozess

$$\beta_n S_n^1 = \beta_0 S_0^1 \prod_{i=1}^{n} \frac{Y_i}{1+r}, n \in T$$

wegen

$$E_Q \frac{Y_1}{1+r} = \frac{uq + d(1-q)}{1+r} = 1$$

nach 1.7(b) ein Q-Martingal. Es gilt also $Q \in \mathbb{P}$. Aus 7.15 und 7.16 folgt $\mathbb{P} = \{Q\}$ und 8.9 liefert die Vollständigkeit des CRR-Modells. □

Im Rest dieses Abschnitts seien

$$d < 1 + r < u \quad \text{und} \quad q = \frac{1+r-d}{u-d}.$$

Nach 6.6(a) ist S^1 unter dem äquivalenten Martingalmaß Q ein Markov-Prozess mit Zustandsraum $\mathcal{X} = (0, \infty)$ versehen mit der Potenzmenge und CRR-Übergangskern

$$R(x, \cdot) = Q^{xY_1} = q\delta_{xu} + (1-q)\delta_{xd}.$$

Das Problem der Preisbestimmung für pfadunabhängige Claims wird durch den folgenden Satz gelöst.

Satz 8.15 *(Pfadunabhängige europäische Claims, Preisformel) Sei $C = f(S_N^1)$ mit einer Funktion $f : (0, \infty) \to \mathbb{R}_+$. Für den Preisprozess $V = (V_n)_{n \in T}$ von C gilt*

$$V_n = v(n, S_n^1)$$

für alle $n \in T$ und insbesondere $\Pi(C) = v(0, S_0^1)$ mit der ***Preisfunktion***

$$\begin{aligned} v(n,x) &:= (1+r)^{-(N-n)} R_{N-n} f(x) = (1+r)^{-(N-n)} E_Q f\left(\frac{xS_{N-n}^1}{S_0^1}\right) \\ &= (1+r)^{-(N-n)} \sum_{j=0}^{N-n} f(xu^j d^{N-n-j}) \binom{N-n}{j} q^j (1-q)^{N-n-j} \end{aligned}$$

für $n \in T$ und $x > 0$. Für die Preisfunktion gilt die Rückwärtsrekursion

$$v(N, x) = f(x) \quad \text{und} \quad v(n, x) = \frac{1}{1+r} Rv(n+1, \cdot)(x)$$

für $n \in T, n \leq N-1$ und $x > 0$.

Beweis Wegen 8.7 und 6.2 gilt für den Preisprozess von C

$$\begin{aligned} V_n &= (1+r)^{-(N-n)} E_Q(f(S_N^1)|\mathcal{F}_n) \\ &= (1+r)^{-(N-n)} R_{N-n} f(S_n^1) = v(n, S_n^1) \end{aligned}$$

für alle $n \in T$. Für die Preisfunktion gilt $v(N, \cdot) = R_0 f = f$, und da die durch $g(n, x) := R_{N-n} f(x)$ definierte Funktion g R-harmonisch ist (6.17(d)), folgt

$$\begin{aligned} Rv(n+1, \cdot) &= (1+r)^{-(N-n-1)} Rg(n+1, \cdot) \\ &= (1+r)(1+r)^{-(N-n)} g(n, \cdot) = (1+r)v(n, \cdot) \end{aligned}$$

für $n \in T, n \leq N-1$. Außerdem gilt für den Prozess $S^1(x) := (xS^1_m/S^1_0)_{m\in T} = (x\prod_{i=1}^m Y_i)_{m\in T}$ mit Anfangswert $S^1(x)_0 = x$ wieder nach 6.2

$$\begin{aligned} E_Q f\left(\frac{xS^1_m}{S^1_0}\right) &= E_Q f(S^1(x)_m) = E_Q(f(S^1(x)_m)|\mathcal{F}_0) \\ &= R_m f(S^1(x)_0) = R_m f(x) \end{aligned}$$

für alle $m \in T$ und $x > 0$. Weil $\sum_{i=1}^m 1_{\{u\}}(Y_i)$ für $m \geq 1$ unter Q eine Binomialverteilung mit Parametern m und q besitzt, folgt

$$R_m f(x) = E_Q f\left(x\prod_{i=1}^m Y_i\right) = \sum_{j=0}^m f(xu^j d^{m-j})\binom{m}{j} q^j(1-q)^{m-j}. \qquad \square$$

Der auf $\{n \in T : n \geq 1\}$ fast sicher eindeutig bestimmte Hedge $H = (H^0, H^1)$ für $C = f(S^1_N)$ ist durch

$$H^1_n = \frac{v(n, S^1_{n-1}u) - v(n, S^1_{n-1}d)}{S^1_{n-1}(u-d)},$$

$$H^0_n = \beta_0(1+r)^{-n}(v(n, S^1_n) - H^1_n S^1_n) = \frac{\beta_0(uv(n, S^1_{n-1}d) - dv(n, S^1_{n-1}u))}{(1+r)^n(u-d)}$$

für $n \geq 1$ und $H_0 := H_1$ gegeben. Dies ist eine Konsequenz der Beweise von 7.16 (für $M = \beta V$) und 8.3 und der Rückwärtsrekursion für v in 8.15.

Beispiel 8.16 (Europäischer Call) Für $C = (S^1_N - K)^+ = f(S^1_N)$ mit $K > 0$ und $f(x) = (x-K)^+$ gilt nach 8.15

$$\Pi(C) = v(0, S^1_0),$$

wobei

$$v(0,x) = (1+r)^{-N}\sum_{j=0}^N (xu^j d^{N-j} - K)^+ \binom{N}{j} q^j(1-q)^{N-j}$$

für $x > 0$. Mit

$$j_0 := \min\{j \geq 0 : xu^j d^{N_j} > K\} = \min\left\{j \geq 0 : j > \frac{\log(K/xd^N)}{\log(u/d)}\right\}$$

und

$$\tilde{q} := \frac{uq}{1+r}$$

folgt

$$v(0,x) = x \sum_{j=j_0}^{N} \binom{N}{j} \tilde{q}^j (1-\tilde{q})^{N-j} - (1+r)^{-N} K \sum_{j=j_0}^{N} \binom{N}{j} q^j (1-q)^{N-j}.$$

Etliche pfadabhängige europäische Claims haben eine „pfadunabhängige" Darstellung bezüglich eines Markov-Prozesses unter Q. So gilt etwa für den Down-and-out Call 8.6(b)

$$C = (S_N^1 - K) 1_{\{\min_{n \in T} S_n^1 > B\}} = f(X_N)$$

mit $X := (S_n^1, \min_{0 \le j \le n} S_j^1)_{n \in T}$ und $f(x) := (x_1 - K)^+ 1_{(B,\infty)}(x_2)$. Dabei ist X nach 6.6(a) ein Markov-Prozess unter Q.

Gilt $C = f(X_N)$ für einen $(\mathcal{X}, \mathcal{A})$-wertigen Markov-Prozess X mit Übergangskern R_X unter Q und eine Funktion $f : (\mathcal{X}, \mathcal{A}) \to (\mathbb{R}_+, \mathcal{B}(\mathbb{R}_+))$, so folgt wie in 8.15 für den Preisprozess V von C

$$V_n = v(n, X_n)$$

mit

$$v(n,x) := (1+r)^{-(N-n)} R_{X,N-n} f(x)$$

für alle $n \in T$ und $x \in \mathcal{X}$, und es gilt die Rückwärtsrekursion

$$v(N,x) = f(x) \quad \text{und} \quad v(n,x) = \frac{1}{1+r} R_X v(n+1, \cdot)(x)$$

für $n \in T, n \le N-1$ und $x \in \mathcal{X}$.

8.4 Amerikanische Optionen

Ein amerikanischer Claim unterscheidet sich dadurch von einem europäischen Claim, dass der Käufer dieses Claims den Ausübungszeitpunkt innerhalb der Laufzeit frei wählen kann. Amerikanische Claims werden durch eine Folge von Auszahlungen modelliert und Ausübungsstrategien des Käufers sind Stoppzeiten.

Ein **amerikanischer Claim** ist ein adaptierter reeller Prozess $C = (C_n)_{n \in T}$ mit $C_n \ge 0$ für alle $n \in T$, wobei C_n die Auszahlung des Claims zur Zeit n beschreibt. Beispielsweise ist die amerikanische Version des Calls auf das Finanzprodukt i gegeben durch

$$C_n = (S_n^i - K)^+, \quad n \in T.$$

Eine Handelsstrategie $H \in \mathcal{S}$ heißt **Superhedge** für den amerikanischen Claim C, falls

$$V_n(H) \ge C_n$$

für alle $n \in T$. Ein Superhedge H dient der Absicherung des Verkäufers des Claims: Nicht nur für feste Zeitpunkte $n \in T$, sondern für alle Zufallszeiten σ gilt $V_\sigma(H) \geq C_\sigma$. Ein Superhedge H für C heißt **Hedge** für C, falls er minimal in dem Sinne ist, dass es eine Stoppzeit $\tau \in \Sigma$ mit

$$V_\tau(H) = C_\tau$$

gibt. Dabei ist Σ die Menge der einfachen, das heißt hier T-wertigen Stoppzeiten. Die zu einem Hedge gehörende Stoppzeit wird vom Käufer des Claims gewählt. C heißt **absicherbar**, falls ein Hedge für C existiert.

Ist C ein absicherbarer amerikanischer Claim und $\mathcal{F}_0 = \{\emptyset, \Omega\}$, so wird der (faire) **Preis des Claims** zur Zeit $n = 0$ durch

$$\Pi(C) := \inf\{V_0(H) : H \text{ Hedge für } C\}$$

definiert.

Im Rest dieses Abschnitts seien

$$\mathbb{P} \neq \emptyset \quad \text{und} \quad \mathcal{F}_0 = \{\emptyset, \Omega\}.$$

Wie im Fall europäischer Claims kann man mit Hilfe der Wahrscheinlichkeitsmaße $Q \in \mathbb{P}$ Preise absicherbarer amerikanischer Claims berechnen.

Satz 8.17 *Sei C ein absicherbarer amerikanischer Claim.*

(a) βC ist für alle $Q \in \mathbb{P}$ ein $\mathcal{L}^1(Q)$-Prozess, $V_0(H)$ ist unabhängig von der Wahl des Hedge H für C, und $\sup_{\sigma \in \Sigma} E_Q(\beta_\sigma C_\sigma)$ ist unabhängig von der Wahl des $Q \in \mathbb{P}$.

(b) (Preisformel) Seien $Q \in \mathbb{P}$ und H ein Hedge für C mit zugehöriger Stoppzeit τ. Dann gilt

$$\Pi(C) = \sup_{\sigma \in \Sigma} E_Q\left(\frac{\beta_\sigma C_\sigma}{\beta_0}\right) = E_Q\left(\frac{\beta_\tau C_\tau}{\beta_0}\right)$$

und für den bei τ gestoppten Wertprozess von H

$$V_{\tau \wedge n}(H) = \frac{1}{\beta_{\tau \wedge n}} E_Q(\beta_\tau C_\tau | \mathcal{F}_n)$$

für alle $n \in T$.

Beweis Seien H ein Hedge für C mit zugehöriger Stoppzeit τ und $Q \in \mathbb{P}$. Wegen $\beta_n V_n(H) \geq \beta_n C_n \geq 0$ für alle $n \in T$ ist der diskontierte Wertprozess $\beta V(H)$ nach 8.2 ein Q-Martingal und

$$\beta_\sigma V_\sigma(H) \geq \beta_\sigma C_\sigma \geq 0$$

für alle $\sigma \in \Sigma$. Insbesondere ist $\beta V(H)$ und damit βC ein $\mathcal{L}^1(Q)$-Prozess. Optional sampling 2.12(a) für $\beta V(H)$ liefert

$$\beta_0 V_0(H) = E_Q \beta_\sigma V_\sigma(H) \geq E_Q \beta_\sigma C_\sigma$$

für alle $\sigma \in \Sigma$. Es folgt

$$\beta_0 V_0(H) \geq \sup_{\sigma \in \Sigma} E_Q \beta_\sigma C_\sigma \geq E_Q \beta_\tau C_\tau = E_Q \beta_\tau V_\tau(H) = \beta_0 V_0(H),$$

also

$$V_0(H) = E_Q\left(\frac{\beta_\tau C_\tau}{\beta_0}\right) = \sup_{\sigma \in \Sigma} E_Q\left(\frac{\beta_\sigma C_\sigma}{\beta_0}\right).$$

Weil die rechte Seite dieser Gleichung nicht von H und die linke Seite nicht von Q abhängt, erhält man (a). Eine nochmalige Anwendung von Optional sampling zeigt

$$E_Q(\beta_\tau C_\tau | \mathcal{F}_n) = E_Q(\beta_\tau V_\tau(H) | \mathcal{F}_n) = \beta_{\tau \wedge n} V_{\tau \wedge n}(H)$$

für alle $n \in T$. Damit ist auch (b) bewiesen. □

Zur Berechnung des Preises eines absicherbaren amerikanischen Claims C ist somit nach 8.17(b) der Wert

$$\sup_{\sigma \in \Sigma} E_Q \beta_\sigma C_\sigma$$

des in Kap. 6 untersuchten Stoppproblems für den Prozess βC unter einem $Q \in \mathbb{P}$ zu bestimmen, und die zu einem Hedge gehörende Stoppzeit ist eine optimale Stoppzeit für dieses Problem unter allen $Q \in \mathbb{P}$.

Weil jeder Superhedge und damit jeder Hedge für C ein Superhedge für den europäischen Claim C_N ist, folgt

$$\Pi(C) \geq \overline{\Pi}(C_N).$$

Für die folgenden speziellen Claims gilt Gleichheit.

Korollar 8.18 *Sei βC ein Q-Submartingal für ein $Q \in \mathbb{P}$. Dann ist C genau dann absicherbar, wenn der europäische Claim C_N absicherbar ist, und in diesem Fall gilt*

$$\Pi(C) = E_Q\left(\frac{\beta_N C_N}{\beta_0}\right) = \Pi(C_N).$$

Beweis Ist H ein Hedge für den europäischen Claim C_N, so gilt wegen 8.7(b) und der Q-Submartingaleigenschaft von βC

$$V_n(H) = \frac{1}{\beta_n} E_Q(\beta_N C_N | \mathcal{F}_n) \geq \frac{\beta_n C_n}{\beta_n} = C_n$$

für alle $n \in T$. Damit ist H ein Hedge für C (mit zugehöriger Stoppzeit $\tau = N$), und aus 8.17(b) und 8.7(b) folgt

$$\Pi(C) = E_Q\left(\frac{\beta_N C_N}{\beta_0}\right) = \Pi(C_N).$$

Ist umgekehrt H ein Hedge für C mit zugehöriger Stoppzeit τ, so liefert Optional sampling 2.12(b) für βC

$$E_Q \beta_\tau C_\tau \leq E_Q \beta_N C_N \leq E_Q \beta_N V_N(H).$$

Da $\beta V(H)$ wegen 8.2 ein Q-Martingal ist, gilt nach Optional sampling 2.12(a) für $\beta V(H)$

$$E_Q \beta_N V_N(H) = E_Q \beta_\tau V_\tau(H) = E_Q \beta_\tau C_\tau.$$

Man erhält $E_Q \beta_N V_N(H) = E_Q \beta_N C_N$ und wegen $\beta_N V_N(H) \geq \beta_N C_N$ folgt $\beta_N V_N(H) = \beta_N C_N$ Q-f.s. Damit ist H ein Hedge für den europäischen Claim C_N.

□

Ein berühmtes Beispiel von obigem Typ ist die amerikanische Call-Option.

Beispiel 8.19 (Amerikanischer Call) Der diskontierte Call auf das Finanzprodukt $i \in \{1, \ldots, d\}$

$$\beta_n C_n = \beta_n (S_n^i - K)^+, \quad n \in T,$$

$K > 0$ ist ein universelles $\mathbb{P}$-Submartingal, falls der Diskontierungsprozess β deterministisch und monoton fallend ist.

Wegen $\beta C \leq \beta S^i$ ist βC nämlich ein $\mathcal{L}^1(Q)$-Prozess für alle $Q \in \mathbb{P}$, und weil die durch $f(x) := (x - K)^+$ definierte Funktion konvex ist mit $f(0) = 0$, also $f(\lambda x) \leq \lambda f(x)$ für $\lambda \in [0, 1]$ gilt, folgt wegen $\beta_{n+1}/\beta_n \leq 1$ mit der bedingten Jensen-Ungleichung für $n \in T, n \leq N - 1$

$$\begin{aligned}
E_Q(\beta_{n+1} C_{n+1} | \mathcal{F}_n) &= \beta_n E_Q\left(\frac{\beta_{n+1}}{\beta_n} (S_{n+1}^i - K)^+ \middle| \mathcal{F}_n \right) \\
&\geq \beta_n E_Q\left(\left(\frac{\beta_{n+1} S_{n+1}^i}{\beta_n} - K \right)^+ \middle| \mathcal{F}_n \right) \\
&\geq \beta_n \left(E_Q\left(\frac{\beta_{n+1} S_{n+1}^i}{\beta_n} \middle| \mathcal{F}_n \right) - K \right)^+ \\
&= \beta_n C_n.
\end{aligned}$$

Nach 8.18 gilt dann

$$\Pi(C) = E_Q\left(\frac{\beta_N (S_N^i - K)^+}{\beta_0} \right),$$

falls C absicherbar ist. Der amerikanische Call sollte also nicht vor Ende der Laufzeit N ausgeübt werden.

Das Marktmodell ist vollständig, also jeder europäische Claim ist absicherbar, falls jeder amerikanische Claim absicherbar ist: Für einen europäischen Claim D ist βC für den amerikanischen Claim C mit

$$C_n := 0 \text{ für } n \leq N - 1 \quad \text{und} \quad C_N := D$$

wegen 8.17(a) ein universelles $\mathbb{P}$-Submartingal und $C_N = D$ damit absicherbar nach 8.18.

Wir zeigen jetzt, dass auch die Umkehrung gilt.

Satz 8.20 *(Vollständige Marktmodelle) In einem vollständigen Marktmodell ist jeder amerikanische Claim absicherbar.*

Der Beweis basiert auf der Theorie des optimalen Stoppens.

Beweis Sei C ein amerikanischer Claim. Nach 8.9 gilt $\mathbb{P} = \{Q\}$ und nach 8.5 ist βC ein $\mathcal{L}^1(Q)$-Prozess. Sei Z der Snellsche Umschlag von βC bezüglich Q. Wegen 6.23 ist Z ein Q-Supermartingal, und zur Konstruktion eines Hedge für C benutzen wir die Doob-Zerlegung

$$Z = M - A$$

von Z und die T-wertige Stoppzeit

$$\tau := \inf\{n \in T : Z_n = \beta_n C_n\}.$$

Satz 7.15 liefert die Darstellung

$$M = M_0 + \tilde{H} \bullet \beta \tilde{S}$$

des Q-Martingals M mit einem vorhersehbaren $\mathbb{R}^d$-wertigen Prozess $\tilde{H}$, und wegen 8.3 gibt es ein $K \in \mathcal{S}$ mit $M = \beta V(K)$. Für die Handelsstrategie K folgt

$$\beta V(K) = Z + A$$

und damit

$$\beta V_n(K) \geq Z_n \geq \beta_n C_n$$

für alle $n \in T$. Insbesondere ist K ein Superhedge für C. Weil $Z^\tau = M^\tau - A^\tau$ wegen 2.10(d) die Doob-Zerlegung von Z^τ und der gestoppte Prozess Z^τ nach 6.23 ein Q-Martingal ist, erhält man $A^\tau = 0$ wegen der Eindeutigkeit der Doob-Zerlegung. Dies impliziert

$$\beta_\tau V_\tau(K) = (\beta V(K))^\tau_N = Z^\tau_N = Z_\tau = \beta_\tau C_\tau,$$

also $V_\tau(K) = C_\tau$. Daher ist K ein Hedge für C. □

Beispiel 8.21 (CRR-Modell) Im CRR-Modell aus Abschn. 8.3 mit $d < 1 + r < u$ sei $C = (C_n)_{n \in T}$ ein pfadunabhängiger amerikanischer Claim der Form

$$C_n = f(S^1_n), \quad n \in T$$

für eine Funktion $f : (0, \infty) \to \mathbb{R}_+$. Ist

$$w(N, x) := f(x) \quad \text{und} \quad w(n, x) := \max\left\{f(x), \frac{1}{1+r} Rw(n+1, \cdot)(x)\right\}$$

für $n \in T, n \leq N - 1$ und $x > 0$, so gilt

$$\Pi(C) = w(0, S^1_0).$$

Dazu benutze man den Snellschen Umschlag Z bezüglich Q von

$$\beta_n C_n = \beta_0(1+r)^{-n} f(S_n^1) = h(n, S_n^1), \quad n \in T$$

mit $h(n,x) := \beta_0(1+r)^{-n} f(x)$. Für Z gilt nach 6.26

$$Z_n = \tilde{w}(n, S_n^1)$$

für alle $n \in T$, wobei

$$\tilde{w}(N,x) = h(N,x) \quad \text{und} \quad \tilde{w}(n,x) = \max\{h(n,x), R\tilde{w}(n+1,\cdot)(x)\}$$

für $n \in T, n \leq N-1$ und $x > 0$. Mit Rückwärtsinduktion folgt

$$\tilde{w}(n,\cdot) = \beta_n w(n,\cdot)$$

für alle $n \in T$. Da C nach 8.14 und 8.20 absicherbar ist, liefern 8.17(b) und 6.23

$$\Pi(C) = \sup_{\sigma \in \Sigma} E_Q\left(\frac{\beta_\sigma C_\sigma}{\beta_0}\right) = \frac{Z_0}{\beta_0} = \frac{\tilde{w}(0, S_0^1)}{\beta_0} = w(0, S_0^1).$$

Aufgaben

8.1 Das Marktmodell sei nicht arbitragefrei. Zeigen Sie, dass es eine Arbitragestrategie K gibt mit $V_n(K) \geq 0$ für alle $n \in T$.

Hinweis: Falls $P(V_j(H) < 0) > 0$ für eine Arbitragestrategie H und ein $j \in T$, definiere man

$$n := \max\{0 \leq j \leq N-1 : P(V_j(H) < 0) > 0\},$$

$$U_j := \begin{cases} 0, & \text{falls } 0 \leq j \leq n, \\ H_j 1_{\{V_n(H) < 0\}}, & \text{falls } n+1 \leq j \leq N \end{cases}$$

und dann K via Lemma 8.3.

8.2 (Put-Call Parität) Seien $\mathbb{P} \neq \emptyset, \mathcal{F}_0 = \{\emptyset, \Omega\}$, $C = (S_N^i - K)^+$ und $D = (K - S_N^i)^+$ mit $K > 0$ und $i \in \{1, \ldots, d\}$. Zeigen Sie: Sind C und D absicherbar, so gilt

$$\Pi(D) = \Pi(C) + \frac{K}{\beta_0} E_Q \beta_N - S_0^i$$

für $Q \in \mathbb{P}$.

8.3 Seien $\mathbb{P} \neq \emptyset, \mathcal{F}_0 = \{\emptyset, \Omega\}, C = (S_N^i - K)^+, D = (K - S_N^i)^+$ mit $K > 0$ und $i \in \{1, \ldots, d\}$ und β sei deterministisch. Zeigen Sie für die oberen und unteren Deckungspreise

$$\left(S_0^i - \frac{K\beta_N}{\beta_0}\right)^+ \leq \underline{\Pi}(C) \leq \overline{\Pi}(C) \leq S_0^i$$

und

$$\left(\frac{K\beta_N}{\beta_0} - S_0^i\right)^+ \leq \underline{\Pi}(D) \leq \overline{\Pi}(D) \leq \frac{K\beta_N}{\beta_0}.$$

8.4 Konstruieren Sie im CRR-Modell im Fall $u \leq 1 + r$ und im Fall $1 + r \leq d$ jeweils eine Arbitragestrategie.

8.5 (Down-and-out Call) Im arbitragefreien CRR-Modell lässt sich der Preisprozess V des europäischen Down-and-out Call

$$C = (S_N^1 - K)^+ 1_{\{\min_{n \in T} S_n^1 > B\}}, \quad 0 < B < S_0^1, \ K > 0$$

wegen der Bemerkung nach Beispiel 8.16 durch eine Preisfunktion v darstellen:

$$V_n = v(n, S_n^1, \min_{0 \leq j \leq n} S_j^1), \quad n \in T.$$

Bestätigen Sie für die Preisfunktion v die Rückwärtsrekursion:

$$v(N, x, z) = (x - K)^+ 1_{(B,\infty)}(z),$$
$$v(n, x, z) = \frac{1}{1+r}[qv(n+1, xu, z \wedge xu) + (1-q)v(n+1, xd, z \wedge xd)],$$

$0 \leq n \leq N - 1$.

8.6 Sei H ein Superhedge für einen amerikanischen Claim C. Zeigen Sie, dass H genau dann ein Hedge für C ist, wenn

$$P\Big(\bigcap_{n \in T} \{V_n(H) > C_n\}\Big) = 0.$$

Folgern Sie daraus, dass man in der Definition eines Hedge die zugehörige Stoppzeit durch eine T-wertige Zufallszeit ersetzen kann.

8.7 Seien $\mathbb{P} \neq \emptyset, \mathcal{F}_0 = \{\emptyset, \Omega\}$ und C ein absicherbarer amerikanischer Claim. Zeigen Sie

$$\Pi(C) = \inf\{V_0(H) : H \text{ Superhedge für } C\}.$$

8.8 Seien $\mathbb{P} \neq \emptyset, \mathcal{F}_0 = \{\emptyset, \Omega\}$ und C ein absicherbarer amerikanischer Claim. Zeigen Sie

$$\sup_{n \in T} E_Q\left(\frac{\beta_n C_n}{\beta_0}\right) \leq \Pi(C) \leq N \sup_{n \in T} E_Q\left(\frac{\beta_n C_n}{\beta_0}\right)$$

für alle $Q \in \mathbb{P}$.

8.9 Seien $\mathbb{P} \neq \emptyset$, $\mathcal{F}_0 = \{\emptyset, \Omega\}$, C ein amerikanischer Claim und H ein Superhedge für C.

(a) Für $Q \in \mathbb{P}$ sei $Z = Z^Q$ der Snellsche Umschlag für βC bezüglich Q (Satz 6.23). Zeigen Sie für den diskontierten Wertprozess von H

$$\beta V(H) \geq Z,$$

und falls H ein Hedge mit zugehöriger Stoppzeit τ ist,

$$(\beta V(H))^\tau = Z^\tau.$$

(b) Seien H ein Hedge für C und $\tau \in \Sigma$. Zeigen Sie: Es gilt

$$E_Q \beta_\tau C_\tau = \sup_{\sigma \in \Sigma} E_Q \beta_\sigma C_\sigma$$

für ein (alle) $Q \in \mathbb{P}$ genau dann, wenn

$$V_\tau(H) = C_\tau.$$

Kapitel 9
Verzweigungsprozesse

In diesem Kapitel untersuchen wir mit martingaltheoretischen Methoden ein einfaches Modell für Populationswachstum. Die Populationsdynamik wird dabei durch einen Galton-Watson-Verzweigungsprozess modelliert. Ausgangspunkt für dieses Modell war die Genealogie, insbesondere die Frage nach der Überlebenswahrscheinlichkeit eines Familiennamens. Es werden Ergebnisse aus den Kap. 1, 4 und 6 benutzt und Resultate aus Kap. 5 werden auf ein statistisches Schätzproblem angewandt.

Seien $(\Omega, \mathcal{F}, P)$ ein Wahrscheinlichkeitsraum und $T = \mathbb{N}_0$.

9.1 Der Galton-Watson-Prozess

Seien $(Y_{n,j})_{n,j\geq 1}$ eine unabhängige Folge identisch verteilter, $\mathbb{N}_0$-wertiger Zufallsvariablen und X_0 eine $\mathbb{N}_0$-wertige Zufallsvariable, die unabhängig von $(Y_{n,j})_{n,j\geq 1}$ ist. Für $n \geq 1$ sei

$$X_n := \sum_{j=1}^{X_{n-1}} Y_{n,j}.$$

Der Prozess $X = (X_n)_{n\geq 0}$ heißt dann **Galton-Watson-Prozess**.

Wir interpretieren X_n als Anzahl der Mitglieder der n-ten Generation einer sich zufällig entwickelnden Population. Zu Beginn (0-te Generation) besteht die Population aus X_0 Mitgliedern. Das j-te Individuum aus der $(n-1)$-ten Generation für $n \geq 1$ hat $Y_{n,j}$ Nachkommen. Dann ist X_n die Anzahl der Mitglieder der n-ten Generation. Die Individuen einer Generation produzieren dabei unabhängig voneinander und unabhängig von allen vorhergehenden Generationen Nachkommen, und zwar stets mit derselben Nachkommenverteilung. Dies führt auf obige Annahmen.

Der Galton-Watson-Prozess liefert ein (mehr oder weniger grobes) Modell, etwa für das Anwachsen der Anzahl bestimmter Elementarteilchen bei Kernreaktionen,

H. Luschgy, *Martingale in diskreter Zeit*, Springer-Lehrbuch Masterclass,
DOI 10.1007/978-3-642-29961-2_9, © Springer-Verlag Berlin Heidelberg 2013

für Zellwachstum oder die Ausbreitung einer Epidemie. Auch wenn sich die Generationen „überlappen", ist die Generationenfolge von Interesse. Bei der Modellierung einer Epidemie ist X_0 die Anzahl der zu Beginn infizierten Personen und $Y_{1,j}$ die Anzahl der von Person $j = 1, 2, \ldots, X_0$ infizierten Personen etc. X_n ist dann die Anzahl der infizierten Personen in der n-ten Generation der Epidemie und $\sum_{j=0}^{n} X_j$ die Gesamtzahl der infizierten Person bis zur n-ten Generation.

Sämtliche Informationen werden durch die Filtration $\mathbb{F} = (\mathcal{F}_n)_{n \geq 0}$ mit

$$\mathcal{F}_n := \sigma(X_0, Y_{i,j}, 1 \leq i \leq n, j \in \mathbb{N})$$

beschrieben. Für $k \in \mathbb{N}_0$ sei $p_k := P(Y_{1,1} = k)$. Mit $Z_n := (Y_{n,j})_{j \geq 1}, \mathcal{A} := \mathcal{P}(\mathbb{N}_0)$ und

$$F : \mathbb{N}_0 \times \mathbb{N}_0^{\mathbb{N}} \to \mathbb{N}_0, \quad F(x, z) := \sum_{j=1}^{x} z_j$$

kann man die Dynamik von X durch $X_n = F(X_{n-1}, Z_n)$ für $n \geq 1$ beschreiben. Dabei ist F bezüglich $(\mathcal{A} \otimes \mathcal{A}^{\mathbb{N}}, \mathcal{A})$ messbar wegen

$$\{F = k\} = \bigcup_{x=0}^{\infty} \left(\{x\} \times \left\{ z \in \mathbb{N}_0^{\mathbb{N}} : \sum_{j=1}^{x} z_j = k \right\} \right) \in \mathcal{A} \otimes \mathcal{A}^{\mathbb{N}}$$

für $k \in \mathbb{N}_0$. Nach 6.5 ist X ein $\mathbb{F}$-Markov-Prozess mit Zustandsraum $\mathbb{N}_0$ und Übergangskern

$$R(x, \cdot) = P^{F(x, Z_1)} = P^{\sum_{j=1}^{x} Y_{1,j}}$$

für $x \in \mathbb{N}_0$. Insbesondere ist X $\mathbb{F}$-adaptiert, also $\mathbb{F}^X \subset \mathbb{F}$. Es ist hier günstig, für jedes $x \in \mathbb{N}_0$ den Galton-Watson-Prozess $X(x)$ mit Anfangswert $X(x)_0 = x$ einzuführen, statt zum kanonischen Markov-Prozess überzugehen. Nach 6.4 gilt dann für $C \in \mathcal{A}^{\mathbb{N}_0}$ mit $\mu := P^{X_0}$

$$P(X \in C) = P_{\mu}(C) = \int P_x(C) d\mu(x) = \int P(X(x) \in C) dP^{X_0}(x).$$

Um zumindest zwei uninteressante Fälle auszuschließen, nehmen wir im Folgenden

$$p_1 < 1 \quad \text{und} \quad P(X_0 = 0) < 1$$

an. (Im Fall $p_1 = 1$ gilt $X_n = X_0$ und im Fall $P(X_0 = 0) = 1$ gilt $X_n = 0$ für alle $n \in \mathbb{N}_0$.)

Mit welcher Wahrscheinlichkeit stirbt die Population aus? Wie ist das Langzeitverhalten der Population, wenn sie überlebt?

Wir zeigen zuerst, dass ein Galton-Watson-Prozess entweder ausstirbt oder explodiert.

Satz 9.1 *Der Zustand* $0 \in \mathbb{N}_0$ *ist absorbierend und jeder Zustand* $x \in \mathbb{N}_0, x \geq 1$ *ist transient. Insbesondere gilt*

$$P(\{\lim_{n\to\infty} X_n = 0\} \cup \{\lim_{n\to\infty} X_n = \infty\}) = 1$$

Beweis Wegen $R(0,0) = 1$ ist 0 absorbierend. Für $x, y \in \mathbb{N}_0$ sei

$$F(x, y) := P\Big(\bigcup_{n=1}^{\infty}\{X(x)_n = y\}\Big).$$

Für $x \geq 1$ gilt dann im Fall $p_0 > 0$ wegen $\{X(x)_n = 0\} \subset \{X(x)_m = 0\}$ für $m \geq n$ und $X(x)_1 = \sum_{j=1}^{x} Y_{1,j}$

$$\begin{aligned} F(x,x) &\leq P(X(x)_1 > 0) = 1 - P(X(x)_1 = 0) \\ &= 1 - P\Big(\bigcap_{j=1}^{x}\{Y_{1,j} = 0\}\Big) = 1 - p_0^x < 1. \end{aligned}$$

Im Fall $p_0 = 0$ ist $X(x)$ wachsend und daher folgt

$$F(x,x) = P(X(x)_1 = x) = P\Big(\bigcap_{j=1}^{x}\{Y_{1,j} = 1\}\Big) = p_1^x < 1.$$

Nach 6.12 ist x damit transient.

Für $k \in \mathbb{N}$ und $x \in \mathbb{N}_0$ liefert 6.12

$$E\sum_{n=0}^{\infty} 1_{\{1,\dots,k\}}(X(x)_n) = \sum_{y=1}^{k} U(x, y) < \infty,$$

wobei U den Potentialkern von R (6.9) bezeichnet. Es folgt $P(\limsup_{n\to\infty}\{1 \leq X(x)_n \leq k\}) = 0$ und damit

$$P(\limsup_{n\to\infty}\{1 \leq X_n \leq k\}) = \int P(\limsup_{n\to\infty}\{1 \leq X(x)_n \leq k\}) dP^{X_0}(x) = 0$$

für alle $k \in \mathbb{N}$. Wegen $\{\liminf_{n\to\infty} X_n \leq k\} = \limsup_{n\to\infty}\{X_n \leq k\}$ und $\{\lim_{n\to\infty} X_n = 0\}^c = \bigcap_{n=0}^{\infty}\{X_n \geq 1\}$ gilt

$$\begin{aligned} \{\lim_{n\to\infty} X_n = 0\}^c \cap \{\liminf_{n\to\infty} X_n < \infty\} &= \bigcup_{k=1}^{\infty}(\{\lim_{n\to\infty} X_n = 0\}^c \cap \{\liminf_{n\to\infty} X_n \leq k\}) \\ &\subset \bigcup_{k=1}^{\infty} \limsup_{n\to\infty}\{1 \leq X_n \leq k\}. \end{aligned}$$

Dies impliziert $P(\{\lim_{n\to\infty} X_n = 0\}^c \cap \{\liminf_{n\to\infty} X_n < \infty\}) = 0$, also

$$\{\lim_{n\to\infty} X_n = 0\}^c \subset \{\lim_{n\to\infty} X_n = \infty\} \text{ f.s.}$$

□

Seien nun

$$\eta := P(\lim_{n\to\infty} X_n = 0) \quad \text{und} \quad \eta(x) := P(\lim_{n\to\infty} X(x)_n = 0)$$

für $x \in \mathbb{N}_0$ die **Aussterbewahrscheinlichkeiten**. Für eine $\mathbb{N}_0$-wertige Zufallsvariable Z sei

$$\psi^Z : \mathbb{R}_+ \to [0,\infty], \quad \psi^Z(t) := Et^Z = \sum_{k=0}^{\infty} P(Z=k)t^k$$

die **wahrscheinlichkeitserzeugende Funktion** von Z $(0^0 := 1)$. Die Funktion ψ^Z ist monoton wachsend, $\psi^Z(0) = P(Z=0)$ und $[0,1] \subset \{\psi^Z \leq 1\}$. Gilt $\psi^Z(s) < \infty$ für ein $s > 0$, so ist ψ^Z auf $[0,s)$ (unendlich oft) differenzierbar mit

$$(\psi^Z)'(t) = \sum_{k=1}^{\infty} kP(Z=k)t^{k-1} < \infty.$$

Falls $s > 1$, gilt insbesondere $EZ = (\psi^Z)'(1) < \infty$. Wir definieren die n-fachen Komposition- en auf $[0,1]$ durch $\psi_0^Z(t) := t$ und $\psi_n^Z := \psi_{n-1}^Z \circ \psi^Z$ für $n \geq 1$.

Lemma 9.2 *Es gelten* $\psi^{X_n} = \psi^{X_0} \circ \psi_n^{Y_{1,1}}$ *auf* $[0,1]$ *für alle* $n \in \mathbb{N}_0$ *und*

$$\eta = P\Big(\bigcup_{n=0}^{\infty}\{X_n = 0\}\Big) = P\Big(\sum_{n=0}^{\infty} X_n < \infty\Big) = \lim_{n\to\infty} P(X_n = 0) = \psi^{X_0}(\eta(1)).$$

Ferner ist $\eta = 0$ *genau dann, wenn* $p_0 = 0$ *und* $P(X_0 = 0) = 0$.

Beweis Sei $\psi = \psi^{Y_{1,1}}$. Für $n = 0$ gilt $\psi^{X_0} = \psi^{X_0} \circ \psi^0$. Für $n \geq 0, t \in [0,1]$ und $f(x) := t^x$ folgt wegen

$$Rf(x) = \int f(y)R(x,dy) = Et^{\sum_{j=1}^{x} Y_{1,j}} = \psi(t)^x$$

mit 6.2 induktiv

$$\begin{aligned}\psi^{X_{n+1}}(t) &= EE(t^{X_{n+1}}|\mathcal{F}_n) = \int Rf(X_n)dP \\ &= E\psi(t)^{X_n} = \psi^{X_n} \circ \psi(t) = \psi^{X_0} \circ \psi_n \circ \psi(t) = \psi^{X_0} \circ \psi_{n+1}(t).\end{aligned}$$

Wegen $\{X_n = 0\} \subset \{X_m = 0\}$ für $m \geq n$ und weil X_n $\mathbb{N}_0$-wertig ist, gilt

$$\{\lim_{n\to\infty} X_n = 0\} = \bigcup_{n=0}^{\infty}\{X_n = 0\} = \Big\{\sum_{n=0}^{\infty} X_n < \infty\Big\},$$

und mit der Stetigkeit von P folgt $\eta = P(\lim_{n\to\infty} X_n = 0) = \lim_{n\to\infty} P(X_n = 0)$. Dies impliziert

$$\eta(1) = \lim_{n\to\infty} P(X(1)_n = 0) = \lim_{n\to\infty} \psi^{X(1)_n}(0) = \lim_{n\to\infty} \psi_n(0)$$

und daher wegen der Stetigkeit von ψ^{X_0} auf $[0, 1]$

$$\eta = \lim_{n\to\infty} \psi^{X_n}(0) = \lim_{n\to\infty} \psi^{X_0}(\psi_n(0)) = \psi^{X_0}(\lim_{n\to\infty} \psi_n(0)) = \psi^{X_0}(\eta(1)).$$

Ferner gilt $\eta(1) \geq P(X(1)_1 = 0) = \psi(0) = p_0$, also

$$\eta = \psi^{X_0}(\eta(1)) \geq \psi^{X_0}(p_0),$$

da ψ^{X_0} monoton wachsend ist. Ist $\eta = 0$, so folgt $\psi^{X_0}(p_0) = 0$ und damit $p_0 = 0$ und $P(X_0 = 0) = 0$. Ist umgekehrt $p_0 = 0$ und $P(X_0 = 0) = 0$, so ist X wachsend und $X_0 \geq 1$ f.s., also $\eta = 0$. □

Das folgende Martingal spielt eine zentrale Rolle. Sei

$$\alpha := EY_{1,1} \quad \text{und falls } Y_{1,1} \in \mathcal{L}^1, \quad \sigma^2 := \operatorname{Var} Y_{1,1}.$$

Lemma 9.3 *Seien $X_0, Y_{1,1} \in \mathcal{L}^1, \alpha > 0$ und M der durch*

$$M_n := \alpha^{-n} X_n$$

definierte Prozess. Dann ist M ein Martingal und insbesondere

$$EX_n = \alpha^n EX_0$$

für alle $n \in \mathbb{N}_0$. Falls $X_0, Y_{1,1} \in \mathcal{L}^2$, ist M ein $\mathcal{L}^2$-Martingal mit quadratischer Charakteristik

$$\langle M \rangle_n = \sigma^2 \sum_{j=1}^{n} \alpha^{-2j} X_{j-1},$$

$$\operatorname{Var} X_n = \begin{cases} \alpha^{2n} \operatorname{Var} X_0 + \frac{\sigma^2 EX_0 \alpha^{n-1}(\alpha^n - 1)}{\alpha - 1}, & \textit{falls } \alpha \neq 1, \\ \operatorname{Var} X_0 + n\sigma^2 EX_0, & \textit{falls } \alpha = 1 \end{cases}$$

für alle $n \in \mathbb{N}_0$, und M ist genau dann $\mathcal{L}^2$-beschränkt, wenn $\alpha > 1$.

Beweis Die Funktion $f : \mathbb{N}_0^2 \to \mathbb{N}_0$, $f(n, x) := \alpha^{-n} x$ ist harmonisch, denn für $n \geq 0$ gilt

$$\begin{aligned} Rf(n+1, \cdot)(x) &= \int f(n+1, y) R(x, dy) \\ &= \alpha^{-(n+1)} E \sum_{j=1}^{x} Y_{1,j} = \alpha^{-(n+1)} \alpha x = f(n, x). \end{aligned}$$

Also ist M nach 6.16 ein Martingal. Es folgt $EX_n = \alpha^n EM_n = \alpha^n EX_0$.

Falls $X_0, Y_{1,1} \in \mathcal{L}^2$, gilt mit $f(x) := x^2$ wegen

$$Rf(x) = E\Big(\sum_{j=1}^{x} Y_{1,j}\Big)^2 = \operatorname{Var}\Big(\sum_{j=1}^{x} Y_{1,j}\Big) + \Big(E \sum_{j=1}^{x} Y_{1,j}\Big)^2 = \sigma^2 x + \alpha^2 x^2$$

nach 6.2 für $n \geq 0$

$$E(X_{n+1}^2|\mathcal{F}_n) = Rf(X_n) = \sigma^2 X_n + \alpha^2 X_n^2.$$

Insbesondere ist X und damit M ein $\mathcal{L}^2$-Prozess (Induktion), und für die quadratische Charakteristik von M folgt mit 1.16(b)

$$\begin{aligned}\langle M\rangle_n &= \sum_{j=1}^{n}(E(M_j^2|\mathcal{F}_{j-1}) - M_{j-1}^2)\\ &= \sum_{j=1}^{n}(\alpha^{-2j}(\sigma^2 X_{j-1} + \alpha^2 X_{j-1}^2) - \alpha^{-2(j-1)}X_{j-1}^2)\\ &= \sigma^2 \sum_{j=1}^{n}\alpha^{-2j}X_{j-1}.\end{aligned}$$

Man erhält

$$\begin{aligned}\operatorname{Var} X_n &= \alpha^{2n}\operatorname{Var} M_n = \alpha^{2n}(\operatorname{Var} M_0 + E\langle M\rangle_n)\\ &= \alpha^{2n}\operatorname{Var} X_0 + \sigma^2 EX_0\alpha^{2n}\sum_{j=1}^{n}\alpha^{-(j+1)}.\end{aligned}$$

Die Varianzformel im Fall $\alpha \neq 1$ folgt wegen

$$\sum_{j=1}^{n}\alpha^{-(j+1)} = \alpha^{-2}\sum_{j=0}^{n-1}\alpha^{-j} = \frac{(1/\alpha)^n - 1}{\alpha^2(1/\alpha - 1)} = \frac{\alpha^n - 1}{\alpha^{n+1}(\alpha - 1)}.$$

Offenbar gilt $E\langle M\rangle_\infty < \infty$ genau dann, wenn $\alpha > 1$. □

Der folgende Satz und Satz 9.6 liefern eine präzise Beschreibung des fast sicheren Wachstums von X im Überlebensfall.

Satz 9.4 *Seien $X_0, Y_{1,1} \in \mathcal{L}^1, \alpha > 0$ und $M_n = \alpha^{-n}X_n$. Dann gibt es ein $M_\infty \in \mathcal{L}^1(\mathcal{F}_\infty, P)$, $M_\infty \geq 0$ mit*

$$M_n \to M_\infty \text{ f.s.}$$

für $n \to \infty$ und $EM_\infty \leq EX_0$. Es gilt $P(M_\infty = 0) = 1$ oder $P(M_\infty = 0) = \eta$.

Wegen $\{\lim_{n\to\infty} X_n = 0\} \subset \{M_\infty = 0\}$ f.s. ist $P(M_\infty = 0) = \eta$ gleichbedeutend mit $\{\lim_{n\to\infty} X_n = 0\} = \{M_\infty = 0\}$ f.s. oder wegen 9.1 mit $\{\lim_{n\to\infty} X_n = \infty\} = \{M_\infty > 0\}$ f.s.

Beweis Weil M nach 9.3 ein positives Martingal ist, folgt die Existenz des fast sicheren Limes M_∞ und $EM_\infty \leq EX_0$ aus dem Konvergenzsatz 4.5. Es bleibt $P(M_\infty = 0) \in \{1, \eta\}$ zu zeigen.

Für $x \in \mathbb{N}_0$ sei $M(x)_\infty \in \mathcal{L}^1(\mathcal{F}_\infty, P)$, $M(x)_\infty \geq 0$ der fast sichere Limes des Martingals $M(x)_n := \alpha^{-n} X(x)_n, n \in \mathbb{N}_0$. ($M(x)$ ist ebenso wie M nach 9.3 ein $\mathbb{F}$-Martingal.) Dann gilt $M(0)_\infty = 0$ und für $x \geq 1$

$$P^{M(x)_\infty} = (P^{M(1)_\infty})^{*(x)},$$

wobei $(P^{M(1)_\infty})^{*(x)}$ das x-fache Faltungsprodukt von $P^{M(1)_\infty}$ bezeichnet. Für die Laplace-Transformierten gilt nämlich mit dominierter Konvergenz

$$E \exp(-tM(x)_n) \to E \exp(-tM(x)_\infty)$$

für alle $t \geq 0$ und andererseits wegen 9.2

$$\begin{aligned} E \exp(-tM(x)_n) &= \psi^{X(x)_n}(e^{-t/\alpha^n}) = \psi^{X(x)_0} \circ \psi_n(e^{-t/\alpha^n}) \\ &= (\psi_n(e^{-t/\alpha^n}))^x = (E \exp(-tM(1)_n))^x \\ &\to (E \exp(-tM(1)_\infty))^x = \int e^{-ty} d(P^{M(1)_\infty})^{*(x)}(y) \end{aligned}$$

für alle $t \geq 0$. Da eine Verteilung auf $\mathcal{B}(\mathbb{R}_+)$ eindeutig durch ihre Laplace-Transformierte bestimmt ist, folgt die Gleichheit von $P^{M(x)_\infty}$ und $(P^{M(1)_\infty})^{*(x)}$. Insbesondere erhält man

$$P(M(x)_\infty = 0) = P(M(1)_\infty = 0)^x$$

für alle $x \in \mathbb{N}_0$. Wegen $\{M_\infty = 0\} \in \mathcal{F}_\infty$ liefert der Konvergenzsatz 4.8.

$$P(M_\infty = 0|\mathcal{F}_n) \to 1_{\{M_\infty = 0\}} \text{ f.s.}$$

für $n \to \infty$. Weil $C := \{\lim_{n\to\infty} \alpha^{-n} \pi_n = 0\} \in \mathcal{A}^{\mathbb{N}_0}$ shift-invariant ist, wobei $\pi_n : \mathbb{N}_0^{\mathbb{N}_0} \to \mathbb{N}_0$ die Projektionen bezeichnen, gilt nach 6.7 mit $\xi := P(M(1)_\infty = 0)$

$$P(M_\infty = 0|\mathcal{F}_n) = P(X \in C|\mathcal{F}_n) = P(\theta_n(X) \in C|\mathcal{F}_n) = P_{X_n}(C) = \xi^{X_n}$$

für alle $n \geq 0$ wegen $P_x(C) = P(X(x) \in C) = P(M(x)_\infty = 0) = \xi^x$. Insbesondere gilt

$$P(M_\infty = 0) = EP(M_\infty = 0|\mathcal{F}_0) = \psi^{X_0}(\xi).$$

Nun nehmen wir $P(M_\infty = 0) < 1$ an. Dann gilt auch $\xi < 1$ und daher

$$\{\lim_{n\to\infty} X_n = 0\} = \{\lim_{n\to\infty} \xi^{X_n} = 1\} = \{M_\infty = 0\} \text{ f.s.},$$

also $P(M_\infty = 0) = \eta$. □

Aus 9.4 folgt ein Kriterium, das bestimmt, ob $\eta = 1$ oder $\eta < 1$. Integrabilitätsvoraussetzungen an X_0 und $Y_{1,1}$ sind dazu nicht nötig.

Korollar 9.5 *Ist $\alpha \leq 1$, so gilt $\eta = 1$, und ist $1 < \alpha \leq \infty$, so gilt $\eta < 1$.*

Beweis Im Fall $0 < \alpha \leq 1$ sei $M(1)_\infty \in \mathcal{L}^1(\mathcal{F}_\infty, P), M(1)_\infty \geq 0$ der fast sichere Limes des Martingals $M(1)_n := \alpha^{-n} X(1)_n$ gemäß 9.4. Sei $\alpha < 1$. Wegen $M(1)_\infty < \infty$ und $\alpha^n \to 0$ folgt $X(1)_n = \alpha^n M(1)_n \to 0$ f.s., also $\eta(1) = 1$, und 9.2 liefert $\eta = \psi^{X_0}(1) = 1$. Sei $\alpha = 1$. Wegen $X(1) = M(1)$ und $M(1)_\infty < \infty$ gilt $P(\lim_{n\to\infty} X(1)_n = \infty) = 0$. Mit 9.1 folgt $\eta(1) = 1$ und damit wieder $\eta = 1$.

Falls $\alpha = 0$, gilt $X_n = 0$ für alle $n \geq 1$ und daher $\eta = 1$.

Sei $1 < \alpha \leq \infty$. Man wähle $c \in \mathbb{N}$ so groß, dass $\tilde{\alpha} := E(Y_{1,1} \wedge c) > 1$. Für den mit $\tilde{X}_0 := X_0 \wedge c$ und $\tilde{Y}_{n,j} := Y_{n,j} \wedge c$ definierten Galton-Watson-Prozess $\tilde{X}$ und $\tilde{\mathbb{F}}$ ist das durch $\tilde{M}_n := \tilde{\alpha}^{-n} \tilde{X}_n$ definierte $\tilde{\mathbb{F}}$-Martingal nach 9.3 $\mathcal{L}^2$-beschränkt, insbesondere ist $\tilde{M}$ gleichgradig integrierbar. Der Konvergenzsatz 4.5 liefert $\tilde{M}_n \to \tilde{M}_\infty$ f.s. für ein $\tilde{M}_\infty \in \mathcal{L}^1(\tilde{\mathcal{F}}_\infty, P)$ mit $E\tilde{M}_\infty = E\tilde{X}_0 > 0$. Da $P(\tilde{M}_\infty = 0) < 1$, folgt aus 9.4

$$P(\lim_{n\to\infty} \tilde{X}_n = 0) = P(\tilde{M}_\infty = 0),$$

und $\tilde{X} \leq X$ impliziert

$$\{\lim_{n\to\infty} X_n = 0\} \subset \{\lim_{n\to\infty} \tilde{X}_n = 0\}.$$

Damit erhält man

$$\eta \leq P(\tilde{M}_\infty = 0) < 1.$$

□

Den Galton-Watson-Prozess X nennt man **subkritisch**, falls $\alpha < 1$, **kritisch**, falls $\alpha = 1$ und **superkritisch**, falls $\alpha > 1$. (Der Prozess X mit $X_0, Y_{1,1} \in \mathcal{L}^1$ ist übrigens wegen $E(X_{n+1}|\mathcal{F}_n) = \alpha X_n$ ein Supermartingal im subkritischen Fall und ein Submartingal im superkritischen Fall.)

Seien $0 < \alpha < \infty$ und $X_0 \in \mathcal{L}^1$. Im subkritischen Fall stirbt X fast sicher aus, was $M_\infty = 0$ f.s. impliziert, EX_n konvergiert exponentiell schnell gegen 0 und

$$E\sum_{n=0}^{\infty} X_n = \sum_{n=0}^{\infty} \alpha^n EX_0 = \frac{EX_0}{1-\alpha} < \infty.$$

Im kritischen Fall stirbt X zwar auch fast sicher aus, was $M_\infty = 0$ und $\sum_{n=0}^{\infty} X_n < \infty$ f.s. impliziert, aber $EX_n = EX_0 > 0$ und $E\sum_{n=0}^{\infty} X_n = \sum_{n=0}^{\infty} EX_0 = \infty$. Daher gilt

$$E(X_n|X_n > 0) = \frac{EX_0}{1 - P(X_n = 0)} \to \infty$$

für $n \to \infty$, wobei $E(X_n|X_n > 0) := EX_n 1_{\{X_n > 0\}}/P(X_n > 0)$. Eine lange Zeit überlebende kritische Population wird demnach im Mittel sehr groß.

Im superkritischen Fall konvergiert EX_n exponentiell schnell gegen ∞ und $P(\sum_{n=0}^{\infty} X_n = \infty) = 1 - \eta > 0$. Auch hier kann X mit positiver Wahrscheinlichkeit aussterben. Dies trifft nach 9.2 zu, wenn $p_0 > 0$. Im superkritischen Fall ist α^{-n} die richtige Normierung von X, falls $P(M_\infty > 0) > 0$. Dann gilt $\{M_\infty > 0\} = \{\lim_{n\to\infty} X_n = \infty\}$ f.s. und wegen $\alpha^{-n} X_n \to M_\infty < \infty$ f.s. ist α^n die exakte fast sichere Divergenzgeschwindigkeit von X_n gegen ∞ auf $\{\lim_{n\to\infty} X_n = \infty\}$.

Wir zeigen jetzt, dass sich im superkritischen Fall die obige Bedingung $P(M_\infty > 0) > 0$ durch die Integrierbarkeit von $Y_{1,1} \log^+ Y_{1,1}$ charakterisieren lässt.

Satz 9.6 *(Superkritischer Fall, Kesten und Stigum) Seien $X_0, Y_{1,1} \in \mathcal{L}^1, \alpha > 1$ und $M_\infty \in \mathcal{L}^1(\mathcal{F}_\infty, P), M_\infty \geq 0$ der fast sichere Limes des Martingals $M_n = \alpha^{-n} X_n$. Es sind äquivalent:*

(i) $P(M_\infty > 0) > 0$,
(ii) $EM_\infty = EX_0$,
(iii) $M \in \mathcal{M}^{\text{gi}}$,
(iv) $M \in \mathcal{H}^1$,
(v) $Y_{1,1} \log^+ Y_{1,1} \in \mathcal{L}^1$.

Mit $0 \log 0 := 0$ gilt $Y_{1,1} \log^+ Y_{1,1} = Y_{1,1} \log Y_{1,1}$.

Beweis 1. Seien $\tilde{M}_0 := X_0$ und für $n \geq 1$

$$\tilde{M}_n := \alpha^{-n} \sum_{j=1}^{X_{n-1}} Y_{n,j} 1_{\{Y_{n,j} \leq \alpha^{n-1}\}}.$$

Wegen $0 \leq \tilde{M} \leq M$ ist $\tilde{M}$ ein (adaptierter) $\mathcal{L}^1$-Prozess. Sind N der Martingalanteil in der Doob-Zerlegung von $\tilde{M} - X_0$ und A der Kompensator des durch

$$V_n := \sum_{j=1}^{n} (M_j - \tilde{M}_j)$$

definierten adaptierten wachsenden $\mathcal{L}^1$-Prozesses V mit Anfangswert $V_0 = 0$, so erhält man die Zerlegung

$$M - X_0 = N + V - A,$$

weil der Martingalanteil $V - A$ von V mit dem Martingalanteil von $M - \tilde{M}$ wegen der Bemerkung nach 1.13 übereinstimmt.

Wir benötigen die folgenden Eigenschaften der auf obiger Abschneidetechnik basierenden Prozesse N, V und A.

2. Mit $Y := Y_{1,1}$ gelten

$$A_n = \frac{1}{\alpha} \sum_{j=1}^{n} M_{j-1} EY 1_{\{Y > \alpha^{j-1}\}},$$

$$EV_\infty = EA_\infty = \frac{EX_0}{\alpha} \sum_{j=0}^{\infty} EY 1_{\{Y > \alpha^j\}} \quad \text{und} \quad N \in \mathcal{H}^2.$$

Wegen

$$\tilde{M}_n = \alpha^{-n} \sum_{x=0}^{\infty} \Big(\sum_{j=1}^{x} Y_{n,j} 1_{\{Y_{n,j} \le \alpha^{n-1}\}} \Big) 1_{\{X_{n-1}=x\}}$$

und der Unabhängigkeit von $\sigma(Y_{n,j}, j \ge 1)$ und $\mathcal{F}_{n-1}$ gilt

$$\begin{aligned} E(\tilde{M}_n|\mathcal{F}_{n-1}) &= \alpha^{-n} \sum_{x=0}^{\infty} x E Y 1_{\{Y \le \alpha^{n-1}\}} 1_{\{X_{n-1}=x\}} \\ &= \alpha^{-n} X_{n-1} E Y 1_{\{Y \le \alpha^{n-1}\}} = \alpha^{-1} M_{n-1} E Y 1_{\{Y \le \alpha^{n-1}\}} \end{aligned}$$

und ebenso

$$\begin{aligned} \mathrm{Var}(\tilde{M}_n|\mathcal{F}_{n-1}) &= E[(\tilde{M}_n - E(\tilde{M}_n|\mathcal{F}_{n-1}))^2|\mathcal{F}_{n-1}] \\ &= \alpha^{-2n} E\Big[\sum_{j=1}^{X_{n-1}} (Y_{n,j} 1_{\{Y_{n,j} \le \alpha^{n-1}\}} - E Y 1_{\{Y \le \alpha^{n-1}\}})^2 \Big| \mathcal{F}_{n-1} \Big] \\ &= \alpha^{-2n} X_{n-1} \mathrm{Var}\, Y 1_{\{Y \le \alpha^{n-1}\}} = \alpha^{-(n+1)} M_{n-1} \mathrm{Var}\, Y 1_{\{Y \le \alpha^{n-1}\}} \end{aligned}$$

für $n \ge 1$. Insbesondere ist $(\tilde{M}_n - E(\tilde{M}_n|\mathcal{F}_{n-1}))_{n \ge 1}$ ein $\mathcal{L}^2$-Prozess wegen $E\,\mathrm{Var}(\tilde{M}_n|\mathcal{F}_{n-1}) < \infty$. Mit 1.12 und der Martingaleigenschaft von M folgt

$$\begin{aligned} A_n &= \sum_{j=1}^{n} E(\Delta V_j|\mathcal{F}_{j-1}) = \sum_{j=1}^{n} (M_{j-1} - E(\tilde{M}_j|\mathcal{F}_{j-1})) \\ &= \alpha^{-1} \sum_{j=1}^{n} M_{j-1}(\alpha - E Y 1_{\{Y \le \alpha^{j-1}\}}) = \alpha^{-1} \sum_{j=1}^{n} M_{j-1} E Y 1_{\{Y > \alpha^{j-1}\}}, \end{aligned}$$

und wegen $EV_n = EA_n$ und $EM_n = EX_0$ für alle $n \in \mathbb{N}_0$ liefert monotone Konvergenz

$$EV_\infty = EA_\infty = \frac{EX_0}{\alpha} \sum_{j=0}^{\infty} E Y 1_{\{Y > \alpha^j\}}.$$

Ferner gilt für das Martingal N nach 1.12

$$N_n = \sum_{j=1}^{n} (\tilde{M}_j - E(\tilde{M}_j|\mathcal{F}_{j-1}))$$

mit $N_0 = 0$. Also ist N ein $\mathcal{L}^2$-Martingal mit quadratischer Charakteristik

$$\begin{aligned} \langle N \rangle_n &= \sum_{j=1}^{n} E((\Delta N_j)^2|\mathcal{F}_{j-1}) = \sum_{j=1}^{n} \mathrm{Var}(\tilde{M}_j|\mathcal{F}_{j-1}) \\ &= \alpha^{-2} \sum_{j=1}^{n} \alpha^{-(j-1)} M_{j-1} \mathrm{Var}\, Y 1_{\{Y \le \alpha^{j-1}\}}. \end{aligned}$$

Es folgt mit monotoner Konvergenz wegen $\operatorname{Var} Y 1_{\{Y \le \alpha^n\}} \le EY^2 1_{\{Y \le \alpha^n\}}$

$$E\langle N\rangle_\infty = \frac{EX_0}{\alpha^2}\sum_{j=0}^\infty \alpha^{-j} \operatorname{Var} Y 1_{\{Y \le \alpha^j\}} \le \frac{EX_0}{\alpha^2} EY^2 \sum_{j=0}^\infty \alpha^{-j} 1_{\{Y \le \alpha^j\}},$$

und die Abschätzung

$$\begin{aligned} Y^2 \sum_{j=0}^\infty \alpha^{-j} 1_{\{Y \le \alpha^j\}} &= Y^2 \sum_{j=0}^\infty \alpha^{-j} 1_{\{\log^+ Y/\log\alpha \le j\}} \\ &\le Y^2 \frac{(1/\alpha)^{\log^+ Y/\log\alpha}}{1-1/\alpha} = \frac{\alpha Y}{\alpha - 1} \end{aligned}$$

liefert

$$E\langle N\rangle_\infty \le \frac{EX_0}{\alpha - 1} < \infty,$$

also $N \in \mathcal{H}^2$ nach 4.30(c).

3. Wir zeigen jetzt $A_\infty < \infty$ f.s. Wegen

$$\begin{aligned} \{M_n \ne \tilde{M}_n\} &= \bigcup_{x=0}^\infty (\{X_{n-1} = x\} \cap \{M_n \ne \tilde{M}_n\}) \\ &= \bigcup_{x=0}^\infty (\{X_{n-1} = x\} \cap \{Y_{n,j} > \alpha^{n-1} \text{ für ein } 1 \le j \le x\}) \end{aligned}$$

folgt mit der Unabhängigkeit von $(Y_{n,j})_{j\ge 1}$ und X_{n-1} und 9.3

$$\begin{aligned} P(M_n \ne \tilde{M}_n) &= \sum_{x=0}^\infty P(X_{n-1} = x) P\Big(\bigcup_{j=1}^x \{Y_{n,j} > \alpha^{n-1}\}\Big) \\ &\le \sum_{x=0}^\infty P(X_{n-1} = x) x P(Y > \alpha^{n-1}) \\ &= EX_{n-1} P(Y > \alpha^{n-1}) = \alpha^{n-1} EX_0 P(Y > \alpha^{n-1}) \end{aligned}$$

für $n \ge 1$. Die Abschätzung

$$\begin{aligned} \sum_{n=0}^\infty \alpha^n 1_{\{Y > \alpha^n\}} &= \sum_{n=0}^\infty \alpha^n 1_{\{\log^+ Y/\log\alpha > n\}} \\ &\le \frac{\alpha^{1+\log^+ Y/\log\alpha} - 1}{\alpha - 1} \le \frac{\alpha Y}{\alpha - 1} \end{aligned}$$

liefert

$$\sum_{n=1}^\infty P(M_n \ne \tilde{M}_n) \le EX_0 \sum_{n=0}^\infty \alpha^n P(Y > \alpha^n) \le \frac{\alpha^2 EX_0}{\alpha - 1} < \infty,$$

was nach dem Borel-Cantelli-Lemma

$$P(\liminf_{n\to\infty}\{M_n = \tilde{M}_n\}) = 1$$

impliziert. Es folgt $V_\infty < \infty$ f.s. Weil nach 1., 2. und dem Konvergenzsatz 4.1

$$A_n = X_0 + N_n + V_n - M_n \to X_0 + N_\infty + V_\infty - M_\infty \text{ f.s.}$$

für ein $N_\infty \in \mathcal{L}^1(\mathcal{F}_\infty, P)$, erhält man $A_\infty < \infty$ f.s.

4. Die Bedingung (v) gilt genau dann, wenn $EA_\infty < \infty$. Dies ist wegen 2. eine direkte Konsequenz der Abschätzungen

$$Y \sum_{n=0}^{\infty} 1_{\{Y>\alpha^n\}} = Y \sum_{n=0}^{\infty} 1_{\{\log^+ Y/\log\alpha > n\}} \leq Y\left(\frac{\log^+ Y}{\log\alpha} + 1\right)$$

und

$$Y \sum_{n=0}^{\infty} 1_{\{Y>\alpha^n\}} \geq \frac{Y\log^+ Y}{\log\alpha}.$$

5. Wir kommen zum Beweis des Satzes. Die Äquivalenz (ii) $\Leftrightarrow$ (iii) folgt wegen $EM_n = EX_0$ aus dem Konvergenzsatz 4.5, (ii) $\Rightarrow$ (i) ist wegen $EX_0 > 0$ klar, und (iv) $\Rightarrow$ (iii) folgt aus 4.30(a).

(i) $\Rightarrow$ (v). Nach 2. und 3. gilt

$$\infty > A_\infty = \frac{1}{\alpha} \sum_{n=0}^{\infty} M_n EY1_{\{Y>\alpha^n\}} \geq \inf_{n\geq 0} M_n \frac{EA_\infty}{EX_0} \text{ f.s.,}$$

und wegen $\{M_\infty > 0\} \subset \bigcap_{n=0}^\infty \{M_n > 0\}$ erhält man $\{\inf_{n\geq 0} M_n > 0\} = \{M_\infty > 0\}$ f.s. Mit der Voraussetzung $P(M_\infty > 0) > 0$ folgt $EA_\infty < \infty$ und damit (v) wegen 4.

(v) $\Rightarrow$ (iv). Nach 1. gilt

$$M_n \leq X_0 + \sup_{j\geq 0} |N_j| + V_\infty + A_\infty$$

für alle $n \in \mathbb{N}_0$ und wegen 2. und 4. liegt die obere Schranke in $\mathcal{L}^1$. Es folgt $\sup_{n\geq 0} M_n \in \mathcal{L}^1$, also $M \in \mathcal{H}^1$. □

Im superkritischen Fall mit $X_0, Y_{1,1} \in \mathcal{L}^2$ gelten $M \in \mathcal{H}^2$ und

$$\begin{aligned}\operatorname{Var} M_\infty = \lim_{n\to\infty} \operatorname{Var} M_n &= \operatorname{Var} X_0 + E\langle M\rangle_\infty \\ &= \operatorname{Var} X_0 + \frac{\sigma^2 EX_0}{\alpha(\alpha-1)}\end{aligned}$$

nach 9.3.

Eine interessante Beobachtung ist, dass im Fall $X_0 = 1$ (und $1 < \alpha < \infty$) das Martingal M genau dann in dem in 4.30 charakterisierten Raum $\mathcal{L}\log\mathcal{L}$ liegt, wenn $Y_{1,1}(\log^+ Y_{1,1})^2 \in \mathcal{L}^1$ [59, 63].

Wir ergänzen noch den analytischen Zugang zur Berechnung der Aussterbewahrscheinlichkeit. Das ist wegen 9.5 natürlich nur im superkritischen Fall interessant.

Lemma 9.7 *Die wahrscheinlichkeitserzeugende Funktion von $Y_{1,1}$ hat neben 1 höchstens einen weiteren Fixpunkt in $[0,1]$, und $\eta(1)$ ist der kleinste Fixpunkt.*

Beweis Sei $\psi = \psi^{Y_{1,1}}$. Offenbar gilt $\psi(1) = 1$. Im Fall $p_0 + p_1 = 1$ gilt $\psi(t) = p_0 + p_1 t$, und wegen der Voraussetzung $p_1 < 1$ ist $t = 1$ der einzige Fixpunkt von ψ. Sei $p_0 + p_1 < 1$. Wegen der strikten Konvexität von $t \mapsto t^k$ für $k \geq 2$ ist dann ψ strikt konvex auf $[0,1]$. Für einen Fixpunkt $t \in [0,1)$ von ψ und $\lambda \in (0,1)$ folgt

$$\psi(\lambda + (1-\lambda)t) < \lambda\psi(1) + (1-\lambda)\psi(t) = \lambda + (1-\lambda)t,$$

also $\psi(s) < s$ für alle $s \in (t,1)$. Daher hat ψ höchstens einen Fixpunkt in $[0,1)$.

Wegen 9.2 und der Stetigkeit von ψ auf $[0,1]$ gilt

$$\psi(\eta(1)) = \psi(\lim_{n\to\infty} \psi_n(0)) = \lim_{n\to\infty} \psi(\psi_n(0)) = \lim_{n\to\infty} \psi_{n+1}(0) = \eta(1).$$

Ist $t \in [0,1]$ ein weiterer Fixpunkt von ψ, so folgt $t = \psi_n(t) \geq \psi_n(0)$ für alle $n \in \mathbb{N}_0$ und damit $t \geq \eta(1)$. □

Beispiel 9.8 (Teilungsprozesse) Sei $p_0 + p_2 = 1$ mit $p_2 \in (0,1]$. Dann gelten $\alpha = EY_{1,1} = 2p_2$,

$$\psi^{Y_{1,1}}(t) = p_0 + p_2 t^2$$

und daher $\eta = 1$, falls $p_2 \leq 1/2$. Im Fall $p_2 > 1/2$ erhält man $\eta < 1$, und zwar wegen 9.7

$$\eta(1) = \frac{p_0}{p_2} \quad \text{und} \quad \eta = E\left(\frac{p_0}{p_2}\right)^{X_0}.$$

Außerdem gilt $P(M_\infty = 0) = \eta$ und im Fall $p_2 > 1/2$ gilt

$$\operatorname{Var} M_\infty = \operatorname{Var} X_0 + \frac{2p_0 EX_0}{2p_2 - 1}.$$

9.2 Ein statistischer Aspekt

Bei unbekannten Verteilungen von X_0 und $Y_{1,1}$ mit

$$Y_{1,1} \in \mathcal{L}^1$$

soll der Parameter $\alpha = EY_{1,1}$ geschätzt werden. Zur Vereinfachung schränken wir das Modell auf Verteilungen mit

$$P(X_0 = 0) = 0 \quad \text{und} \quad p_0 = 0$$

(und wie bisher mit $p_1 < 1$) ein, also wegen 9.2 auf solche Verteilungen mit $\eta = 0$. Insbesondere gilt dann

$$\alpha > 1 \;\; \text{(superkritischer Fall)}$$

nach 9.5, und ferner ist X wachsend mit $X_n \geq 1$ für alle $n \geq 0$ und

$$P(\lim_{n\to\infty} X_n = \infty) = 1.$$

Ein natürlicher Schätzer für $\alpha = EX_1/EX_0$ auf Basis der Beobachtungen $X_0, X_1, \ldots, X_n$ (also der durch $\mathcal{F}_n^X$ gegebenen Information zur Zeit n) ist der **Harris-Schätzer**

$$\hat{\alpha}_n := \frac{\sum_{j=1}^n X_j}{\sum_{j=1}^n X_{j-1}}$$

für $n \geq 1$.

Der durch $U_0 := 0$ und

$$U_n := \sum_{j=1}^n (X_j - \alpha X_{j-1})$$

definierte Prozess spielt eine wichtige Rolle bei der Untersuchung von $\hat{\alpha}_n$, wenn α der wahre Wert des Parameters ist. Falls noch $X_0 \in \mathcal{L}^1$ gilt, ist U wegen $E(X_n|\mathcal{F}_{n-1}) = \alpha X_{n-1}$ für $n \geq 1$ ein Martingal. (U ist der Martingalanteil in der Doob-Zerlegung von $X - X_0$). Falls $X_0, Y_{1,1} \in \mathcal{L}^2$, ist U ein $\mathcal{L}^2$-Martingal, und wegen der im Beweis von 9.3 gezeigten Gleichung $E(X_n^2|\mathcal{F}_{n-1}) = \sigma^2 X_{n-1} + \alpha^2 X_{n-1}^2$ für $n \geq 1$ gilt für seine quadratische Charakteristik

$$\langle U \rangle_n = \sigma^2 \sum_{j=1}^n X_{j-1} = \sum_{j=1}^n \mathrm{Var}(X_j|\mathcal{F}_{j-1}).$$

Weil X auch ein $\mathbb{F}^X$-Markov-Prozess ist, ändert sich nichts, wenn man die Filtration $\mathbb{F}$ durch $\mathbb{F}^X$ ersetzt. In diesem $\mathcal{L}^2$-Fall mit $\sigma^2 > 0$ erhält man $\hat{\alpha}_n$ wegen $X_n = \alpha X_{n-1} + \Delta U_n$ als gewichteten, bedingten Kleinste-Quadrate-Schätzer durch Minimierung von

$$\sum_{j=1}^n \frac{(X_j - E(\alpha X_{j-1} + \Delta U_j|\mathcal{F}_j^X))^2}{\mathrm{Var}(X_j|\mathcal{F}_{j-1}^X)} = \sum_{j=1}^n \frac{(X_j - \alpha X_{j-1})^2}{\sigma^2 X_{j-1}}$$

über $\alpha \in (1, \infty)$.

Wir beweisen Konsistenz, exponentielle Ungleichungen und zentrale Grenzwertsätze für $\hat{\alpha}_n$.

Satz 9.9

(a) (Konsistenz) Seien $X_0, Y_{1,1} \log^+ Y_{1,1} \in \mathcal{L}^1$. Dann gilt

$$\hat{\alpha}_n \to \alpha \text{ f.s.}$$

für $n \to \infty$.

(b) (Exponentielle Ungleichungen) Sei $E\exp(\lambda Y_{1,1}) < \infty$ *für alle* $\lambda < c$ *und ein* $c \in (0, \infty]$. *Mit*

$$f(\lambda) := \log E\exp(\lambda(Y_{1,1} - \alpha)),$$

der Fenchel-Legendre Transformierten

$$\overline{f}(y) = \sup_{\lambda \in (-\infty, c)} (\lambda y - f(\lambda)), \quad y \in \mathbb{R}$$

von f *und* $h(y) := \min\{\overline{f}(y), \overline{f}(-y)\}$ *gelten dann für alle* $a > 0$ *und* $n \geq 1$

$$P(\sup_{j \geq n} |\hat{\alpha}_j - \alpha| > a) \leq 2\exp(-nh(a))$$

und

$$P(|\hat{\alpha}_n - \alpha| \geq a) \leq 2 \inf_{p>1} \Big(E\exp\Big(-(p-1)\sum_{j=1}^{n} X_{j-1} h(a)\Big)\Big)^{1/p}.$$

Dabei ist $0 < h(a) \leq ca$.

In (b) ist $\alpha = (\psi^{Y_{1,1}})'(1) < \infty$. Die zweite Ungleichung in (b) stammt von Bercu und Touati ([68], Corollary 5.3). Die logarithmische momenterzeugende Funktion f heißt auch **kumulantenerzeugende Funktion** von $Y_{1,1} - \alpha$ und ist nach der Hölder-Ungleichung konvex auf $(-\infty, c)$. Wegen $\sum_{j=1}^{n} X_{j-1} \geq n$ ist die zweite obere Schranke in (b) besser als die erste Schranke. Das ist nicht überraschend, da sie die Konvergenzgeschwindigkeit bei stochastischer Konvergenz beziehungsweise fast sicherer Konvergenz von $\hat{\alpha}_n$ gegen α charakterisieren.

Beweis (a) Nach 9.4 und 9.6 gilt $\alpha^{-n} X_n \to M_\infty$ f.s. mit $M_\infty \in \mathcal{L}^1$ und $P(M_\infty > 0) = 1$. Die diskrete Regel von de l'Hospital 5.37(b) liefert

$$\frac{\sum_{j=1}^{n} X_j}{\sum_{j=1}^{n} \alpha^j} \to M_\infty \text{ f.s.} \quad \text{und} \quad \frac{\sum_{j=1}^{n} X_{j-1}}{\alpha \sum_{j=1}^{n} \alpha^{j-1}} \to \frac{M_\infty}{\alpha} \text{ f.s.},$$

was

$$\hat{\alpha}_n \to \frac{\alpha M_\infty}{M_\infty} = \alpha \text{ f.s.}$$

impliziert.

(b) Wir zeigen, dass für $\lambda < c$ der durch

$$Z_n = Z_n^\lambda := \exp\Big(\lambda U_n - f(\lambda)\sum_{j=1}^{n} X_{j-1}\Big)$$

definierte Prozess ein Martingal mit Anfangswert $Z_0 = 1$ ist. Wegen

$$Z_n = Z_{n-1}\exp(\lambda \Delta U_n - f(\lambda) X_{n-1})$$

für $n \geq 1$ folgt

$$E(Z_n|\mathcal{F}_{n-1}) = Z_{n-1}\exp(-(f(\lambda) + \lambda\alpha)X_{n-1})E(\exp(\lambda X_n)|\mathcal{F}_{n-1}).$$

Für $k(x) := e^{\lambda x}$ gilt

$$Rk(x) = E\exp\Big(\lambda\sum_{j=1}^{x} Y_{1,j}\Big) = (E\exp(\lambda Y_{1,1}))^x = \exp((f(\lambda) + \lambda\alpha)x)$$

und daher

$$E(\exp(\lambda X_n)|\mathcal{F}_{n-1}) = Rk(X_{n-1}) = \exp((f(\lambda) + \lambda\alpha)X_{n-1}).$$

Man erhält $E(Z_n|\mathcal{F}_{n-1}) = Z_{n-1}$. Induktion liefert $EZ_n = EZ_0 = 1$ für alle $n \geq 0$, so dass Z ein $\mathcal{L}^1$-Prozess ist. Mit

$$g(\lambda) := f(-\lambda)$$

lässt sich $Z^{-\lambda}$ für $\lambda > -c$ schreiben als

$$Z_n^{-\lambda} = \exp\Big(\lambda(-U_n) - g(\lambda)\sum_{j=1}^{n} X_{j-1}\Big).$$

Die Jensen-Ungleichung liefert $f(\lambda) \geq E\lambda(Y_{1,1} - \alpha) = 0$ für $\lambda < c$ und damit

$$\overline{f}(y) = \sup_{\lambda\in[0,c)} (\lambda y - f(\lambda)) \leq cy$$

für $y \geq 0$. Für die Fenchel-Legendre Transformierte

$$\overline{g}(y) := \sup_{\lambda\in(-c,\infty)} (\lambda y - g(\lambda))$$

von g gilt

$$\overline{f}(-y) = \overline{g}(y) = \sup_{\lambda\in[0,\infty)} (\lambda y - g(\lambda))$$

für $y \geq 0$. Wegen

$$\hat{\alpha}_n - \alpha = \frac{U_n}{\sum_{j=1}^{n} X_{j-1}}$$

für alle $n \geq 1$ folgt nun aus 5.11(b) angewandt auf U und $-U$ für alle $b > 0$

$$P\Big(\bigcup_{n=1}^{\infty}\Big\{|\hat{\alpha}_n - \alpha| \geq a, \sum_{j=1}^{n} X_{j-1} \geq b\Big\}\Big) \leq 2\exp(-bh(a)).$$

Dies impliziert wegen 5.13(b) für $n \geq 1$

$$P(\sup_{j \geq n} |\hat{\alpha}_j - \alpha| > a) \leq 2\exp(-bh(a)) + P\Big(\sum_{j=1}^{n} X_{j-1} < b\Big).$$

Die Wahl $b = n$ liefert die erste Ungleichung, denn $X_j \geq 1$ für alle $j \geq 0$. Die zweite Ungleichung folgt aus 5.11(c) angewandt auf U und $-U$.

Wegen $f(\lambda) = \log \psi(e^\lambda) - \lambda\alpha$ mit $\psi = \psi^{Y_{1,1}}$ gilt schließlich auf $(-\infty, c)$

$$f'(\lambda) = \frac{\psi'(e^\lambda)e^\lambda}{\psi(e^\lambda)} - \alpha,$$

insbesondere $f'(0) = 0$. Für die durch $\vartheta(\lambda) := \lambda y - f(\lambda)$ definierte Funktion impliziert dies $\vartheta'(0) = y - f'(0) = y$, und wegen $\vartheta(0) = 0$ folgt $\overline{f}(y) > 0$ für alle $y \neq 0$. Insbesondere gilt $h(a) > 0$. □

In explosiven „nicht-ergodischen" Modellen liefern deterministische Normierungen für „interessante" Schätzer typischerweise keine asymptotische Normalität. Wir wählen für den Harris-Schätzer daher eine zufällige Normierung.

Satz 9.10 *(Stabiler CLT, Dion) Seien $X_0, Y_{1,1} \in \mathcal{L}^2$ und $\sigma^2 =$* Var $Y_{1,1}$. *Dann gelten*

$$\frac{\alpha^{n/2}}{(\alpha-1)^{1/2}}(\hat{\alpha}_n - \alpha) \to N\left(0, \frac{\sigma^2}{M_\infty}\right) \textit{ stabil}$$

und

$$\Big(\sum_{j=1}^{n} X_{j-1}\Big)^{1/2}(\hat{\alpha}_n - \alpha) \to N(0, \sigma^2) \textit{ mischend}$$

für $n \to \infty$.

Das Konzept der stabilen Konvergenz ist in Abschn. 5.4 behandelt worden. Man beachte $P(M_\infty > 0) = 1$.

Beweis Im Fall $\sigma^2 = 0$ gilt $Y_{1,1} = \alpha$ und daher $X_n = \alpha^n X_0$ für alle $n \geq 0$. Es folgt $\hat{\alpha}_n - \alpha = 0$ für alle $n > 1$. Sei $\sigma^2 > 0$. Für die quadratische Charakteristik des vor 9.9 definierten $\mathcal{L}^2$-Martingals U gilt $\langle U \rangle_n \geq \sigma^2 X_0 \geq \sigma^2 > 0$ für $n \geq 1$, und der zentrierte Schätzer $\hat{\alpha}_n - \alpha$ lässt sich für $n \geq 1$ in der Form

$$\hat{\alpha}_n - \alpha = \frac{\sigma^2 U_n}{\langle U \rangle_n}$$

schreiben. (Mit 5.5 erhält man damit im $\mathcal{L}^2$-Fall einen weiteren Beweis der Konsistenz von $\hat{\alpha}_n$.) Die diskrete Regel von de l'Hospital 5.37(b) und 9.4 liefern

$$\frac{\sum_{j=1}^{n} X_{j-1}}{\sum_{j=1}^{n} \alpha^{j-1}} \to M_\infty \text{ f.s.}$$

Wegen $\sum_{j=1}^{n} \alpha^{j-1} = (\alpha^n - \alpha)/(\alpha - 1) \sim \alpha^n/(\alpha - 1)$ gilt

$$\frac{\alpha - 1}{\alpha^n} \sum_{j=1}^{n} X_{j-1} \to M_\infty \text{ f.s.},$$

und mit

$$a_n := \frac{\alpha^{n/2}}{(\alpha - 1)^{1/2}}$$

erhält man

$$\frac{\langle U \rangle_n}{a_n^2} \to \sigma^2 M_\infty \text{ f.s.}$$

für $n \to \infty$, also 5.34(i) mit $A := \langle U \rangle$, $V := \sigma^2 M_\infty$ und $P(V > 0) = 1$. Die Bedingung 5.34(iii) gilt mit $p := \alpha$.

Seien nun φ die charakteristische Funktion der standardisierten Zufallsvariablen $(Y_{1,1} - \alpha)/\sigma$ und $t \in \mathbb{R}$ fest. Weil für $n \geq 1$

$$\frac{\Delta U_n}{\langle U \rangle_n^{1/2}} = \frac{X_n - \alpha X_{n-1}}{\langle U \rangle_n^{1/2}} = \frac{\sum_{j=1}^{X_{n-1}} (Y_{n,j} - \alpha)/\sigma}{\langle U \rangle_n^{1/2}/\sigma},$$

X_{n-1} und $\langle U \rangle_n$ bezüglich $\mathcal{F}_{n-1}$ messbar sind und $\mathcal{F}_{n-1}$ und $\sigma(Y_{n,j}, j \geq 1)$ unabhängig sind, gilt wegen der Substitutionsregel A.19

$$E\left(\exp\left(it \frac{\Delta U_n}{\langle U \rangle_n^{1/2}}\right) \middle| \mathcal{F}_{n-1}\right) = \varphi\left(\frac{\sigma t}{\langle U \rangle_n^{1/2}}\right)^{X_{n-1}} = \varphi\left(\frac{\sigma t X_{n-1}^{1/2}}{\langle U \rangle_n^{1/2}} \frac{1}{X_{n-1}^{1/2}}\right)^{X_{n-1}}.$$

Für φ gilt nach dem klassischen zentralen Grenzwertsatz

$$\varphi\left(\frac{s}{n^{1/2}}\right)^n \to e^{-s^2/2} \text{ gleichmäßig in } s \in \mathbb{R} \text{ auf kompakten Mengen}$$

für $n \to \infty$. Wegen

$$\frac{\sigma X_{n-1}^{1/2}}{\langle U \rangle_n^{1/2}} = \frac{\sigma X_{n-1}^{1/2}/\alpha^{(n-1)/2}}{\langle U \rangle_n^{1/2}/\alpha^{(n-1)/2}} \to \frac{\sigma M_\infty^{1/2}}{\sigma M_\infty^{1/2}(\alpha/(\alpha - 1))^{1/2}} = \left(\frac{\alpha - 1}{\alpha}\right)^{1/2} \text{ f.s.}$$

und $X_n \to \infty$ f.s. folgt daraus

$$\varphi\left(\frac{\sigma t X_{n-1}^{1/2}}{\langle U \rangle_n^{1/2}} \frac{1}{X_{n-1}^{1/2}}\right)^{X_{n-1}} \to \exp(-t^2(\alpha - 1)/2\alpha) \text{ f.s.}$$

für $n \to \infty$. Also ist die Bedingung 5.34(iv) mit $b := (\alpha - 1)/\alpha$ erfüllt. Wegen $bp/(p - 1) = 1$ liefern der zentrale Grenzwertsatz 5.34 und 5.36

$$\frac{U_n}{\langle U \rangle_n^{1/2}} \to N(0, 1) \text{ mischend.}$$

Es folgt mit 5.29

$$\frac{\alpha^{n/2}}{(\alpha-1)^{1/2}}(\hat{\alpha}_n-\alpha)=\frac{a_n\sigma^2 U_n}{\langle U\rangle_n}=\frac{U_n}{\langle U\rangle_n^{1/2}}\frac{a_n\sigma^2}{\langle U\rangle_n^{1/2}}\to N\left(0,\frac{\sigma^2}{M_\infty}\right) \text{ stabil}$$

und

$$\Big(\sum_{j=1}^{n}X_{j-1}\Big)^{1/2}(\hat{\alpha}_n-\alpha)=\frac{\sigma U_n}{\langle U\rangle_n^{1/2}}\to N(0,\sigma^2) \text{ mischend} \qquad \square$$

Beispiel 9.11 (Geometrische Nachkommenverteilung) Seien $X_0=1$, $p_0=0$ und $p_k=(1-q)q^{k-1}$ für $k\geq 1$ mit $q\in(0,1)$. Mit $\psi=\psi^{Y_{1,1}}$ erhält man $\alpha=1/(1-q)$,

$$\psi(t)=\frac{(1-q)t}{1-qt} \quad \text{für } 0\leq t<1/q$$

und daher

$$Ee^{\lambda Y_{1,1}}=\psi(e^\lambda)<\infty \quad \text{für } \lambda<c:=\log(1/q).$$

Für die kumulantenerzeugende Funktion f von $Y_{1,1}-\alpha$ gilt

$$f(\lambda)=\lambda(1-\alpha)+\log(1-q)-\log(1-qe^\lambda),$$

und das maximierende λ in $(-\infty,c)$ für die konkave Funktion $\lambda\mapsto\lambda y-f(\lambda)$ ist im Fall $y>1-\alpha$

$$\lambda_0=\log\left(\frac{y+\alpha-1}{(y+\alpha)q}\right).$$

Also ist

$$\overline{f}(y)=\begin{cases}\infty, & \text{falls } y<1-\alpha,\\ (y+\alpha-1)(\log(y+\alpha-1)-\log(\alpha-1)) & \\ \quad-(y+\alpha)(\log(y+\alpha)-\log\alpha), & \text{falls } y\geq 1-\alpha\end{cases}$$

$(0\log 0:=0)$, und für die Funktion h aus 9.9(b) gilt

$$h(a)=\begin{cases}\min\{\overline{f}(a),\overline{f}(-a)\}, & \text{falls } a\leq\alpha-1,\\ \overline{f}(a), & \text{falls } a>\alpha-1\end{cases}$$

für alle $a>0$. Dabei ist $\overline{f}$ auf $[1-\alpha,\infty)$ stetig mit $\overline{f}(1-\alpha)=\log\alpha$, strikt monoton fallend auf $[1-\alpha,0]$ und strikt monoton wachsend auf $[0,\infty)$ mit $\overline{f}(0)=0$ und $\overline{f}(y)\to\infty$ für $y\to\infty$.

Für die zweite exponentielle Ungleichung in 9.9(b) benutzen wir

$$\psi_n(t)=\frac{(1-q)^n t}{1-t(1-(1-q)^n)}\leq\frac{(1-q)^n t}{1-t}=\frac{\alpha^{-n}t}{1-t}$$

für alle $n \geq 0$ und $t \in [0, 1)$ (Induktion). Da $\psi_n = \psi^{X_n}$ nach 9.2 und $\sum_{j=1}^n X_{j-1} \geq X_{n-1}$, folgt aus 9.9(b) für alle $n \geq 1, a > 0, p > 1$

$$\begin{aligned} P(|\hat{\alpha}_n - \alpha| \geq a) &\leq 2(\psi_{n-1}(e^{-(p-1)h(a)}))^{1/p} \\ &\leq \frac{2\alpha^{-n/p}\alpha^{1/p}\exp(-(p-1)h(a)/p)}{(1-\exp(-(p-1)h(a)/p))^{1/p}}. \end{aligned}$$

Die resultierende approximative Konvergenzordnung α^{-n} für die Konvergenz von $P(|\hat{\alpha}_n - \alpha| \geq a)$ gegen 0 hat den Nachteil, dass sie im Gegensatz zu den untersuchten Wahrscheinlichkeiten nicht von a abhängt. Für $0 < a < \alpha - 1$ ist sie wegen $h(a) < \log\alpha$ besser als $\exp(-nh(a))$, der oberen Schranke in der ersten Ungleichung von 9.9(b).

In diesem Modell ist die Limesverteilung von $\hat{\alpha}_n$ bei deterministischer Normierung eine skalierte t_2-Verteilung, denn nach 9.10 gilt

$$\frac{\alpha^{n/2}}{(\alpha-1)^{1/2}}(\hat{\alpha}_n - \alpha) \xrightarrow{d} \sigma M_\infty^{-1/2} Z,$$

wobei Z eine $N(0, 1)$-verteilte, von M_∞ unabhängige Zufallsvariable bezeichnet und $\sigma^2 = \alpha(\alpha - 1)$. Wegen

$$Ee^{-tM_n} = \psi_n(e^{-t/\alpha^n}) = \frac{(1/\alpha^n)e^{-t/\alpha^n}}{1 - e^{-t/\alpha^n}(1 - 1/\alpha^n)} \to \frac{1}{1+t}$$

für alle $t \geq 0$ und weil $1/(1+2t)$ die Laplace-Transformierte der χ_2^2-Verteilung ist, hat $2M_\infty$ eine χ_2^2-Verteilung. Daher ist $M_\infty^{-1/2} Z$ t_2-verteilt.

Aufgaben

Wie bisher seien $p_1 < 1$ und $P(X_0 = 0) < 1$.

9.1 Sei X ein Galton-Watson-Prozess. Zeigen Sie, dass $\eta(1)^X$ ein Martingal ist. Geben Sie damit einen martingaltheoretischen Beweis für $P(\lim_{n\to\infty} X_n = \infty) = 1 - \eta$ im Fall $p_0 > 0$ (Satz 9.1).

Hinweis: Korollar 6.21 oder Lemma 9.7.

9.2 Sei X ein Galton-Watson-Prozess und $\psi = \psi^{Y_{1,1}}$ die wahrscheinlichkeitserzeugende Funktion von $Y_{1,1}$. Zeigen Sie, dass ψ_n im Fall $p_0 < 1$ injektiv ist mit $\psi_n([0, 1]) \supset [\eta(1), 1]$ für alle $n \geq 0$ und dass

$$((\psi_n)^{-1}(s))^{X_n}, \quad n \in \mathbb{N}_0$$

für alle $s \in [\eta(1), 1]$ ein Martingal ist. Für $s = \eta(1)$ erhält man das Martingal aus Aufgabe 9.1.

9.3 Sei X ein subkritischer oder kritischer Galton-Watson-Prozess. Zeigen Sie, dass $\eta = 1$ auch eine Konsequenz der Doob-Ungleichung 3.3(a) für positive Supermartingale ist.

9.4 Sei X ein Galton-Watson-Prozess mit $X_0, Y_{1,1} \in \mathcal{L}^2$. Zeigen Sie für $n \geq 0$

$$\operatorname{Var} X_{n+1} = EX_n \operatorname{Var} Y_{1,1} + (EY_{1,1})^2 \operatorname{Var} X_n$$

(Blackwell-Girshick-Formel).

9.5 Bestätigen Sie in der Situation von Abschn. 9.2 für den Harris-Schätzer $\hat{\alpha}_n > 1$ für alle $n \geq 1$.

9.6 (Harris-Schätzer) Sei X ein superkritischer Galton-Watson-Prozess mit X_0, $Y_{1,1} \log^+ Y_{1,1} \in \mathcal{L}^1$. Dann gelten $P(M_\infty > 0) = 1 - \eta > 0$ und $\{M_\infty > 0\} = \{\lim_{n\to\infty} X_n = \infty\}$ f.s. Zeigen Sie für den Harris-Schätzer $\hat{\alpha}_n$

$$\hat{\alpha}_n \to \alpha \text{ f.s.} \quad \text{auf } \{M_\infty > 0\}$$

und falls $X_0, Y_{1,1} \in \mathcal{L}^2$ und $\sigma^2 = \operatorname{Var} Y_{1,1} > 0$,

$$\frac{\alpha^{n/2}}{(\alpha - 1)^{1/2}}(\hat{\alpha}_n - \alpha) \to N\left(0, \frac{\sigma^2}{M_\infty}\right) P_{\{M_\infty > 0\}}\text{-stabil},$$

$$\left(\sum_{j=1}^n X_{j-1}\right)^{1/2} (\hat{\alpha}_n - \alpha) \to N(0, \sigma^2) \; P_{\{M_\infty > 0\}}\text{-mischend}$$

(Dion [92], Theorem 3.1). Dies ist eine Verallgemeinerung der Sätze 9.9(a) und 9.10.

Hinweis: Zentraler Grenzwertsatz 5.34.

9.7 Sei X ein superkritischer Galton-Watson-Prozess mit $X_0, Y_{1,1} \log^+ Y_{1,1} \in \mathcal{L}^1$. Ein nur auf der Beobachtung von X_n basierender Schätzer für α ist $\tilde{\alpha}_n := X_n^{1/n}$. Zeigen Sie für diesen Schätzer

$$\tilde{\alpha}_n \to \alpha \text{ f.s. auf } \{\lim_{n\to\infty} X_n = \infty\}$$

und

$$n(\tilde{\alpha}_n - \alpha) \to \alpha \log M_\infty \text{ f.s. auf } \{\lim_{n\to\infty} X_n = \infty\}.$$

Der Schätzer $\tilde{\alpha}_n$ konvergiert viel langsamer gegen α als der in Abschn. 9.2 oder Aufgabe 9.6 behandelte Harris-Schätzer $\hat{\alpha}_n$.

Kapitel 10
Invarianz, Austauschbarkeit und U-Statistiken

In diesem Kapitel untersuchen wir austauschbare Prozesse und U-Statistiken, wobei Martingale eine wichtige Rolle spielen. Die austauschbaren Prozesse bilden eine Klasse von Prozessen, deren Verteilung unter endlichen Vertauschungen und damit unter einer speziellen Gruppenoperation invariant ist. Wir behandeln daher im ersten Abschnitt einige abstrakte Resultate über invariante und ergodische Verteilungen. U-Statistiken spielen eine zentrale Rolle in der statistischen Theorie erwartungstreuer Schätzer. Es werden Resultate aus den Kap. 1, 4 und 5 benutzt.

Seien $(\Omega, \mathcal{F}, P)$ ein Wahrscheinlichkeitsraum, $(\mathcal{X}, \mathcal{A})$ ein messbarer Raum und $M^1(\mathcal{A})$ die Menge der Wahrscheinlichkeitsmaße auf $\mathcal{A}$.

10.1 Invarianz und Ergodizität

Sei G eine Halbgruppe, also eine nicht-leere Menge mit einer assoziativen Operation $G \times G \to G, (g,h) \mapsto gh$, die **von links oder rechts auf $\mathcal{X}$ operiert**, das heißt, es gibt eine Abbildung $G \times \mathcal{X} \to \mathcal{X}, (g,x) \mapsto gx$ mit $(gh)x = g(hx)$ beziehungsweise $(gh)x = h(gx)$ für alle $g, h \in G, x \in \mathcal{X}$ und $ex = x$ für alle $x \in \mathcal{X}$, falls G ein Einselement e besitzt. Ferner seien die induzierten Abbildungen $\mathcal{X} \to \mathcal{X}, x \mapsto gx$ für alle $g \in G$ bezüglich $(\mathcal{A}, \mathcal{A})$ messbar. Wir werden häufig $g \in G$ mit der induzierten Abbildung $x \mapsto gx$ identifizieren.

Die **σ-Algebra der G-invarianten messbaren Mengen**

$$\mathcal{A}(G) := \{A \in \mathcal{A} : g^{-1}(A) = A \text{ für alle } g \in G\},$$

wobei $g^{-1}(A) := \{x \in \mathcal{X} : gx \in A\}$, spielt eine wichtige Rolle. Eine Abbildung $f : \mathcal{X} \to \mathcal{Y}$ heißt G-invariant, falls $f \circ g = f$ für alle $g \in G$. Für $A \in \mathcal{A}$ gilt also genau dann $A \in \mathcal{A}(G)$, wenn 1_A G-invariant ist. Für ein Maß μ auf $\mathcal{A}$ sei noch

$$\mathcal{A}(G,\mu) := \{A \in \mathcal{A} : \mu(A \Delta g^{-1}(A)) = 0 \text{ für alle } g \in G\}$$

die **σ-Algebra der μ-fast G-invarianten messbaren Mengen**. Wegen

$$A^c \Delta g^{-1}(A^c) = A^c \Delta (g^{-1}(A))^c = A \Delta g^{-1}(A)$$

H. Luschgy, *Martingale in diskreter Zeit*, Springer-Lehrbuch Masterclass,
DOI 10.1007/978-3-642-29961-2_10, © Springer-Verlag Berlin Heidelberg 2013

und

$$\Big(\bigcup_{n=1}^{\infty} A_n\Big)\Delta g^{-1}\Big(\bigcup_{n=1}^{\infty} A_n\Big) = \Big(\bigcup_{n=1}^{\infty} A_n\Big)\Delta\Big(\bigcup_{n=1}^{\infty} g^{-1}(A_n)\Big) \subset \bigcup_{n=1}^{\infty}(A_n \Delta g^{-1}(A_n))$$

ist dabei $\mathcal{A}(G,\mu)$ in der Tat eine σ-Algebra.

Lemma 10.1

(a) Sei $f : (\mathcal{X},\mathcal{A}) \to (\mathcal{Y},\mathcal{B})$ messbar. Ist f G-invariant, so ist f $(\mathcal{A}(G),\mathcal{B})$-messbar. Ist umgekehrt f $(\mathcal{A}(G),\mathcal{B})$-messbar und gilt $\{\{f(x)\} : x \in \mathcal{X}\} \subset \mathcal{B}$, so ist f G-invariant.

(b) Seien $f : (\mathcal{X},\mathcal{A}) \to (\overline{\mathbb{R}},\mathcal{B}(\overline{\mathbb{R}}))$ messbar und μ ein Maß auf $\mathcal{A}$. Dann ist f genau dann $\mathcal{A}(G,\mu)$-messbar, wenn $f \circ g = f$ μ-f.s. für alle $g \in G$ gilt.

Beweis (a) Ist f G-invariant, so ist f $(\mathcal{A}(G),\mathcal{B})$-messbar wegen $g^{-1}(f^{-1}(B)) = (f \circ g)^{-1}(B) = f^{-1}(B)$ für $g \in G$, $B \in \mathcal{B}$. Falls f $(\mathcal{A}(G),\mathcal{B})$-messbar ist, so gilt

$$x \in f^{-1}(\{f(x)\}) = g^{-1}(f^{-1}(\{f(x)\})) = (f \circ g)^{-1}(\{f(x)\}),$$

also $f(gx) = f(x)$ für $x \in \mathcal{X}, g \in G$.

(b) Gilt $\mu(f \circ g \neq f) = 0$ für alle $g \in G$, so ist f $\mathcal{A}(G,\mu)$-messbar wegen

$$f^{-1}(B)\Delta g^{-1}(f^{-1}(B)) \subset \{f \circ g \neq f\}$$

für $B \in \mathcal{B}(\overline{\mathbb{R}})$. Ist f $\mathcal{A}(G,\mu)$-messbar, so folgt $\mu(f \circ g \neq f) = 0$ aus

$$\{f \circ g \neq f\} = \bigcup_{r \in \mathbb{Q}}(\{f \leq r\}\Delta g^{-1}(\{f \leq r\}))$$

für $g \in G$. □

Ein Maß μ auf $\mathcal{A}$ heißt G-invariant, falls

$$\mu^g(A) = \mu(g^{-1}(A)) = \mu(A)$$

für alle $g \in G, A \in \mathcal{A}$. Mit

$$M^1(\mathcal{A},G)$$

wird die Menge der ***G*-invarianten Wahrscheinlichkeitsmaße** auf $\mathcal{A}$ bezeichnet. $M^1(\mathcal{A},G)$ ist eine konvexe Teilmenge des Vektorraums der beschränkten signierten Maße auf $\mathcal{A}$ (oder des Vektorraums $\mathbb{R}^{\mathcal{A}}$). Eine Verteilung $Q \in M^1(\mathcal{A},G)$ heißt **Extremalpunkt** von $M^1(\mathcal{A},G)$, falls aus der Darstellung $Q = \lambda Q_1 + (1-\lambda)Q_2$ mit $Q_1, Q_2 \in M^1(\mathcal{A},G), \lambda \in (0,1)$ folgt $Q_1 = Q_2$. Die Menge der Extremalpunkte von $M^1(\mathcal{A},G)$ wird mit $\text{ex}M^1(\mathcal{A},G)$ bezeichnet. Eine Verteilung $Q \in M^1(\mathcal{A},G)$ heißt ***G*-ergodisch**, falls $Q(\mathcal{A}(G,Q)) = \{0,1\}$. Wir zeigen, dass die G-ergodischen Verteilungen genau die Extremalpunkte von $M^1(\mathcal{A},G)$ sind.

Satz 10.2 *Es gilt*

$$\text{ex}\, M^1(\mathcal{A}, G) = \{Q \in M^1(\mathcal{A}, G) : Q(\mathcal{A}(G, Q)) = \{0, 1\}\}.$$

Für Extremalpunkte Q_1, Q_2 *von* $M^1(\mathcal{A}, G)$ *gilt ferner* $Q_1 = Q_2$ *oder* $Q_1 \perp Q_2$.

Beweis 1. Wir zeigen zunächst, dass für $Q_1, Q_2 \in M^1(\mathcal{A}, G)$ aus $Q_1|\mathcal{A}(G, Q_1 + Q_2) = Q_2|\mathcal{A}(G, Q_1 + Q_2)$ schon die Gleichheit von Q_1 und Q_2 folgt. Mit $Q := (Q_1 + Q_2)/2$ und $f_i := dQ_i/dQ$ für $i \in \{1, 2\}$ gilt $\mathcal{A}(G, Q) = \mathcal{A}(G, Q_1 + Q_2)$, $Q|\mathcal{A}(G, Q) = Q_i|\mathcal{A}(G, Q)$ und daher nach 7.1(b)

$$E_Q(f_i|\mathcal{A}(G, Q)) = \frac{dQ_i|\mathcal{A}(G, Q)}{dQ|\mathcal{A}(G, Q)} = 1 \ Q\text{-f.s.}$$

Für $a \in \mathbb{R}, g \in G, i \in \{1, 2\}$ seien $A := \{f_i \leq a\}$, $B := g^{-1}(A) \cap A^c$ und $C := A \cap (g^{-1}(A))^c$. Dann folgt

$$\begin{aligned} Q_i(B) &= Q_i(g^{-1}(A)) - Q_i(A \cap g^{-1}(A)) \\ &= Q_i(A) - Q_i(A \cap g^{-1}(A)) = Q_i(C), \end{aligned}$$

also auch $Q(B) = Q(C)$. Wegen $f_i - a > 0$ auf B gilt

$$Q_i(B) - aQ(B) = \int_B (f_i - a) dQ \geq 0$$

und $Q_i(B) - aQ(B) = 0$ genau dann, wenn $Q(B) = 0$. Ferner gilt

$$Q_i(C) = \int_C f_i dQ \leq aQ(C).$$

Man erhält

$$Q_i(B) \geq aQ(B) = aQ(C) \geq Q_i(C) = Q_i(B),$$

was $Q_i(B) = aQ(B)$ und damit $Q(C) = Q(B) = 0$ impliziert. Es folgt $Q(A \Delta g^{-1}(A)) = Q(B) + Q(C) = 0$, also $A \in \mathcal{A}(G, Q)$. Dies liefert die $\mathcal{A}(G, Q)$-Messbarkeit von f_i. Es folgt $f_i = E_Q(f_i|\mathcal{A}(G, Q)) = 1$ Q-f.s. und damit $Q_1 = Q = Q_2$.

2. Wir kommen zum Beweis des Satzes. Falls $Q \in M^1(\mathcal{A}, G)$ nicht G-ergodisch ist, gibt es eine Menge $A \in \mathcal{A}(G, Q)$ mit $0 < Q(A) < 1$. Für $Q_1 := Q(A \cap \cdot)/Q(A)$, $Q_2 := Q(A^c \cap \cdot)/Q(A^c)$ und $\lambda := Q(A)$ gilt dann $Q_1, Q_2 \in M^1(\mathcal{A}, G)$, $Q_1 \neq Q_2$ und $Q = \lambda Q_1 + (1 - \lambda)Q_2$. Dies impliziert $Q \notin \text{ex}\, M^1(\mathcal{A}, G)$. Sei nun umgekehrt $Q \in M^1(\mathcal{A}, G)$ G-ergodisch. Aus der Darstellung $Q = \lambda Q_1 + (1 - \lambda)Q_2$ mit $Q_1, Q_2 \in M^1(\mathcal{A}, G)$, $\lambda \in (0, 1)$ folgt $Q|\mathcal{A}(G, Q) = Q_i|\mathcal{A}(G, Q)$ und wegen $\mathcal{A}(G, Q) = \mathcal{A}(G, Q_1 + Q_2)$ daher $Q_1 = Q_2$ nach 1. Also ist Q ein Extremalpunkt von $M^1(\mathcal{A}, G)$.

Für Extremalpunkte Q_1, Q_2 von $M^1(\mathcal{A}, G)$, $Q_1 \neq Q_2$ folgt schließlich $Q_1|\mathcal{A}(G, Q_1 + Q_2) \neq Q_2|\mathcal{A}(G, Q_1 + Q_2)$ aus 1., und wegen $\mathcal{A}(G, Q_1 + Q_2) \subset \mathcal{A}(G, Q_i)$ und der G-Ergodizität von Q_i gilt

$$Q_1(\mathcal{A}(G, Q_1 + Q_2)) = Q_2(\mathcal{A}(G, Q_1 + Q_2)) = \{0, 1\}.$$

Daher gibt es eine Menge $A \in \mathcal{A}(G, Q_1 + Q_2)$ mit $Q_1(A) = 0$ und $Q_2(A) = 1$. Also gilt $Q_1 \perp Q_2$. □

Im Spezialfall $G = \{e\}$ erhält man $M^1(\mathcal{A}, G) = M^1(\mathcal{A})$ und

$$\operatorname{ex} M^1(\mathcal{A}) = \{Q \in M^1(\mathcal{A}) : Q(\mathcal{A}) = \{0, 1\}\}.$$

Falls $\mathcal{A}$ abzählbar erzeugt ist, sind das genau die Dirac-Maße auf $\mathcal{A}$. Sei dazu $Q \in M^1(\mathcal{A})$ mit $Q(\mathcal{A}) = \{0, 1\}$, $\mathcal{E}$ ein abzählbarer Erzeuger von $\mathcal{A}$ und $\mathcal{G} := \{A \in \mathcal{E} \cup \{C^c : C \in \mathcal{E}\} : Q(A) = 1\}$. Für $B := \bigcap_{A \in \mathcal{G}} A$ gilt dann $B \in \mathcal{A}$ und $Q(B) = 1$. Ferner ist B ein Atom von $\mathcal{A}$, das heißt $B \neq \emptyset$ und aus $A \in \mathcal{A}$, $A \subset B$ folgt $A = \emptyset$ oder $A = B$, denn wegen $\mathcal{E} \cap B = \{\emptyset, B\}$ gilt $\mathcal{A} \cap B = \sigma_B(\mathcal{E} \cap B) = \{\emptyset, B\}$. Dies impliziert $Q = \delta_x$ für jedes $x \in B$.

Die Bemerkung nach 10.11 zeigt, dass $\{0, 1\}$-wertige Maße im Allgemeinen keine Dirac-Maße sind.

Für G-ergodische Verteilungen $Q \in M^1(\mathcal{A}, G)$ sind messbare Abbildungen $f : (\mathcal{X}, \mathcal{A}(G, Q)) \to (\mathcal{Y}, \mathcal{B})$ Q-fast sicher konstant, falls $\mathcal{B}$ abzählbar erzeugt ist und $\{y\} \in \mathcal{B}$ für alle $y \in \mathcal{Y}$, denn wegen $Q^f(\mathcal{B}) = \{0, 1\}$ gilt nach obiger Bemerkung $Q^f = \delta_y$ für ein $y \in \mathcal{Y}$ und damit $Q(f = y) = 1$.

Im für uns hauptsächlich interessanten Fall abzählbarer Halbgruppen gibt es eine schönere Charakterisierung ergodischer Verteilungen.

Satz 10.3 *(Ergodizität) Sei G eine abzählbare kommutative Halbgruppe oder eine abzählbare Gruppe. Dann gilt $\mathcal{A}(G, Q) = \mathcal{A}(G)$ Q-f.s. für alle $Q \in M^1(\mathcal{A})$. Insbesondere gilt*

$$\operatorname{ex} M^1(\mathcal{A}, G) = \{Q \in M^1(\mathcal{A}, G) : Q(\mathcal{A}(G)) = \{0, 1\}\}.$$

Beweis Für $Q \in M^1(\mathcal{A})$ und $A \in \mathcal{A}(G, Q)$ definiere man

$$B := \bigcup_{g \in G} \bigcap_{h \in G} (gh)^{-1}(A).$$

(B hängt nicht von Q ab.) Wegen der Abzählbarkeit von G gilt $B \in \mathcal{A}$, und wegen

$$\begin{aligned} A \Delta B &= \bigcap_{g \in G} \bigcup_{h \in G} (A \cap ((gh)^{-1}(A))^c \cup \bigcup_{g \in G} \bigcap_{h \in G} (A^c \cap (gh)^{-1}(A)) \\ &\subset \bigcup_{g \in G} (A \Delta g^{-1}(A)) \end{aligned}$$

gilt $Q(A \Delta B) = 0$. Ist G kommutativ, so operiert G von links auf $\mathcal{X}$. Für $k \in G$ gilt dann mit $Gk := \{gk : g \in G\} \subset G$

$$k^{-1}(B) = \bigcup_{g \in G} \bigcap_{h \in G} (ghk)^{-1}(A) = \bigcup_{g \in G} \bigcap_{h \in Gk} (gh)^{-1}(A) \supset B$$

und wegen der Kommutativität von G

$$k^{-1}(B) = \bigcup_{g\in G}\bigcap_{h\in G}(gkh)^{-1}(A) = \bigcup_{g\in Gk}\bigcap_{h\in G}(gh)^{-1}(A) \subset B,$$

also $k^{-1}(B) = B$. Ist G eine Gruppe, so gilt $kG = Gk = G$ und daher $B = \bigcap_{g\in G} g^{-1}(A)$ und $k^{-1}(B) = B$. Man erhält $\mathcal{A}(G,Q) \subset \mathcal{A}(G)$ Q-f.s., und wegen $\mathcal{A}(G) \subset \mathcal{A}(G,Q)$ folgt $\mathcal{A}(G,Q) = \mathcal{A}(G)$ Q-f.s. Die Charakterisierung der G-ergodischen Verteilungen folgt damit aus Satz 10.2. □

Das folgende Beispiel zeigt, dass 10.3 für nicht-kommutative, endliche Halbgruppen und für nicht-abzählbare Gruppen im Allgemeinen falsch ist.

Beispiel 10.4 (a) Seien $\mathcal{X} = [0,1]^2$, $\mathcal{A}$ die Borelsche σ-Algebra über $\mathcal{X}$ und $g_i : \mathcal{X} \to \mathcal{X}$ mit $g_1(x_1,x_2) := (x_1,x_1)$ und $g_2(x_1,x_2) := (x_2,x_2)$. Dann sind die g_i stetig und es gilt $g_1 \circ g_2 = g_2$ und $g_2 \circ g_1 = g_1$. Also ist $G := \{g_1, g_2\}$ eine (nicht-kommutative) Halbgruppe mit der Komposition als Halbgruppenoperation und der Linksoperation $gx = g(x)$ auf $\mathcal{X}$. Wegen $g_i^{-1}(D) = \mathcal{X}$ und $g_i^{-1}(A) \cap D = A \cap D$ für $A \in \mathcal{A}$, wobei $D := \{(x,x) : x \in [0,1]\}$ die Diagonale bezeichnet, gelten

$$M^1(\mathcal{A},G) = \{Q \in M^1(\mathcal{A}) : Q(D) = 1\}$$

und $\mathcal{A}(G,Q) = \mathcal{A}$ für alle $Q \in M^1(\mathcal{A},G)$. Da $\mathcal{A}$ abzählbar erzeugt ist und die $\{0,1\}$-wertigen Maße auf $\mathcal{A}$ daher wegen der Bemerkung nach 10.2 Dirac-Maße sind, liefert 10.2

$$\operatorname{ex} M^1(\mathcal{A},G) = \{\delta_x : x \in D\}.$$

Andererseits gilt $\mathcal{A}(G) = \{\emptyset, \mathcal{X}\}$ und damit

$$\{Q \in M^1(\mathcal{A},G) : Q(\mathcal{A}(G)) = \{0,1\}\} = M^1(\mathcal{A},G).$$

(b) Seien $\mathcal{X} = \mathbb{R}$, $\mathcal{A}$ die Borelsche σ-Algebra über $\mathcal{X}$ und G die (überabzählbare) Gruppe der bijektiven Abbildungen $g : \mathcal{X} \to \mathcal{X}$ mit $|\{x \in \mathcal{X} : g(x) \neq x\}| < \infty$. Dann gelten

$$M^1(\mathcal{A},G) = \{Q \in M^1(\mathcal{A}) : Q(\{x\}) = 0 \text{ für alle } x \in \mathcal{X}\}$$

und $\mathcal{A}(G,Q) = \mathcal{A}$ für alle $Q \in M^1(\mathcal{A},G)$. Wegen 10.2 und der Bemerkung nach 10.2 folgt

$$\operatorname{ex} M^1(\mathcal{A},G) = \emptyset,$$

während $\mathcal{A}(G) = \{\emptyset, \mathcal{X}\}$ und

$$\{Q \in M^1(\mathcal{A},G) : Q(\mathcal{A}(G)) = \{0,1\}\} = M^1(\mathcal{A},G).$$

Um Bedingungen an $\mathcal{A}(G)$ zu formulieren, die zur Charakterisierung 10.3 der Ergodizität äquivalent sind, benötigen wir das statistische Suffizienz-Konzept. Eine

Unter-σ-Algebra $\mathcal{B} \subset \mathcal{A}$ heißt **suffizient** für $\mathcal{Q} \subset M^1(\mathcal{A})$, falls es für alle $A \in \mathcal{A}$ eine $\mathcal{B}$-messbare (von $Q \in \mathcal{Q}$ unabhängige) Funktion $f_A : (\mathcal{X}, \mathcal{B}) \to (\mathbb{R}, \mathcal{B}(\mathbb{R}))$ gibt mit

$$f_A = E_Q(1_A|\mathcal{B}) \ Q\text{-f.s. für alle } Q \in \mathcal{Q}.$$

$\mathcal{B}$ heißt **paarweise suffizient** für $\mathcal{Q}$, falls $\mathcal{B}$ für alle zweielementigen Teilmengen von $\mathcal{Q}$ suffizient ist.

Satz 10.5 *(Ergodizität und paarweise Suffizienz) Für* $K(G) := \{Q \in M^1(\mathcal{A}, G) : Q(\mathcal{A}(G)) = \{0, 1\}\}$ *sind äquivalent:*

(i) $\operatorname{ex} M^1(\mathcal{A}, G) = K(G)$,
(ii) $\mathcal{A}(G)$ *ist paarweise suffizient für* $K(G)$,
(iii) $\mathcal{A}(G)$ *ist verteilungsbestimmend für* $K(G)$, *das heißt, aus* $Q_1|\mathcal{A}(G) = Q_2|\mathcal{A}(G)$ *für* $Q_i \in K(G)$ *folgt* $Q_1 = Q_2$.

Beweis (i) $\Rightarrow$ (ii). Für $Q_1, Q_2 \in K(G)$, $Q_1 \neq Q_2$ seien $Q := (Q_1+Q_2)/2$, $f_i := dQ_i/dQ$ und $\tilde{f}_i := E_Q(f_i|\mathcal{A}(G))$. Wir definieren Wahrscheinlichkeitsmaße $\tilde{Q}_i$ auf $\mathcal{A}$ durch $\tilde{Q}_i := \tilde{f}_i Q$. Dann gilt für $A \in \mathcal{A}(G)$

$$\tilde{Q}_i(A) = \int_A \tilde{f}_i dQ = \int_A f_i dQ = Q_i(A),$$

also $\tilde{Q}_i|\mathcal{A}(G) = Q_i|\mathcal{A}(G)$, und wegen der G-Invarianz von $\tilde{f}_i$ (10.1(a)) und Q gilt $\tilde{Q}_i \in M^1(\mathcal{A}, G)$. Dies impliziert $\tilde{Q}_i \in K(G)$ und $(\tilde{Q}_i + Q_i)/2 \in K(G)$. Wegen (i) folgt $\tilde{Q}_i = Q_i$. Die Maße Q_1 und Q_2 haben demnach eine $\mathcal{A}(G)$-messbare Dichte bezüglich Q. Daraus folgt die Suffizienz von $\mathcal{A}(G)$ für $\{Q_1, Q_2\}$, denn für $B \in \mathcal{A}$ und $A \in \mathcal{A}(G)$ gilt

$$\begin{aligned}\int_A E_Q(1_B|\mathcal{A}(G))dQ_i &= \int_A E_Q(1_B|\mathcal{A}(G))\tilde{f}_i dQ \\ &= \int_A E_Q(1_B \tilde{f}_i|\mathcal{A}(G))dQ \\ &= \int_A 1_B \tilde{f}_i dQ = \int_A 1_B dQ_i,\end{aligned}$$

also $E_Q(1_B|\mathcal{A}(G)) = E_{Q_i}(1_B|\mathcal{A}(G))$ Q_i-f.s.

(ii) $\Rightarrow$ (iii). Seien $Q_1, Q_2 \in K(G)$ mit $Q_1|\mathcal{A}(G) = Q_2|\mathcal{A}(G)$. Für $A \in \mathcal{A}$ gibt es nach (ii) eine $\mathcal{A}(G)$-messbare Funktion f_A mit $f_A = E_{Q_i}(1_A|\mathcal{A}(G))$ Q_i-f.s. für $i \in \{1, 2\}$. Damit folgt

$$Q_1(A) = \int f_A dQ_1|\mathcal{A}(G) = \int f_A dQ_2|\mathcal{A}(G) = Q_2(A).$$

(iii) $\Rightarrow$ (i). Nach 10.2 gilt $\operatorname{ex} M^1(\mathcal{A}, G) \subset K(G)$. Sei nun $Q \in K(G)$ und $Q = \lambda Q_1 + (1-\lambda)Q_2$ mit $Q_1, Q_2 \in M^1(\mathcal{A}, G)$ und $\lambda \in (0, 1)$. Dann gilt

$Q_i \in K(G)$ und $Q_1|\mathcal{A}(G) = Q_2|\mathcal{A}(G)$, was wegen (iii) $Q_1 = Q_2$ impliziert. Also ist Q ein Extremalpunkt von $M^1(\mathcal{A}, G)$. □

Im Allgemeinen folgt aus der Gleichheit 10.5(i) nicht die paarweise Suffizienz von $\mathcal{A}(G)$ für $M^1(\mathcal{A}, G)$ [123]. In der Situation von 10.3 ist allerdings $\mathcal{A}(G)$ sogar suffizient für $M^1(\mathcal{A}, G)$ [96].

Als Anwendung der „nicht-kompakten Choquet-Theorie" und der Charakterisierung 10.2 erhält man, dass in regulären Fällen jede Verteilung in $M^1(\mathcal{A}, G)$ eindeutige Mischung von G-ergodischen Verteilungen ist. Wir benötigen dazu eine messbare Struktur über $M^1(\mathcal{A})$. Für $A \in \mathcal{A}$ sei

$$\varphi_A : M^1(\mathcal{A}) \to [0,1], \quad \varphi_A(Q) := Q(A).$$

Damit sei

$$\Sigma(M^1(\mathcal{A})) := \sigma(\varphi_A, A \in \mathcal{A})$$

und für Teilmengen $\mathcal{Q} \subset M^1(\mathcal{A})$ sei

$$\Sigma(\mathcal{Q}) := \sigma(\varphi_A|\mathcal{Q} : A \in \mathcal{A}).$$

Dann ist $\Sigma(\mathcal{Q})$ die Spur-σ-Algebra $\Sigma(M^1(\mathcal{A})) \cap \mathcal{Q}$.

Satz 10.6 *(Integraldarstellung) Seien $\mathcal{X}$ ein polnischer Raum, $\mathcal{A}$ die Borelsche σ-Algebra über $\mathcal{X}$ und $\mathcal{X} \to \mathcal{X}, x \mapsto gx$ für alle $g \in G$ stetig. Dann gibt es zu jedem $Q \in M^1(\mathcal{A}, G)$ genau ein $\rho \in M^1(\Sigma(\mathrm{ex}\, M^1(\mathcal{A}, G)))$ mit*

$$Q = \int_{\mathrm{ex}\, M^1(\mathcal{A},G)} Q' d\rho(Q').$$

Die obige Gleichung bedeutet ausführlich

$$Q(A) = \int_{\mathrm{ex}\, M^1(\mathcal{A},G)} Q'(A) d\rho(Q')$$

für alle $A \in \mathcal{A}$.

Beweis Aus der Stetigkeit von $x \mapsto gx$ für alle $g \in G$ folgt, dass $M^1(\mathcal{A}, G)$ eine in der schwachen Topologie abgeschlossene Teilmenge von $M^1(\mathcal{A})$ ist. Dabei ist die schwache Topologie die gröbste Topologie auf $M^1(\mathcal{A})$ derart, dass für jede stetige, beschränkte Funktion $f : \mathcal{X} \to \mathbb{R}$ die Abbildung $M^1(\mathcal{A}) \to \mathbb{R}$, $Q \mapsto \int f dQ$ stetig ist. Ferner ist $M^1(\mathcal{A}, G)$ ein (nicht-kompaktes) Choquet-Simplex, das heißt der konvexe Kegel $\mathcal{K} := \mathbb{R}_+ M^1(\mathcal{A}, G)$ der G-invarianten, endlichen Maße auf $\mathcal{A}$ ist ein Verband in seiner eigenen (partiellen) Ordnung „$\mu \leq \nu$, falls $\nu - \mu \in \mathcal{K}$." Diese Ordnung stimmt offenbar mit der üblichen mengenweisen Ordnung „$\mu \leq \nu$, falls $\mu(A) \leq \nu(A)$ für alle $A \in \mathcal{A}$" überein. Zum Nachweis der Verbandseigenschaft, also für $\mu, \nu \in \mathcal{K}$ existieren $\mu \wedge \nu$ und $\mu \vee \nu$ in $\mathcal{K}$, seien $f := d\mu/d(\mu + \nu)$

und $h := d\nu/d(\mu + \nu)$. Wie im Beweis von 10.2 sind f und h $\mathcal{A}(G, \mu + \nu)$-messbar. Also ist auch $f \wedge h$ $\mathcal{A}(G, \mu + \nu)$-messbar und wegen 10.1(b) gilt $(f \wedge h) \circ g = f \wedge h$ $\mu + \nu$-f.s. Für $\eta := (f \wedge h)(\mu + \nu)$ folgt $\eta \in \mathcal{K}$ und $\eta = \mu \wedge \nu$. Ebenso gilt $\xi := (f \vee h)(\mu + \nu) \in \mathcal{K}$ und $\xi = \mu \vee \nu$. Mit diesen beiden Eigenschaften von $M^1(\mathcal{A}, G)$ folgt die Behauptung aus einem allgemeinen Integraldarstellungssatz [124, 150]. □

In der Situation von Satz 10.6 gilt insbesondere $\operatorname{ex} M^1(\mathcal{A}, G) \neq \emptyset$, falls $M^1(\mathcal{A}, G) \neq \emptyset$. Wegen Beispiel 10.4(b) ist dies und damit 10.6 ohne die Stetigkeit der Operation von G auf $\mathcal{X}$ im Allgemeinen nicht richtig.

10.2 Austauschbare Prozesse

Wir spezialisieren jetzt die Halbgruppe G zur Gruppe der **endlichen Permutationen** von $\mathbb{N}$, das sind bijektive Abbildungen $g : \mathbb{N} \to \mathbb{N}$ mit $|\{n \in \mathbb{N} : g(n) \neq n\}| < \infty$. Mit der Komposition als Gruppenoperation ist G dann eine abzählbare (nicht-kommutative) Gruppe. Für einen messbaren Raum $(\mathcal{X}, \mathcal{A})$ operiert die Halbgruppe aller Abbildungen $g : \mathbb{N} \to \mathbb{N}$ (die Halbgruppenoperation ist wieder die Komposition) von rechts auf $\mathcal{X}^{\mathbb{N}}$ durch

$$gx := (x_{g(n)})_{n \geq 1},$$

und die induzierte Abbildung $\mathcal{X}^{\mathbb{N}} \to \mathcal{X}^{\mathbb{N}}, x \mapsto gx$ ist $(\mathcal{A}^{\mathbb{N}}, \mathcal{A}^{\mathbb{N}})$-messbar, weil $x \mapsto x_{g(n)}$ für alle $n \in \mathbb{N}$ bezüglich $(\mathcal{A}^{\mathbb{N}}, \mathcal{A})$ messbar ist.

Die Gruppe G hat eine einfache Struktur. Für die Untergruppen

$$G_n := \{g \in G : g(j) = j \text{ für alle } j > n\},$$

$n \in \mathbb{N}$ gilt

$$|G_n| = n!, \quad G_m \subset G_n \text{ für } m \leq n \quad \text{und} \quad \bigcup_{n=1}^{\infty} G_n = G.$$

G_n operiert auch auf $\mathcal{X}^n$ durch $gx := (x_{g(1)}, \ldots, x_{g(n)})$ und $x \mapsto gx$ ist $(\mathcal{A}^n, \mathcal{A}^n)$-messbar.

Ein $(\mathcal{X}, \mathcal{A})$-wertiger Prozess $X = (X_n)_{n \geq 1}$ heißt **austauschbar**, falls

$$P^X \in M^1(\mathcal{A}^{\mathbb{N}}, G),$$

also $P^{gX} = (P^X)^g = P^X$ für alle $g \in G$, wobei X hier als $(\mathcal{X}^{\mathbb{N}}, \mathcal{A}^{\mathbb{N}})$-wertige Zufallsvariable aufgefasst wird. Austauschbare Prozesse sind identisch verteilt, und falls X eine unabhängige Folge identisch verteilter Zufallsvariablen ist, so ist X austauschbar. Weitere einfache Eigenschaften sind:

Lemma 10.7

(a) Ein $(\mathcal{X}, \mathcal{A})$-wertiger Prozess $X = (X_n)_{n\geq 1}$ ist genau dann austauschbar, wenn

$$P^{(X_1,\ldots,X_n)} \in M^1(\mathcal{A}^n, G_n)$$

für alle $n \geq 1$.

(b) Ist H die Halbgruppe der injektiven Abbildungen von $\mathbb{N}$ nach $\mathbb{N}$, so gilt

$$M^1(\mathcal{A}^{\mathbb{N}}, G) = M^1(\mathcal{A}^{\mathbb{N}}, H).$$

(c) Ist $h : \mathbb{N} \to \mathbb{N}, h(n) := n + 1$ und H_0 die von h erzeugte Halbgruppe, so gilt

$$M^1(\mathcal{A}^{\mathbb{N}}, G) \subset M^1(\mathcal{A}^{\mathbb{N}}, H_0).$$

Prozesse X mit $P^X \in M^1(\mathcal{A}^{\mathbb{N}}, H_0)$ heißen **stationär**. Austauschbare Prozesse sind nach 10.7(c) also stationär.

Beweis Weil $\{(\pi_1, \ldots, \pi_n)^{-1}(B) : n \in \mathbb{N}, B \in \mathcal{A}^n\}$ ein durchschnittsstabiler Erzeuger von $\mathcal{A}^{\mathbb{N}}$ ist, gilt für $(\mathcal{X}, \mathcal{A})$-wertige Prozesse X und Y nach dem Maßeindeutigkeitssatz $P^X = P^Y$ genau dann, wenn $P^{(X_1,\ldots,X_n)} = P^{(Y_1,\ldots,Y_n)}$ für alle $n \geq 1$.

(a) Für $g \in G$, also $g \in G_m$ für ein $m \geq 1$, und $n \geq 1$ folgt aus der angegebenen Bedingung $P^{(X_{g(1)},\ldots,X_{g(n)})} = P^{(X_1,\ldots,X_n)}$, denn für $m \leq n$ ist $g \in G_n$ und für $m > n$ folgt dies durch Übergang zu den n-dimensionalen Randverteilungen. Man erhält $P^{gX} = P^X$.

(b) Wegen $G \subset H$ gilt $M^1(\mathcal{A}^{\mathbb{N}}, H) \subset M^1(\mathcal{A}^{\mathbb{N}}, G)$. Zu $h \in H$ und $n \geq 1$ gibt es ein $g \in G$ mit $g|\{1, \ldots, n\} = h|\{1, \ldots, n\}$ und dies impliziert für $Q \in M^1(\mathcal{A}^{\mathbb{N}}, G)$

$$Q^{(\pi_{h(1)},\ldots\pi_{h(n)})} = Q^{(\pi_{g(1)},\ldots\pi_{g(n)})} = Q^{(\pi_1,\ldots,\pi_n)}.$$

Also gilt $Q^h = Q$.

(c) folgt wegen $H_0 \subset H$ aus (b). □

Für einen $(\mathcal{X}, \mathcal{A})$-wertigen Prozess $X = (X_n)_{n\geq 1}$ seien

$$\mathcal{A}^{\mathbb{N}}(G_n)_X := X^{-1}(\mathcal{A}^{\mathbb{N}}(G_n)) \quad \text{und} \quad \mathcal{A}^{\mathbb{N}}(G)_X := X^{-1}(\mathcal{A}^{\mathbb{N}}(G)).$$

Dann gilt

$$\mathcal{A}^{\mathbb{N}}(G)_X = \bigcap_{n=1}^{\infty} \mathcal{A}^{\mathbb{N}}(G_n)_X,$$

denn für $C \in \bigcap_{n=1}^{\infty} \mathcal{A}^{\mathbb{N}}(G_n)_X$ gilt $C = X^{-1}(A_n)$ mit $A_n \in \mathcal{A}^{\mathbb{N}}(G_n)$ für alle $n \geq 1$, und für $A := \limsup_{n\to\infty} A_n$ folgt $A \in \mathcal{A}^{\mathbb{N}}(G)$ und $C = X^{-1}(A)$, also $C \in \mathcal{A}^{\mathbb{N}}(G)_X$. Die umgekehrte Inklusion ist eine Konsequenz der Gleichung $\mathcal{A}^{\mathbb{N}}(G) = \bigcap_{n=1}^{\infty} \mathcal{A}^{\mathbb{N}}(G_n)$.

Alle Resultate im Rest dieses Abschnitts basieren auf dem folgenden Konvergenzsatz, einer Konsequenz des Martingalkonvergenzsatzes 4.26.

Satz 10.8 *Seien $X = (X_n)_{n \geq 1}$ ein austauschbarer $(\mathcal{X}, \mathcal{A})$-wertiger Prozess, $1 \leq p < \infty$ und $f : (\mathcal{X}^{\mathbb{N}}, \mathcal{A}^{\mathbb{N}}) \to (\mathbb{R}, \mathcal{B}(\mathbb{R}))$ mit $f(X) \in \mathcal{L}^p$. Dann gilt*

$$E(f(X)|\mathcal{A}^{\mathbb{N}}(G_n)_X) = \frac{1}{n!} \sum_{g \in G_n} f(gX)$$

für alle $n \geq 1$ und

$$\frac{1}{n!} \sum_{g \in G_n} f(gX) \to E(f(X)|\mathcal{A}^{\mathbb{N}}(G)_X) \text{ f.s. und in } \mathcal{L}^p$$

für $n \to \infty$.

Für $m \in \mathbb{N}$ und messbare Funktionen $f : (\mathcal{X}^m, \mathcal{A}^m) \to (\mathbb{R}, \mathcal{B}(\mathbb{R}))$ kann man 10.8 auf $\tilde{f}(x) := f(x_1, \ldots, x_m), x \in \mathcal{X}^{\mathbb{N}}$ anwenden und erhält

$$\begin{aligned} E(f(X_1, \ldots, X_m)|\mathcal{A}^{\mathbb{N}}(G_n)_X) &= \frac{1}{n!} \sum_{g \in G_n} \tilde{f}(gx) = \frac{1}{n!} \sum_{g \in G_n} f(X_{g(1)}, \ldots X_{g(m)}) \\ &\to E(f(X_1, \ldots, X_m)|\mathcal{A}^{\mathbb{N}}(G)_X) \text{ f.s. und in } \mathcal{L}^p. \end{aligned}$$

Beweis Für $n \geq 1$ sei f_n die durch

$$f_n(x) := \frac{1}{n!} \sum_{g \in G_n} f(gx), x \in \mathcal{X}^{\mathbb{N}}$$

definierte G_n-Symmetrisierung von f. Dann ist f_n bezüglich $(\mathcal{A}^{\mathbb{N}}, \mathcal{B}(\mathbb{R}))$ messbar und G_n-invariant, also nach 10.1(a) $\mathcal{A}^{\mathbb{N}}(G_n)$-messbar. Damit ist $f_n(X)$ bezüglich $\mathcal{A}^{\mathbb{N}}(G_n)_X$ messbar und für $C \in \mathcal{A}^{\mathbb{N}}(G_n)_X$, $C = X^{-1}(A)$ mit $A \in \mathcal{A}^{\mathbb{N}}(G_n)$, gilt die Radon-Nikodym-Gleichung

$$\begin{aligned} \int_C f_n(X) dP &= \frac{1}{n!} \sum_{g \in G_n} \int 1_A(X) f(gX) dP \\ &= \frac{1}{n!} \sum_{g \in G_n} \int 1_A(X) f(X) dP = \int_C f(X) dP. \end{aligned}$$

Also gilt

$$E(f(X)|\mathcal{A}^{\mathbb{N}}(G_n)_X) = f_n(X).$$

Daher ist $(Y_n)_{n \in -\mathbb{N}}$ mit $Y_n := f_{-n}(X)$, $\mathcal{F}_n := \mathcal{A}^{\mathbb{N}}(G_{-n})_X$ und $\mathbb{F} = (\mathcal{F}_n)_{n \in -\mathbb{N}}$ wegen $Y_n = E(Y_{-1}|\mathcal{F}_n)$ ein $\mathbb{F}$-Martingal. Der Konvergenzsatz 4.26 über die Rückwärtskonvergenz von Martingalen liefert wegen $\mathcal{F}_{-\infty} = \bigcap_{n=1}^{\infty} \mathcal{A}^{\mathbb{N}}(G_n)_X = \mathcal{A}^{\mathbb{N}}(G)_X$

$$f_n(X) = Y_{-n} \to E(Y_{-1}|\mathcal{F}_{-\infty}) = E(f(X)|\mathcal{A}^{\mathbb{N}}(G)_X) \text{ f.s. und in } \mathcal{L}^p$$

für $n \to \infty$. □

Wegen der Bemerkung nach 10.5 ist die σ-Algebra $\mathcal{A}^{\mathbb{N}}(G)$ der G-invarianten $\mathcal{A}^{\mathbb{N}}$-messbaren Mengen suffizient für $M^1(\mathcal{A}^{\mathbb{N}}, G)$. Dies folgt auch sofort aus 10.8: Für $A \in \mathcal{A}^{\mathbb{N}}$ sei

$$f_n := \frac{1}{n!} \sum_{g \in G_n} 1_A \circ g$$

die G_n-Symmetrisierung von 1_A. Dann ist f_n $\mathcal{A}^{\mathbb{N}}$-messbar und G_n-invariant. Für $f_A := \limsup_{n \to \infty} f_n$ gilt nach 10.8 (mit $X = (\pi_n)_{n \geq 1}$)

$$f_A = E_Q(1_A | \mathcal{A}^{\mathbb{N}}(G)) \ Q\text{-f.s.}$$

für alle $Q \in M^1(\mathcal{A}^{\mathbb{N}}, G)$, und weil f_A G-invariant und damit wegen 10.1(a) $\mathcal{A}^{\mathbb{N}}(G)$-messbar ist, folgt die Suffizienz von $\mathcal{A}^{\mathbb{N}}(G)$ für $M^1(\mathcal{A}^{\mathbb{N}}, G)$.

Für einen $(\mathcal{X}, \mathcal{A})$-wertigen Prozess $X = (X_n)_{n \geq 1}$ sei

$$\mathcal{T}_X := \bigcap_{n \geq 1} \sigma(X_k, k \geq n)$$

die X-terminale σ-Algebra.

Satz 10.9 *(Austauschbarkeit und Terminalität) Für jeden $(\mathcal{X}, \mathcal{A})$-wertigen Prozess $X = (X_n)_{n \geq 1}$ gilt $\mathcal{T}_X \subset \mathcal{A}^{\mathbb{N}}(G)_X$, und falls X austauschbar ist, gilt*

$$\mathcal{T}_X = \mathcal{A}^{\mathbb{N}}(G)_X \ \textit{f.s.}$$

Beweis Da der Shift $\theta_n : \mathcal{X}^{\mathbb{N}} \to \mathcal{X}^{\mathbb{N}}$, $\theta_n(x) = (x_{n+j})_{j \geq 1}$ bezüglich $(\mathcal{A}^{\mathbb{N}}, \mathcal{A}^{\mathbb{N}})$ messbar und G_n-invariant ist, gilt wegen 10.1(a) $\sigma(\theta_n) = \theta_n^{-1}(\mathcal{A}^{\mathbb{N}}) \subset \mathcal{A}^{\mathbb{N}}(G_n)$ und damit $\sigma(\theta_n(X)) \subset \mathcal{A}^{\mathbb{N}}(G_n)_X$ für alle $n \geq 1$. Wegen $\sigma(X_k, k \geq n+1) = \sigma(\theta_n(X))$ folgt $\mathcal{T}_X \subset \mathcal{A}^{\mathbb{N}}(G)_X$.

Für austauschbare Prozesse X zeigen wir jetzt $\mathcal{A}^{\mathbb{N}}(G)_X \subset \mathcal{T}_X$ f.s. Für $C \in \mathcal{A}^{\mathbb{N}}(G)_X, \mathbb{F} := \mathbb{F}^X$ und $m \geq 1$ sei dazu

$$M_m := P(C | \mathcal{F}_m).$$

Faktorisierung liefert $M_m = f_m(X_1, \ldots, X_m)$ mit $f_m(x_1, \ldots, x_m) = P(C | X_1 = x_1, \ldots, X_m = x_m), 0 \leq f_m \leq 1$. Für $n \geq 1$ sei

$$U_{n,m} := \frac{1}{n!} \sum_{g \in G_n} f_m(X_{g(1)}, \ldots, X_{g(m)})$$

und für $n > 2m$ seien

$$G_{n,m} := \bigcap_{j=1}^{m} \{g \in G_n : g(j) > m\}$$

und

$$V_{n,m} := \frac{1}{n!} \sum_{g \in G_{n,m}} f_m(X_{g(1)}, \ldots, X_{g(m)}).$$

Wegen

$$G_n \setminus G_{n,m} = \bigcup_{j=1}^{m} \bigcup_{i=1}^{m} \{g \in G_n : g(j) = i\}$$

gilt $|G_n \setminus G_{n,m}| \le m^2(n-1)!$ Man erhält für $n > 2m$ wegen $0 \le f_m \le 1$

$$|U_{n,m} - V_{n,m}| \le \frac{|G_n \setminus G_{n,m}|}{n!} \le \frac{m^2}{n},$$

und dies impliziert $U_{n,m} - V_{n,m} \to 0$ gleichmäßig auf Ω für $n \to \infty$. Weil nach 10.8 $U_{n,m} \to E(M_m|\mathcal{A}^{\mathbb{N}}(G)_X)$ f.s., folgt

$$V_{n,m} \to E(M_m|\mathcal{A}^{\mathbb{N}}(G)_X) \text{ f.s.}$$

für $n \to \infty$. Offenbar ist $V_{n,m}$ bezüglich $\sigma(X_k, k \ge m+1)$ messbar für $n > 2m$, so dass $V_m := \limsup_{n\to\infty} V_{n,m}$ ($= \limsup_{n\to\infty} U_{n,m}$) bezüglich $\sigma(X_k, k \ge m+1)$ messbar ist und

$$V_m = E(M_m|\mathcal{A}^{\mathbb{N}}(G)_X) \text{ f.s.}$$

für alle $m \ge 1$. Daher ist $V := \limsup_{m\to\infty} V_m$ bezüglich $\mathcal{T}_X$ messbar. Wegen $\mathcal{F}_\infty = X^{-1}(\mathcal{A}^{\mathbb{N}})$ gilt nach dem Konvergenzsatz 4.8

$$M_m \to P(C|\mathcal{F}_\infty) = 1_C \text{ f.s.}$$

und mit dominierter Konvergenz für bedingte Erwartungswerte folgt

$$E(M_m|\mathcal{A}^{\mathbb{N}}(G)_X) \to P(C|\mathcal{A}^{\mathbb{N}}(G)_X) = 1_C \text{ f.s.}$$

für $m \to \infty$. Man erhält $V = 1_C$ f.s. Für $D := \{V = 1\}$ gilt dann $D \in \mathcal{T}_X$ und $C \Delta D \subset \{V \ne 1_C\}$, also $P(C \Delta D) = 0$. □

Wir kommen nun zur zentralen Charakterisierung austauschbarer Prozesse als diejenigen Prozesse X, die bedingt unter $\mathcal{A}^{\mathbb{N}}(G)_X$ unabhängig und identisch verteilt sind. Dabei heißt eine Folge $X = (X_n)_{n\ge1}$ von $(\mathcal{X}, \mathcal{A})$-wertigen Zufallsvariablen **bedingt unabhängig** unter $\mathcal{G}$ für eine Unter-σ-Algebra $\mathcal{G} \subset \mathcal{F}$, falls

$$P\Big(\bigcap_{i=1}^{n} \{X_i \in A_i\}\Big|\mathcal{G}\Big) = \prod_{i=1}^{n} P(X_i \in A_i|\mathcal{G})$$

für alle $n \ge 1$, $A_1, \ldots, A_n \in \mathcal{A}$. Sie heißt **bedingt identisch verteilt** unter $\mathcal{G}$, falls

$$P(X_n \in A|\mathcal{G}) = P(X_1 \in A|\mathcal{G})$$

für alle $n \ge 1$, $A \in \mathcal{A}$. Beide Eigenschaften zusammen sind dann äquivalent zu

$$P\Big(\bigcap_{i=1}^{n} \{X_i \in A_i\}\Big|\mathcal{G}\Big) = \prod_{i=1}^{n} P(X_1 \in A_i|\mathcal{G})$$

für alle $n \ge 1$, $A_1, \ldots, A_n \in \mathcal{A}$.

Satz 10.10 *(de Finetti) Ein $(\mathcal{X}, \mathcal{A})$-wertiger Prozess $X = (X_n)_{n \geq 1}$ ist genau dann austauschbar, wenn $(X_n)_{n \geq 1}$ eine bedingt unabhängige Folge bedingt identisch verteilter Zufallsvariablen unter $\mathcal{A}^{\mathbb{N}}(G)_X$ ist.*

Beweis Sei X austauschbar. Für $m, n \geq 1$ und $A_1, \ldots, A_m \in \mathcal{A}$ seien

$$f_m(x_1, \ldots, x_m) := \prod_{i=1}^{m} 1_{A_i}(x_i),$$

$$U_n(1_{A_i}) := \frac{1}{n!} \sum_{g \in G_n} 1_{A_i}(X_{g(1)})$$

und

$$U_n(f_m) := \frac{1}{n!} \sum_{g \in G_n} f_m(X_{g(1)}, \ldots, X_{g(m)}).$$

Dann gelten nach 10.8 wegen $f_m(X_1, \ldots, X_m) = 1_{\bigcap_{i=1}^{m}\{X_i \in A_i\}}$

$$U_n(f_m) \to P\Big(\bigcap_{i=1}^{m}\{X_i \in A_i\}\Big|\mathcal{A}^{\mathbb{N}}(G)_X\Big) \text{ f.s.}$$

und

$$\prod_{i=1}^{m} U_n(1_{A_i}) \to \prod_{i=1}^{m} P(X_1 \in A_i|\mathcal{A}^{\mathbb{N}}(G)_X) \text{ f.s.}$$

für $n \to \infty$. Wir zeigen jetzt, dass die beiden fast sicheren Limiten übereinstimmen. Für $n \geq m$ seien dazu $K_{n,m}$ die Menge aller Abbildungen von $\{1, \ldots, m\}$ nach $\{1, \ldots, n\}$ und $H_{n,m}$ die Menge der injektiven Abbildungen in $K_{n,m}$. Wegen $|K_{n,m}| = n^m$, $|H_{n,m}| = n!/(n-m)!$ und

$$G_n = \bigcup_{h \in H_{n,m}} \{g \in G_n : g|\{1, \ldots, m\} = h\}$$

folgt

$$U_n(f_m) = \frac{(n-m)!}{n!} \sum_{h \in H_{n,m}} f_m(X_{h(1)}, \ldots, X_{h(m)}),$$

also insbesondere

$$U_n(1_{A_i}) = \frac{1}{n} \sum_{j=1}^{n} 1_{A_i}(X_j).$$

Dies impliziert für $n \geq m$

$$\begin{aligned}\prod_{i=1}^{m} U_n(1_{A_i}) &= \frac{1}{n^m} \sum_{h \in K_{n,m}} f_m(X_{h(1)}, \ldots, X_{h(m)}) \\ &= \frac{n!}{(n-m)!n^m} U_n(f_m) + \frac{1}{n^m} \sum_{h \in K_{n,m} \setminus H_{n,m}} f_m(X_{h(1)}, \ldots, X_{h(m)}).\end{aligned}$$

Wegen $n!/(n-m)!n^m \to 1$ und

$$\begin{aligned}\left| \frac{1}{n^m} \sum_{h \in K_{n,m} \setminus H_{n,m}} f_m(X_{h(1)}, \ldots, X_{h(m)}) \right| &\leq \frac{|K_{n,m}| - |H_{n,m}|}{n^m} \\ &= 1 - \frac{n!}{(n-m)!n^m} \to 0\end{aligned}$$

für $n \to \infty$ erhält man

$$\prod_{i=1}^{m} U_n(1_{A_i}) \to P\Big(\bigcap_{i=1}^{m} \{X_i \in A_i\} \Big| \mathcal{A}^{\mathbb{N}}(G)_X \Big) \text{ f.s.}$$

für $n \to \infty$.

Umgekehrt folgt aus

$$P\Big(\bigcap_{i=1}^{n} \{X_i \in A_i\} \Big| \mathcal{A}^{\mathbb{N}}(G)_X \Big) = \prod_{i=1}^{n} P(X_1 \in A_i | \mathcal{A}^{\mathbb{N}}(G)_X)$$

für $g \in G_n$ auch

$$P\Big(\bigcap_{i=1}^{m} \{X_{g(i)} \in A_i\} \Big| \mathcal{A}^{\mathbb{N}}(G)_X \Big) = \prod_{i=1}^{n} P(X_1 \in A_i | \mathcal{A}^{\mathbb{N}}(G)_X)$$

und Erwartungswertbildung liefert

$$P^{g(X_1,\ldots,X_n)}\Big(\prod_{i=1}^{n} A_i \Big) = P^{(X_1,\ldots,X_n)}\Big(\prod_{i=1}^{n} A_i \Big).$$

Also stimmen $P^{g(X_1,\ldots,X_n)}$ und $P^{(X_1,\ldots,X_n)}$ auf einem durchschnittsstabilen Erzeuger von $\mathcal{A}^n$ überein und sind deshalb gleich. Dies impliziert wegen 10.7(a) die Austauschbarkeit von X. □

Mit 10.9 und 10.10 lassen sich nun leicht die G-ergodischen Verteilungen charakterisieren.

Satz 10.11 *(Ergodizität, Hewitt und Savage) Die Verteilung eines austauschbaren $(\mathcal{X}, \mathcal{A})$-wertigen Prozesses $X = (X_n)_{n\geq 1}$ ist genau dann G-ergodisch, wenn $(X_n)_{n\geq 1}$ eine unabhängige Folge identisch verteilter Zufallsvariablen ist, und dies ist äquivalent zu $P(\mathcal{A}^{\mathbb{N}}(G)_X) = \{0, 1\}$. Insbesondere gilt*

$$\operatorname{ex} M^1(\mathcal{A}^{\mathbb{N}}, G) = \{Q^{\mathbb{N}} : Q \in M^1(\mathcal{A})\}.$$

Die Eigenschaft $P(\mathcal{A}^{\mathbb{N}}(G)_X) = \{0, 1\}$ für unabhängige Folgen identisch verteilter Zufallsvariablen $X = (X_n)_{n\geq 1}$ heißt **0-1-Gesetz von Hewitt und Savage**.

Beweis Nach 10.3 gilt

$$\operatorname{ex} M^1(\mathcal{A}^{\mathbb{N}}, G) = \{Q \in M^1(\mathcal{A}^{\mathbb{N}}, G) : Q(\mathcal{A}^{\mathbb{N}}(G)) = \{0, 1\}\}.$$

Wegen $P^X(\mathcal{A}^{\mathbb{N}}(G)) = P(\mathcal{A}^{\mathbb{N}}(G)_X)$ ist daher die G-Ergodizität von P^X äquivalent zu $P(\mathcal{A}^{\mathbb{N}}(G)_X) = \{0, 1\}$. Ist $X = (X_n)_{n\geq 1}$ eine unabhängige Folge identisch verteilter Zufallsvariablen, so impliziert Kolmogorovs 0-1-Gesetz $P(\mathcal{T}_X) = \{0, 1\}$ und wegen 10.9 folgt $P(\mathcal{A}^{\mathbb{N}}(G)_X) = \{0, 1\}$. Ist umgekehrt P^X G-ergodisch, so gilt (etwa wegen A.12(b)) $E(Z|\mathcal{A}^{\mathbb{N}}(G)_X) = EZ$ für alle $Z \in \mathcal{L}^1$. Mit 10.10 folgt $P^X = (P^{X_1})^{\mathbb{N}}$. Die Spezialisierung von X auf den Prozess der Projektionen liefert $\operatorname{ex} M^1(\mathcal{A}^{\mathbb{N}}, G) = \{Q^{\mathbb{N}} : Q \in M^1(\mathcal{A})\}$. □

Eine direkte Konsequenz von 10.11 und 10.2 ist die Kakutani-Dichotomie 7.5 für Produktmaße mit identischen Faktoren.

Die (G-ergodischen) Produktmaße $Q^{\mathbb{N}}$ sind zwar $\{0, 1\}$-wertig auf $\mathcal{A}^{\mathbb{N}}(G)$, aber keine Dirac-Maße auf $\mathcal{A}^{\mathbb{N}}(G)$, falls $\mathcal{A}$ die einelementigen Teilmengen von $\mathcal{X}$ enthält und Q kein Dirac-Maß auf $\mathcal{A}$ ist: Andernfalls gilt $Q^{\mathbb{N}}(Gx) = 1$ für ein $x \in \mathcal{X}^{\mathbb{N}}$, da die G-Bahn $Gx := \{gx : g \in G\}$ als abzählbare Teilmenge von $\mathcal{X}^{\mathbb{N}}$ zu $\mathcal{A}^{\mathbb{N}}$ und damit zu $\mathcal{A}^{\mathbb{N}}(G)$ gehört. Für $Q^{\mathbb{N}}$ gilt aber $Q^{\mathbb{N}}(\{z\}) = 0$ für alle $z \in \mathcal{X}^{\mathbb{N}}$, denn mit $c := \sup_{y\in\mathcal{X}} Q(\{y\}) < 1$ folgt

$$Q^{\mathbb{N}}(\{z\}) = \lim_{n\to\infty} \prod_{i=1}^{n} Q(\{z_i\}) \leq \lim_{n\to\infty} c^n = 0,$$

was den Widerspruch $Q^{\mathbb{N}}(Gx) = 0$ impliziert. Insbesondere ist damit $\mathcal{A}^{\mathbb{N}}(G)$ wegen der Bemerkung nach 10.2 nicht abzählbar erzeugt, falls $|\mathcal{X}| \geq 2$ und $\mathcal{A}$ die einelementigen Teilmengen von $\mathcal{X}$ enthält.

Für die G-Bahnen $Gx, x \in \mathcal{X}^{\mathbb{N}}$ gilt übrigens $|Gx| = 1$ genau dann, wenn $x_n = x_1$ für alle $n \geq 1$. In allen anderen Fällen ist Gx nicht endlich. Dies zeigt wegen $Q^{\mathbb{N}}(\{gx\}) = Q^{\mathbb{N}}(\{x\})$ nochmal, dass $Q^{\mathbb{N}}$ nicht auf einer G-Bahn konzentriert sein kann, wenn Q kein Dirac-Maß ist (und $\{\{y\} : y \in \mathcal{X}\} \subset \mathcal{A}$).

In dem folgenden Lemma wird die „Isomorphie" zwischen den G-ergodischen Verteilungen auf $\mathcal{A}^{\mathbb{N}}$ und $M^1(\mathcal{A})$ präzisiert. Eine messbare Abbildung $F : (\mathcal{Y}, \mathcal{B}) \to (\mathcal{Z}, \mathcal{C})$ heißt **Isomorphismus der messbaren Räume** $(\mathcal{Y}, \mathcal{B})$ und $(\mathcal{Z}, \mathcal{C})$, falls F bijektiv und auch die Umkehrabbildung F^{-1} messbar ist.

Lemma 10.12 *Für* $\mathcal{P} := \{Q^{\mathbb{N}} : Q \in M^1(\mathcal{A})\}$ *wird durch*

$$F : (M^1(\mathcal{A}), \Sigma(M^1(\mathcal{A})) \to (\mathcal{P}, \Sigma(\mathcal{P})), \quad F(Q) := Q^{\mathbb{N}}$$

ein Isomorphismus der messbaren Räume definiert.

Beweis Die Bijektivität von F ist klar. Weil

$$\mathcal{E} := \left\{\bigcap_{i=1}^{n}\{\pi_i \in A_i\} : n \in \mathbb{N}, A_1, \ldots, A_n \in \mathcal{A}\right\}$$

ein durchschnittsstabiler Erzeuger von $\mathcal{A}^{\mathbb{N}}$ und

$$\{A \in \mathcal{A} : \varphi_A|\mathcal{P} \text{ ist } \sigma(\varphi_A|\mathcal{P}, A \in \mathcal{E})\text{-messbar}\}$$

ein Dynkin-System ist, das $\mathcal{E}$ enthält, gilt $\Sigma(\mathcal{P}) = \sigma(\varphi_A|\mathcal{P}, A \in \mathcal{E})$. Daher ist F messbar, denn für $A \in \mathcal{E}$, also $A = \bigcap_{i=1}^{n}\{\pi_i \in A_i\}$, ist die Funktion $\varphi_A \circ F$ wegen

$$\varphi_A \circ F(Q) = \prod_{i=1}^{n} Q(A_i) = \prod_{i=1}^{n} \varphi_{A_i}(Q)$$

als Produkt $\Sigma(M^1(\mathcal{A}))$-messbarer Funktionen $\Sigma(M^1(\mathcal{A}))$-messbar. Die Umkehrfunktion F^{-1} ist wegen $\varphi_A \circ F^{-1} = \varphi_{\pi_1^{-1}(A)}$ für $A \in \mathcal{A}$ messbar. □

Für eine Unter-σ-Algebra $\mathcal{G} \subset \mathcal{F}$ und einen Markov-Kern K von $(\Omega, \mathcal{G})$ nach $(\mathcal{X}, \mathcal{A})$ ist die Abbildung $\Omega \to M^1(\mathcal{A}), \omega \mapsto K(\omega, \cdot)$ bezüglich $(\mathcal{G}, \Sigma(M^1(\mathcal{A}))$ messbar, so dass man K als $(M^1(\mathcal{A}), \Sigma(M^1(\mathcal{A})))$-wertige Zufallsvariable auffassen kann. Wegen 10.12 wird dann durch

$$K^{\mathbb{N}}(\omega, A) := K(\omega, \cdot)^{\mathbb{N}}(A) = F(K(\omega, \cdot))(A)$$

für $\omega \in \Omega$, $A \in \mathcal{A}^{\mathbb{N}}$ ein Markov-Kern von $(\Omega, \mathcal{G})$ nach $(\mathcal{X}^{\mathbb{N}}, \mathcal{A}^{\mathbb{N}})$ definiert.

Für reguläre Räume $(\mathcal{X}, \mathcal{A})$ erhält man nun mit 10.10 die folgende eindeutige Integraldarstellung der Verteilung austauschbarer Prozesse.

Satz 10.13 *(Integraldarstellung, de Finetti, Hewitt und Savage) Seien* $\mathcal{X}$ *ein polnischer Raum und* $\mathcal{A}$ *die Borelsche* σ*-Algebra über* $\mathcal{X}$. *Ferner seien* $X = (X_n)_{n\geq 1}$ *ein austauschbarer* $(\mathcal{X}, \mathcal{A})$*-wertiger Prozess und*

$$K := P^{X_1|\mathcal{A}^{\mathbb{N}}(G)_X}$$

die bedingte Verteilung von X_1 *unter* $\mathcal{A}^{\mathbb{N}}(G)_X$.

(a) $\sigma(K) = \sigma(K^{\mathbb{N}})$ *und* $P^{X|K} = K^{\mathbb{N}}$.

(b) Es gibt genau ein $\rho \in M^1(\Sigma(M^1(\mathcal{A})))$ *mit*

$$P^X = \int_{M^1(\mathcal{A})} Q^{\mathbb{N}} d\rho(Q).$$

Für ρ *gilt dabei* $\rho = (P|\mathcal{A}^{\mathbb{N}}(G)_X)^K = P^K$.

Da $\mathcal{X}$ polnisch ist, existiert die obige bedingte Verteilung wegen A.17. Die Darstellung von P^X in (b) bedeutet wie in 10.6 ausführlich

$$P^X(A) = \int_{M^1(\mathcal{A})} Q^{\mathbb{N}}(A)d\rho(Q)$$

für alle $A \in \mathcal{A}^{\mathbb{N}}$. Die $\Sigma(M^1(\mathcal{A}))$-Messbarkeit von $Q \mapsto Q^{\mathbb{N}}(A)$ für $A \in \mathcal{A}^{\mathbb{N}}$ gilt nach 10.12.

Beweis (a) Der in 10.12 beschriebene Isomorphismus liefert

$$\sigma(K(\cdot, A), A \in \mathcal{A}) = \sigma(K) = \sigma(F \circ K) = \sigma(K^{\mathbb{N}}) = \sigma(K^{\mathbb{N}}(\,\cdot\,, A), A \in \mathcal{A}^{\mathbb{N}}).$$

Für $A = \bigcap_{i=1}^n \{\pi_i \in A_i\}$ mit $A_1, \ldots, A_n \in \mathcal{A}$ gilt wegen $\sigma(K) \subset \mathcal{A}^{\mathbb{N}}(G)_X$, der Turmeigenschaft und 10.10

$$\begin{aligned} P(X \in A|K) &= P\Big(\bigcap_{i=1}^n \{X_i \in A_i\}\Big|K\Big) = E\Big(P\Big(\bigcap_{i=1}^n \{X_i \in A_i\}\Big|\mathcal{A}^{\mathbb{N}}(G)_X\Big)\Big|K\Big) \\ &= E\Big(\prod_{i=1}^n P(X_1 \in A_i|\mathcal{A}^{\mathbb{N}}(G)_X)\Big|K\Big) = E\Big(\prod_{i=1}^n K(\,\cdot\,, A_i)\Big|K\Big) \\ &= \prod_{i=1}^n K(\,\cdot\,, A_i) = K^{\mathbb{N}}(\,\cdot\,, A). \end{aligned}$$

Weil die Mengen der Form von A einen durchschnittsstabilen Erzeuger von $\mathcal{A}^{\mathbb{N}}$ bilden, definiert der Markov-Kern $K^{\mathbb{N}}$ eine bedingte Verteilung von X unter K.

(b) Nach (a) gilt insbesondere $P^X = PK^{\mathbb{N}}$. Für $\rho := P^K$ erhält man $\rho \in M^1(\Sigma(M^1(\mathcal{A})))$ und

$$P^X = \int K^{\mathbb{N}}(\omega, \cdot)dP(\omega) = \int_{M^1(\mathcal{A})} Q^{\mathbb{N}}d\rho(Q).$$

Sei nun $\rho \in M^1(\Sigma(M^1(\mathcal{A})))$ ein beliebiges darstellendes Maß für P^X. Für $A \in \mathcal{A}$ sei

$$f_A(x) := \limsup_{n\to\infty} \frac{1}{n} \sum_{i=1}^n 1_A(x_i), \quad x \in \mathcal{X}^{\mathbb{N}}.$$

Dann gilt nach 10.8 $f_A(X) = K(\,\cdot\,, A)$ P-f.s. und nach dem starken Gesetz der großen Zahlen von Kolmogorov $f_A = Q(A)$ $Q^{\mathbb{N}}$-f.s. für alle $Q \in M^1(\mathcal{A})$. Dies impliziert für $A_1, \ldots, A_n \in \mathcal{A}$ und $B_1, \ldots, B_n \in \mathcal{B}([0, 1])$

$$\begin{aligned} P^K\Big(\bigcap_{i=1}^n \{\varphi_{A_i} \in B_i\}\Big) &= P\Big(\bigcap_{i=1}^n \{K(\,\cdot\,, A_i) \in B_i\}\Big) = P^X\Big(\bigcap_{i=1}^n \{f_{A_i} \in B_i\}\Big) \\ &= \int_{M^1(\mathcal{A})} Q^{\mathbb{N}}\Big(\bigcap_{i=1}^n \{f_{A_i} \in B_i\}\Big)d\rho(Q) = \rho\Big(\bigcap_{i=1}^n \{\varphi_{A_i} \in B_i\}\Big). \end{aligned}$$

Weil

$$\Big\{\bigcap_{i=1}^{n}\{\varphi_{A_i} \in B_i\} : n \in \mathbb{N}, A_1, \ldots, A_n \in \mathcal{A}, B_1, \ldots, B_n \in \mathcal{B}([0,1])\Big\}$$

ein durchschnittsstabiler Erzeuger von $\Sigma(M^1(\mathcal{A}))$ ist, folgt $P^K = \rho$ aus dem Maßeindeutigkeitssatz. □

Die Integraldarstellung (b) ist auch eine direkte Konsequenz von 10.6.

Alternativer Beweis von Satz 10.13(b) Der Raum $\mathcal{X}^{\mathbb{N}}$ versehen mit der Produkttopologie ist wieder polnisch und $\mathcal{A}^{\mathbb{N}}$ ist die Borelsche σ-Algebra über $\mathcal{X}^{\mathbb{N}}$ ([17], Satz 1.3.12). Da für eine Folge (x^n) in $\mathcal{X}^{\mathbb{N}}$ die Konvergenz $x^n \to x$ in $\mathcal{X}^{\mathbb{N}}$ gleichbedeutend mit der Konvergenz $x_i^n \to x_i$ in $\mathcal{X}$ für alle $i \in \mathbb{N}$ ist und somit $\mathcal{X}^{\mathbb{N}} \to \mathcal{X}^{\mathbb{N}}, x \mapsto gx$ für alle $g \in G$ stetig ist, kann man 10.6 anwenden. Nach 10.6 und 10.11 gibt es genau ein $\nu \in M^1(\Sigma(\mathcal{P}))$ mit

$$P^X = \int_{\mathcal{P}} Q' d\nu(Q'),$$

wobei $\mathcal{P} := \{Q^{\mathbb{N}} : Q \in M^1(\mathcal{A})\}$. Für $\rho := \nu^{F^{-1}}$ mit dem Isomorphismus F aus 10.12 gilt dann $\rho \in M^1(\Sigma(M^1(\mathcal{A})))$ und

$$P^X = \int_{\mathcal{P}} Q' d\rho^F(Q') = \int_{M^1(\mathcal{A})} F(Q)\rho(Q) = \int_{M^1(\mathcal{A})} Q^{\mathbb{N}} d\rho(Q).$$

Die Eindeutigkeit von ρ folgt aus der von ν. □

Ohne die obige Regularitätsvoraussetzung an den Zustandsraum $(\mathcal{X}, \mathcal{A})$ ist die Existenzaussage von 10.13(b) im Allgemeinen falsch [94]. Die Eindeutigkeitsaussage bleibt allerdings richtig: Aus

$$\int Q^{\mathbb{N}} d\rho_1(Q) = \int Q^{\mathbb{N}} d\rho_2(Q)$$

für $\rho_i \in M^1(\Sigma(M^1(\mathcal{A})))$ folgt für $m \in \mathbb{N}$, $A_1, \ldots, A_m \in \mathcal{A}$ und $(n_1, \ldots, n_m) \in \mathbb{N}_0^m$, $n_0 := 0$

$$\begin{aligned}\int_{[0,1]^m} \prod_{i=1}^{m} x_i^{n_i} d\rho_1^{(\varphi_{A_1},\ldots,\varphi_{A_m})}(x) &= \int Q^{\mathbb{N}}\Big(\bigcap_{i=1}^{m} \bigcap_{j=n_{i-1}+1}^{n_{i-1}+n_i} \{\pi_j \in A_i\}\Big) d\rho_1(Q)\\ &= \int_{[0,1]^m} \prod_{i=1}^{m} x_i^{n_i} d\rho_2^{(\varphi_{A_1},\ldots,\varphi_{A_m})}(x)\end{aligned}$$

($\bigcap_{n_{i-1}+1}^{n_{i-1}} := \mathcal{X}^{\mathbb{N}}$). Weil eine Verteilung auf $\mathcal{B}([0,1]^m)$ eindeutig durch die (gemischten) $(n_1, \ldots, n_m)$-ten Momente, $(n_1, \ldots, n_m) \in \mathbb{N}_0^m$ bestimmt ist (dies ist etwa eine Konsequenz des Approximationssatzes von Weierstraß), gilt

$$\rho_1^{(\varphi_{A_1},\ldots,\varphi_{A_m})} = \rho_2^{(\varphi_{A_1},\ldots,\varphi_{A_m})}.$$

Daher stimmen ρ_1 und ρ_2 auf dem durchschnittsstabilen Erzeuger

$$\{(\varphi_{A_1}, \ldots, \varphi_{A_m})^{-1}(B) : m \in \mathbb{N}, A_1, \ldots, A_m \in \mathcal{A}, B \in \mathcal{B}([0,1]^m)\}$$

von $\Sigma(M^1(\mathcal{A}))$ überein und sind somit gleich.

Besonders einfach und nützlich ist der Spezialfall $\mathcal{X} = \{0, 1\}$.

Beispiel 10.14 Sei $(\mathcal{X}, \mathcal{A}) = (\{0,1\}, \mathcal{P}(\{0,1\}))$. Die Integraldarstellung 10.13(b) hat dann die äquivalente Form

$$P^X = \int_{[0,1]} B(1,p)^{\mathbb{N}} d\mu(p)$$

mit einer eindeutig bestimmten Verteilung μ auf $\mathcal{B}([0,1])$, wobei $B(1,p) := p\delta_1 + (1-p)\delta_0$, also

$$P(X_1 = x_1, \ldots, X_n = x_n) = \int_{[0,1]} p^{\sum_{i=1}^n x_i}(1-p)^{n-\sum_{i=1}^n x_i} d\mu(p)$$

für $(x_1, \ldots, x_n) \in \mathcal{X}^n$. Dies folgt aus 10.13(b), weil

$$F : ([0,1], \mathcal{B}([0,1])) \to (M^1(\mathcal{A}), \Sigma(M^1(\mathcal{A}))), \quad F(p) := B(1,p)$$

wegen $F^{-1} = \varphi_{\{1\}}$ ein Isomorphismus der messbaren Räume ist. Dabei ist

$$\mu = (P^K)^{F^{-1}} = P^Z$$

mit

$$Z := K(\cdot, \{1\}) = P(X_1 = 1 | \mathcal{A}^{\mathbb{N}}(G)_X) = E(X_1 | \mathcal{A}^{\mathbb{N}}(G)_X).$$

Wegen $K = Z\delta_1 + (1-Z)\delta_0 =: B(1,Z)$ gilt $\sigma(Z) = \sigma(K)$ und daher hat 10.13(a) die Form

$$P^{X|Z} = B(1,Z)^{\mathbb{N}}.$$

Beispiel 10.15 (Pólyas Urnenmodell) In der Situation von Beispiel 1.7(e) sei

$$V_n := 1_{\{U_n \le X_{n-1}\}}$$

für $n \ge 1$, wobei $V_n = 1$ bedeutet, dass die zum Zeitpunkt n gezogene Kugel rot ist. Dann ist $V := (V_n)_{n \ge 1}$ ein austauschbarer Prozess, denn $(V_n)_{n \ge 0}$ mit $V_0 := 0$ ist $\mathbb{F}$-adaptiert,

$$\begin{aligned} P(V_n = 1 | \mathcal{F}_{n-1}) &= E(V_n | \mathcal{F}_{n-1}) = X_{n-1} \\ &= \frac{Y_{n-1}}{r + s + m(n-1)} = \frac{r + m\sum_{i=1}^{n-1} V_i}{r + s + m(n-1)} \end{aligned}$$

für $n \geq 1$ und daher mit Taking out what is known

$$P(V_1 = x_1, \ldots, V_n = x_n) = E\Big(\prod_{i=1}^{n-1} 1_{\{V_i=x_i\}} P(V_n = x_n|\mathcal{F}_{n-1})\Big)$$

$$= E\prod_{i=1}^{n-1} 1_{\{V_i=x_i\}}\left[\frac{r+mw_{n-1}}{r+s+m(n-1)}1_{\{1\}}(x_n) + \frac{s+m(n-1-w_{n-1})}{r+s+m(n-1)}1_{\{0\}}(x_n)\right]$$

für $(x_1, \ldots, x_n) \in \{0,1\}$ und $w_j := \sum_{i=1}^{j} x_i$. Mit Induktion folgt

$$P(V_1 = x_1, \ldots, V_n = x_n) = \frac{\prod_{i=0}^{w_n-1}(r+mi)\prod_{i=0}^{n-1-w_n}(s+mi)}{\prod_{i=0}^{n-1}(r+s+mi)}.$$

Die rechte Seite der obigen Gleichung hängt nur von w_n und nicht von der Reihenfolge der $x_1, \ldots, x_n$ ab. Also ist V wegen 10.7(a) austauschbar. Für die Anzahl $\sum_{i=1}^{n} V_i$ der bis zum Zeitpunkt n (also nach n Zügen) gezogenen roten Kugeln folgt

$$P\Big(\sum_{i=1}^{n} V_i = k\Big) = \binom{n}{k}\frac{\prod_{i=0}^{k-1}(r+mi)\prod_{i=0}^{n-k-1}(s+mi)}{\prod_{i=0}^{n-1}(r+s+mi)}$$

$$= \binom{n}{k}\frac{\prod_{i=0}^{k-1}(\frac{r}{m}+i)\prod_{i=0}^{n-k-1}(\frac{s}{m}+i)}{\prod_{i=0}^{n-1}(\frac{r+s}{m}+i)}$$

für $k \in \{0, \ldots, n\}$. Das ist die Zähldichte der **Pólya-Verteilung** mit Parametern $r/m, s/m$ und n. Im Fall $r = s = m$ erhält man die Laplace-Verteilung auf $\{0, \ldots, n\}$.

Wir können das darstellende Maß $\mu \in M^1(\mathcal{B}([0,1]))$ für P^V aus 10.14 identifizieren. Wegen

$$\int_{[0,1]} p^n d\mu(p) = P(V_1 = 1, \ldots, V_n = 1)$$

$$= \frac{\prod_{i=0}^{n-1}(\frac{r}{m}+i)}{\prod_{i=0}^{n-1}(\frac{r+s}{m}+i)} = \frac{\Gamma(\frac{r}{m}+n)\Gamma(\frac{s+r}{m})}{\Gamma(\frac{r+s}{m}+n)\Gamma(\frac{r}{m})}$$

für $n \geq 1$ stimmen die n-ten Momente von μ mit denen der Beta(a,b)-Verteilung mit Parametern $a = r/m$ und $b = s/m$ überein. (Die λ-Dichte der Beta(a,b)-Verteilung für $a, b > 0$ ist

$$\frac{\Gamma(a+b)}{\Gamma(a)\Gamma(b)} y^{a-1}(1-y)^{b-1}1_{(0,1)}(y).)$$

Da eine Verteilung auf $\mathcal{B}([0,1])$ eindeutig durch die n-ten Momente, $n \in \mathbb{N}$ bestimmt ist, gilt $\mu = \text{Beta}(r/m, s/m)$. Speziell für $r = s = m$ folgt $\mu = \text{Beta}(1,1) = U(0,1)$.

Als direkte Konsequenz erhält man die Asymptotik des Anteils X_n der roten Kugeln zur Zeit n, die schon mit anderen Argumenten in 4.10(c) (für den Spezialfall $r = s = m = 1$) und Aufgabe 4.3 beschrieben wurde. Wegen 10.14 gilt $\mu = P^Z$ mit $Z = E(V_1|\mathcal{A}^{\mathbb{N}}(G)_V)$ und nach 10.8 gilt

$$\frac{1}{n}\sum_{i=1}^{n} V_i \to Z \text{ f.s.},$$

also

$$X_n = \frac{r}{r+s+mn} + \frac{m\sum_{i=1}^{n} V_i}{r+s+mn} \to Z \text{ f.s.}$$

für $n \to \infty$ und $P^Z = \text{Beta}(r/m, s/m)$.

10.3 U-Statistiken

Wir untersuchen hier die zentralen „Statistiken" aus dem vorhergehenden Abschnitt etwas ausführlicher. Dazu beschränken wir uns auf den ergodischen Fall, also auf unabhängige Folgen $X = (X_n)_{n\geq 1}$ identisch verteilter $(\mathcal{X}, \mathcal{A})$-wertiger Zufallsvariablen. Die Gruppen G und G_n seien wie in Abschn. 10.2 definiert.

Für $m \in \mathbb{N}$, eine messbare G_m-invariante Funktion $f : (\mathcal{X}^m, \mathcal{A}^m) \to (\mathbb{R}, \mathcal{B}(\mathbb{R}))$ und $n \geq m$ sei

$$U_n = U_n(f) := \frac{1}{\binom{n}{m}} \sum_{1\leq i_1<\ldots<i_m\leq n} f(X_{i_1}, \ldots, X_{i_m}).$$

U_n heißt **U-Statistik** mit **Kern** f. Dabei sind die Summanden identisch verteilt (aber für $m \geq 2$ nicht unabhängig) und $\binom{n}{m}$ ist die Anzahl der Summanden. Für Kerne mit $f(X_1, \ldots, X_m) \in \mathcal{L}^1$ gilt also

$$EU_n = Ef(X_1, \ldots, X_m) =: \vartheta$$

für alle $n \geq m$. U-Statistiken spielen wegen ihrer Optimalitätseigenschaften eine wichtige Rolle in der statistischen Theorie erwartungstreuer Schätzer. (Das U im Namen steht für „unbiased", was hier „erwartungstreu" bedeutet.)

Wegen der G_m-Invarianz von f gilt

$$U_n = \frac{(n-m)!}{n!} \sum_{g\in H_{n,m}} f(X_{g(1)}, \ldots, X_{g(m)}),$$

wobei $H_{n,m}$ die Menge der injektiven Abbildungen von $\{1, \ldots, m\}$ nach $\{1, \ldots, n\}$ bezeichnet, und wie im Beweis von 10.10 folgt

$$U_n = \frac{1}{n!} \sum_{g\in G_n} f(X_{g(1)}, \ldots, X_{g(m)}).$$

Falls $f(X_1, \ldots, X_m) \in \mathcal{L}^1$, ist damit $(U_{-n})_{n \leq -m}$ nach dem Beweis von 10.8 ein Martingal bezüglich der Filtration $(\mathcal{A}^{\mathbb{N}}(G_{-n})_X)_{n \leq -m}$, und 10.8 und 10.11 liefern das starke Gesetz der großen Zahlen für U-Statistiken:

$$U_n \to \vartheta \text{ f.s. und in } \mathcal{L}^1$$

für $n \to \infty$.

Für einen Kern f mit $f(X_1, \ldots, X_m) \in \mathcal{L}^1$ seien noch

$$f_k(x_1, \ldots, x_k) := Ef(x_1, \ldots, x_k, X_{k+1}, \ldots, X_m)$$

für $1 \leq k \leq m-1$, $f_0 := \vartheta$, $f_m := f$ und

$$\sigma_k^2 := \operatorname{Var} f_k(X_1, \ldots, X_k) \ (\in [0, \infty])$$

für $0 \leq k \leq m$. Die Funktionen f_k sind $((P^{X_1})^k$-fast sicher definiert und reell und) offenbar G_k-invariant.

Satz 10.16 *(Varianzformel und CLT, Hoeffding) Ist $f(X_1, \ldots, X_m) \in \mathcal{L}^1$, so gilt $Ef_k(X_1, \ldots, X_k) = \vartheta$ für alle $0 \leq k \leq m$ und*

$$0 = \sigma_0^2 \leq \sigma_1^2 \leq \ldots \leq \sigma_m^2 \leq \infty.$$

Falls $f(X_1, \ldots, X_m) \in \mathcal{L}^2$, gelten

$$\operatorname{Var} U_n = \frac{1}{\binom{n}{m}} \sum_{k=1}^{m} \binom{m}{k} \binom{n-m}{m-k} \sigma_k^2$$

für $n \geq m$ ($\binom{n}{j} := 0$, falls $n < j$), $n \operatorname{Var} U_n \to m^2 \sigma_1^2$ und

$$\sqrt{n}(U_n - \vartheta) \to N(0, m^2 \sigma_1^2) \text{ mischend}$$

für $n \to \infty$.

Im Fall $\sigma_1^2 > 0$ ist der obige zentrale Grenzwertsatz gleichbedeutend mit

$$\frac{U_n - EU_n}{\sqrt{\operatorname{Var} U_n}} \to N(0, 1) \text{ mischend.}$$

Beweis Nach der Substitutionsregel A.19 gilt für $1 \leq k \leq m-1$

$$f_k(X_1, \ldots, X_k) = E(f(X_1, \ldots, X_m)|X_1, \ldots, X_k)$$

und damit $Ef_k(X_1, \ldots, X_k) = \vartheta$. Wegen der Turmeigenschaft folgt für $1 \leq k < r \leq m$

$$f_k(X_1, \ldots, X_k) = E(f_r(X_1, \ldots, X_r)|X_1, \ldots, X_k),$$

was mit der bedingten Jensen-Ungleichung $\sigma_k^2 \leq \sigma_r^2$ impliziert.

Sei nun $f(X_1, \ldots, X_m) \in \mathcal{L}^2$. Mit $X_K := (X_i)_{i \in K}$ für $K \subset \{1, \ldots, n\}, K \neq \emptyset$ gilt

$$\operatorname{Var} U_n = \frac{1}{\binom{n}{m}^2} \sum_{|K|=|L|=m} \operatorname{Kov}(f(X_K), f(X_L))$$

für $n \geq m$. Ist $K \cap L = \emptyset$, so sind $f(X_K)$ und $f(X_L)$ unabhängig und man erhält $\operatorname{Kov}(f(X_K), f(X_L)) = 0$. Für $1 \leq k := |K \cap L| \leq m$ gilt

$$\operatorname{Kov}(f(X_K), f(X_L)) = \operatorname{Var} f_k(X_{K \cap L}) = \sigma_k^2$$

und ferner

$$\begin{aligned} |\{(K, L) : K, L \subset \{1, \ldots, n\}, |K| = |L| = m, \\ |K \cap L| = k\}| = \binom{n}{m}\binom{m}{k}\binom{n-m}{m-k}, \end{aligned}$$

denn ein Paar (K, L) ensteht etwa indem man zuerst K auswählt, dann eine k-elementige Teilmenge von K und schließlich eine $(m-k)$-elementige Teilmenge von $\{1, \ldots, n\} \setminus K$. Es folgt

$$\begin{aligned} \operatorname{Var} U_n &= \frac{1}{\binom{n}{m}^2} \sum_{k=1}^{m} \sum_{\substack{|K|=|L|=m \\ |K \cap L|=k}} \sigma_k^2 \\ &= \frac{1}{\binom{n}{m}} \sum_{k=1}^{m} \binom{m}{k}\binom{n-m}{m-k} \sigma_k^2 . \end{aligned}$$

Wegen $\binom{n}{m}/n^m \to 1/m!$ und

$$\binom{n-m}{m-k} / n^{m-k} \to 1/(m-k)!$$

für $n \to \infty$ impliziert die Varianzformel $n \operatorname{Var} U_n \to m^2 \sigma_1^2$.

Für

$$\hat{U}_n := \frac{m}{n} \sum_{j=1}^{n} (f_1(X_j) - \vartheta), \quad n \geq 1$$

gilt schließlich nach dem klassischen stabilen zentralen Grenzwertsatz 5.33

$$\sqrt{n} \hat{U}_n \to N(0, m^2 \sigma_1^2) \text{ mischend.}$$

Wegen $E(f(X_K)|X_j) = f_1(X_j)$ für $j \in K \subset \{1, \ldots, n\}, |K| = m$ und $E(f(X_K)|X_j) = \vartheta$ für $j \in \{1, \ldots, n\} \setminus K$ folgt für $j \in \{1, \ldots, n\}$

$$\begin{aligned} E(U_n - \vartheta | X_j) &= \frac{1}{n} m \sum_{\substack{|K|=m \\ j \in K}} (f_1(X_j) - \vartheta) = \frac{\binom{n-1}{m-1}}{\binom{n}{m}} (f_1(X_j) - \vartheta) \\ &= \frac{m}{n} (f_1(X_j) - \vartheta) = E(\hat{U}_n | X_j) \end{aligned}$$

und damit

$$\begin{aligned} E(U_n - \vartheta - \hat{U}_n)\hat{U}_n &= \frac{m}{n}\sum_{j=1}^{n} E(U_n - \vartheta - \hat{U}_n)(f_1(X_j) - \vartheta) \\ &= \frac{m}{n}\sum_{j=1}^{n} EE(U_n - \vartheta - \hat{U}_n|X_j)(f_1(X_j) - \vartheta) = 0. \end{aligned}$$

Wegen $\operatorname{Var}\hat{U}_n = m^2\sigma_1^2/n$ erhält man

$$nE(U_n - \vartheta - \hat{U}_n)^2 = n(\operatorname{Var}U_n - \operatorname{Var}\hat{U}_n) \to 0,$$

und dies impliziert wegen 5.29

$$\sqrt{n}(U_n - \vartheta) = \sqrt{n}(\hat{U}_n + U_n - \vartheta - \hat{U}_n) \to N(0, m^2\sigma_1^2) \text{ mischend.} \qquad \square$$

Beispiel 10.17 Sei $(\mathcal{X}, \mathcal{A}) = (\mathbb{R}, \mathcal{B}(\mathbb{R}))$.

(a) Für $m = 1$ gilt $U_n = \sum_{i=1}^{n} f(X_i)/n$.

(b) (Empirische Varianz) Für $m = 2$ und $f(x_1, x_2) := \frac{1}{2}(x_1 - x_2)^2$ gilt für $n \geq 2$ mit $\overline{X} := \sum_{i=1}^{n} X_i/n$ und $Y_i := X_i - \overline{X}$ wegen $\sum_{i=1}^{n} Y_i = 0$

$$\begin{aligned} U_n &= \frac{1}{\binom{n}{2}}\sum_{1\leq i<j\leq n}\frac{1}{2}(X_i - X_j)^2 = \frac{1}{\binom{n}{2}}\sum_{1\leq i<j\leq n}\frac{1}{2}(Y_i - Y_j)^2 \\ &= \frac{1}{\binom{n}{2}}\sum_{i=1}^{n}\sum_{j=1}^{n}(Y_i - Y_j)^2 = \frac{2n}{\binom{n}{2}}\sum_{i=1}^{n} Y_i^2 = \frac{1}{n-1}\sum_{i=1}^{n}(X_i - \overline{X})^2. \end{aligned}$$

Sei nun $X_1 \in \mathcal{L}^4$ und $\sigma^2 := \operatorname{Var}X_1 > 0$. Mit $a := EX_1$ und $\mu_4 := E(X_1 - a)^4$ gelten

$$\begin{aligned} \vartheta &= Ef(X_1, X_2) = \sigma^2, \ U_n \to \sigma^2 \text{ f.s.}, \\ f_1(x_1) &= \frac{1}{2}E(x_1 - X_2)^2 = \frac{1}{2}(x_1 - a)^2 + \frac{\sigma^2}{2}, \\ \sigma_1^2 &= \operatorname{Var}f_1(X_1) = \frac{1}{4}(\mu_4 - \sigma^4) \quad \text{und} \\ \sigma_2^2 &= \operatorname{Var}f(X_1, X_2) = \frac{1}{2}(\mu_4 + \sigma^4) > 0. \end{aligned}$$

Aus 10.16 folgt

$$\operatorname{Var}U_n = \frac{1}{n(n-1)}(2(n-2)\sigma_1^2 + \sigma_2^2) = \frac{\mu_4}{n} - \frac{(n-3)\sigma^4}{n(n-1)}$$

und

$$\sqrt{n}(U_n - \sigma^2) \to N(0, \mu_4 - \sigma^4) \text{ mischend.}$$

Im Fall $\sigma_1^2 = 0$ ist der zentrale Grenzwertsatz 10.16 bedeutungslos. Kerne mit $\sigma_1^2 = 0$ sind im folgenden Sinne mindestens einfach ausgeartet.

Definition 10.18 *Sei $f(X_1, \ldots, X_m) \in \mathcal{L}^1$. Der Kern f heißt* ***k-fach ausgeartet*** *für $0 \leq k \leq m-1$, falls $\sigma_k^2 = 0 < \sigma_{k+1}^2$. f heißt* ***nicht ausgeartet***, *falls f 0-fach ausgeartet ist.*

Nicht ausgeartete Kerne sind solche mit $\sigma_1^2 > 0$. Nach 10.16 ist ein k-fach ausgearteter Kern auch r-fach ausgeartet für $r < k$.

Wir klären zunächst den Zusammenhang mit der Martingalstruktur von $(U_n)_{n \geq m}$. (Da $(U_n)_{n \geq m}$ nach Umparametrisierung der Zeit stets ein Martingal ist, geht es jetzt um die Martingaleigenschaft ohne diese Umparametrisierung.) Sei $\mathbb{F} := \mathbb{F}^X$.

Satz 10.19 *(Doob-Zerlegung) Sei $f(X_1, \ldots, X_m) \in \mathcal{L}^1$. Für den $\mathbb{F}$-Kompensator A der denormalisierten U-Statistiken $(\binom{n}{m} U_n)_{n \geq m}$ gilt*

$$A_n = \sum_{j=m+1}^{n} \binom{j-1}{m-1} U_{j-1}(f_{m-1}).$$

Insbesondere ist $(\binom{n}{m} U_n)_{n \geq m}$ ein $\mathbb{F}$-Martingal, falls f $(m-1)$-fach ausgeartet und $\vartheta = 0$ ist.

Für $m = 1$ gilt $A_n = (n-1)\vartheta$. Dies ist nach 1.20(a) bekannt.

Beweis Durch $Y_n := \binom{n}{m} U_n$ für $n \geq m$ wird ein $\mathbb{F}$-adaptierter $\mathcal{L}^1$-Prozess definiert. Für $n > m$ gilt

$$Y_n = Y_{n-1} + \sum_{1 \leq i_1 < \ldots < i_{m-1} \leq n-1} f(X_{i_1}, \ldots, X_{i_{m-1}}, X_n)$$

und damit wegen der Substitutionsregel A.19

$$\begin{aligned} E(\Delta Y_n | \mathcal{F}_{n-1}) &= \sum_{1 \leq i_1 < \ldots < i_{m-1} \leq n-1} E(f(X_{i_1}, \ldots, X_{i_{m-1}}, X_n) | \mathcal{F}_{n-1}) \\ &= \sum_{1 \leq i_1 < \ldots < i_{m-1} \leq n-1} f_{m-1}(X_{i_1}, \ldots, X_{i_{m-1}}) \\ &= \binom{n-1}{m-1} U_{n-1}(f_{m-1}). \end{aligned}$$

Dies liefert die behauptete Darstellung des $\mathbb{F}$-Kompensators von Y (1.13). Ist $\vartheta = 0$ und f $(m-1)$-fach ausgeartet, so gilt $f_{m-1}(X_1, \ldots, X_{m-1}) = 0$ f.s., also auch $f_{m-1}(X_{i_1}, \ldots, X_{i_{m-1}}) = 0$ f.s. für paarweise verschiedene i_j. Es folgt $U_n(f_{m-1}) = 0$ f.s. für alle $n \geq m$, was $A = 0$ f.s. impliziert. □

Wir konzentrieren uns jetzt auf den Martingalfall. Ist $f(X_1, \ldots, X_m) \in \mathcal{L}^2$ und f $(m-1)$-fach ausgeartet, so gilt nach 10.16 $n^m \operatorname{Var} U_n \to m! \sigma_m^2$ wegen $n^m / \binom{n}{m} \to m!$, insbesondere also $n^{\frac{m}{2} - \varepsilon}(U_n - \vartheta) \overset{\mathcal{L}^2}{\to} 0$ für $n \to \infty$ und $\varepsilon > 0$. Wir zeigen, dass sogar fast sichere Konvergenz gilt.

Satz 10.20 *(Konvergenzgeschwindigkeit im SLLN) Ist $f(X_1, \ldots, X_m) \in \mathcal{L}^2$ und f $(m-1)$-fach ausgeartet, so gilt*

$$n^{\frac{m}{2}-\varepsilon}(U_n - \vartheta) \to 0 \text{ f.s.}$$

für $n \to \infty$ und jedes $\varepsilon > 0$.

Beweis Nach 10.19 wird wegen $U_n - \vartheta = U_n(f - \vartheta)$ durch $M_n := \binom{n}{m}(U_n - \vartheta)$ für $n \geq m$ ein $\mathcal{L}^2$-Martingal definiert. Für die Zuwächse des Submartingales M^2 gilt mit der Varianzformel 10.16 wegen $\sigma_1^2 = \ldots = \sigma_{m-1}^2 = 0 < \sigma_m^2 < \infty$

$$E(\Delta M_n)^2 = E\Delta M_n^2 = \binom{n}{m}^2 \operatorname{Var} U_n - \binom{n-1}{m}^2 \operatorname{Var} U_{n-1}$$
$$= \sigma_m^2 \left(\binom{n}{m} - \binom{n-1}{m}\right) = \frac{m\sigma_m^2 \binom{n}{m}}{n}$$

für $n \geq m + 1$. Mit $a_n := n^{m/2+\varepsilon}$ folgt

$$\sum_{n=m+1}^{\infty} \frac{E(\Delta M_n^2)}{a_n^2} = m\sigma_m^2 \sum_{n=m+1}^{\infty} \frac{\binom{n}{m}}{n^m n^{1+2\varepsilon}} < \infty.$$

Das starke Gesetz der großen Zahlen 5.4(a) (oder 5.6(a)) liefert nun

$$\frac{M_n}{a_n} \to 0 \text{ f.s.}$$

und man erhält

$$n^{\frac{m}{2}-\varepsilon}(U_n - \vartheta) = \frac{n^m}{\binom{n}{m}} \frac{M_n}{a_n} \to 0 \text{ f.s.}$$

□

In der Situation von 10.20 gilt für das durch $M_n := \binom{n}{m}(U_n - \vartheta)$ definierte Martingal M neben

$$\frac{M_n}{n^{m/2+\varepsilon}} \to 0 \text{ f.s.}$$

auch

$$\frac{\langle M \rangle_n}{n^{m+\varepsilon}} \to 0 \text{ f.s.} \quad \text{und} \quad \frac{[M]_n}{n^{m+\varepsilon}} \to 0 \text{ f.s.}$$

für $n \to \infty$ und alle $\varepsilon > 0$. Dies folgt aus dem Kronecker-Lemma 5.1, denn wegen der im Beweis gezeigten Konvergenz von $\sum_{n=m+1}^{\infty} E(\Delta M_n)^2 / n^{m+\varepsilon}$ gelten $\sum_{n=m+1}^{\infty} E((\Delta M_n)^2 | \mathcal{F}_{n-1}) / n^{m+\varepsilon} < \infty$ f.s. und $\sum_{n=m+1}^{\infty} (\Delta M_n)^2 / n^{m+\varepsilon} < \infty$ f.s.

Die zentralen Grenzwertsätze aus Kap. 5 sind im Martingalfall für $m \geq 2$ nicht anwendbar: U_n ist nicht asymptotisch normal (oder gemischt normal). Wie beschreiben für den Fall $m = 2$ die Klasse der möglichen Limesverteilungen.

Satz 10.21 *(Limesverteilungen) Seien $m = 2, f(X_1, X_2) \in \mathcal{L}^2$ und f einfach ausgeartet. Dann gilt*

$$n(U_n - \vartheta) \to \sum_{j \in J} \lambda_j (Z_j^2 - 1) \text{ mischend}$$

für $n \to \infty$, wobei $J = \{1, \ldots, K\}$ mit $K \in \mathbb{N}$ oder $J = \mathbb{N}, (Z_j)_{j \in J}$ eine unabhängige Folge $N(0,1)$-verteilter Zufallsvariablen ist und $(\lambda_j)_{j \in J}$ die von Null verschiedenen Eigenwerte des Integraloperators

$$\begin{aligned} S &: L^2(P^{X_1}) \to L^2(P^{X_1}), \\ Sh &:= \int h(x_1)(f(x_1, \cdot) - \vartheta) dP^{X_1}(x_1) = Eh(X_1)(f(X_1, \cdot) - \vartheta) \end{aligned}$$

sind.

Die obige mischende Konvergenz ist als

$$n(U_n - \vartheta) \to \nu \text{ mischend}$$

für die Verteilung ν von $\sum_{j \in J} \lambda_j (Z_j^2 - 1)$ zu lesen. Erläuterungen zur Konvergenz dieser Reihe und zu dem Operator S findet man im Beweis.

Beweis Wir können ohne Einschränkung $\vartheta = 0$ annehmen.

1. Wir beginnen mit Bemerkungen zu dem Operator S und bezeichnen dazu mit $\| \cdot \|$ und $\langle \cdot, \cdot \rangle$ die Norm und das Skalarprodukt sowohl in $L^2(P^{X_1})$ als auch in $L^2(P^{X_1} \otimes P^{X_1})$. Wegen

$$\int \|f(\cdot, x_2)\|^2 dP^{X_1}(x_2) = \|f\|^2 < \infty$$

gilt $f(\cdot, x_2) \in L^2(P^{X_1})$ für P^{X_1}-fast alle $x_2 \in \mathcal{X}$ und somit ist Sh für $h \in L^2(P^{X_1})$ P^{X_1}-fast sicher definiert und reell. Die Cauchy-Schwarz-Ungleichung liefert für $h \in L^2(P^{X_1})$

$$\begin{aligned} \|Sh\|^2 &\leq \int \left(\int |h(x_1) + f(x_1, x_2)| dP^{X_1}(x_1) \right)^2 dP^{X_1}(x_2) \\ &\leq \iint h^2 dP^{X_1} \int f(x_1, x_2)^2 dP^{X_1}(x_1) dP^{X_1}(x_2) \\ &= \|h\|^2 \|f\|^2 < \infty, \end{aligned}$$

also $Sh \in L^2(P^{X_1})$. Damit ist S ein linearer stetiger Operator mit $\|S\| \leq \|f\|$. Operatoren von diesem Typ mit Kernen $f \in L^2(P^{X_1} \otimes P^{X_1})$ heißen Hilbert-Schmidt Operatoren. Wegen der G_2-Invarianz von f ist S symmetrisch, das heißt

$$\langle Sh, k \rangle = \langle h, Sk \rangle$$

für $h, k \in L^2(P^{X_1})$. Für solche Operatoren S existiert eine abzählbare Orthonormalbasis $(h_j)_{j\in J}$ von $(\operatorname{Ker} S)^\perp$ aus Eigenvektoren von S, also

$$Sh_j = \lambda_j h_j, \, j \in J$$

mit zugehörigen reellen Eigenwerten $(\lambda_j)_{j\in J}$ ([37], Satz 16.2). Wegen $0 < \sigma_2^2 = \operatorname{Var} f(X_1, X_2) = \|f\|^2$ gilt $\dim(\operatorname{Ker} S)^\perp \geq 1$ und daher $J \neq \emptyset$, denn $S = 0$ impliziert

$$0 = \langle 1_{A_1}, S1_{A_2} \rangle = \int\limits_{A_1 \times A_2} f dP^{X_1} \otimes P^{X_1}$$

für alle $A_1, A_2 \in \mathcal{A}$ und damit $f = 0$. Aus $h_j \in (\operatorname{Ker} S)^\perp$ folgt $\lambda_j \neq 0$ für alle $j \in J$. Ohne Einschränkung sei $J = \{1, \ldots, K\}$ mit $K \in \mathbb{N}$ oder $J = \mathbb{N}$.

Weil f einfach ausgeartet und $\vartheta = 0$ ist, gilt $S1 = f_1 = 0$, also $1 \in \operatorname{Ker} S$. Es folgt für alle $j \in J$

$$Eh_j(X_1) = \langle h_j, 1 \rangle = 0, \quad \operatorname{Var} h_j(X_1) = Eh_j(X_1)^2 = \|h_j\|^2 = 1$$

und

$$\operatorname{Kov}(h_j(X_1), h_k(X_1)) = Eh_j(X_1)h_k(X_1) = \langle h_j, h_k \rangle = 0 \quad \text{für } j \neq k.$$

Wegen $S(L^2(P^{X_1})) \subset (\operatorname{Ker} S)^\perp$ gilt die Spektraldarstellung

$$Sh = \sum_{j\in J} \langle Sh, h_j \rangle h_j = \sum_{j\in J} \langle h, Sh_j \rangle h_j = \sum_{j\in J} \lambda_j \langle h, h_j \rangle h_j \quad \text{in } L^2(P^{X_1})$$

für alle $h \in L^2(P^{X_1})$, und $h_j = S(h_j/\lambda_j) \in S(L^2(P^{X_1}))$ für alle $j \in J$ impliziert

$$\overline{S(L^2(P^{X_1}))} = (\operatorname{Ker} S)^\perp.$$

Da $(h_j \otimes h_j)_{j\in J}$ mit $h_j \otimes h_j(x_1, x_2) := h_j(x_1)h_j(x_2)$ eine orthonormale Folge in $L^2(P^{X_1} \otimes P^{X_1})$ ist, gilt ferner mit der Bessel-Ungleichung

$$\sum_{j\in J} \lambda_j^2 = \sum_{j\in J} \langle Sh_j, h_j \rangle^2 = \sum_{j\in J} \langle f, h_j \otimes h_j \rangle^2 \leq \|f\|^2 < \infty.$$

Die Konvergenz der Reihe $\sum_{j\in J} \lambda_j^2$ impliziert die $L^2(P^{X_1} \otimes P^{X_1})$-Konvergenz der Reihe $\sum_{j\in J} \lambda_j h_j \otimes h_j$, und man erhält die Fourier-Entwicklung

$$f = \sum_{j\in J} \lambda_j h_j \otimes h_j$$

von f, denn für alle $A_i \in \mathcal{A}$ gilt

$$\begin{aligned}\int\limits_{A_1 \times A_2} \sum_{j\in J} \lambda_j h_j \otimes h_j dP^{X_1} \otimes P^{X_1} &= \sum_{j\in J} \lambda_j \langle h_j, 1_{A_1} \rangle \langle h_j, 1_{A_2} \rangle \\ &= \langle S1_{A_1}, 1_{A_2} \rangle = \int\limits_{A_1 \times A_2} f dP^{X_1} \otimes P^{X_1}.\end{aligned}$$

Insbesondere gilt damit

$$\|f\|^2 = \sum_{j \in J} \lambda_j^2.$$

2. Für $f^N := \sum_{k=1}^N \lambda_k h_k \otimes h_k$ mit $N \in J$ gilt

$$nU_n(f^N) \to \sum_{k=1}^N \lambda_k (Z_k^2 - 1) \text{ mischend}$$

für $n \to \infty$. Dies folgt aus der Darstellung

$$\begin{aligned} U_n(f^N) &= \frac{(n-2)!}{n!} \sum_{1 \le i \ne j \le n} f^N(X_i, X_j) \\ &= \frac{1}{n(n-1)} \Big[\sum_{i,j=1}^n f^N(X_i, X_j) - \sum_{i=1}^n f^N(X_i, X_i) \Big] \\ &= \frac{1}{n(n-1)} \sum_{k=1}^N \lambda_k \Big[\Big(\sum_{i=1}^n h_k(X_i) \Big)^2 - \sum_{i=1}^n h_k(X_i)^2 \Big], \end{aligned}$$

also

$$(n-1)U_n(f^N) = \sum_{k=1}^N \lambda_k \Big(\frac{1}{\sqrt{n}} \sum_{i=1}^n h_k(X_i) \Big)^2 - \sum_{k=1}^N \lambda_k \Big(\frac{1}{n} \sum_{i=1}^n h_k(X_i)^2 \Big)$$

für $n \ge 2$. Wegen 1. ist der Zufallsvektor $(h_1(X_1), \ldots, h_N(X_1))$ zentriert und seine Kovarianzmatrix ist die Einheitsmatrix. Daher folgt aus dem klassischen stabilen (univariaten) zentralen Grenzwertsatz 5.33 mit der Cramér-Wold-Technik gemäß der Bemerkung nach 5.27

$$\frac{1}{\sqrt{n}} \sum_{i=1}^n (h_1(X_i), \ldots, h_N(X_i)) \to (Z_1, \ldots, Z_N) \text{ mischend},$$

und wegen der Stetigkeit der Funktion $\mathbb{R}^N \to \mathbb{R}$, $y \mapsto \sum_{k=1}^N \lambda_k y_k^2$ und 5.29(b) erhält man

$$\sum_{k=1}^N \lambda_k \Big(\frac{1}{\sqrt{n}} \sum_{i=1}^n h_k(Z_i) \Big)^2 \to \sum_{k=1}^N \lambda_k Z_k^2 \text{ mischend}$$

für $n \to \infty$. Das starke Gesetz der großen Zahlen von Kolmogorov liefert

$$\sum_{k=1}^N \lambda_k \Big(\frac{1}{n} \sum_{i=1}^n h_k(X_i)^2 \Big) \to \sum_{k=1}^N \lambda_k \text{ f.s.}$$

wegen $E h_k(X_1)^2 = 1$, was die Behauptung 2. wegen 5.29 impliziert.

3. Sei nun $J = \mathbb{N}$. Für

$$W_N := \sum_{k=1}^{N} \lambda_k (Z_k^2 - 1), N \in \mathbb{N}$$

gilt mit 1.

$$EW_N^2 = \sum_{k=1}^{N} \lambda_k^2 E(Z_k^2 - 1)^2 = 2 \sum_{k=1}^{N} \lambda_k^2 \leq 2 \sum_{k=1}^{\infty} \lambda_k^2 < \infty.$$

Damit ist $(W_N)_{N \geq 1}$ nach 1.7(a) ein $\mathcal{L}^2$-beschränktes $\mathbb{F}^Z$-Martingal und aus 4.1 folgt

$$W_N \to W := \sum_{k=1}^{\infty} \lambda_k (Z_k^2 - 1) \text{ f.s.}$$

für $N \to \infty$. Insbesondere gilt die schwache Konvergenz $\nu_N \to \nu$ für $\nu_N := P^{W_N}$ und $\nu := P^W$. Wegen

$$f_1^N(x_1) = Ef^N(x_1, X_2) = \sum_{k=1}^{N} \lambda_k h_k(x_1) E h_k(X_2) = 0$$

ist auch f^N und damit der Kern $f - f^N$ einfach ausgeartet. Die Varianzformel 10.16 und 1. liefern daher wegen $E(f - f^N)(X_1, X_2) = 0$

$$\begin{aligned} n^2 E|U_n - U_n(f^N)|^2 &= n^2 E U_n(f - f^N)^2 = n^2 \operatorname{Var} U_n(f - f^N) \\ &= \frac{n^2}{\binom{n}{2}} \operatorname{Var}(f(X_1, X_2) - f^N(X_1, X_2)) \\ &= \frac{2n}{n-1} \|f - f^N\|^2 \leq 4 \sum_{k=N+1}^{\infty} \lambda_k^2 \end{aligned}$$

für alle $n \geq 2$ und $N \geq 1$, also mit 1.

$$\lim_{N \to \infty} \limsup_{n \to \infty} n^2 E|U_n - U_n(f^N)|^2 = 0.$$

Die Behauptung des Satzes folgt nun wegen 2. und der Markov-Ungleichung aus 5.30. □

Für das Martingal $M_n = \binom{n}{2}(U_n - \vartheta), n \geq m$ bedeutet Satz 10.21

$$\frac{M_n}{n} \to \frac{1}{2} \sum_{j \in J} \lambda_j (Z_j^2 - 1) \text{ mischend.}$$

Das erste der folgenden Beispiele zeigt, dass man im zentralen Grenzwertsatz 5.31 die stochastische Konvergenz in 5.31(i) im Allgemeinen nicht durch die Verteilungskonvergenz ersetzen kann.

Beispiel 10.22 Sei $(\mathcal{X}, \mathcal{A}) = (\mathbb{R}, \mathcal{B}(\mathbb{R}))$.

(a) Seien $m = 2$, $f(x_1, x_2) := x_1 x_2$, $X_1 \in \mathcal{L}^2$ und $\sigma^2 := \operatorname{Var} X_1 > 0$. Dann gilt $\vartheta = (EX_1)^2$ und für $n \geq 2$

$$U_n = \frac{1}{\binom{n}{2}} \sum_{j=2}^{n} X_j \sum_{i=1}^{j-1} X_i,$$

$$f_1(x_1) = x_1 EX_1, \quad \sigma_1^2 = \vartheta\sigma^2 \quad \text{und} \quad \sigma_2^2 = (\sigma^2 + \vartheta)^2 - \vartheta^2 > 0.$$

Der zentrale Grenzwertsatz 10.16 liefert

$$\sqrt{n}(U_n - \vartheta) \to N(0, 4\vartheta\sigma^2) \text{ mischend.}$$

Einfache Ausartung liegt unter $\vartheta = 0$, also im zentrierten Fall $EX_1 = 0$ vor. In diesem Fall hat der Kern $f - \vartheta = f$ die Darstellung $f(x_1, x_2) = \sigma^2 h_1(x_1) h_1(x_2)$ mit der $L^2(P^{X_1})$-normierten Funktion $h_1(x) := x/\sigma$. Daher gilt für den Operator S

$$Sh = \sigma^2 h_1 \int h h_1 dP^{X_1}.$$

Es folgt $\dim(\operatorname{Ker} S)^{\perp} = \dim S(L^2(P^{X_1})) = 1$ und σ^2 ist der einzige von Null verschiedene Eigenwert von S mit zugehörigem Eigenvektor h_1. Aus 10.21 folgt

$$nU_n \to \sigma^2(Z^2 - 1) \text{ mischend}$$

und für das Martingal $M_n = \binom{n}{2} U_n$

$$\frac{M_n}{n} \to \frac{1}{2}\sigma^2(Z^2 - 1) \text{ mischend}$$

mit $P^Z = N(0, 1)$. (Für einen einfachen direkten Beweis vergleiche man Teil 2 des Beweises von 10.21.)

Mit $N_n := \sum_{i=1}^{n} X_i$ für $n \geq 0$, $\mathcal{F}_0 := \{\emptyset, \Omega\}$ und $M_0 = M_1 := 0$ gilt $M = N_- \bullet N$ auf $\mathbb{N}_0$. Für die quadratische Charakteristik von M folgt nach 1.19

$$\langle M \rangle_n = (N_-^2 \bullet \langle N \rangle)_n = \sigma^2 \sum_{j=2}^{n} \Big(\sum_{i=1}^{j-1} X_i \Big)^2$$

und damit

$$\frac{\langle M \rangle_n}{n^2} \stackrel{d}{\to} \sigma^4 Y$$

für eine positive reelle Zufallsvariable Y ([17], Satz 10.1.16).

Für den Leser mit Kenntnissen in der Theorie zeitstetiger Prozesse: Es gilt $Y = \int_0^1 W_t^2 dt$ für eine Brownsche Bewegung $(W_t)_{t \in [0,1]}$. Dies ist plausibel, weil $(Z^2 - 1)/2 \stackrel{d}{=} (W_1^2 - 1)/2 = (W \bullet W)_1$ und $Y = \langle W \bullet W \rangle_1$.

Wir zeigen, dass M unter der Voraussetzung $X_1 \in \mathcal{L}^p$ für ein $p > 2$ die bedingte Lyapunov-Bedingung und damit wegen 5.32(a) die bedingte Lindeberg-Bedingung (mit Rate $a_n = n$) erfüllt. Es gilt

$$\begin{aligned}\frac{1}{n^p}\sum_{j=1}^{n} E(|\Delta M_j|^p|\mathcal{F}_{j-1}) &= \frac{1}{n^p}\sum_{j=1}^{n} E\Big(\Big|X_j\sum_{i=1}^{j-1}X_i\Big|^p\Big|\mathcal{F}_{j-1}\Big)\\ &= \frac{1}{n^p}\sum_{j=1}^{n}\Big|\sum_{i=1}^{j-1}X_i\Big|^p E|X_1|^p.\end{aligned}$$

Für $b := (p-1)/p$ gilt wegen $b > 1/2$ nach 5.5

$$\frac{|\sum_{i=1}^{n-1}X_i|^p}{n^{pb}} \to 0 \text{ f.s.},$$

und die diskrete Regel von de l'Hospital 5.37(b) liefert wegen $\sum_{j=1}^{n} j^{pb} \sim n^{pb+1}/(pb+1)$ und $pb + 1 = p$

$$\frac{\sum_{j=1}^{n}|\sum_{i=1}^{j-1}X_i|^p}{n^p} \to 0 \text{ f.s.}$$

für $n \to \infty$.

Demnach kann man im zentralen Grenzwertsatz 5.31 die stochastische Konvergenz der skalierten quadratischen Charakteristik nicht durch die Verteilungskonvergenz ersetzen, denn die Verteilung der obigen Limesvariable ist nicht symmetrisch (bezüglich 0) und daher keine Mischung von zentrierten Normalverteilungen.

(b) (Empirische Varianz) In der Situation von Beispiel 10.17(b) sei f einfach ausgeartet, also $\sigma_1^2 = (\mu_4 - \sigma^4)/4 = 0$ oder $\mathrm{Var}(X_1 - a)^2 = 0$. Dies ist äquivalent zu $(X_1 - a)^2 = \sigma^2$ f.s., was $P(X_1 \in \{a + \sigma, a - \sigma\}) = 1$ bedeutet. Wegen $a = EX_1$ gilt $P(X_1 = a + \sigma) = P(X_1 = a - \sigma) = 1/2$. Dies ist eine sehr ausgeartete Situation. Für den Kern $f - \sigma^2$ erhält man die Darstellung

$$f(x_1, x_2) - \sigma^2 = \frac{1}{2}(x_1 - x_2)^2 - \sigma^2 = -\sigma^2 h_1(x_1)h_1(x_2)\ P^{X_1} \otimes P^{X_1}\text{-f.s.}$$

mit der $L^2(P^{X_1})$-normierten Funktion $h_1(x) := (x - a)/\sigma$, und wie in (a) folgt

$$n(U_n - \sigma^2) \to -\sigma^2(Z^2 - 1) \text{ mischend}$$

mit $P^Z = N(0, 1)$.

(c) (Cramér-von Mises Statistik) Sei F die Verteilungsfunktion von P^{X_1}. Wir untersuchen den Cramér-von Mises Abstand zwischen der durch

$$F_n(x) := \frac{1}{n}\sum_{i=1}^{n} 1_{(-\infty,x]}(X_i)$$

für $x \in \mathbb{R}$ definierten empirischen Verteilungsfunktion und F, nämlich

$$V_n := \int |F_n - F|^2 dP^{X_1}.$$

Wenn F stetig ist kann man wegen $P^{F(X_1)} = U(0,1)$ den allgemeinen Fall auf den Fall $U(0,1)$-verteilter Zufallsvariablen reduzieren. Wir nehmen im Folgenden $P^{X_1} = U(0,1)$ an. Dann gilt für $n \geq 2$

$$\begin{aligned} V_n &= \int_0^1 |F_n(x) - x|^2 dx = \frac{1}{n^2} \sum_{i=1}^n \sum_{j=1}^n \int_0^1 (1_{[0,x]}(X_i) - x)(1_{[0,x]}(X_j) - x) dx \\ &= \frac{1}{n^2} \sum_{i=1}^n \sum_{j=1}^n f(X_i, X_j) = \frac{2\binom{n}{2}}{n^2} U_n(f) + \frac{1}{n^2} \sum_{i=1}^n f(X_i, X_i) \end{aligned}$$

mit

$$f(x_1, x_2) := \int_0^1 (1_{[0,x]}(x_1) - x)(1_{[0,x]}(x_2) - x) dx = \frac{1}{2}(x_1^2 + x_2^2) - x_1 \vee x_2 + \frac{1}{3}$$

für $x_i \in [0,1]$. Wegen $E1_{[0,x]}(X_2) = x$ für $x \in [0,1]$ erhält man

$$f_1(X_1) = Ef(x_1, X_2) = \int_0^1 (1_{[0,x]}(x_1) - x)(E1_{[0,x]}(X_2) - x) dx = 0.$$

Damit ist f einfach ausgeartet und $\vartheta = 0$. Für die von Null verschiedenen Eigenwerte des Integraloperators auf $L^2(P^{X_1})$ mit Kern f gilt

$$\lambda_j = j^{-2} \pi^{-2}, \quad j \in \mathbb{N}$$

([56], Beispiel 5.136). Ferner gilt $Ef(X_1, X_1) = 1/6$. Aus 10.21 und dem starken Gesetz der großen Zahlen von Kolmogorov folgt die mischende Konvergenz

$$\begin{aligned} nV_n &= (n-1)U_n(f) + \frac{1}{n} \sum_{i=1}^n f(X_i, X_i) \\ &\to \sum_{j=1}^\infty j^{-2} \pi^{-2} (Z_j^2 - 1) + \frac{1}{6} = \sum_{j=1}^\infty j^{-2} \pi^{-2} Z_j^2 \end{aligned}$$

wegen $\sum_{j=1}^\infty j^{-2} = \pi^2/6$. (Die Limesvariable ist übrigens verteilungsgleich mit $\int_0^1 B_t^2 dt$ für eine Brownsche Brücke $(B_t)_{t \in [0,1]}$.)

Es ist nicht untypisch, dass für Parameter im Martingalfall Singularitäten auftreten und Limesverteilungen von Schätzern sich ziemlich drastisch von der Normalverteilung (oder Varianzmischungen von Normalverteilungen wie in 5.38(b) und 9.10) unterscheiden [125].

Aufgaben

10.1 Zeigen Sie, dass $Q \in M^1(\mathcal{A}, G)$ genau dann G-ergodisch ist, wenn es kein $Q_1 \in M^1(\mathcal{A}, G)$ mit $Q_1 \neq Q$ und $Q_1 \ll Q$ gibt.

10.2 Seien $\mathcal{X} = \{0, 1\}^{\mathbb{N}_0}$ und $\mathcal{A}$ die Potenzmenge von $\mathcal{X}$. Zeigen Sie

$$\operatorname{ex} M^1(\mathcal{A}) = \{\delta_x : x \in \mathcal{X}\}.$$

Dieses Resultat ist bemerkenswert, weil $\mathcal{A}$ nicht abzählbar erzeugt ist (denn sonst wäre $|\mathcal{A}| \leq |\mathbb{R}|$, während $|\mathcal{A}| = 2^{|\mathbb{R}|} > |\mathbb{R}|$ wegen $|\mathcal{X}| = |\mathbb{R}|$) .

10.3 Seien $Q_1 \in M^1(\mathcal{A})$ und $Q_2 \in M^1(\mathcal{A}, G)$ mit $Q_1 \ll Q_2$. Zeigen Sie, dass $Q_1 \in M^1(\mathcal{A}, G)$ genau dann gilt, wenn

$$\frac{dQ_1}{dQ_2} \circ g = \frac{dQ_1}{dQ_2} \quad Q_2\text{-f.s.}$$

für alle $g \in G$.

10.4 (Invarianz und Minimalsuffizienz) Zeigen Sie, dass $\mathcal{A}(G)$ minimalsuffizient für $\mathcal{Q} := M^1(\mathcal{A}, G)$ ist, sobald $\mathcal{A}(G)$ suffizient für $\mathcal{Q}$ ist. Dabei heißt eine suffiziente Unter-σ-Algebra $\mathcal{B}_0 \subset \mathcal{A}$ **minimalsuffizient** für $\mathcal{Q}$, falls $\mathcal{B}_0 \subset \mathcal{B}_1$ $\mathcal{Q}$-f.s. für jede andere suffiziente Unter-σ-Algebra $\mathcal{B}_1 \subset \mathcal{A}$ gilt. Die Relation $\mathcal{B}_0 \subset \mathcal{B}_1$ $\mathcal{Q}$-f.s. bedeutet, dass es für alle $A_0 \in \mathcal{B}_0$ ein $A_1 \in \mathcal{B}_1$ gibt mit $Q(A_0 \Delta A_1) = 0$ für alle $Q \in \mathcal{Q}$. (Die Minimalsuffizienz von $\mathcal{B}_0$ ist äquivalent zur Minimalität von $\mathcal{B}_0$, also aus $\mathcal{B}_1 \subset \mathcal{B}_0$ $\mathcal{Q}$-f.s. für eine suffiziente Unter-σ-Algebra $\mathcal{B}_1 \subset \mathcal{A}$ folgt $\mathcal{B}_1 = \mathcal{B}_0$ $\mathcal{Q}$-f.s. [70]).

Hinweis: $\mathcal{Q}|\mathcal{A}(G)$ ist **vollständig**, das heißt aus

$$\int f dQ = 0 \quad \text{für } f \in \bigcap_{Q \in \mathcal{Q}} \mathcal{L}^1(\mathcal{A}(G), Q)$$

und alle $Q \in \mathcal{Q}$ folgt $f = 0$ Q-f.s. für alle $Q \in \mathcal{Q}$. Dies impliziert die Minimalsuffizienz von $\mathcal{A}(G)$.

10.5 (Endliche Gruppen) Seien G eine endliche Gruppe und $\mathcal{A}$ abzählbar erzeugt. Zeigen Sie, dass $\mathcal{A}(G)$ abzählbar erzeugt ist und

$$\operatorname{ex} M^1(\mathcal{A}, G) = \left\{ \frac{1}{|G|} \sum_{g \in G} \delta_{gx} : x \in \mathcal{X} \right\}.$$

Hinweis: Für den durch $K(x, \cdot) := \frac{1}{|G|} \sum_{g \in G} \delta_{gx}$ auf $(\mathcal{X}, \mathcal{A})$ definierten Markov-Kern gilt $\sigma(K) = \mathcal{A}(G)$. Daher ist $\mathcal{A}(G)$ abzählbar erzeugt und die G-ergodischen Maße sind Dirac-Maße auf $\mathcal{A}(G)$ nach Satz 10.3 und der Bemerkung nach Satz 10.2. Die Behauptung folgt aus Satz 10.5.

In den restlichen Aufgaben sei G wie in Abschn. 10.2 die Gruppe der endlichen Permutationen von $\mathbb{N}$ und $G_n = \{g \in G : g(j) = j \text{ für alle } j > n\}$.

10.6 Seien $X = (X_n)_{n\geq 1}$ ein austauschbarer $(\mathcal{X}, \mathcal{A})$-wertiger Prozess, Y eine von X unabhängige $(\mathcal{Y}, \mathcal{B})$-wertige Zufallsvariable und $f : (\mathcal{X} \times \mathcal{Y}, \mathcal{A} \otimes \mathcal{B}) \to (\mathcal{Z}, \mathcal{C})$. Zeigen Sie, dass der Prozess $(f(X_n, Y))_{n\geq 1}$ austauschbar ist.

10.7 (Positive Korrelation) Sei $X = (X_n)_{n\geq 1}$ ein austauschbarer reeller Prozess mit $X_1 \in \mathcal{L}^2$. Zeigen Sie, dass $\text{Kov}(X_j, X_k) = \text{Kov}(X_1, X_2)$ für $j, k \in \mathbb{N}, j \neq k$ und

$$\text{Kov}(X_1, X_2) \geq 0.$$

10.8 Seien $X = (X_n)_{n\geq 1}$ ein austauschbarer reeller Prozess mit $X_1 \in \mathcal{L}^1$ und $U_n := \sum_{i=1}^n X_i/n$. Zeigen Sie

$$E|U_n| \leq E|U_{n-1}| \quad \text{für } n \geq 2,$$

$$P(\sup_{n\geq 1} |U_n| \geq a) \leq \frac{1}{a} E|X_1| \quad \text{für } a > 0$$

und

$$E \sup_{n\geq 1} |U_n|^p \leq \frac{p}{p-1} E|X_1|^p \quad \text{für } 1 < p < \infty.$$

Hinweis: Satz 3.3.

10.9 Seien X eine $(\mathcal{X}, \mathcal{A})$-wertige Zufallsvariable, $f : (\mathcal{X}, \mathcal{A}) \to (\mathbb{R}, \mathcal{B}(\mathbb{R}))$ messbar mit $f(X) \in \mathcal{L}^1$ und $\mathcal{B} \subset \mathcal{A}$ eine Unter-σ-Algebra. Zeigen Sie

$$E_P(f(X)|X^{-1}(\mathcal{B})) = E_{P^X}(f|\mathcal{B}) \circ X \;\; P\text{-f.s.}$$

Danach gilt speziell für jeden $(\mathcal{X}, \mathcal{A})$-wertigen Prozess $X = (X_n)_{n\geq 1}$ und $f : (\mathcal{X}^{\mathbb{N}}, \mathcal{A}^{\mathbb{N}}) \to (\mathbb{R}, \mathcal{B}(\mathbb{R}))$ mit $f(X) \in \mathcal{L}^1$

$$E_P(f(X)|\mathcal{A}^{\mathbb{N}}(G)_X) = E_{P^X}(f|\mathcal{A}^{\mathbb{N}}(G)) \circ X \;\; P\text{-f.s.}$$

10.10 Seien $(\mathcal{X}, \mathcal{A})$ ein messbarer Raum und

$$\mathcal{T}_\pi = \bigcap_{n\geq 1} \sigma(\pi_j, j \geq n)$$

die π-terminale σ-Algebra (über $\mathcal{X}^{\mathbb{N}}$) für den Prozess der Projektionen $\pi = (\pi_n)_{n\geq 1}$. Zeigen Sie

$$\mathcal{T}_X = X^{-1}(\mathcal{T}_\pi)$$

für jeden $(\mathcal{X}, \mathcal{A})$-wertigen Prozess $X = (X_n)_{n\geq 1}$.

10.11 (Terminale σ-Algebren und Produktmaße) Seien $(\mathcal{X}, \mathcal{A})$ ein messbarer Raum, $\mathcal{T}_\pi$ die π-terminale σ-Algebra (Aufgabe 10.10) und $Q \in M^1(\mathcal{A})$. Zeigen Sie, dass $Q^{\mathbb{N}}|\mathcal{T}_\pi$ kein Dirac-Maß ist, falls $\mathcal{A}$ die einelementigen Teilmengen von $\mathcal{X}$ enthält und Q kein Dirac-Maß ist.

Wegen $\mathcal{T}_\pi \subset \mathcal{A}^{\mathbb{N}}(G)$ (Satz 10.9) verschärft dies die Bemerkung nach Satz 10.11, wonach $Q^{\mathbb{N}}|\mathcal{A}^{\mathbb{N}}(G)$ kein Dirac-Maß ist.

Hinweis: Für $x \in \mathcal{X}^{\mathbb{N}}$ untersuche man das Ereignis $\liminf_{n\to\infty}\{\pi_n = x_n\}$.

10.12 (Austauschbarkeit und Terminalität) Seien $X = (X_n)_{n\geq 1}$ ein $(\mathbb{R}^d, \mathcal{B}(\mathbb{R}^d))$-wertiger Prozess und $Y_n := \sum_{i=1}^n X_i$ für $n \geq 1$. Zeigen sie $\mathcal{T}_X \subset \mathcal{T}_Y \subset \mathcal{A}^{\mathbb{N}}(G)_X$ mit $\mathcal{A} := \mathcal{B}(\mathbb{R}^d)$ und falls X austauschbar ist, $\mathcal{T}_X = \mathcal{T}_Y = \mathcal{A}^{\mathbb{N}}(G)_X$ f.s.

10.13 Sei H_0 die von $h : \mathbb{N} \to \mathbb{N}$, $h(n) = n + 1$ erzeugte Halbgruppe. Zeigen Sie

$$\mathcal{A}^{\mathbb{N}}(H_0) \subset \mathcal{T}_\pi \subset \mathcal{A}^{\mathbb{N}}(G)$$

und mit Suffizienzeigenschaften

$$\mathcal{A}^{\mathbb{N}}(H_0) = \mathcal{A}^{\mathbb{N}}(G) \ \mathcal{Q}\text{-f.s.}$$

für $\mathcal{Q} := M^1(\mathcal{A}^{\mathbb{N}}, G)$ (siehe Aufgabe 10.4).

Hinweis: Wegen der Bemerkung nach Satz 10.8 und Aufgabe 10.4 ist $\mathcal{A}^{\mathbb{N}}(G)$ minimalsuffizient für $\mathcal{Q}$. Für $\mathcal{A}^{\mathbb{N}}(H_0)$ gilt

$$\mathcal{A}^{\mathbb{N}}(H_0) = \{A \in \mathcal{A}^{\mathbb{N}} : h^{-1}(A) = A\},$$

und für $A \in \mathcal{A}^{\mathbb{N}}$ und

$$f_A := \limsup_{n\to\infty} \frac{1}{n+1} \sum_{j=0}^{n} 1_A \circ h^j$$

gilt nach dem Ergodensatz von Birkhoff ([53], Satz 6.12)

$$f_A = E_Q(1_A | \mathcal{A}^{\mathbb{N}}(H_0)) \ Q\text{-f.s.}$$

für alle $Q \in M^1(\mathcal{A}^{\mathbb{N}}, H_0)$. Also ist $\mathcal{A}^{\mathbb{N}}(H_0)$ suffizient für $M^1(\mathcal{A}^{\mathbb{N}}, H_0)$ und damit wegen Lemma 10.7(c) für $\mathcal{Q}$.

10.14 (Austauschbarkeit, Stationarität und Ergodizität) Zeigen Sie für die ergodischen stationären Verteilungen auf $\mathcal{A}^{\mathbb{N}}$

$$\operatorname{ex} M^1(\mathcal{A}^{\mathbb{N}}, H_0) \cap M^1(\mathcal{A}^{\mathbb{N}}, G) = \operatorname{ex} M^1(\mathcal{A}^{\mathbb{N}}, G).$$

Hinweis: Satz 10.3, Lemma 10.7(c) und Aufgabe 10.13.

10.15 Seien $\mathcal{X}$ ein polnischer Raum, $\mathcal{A}$ die Borelsche σ-Algebra über $\mathcal{X}$ und $X = (X_n)_{n\geq 1}$ ein austauschbarer $(\mathcal{X}, \mathcal{A})$-wertiger Prozess. Zeigen Sie, dass die **paarweise symmetrische Unabhängigkeit** von X, das heißt

$$P^{(X_1,X_2)}(A \times A) = P^{X_1}(A) P^{X_2}(A)$$

für alle $A \in \mathcal{A}$, schon die Unabhängigkeit der Folge X impliziert.

Hinweis: Für $K := P^{X_1 | \mathcal{A}^{\mathbb{N}}(G)_X}$ erhält man wegen Satz 10.10 $\operatorname{Var} K(\cdot, A) = 0$, also $K(\cdot, A) = P^{X_1}(A)$ f.s. für alle $A \in \mathcal{A}$. Aus A.16(b) folgt $K = P^{X_1}$ f.s. und damit $P^X = (P^{X_1})^{\mathbb{N}}$ nach Satz 10.13.

10.16 (Pólyas Urnenmodell) Zeigen Sie in der Situation von Beispiel 1.7(e) für den Anteil X_n der roten Kugeln in der Urne zur Zeit n

$$P\left(X_n = \frac{r+km}{r+s+mn}\right) = \int_0^1 B(n,p)(\{k\})d\mu(p)$$

für $k \in \{0,\ldots,n\}$ mit $\mu = \mathrm{Beta}(r/m, s/m)$.

Hinweis: Beispiel 10.15.

10.17 (U-Statistiken) Seinen $X = (X_n)_{n\geq 1}$ eine unabhängige Folge identisch verteilter $(\mathcal{X},\mathcal{A})$-wertiger Zufallsvariablen und $f : (\mathcal{X}^m,\mathcal{A}^m) \to (\mathbb{R},\mathcal{B}(\mathbb{R}))$ ein $(m-1)$-fach ausgearteter G_m-invarianter Kern mit $f(X_1,\ldots,X_m) \in \mathcal{L}^2$. Zeigen Sie für die U-Statistik mit Kern f

$$\frac{n^{m/2}}{(\log n)^s}(U_n - \vartheta) \to 0 \text{ f.s.}$$

für $n \to \infty$ und $s > 1/2$. Dies ist eine Verbesserung von Satz 10.20.

10.18 Seien $X = (X_n)_{n\geq 1}$ eine unabhängige Folge identisch verteilter reeller Zufallsvariablen mit $X_1 \in \mathcal{L}^3$, $EX_1 = 0$ und $\sigma^2 := \mathrm{Var}\,X_1 > 0$, $m = 3$ und $f(x_1,x_2,x_3) := \prod_{i=1}^3 x_i$. Zeigen Sie für die U-Statistik mit dem 2-fach ausgearteten Kern f

$$n^{3/2}U_n \to \sigma^3(Z^3 - 3Z) \text{ mischend}$$

mit $P^Z = N(0,1)$.

Hinweis: Für $n \geq 3$ gilt

$$n^{3/2}U_n = \frac{n^3}{n(n-1)(n-2)}\left\{\left(\frac{1}{\sqrt{n}}\sum_{j=1}^n X_j\right)^3 - \left(\frac{3}{n}\sum_{j=1}^n X_j^2\right)\left(\frac{1}{\sqrt{n}}\sum_{j=1}^n X_j\right) + \frac{2}{n^{3/2}}\sum_{j=1}^n X_j^3\right\}.$$

Kapitel 11
Stochastische Approximation

Wir untersuchen mit martingaltheoretischen Methoden die Konvergenz reeller stochastischer Approximationsalgorithmen vom Robbins-Monro-Typ zur Bestimmung der Nullstellen von Funktionen. Ein Beispiel für einen ausgearteten Robbins-Monro-Algorithmus ist der Bandit-Algorithmus. Als Anwendung erhalten wir Konvergenzresultate für einige verallgemeinerte Pólya-Urnenmodelle. Dieses Kapitel basiert auf Resultaten aus den Kap. 1–5.

Seien $(\Omega, \mathcal{F}, P)$ ein Wahrscheinlichkeitsraum und $T = \mathbb{N}_0$.

11.1 Der Robbins-Monro-Algorithmus

Seien $(\mathcal{Z}, \mathcal{C})$ ein messbarer Raum, $(Z_n)_{n \geq 1}$ eine unabhängige Folge identisch verteilter $(\mathcal{Z}, \mathcal{C})$-wertiger Zufallsvariablen, X_0 eine reelle Zufallsvariable, die von $(Z_n)_{n \geq 1}$ unabhängig ist,

$$H : (\mathbb{R} \times \mathcal{Z}, \mathcal{B}(\mathbb{R}) \otimes \mathcal{C}) \to (\mathbb{R}, \mathcal{B}(\mathbb{R}))$$

eine messbare Abbildung und $(\gamma_n)_{n \geq 1}$ eine Folge in $(0, \infty)$. Wir untersuchen den durch X_0 und die Rekursion

$$X_{n+1} = X_n + \gamma_{n+1} H(X_n, Z_{n+1}), n \geq 0$$

definierten reellen **Robbins-Monro-Algorithmus** $X = (X_n)_{n \geq 0}$.

Bei den Anwendungen in den folgenden Abschnitten wird der Zustandsraum von X ein (beschränktes) Intervall $I \subset \mathbb{R}$ sein. Dies ist der Fall, wenn X_0 I-wertig ist und $x + \gamma_n H(x, z) \in I$ für alle $x \in I, z \in \mathcal{Z}$ und $n \geq 1$ gilt. Im Rest dieses Abschnitts sei daher X ein I-wertiger Prozess für ein abgeschlossenes Intervall

$$I \subset \mathbb{R}.$$

($I = \mathbb{R}$ ist natürlich zugelassen.)

H. Luschgy, *Martingale in diskreter Zeit*, Springer-Lehrbuch Masterclass,
DOI 10.1007/978-3-642-29961-2_11,

Wir nehmen an, dass

$$H(x, Z_1) \in \mathcal{L}^1 \quad \text{für alle } x \in I$$

und definieren die **Erwartungswertfunktion** des Algorithmus durch

$$h : I \to \mathbb{R}, \quad h(x) := EH(x, Z_1).$$

Außerdem sei

$$g : I \to \overline{\mathbb{R}}_+, \quad g(x) := EH(x, Z_1)^2.$$

Dann sind h und g Borel-messbar und $\mathrm{Var} H(x, Z_1) = g(x) - h(x)^2$. Wir werden sehen, dass der Robbins-Monro-Algorithmus X unter geeigneten Voraussetzungen an die Schrittweitenfolge $(\gamma_n)_{n \geq 1}$ und die Funktionen h und g die Nullstellen von h approximiert.

Für $n \geq 0$ sei $\mathcal{F}_n := \sigma(X_0, Z_1, \ldots, Z_n)$ und $\mathbb{F} := (\mathcal{F}_n)_{n \geq 0}$. Mit Induktion folgt, dass X $\mathbb{F}$-adaptiert ist. Bei von n unabhängigen Schrittweiten $\gamma_n = a \in (0, \infty)$ ist X nach 6.5 ein (homogener) $\mathbb{F}$-Markov-Prozess mit Übergangskern $R_a(x, \cdot) = P^{x + aH(x, Z_1)}$. (Im allgemeinen Fall ist X ein inhomogener $\mathbb{F}$-Markov-Prozess mit $P(X_{n+1} \in A | \mathcal{F}_n) = R_{\gamma_{n+1}}(X_n, A)$ für $n \geq 0$ und $A \in \mathcal{B}(I)$.)

Die im folgenden Lemma angegebene Doob-Zerlegung von X zeigt, dass man die Dynamik von X durch

$$X_{n+1} = X_n + \gamma_{n+1} h(X_n) + \Delta N_{n+1}$$

mit einem Martingal N beschreiben kann oder mit $\gamma := (\gamma_n)_{n \geq 1}$ und dem Martingal $M := (1/\gamma) \bullet N$ auch durch

$$X_{n+1} = X_n + \gamma_{n+1}(h(X_n) + \Delta M_{n+1})$$

für $n \geq 0$. Insbesondere lässt sich X als eine stochastisch gestörte Version der rekursiven deterministischen Prozedur

$$x_{n+1} = x_n + \gamma_{n+1} h(x_n)$$

zur Bestimmung der Nullstellen von h auffassen.

Lemma 11.1 *(Doob-Zerlegung) Seien $X_0 \in \mathcal{L}^2$ und $g(x) \leq C(1 + x^2)$ für eine Konstante $C \in \mathbb{R}_+$ und alle $x \in I$. Dann ist X ein adaptierter $\mathcal{L}^2$-Prozess und für die Doob-Zerlegung $X = N + A$ von X gilt*

$$A_n = \sum_{j=1}^{n} \gamma_j h(X_{j-1})$$

und

$$N_n = X_0 + \sum_{j=1}^{n} \gamma_j (H(X_{j-1}, Z_j) - h(X_{j-1})).$$

Insbesondere ist X ein Submartingal (Supermartingal), falls $h \geq 0$ ($h \leq 0$). Ferner gilt

$$\langle N \rangle_n = \sum_{j=1}^{n} \gamma_j^2 (g(X_{j-1}) - h(X_{j-1})^2) \quad \textit{und} \quad \langle X \rangle_n = \sum_{j=1}^{n} \gamma_j^2 g(X_{j-1})$$

für $n \geq 0$.

Beweis Weil $\sigma(Z_{n+1})$ und $\mathcal{F}_n$ unabhängig sind, gilt nach der Substitutionsregel A.19 für $n \geq 0$

$$E(H(X_n, Z_{n+1})^2 | \mathcal{F}_n) = g(X_n)$$

und somit

$$EH(X_n, Z_{n+1})^2 = Eg(X_n) \leq C(1 + EX_n^2).$$

Wegen $X_0 \in \mathcal{L}^2$ folgt mit Induktion, dass X ein $\mathcal{L}^2$-Prozess ist. Da $E(H(X_n, Z_{n+1}) | \mathcal{F}_n) = h(X_n)$ wieder nach A.19, folgt mit 1.12 für den Kompensator A von X

$$A_n = \sum_{j=1}^{n} E(\Delta X_j | \mathcal{F}_{j-1}) = \sum_{j=1}^{n} \gamma_j h(X_{j-1})$$

und für den Martingalanteil

$$\begin{aligned} N_n &= X_0 + \sum_{j=1}^{n} (\Delta X_j - E(\Delta X_j | \mathcal{F}_{j-1})) \\ &= X_0 + \sum_{j=1}^{n} \gamma_j (H(X_{j-1}, Z_j) - h(X_{j-1})). \end{aligned}$$

Ferner gilt

$$\begin{aligned} \langle N \rangle_n &= \sum_{j=1}^{n} \gamma_j^2 E((H(X_{j-1}, Z_j) - h(X_{j-1}))^2 | \mathcal{F}_{j-1}) \\ &= \sum_{j=1}^{n} \gamma_j^2 (g(X_{j-1}) - h(X_{j-1})^2) \end{aligned}$$

und

$$\langle X \rangle = \langle N \rangle + \langle A \rangle = \sum_{j=1}^{n} \gamma_j^2 g(X_{j-1}).$$ □

Wir beweisen jetzt eine zentrale Konvergenzaussage über die fast sichere Konvergenz des Robbins-Monro-Algorithmus gegen eine Nullstelle von h. Der Schlüssel ist der Konvergenzsatz 4.5 für positive Supermartingale.

Satz 11.2 *Die folgenden Bedingungen seien erfüllt:*

(i) h ist stetig und es gibt ein $x_0 \in \{h = 0\}$ mit $(x - x_0)h(x) \leq 0$ für alle $x \in I$,
(ii) $X_0 \in \mathcal{L}^2$ und $g(x) \leq C(1 + x^2)$ für eine Konstante $C \in \mathbb{R}_+$ und alle $x \in I$,
(iii) $\sum_{n=1}^{\infty} \gamma_n = \infty$ und $\sum_{n=1}^{\infty} \gamma_n^2 < \infty$.

Dann ist X $\mathcal{L}^2$-beschränkt und es gilt

$$X_n \to X_\infty \text{ f.s. und in } \mathcal{L}^p,\ p \in (0, 2)$$

für $n \to \infty$ und eine I-wertige Zufallsvariable $X_\infty \in \mathcal{L}^2(\mathcal{F}_\infty, P)$ mit

$$P(X_\infty \in \{h = 0\}) = 1.$$

Die (globale) **Downcrossing-Bedingung**

$$\sup_{x \in I}(x - x_0)h(x) \leq 0$$

für x_0 in (i) impliziert wegen der Stetigkeit von h schon $h(x_0) = 0$. Sie ist für jede Nullstelle von h erfüllt, falls h monoton fallend ist. Wir benötigen die Schrittweitenbedingung $\sum_{n=1}^{\infty} \gamma_n^2 < \infty$ in (iii) zum Nachweis der fast sicheren Konvergenz des Algorithmus, während die Bedingung $\sum_{n=1}^{\infty} \gamma_n = \infty$ entscheidend dafür ist, dass der fast sichere Limes (zufällige) Nullstelle von h ist. Dabei ist die Wachstumsbedingung an g in (ii) wesentlich. Sie impliziert für die Erwartungswertfunktion

$$|h(x)| \leq E|H(x, Z_1)| \leq \sqrt{g(x)} \leq \sqrt{C}(1 + |x|)$$

für alle $x \in I$. In Spezialfällen wie dem Bandit-Algorithmus im nächsten Abschnitt folgt die fast sichere Konvergenz schon direkt aus Martingalkonvergenzsätzen und dann ist die Bedingung $\sum_{n=1}^{\infty} \gamma_n^2 < \infty$ überflüssig.

Beweis Mit der Nullstelle x_0 von h aus (i) sei $Y_n := (X_n - x_0)^2$ für $n \geq 0$. Wegen (ii) und 11.1 ist Y ein adaptierter $\mathcal{L}^1$-Prozess, und mit partieller Summation 1.15(a) gilt

$$\begin{aligned} Y &= Y_0 + 2(X_- - x_0) \bullet X + [X] \\ &= Y_0 + 2(X_- - x_0) \bullet N + 2(X_- - x_0) \bullet A + [X], \end{aligned}$$

wobei A den Kompensator von X und N den Martingalanteil in der Doob-Zerlegung 11.1 von X bezeichnet. Die Bedingung (i) impliziert, dass

$$B := -2(X_- - x_0) \bullet A$$

wegen

$$B_n = -2\sum_{j=1}^{n} \gamma_j (X_{j-1} - x_0)h(X_{j-1})$$

für $n \geq 0$ ein vorhersehbarer wachsender Prozess mit Anfangswert $B_0 = 0$ ist. Man wähle eine Konstante $C_1 \in \mathbb{R}_+$ mit $C(1+x^2) \leq C_1(1+(x-x_0)^2)$ für alle $x \in I$. Mit

$$a_n := \prod_{j=1}^{n}(1+C_1\gamma_j^2)$$

für $n \geq 0$ ($a_0 = 1$) wird wegen $\sum_{j=1}^{\infty} \gamma_j^2 < \infty$ durch

$$U_n := a_n^{-1}\Big(Y_n + B_n + C_1 \sum_{j=n+1}^{\infty} \gamma_j^2\Big)$$

für $n \geq 0$ ein adaptierter positiver $\mathcal{L}^1$-Prozess definiert. Weil für $n \geq 0$

$$\begin{aligned} E(U_{n+1}|\mathcal{F}_n) &= a_{n+1}^{-1}\Big(Y_n - \Delta B_{n+1} + \Delta\langle X\rangle_{n+1} + B_{n+1} + C_1 \sum_{j=n+2}^{\infty} \gamma_j^2\Big) \\ &= a_{n+1}^{-1}\Big(Y_n + B_n + \Delta\langle X\rangle_{n+1} + C_1 \sum_{j=n+2}^{\infty} \gamma_j^2\Big) \end{aligned}$$

und wegen 11.1 und (ii)

$$\Delta\langle X\rangle_{n+1} = \gamma_{n+1}^2 g(X_n) \leq C\gamma_{n+1}^2(1+X_n^2) \leq C_1\gamma_{n+1}^2(1+Y_n),$$

folgt mit der Monotonie von (a_n)

$$\begin{aligned} E(U_{n+1}|\mathcal{F}_n) &\leq a_{n+1}^{-1}\Big(Y_n(1+C_1\gamma_{n+1}^2) + B_n + C_1 \sum_{j=n+1}^{\infty} \gamma_j^2\Big) \\ &= a_n^{-1}Y_n + a_{n+1}^{-1}\Big(B_n + C_1 \sum_{j=n+1}^{\infty} \gamma_j^2\Big) \leq U_n. \end{aligned}$$

Also ist U ein Supermartingal. Nach 4.5 konvergiert U_n fast sicher gegen eine positive Zufallsvariable $U_\infty \in \mathcal{L}^1(\mathcal{F}_\infty, P)$ für $n \to \infty$.

Wegen der Ungleichung $\log(1+t) \leq t$ für $t > -1$, gilt

$$\log a_n = \sum_{j=1}^{n} \log(1+C_1\gamma_j^2) \leq C_1 \sum_{j=1}^{\infty} \gamma_j^2 < \infty$$

und daher

$$a_n \to a_\infty := \prod_{j=1}^{\infty}(1+C_1\gamma_j^2) \in [1,\infty).$$

Da $B_n \leq a_n U_n$, folgt

$$EB_\infty = \sup_{n\geq 0} EB_n \leq a_\infty \sup_{n\geq 0} EU_n = a_\infty EU_0 < \infty.$$

Insbesondere gilt

$$B_\infty = -2\sum_{j=1}^{\infty} \gamma_j (X_{j-1} - x_0)h(X_{j-1}) < \infty \text{ f.s.},$$

was wegen $\sum_{j=1}^{\infty} \gamma_j = \infty$

$$\liminf_{n\to\infty}(x_0 - X_n)h(X_n) = 0 \text{ f.s.}$$

impliziert. Weiter gilt wegen $\sum_{j=n+1}^{\infty} \gamma_j^2 \to 0$

$$Y_n = a_n U_n - B_n - C_1 \sum_{j=n+1}^{\infty} \gamma_j^2 \to a_\infty U_\infty - B_\infty =: Y_\infty \text{ f.s.}$$

für $n \to \infty$ mit $Y_\infty \in \mathcal{L}^1(\mathcal{F}_\infty, P)$. Das Argument für die fast sichere Konvergenz von X_n ist die fast sichere Konvergenz von ΔX_n gegen 0. Wegen $Y_n \leq a_n U_n$ ist Y nämlich $\mathcal{L}^1$-beschränkt und X damit $\mathcal{L}^2$-beschränkt. Dies impliziert nach 11.1 und (iii)

$$E[X]_\infty = E\langle X\rangle_\infty \leq C\sum_{j=1}^{\infty} \gamma_j^2(1 + EX_{j-1}^2) < \infty,$$

insbesondere also $[X]_\infty < \infty$ f.s. und damit

$$\Delta X_n \to 0 \text{ f.s.}$$

für $n \to \infty$. Man erhält somit

$$X_n \to X_\infty \text{ f.s.}$$

für eine I-wertige Zufallsvariable $X_\infty \in \mathcal{L}^2(\mathcal{F}_\infty, P)$. Weil $|X|^p$ für $0 < p < 2$ $\mathcal{L}^r$-beschränkt mit $r = 2/p > 1$ und daher gleichgradig integrierbar ist (A.3), gilt nach A.4 auch $X_n \stackrel{\mathcal{L}^p}{\to} X_\infty$. Aus der Stetigkeit der Funktion h gemäß (i) folgt nun

$$(x_0 - X_\infty)h(X_\infty) = \liminf_{n\to\infty}(x_0 - X_n)h(X_n) = 0 \text{ f.s.},$$

und wegen $h(x_0) = 0$ liefert dies $h(X_\infty) = 0$ f.s. □

Falls $X_n < x_0$ für die Nullstelle x_0 von h aus 11.2(i), gilt $h(X_n) \geq 0$ und damit $E(X_{n+1}|\mathcal{F}_n) = X_n + \gamma_{n+1}h(X_n) \geq X_n$. Ebenso gilt $E(X_{n+1}|\mathcal{F}_n) \leq X_n$, falls $X_n > x_0$. Der Algorithmus bewegt sich also im Mittel nicht von der Nullstelle x_0 weg, kann aber mit positiver Wahrscheinlichkeit gegen eine andere Nullstelle konvergieren. Ein Beispiel liefert 11.10. Im Extremfall (Martingalfall) $h = 0$ kann $P(\lim_{n\to\infty} X_n = x_0) = 0$ für alle $x_0 \in I$ sein, das heißt P^{X_∞} kann stetig sein. Dies zeigt schon Beispiel 4.10(c).

Wir ergänzen noch die $\mathcal{L}^p$-Konvergenz für $p \geq 2$.

Satz 11.3 *($\mathcal{L}^p$-Konvergenz) Sei $p \in [2, \infty)$. Ersetzt man in 11.2 die Bedingung (ii) durch*

(iv) $X_0 \in \mathcal{L}^p$ und H ist beschränkt auf $I \times \mathcal{Z}$,

so gilt für den fast sicheren Limes X_∞ von X_n

$$X_n \xrightarrow{\mathcal{L}^p} X_\infty$$

für $n \to \infty$.

Der Beweis basiert auf den BDG-Ungleichungen 3.15.

Beweis Sei $|H(x, z)| \leq b < \infty$ für alle $x \in I$ und $z \in \mathcal{Z}$. Dann gilt $|h(x)| \leq E|H(x, Z_1)| \leq b$ und $g(x) \leq b^2$ für alle $x \in I$. (Daher ist 11.2(ii) mit $C = b^2$ erfüllt und 11.2 liefert $X_n \to X_\infty$ f.s. für eine reelle Zufallsvariable X_∞.) Man erhält für $Y := (X - x_0)^2$ mit partieller Summation 1.15(a), der Doob-Zerlegung $X = N + A$ von X aus 11.1 und mit 11.2(i)

$$\begin{aligned} Y &= Y_0 + 2(X_- - x_0) \bullet N + 2(X_- - x_0) \bullet A + [X] \\ &\leq Y_0 + 2(X_- - x_0) \bullet N + [X] \\ &\leq Y_0 + 2(X_- - x_0) \bullet N + b^2 \sum_{j=1}^{\infty} \gamma_j^2. \end{aligned}$$

Der Prozess

$$M := 2(X_- - x_0) \bullet N$$

ist nach 1.9 ein Martingal mit Anfangswert $M_0 = 0$, und wegen 1.19 und 11.1 gilt

$$[M]_\infty = (4Y_- \bullet [N])_\infty \leq 16b^2 \sum_{j=1}^{\infty} \gamma_j^2 Y_{j-1},$$

weil $(\Delta N_j)^2 \leq 4b^2\gamma_j^2$. Dies impliziert für $q \in [1/2, \infty)$ mit $s := \sum_{j=1}^{\infty} \gamma_j^2 < \infty$

$$\|[M]_\infty^{1/2}\|_{2q} \leq 4b\sqrt{s}\|(\sup_{n\geq 0} Y_n)^{1/2}\|_{2q} = 4b\sqrt{s}\| \sup_{n\geq 0} Y_n\|_q^{1/2}$$

und außerdem

$$\|[M]_\infty^{1/2}\|_1 \leq \|[M]_\infty^{1/2}\|_2 \leq 4b\Big(\sum_{j=1}^{\infty} \gamma_j^2 EY_{j-1}\Big)^{1/2} \leq 4b\sqrt{s}(\sup_{n\geq 0} EY_n)^{1/2} < \infty,$$

weil Y nach 11.2 $\mathcal{L}^1$-beschränkt ist. Die Minkowski-Ungleichung, die Doob-Ungleichung 3.3(b) und die BDG-Ungleichungen 3.15 liefern für $q \in [1, \infty)$

$$\| \sup_{n\geq 0} Y_n\|_q \leq \|Y_0\|_q + \| \sup_{n\geq 0} |M_n| \,\|_q + b^2 s \leq \|Y_0\|_q + C_q\|[M]_\infty^{1/2}\|_q + b^2 s$$

mit einer universellen (nur von q abhängenden) Konstante $C_q \in (0, \infty)$. Es folgt

$$\| \sup_{n \geq 0} Y_n \|_1 < \infty$$

und für $q \in [1/2, \infty)$

$$\| \sup_{n \geq 0} Y_n \|_{2q} \leq \|Y_0\|_{2q} + 4b\sqrt{s} C_{2q} \| \sup_{n \geq 0} Y_n \|_q^{1/2} + b^2 s.$$

Für $k \in \mathbb{N}$ mit $2^k \leq p < 2^{k+1}$ und $q := p/2^{k+1} \in [1/2, 1)$ erhält man damit $\| \sup_{n \geq 0} Y_n \|_q < \infty$ und durch sukzessive Anwendung

$$\| \sup_{n \geq 0} Y_n \|_{p/2} = \| \sup_{n \geq 0} Y_n \|_{2^k q} < \infty.$$

Also gilt $\sup_{n \geq 0} |X_n| \in \mathcal{L}^p$ und mit dominierter Konvergenz folgt $X_n \xrightarrow{\mathcal{L}^p} X_\infty$. □

Im Fall $X_n \to x_0$ f.s. für ein $x_0 \in \{h = 0\}$ wird die Konvergenzgeschwindigkeit von X_n gegen x_0 in Standardsituationen durch einen zentralen Grenzwertsatz mit Normierung $1/\sqrt{\gamma_n}$ gesteuert.

Satz 11.4 *(Konvergenzraten, stabiler CLT) Seien $\gamma_n = C_1/(C_2 + n)$ für $n \geq 1$ mit reellen Konstanten $C_1 > 0, C_2 \geq 0$ und $x_0 \in \{h = 0\}$. Die folgenden Bedingungen seien erfüllt:*

(i) $X_n \to x_0$ f.s. für $n \to \infty$,
(ii) $X_0 \in \mathcal{L}^2$ und $g(x) \leq C(1 + x^2)$ für eine Konstante $C \in \mathbb{R}_+$ und alle $x \in I$,
(iii) g ist stetig in x_0, h ist differenzierbar in x_0, $h'(x_0) < 0$ und

$$h(x) = h'(x_0)(x - x_0) + O((x - x_0)^2) \text{ für } \quad x \to x_0,$$

(iv) $H(x, Z_1) \in \mathcal{L}^{2+\delta}$ für alle $x \in I$ und $\sup_{|x - x_0| \leq \varepsilon} E|H(x, Z_1)|^{2+\delta} < \infty$ für ein $\delta > 0$ und ein $\varepsilon > 0$.

Dann gelten

$$\sqrt{n}(X_n - x_0) \to N\left(0, \frac{g(x_0)C_1^2}{2|h'(x_0)|C_1 - 1}\right) \text{ mischend, } \quad \text{falls } |h'(x_0)|C_1 > 1/2,$$

$$\sqrt{\frac{n}{\log n}}(X_n - x_0) \to N(0, g(x_0)C_1^2) \text{ mischend, } \quad \text{falls } |h'(x_0)|C_1 = 1/2$$

und

$$n^{|h'(x_0)|C_1}(X_n - x_0) \to \xi \text{ f.s., } \quad \text{falls } |h'(x_0)|C_1 < 1/2$$

für $n \to \infty$ und eine reelle Zufallsvariable $\xi = \xi(X_0)$, die vom Anfangswert X_0 abhängt.

Die Bedingung $h'(x_0) < 0$ in (iii) impliziert eine lokale Version der Downcrossing-Bedingung in 11.2(i), und die Voraussetzung $h(x) = h'(x_0)(x - x_0) +$

$O((x-x_0)^2)$ für $x \to x_0$ ist erfüllt, falls h in einer Umgebung von x_0 differenzierbar ist mit Lipschitz-stetiger Ableitung: Für ein (hinreichend kleines) offenes Intervall J mit $x_0 \in J$ und $x \in J \cap I$ gilt nach dem Mittelwertsatz

$$\begin{aligned}|h(x) - h'(x_0)(x - x_0)| &= |h(x) - h(x_0) - h'(x_0)(x - x_0)| \\ &= |h'(\eta)(x - x_0) - h'(x_0)(x - x_0)| \\ &= |h'(\eta) - h'(x_0)|\,|x - x_0| \\ &\leq L|\eta - x_0|\,|x - x_0| \leq L|x - x_0|^2,\end{aligned}$$

wobei $L \in \mathbb{R}_+$ die Lipschitz-Konstante von h' bezeichnet. Die oben genannte Voraussetzung ist insbesondere erfüllt, falls h in einer Umgebung von x_0 zweimal stetig differenzierbar ist. Die Bedingung (iv) liefert eine Lyapunov-Bedingung und ermöglicht damit die Anwendung des zentralen Grenzwertsatzes 5.31.

Bemerkenswert ist der „Phasenübergang" bei $h'(x_0) = -1/2C_1$.

Wir nennen einen Robbins-Monro-Algorithmus mit $X_n \to X_\infty$ f.s. für $n \to \infty$ und $P(X_\infty \in \{h = 0\}) = 1$ **ausgeartet**, falls $P(X_\infty \in \{g = 0\}) = 1$. Der ausgeartete Fall $g(x_0) = 0$ in 11.4 wird nicht ausgeschlossen.

Zum Beweis von 11.4 benötigen wir die folgenden elementaren Resultate.

Lemma 11.5

(a) Für reelle Konstanten $b \geq 0$ und $a > -b - 1$ gilt

$$\prod_{j=1}^{n}\left(1 + \frac{a}{b+j}\right) \sim Ln^a$$

für $n \to \infty$ mit einer (von a und b abhängenden) Konstanten $L \in (0, \infty)$.

(b) Für $b > -1$ gilt

$$\sum_{j=1}^{n} j^b \sim \frac{n^{b+1}}{b+1}$$

und für $b = -1$

$$\sum_{j=1}^{n} j^{-1} \sim \log n$$

für $n \to \infty$.

Beweis (a) Es gilt

$$\prod_{j=1}^{n}\left(1 + \frac{a}{b+j}\right) = \frac{\prod_{j=1}^{n}(a+b+j)}{\prod_{j=1}^{n}(b+j)} = \frac{\Gamma(a+b+n+1)\Gamma(b+1)}{\Gamma(b+n+1)\Gamma(a+b+1)},$$

und Stirlings Formel für die Gammafunktion

$$\Gamma(t) \sim \sqrt{2\pi}t^{t-1/2}e^{-t}, \quad t \to \infty$$

liefert

$$\frac{\Gamma(a+b+n+1)}{\Gamma(b+n+1)} \sim (a+b+n+1)^a \left(\frac{a+b+n+1}{b+n+1}\right)^{b+n+1-\frac{1}{2}} e^{-a}$$
$$\sim n^a \left(1+\frac{a}{b+n+1}\right)^{b+n+1} e^{-a} \sim n^a.$$

(b) folgt aus den Ungleichungen

$$(n+1)^b \leq \int_n^{n+1} x^b dx \leq n^b, \quad \text{falls } -1 \leq b \leq 0$$

und

$$(n+1)^b \geq \int_n^{n+1} x^b dx \geq n^b, \quad \text{falls } b > 0$$

für $n \geq 1$. □

Das folgende Lemma ist eine Variante von 4.11.

Lemma 11.6 *Seien $U = (U_n)_{n\geq 0}$ ein adaptierter reeller Prozess, $(a_n)_{n\geq 0}$ eine Folge in $\mathbb{R}$ und $(\tau_m)_{m\geq m_0}$, $m_0 \in \mathbb{N}$ eine Folge von Stoppzeiten mit $P(\tau_m < \infty) \to 0$ für $m \to \infty$.*

(a) Falls $a_n U_n^{\tau_m} \to 0$ f.s. für $n \to \infty$ und alle $m \geq m_0$, gilt $a_n U_n \to 0$ f.s.
(b) Falls $a_n U_n^{\tau_m}$ fast sicher in $\mathbb{R}$ konvergiert für $n \to \infty$ und alle $m \geq m_0$, so konvergiert $a_n U_n$ fast sicher in $\mathbb{R}$.

Beweis (a) Sei $D := \{\lim_{n\to\infty} a_n U_n = 0\}$. Nach Voraussetzung gilt $P(D_m) = 1$ für die Ereignisse

$$D_m := \{\lim_{n\to\infty} a_n U_n^{\tau_m} = 0\},$$

$m \geq m_0$. Weil U und der gestoppte Prozess U^{τ_m} auf $\{\tau_m = \infty\}$ übereinstimmen, gilt $\{\tau_m = \infty\} \cap D_m \subset D$ und damit $\{\tau_m = \infty\} \subset D$ f.s. für alle $m \geq m_0$. Wegen $P(\tau_m = \infty) = 1 - P(\tau_m < \infty) \to 1$ folgt $P(D) = 1$.

(b) Man argumentiere wie in (a) mit $D := \{\lim_{n\to\infty} a_n U_n$ existiert in $\mathbb{R}\}$ und $D_m := \{\lim_{n\to\infty} a_n U_n^{\tau_m}$ existiert in $\mathbb{R}\}$. □

Beweis von Satz 11.4 1. Nach (ii) und 11.1 ist X ein $\mathcal{L}^2$-Prozess. Sei

$$a := -h'(x_0) = |h'(x_0)|.$$

Nach (iii) gilt $a > 0$. Man wähle $n_0 \in \mathbb{N}$ mit $a\gamma_{n_0} < 1$ und definiere für $n \geq 0$

$$\beta_n := \prod_{j=n_0}^{n} (1 - a\gamma_j) = \prod_{j=1}^{n-n_0+1} (1 - a\gamma_{j+n_0-1}).$$

Insbesondere gilt also $\beta_0 = \ldots = \beta_{n_0-1} = 1$ und nach 11.5(a)

$$\beta_n \sim L n^{-aC_1} \quad \text{und} \quad \frac{\gamma_n}{\beta_n} \sim \frac{C_1}{L} n^{aC_1-1}$$

für $n \to \infty$ mit einer Konstanten $L \in (0, \infty)$. Mit spezieller partieller Summation 1.15(b), der Doob-Zerlegung $X = N + A$ von X aus 11.1 und $\beta := (\beta_n)_{n \geq 0}$ folgt

$$\begin{aligned}\frac{X - x_0}{\beta} &= \frac{X_0 - x_0}{\beta_0} + \frac{1}{\beta} \bullet X + (X_- - x_0) \bullet \frac{1}{\beta} \\ &= X_0 - x_0 + \frac{1}{\beta} \bullet N + \frac{1}{\beta} \bullet A + (X_- - x_0) \bullet \frac{1}{\beta},\end{aligned}$$

also

$$X - x_0 = \beta(X_0 - x_0) + \beta\Big(\frac{1}{\beta} \bullet N\Big) + \beta\Big(\frac{1}{\beta} \bullet A + (X_- - x_0) \bullet \frac{1}{\beta}\Big).$$

Wir beschreiben jetzt das asymptotische Verhalten der Summanden in obiger Darstellung von $X - x_0$.

2. Der Prozess

$$M := \frac{1}{\beta} \bullet N$$

ist ein $\mathcal{L}^2$-Martingal mit quadratischer Charakteristik $\langle M \rangle = (1/\beta^2) \bullet \langle N \rangle$, also nach 11.1

$$\langle M \rangle_n = \sum_{j=1}^{n} \frac{\gamma_j^2}{\beta_j^2} (g(X_{j-1}) - h(X_{j-1})^2)$$

für $n \geq 0$. Wegen (i) und der Stetigkeit von h und g in x_0 gilt

$$g(X_{n-1}) - h(X_{n-1})^2 \to g(x_0) - h(x_0)^2 = g(x_0) \text{ f.s.},$$

was

$$\frac{\Delta \langle M \rangle_n}{n^{2aC_1-2}} \to \frac{g(x_0) C_1^2}{L^2} \text{ f.s.}$$

für $n \to \infty$ impliziert.

Sei $aC_1 > 1/2$. Weil dann

$$\sum_{n=1}^{\infty} n^{2aC_1-2} = \infty$$

gilt, liefern die diskrete Regel von de l'Hospital 5.37(b) und 11.5(b)

$$\frac{\langle M \rangle_n}{n^{2aC_1-1}} \to \frac{g(x_0) C_1^2}{L^2(2aC_1 - 1)} \text{ f.s.}$$

und damit

$$n\beta_n^2 \langle M \rangle_n \to \frac{g(x_0)C_1^2}{2aC_1 - 1} \text{ f.s.}$$

Ferner gilt die (fast sichere) bedingte Lyapunov-Bedingung (5.32(a))

$$(\sqrt{n}\beta_n)^{2+\delta} \sum_{j=1}^{n} E(|\Delta M_j|^{2+\delta}|\mathcal{F}_{j-1}) \to 0 \text{ f.s.}$$

für $n \to \infty$ mit δ aus (iv). Wegen

$$\Delta M_n = \frac{\gamma_n}{\beta_n}(H(X_{n-1}, Z_n) - h(X_{n-1}))$$

für $n \geq 1$ gilt nämlich

$$\begin{aligned} &\sum_{j=1}^{n} E(|\Delta M_j|^{2+\delta}|\mathcal{F}_{j-1}) \\ &\quad \leq \sum_{j=1}^{n} \left(\frac{\gamma_j}{\beta_j}\right)^{2+\delta} \sup_{n \geq 1} E(|H(X_{n-1}, Z_n) - h(X_{n-1})|^{2+\delta}|\mathcal{F}_{n-1}), \end{aligned}$$

und da

$$n^{(-aC_1+1/2)(2+\delta)} \left(\frac{\gamma_n}{\beta_n}\right)^{2+\delta} \sim \left(\frac{C_1}{L}\right)^{2+\delta} n^{-1-\delta/2},$$

also

$$\sum_{n=1}^{\infty} n^{(-aC_1+1/2)(2+\delta)} \left(\frac{\gamma_n}{\beta_n}\right)^{2+\delta} < \infty,$$

folgt mit dem Kronecker-Lemma 5.1

$$n^{(-aC_1+1/2)(2+\delta)} \sum_{j=1}^{n} \left(\frac{\gamma_j}{\beta_j}\right)^{2+\delta} \to 0$$

für $n \to \infty$. Damit gilt auch

$$(\sqrt{n}\beta_n)^{2+\delta} \sum_{j=1}^{n} \left(\frac{\gamma_j}{\beta_j}\right)^{2+\delta} \to 0.$$

Mit $\varphi(x) := E|H(x, Z_1)|^{2+\delta}$ für $x \in I$ gilt

$$|h(x)|^{2+\delta} \leq \|H(x, Z_1)\|_1^{2+\delta} \leq \|H(x, Z_1)\|_{2+\delta}^{2+\delta} = \varphi(x)$$

und daher mit der Substitutionsregel A.19 für $n \geq 1$

$$\begin{aligned} E(|H(X_{n-1}, Z_n) - h(X_n)|^{2+\delta}|\mathcal{F}_{n-1}) &= \int |H(X_{n-1}, z) - h(X_{n-1})|^{2+\delta} dP^{Z_1}(z) \\ &\leq 2 \cdot 2^{2+\delta} \varphi(X_{n-1}). \end{aligned}$$

Wegen (i) folgt aus (iv)

$$\sup_{n\geq 1} E(|H(X_{n-1}, Z_n) - h(X_{n-1})|^{2+\delta}|\mathcal{F}_{n-1}) \leq 2^{3+\delta} \sup_{n\geq 1} \varphi(X_{n-1}) < \infty \text{ f.s.},$$

was die obige bedingte Lyapunov-Bedingung impliziert. Der zentrale Grenzwertsatz 5.31 und 5.32(a) liefern

$$\sqrt{n}\beta_n M_n \to N\left(0, \frac{g(x_0)C_1^2}{2aC_1 - 1}\right) \text{ mischend}$$

für $n \to \infty$.

Sei $aC_1 = 1/2$. Dann gilt

$$\sum_{n=1}^{\infty} n^{2aC_1 - 2} = \sum_{n=1}^{\infty} n^{-1} = \infty$$

und wieder mit 5.37(b) und 11.5(b) folgt

$$\frac{\langle M \rangle_n}{\log n} \to \frac{g(x_0)C_1^2}{L^2} \text{ f.s.}$$

und daher

$$\frac{n\beta_n^2}{\log n} \langle M \rangle_n \to g(x_0)C_1^2 \text{ f.s.}$$

für $n \to \infty$. Wie oben erhält man die (fast sichere) bedingte Lyapunov-Bedingung

$$\left(\sqrt{\frac{n}{\log n}}\beta_n\right)^{2+\delta} \sum_{j=1}^{n} E(|\Delta M_j|^{2+\delta}|\mathcal{F}_{j-1}) \to 0 \text{ f.s.}$$

für $n \to \infty$ mit δ aus (iv), denn wegen

$$\left(\frac{\gamma_n}{\beta_n}\right)^{2+\delta} \sim \left(\frac{C_1}{L}\right)^{2+\delta} n^{-1-\delta/2}$$

gilt

$$\sum_{n=1}^{\infty} \left(\frac{\gamma_n}{\beta_n}\right)^{2+\delta} < \infty$$

und daher

$$\left(\sqrt{\frac{n}{\log n}}\beta_n\right)^{2+\delta}\sum_{j=1}^{n}\left(\frac{\gamma_n}{\beta_n}\right)^{2+\delta}\to 0$$

für $n\to\infty$. Der zentrale Grenzwertsatz 5.31 liefert

$$\sqrt{\frac{n}{\log n}}\beta_n M_n \;\to\; N(0,g(x_0)C_1^2) \text{ mischend}$$

für $n\to\infty$.

Sei $aC_1 < 1/2$. In diesem Fall gilt

$$\sum_{n=1}^{\infty} n^{2aC_1-2} < \infty$$

und somit $\langle M\rangle_\infty < \infty$ f.s. Daher folgt aus 4.17(a)

$$M_n \to M_\infty \text{ f.s.}$$

für $n\to\infty$ und eine reelle Zufallsvariable M_∞.

3. Sei

$$B := \frac{1}{\beta}\bullet A + (X_- - x_0)\bullet\frac{1}{\beta}.$$

Wir zeigen, dass im Fall $aC_1 > 1/2$

$$\sqrt{n}\beta_n B_n \to 0 \text{ f.s.}$$

und im Fall $aC_1 \le 1/2$

$$B_n \to B_\infty \text{ f.s.}$$

für $n\to\infty$ und eine reelle Zufallsvariable B_∞ gilt.

Wegen $\Delta(1/\beta)_n = 0$ für $1\le n\le n_0-1$ und

$$\Delta\left(\frac{1}{\beta}\right)_n = \frac{1}{\beta_n}-\frac{1}{\beta_{n-1}} = \frac{1}{\prod_{j=n_0}^{n-1}(1-a\gamma_j)}\left(\frac{1}{1-a\gamma_n}-1\right) = \frac{a\gamma_n}{\beta_n}$$

für $n\ge n_0$ erhält man

$$B_n = \sum_{j=1}^{n}\frac{\gamma_j}{\beta_j}h(X_{j-1}) + \sum_{j=n_0}^{n}(X_{j-1}-x_0)\frac{a\gamma_j}{\beta_j}$$

für alle $n\ge 0$, also für $n\ge n_0$

$$B_n = \sum_{j=1}^{n_0-1}\frac{\gamma_j}{\beta_j}h(X_{j-1}) + \sum_{j=n_0}^{n}\frac{\gamma_j}{\beta_j}(h(X_{j-1})+a(X_{j-1}-x_0)).$$

Sei $f(x) := h(x) + a(x - x_0)$ für $x \in I$. Wegen der Differenzierbarkeit von h in x_0 gilt $f(x)/(x - x_0) \to h'(x_0) + a = 0$ für $x \to x_0$, $x \in I$. Nach (iii) existiert demnach eine Konstante $C_3 < \infty$ und für jedes $\eta > 0$ ein $\varepsilon = \varepsilon(\eta) > 0$ mit

$$|f(x)| \le C_3(x - x_0)^2 \quad \text{und} \quad |f(x)| \le \eta|x - x_0|$$

für alle $x \in I$ mit $|x - x_0| \le \varepsilon$. Insbesondere gilt $(x - x_0)f(x) \le |x - x_0|\,|f(x)| \le \eta(x - x_0)^2$ und damit

$$(x - x_0)h(x) \le -(a - \eta)(x - x_0)^2$$

für alle $x \in I$ mit $|x - x_0| \le \varepsilon$. Die Konstante η wird später spezifiziert. Für $m \ge n_0$ definieren wir eine Stoppzeit durch

$$\tau = \tau(m) = \tau(m, \eta) := \inf\{n \ge m : |X_n - x_0| > \varepsilon(\eta)\}.$$

Dann gilt wegen (i)

$$P(\tau(m) < \infty) = P(\sup_{n \ge m} |X_n - x_0| > \varepsilon) \to 0$$

für $m \to \infty$, und wegen

$$\{\tau \ge n\} = \bigcap_{j=m}^{n-1} \{|X_j - x_0| \le \varepsilon\}$$

erhält man für $m \ge n_0$ und jede Folge $(\alpha_n)_{n \ge 1}$ in $(0, \infty)$ mit monotoner Konvergenz

$$\begin{aligned} E \sum_{j=m+1}^{\infty} \alpha_j 1_{\{\tau \ge j\}} |\Delta B_j| &= \sum_{j=m+1}^{\infty} \frac{\alpha_j \gamma_j}{\beta_j} E|f(X_{j-1})| 1_{\{\tau \ge j\}} \\ &\le C_3 \sum_{j=m+1}^{\infty} \frac{\alpha_j \gamma_j}{\beta_j} E(X_{j-1} - x_0)^2 1_{\{\tau \ge j\}} \\ &\le C_3 \sum_{j=m+1}^{\infty} \frac{\alpha_j \gamma_j}{\beta_j} E(X_{j-1} - x_0)^2 1_{\{\tau \ge j-1\}}. \end{aligned}$$

Die Folge $(\alpha_n)_{n \ge 1}$ wird später spezifiziert.

Wir geben nun eine obere Schranke für $E(X_n - x_0)^2 1_{\{\tau \ge n\}}$ an. Sei $Y_n := (X_n - x_0)^2$ für $n \ge 0$. Für den Prozess $Y = (Y_n)_{n \ge 0}$ gilt mit partieller Summation 1.15(a)

$$Y = Y_0 + 2(X_- - x_0) \bullet N + 2(X_- - x_0) \bullet A + [X]$$

und daher für $n \ge 0$

$$\begin{aligned} E(Y_{n+1}|\mathcal{F}_n) &= Y_n + 2(X_n - x_0)\Delta A_{n+1} + \Delta\langle X\rangle_{n+1} \\ &= Y_n + 2\gamma_{n+1}(X_n - x_0)h(X_n) + \gamma_{n+1}^2 g(X_n). \end{aligned}$$

Nach (ii) gibt es eine Konstante $C_4 < \infty$ mit $g(x) \leq C_4(1 + (x - x_0)^2)$ für alle $x \in I$. Man wähle $n_1 = n_1(\eta) \in \mathbb{N}, n_1 \geq n_0$ mit

$$C_4 \gamma_{n_1} \leq 2\eta \quad \text{und} \quad 2\gamma_{n_1}(a - 2\eta) < 1.$$

Dann folgt für $n \geq m \geq n_1$ auf $\{\tau \geq n + 1\}$

$$\begin{aligned} E(Y_{n+1}|\mathcal{F}_n) &\leq Y_n - 2\gamma_{n+1}(a - \eta)Y_n + C_4\gamma_{n+1}^2(1 + Y_n) \\ &= Y_n(1 - 2\gamma_{n+1}(a - \eta) + C_4\gamma_{n+1}^2) + C_4\gamma_{n+1}^2 \\ &\leq Y_n(1 - 2\gamma_{n+1}(a - 2\eta)) + C_4\gamma_{n+1}^2, \end{aligned}$$

und dies impliziert für $n \geq m \geq n_1$ wegen $\{\tau \geq n + 1\} \in \mathcal{F}_n$

$$\begin{aligned} EY_{n+1}1_{\{\tau \geq n+1\}} &= EE(Y_{n+1}|\mathcal{F}_n)1_{\{\tau \geq n+1\}} \\ &\leq E(Y_n 1_{\{\tau \geq n+1\}}(1 - 2\gamma_{n+1}(a - 2\eta)) + C_4\gamma_{n+1}^2 1_{\{\tau \geq n+1\}}) \\ &\leq EY_n 1_{\{\tau \geq n\}}(1 - 2\gamma_{n+1}(a - 2\eta)) + C_4\gamma_{n+1}^2. \end{aligned}$$

Für $m \geq n_1$ und $n \geq 0$ sei

$$\lambda_n = \lambda_n(m) = \lambda_n(m, \eta) := \prod_{j=m}^{n} (1 - 2\gamma_{j+1}(a - 2\eta)).$$

Induktion über n liefert für $n \geq m \geq n_1$ die obere Schranke

$$EY_n 1_{\{\tau \geq n\}} \leq \lambda_{n-1} EY_m + C_4\lambda_{n-1} \sum_{j=m}^{n-1} \frac{\gamma_{j+1}^2}{\lambda_j}.$$

Außerdem gilt nach 11.5(a) wie in 1.

$$\lambda_n \sim Ln^{-2C_1(a-2\eta)} \quad \text{und} \quad \frac{\gamma_{n+1}^2}{\lambda_n} \sim \frac{C_1^2}{L} n^{2C_1(a-2\eta)-2}$$

für $n \to \infty$ mit einer Konstanten $L = L(m, \eta) \in (0, \infty)$.

Sei $aC_1 > 1/2$. Während bisher $\eta > 0$ beliebig war, wählen wir nun $\eta \in (0, a/2)$ mit

$$2C_1(a - 2\eta) > 1.$$

Dann gilt für $m \geq n_1$ nach 11.5(b)

$$\sum_{j=1}^{n} \frac{\gamma_{j+1}^2}{\lambda_j} = O(n^{2C_1(a-2\eta)-1})$$

für $n \to \infty$. Man erhält

$$\lambda_{n-1} \sum_{j=1}^{n} \frac{\gamma_{j+1}^2}{\lambda_j} = O(n^{-1})$$

und daher

$$EY_n 1_{\{\tau \geq n\}} = O(n^{-1}).$$

Mit $\alpha_n := n^{-aC_1+1/2}$ folgt

$$\frac{\alpha_n \gamma_n}{\beta_n} EY_{n-1} 1_{\{\tau \geq n-1\}} = O(n^{-aC_1+1/2+aC_1-2}) = O(n^{-3/2}),$$

und dies impliziert für $m \geq n_1$

$$E \sum_{j=m+1}^{\infty} j^{-aC_1+1/2} 1_{\{\tau \geq j\}} |\Delta B_j| \leq C_3 \sum_{j=m+1}^{\infty} j^{-aC_1+1/2} \frac{\gamma_j}{\beta_j} EY_{j-1} 1_{\{\tau \geq j-1\}} < \infty.$$

Insbesondere gilt

$$\sum_{j=1}^{\infty} j^{-aC_1+1/2} 1_{\{\tau \geq j\}} |\Delta B_j| < \infty \text{ f.s.}$$

Das Kronecker-Lemma 5.1 (oder 5.2) und 2.8(a) liefern für $m \geq n_1$

$$n^{-aC_1+1/2} B_n^{\tau(m)} = n^{-aC_1+1/2} \sum_{j=1}^{n} 1_{\{\tau(m) \geq j\}} \Delta B_j \to 0 \text{ f.s.}$$

und damit auch

$$\sqrt{n} \beta_n B_n^{\tau(m)} \to 0 \text{ f.s.}$$

für $n \to \infty$. Aus 11.6(a) folgt

$$\sqrt{n} \beta_n B_n \to 0 \text{ f.s.}$$

Sei $aC_1 \leq 1/2$. Man wähle $\eta \in (0, a/4)$. Dann gilt $2C_1(a - 2\eta) < 1$, was

$$\sum_{n=1}^{\infty} n^{2C_1(a-2\eta)-2} < \infty$$

und daher für $m \geq n_1$

$$\sum_{n=1}^{\infty} \frac{\gamma_{n+1}^2}{\lambda_n} < \infty$$

impliziert. Es folgt

$$EY_n 1_{\{\tau \geq n\}} = O(\lambda_n) = O(n^{-2C_1(a-2\eta)})$$

und damit

$$\frac{\gamma_n}{\beta_n} EY_{n-1} 1_{\{\tau \geq n-1\}} = O(n^{aC_1-1-2C_1(a-2\eta)}) = O(n^{-C_1(a-4\eta)-1}).$$

Man erhält für $m \geq n_1$

$$E \sum_{j=m+1}^{\infty} 1_{\{\tau \geq j\}} |\Delta B_j| \leq C_3 \sum_{j=m+1}^{\infty} \frac{\gamma_j}{\beta_j} E Y_{j-1} 1_{\{\tau \geq j-1\}} < \infty.$$

Also konvergiert $B^{\tau(m)}$ fast sicher in $\mathbb{R}$ für $n \to \infty$ und alle $m \geq n_1$, was nach 11.6(b) die fast sichere Konvergenz von B_n in $\mathbb{R}$ impliziert.

4. Aus 1., 2. und 3. folgt mit 5.29 wegen $\beta_n \sim L n^{-aC_1}$ für $n \to \infty$ im Fall $aC_1 > 1/2$

$$\begin{aligned} \sqrt{n}(X_n - x_0) &= \sqrt{n}\beta_n(X_0 - x_0) + \sqrt{n}\beta_n M_n + \sqrt{n}\beta_n B_n \\ &\to N\left(0, \frac{g(x_0)C_1^2}{2aC_1 - 1}\right) \text{ mischend,} \end{aligned}$$

im Fall $aC_1 = 1/2$ die mischende Konvergenz

$$\begin{aligned} \sqrt{\frac{n}{\log n}}(X_n - x_0) &= \sqrt{\frac{n}{\log n}}\beta_n(X_0 - x_0) + \sqrt{\frac{n}{\log n}}\beta_n M_n + \sqrt{\frac{n}{\log n}}\beta_n B_n \\ &\to N(0, g(x_0)C_1^2) \end{aligned}$$

und im Fall $aC_1 < 1/2$

$$\begin{aligned} n^{aC_1}(X_n - x_0) &= n^{aC_1}\beta_n(X_0 - x_0 + M_n + B_n) \\ &\to L(X_0 - x_0 + M_\infty + B_\infty) \text{ f.s.} \end{aligned}$$

für $n \to \infty$. □

Im nicht-ausgearteten Fall $g(x_0) > 0$ wird die Limesvarianz

$$\frac{g(x_0)C_1^2}{2|h'(x_0)|C_1 - 1}$$

unter der Bedingung $|h'(x_0)|C_1 > 1/2$ als Funktion von C_1 durch

$$C_1 = \frac{1}{|h'(x_0)|}$$

minimiert mit resultierender Varianz

$$\frac{g(x_0)}{h'(x_0)^2} = \frac{\operatorname{Var} H(x_0, Z_1)}{h'(x_0)^2}$$

Die beste Wahl der Schrittweiten ist also

$$\gamma_n = \frac{1}{|h'(x_0)|(C_2 + n)}$$

für $n \geq 1$. Bei der Nullstellensuche ist allerdings $h'(x_0)$ nicht bekannt, so dass der Algorithmus mit diesen Schrittweiten nicht implementierbar ist.

In den nächsten Abschnitten werden wir spezielle Robbins-Monro-Algorithmen untersuchen. Hier sind zunächst einige illustrierende Beispiele.

Beispiel 11.7 Sei $(Z_n)_{n \geq 1}$ eine unabhängige Folge identisch verteilter reeller Zufallsvariablen.

(a) (Empirischer Mittelwert) Sei $Z_1 \in \mathcal{L}^2$. Für den Prozess X der empirischen Mittelwerte mit $X_0 = x \in \mathbb{R}$ und $X_n = \sum_{i=1}^n Z_i/n$ für $n \geq 1$ gilt

$$X_{n+1} = X_n + \frac{1}{n+1}(Z_{n+1} - X_n) = X_n + \frac{1}{n+1} H(X_n, Z_{n+1})$$

mit $H(y, z) = z - y$ für $y, z \in \mathbb{R}$, X ist also ein Robbins-Monro-Prozess. Bekanntlich gilt $X_n \to EZ_1$ f.s., $\operatorname{Var} X_n = \operatorname{Var} Z_1/n \to 0$ und nach dem klassischen stabilen zentralen Grenzwertsatz 5.33

$$\sqrt{n}(X_n - EZ_1) \to N(0, \operatorname{Var} Z_1) \text{ mischend.}$$

In dieser Situation sind die obigen allgemeinen Resultate etwas schwächer. Wegen $h(y) = EZ_1 - y, \{h = 0\} = \{EZ_1\}$ und $g(y) = E(Z_1 - y)^2 = \operatorname{Var} Z_1 + h(y)^2$ für $y \in I = \mathbb{R}$ liefert 11.2 neben der fast sicheren Konvergenz die $\mathcal{L}^p$-Konvergenz nur für $p < 2$ und nach 11.4 gilt der stabile zentrale Grenzwertsatz unter der zusätzlichen Voraussetzung $Z_1 \in \mathcal{L}^{2+\delta}$ für ein $\delta > 0$.

(b) (Ein rekursiver Schätzer für das α-Quantil) Die Verteilungsfunktion F von P^{Z_1} sei stetig. Es gibt eine rekursive Methode zur Schätzung des α-Quantils von P^{Z_1}: Für $\alpha \in (0, 1)$ sei

$$X_{n+1} = X_n + \frac{C_1}{C_2 + n + 1}(\alpha - 1_{\{X_n \geq Z_{n+1}\}}) = X_n + \frac{C_1}{C_2 + n + 1} H(X_n, Z_{n+1})$$

mit $X_0 = x \in \mathbb{R}, H(y, z) = \alpha - 1_{\{y \geq z\}}, C_1 > 0$ und $C_2 \geq 0$. Dann gilt $h(y) = \alpha - F(y), g(y) = \alpha^2 + F(y)(1 - 2\alpha)$ für $y \in I = \mathbb{R}$ und $\{h = 0\} = \{F = \alpha\}$ ist die Menge der α-Quantile von P^{Z_1}. ($\{F = \alpha\}$ ist ein kompaktes, nicht-leeres Intervall.) Die Sätze 11.2 und 11.3 liefern

$$X_n \to X_\infty \text{ f.s. und in } \mathcal{L}^p,\ 0 < p < \infty$$

für eine reelle Zufallsvariable X_∞ mit

$$P(X_\infty \in \{F = \alpha\}) = 1.$$

Gilt $\{F = \alpha\} = \{x_0\}$ und ist F in einer Umgebung von x_0 differenzierbar mit Lipschitz-stetiger Ableitung und $F'(x_0) > 0$, so folgt aus 11.4 bei optimaler Wahl der Schrittweiten mit $C_1 = 1/|h'(x_0)| = 1/F'(x_0)$

$$\sqrt{n}(X_n - x_0) \to N\left(0, \frac{\alpha(1-\alpha)}{F'(x_0)^2}\right) \text{ mischend}$$

für $n \to \infty$. Für das empirische α-Quantil m_n gilt zum Vergleich

$$\sqrt{n}(m_n - x_0) \xrightarrow{d} N\left(0, \frac{\alpha(1-\alpha)}{F'(x_0)^2}\right)$$

([56], Beispiel 5.108), die Limesvarianzen stimmen also überein. In diesem Sinn ist der einfache rekursive Schätzer X_n genau so gut wie der nicht-rekursive Schätzer m_n, wenn $F'(x_0)$ bekannt ist.

(c) (Arouna, Pagès) Sei $P^{Z_1} = N(0,1)$ und $Z := Z_1$. Im Finanzmarktmodell von Black und Scholes führt das Problem der Preisbestimmung für pfadunabhängige europäische Claims auf die Berechnung von $Ef(Z)$ mit einer Borel-messbaren Funktion $f : \mathbb{R} \to \mathbb{R}_+$. Wir nehmen an, dass

$$P(f(Z) > 0) > 0$$

und

$$f(x) \leq Ce^{a|x|} \quad \text{für Konstanten } a, C \in (0, \infty) \text{ und alle } x \in \mathbb{R}.$$

Dann gilt insbesondere $0 < Ef(Z) < \infty$ wegen

$$Ee^{\lambda|Z|} \leq Ee^{\lambda Z} + Ee^{-\lambda Z} = 2e^{\lambda^2/2} < \infty, \quad \lambda \in \mathbb{R}.$$

Für $\lambda \in \mathbb{R}$ sei

$$Y(\lambda) := e^{-\lambda^2/2} f(Z + \lambda)e^{-\lambda Z}.$$

Wegen

$$\frac{dP^{Z+\lambda}}{dP^Z}(x) = \frac{dN(\lambda, 1)}{dN(0,1)}(x) = e^{\lambda x - \lambda^2/2}$$

gelten $EY(\lambda) = Ef(Z)$ und

$$\operatorname{Var} Y(\lambda) = \varphi(\lambda) - (Ef(Z))^2$$

mit

$$\varphi(\lambda) := EY(\lambda)^2 = e^{\lambda^2/2} Ef(Z)^2 e^{-\lambda Z} < \infty.$$

Der Monte Carlo-Schätzer für $Ef(Z)$ kann dann durch geeignete Wahl des Parameters λ optimiert werden (siehe Aufgabe 5.22).

Dazu ist das Minimierungsproblem

$$\inf_{\lambda \in \mathbb{R}} \varphi(\lambda)$$

zu lösen. Die Funktion φ ist unendlich oft differenzierbar mit

$$\varphi'(\lambda) = e^{\lambda^2/2} Ef(Z)^2 e^{-\lambda Z}(\lambda - Z) = e^{\lambda^2} Ef(Z - \lambda)^2 (2\lambda - Z)$$

und

$$\varphi''(\lambda) = e^{\lambda^2/2} Ef(Z)^2 e^{-\lambda Z}(1 + (\lambda - Z)^2) > 0.$$

Danach ist φ strikt konvex und wegen

$$e^{\lambda(\lambda/2-Z)} f(Z)^2 \to \infty \quad \text{auf } \{f(Z) > 0\} \text{ für } |\lambda| \to \infty$$

folgt mit Fatous Lemma $\lim_{|\lambda|\to\infty} \varphi(\lambda) = \infty$. Also besitzt φ ein eindeutiges (globales) Minimum an einer Stelle $\lambda_{\min} \in \mathbb{R}$ und $\{\varphi' = 0\} = \{\lambda_{\min}\}$. Für das Design des Robbins-Monro-Algorithmus zur Approximation von $\lambda_{\min}$ sei $H : \mathbb{R} \times \mathbb{R} \to \mathbb{R}$,

$$H(\lambda, z) := -e^{-c(\lambda)} f(z-\lambda)^2(2\lambda - z)$$

mit einer stetigen Funktion $c : \mathbb{R} \to \mathbb{R}_+$, für die $c(\lambda) \geq 2a|\lambda|$ für alle $\lambda \in \mathbb{R}$ gilt. Damit sei

$$\lambda_{n+1} = \lambda_n + \gamma_{n+1} H(\lambda_n, Z_{n+1}) \quad \text{für } n \geq 0$$

mit $\lambda_0 := 0$, $\sum_{n=1}^{\infty} \gamma_n = \infty$ und $\sum_{n=1}^{\infty} \gamma_n^2 < \infty$. Für die Erwartungswertfunktion gilt dann

$$h(\lambda) = EH(\lambda; Z) = -\varphi'(\lambda) \exp(-c(\lambda) - \lambda^2),$$

was die Stetigkeit von h und $\{h = 0\} = \{\varphi' = 0\} = \{\lambda_{\min}\}$ impliziert. Weil φ' strikt monoton wachsend ist, gilt $(\lambda - \lambda_{\min})\varphi'(\lambda) > 0$ und daher $(\lambda - \lambda_{\min})h(\lambda) < 0$ für alle $\lambda \in \mathbb{R}, \lambda \neq \lambda_{\min}$. Außerdem gilt

$$\begin{aligned} g(\lambda) &= EH(\lambda, Z)^2 \\ &\leq 4C^4 e^{-2c(\lambda)} E \exp(4a|Z| + 4a|\lambda|)(4\lambda^2 + Z^2) \\ &\leq 4C^4(4\lambda^2 E e^{4a|Z|} + E e^{4a|Z|} Z^2) \\ &\leq \tilde{C}(1 + \lambda^2) \end{aligned}$$

für alle $\lambda \in \mathbb{R}$. Aus 11.2 folgt

$$\lambda_n \to \lambda_{\min} \text{ f.s..}$$

für $n \to \infty$.

11.2 Der Bandit-Algorithmus

Zweiarmiger Bandit nennt man einen Spielautomaten mit zwei Spielarmen A und B. Wenn der Spieler mit Arm A spielt, gewinnt er 1 Euro mit Wahrscheinlichkeit p_A, und spielt er mit Arm B, so gewinnt er 1 Euro mit Wahrscheinlichkeit p_B. Verliert der Spieler, so gewinnt er nichts. Die Wahrscheinlichkeiten p_A und p_B sind dem Spieler nicht bekannt. Mit dem Bandit-Algorithmus soll der Arm mit der größeren Gewinnwahrscheinlichkeit entdeckt werden (im Fall $p_A \neq p_B$). Für das $(n+1)$-te Spiel wählt der Spieler dabei zufällig einen Arm, und zwar Arm A mit Wahrscheinlichkeit X_n und Arm B mit Wahrscheinlichkeit $1-X_n$. Wird A gewählt und gewinnt der Spieler, so wird die Wahrscheinlichkeit für die Wahl von A (im $(n+2)$-ten Spiel) um das γ_{n+1}-fache von $(1-X_n)$ erhöht. Verliert er mit A, so ändert sich nichts, also

$$X_{n+1} = X_n + \gamma_{n+1}(1 - X_n) \quad \text{beziehungsweise } X_{n+1} = X_n$$

mit einem „Belohnungsparameter" $\gamma_{n+1} \in (0, 1)$. Wird B gewählt und gewinnt der Spieler, so wird die Wahrscheinlichkeit für die Wahl von A um das γ_{n+1}-fache von X_n reduziert (und damit die für die Wahl von B um das γ_{n+1}-fache von X_n erhöht). Verliert er, so ändert sich nichts, also

$$X_{n+1} = X_n - \gamma_{n+1}X_n \quad \text{beziehungsweise } X_{n+1} = X_n.$$

Diese adaptive Prozedur basiert nur auf Belohnung: kein Spielarm wird „bestraft", wenn der Spieler mit ihm verliert.

Die zufällige Wahl des Spielarms wird durch eine unabhängige Folge $(U_n)_{n\geq 1}$ identisch $U(0,1)$-verteilter Zufallsvariablen modelliert: Im $(n+1)$-ten Spiel wird A gewählt, falls $U_{n+1} \leq X_n$, andernfalls wird B gewählt. Mit den Ereignissen

$$\begin{aligned} A_n &:= \{\text{Gewinn mit } A \text{ im } n\text{-ten Spiel}\}, \\ B_n &:= \{\text{Gewinn mit } B \text{ im } n\text{-ten Spiel}\} \end{aligned}$$

gilt dann für die Dynamik von $X = (X_n)_{n\geq 0}$:

$$\begin{aligned} X_0 &= x \in (0, 1), \\ X_{n+1} &= X_n + \gamma_{n+1}((1 - X_n)1_{\{U_{n+1}\leq X_n\}\cap A_{n+1}} - X_n 1_{\{U_{n+1}>X_n\}\cap B_{n+1}}) \end{aligned}$$

für $n \geq 0$.

Das Design des obigen **Bandit-Algorithmus** mit von n unabhängigen Schrittweiten $\gamma_n = a \in (0, 1)$ stammt aus der mathematischen Psychologie [129]. In einem finanzmathematischen Kontext lässt sich der Algorithmus folgendermaßen interpretieren. Das Portfolio eines Investors bestehe aus Anteilen an Fonds A und Fonds B. Zur Zeit n (am Tag oder Monat n) investiert er den Anteil X_n seines Kapitals in A und den restlichen Anteil $1 - X_n$ in B. Die Wahrscheinlichkeit, dass A hervorragende Erträge liefert (was zu präzisieren ist), sei p_A und p_B sei die entsprechende Wahrscheinlichkeit für B. Zu jedem Zeitpunkt wird zufällig ein Fonds ausgewählt und evaluiert: Zum Zeitpunkt $n + 1$ wird A gewählt, falls $U_{n+1} \leq X_n$, andernfalls wird B gewählt. Mit der Interpretation

$$A_n = \{\text{Fonds } A \text{ liefert hervorragende Erträge zur Zeit } n\}$$

und

$$B_n = \{\text{Fonds } B \text{ liefert hervorragende Erträge zur Zeit } n\}$$

erfolgt das Update des Portfolios gemäß dem Bandit-Algorithmus.

Wir nehmen an, dass $(\gamma_n)_{n\geq 1}$ eine Folge in $(0, 1)$ und $(1_{A_n}, 1_{B_n})_{n\geq 1}$ eine unabhängige Folge identisch verteilter Zufallsvariablen ist mit $A_n, B_n \in \mathcal{F}$, $p_A =$

$P(A_1) \in (0,1]$ und $p_B = P(B_1) \in (0,1]$. Wir nehmen weiter an, dass $(U_n)_{n\geq 1}$ und $(1_{A_n}, 1_{B_n})_{n\geq 1}$ unabhängig sind. Sei

$$\alpha := p_A - p_B.$$

Unser Interesse gilt hauptsächlich dem Fall $\alpha \neq 0$. Der Bandit-Algorithmus X heißt dann **erfolgreich**, falls $X_n \to 1$ f.s. für $\alpha > 0$ und $X_n \to 0$ f.s. und dann $1 - X_n \to 1$ f.s. für $\alpha < 0$. Wir werden sehen, dass diese Eigenschaft in ziemlich subtiler Weise von der Folge $(\gamma_n)_{n\geq 1}$ abhängt.

Der Informationsverlauf wird durch die Filtration $\mathbb{F} = (\mathcal{F}_n)_{n\geq 0}$ mit $\mathcal{F}_0 := \{\emptyset, \Omega\}$ und $\mathcal{F}_n := \sigma(U_j, 1_{A_j}, 1_{B_j}, 1 \leq j \leq n)$ für $n \geq 1$ beschrieben. Mit $(\mathcal{Z}, \mathcal{C}) := ([0,1] \times \{0,1\}^2, \mathcal{B}([0,1]) \otimes \mathcal{P}(\{0,1\}^2))$, $H : (\mathbb{R} \times \mathcal{Z}, \mathcal{B}(\mathbb{R}) \otimes \mathcal{C}) \to (\mathbb{R}, \mathcal{B}(\mathbb{R}))$,

$$H(y,z) := (1-y)1_{\{z_1 \leq y\}} z_2 - y 1_{\{z_1 > y\}} z_3$$

und $Z_n := (U_n, 1_{A_n}, 1_{B_n})$ für $n \geq 1$ gilt für den Bandit-Algorithmus

$$X_{n+1} = X_n + \gamma_{n+1} H(X_n, Z_{n+1})$$

für $n \geq 0$. Wegen

$$y + \gamma_n H(y,z) \in (0,1)$$

für alle $y \in (0,1), z \in \mathcal{Z}$ und $n \geq 1$ ist X damit ein $(0,1)$-wertiger Robbins-Monro-Algorithmus.

Lemma 11.8 *Für* $y \in I = [0,1]$ *gilt*

$$h(y) = EH(y, (U_1, 1_{A_1}, 1_{B_1})) = \alpha y(1-y)$$

und

$$g(y) = EH(y, (U_1, 1_{A_1}, 1_{B_1}))^2 = y(1-y)((1-y)p_A + y p_B).$$

Insbesondere ist X *genau dann ein Submartingal (Supermartingal), wenn* $\alpha \geq 0$ $(\alpha \leq 0)$.

Beweis Für $y \in [0,1]$ gilt wegen der Unabhängigkeit von U_1 und $(1_{A_1}, 1_{B_1})$

$$h(y) = (1-y)y p_A - y(1-y)p_B = \alpha y(1-y)$$

und

$$g(y) = (1-y)^2 y p_A + y^2(1-y)p_B = y(1-y)((1-y)p_A + y p_B).$$

Mit 11.1 folgt für den Kompensator A von X

$$A_n = \sum_{j=1}^{n} \gamma_j h(X_{j-1}) = \alpha \sum_{j=1}^{n} \gamma_j X_{j-1}(1 - X_{j-1}),$$

und falls $\alpha \geq 0$ ist X ein Submartingal. Ist umgekehrt X ein Submartingal, so gilt nach 1.12 wegen $X_0 = x \in (0, 1)$

$$\Delta A_1 = \alpha \gamma_1 x(1-x) \geq 0,$$

also $\alpha \geq 0$. Weil $-A$ der Kompensator von $-X$ ist, erhält man genauso die Charakterisierung der Supermartingaleigenschaft von X. □

Nach 11.8 gilt $\{h = 0\} = \{0, 1\}$ im Fall $\alpha \neq 0$. Dabei ist $x_0 = 1$ beziehungsweise $x_0 = 0$ ein Downcrossing, falls $\alpha > 0$ beziehungsweise $\alpha < 0$. Unter den Schrittweitenbedingungen $\sum_{n=1}^{\infty} \gamma_n = \infty$ und $\sum_{n=1}^{\infty} \gamma_n^2 < \infty$ folgt die fast sichere Konvergenz von X_n gegen eine $\{0, 1\}$-wertige Zufallsvariable aus 11.2. Dies gilt hier auch ohne die Bedingung $\sum_{n=1}^{\infty} \gamma_n^2 < \infty$ und damit etwa für von n unabhängige Schrittweiten $\gamma_n = a \in (0, 1)$.

Satz 11.9 *Es gilt $X_n \to X_\infty$ f.s. für $n \to \infty$ und eine $[0, 1]$-wertige, $\mathcal{F}_\infty$-messbare Zufallsvariable X_∞. Falls $\alpha \neq 0$ und $\sum_{n=1}^{\infty} \gamma_n = \infty$, gilt*

$$P(X_\infty \in \{0, 1\}) = 1$$

und ferner

$$P(X_\infty = 1) = x + \alpha \sum_{n=1}^{\infty} \gamma_n E X_{n-1}(1 - X_{n-1}).$$

Beweis Weil X nach 11.8 für jedes α ein $[0, 1]$-wertiges Submartingal oder Supermartingal ist, folgt die fast sichere Konvergenz $X_n \to X_\infty$ für $n \to \infty$ aus dem Konvergenzsatz 4.1. Für den Kompensator A von X gilt nach 11.1 und 11.8

$$A_n = \sum_{j=1}^{n} \gamma_j h(X_{j-1}) = \alpha \sum_{j=1}^{n} \gamma_j X_{j-1}(1 - X_{j-1}).$$

Sei nun $\sum_{n=1}^{\infty} \gamma_n = \infty$. Im Submartingalfall $\alpha > 0$ folgt $A_\infty \in \mathcal{L}^1$ und damit $A_\infty < \infty$ f.s. aus 1.23. Dies impliziert

$$X_n(1 - X_n) \to 0 = X_\infty(1 - X_\infty) \text{ f.s.}$$

für $n \to \infty$, also $P(X_\infty \in \{0, 1\}) = 1$. Ist $\alpha < 0$, so gilt wie oben $B_\infty \in \mathcal{L}^1$ für den Kompensator $B = -A$ des Submartingals $-X$ und damit wieder $P(X_\infty \in \{0, 1\}) = 1$. In beiden Fällen erhält man mit dominierter Konvergenz

$$\begin{aligned} P(X_\infty = 1) = E X_\infty &= \lim_{n \to \infty} E X_n = \lim_{n \to \infty} (E X_0 + E A_n) \\ &= x + \alpha \sum_{j=1}^{\infty} \gamma_j E X_{j-1}(1 - X_{j-1}). \end{aligned}$$

□

Da $\{g = 0\} = \{0, 1\}$ nach 11.8, ist der Bandit-Algorithmus mit $\alpha \neq 0$ und $\sum_{n=1}^{\infty} \gamma_n = \infty$ nach Satz 11.9 ein ausgearteter Robbins-Monro-Algorithmus.

Die Submartingaleigenschaft von X im Fall $\alpha > 0$ und die Supermartingaleigenschaft im Fall $\alpha < 0$ suggerieren, dass der Bandit-Algorithmus stets erfolgreich ist. Dies ist allerdings falsch. Wir zeigen, dass für die Standardschrittweiten $\gamma_n = C_1/(C_2 + n)$ der Algorithmus genau dann erfolgreich ist, wenn C_1 nicht zu groß ist und damit die Fluktuationen von X nicht zu groß sind. Wir können ohne Einschränkung $\alpha > 0$ annehmen.

Satz 11.10 *(Lamberton, Pagès und Tarrès) Seien $\alpha > 0$ und $\gamma_n = C_1/(C_2 + n)$ für $n \geq 1$ mit reellen Konstanten $C_1 > 0$, $C_2 \geq 0$ und $C_1 < C_2 + 1$. Dann gilt $P(X_\infty \in \{0, 1\}) = 1$ für den fast sicheren Limes X_∞ von X_n. Dabei gilt*

$$P(X_\infty = 0) = 0$$

genau dann, wenn $C_1 p_B \leq 1$.

Für den Beweis von 11.10 sind die folgenden Eigenschaften von Zahlenfolgen sehr nützlich.

Lemma 11.11

(a) Sei $(y_n)_{n \geq 0}$ eine Folge in $\mathbb{R}_+$ mit $y_0 > 0$. Falls

$$\liminf_{n \to \infty} \frac{(b+n)y_n}{a \sum_{j=0}^{n-1} y_j} \geq c$$

für reelle Konstanten $a > 0$, $b \geq 0$, $c > 0$ mit $ac > 1$, so gilt $y_n \to \infty$.

(b) Sei $(a_n)_{n \geq 1}$ eine Folge in $[0, 1)$. Es gilt $\prod_{n=1}^\infty (1 - a_n) > 0$ genau dann, wenn $\sum_{n=1}^\infty a_n < \infty$. Weiter gilt $\sum_{n=1}^\infty (\log(1 - a_n))^2 < \infty$ genau dann, wenn $\sum_{n=1}^\infty a_n^2 < \infty$.

Beweis (a) Für $\delta := ac - 1$ gilt $\delta > 0$, $ac = 1 + \delta$ und $c = 1/a + \delta/a$. Sei $s_n := \sum_{i=0}^n y_i$. Man wähle $n_0 \in \mathbb{N}$ mit

$$\frac{(b+n)y_n}{a s_{n-1}} \geq \frac{1}{a} + \frac{\delta}{2a}$$

für alle $n \geq n_0$. Es folgt

$$y_n \geq \frac{(1 + \delta/2)s_{n-1}}{b+n}$$

und damit

$$s_n = s_{n-1} + y_n \geq s_{n-1}\left(1 + \frac{1 + \delta/2}{b+n}\right)$$

für $n \geq n_0$. Induktion liefert

$$s_n \geq s_{n_0-1} \prod_{j=n_0}^{n} \left(1 + \frac{1 + \delta/2}{b+j}\right)$$

für $n \geq n_0$. Man erhält

$$y_n \geq s_{n-1} \frac{1+\delta/2}{b+n} \geq s_{n_0-1} \frac{1+\delta/2}{b+n} \prod_{j=n_0}^{n-1} \left(1 + \frac{1+\delta/2}{b+n-1}\right)$$

für alle $n \geq n_0 + 1$, was wegen 11.5(a) $y_n \to \infty$ impliziert.

(b) folgt wie im Beweis von 7.5. □

Beweis von Satz 11.10 Nach 11.9 konvergiert X_n fast sicher und für den fast sicheren Limes X_∞ gilt $P(X_\infty \in \{0,1\}) = 1$.

1. Wir zeigen zuerst

$$\{X_\infty = 0\} = \left\{\sum_{n=0}^{\infty} X_n < \infty\right\} \text{ f.s.}$$

Falls der Algorithmus in die Falle läuft, also gegen 0 konvergiert, konvergiert er somit ziemlich schnell gegen 0.

Wegen $\{\sum_{n=0}^{\infty} X_n < \infty\} \subset \{X_\infty = 0\}$ f.s. reicht es, $P(D) = 0$ für

$$D := \{X_\infty = 0\} \cap \left\{\sum_{n=0}^{\infty} X_n = \infty\right\}$$

zu zeigen. Sei dazu $X = N + A$ die Doob-Zerlegung des Submartingals X und $M := \frac{1}{\gamma} \bullet N$ mit $\gamma = (\gamma_n)_{n\geq 1}$. Für die quadratische Charakteristik des $\mathcal{L}^\infty$-Martingals M gilt nach 1.19(b), 11.1 und 11.8

$$\begin{aligned}\langle M\rangle_n &= \left(\frac{1}{\gamma^2} \bullet \langle N\rangle\right)_n = \sum_{j=1}^{n} (g(X_{j-1}) - h(X_{j-1})^2) \\ &= \sum_{j=1}^{n} f(X_{j-1})((1 - X_{j-1})p_A + X_{j-1}p_B - \alpha^2 f(X_{j-1}))\end{aligned}$$

mit $f(y) := y(1-y)$. Wegen

$$\begin{aligned}\frac{\Delta\langle M\rangle_n}{X_{n-1}} &= (1 - X_{n-1})((1 - X_{n-1})p_A + X_{n-1}p_B - \alpha^2 f(X_{n-1})) \\ &\to p_A \text{ f.s.} \quad \text{auf } D\end{aligned}$$

für $n \to \infty$ folgt aus der diskreten Version der Regel von de l'Hospital 5.37(b)

$$\frac{\langle M\rangle_n}{\sum_{j=1}^{n} X_{j-1}} \to p_A \text{ f.s.} \quad \text{auf } D$$

für $n \to \infty$, und wegen $p_A > 0$ gilt insbesondere $D \subset \{\langle M\rangle_\infty = \infty\}$ f.s. Das starke Gesetz der großen Zahlen 5.5 liefert

$$\frac{M_n}{\langle M\rangle_n} \to 0 \text{ f.s.} \quad \text{auf } D,$$

was

$$\frac{M_n}{\sum_{j=1}^n X_{j-1}} \to 0 \text{ f.s. auf } D$$

für $n \to \infty$ impliziert. Für den Prozess $B := \frac{1}{\gamma} \bullet A$ gilt nach 11.1 und 11.8

$$B_n = \alpha \sum_{j=1}^n f(X_{j-1}),$$

und wegen $f(X_{n-1})/X_{n-1} \to 1$ f.s. auf D folgt wieder mit 5.37(b)

$$\frac{B_n}{\sum_{j=1}^n X_{j-1}} \to \alpha \text{ f.s. auf } D$$

für $n \to \infty$. Mit $\gamma_0 := 1$ und spezieller partieller Summation 1.15(b) erhält man

$$\frac{X}{\gamma} = x + \frac{1}{\gamma} \bullet X + X_- \bullet \frac{1}{\gamma} = x + M + B + X_- \bullet \frac{1}{\gamma},$$

und wegen

$$\Delta\left(\frac{1}{\gamma_n}\right) = \frac{1}{\gamma_n} - \frac{1}{\gamma_{n-1}} = \frac{1}{C_1}$$

für alle $n \geq 2$ gilt

$$\left(X_- \bullet \frac{1}{\gamma}\right)_n = \frac{1}{C_1} \sum_{j=2}^n X_{j-1} + x\left(\frac{C_2 + 1}{C_1} - 1\right) = \frac{1}{C_1} \sum_{j=1}^n X_{j-1} + x\left(\frac{C_2}{C_1} - 1\right)$$

für $n \geq 1$, so dass

$$\frac{X_n}{\gamma_n \sum_{j=1}^n X_{j-1}} \to \frac{1}{C_1} + \alpha \text{ f.s. } \quad \text{auf } D$$

für $n \to \infty$. Wegen $\alpha > 0$ liefert Lemma 11.11(a) nun $X_n \to \infty$ f.s. auf D. Also muss $P(D) = 0$ gelten.

2. Wir beweisen jetzt, dass $P(\sum_{n=0}^\infty X_n < \infty) = 0$ äquivalent zu

$$\sum_{n=1}^\infty \prod_{j=1}^n (1 - \gamma_j 1_{B_j}) = \infty \text{ f.s.}$$

ist.

Wegen $\{U_n \leq X_{n-1}\} \in \mathcal{F}_n$ und $P(U_n \leq X_{n-1} | \mathcal{F}_{n-1}) = X_{n-1}$ für $n \geq 1$ gilt nach dem bedingten Borel-Cantelli-Lemma 4.16

$$\begin{aligned}\left\{\sum_{n=1}^\infty X_{n-1} < \infty\right\} &= \left\{\sum_{n=1}^\infty P(U_n \leq X_{n-1} | \mathcal{F}_{n-1}) < \infty\right\} \\ &= \liminf_{n \to \infty} \{U_n > X_{n-1}\} \\ &= \bigcup_{n=0}^\infty \bigcap_{k \geq n} \{U_{k+1} > X_k\} \text{ f.s.}\end{aligned}$$

Weiter gilt für $n \geq 0$

$$\bigcap_{k\geq n}\{U_{k+1} > X_k\} = \bigcap_{k\geq n}\Big\{U_{k+1} > X_k \text{ und } X_k = X_n \prod_{j=n+1}^{k}(1-\gamma_j 1_{B_j})\Big\}$$

$$= \bigcap_{k\geq n}\Big\{U_{k+1} > X_n \prod_{j=n+1}^{k}(1-\gamma_j 1_{B_j})\Big\} =: \bigcap_{k\geq n} D_{k,n},$$

denn auf $\{U_{k+1} > X_k\}$ gilt $H(X_k, Z_{k+1}) = -X_k 1_{B_{k+1}}$ und daher

$$X_{k+1} = X_k + \gamma_{k+1} H(X_k, Z_{k+1}) = X_k(1-\gamma_{k+1}1_{B_k+1}).$$

Induktion über k liefert dann $X_k = X_n \prod_{j=n+1}^{k}(1-\gamma_j 1_{B_j})$ für alle $k \geq n$ auf $\bigcap_{k\geq n}\{U_{k+1} > X_k\}$ und damit die erste Gleichung. Ebenfalls mit Induktion über k folgt $U_{k+1} > X_k$ und $X_k = X_n \prod_{j=n+1}^{k}(1-\gamma_j 1_{B_j})$ für alle $k \geq n$ auf $\bigcap_{k\geq n} D_{k,n}$ und damit die zweite Gleichung. Weil $\sigma(U_{n+1},\ldots,U_{m+1})$ und

$$\mathcal{G}_n := \sigma(X_n, 1_{B_k}, k \geq n+1)$$

für $n \geq 0$ und $m \geq n$ unabhängig sind, folgt aus der Substitutionsregel A.19

$$P\Big(\bigcap_{k=n}^{m} D_{k,n}\Big|\mathcal{G}_n\Big) = \prod_{k=n}^{m}\Big(1 - X_n \prod_{j=n+1}^{k}(1-\gamma_j 1_{B_j})\Big).$$

Damit gilt $P(\sum_{n=0}^{\infty} X_n < \infty) = 0$ genau dann, wenn $P(\bigcap_{k\geq n} D_{k,n}) = 0$ für alle $n \geq 0$, und dies ist äquivalent zu

$$P\Big(\bigcap_{k\geq n} D_{k,n}\Big|\mathcal{G}_n\Big) = \lim_{m\to\infty} P\Big(\bigcap_{k=n}^{m} D_{k,n}\Big|\mathcal{G}_n\Big) = 0 \text{ f.s.},$$

also zu

$$\prod_{k=n}^{\infty}\Big(1 - X_n \prod_{j=n+1}^{k}(1-\gamma_j 1_{B_j})\Big) = 0 \text{ f.s.}$$

für alle $n \geq 0$. Die Behauptung folgt aus 11.11(b).

3. Wir zeigen schließlich, dass

$$\sum_{n=1}^{\infty}\prod_{j=1}^{n}(1-\gamma_j 1_{B_j}) = \infty \text{ f.s.}$$

genau dann gilt, wenn $C_1 p_B \leq 1$.

Dazu sei

$$Y_n := \log\left(\frac{\prod_{j=1}^{n}(1-\gamma_j 1_{B_j})}{\prod_{j=1}^{n}(1-\gamma_j)^{p_B}}\right)$$

für $n \geq 0$ ($Y_0 = 0$), also

$$Y_n = \sum_{j=1}^{n} (\log(1 - \gamma_j 1_{B_j}) - p_B \log(1 - \gamma_j)) = \sum_{j=1}^{n} \log(1 - \gamma_j)(1_{B_j} - p_B).$$

Als h-Transformierte des Martingals $(\sum_{j=1}^{n}(1_{B_j} - p_B))_{n \geq 0}$ ist Y ein Martingal mit quadratischer Charakteristik

$$\langle Y \rangle_n = \sum_{j=1}^{n} (\log(1 - \gamma_j))^2 (p_B - p_B^2),$$

und wegen $\sum_{j=1}^{\infty} \gamma_j^2 < \infty$ gilt nach 11.11(b) $E\langle Y \rangle_\infty = \langle Y \rangle_\infty < \infty$. Also ist Y $\mathcal{L}^2$-beschränkt (4.30). Aus dem Konvergenzsatz 4.1 folgt $Y_n \to Y_\infty$ f.s. mit $Y_\infty \in \mathcal{L}^1(\mathcal{F}_\infty, P)$ und daher

$$\frac{\prod_{j=1}^{n}(1 - \gamma_j 1_{B_j})}{\prod_{j=1}^{n}(1 - \gamma_j)^{p_B}} \to e^{Y_\infty} \text{ f.s.}$$

für $n \to \infty$ mit $e^{Y_\infty} > 0$. Die obige Bedingung ist somit äquivalent zu

$$\sum_{n=1}^{\infty} \prod_{j=1}^{n} (1 - \gamma_j)^{p_B} = \infty,$$

und dies wiederum ist äquivalent zu $C_1 p_B \leq 1$, weil nach 11.5(a)

$$\prod_{j=1}^{n} (1 - \gamma_j)^{p_B} = \prod_{j=1}^{n} \left(1 - \frac{C_1}{C_2 + j}\right)^{p_B} \sim L n^{-C_1 p_B}$$

für $n \to \infty$ mit $L \in (0, \infty)$. □

Es ist bemerkenswert, dass in der Situation von Satz 11.10 mit $\alpha > 0$ die charakterisierende Bedingung $C_1 p_B \leq 1$ für $P(X_\infty = 0) = 0$ oder gleichbedeutend für $P(X_\infty = 1) = 1$ nicht vom Anfangswert $X_0 = x \in (0, 1)$ abhängt.

Falls $C_1 p_B \leq 1$ und $C_1 \alpha < 1/2$, liefert Satz 11.4 wegen $h'(1) = -\alpha$ die fast sichere Konvergenz von $n^{C_1 \alpha}(X_n - 1)$ in $\mathbb{R}$, also die fast sichere Konvergenzordnung $n^{-C_1 \alpha}$ für $n \to \infty$. Eine komplette Untersuchung der Konvergenzordnungen der fast sicheren Konvergenz von X_n gegen 1 im Fall $C_1 p_B \leq 1$ findet man in [120].

Falls $C_1 p_B > 1$, gilt nach 11.9 und 11.10

$$1 > P(X_\infty = 1) \geq x + \alpha \gamma_1 x (1 - x) > x.$$

Ein 11.10 entsprechendes Resultat im Fall $\alpha < 0$ folgt durch eine Symmetrieüberlegung. Für $\tilde{X} := 1 - X$ und $\tilde{U} := 1 - U$ gilt

$$\begin{aligned}
\tilde{X}_0 &= 1 - x \in (0, 1), \\
\tilde{X}_{n+1} &= \tilde{X}_n + \gamma_{n+1}((1 - \tilde{X}_n) 1_{\{\tilde{U}_{n+1} \leq \tilde{X}_n\} \cap B_{n+1}} - \tilde{X}_n 1_{\{\tilde{U}_{n+1} > \tilde{X}_n\} \cap A_{n+1}}) \\
&= \tilde{X}_n + \gamma_{n+1} H(\tilde{X}_n, (\tilde{U}_{n+1}, 1_{B_{n+1}}, 1_{A_{n+1}}))
\end{aligned}$$

für $n \geq 0$. Weil $P^{\tilde{U}_1} = P^{U_1}$, erhält man für die Erwartungswertfunktion

$$\begin{aligned}\tilde{h}(y) &= EH(y, (\tilde{U}_1, 1_{B_1}, 1_{A_1})) \\ &= (1-y)yp_B - y(1-y)p_A = \beta y(1-y)\end{aligned}$$

für $y \in [0,1]$ mit $\beta := -\alpha = p_B - p_A > 0$. Aus 11.10 folgt damit, dass $P(X_\infty = 1) = P(\tilde{X}_\infty = 0) = 0$ genau dann gilt, wenn $C_1 p_A \leq 1$.

Der Bandit-Algorithmus aus 11.10 mit $\alpha \neq 0$ ist also genau dann erfolgreich, wenn

$$C_1 \leq \frac{1}{p_A} \wedge \frac{1}{p_B}.$$

Eine geeignete Wahl der Schrittweiten ist demnach $\gamma_n = 1/(1+n)$ (oder $\gamma_n = 1/(C_2+n)$ mit $C_2 > 0$).

11.3 Verallgemeinerte Pólya-Urnenmodelle

Wir beginnen mit einer zeitabhängigen Version von Pólyas Urnenmodell 1.7(e). Zum Zeitpunkt $n = 0$ enthalte eine Urne (von unendlicher Kapazität) r rote und s schwarze Kugeln, $r, s \in \mathbb{N}$. Zu jedem Zeitpunkt $n \geq 1$ wird zufällig eine Kugel aus der Urne gezogen und anschließend zusammen mit m_n weiteren Kugeln derselben Farbe zurückgelegt, $m_n \in \mathbb{N}$. Dann enthält die Urne zur Zeit n exakt $r + s + \sum_{i=1}^n m_i$ Kugeln. Sei Y_n die Anzahl der roten Kugeln in der Urne zur Zeit n und sei

$$X_n := \frac{Y_n}{r + s + \sum_{i=1}^n m_i}$$

der Anteil der roten Kugeln zur Zeit n. Die Ziehungen werden durch eine unabhängige Folge $(U_n)_{n\geq 1}$ von $U(0,1)$-verteilten Zufallsvariablen modelliert: Die zum Zeitpunkt $n+1$ gezogene Kugel ist rot, falls $U_{n+1} \leq X_n$, andernfalls ist sie schwarz. Dann gilt für die Dynamik der Prozesse Y und X:

$$Y_0 = r, Y_{n+1} = Y_n + m_{n+1} 1_{\{U_{n+1} \leq X_n\}}$$

und daher

$$\begin{aligned}X_0 &= \frac{r}{r+s}, \\ X_{n+1} &= \frac{Y_n}{r+s+\sum_{i=1}^{n+1} m_i} + \frac{m_{n+1}}{r+s+\sum_{i=1}^{n+1} m_i} 1_{\{U_{n+1} \leq X_n\}} \\ &= X_n \frac{r+s+\sum_{i=1}^{n} m_i}{r+s+\sum_{i=1}^{n+1} m_i} + \frac{m_{n+1}}{r+s+\sum_{i=1}^{n+1} m_i} 1_{\{U_{n+1} \leq X_n\}} \\ &= X_n + \frac{m_{n+1}}{r+s+\sum_{i=1}^{n+1} m_i} (1_{\{U_{n+1} \leq X_n\}} - X_n)\end{aligned}$$

für $n \geq 0$. Dies ist ein **zeitabhängiges Pólya-Urnenmodell** mit Parametern $r, s, m_n \in \mathbb{N}$.

Die Information wird durch die Filtration $\mathbb{F} = (\mathcal{F}_n)_{n \geq 0}$ mit $\mathcal{F}_0 = \{\emptyset, \Omega\}$ und $\mathcal{F}_n = \sigma(U_i, 1 \leq i \leq n)$ für $n \geq 1$ beschrieben. Der Prozess X ist ein Bandit-Algorithmus mit

$$\gamma_n = \frac{m_n}{r + s + \sum_{i=1}^n m_i}$$

und $A_n = B_n = \Omega$ für alle $n \geq 1$, also $p_A = p_B = 1$ und $\alpha = p_A - p_B = 0$. Man erhält mit 11.8

$$h = 0 \quad \text{und} \quad g(x) = x(1 - x)$$

für $x \in I = [0, 1]$. Insbesondere ist X ein Martingal und $P(U_{n+1} \leq X_n | \mathcal{F}_n) = P(U_{n+1} \leq X_n | X_n) = X_n$.

Während in Pólyas Urnenmodell mit $m_n = m$ die Anteile X_n nach 10.15 fast sicher gegen eine Beta$(r/m, s/m)$-verteilte Zufallsvariable konvergieren, erhält man für schnell wachsende Folgen $(m_n)_{n \geq 1}$ eine völlig andere Asymptotik.

Satz 11.12 *(Pemantle) Im zeitabhängigen Pólya-Urnenmodell mit Parametern* $r, s, m_n \in \mathbb{N}$ *gilt* $X_n \to X_\infty$ *f.s. für* $n \to \infty$ *und eine* $[0, 1]$*-wertige,* $\mathcal{F}_\infty$*-messbare Zufallsvariable* X_∞*. Dabei gilt*

$$P(X_\infty \in \{0, 1\}) = 1$$

genau dann, wenn

$$\sum_{n=1}^\infty \frac{m_n^2}{(\sum_{i=1}^n m_i)^2} = \infty,$$

und in diesem Fall ist $P^{X_\infty} = B(1, r/(r + s))$.

Beweis Die fast sichere Konvergenz $X_n \to X_\infty$ des $[0, 1]$-wertigen Martingals $X = (X_n)_{n \geq 0}$ folgt aus dem Martingalkonvergenzsatz 4.5. Für die quadratische Charakteristik von X gilt nach 11.1

$$\langle X \rangle_n = \sum_{j=1}^n \gamma_j^2 g(X_{j-1}) = \sum_{j=1}^n \gamma_j^2 X_{j-1}(1 - X_{j-1})$$

und damit wegen 1.16(b) und $X_0 = x$ mit $x := r/(r + s) \in (0, 1)$

$$EX_n^2 = x^2 + E\langle X \rangle_n = x^2 + \sum_{j=1}^n \gamma_j^2 EX_{j-1}(1 - X_{j-1})$$

für alle $n \geq 0$. Dies impliziert für $n \geq 0$

$$EX_n(1 - X_n) = EX_n - EX_n^2 = x - x^2 - E\langle X \rangle_n,$$

also für $n \geq 1$

$$EX_n(1 - X_n) = EX_{n-1}(1 - X_{n-1}) - E\Delta\langle X\rangle_n = EX_{n-1}(1 - X_{n-1})(1 - \gamma_n^2).$$

Induktion über n liefert

$$EX_n(1 - X_n) = x(1 - x)\prod_{j=1}^{n}(1 - \gamma_j^2)$$

für alle $n \geq 0$ und mit dominierter Konvergenz folgt

$$EX_\infty(1 - X_\infty) = \lim_{n\to\infty} EX_n(1 - X_n) = x(1 - x)\prod_{j=1}^{\infty}(1 - \gamma_j^2).$$

Nach 11.11(b) ist $EX_\infty(1 - X_\infty) = 0$ äquivalent zu $\sum_{n=1}^{\infty} \gamma_n^2 = \infty$, und dies wiederum ist gleichbedeutend mit $\sum_{n=1}^{\infty} m_n^2/(\sum_{i=1}^{n} m_i)^2 = \infty$, weil $\gamma_n \sim m_n/\sum_{i=1}^{n} m_i$ für $n \to \infty$ wegen $\sum_{i=1}^{n} m_i \geq n \to \infty$. Schließlich ist $EX_\infty(1 - X_\infty) = 0$ äquivalent zu $P(X_\infty \in \{0, 1\}) = 1$, und mit 4.5 gilt in diesem Fall

$$P(X_\infty = 1) = EX_\infty = EX_0 = x.$$ □

Wegen $\{g = 0\} = \{0, 1\}$ charakterisiert die obige Bedingung an die Folge $(m_n)_{n\geq 1}$ den ausgearteten Fall. Die Bedingung ist für $m_n = k^n$ mit $k \in \mathbb{N}, k \geq 2$ erfüllt, weil $\sum_{j=1}^{n} k^j = (k^{n+1} - 1)/(k - 1)$ und daher

$$\frac{k^n}{\sum_{j=1}^{n} k^j} \to \frac{k-1}{k}$$

für $n \to \infty$. Sie ist nicht erfüllt für $m_n = n^k$ mit $k \in \mathbb{N}_0$, denn wegen 11.5(b) gilt $\sum_{j=1}^{n} j^k \sim n^{k+1}/(k + 1)$ und damit

$$\frac{n^k}{\sum_{j=1}^{n} j^k} \sim \frac{k+1}{n}$$

für $n \to \infty$.

In der folgenden Variante von Pólyas Urnenmodell werden neben den m Extrakugeln der gezogenen Farbe zusätzlich k Kugeln der anderen Farbe in die Urne gelegt, $k \in \mathbb{N}$. Dann enthält die Urne zur Zeit n (nachdem die neuen Kugeln in der Urne sind) exakt $r + s + n(m + k)$ Kugeln. Sei Y_n wieder die Anzahl der roten Kugeln in der Urne zur Zeit n und

$$X_n := \frac{Y_n}{r + s + n(m + k)}$$

der Anteil der roten Kugeln zur Zeit n. Für die Dynamik der Prozesse Y und X gilt dann

$$Y_0 = r, Y_{n+1} = Y_n + m1_{\{U_{n+1}\leq X_n\}} + k_{\{U_{n+1}>X_n\}}$$

und

$$X_0 = \frac{r}{r+s},$$
$$X_{n+1} = X_n + \frac{m1_{\{U_{n+1} \leq X_n\}} + k1_{\{U_{n+1} > X_n\}} - (m+k)X_n}{r+s+(n+1)(m+k)}$$

für $n \geq 0$. Dies ist **Friedmans Urnenmodell** mit Parametern r, s, m und k. Da $k \geq 1$, kann man $r, s, m \in \mathbb{N}_0$ mit $r + s \geq 1$ zulassen. Wegen

$$X_{n+1} = X_n + \gamma_{n+1} H(X_n, U_{n+1})$$

für $n \geq 0$ mit

$$\gamma_n = \frac{1}{r+s+n(m+k)}$$

für $n \geq 1$ und

$$H(x, z) = m1_{\{z \leq x\}} + k1_{\{z > x\}} - (m+k)x$$

für $x \in \mathbb{R}$ und $z \in \mathcal{Z} = [0, 1]$ ist X ein $[0, 1]$-wertiger Robbins-Monro-Prozess mit Erwartungswertfunktion

$$h(x) = EH(x, U_1) = mx + k(1-x) - (m+k)x = k(1-2x)$$

für $x \in I = [0, 1]$. Die Asymptotik von X_n unterscheidet sich drastisch von der in Pólyas Modell mit $k = 0$.

Satz 11.13 *(Freedman) In Friedmans Urnenmodell mit Parmetern $r, s, m \in \mathbb{N}_0$, $k \in \mathbb{N}$ und $r + s \geq 1$ gilt*

$$X_n \to \frac{1}{2} \text{ f.s.}$$

für $n \to \infty$. Ferner gelten

$$\sqrt{n}\left(X_n - \frac{1}{2}\right) \to N\left(0, \frac{(m-k)^2}{4(m+k)(3k-m)}\right) \text{ mischend}, \quad \text{falls } 3k > m,$$
$$\sqrt{\frac{n}{\log n}}\left(X_n - \frac{1}{2}\right) \to N\left(0, \frac{1}{16}\right) \text{ mischend}, \quad \text{falls } 3k = m$$

und

$$n^{2k/(m+k)}\left(X_n - \frac{1}{2}\right) \text{ konvergiert fast sicher in } \mathbb{R}, \quad \text{falls } 3k < m$$

für $n \to \infty$.

David Freedman zeigt in der Arbeit [99] über das Urnenmodell von Bernard Friedman die Verteilungskonvergenz, nicht aber, dass diese mischend ist.

Beweis Wegen $h(x) = k(1-2x)$ für $x \in I = [0,1]$ und $k \geq 1$ gilt $\{h = 0\} = \{1/2\}$. Weil H auf $I \times \mathcal{Z} = [0,1] \times [0,1]$ beschränkt ist, liefert 11.2 die fast sichere Konvergenz von X_n gegen 1/2. Weiter gilt für $x \in I$

$$h'(x) = -2k < 0$$

und

$$\begin{aligned} g(x) &= EH(x, U_1)^2 \\ &= E\{m^2 1_{\{U_1 \leq x\}} + k^2 1_{\{U_1 > x\}} - 2(m+k)x(m1_{\{U_1 \leq x\}} \\ &\quad + k1_{\{U_1 > x\}}) + (m+k)^2 x^2\} \\ &= m^2 x + k^2(1-x) - 2(m+k)x(mx + k(1-x)) + (m+k)^2 x^2, \end{aligned}$$

insbesondere

$$g\left(\frac{1}{2}\right) = \frac{(m-k)^2}{4}.$$

Wegen

$$\gamma_n = \frac{1}{r+s+n(m+k)} = \frac{1/(m+k)}{(r+s)/(m+k)+n} = \frac{C_1}{C_2+n}$$

für $n \geq 1$ mit $C_1 := 1/(m+k)$ und $|h'(1/2)|C_1 = 2k/(m+k) > 1/2$ genau dann, wenn $3k > m$ folgen die restlichen Behauptungen damit aus 11.4. □

In Friedmans Urnenmodell gibt es einen Phasenübergang bei $3k = m$ oder gleichbedeutend bei $(m-k)/(m+k) = 1/2$. Dabei sind $m+k$ und $m-k$ die beiden Eigenwerte der „Verstärkungsmatrix"

$$\begin{pmatrix} m & k \\ k & m \end{pmatrix}$$

Der ausgeartete Fall $m = k$ ist hier der deterministische Fall. Für $m = k \geq 1$ gilt $Y_n = r + nk$ und damit

$$n\left(X_n - \frac{1}{2}\right) = n\left(\frac{r+nk}{r+s+2nk} - \frac{1}{2}\right) = \frac{(r-s)n}{2(r+s+2nk)} \to \frac{r-s}{4k}.$$

Falls außerdem $r = s$, gilt $X_n = 1/2$ für alle $n \geq 0$. Die paradox erscheinende fast sichere Konvergenz von X_n gegen $1/2$ für alle Parameterkonstellationen ist daher vielleicht etwas weniger überraschend.

Bemerkenswert ist der Fall $m = 0$, da dann

$$\sqrt{n}\left(X_n - \frac{1}{2}\right) \to N\left(0, \frac{1}{12}\right) \text{ mischend}$$

für $n \to \infty$, die Limesvarianz also nicht von $k \in \mathbb{N}$ abhängt.

In Friedmans Urnenmodell mit $m = 0$ ist $P(U_{n+1} > X_n | X_n) = 1 - X_n$ die X_n-bedingte Wahrscheinlichkeit für rote Extrakugeln zur Zeit $n + 1$.

Wir untersuchen nun allgemeiner Urnenmodelle, in denen zum Zeitpunkt $n + 1$ mit X_n-bedingter Wahrscheinlichkeit $f(X_n)$ m rote Extrakugeln und mit Wahrscheinlichkeit $1 - f(X_n)$ m schwarze Extrakugeln in die Urne gelegt werden, $m \in \mathbb{N}$, wobei

$$f : [0, 1] \to [0, 1]$$

eine Borel-messbare Funktion ist. Die Dynamik von $Y = (Y_n)_{n \geq 0}$, wobei Y_n die Anzahl der roten Kugeln zur Zeit n bezeichnet, lässt sich durch

$$Y_0 = r, \quad Y_{n+1} = Y_n + m 1_{\{U_{n+1} \leq f(X_n)\}}$$

mit

$$X_n = \frac{Y_n}{r + s + nm}$$

für $n \geq 0$ beschreiben. Für die Dynamik von X gilt dann

$$X_0 = \frac{r}{r + s},$$
$$X_{n+1} = X_n + \frac{m}{r + s + (n + 1)m}(1_{\{U_{n+1} \leq f(X_n)\}} - X_n)$$

für $n \geq 0$. Dies ist das **f-Urnenmodell** mit Parametern $r, s, m \in \mathbb{N}$. Wegen

$$X_{n+1} = X_n + \gamma_{n+1} H(X_n, U_{n+1})$$

mit

$$\gamma_n = \frac{m}{r + s + nm}$$

für $n \geq 1$ und $H(x, z) = 1_{\{z \leq f(x)\}} - x$ für $x \in [0, 1], z \in \mathcal{Z} = [0, 1]$ (und etwa $H(x, z) := 0$ für $x \in \mathbb{R} \setminus [0, 1]$) ist X ein $[0, 1]$-wertiger Robbins-Monro-Prozess mit Erwartungswertfunktion

$$h(x) = EH(x, U_1) = f(x) - x$$

für $x \in I = [0, 1]$.

Ist f stetig, so hat f einen Fixpunkt und h damit eine Nullstelle in $[0, 1]$: Falls $f(0) = 0$ oder $f(1) = 1$, ist 0 oder 1 ein Fixpunkt. Falls $f(0) > 0$ und $f(1) < 1$, gilt $h(0) > 0$ und $h(1) < 0$, und der Zwischenwertsatz liefert die Existenz eines $x_0 \in (0, 1)$ mit $h(x_0) = 0$.

Satz 11.14 *(Hill, Lane und Sudderth) Im f-Urnenmodell mit Parametern $r, s, m \in \mathbb{N}$ sei f stetig und es existiere ein Fixpunkt $x_0 \in [0, 1]$ von f mit*

$$(x - x_0)(f(x) - x) \leq 0 \quad \textit{für alle } x \in [0, 1].$$

Dann gilt $X_n \to X_\infty$ f.s. für eine $[0, 1]$-wertige, $\mathcal{F}_\infty$-messbare Zufallsvariable X_∞ mit

$$f(X_\infty) = X_\infty \text{ f.s.}$$

Beweis Weil $h(x) = f(x) - x$ für $x \in I = [0,1]$ und H auf $I \times \mathcal{Z} = [0,1] \times [0,1]$ beschränkt ist, folgt die Behauptung aus 11.2. □

Mit mehr Aufwand kann man auf die Downcrossing-Bedingung in 11.14 verzichten [110].

Wir beschränken uns jetzt auf stetige Funktionen f mit nur einem Fixpunkt.

Satz 11.15 *Im f-Urnenmodell mit Parametern $r, s, m \in \mathbb{N}$ sei f stetig und besitze genau einen Fixpunkt $x_0 \in [0,1]$. Dann gilt*

$$X_n \to x_0 \text{ f.s.}$$

für $n \to \infty$. Ist f außerdem in einer Umgebung von x_0 differenzierbar mit Lipschitz-stetiger Ableitung, so gelten

$$\sqrt{n}(X_n - x_0) \to N\left(0, \frac{x_0(1-x_0)}{1-2f'(x_0)}\right) \text{ mischend}, \quad \text{falls } f'(x_0) < 1/2$$

$$\sqrt{\frac{n}{\log n}}(X_n - x_0) \to N(0, x_0(1-x_0)) \text{ mischend}, \quad \text{falls } f'(x_0) = 1/2$$

und

$$n^{1-f'(x_0)}(X_n - x_0) \text{ konvergiert fast sicher in } \mathbb{R}, \quad \text{falls } f'(x_0) > 1/2$$

für $n \to \infty$.

Die Konvergenzrate im Fall $f'(x_0) > 1/2$ ist natürlich nur für $f'(x_0) < 1$ interessant.

Beweis Wegen der Eindeutigkeit des Fixpunktes x_0 gilt offenbar $f(x) > x$ für $x < x_0$ und $f(x) < x$ für $x > x_0$, also

$$(x - x_0)(f(x) - x) < 0 \quad \text{für alle } x \in I = [0,1],\ x \neq x_0.$$

Daher folgt die fast sichere Konvergenz von X_n gegen x_0 aus 11.14.

Ist f in x_0 differenzierbar, so impliziert obige Downcrossing-Bedingung $f'(x_0) \leq 1$ wegen

$$\frac{f(x) - f(x_0)}{x - x_0} = \frac{f(x) - x_0}{x - x_0} < 1$$

für alle $x \in I, x \neq x_0$. Falls $f'(x_0) = 1$, gilt $n^{1-f'(x_0)}(X_n - x_0) = X_n - x_0 \to 0$ f.s. Sei im Folgenden $f'(x_0) < 1$. Dann gilt für die Erwartungswertfunktion

$$h'(x_0) = f'(x_0) - 1 < 0.$$

Weiter gilt für $x \in I$

$$\begin{aligned} g(x) = EH(x, U_1)^2 &= E(1_{\{U_1 \leq f(x)\}} - 2x 1_{\{U_1 \leq f(x)\}} + x^2) \\ &= f(x) - 2xf(x) + x^2, \end{aligned}$$

insbesondere

$$g(x_0) = x_0(1 - x_0).$$

Wegen

$$\gamma_n = \frac{m}{r + s + nm} = \frac{1}{\frac{r+s}{m} + n} = \frac{C_1}{C_2 + n}$$

mit $C_1 := 1$ und weil $|h'(x_0)|C_1 = 1 - f'(x_0) > 1/2$ genau dann gilt, wenn $f'(x_0) < 1/2$, folgen die restlichen Behauptungen aus 11.4 (und der Bemerkung nach 11.4). □

Das f-Urnenmodell in 11.15 hat einen Phasenübergang bei $f'(x_0) = 1/2$ und ist für $x_0 \in \{0, 1\}$ ausgeartet.

Beispiel 11.16 (Wei und Durham) In einem klinischen Versuch soll die Effektivität zweier Behandlungen verglichen werden. Dazu wird der folgende adaptive Versuchsplan benutzt. Wenn ein Patient erscheint, wird aus einer Urne, die zu Beginn eine rote und eine schwarze Kugel enthält, zufällig eine Kugel gezogen und wieder zurückgelegt. Ist die Kugel rot, erhält der Patient die Behandlung 1, bei einer schwarzen Kugel die Behandlung 2. Wir nehmen eine unmittelbare Reaktion des Patienten vor Erscheinen des nächsten Patienten an. Wird die Behandlung 1 gewählt und ist die Behandlung ein Erfolg, so wird eine rote Extrakugel und bei einem Misserfolg eine schwarze Extrakugel in die Urne gelegt. Wird die Behandlung 2 gewählt und ist die Behandlung erfolgreich, so wird analog eine schwarze Extrakugel und bei einem Misserfolg eine rote Extrakugel in die Urne gelegt. Nach n Patienten enthält die Urne dann $n + 2$ Kugeln. Seien Y_n die Anzahl der roten Kugeln, $X_n = Y_n/(n + 2)$ der Anteil der roten Kugeln nach n Patienten, $p_i \in (0, 1)$ die (unbekannte) Erfolgswahrscheinlichkeit der Behandlung i und $q_i = 1 - p_i$ für $i \in \{1, 2\}$. Dann ist

$$p_1 X_n + (1 - p_2)(1 - X_n)$$

die X_n-bedingte Wahrscheinlichkeit von $\{Y_{n+1} = Y_n + 1\}$.

Der Prozess $X = (X_n)_{n \geq 0}$ lässt sich somit als f-Urnenmodell mit

$$f(x) = p_1 x + (1 - p_2)(1 - x) = (p_1 - q_2)x + q_2$$

für $x \in [0, 1]$ mit Parametern $r = s = m = 1$ modellieren. Es folgt aus 11.15

$$X_n \to \frac{q_2}{q_1 + q_2} \text{ f.s.}$$

für $n \to \infty$. Für $n \geq 1$ sei $W_n := \sum_{j=1}^n 1_{\{U_j \leq X_{j-1}\}}$ und $W_0 := 0$. Dann ist W_n die Anzahl der Patienten unter den ersten n Patienten, die Behandlung 1 erhalten haben. Für den Kompensator A von W gilt

$$A_n = \sum_{j=1}^{n} X_{j-1}$$

und $A_\infty = \infty$ wegen $X_n \geq 1/(n+2)$. Die Asymptotik von X_n impliziert $A_n/n \to q_2/(q_1+q_2)$ f.s. (5.37(b)). Das starke Gesetz der großen Zahlen 5.8 liefert

$$\frac{W_n}{A_n} \to 1 \text{ f.s.}$$

und damit

$$\frac{W_n}{n} \to \frac{q_2}{q_1+q_2} \text{ f.s.}$$

für $n \to \infty$. Wegen $q_2/(q_1+q_2) > 1/2$, falls $p_1 > p_2$ und $q_2/(q_1+q_2) < 1/2$, falls $p_1 < p_2$ erhalten bei diesem Versuchsplan mehr Patienten die bessere Behandlung. Ferner gelten nach 11.15

$$\sqrt{n}\left(X_n - \frac{q_2}{q_1+q_2}\right) \to N\left(0, \frac{q_1 q_2}{(q_1+q_2)^2(3-2(p_1+p_2))}\right) \text{ mischend,} \quad \text{falls } p_1+p_2 < \frac{3}{2},$$

$$\sqrt{\frac{n}{\log n}}\left(X_n - \frac{q_2}{q_1+q_2}\right) \to N(0, 4q_1q_2) \text{ mischend,} \quad \text{falls } p_1+p_2 = \frac{3}{2}$$

und

$$n^{2-(p_1+p_2)}\left(X_n - \frac{q_2}{q_1+q_2}\right) \text{ konvergiert fast sicher in } \mathbb{R}, \quad \text{falls } p_1+p_2 > \frac{3}{2}$$

für $n \to \infty$.

Aufgaben

11.1 Sei $(U_n)_{n\geq 1}$ eine unabhängige Folge identisch $U(0,1)$-verteilter Zufallsvariablen. Zeigen Sie für den Algorithmus

$$X_0 = 2,$$
$$X_{n+1} = X_n + \frac{C_1}{C_2+n+1}\left(\frac{1}{2} - 1_{\{X_n \geq 10U_{n+1}\}}\right), \quad n \geq 0$$

mit $C_1 > 0$, $C_2 \geq 0$, dass

$$X_n \to 5 \text{ f.s.}$$

und falls $C_1 > 5$,

$$\sqrt{n}(X_n - 5) \to N\left(0, \frac{5C_1^2}{4(C_1-5)}\right) \text{ mischend}$$

für $n \to \infty$.

11.2 Sei X ein $\mathcal{L}^1$-beschränkter Robbins-Monro-Prozess mit stetiger Erwartungswertfunktion h,

$$E\sum_{n=1}^{\infty}\gamma_n|h(X_{n-1})|<\infty$$

und $\sum_{n=1}^{\infty}\gamma_n=\infty$. Zeigen Sie $X_n\to X_\infty$ f.s. für eine Zufallsvariable $X_\infty\in\mathcal{L}^1(\mathcal{F}_\infty,P)$ mit

$$P(X_\infty\in\{h=0\})=1.$$

Hinweis: Aufgabe 1.12.

11.3 In einem Lernmodell von Bush und Mosteller werden die „Aktionswahrscheinlichkeiten" X_n im n-ten Versuch durch die Rekursion

$$X_{n+1}=aX_n+(1-b)1_{\{U_{n+1}\le X_n\}},\quad n\ge 0$$

beschrieben, wobei $0<a\le b<1$, $X_0=x\in(0,1)$ und $(U_n)_{n\ge1}$ eine unabhängige Folge identisch $U(0,1)$-verteilter Zufallsvariablen ist. Zeigen Sie

$$X_n\to 0\text{ f.s.},\quad \text{falls } a<b$$

und

$$X_n\to X_\infty\text{ f.s. mit } P^{X_\infty}=B(1,x),\quad \text{falls } a=b$$

für $n\to\infty$.

Hinweis: Aufgabe 11.2. X ist ein $[0,1]$-wertiger (ausgearteter) Robbins-Monro-Prozess mit von n unabhängigen Schrittweiten.

11.4 Sei X ein Robbins-Monro-Prozess mit Erwartungswertfunktion h, kompaktem Zustandsintervall I und $\sum_{n=1}^{\infty}\gamma_n=\infty$. Zeigen Sie $\tau<\infty$ f.s. für die Stoppzeit

$$\tau:=\inf\{n\ge 0:|h(X_n)|\le\varepsilon\}$$

mit $\varepsilon>0$.

11.5 Sei $X=(X_n)_{n\ge0}$ ein Robbins-Monro-Algorithmus mit $X_0\in\mathcal{L}^1$ und $E|H(x,Z_1)|\le C(1+|x|)$ für alle $x\in I$ und eine Konstante $C\in\mathbb{R}_+$. Zeigen Sie, dass X ein $\mathcal{L}^1$-Prozess ist.

11.6 Sei X ein Robbins-Monro-Prozess. Zeigen Sie: Unter den Voraussetzungen (i) (ohne die Stetigkeit von h) und (ii) von Satz 11.2 sind

$$(X_--x_0)\bullet X\quad\text{und}\quad(X-x_0)^2-[X]$$

Supermartingale, und unter den Voraussetzungen (i)–(iii) von Satz 11.2 wird durch

$$U_n:=(1+(X_n-x_0)^2)\prod_{j=n+1}^{\infty}(1+C_1\gamma_j^2)$$

für $n \geq 0$ ein Supermartingal definiert, wobei $g(x) \leq C_1(1 + (x - x_0)^2)$ für alle $x \in I$.

Geben Sie auf der Basis des Supermartingals U einen alternativen Beweis von Satz 11.2.

11.7 Zeigen Sie, dass der Beweis von Satz 11.4 auch funktioniert, wenn man in (iii) die Bedingung $h(x) = h'(x_0)(x - x_0) + O((x - x_0)^2)$ durch die schwächere Bedingung $h(x) = h'(x_0)(x - x_0) + O(|x - x_0|^{1+\delta})$ für $x \to x_0$ und ein $\delta \in (0, 1]$ ersetzt.

Hinweis: Diese Bedingung spielt nur in Teil 3 des Beweises von Satz 11.4 eine Rolle.

11.8 ($\mathcal{L}^2$-Konvergenzrate) Für den Robbins-Monro-Algorithmus X mit $\gamma_n = C_1/(C_2 + n)$, $C_1 > 0$, $C_2 \geq 0$ und $x_0 \in \{h = 0\}$ seien die beiden folgenden Bedingungen erfüllt:

(i) $(x - x_0)h(x) \leq -C_3(x - x_0)^2$ für alle $x \in I$ und eine reelle Konstante $C_3 > 0$ mit $C_1 C_3 > 1$,

(ii) $X_0 \in \mathcal{L}^2$ und $g(x) \leq C(1 + x^2)$ für alle $x \in I$ und eine Konstante $C \in \mathbb{R}_+$.

Zeigen Sie:

$$E|X_n - x_0|^2 = O(n^{-1})$$

für $n \to \infty$.

Hinweis: Teil 3 des Beweises von Satz 11.4. Die obige Bedingung (i) impliziert natürlich $\{h = 0\} = \{x_0\}$. Sie ist erfüllt, falls

$$(x - x_0)h(x) \leq 0 \quad \text{und} \quad |h(x)| \geq C_3|x - x_0|$$

für alle $x \in I$.

11.9 In der Situation von Beispiel 11.7(c) seien $c(\lambda) = -2b(\lambda^2 + 1)^{1/2}$ mit $b \in [a, \infty)$ und $\gamma_n = C_1/(C_2 + n)$ mit $C_1 > 0, C_2 \geq 0$. Zeigen Sie, dass die Voraussetzungen des zentralen Grenzwertsatzes 11.4 erfüllt sind.

11.10 Sei X der Bandit-Algorithmus mit $\alpha = p_A - p_B = 0$ und Anfangswert $X_0 = x \in (0, 1)$. Zeigen Sie für den fast sicheren Limes X_∞: Es gilt $P(X_\infty \in \{0, 1\}) = 1$ genau dann, wenn $\sum_{n=1}^{\infty} \gamma_n^2 = \infty$, und in diesem Fall ist $P^{X_\infty} = B(1, x)$.

Dies ist eine leichte Verallgemeinerung von Satz 11.12.

11.11 (Lamberton, Pagès und Tarrès) Zeigen Sie für den Bandit-Algorithmus X

$$P(\lim_{n \to \infty} X_n = 0) > 0,$$

falls

$$\sum_{n=1}^{\infty} \prod_{j=1}^{n} (1 - p_B \gamma_j) < \infty.$$

Hinweis: Teile 2 und 3 des Beweises von Satz 11.10.

Die Voraussetzung ist für $\gamma_n = C_1/(C_2 + n)$ mit $C_2 \geq 0, 0 < C_1 < C_2 + 1$ und $C_1 p_B > 1$ nach Lemma 11.5(a) erfüllt und natürlich auch für von n unabhängige Schrittweiten $\gamma_n = a \in (0, 1)$.

11.12 (Lamberton und Pagès) Zeigen Sie für den Bandit-Algorithmus X mit $\alpha > 0$, $\gamma_n = C_1/(C_2 + n), C_2 \geq 0, 0 < C_1 < C_2 + 1$ und $C_1 > 1/\alpha$:

$$\{\lim_{n\to\infty} X_n = 1\} = \left\{\sum_{n=0}^{\infty}(1 - X_n) < \infty\right\} \text{ f.s.}$$

Hinweis: Übergang zu $1 - X$ und Teil 1 des Beweises von Satz 11.10.

11.13 In Friedmans Urnenmodell mit Parametern $r, s, m \in \mathbb{N}_0, k \in \mathbb{N}$ und $r+s \geq 1$ sei $V_n := 1_{\{U_n \leq X_{n-1}\}}$ für $n \geq 1$. Dann ist $\sum_{i=1}^{n} V_i$ die Anzahl der zur Zeit n gezogenen roten Kugeln. Zeigen Sie

$$\frac{\sum_{i=1}^{n} V_i}{\sum_{i=1}^{n} X_{i-1}} \to 1 \text{ f.s.} \quad \text{und } \frac{1}{n}\sum_{i=1}^{n} V_i \to \frac{1}{2} \text{ f.s.}$$

für $n \to \infty$.

Hinweis: Starkes Gesetz der großen Zahlen 5.8.

11.14 (Freedman) In Friedmans Urnenmodell mit Parametern $r, s, m \in \mathbb{N}_0, k \in \mathbb{N}$ und $r + s \geq 1$ sei $Z_n := r + s + n(m + k) - Y_n$ die Anzahl der schwarzen Kugeln in der Urne zur Zeit n. Zeigen Sie

$$\frac{Y_n - Z_n}{\sqrt{n}} \to N\left(0, \frac{(m + k)^2(m + k)}{3k - m}\right) \text{ mischend,} \quad \text{falls } 3k > m,$$

$$\frac{Y_n - Z_n}{\sqrt{n \log n}} \to N(0, 4k^2) \text{ mischend,} \quad \text{falls } 3k = m$$

und

$$\frac{Y_n - Z_n}{n^{(m-k)/(m+k)}} \text{ konvergiert fast sicher in } \mathbb{R}, \quad \text{falls } 3k < m.$$

Hinweis: Direkte Konsequenz von Satz 11.13 und Korollar 5.29 wegen

$$Y_n - Z_n = 2(r + s + n(m + k))\left(X_n - \frac{1}{2}\right)$$

für $n \geq 0$.

11.15 (Gouet) Friedmans Urnenmodell wird folgendermaßen verallgemeinert: Wenn eine rote Kugel gezogen wird, werden m_1 rote und k_1 schwarze Extrakugeln in die Urne gelegt, bei Ziehung einer schwarzen Kugel werden m_2 schwarze und k_2 rote Extrakugeln in die Urne gelegt mit $m_i, k_i \in \mathbb{N}_0, k_1 + k_2 \geq 1$ und $m_1 + k_1 = m_2 + k_2$. Zeigen Sie für den Anteil X_n der roten Kugeln zur Zeit n

$$X_n \to \frac{k_2}{k_1 + k_2} \text{ f.s.}$$

für $n \to \infty$.

Friedmans Urnenmodell erhält man im Fall $m_1 = m_2 = m$ und $k_1 = k_2 = k$.

11.16 Untersuchen Sie im f-Urnenmodell mit Parametern $r, s, m \in \mathbb{N}$ die Asymptotik von X_n für

$$f(x) = (1 - cx)^+ \text{ mit } c \in (0, \infty), \quad f(x) = 1 - x^2$$

und

$$f(x) = -\left(x - \frac{1}{2}\right)^3 + x.$$

Kapitel 12
Unbedingte Martingalkonvergenz und unbedingte Basen

Dieses Kapitel enthält eine martingaltheoretische Untersuchung des Konvergenzverhaltens von Fourier-Reihen bezüglich Orthonormalbasen, die aus beschränkten Martingalzuwächsen bestehen. Solche Basen erweisen sich als unbedingte (Schauder-)Basen von L^p-Räumen für $1 < p < \infty$. Ein berühmtes Beispiel ist die Haar-Basis, die neuerdings etwa für die funktionale Quantisierung zeitstetiger stochastischer Prozesse interessant ist [126]. Die Resultate basieren auf Konvergenzsätzen und Stabilitätseigenschaften aus Kap. 4, damit auf den BDG-Ungleichungen aus Kap. 3, und Bedingungen für die unbedingte Konvergenz von Martingalen.

Seien $(\Omega, \mathcal{F}, P)$ ein Wahrscheinlichkeitsraum, $T = [\alpha, \beta] \cap \mathbb{Z}$ ein $\mathbb{Z}$-Intervall mit $\alpha > -\infty$, $\beta = \infty$ und $\mathbb{F} = (\mathcal{F}_n)_{n \in T}$ eine Filtration in $\mathcal{F}$.

12.1 Unbedingte Konvergenz von Martingalen

Für einen reellen stochastischen Prozess $X = (X_n)_{n \in T}$ seien $Z_\alpha := X_\alpha$ und $Z_n := \Delta X_n$ für $n > \alpha$. Dann gilt $X_n = \sum_{j=\alpha}^n Z_j$ für alle $n \in T$. Wir nennen X **unbedingt $\mathcal{L}^p$-konvergent** für $1 \leq p < \infty$ (**stochastisch konvergent, fast sicher konvergent**), falls

$$\sum_{n=\alpha}^{\infty} Z_{\sigma(n)}$$

für jede Umordnung σ von T in $\mathcal{L}^p$ konvergiert (stochastisch gegen eine reelle Zufallsvariable konvergiert, fast sicher in $\mathbb{R}$ konvergiert), wobei eine **Umordnung** von T eine bijektive Abbildung $\sigma : T \to T$ ist. Es wird bald klar werden, dass dann der Limes von der Umordnung unabhängig ist. Man beachte, dass bei unbedingter fast sicherer Konvergenz die Ausnahmenullmenge von der Umordnung abhängen darf.

Für Martingale geht die Martingaleigenschaft durch Umordnung der Zuwächse im Allgemeinen verloren, das heißt $Y := (\sum_{j=\alpha}^n Z_{\sigma(j)})_{n \in T}$ muss für $\mathbb{F}$-Martingale

H. Luschgy, *Martingale in diskreter Zeit*, Springer-Lehrbuch Masterclass,
DOI 10.1007/978-3-642-29961-2_12,

X kein $\mathbb{F}^Y$-Martingal sein. (Ausnahmen sind Martingale mit unabhängigen Zuwächsen.) Martingalkonvergenzsätze sind also auf umgeordnete Martingale im Allgemeinen nicht anwendbar.

Die Lösung des unbedingten $\mathcal{L}^p$-Konvergenzproblems und des unbedingten stochastischen Konvergenzproblems für Martingale basiert auf den folgenden allgemeinen Kriterien. Für eine Folge $(x_n)_{n\in T}$ in einer halbmetrischen kommutativen Gruppe $\mathcal{X}$ heißt $\sum_{n=\alpha}^\infty x_n$ **unbedingt konvergent**, falls $\sum_{n=\alpha}^\infty x_{\sigma(n)}$ für jede Umordnung σ von T in $\mathcal{X}$ konvergiert.

Lemma 12.1 *Sei $(\mathcal{X}, d)$ eine vollständige halbmetrische kommutative Gruppe mit invarianter Halbmetrik d, also $d(x+z, y+z) = d(x,y)$ für alle $x, y, z \in \mathcal{X}$. Ferner existiere eine Konstante $c \in (0,\infty)$ mit $d(2x, 0) \geq cd(x,0)$ für alle $x \in \mathcal{X}$, wobei $2x := x + x$. Für eine Folge $(x_n)_{n\in T}$ in $\mathcal{X}$ sind dann äquivalent:*

(i) $\sum_{n=\alpha}^\infty x_n$ *konvergiert unbedingt,*
(ii) $\sum_{n=\alpha}^\infty a_n x_n$ *konvergiert für alle Folgen* $(a_n)_{n\in T} \in \{+1,-1\}^T$,
(iii) $\sum_{k=1}^\infty x_{n_k}$ *konvergiert für alle strikt wachsenden Folgen* $(n_k)_{k\geq 1}$ *in* T,
(iv) *Das Netz* $(x_S)_{S\in\mathcal{E}(T)}$ *mit* $\mathcal{E}(T) := \{S \subset T : S \text{ endlich}, S \neq \emptyset\}$ *und* $x_S := \sum_{n\in S} x_n$ *konvergiert. Dabei ist* $\mathcal{E}(T)$ *mit der partiellen Ordnung „*$S_1 \leq S_2$*, falls* $S_1 \subset S_2$*" nach rechts gerichtet.*

Konvergiert $(x_S)_{S\in\mathcal{E}(T)}$ gegen $x \in \mathcal{X}$, so konvergiert $\sum_{j=\alpha}^n x_{\sigma(j)}$ für jede Unordnung σ von T gegen x.

In metrisierbaren topologischen Vektorräumen existieren Halbmetriken mit den obigen Eigenschaften ([45], Theorem I.6.1).

Beweis Für konvergente Folgen $(y_n)_{n\in T}$ und $(z_n)_{n\in T}$ in $\mathcal{X}$ mit $y_n \to y$ und $z_n \to z$, $y, z \in \mathcal{X}$ folgt aus der Invarianz von d und der Dreiecksungleichung

$$\begin{aligned} d(y_n + z_n, y + z) &= d(y_n - y, z - z_n) \\ &\leq d(y_n - y, 0) + d(0, z - z_n) \\ &= d(y_n, y) + d(z_n, z) \to 0, \end{aligned}$$

also $y_n + z_n \to y + z$ und

$$d(-y_n, -y) = d(0, y_n - y) = d(y_n, y) \to 0,$$

also $-y_n \to -y$. (Mit der durch d induzierten Topologie ist $\mathcal{X}$ danach eine topologische Gruppe.)

(i) $\Rightarrow$ (iii). Sei $(n_k)_{k\geq 1}$ eine strikt wachsende Folge in T. Wir nehmen an, dass $\sum_{k=1}^\infty x_{n_k}$ divergiert. Dann ist $(\sum_{k=1}^m x_{n_k})_{m\geq 1}$ keine Cauchy-Folge, so dass ein $\varepsilon > 0$ und Folgen $(r(m))_{m\geq 1}$ und $(s(m))_{m\geq 1}$ in $\mathbb{N}$ existieren mit $r(m) \wedge s(m) \to \infty$ für $m \to \infty$, $r(m) < s(m)$, $s(m) \leq r(m+1)$ und

$$d\Big(\sum_{k=r(m)+1}^{s(m)} x_{n_k}, 0\Big) = d\Big(\sum_{k=1}^{s(m)} x_{n_k}, \sum_{k=1}^{r(m)} x_{n_k}\Big) \geq \varepsilon$$

für alle $m \in \mathbb{N}$. Ist $\sigma : T \to T$ eine Umordnung mit

$$\sigma(T \cap [n_{r(m)+1}, n_{s(m)}]) = T \cap [n_{r(m)+1}, n_{s(m)}]$$

und

$$\sigma^{-1}(\{n_k : r(m) + 1 \le k \le s(m)\}) = \{n_{r(m)+1}, n_{r(m)+1} + 1, \ldots, n_{r(m)+1} + v_m\}$$

mit $v_m := s(m) - r(m) - 1$ für alle $m \in \mathbb{N}$, so gilt

$$d\Big(\sum_{j=n_{r(m)+1}}^{n_{r(m)+1}+v_m} x_{\sigma(j)}, 0\Big) = d\Big(\sum_{k=r(m)+1}^{s(m)} x_{n_k}, 0\Big) \ge \varepsilon$$

für alle $m \in \mathbb{N}$. Es folgt die Divergenz von $\sum_{j=\alpha}^{\infty} x_{\sigma(j)}$.

(iii) $\Rightarrow$ (ii). Für $(a_n)_{n\in T} \in \{+1, -1\}^T$ seien $A := \{n \in T : a_n = +1\}$ und $B := \{n \in T : a_n = -1\}$. Wir können ohne Einschränkung $|A| = |B| = \infty$ annehmen. Seien $(n_k)_{k\ge 1}$ und $(m_k)_{k\ge 1}$ strikt wachsende Folgen in T mit $A = \{n_k : k \in \mathbb{N}\}$ und $B = \{m_k : k \in \mathbb{N}\}$. Wegen

$$\sum_{j=\alpha}^{n} a_j x_j = \sum_{k=1}^{r(n)} x_{n_k} - \sum_{k=1}^{s(n)} x_{m_k}$$

mit $r(n) := |A \cap T_n|$ und $s(n) := |B \cap T_n|$ für alle $n \in T$, wobei $T_n = \{j \in T : j \le n\}$, folgt die Konvergenz von $\sum_{j=\alpha}^{\infty} a_j x_j$ aus der Konvergenz von $\sum_{k=1}^{\infty} x_{n_k}$ und $\sum_{k=1}^{\infty} x_{m_k}$.

(ii) $\Rightarrow$ (iv). Zunächst bemerken wir, dass die Bedingung (iv) äquivalent zur Cauchy-Eigenschaft

(iv)′ $\forall \varepsilon > 0\ \exists S_0 \in \mathcal{E}(T)\ \forall S \in \mathcal{E}(T),\ S \subset S_0^c : d(x_S, 0) < \varepsilon$

ist. Gilt (iv)′, so ist $S_0 \subset T_{n_0}$ für ein $n_0 \in T$ und für $n > m \ge n_0$ folgt

$$d(x_{T_n}, x_{T_m}) = d\Big(\sum_{j=m+1}^{n} x_j, 0\Big) < \varepsilon.$$

Also ist $(x_{T_n})_{n\in T}$ eine Cauchy-Folge und damit $x_{T_n} \to x$ für ein $x \in \mathcal{X}$. Für $S \in \mathcal{E}(T), S \supset S_0$ wähle man $n \in T$ mit $d(x, x_{T_n}) < \varepsilon$ und $T_n \supset S$. Wegen $T_n \setminus S \subset S_0^c$ erhält man

$$d(x, x_S) \le d(x, x_{T_n}) + d(x_{T_n}, x_S) = d(x, x_{T_n}) + d(x_{T_n\setminus S}, 0) < 2\varepsilon.$$

Also konvergiert das Netz $(x_S)_{S\in\mathcal{E}(T)}$ gegen x. Gilt umgekehrt (iv) mit $x_S \to x$ und ist $\varepsilon > 0$, so gibt es ein $S_0 \in \mathcal{E}(T)$ mit $d(x_S, x) < \varepsilon/2$ für alle $S \in \mathcal{E}(T)$ mit $S \supset S_0$. Für $S \in \mathcal{E}(T)$ mit $S \subset S_0^c$ folgt

$$d(x_S, 0) = d(x_{S\cup S_0}, x_{S_0}) \le d(x_{S\cup S_0}, x) + d(x, x_{S_0}) < \varepsilon.$$

Wir nehmen nun an, dass (iv) und damit (iv)$'$ nicht gilt. Dann existieren ein $\varepsilon > 0$ und eine Folge $(S_k)_{k\geq 1}$ in $\mathcal{E}(T)$ mit $s(k) := \max S_k < \min S_{k+1} =: r(k+1)$ und

$$d(x_{S_k}, 0) \geq \varepsilon$$

für alle $k \in \mathbb{N}$. Definiert man $a_n := +1$, falls $n \in \bigcup_{k=1}^{\infty} S_k$ und $a_n := -1$ sonst, so gilt

$$2x_{S_k} = \sum_{n=r(k)}^{s(k)} (1 + a_n)x_n$$

und damit wegen $d(2x, 0) \geq cd(x, 0)$

$$d\Big(\sum_{n=r(k)}^{s(k)} (1 + a_n)x_n, 0\Big) \geq c\varepsilon$$

für alle $k \in \mathbb{N}$. Es folgt die Divergenz von $\sum_{n=\alpha}^{\infty}(1+a_n)x_n$ und daher die Divergenz mindestens einer der Reihen $\sum_{n=\alpha}^{\infty} x_n$ und $\sum_{n=\alpha}^{\infty} a_n x_n$.

(iv) $\Rightarrow$ (i). Seien $x_S \to x, \sigma$ eine Umordnung von T und $\varepsilon > 0$. Es existiert also eine Menge $S_0 \in \mathcal{E}(T)$ mit

$$d(x, x_S) < \varepsilon$$

für alle $S \in \mathcal{E}(T)$ mit $S \supset S_0$. Zu $m_0 := \max S_0$ wähle man $n_0 \in T$ mit $\sigma(T_{n_0}) \supset T_{m_0}$ und man erhält

$$d\Big(x, \sum_{j=\alpha}^{n} x_{\sigma(j)}\Big) < \varepsilon$$

für alle $n \geq n_0$. Es folgt $\sum_{j=\alpha}^{n} x_{\sigma(j)} \to x$. □

Das unbedingte stochastische Konvergenzproblem lässt sich für $\mathcal{L}^1$-beschränkte Submartingale lösen.

Satz 12.2 *(Unbedingte stochastische Konvergenz) Jedes $\mathcal{L}^1$-beschränkte Submartingal (Supermartingal) konvergiert unbedingt stochastisch.*

Beweis Nach A.1 ist die Halbmetrik $d(Y, Z) = E(|Y - Z| \wedge 1)$ auf dem Vektorraum $\mathcal{L}^0 = \mathcal{L}^0(\Omega, \mathcal{F}, P)$ vollständig und metrisiert die stochastische Konvergenz. Offenbar ist d invariant und erfüllt $d(2Y, 0) \geq d(Y, 0)$ für alle $Y \in \mathcal{L}^0$. Also ist 12.1 anwendbar. Ist X ein $\mathcal{L}^1$-beschränktes Submartingal (Supermartingal), so konvergiert $a \bullet X$ und damit $\sum_{n=\alpha}^{\infty} a_n Z_n$ wegen 4.21 für alle $a = (a_n)_{n\in T} \in \{+1, -1\}^T$ fast sicher in $\mathbb{R}$. Weil die fast sichere Konvergenz die stochastische Konvergenz impliziert, konvergiert $\sum_{n=\alpha}^{\infty} a_n Z_n$ in $(\mathcal{L}^0, d)$ für alle $a \in \{+1, -1\}^T$. Die Behauptung folgt aus 12.1. □

Da der Limes bei unbedingter stochastischer Konvergenz nach 12.1 nicht von der Umordnung abhängt, liefert der obige Satz: Ist $X_\infty \in \mathcal{L}^1(\mathcal{F}_\infty, P)$ der nach 4.1 existierende fast sichere Limes von X, so gilt

$$\sum_{j=\alpha}^{n} Z_{\sigma(j)} \to X_\infty \text{ stochastisch}$$

für $n \to \infty$ und jede Umordnung σ von T.

Allerdings konvergieren $\mathcal{L}^1$-beschränkte Martingale nicht notwendig unbedingt fast sicher. Dies wird Beispiel 12.11 zeigen. Das Problem der unbedingten fast sicheren Konvergenz von Martingalen unterscheidet sich deutlich von den beiden anderen unbedingten Konvergenzproblemen, da die fast sichere Konvergenz nicht metrisierbar ist und 12.1 bezüglich der fast sicheren Konvergenz nicht gilt. Insbesondere folgt aus der fast sicheren Konvergenz von $\sum_{n=\alpha}^{\infty} a_n Z_n$ für alle $(a_n)_{n\in T} \in \{+1, -1\}^T$ nicht die unbedingte fast sichere Konvergenz von $\mathcal{L}^2$-beschränkten Martingalen. Dies zeigt Beispiel 12.11. Damit scheint eine rein martingaltheoretische Untersuchung des unbedingten fast sicheren Konvergenzproblems für Martingale nicht möglich zu sein.

Für reelle Prozesse X ist die fast sichere Konvergenz des Netzes $(\sum_{j\in S} Z_j)_{S\in\mathcal{E}(T)}$ äquivalent zur fast sicheren absoluten Konvergenz von X, also zu $\sum_{n=\alpha}^{\infty} |Z_n| < \infty$ f.s. Nach 12.1 (mit $\mathcal{X} = \mathbb{R}$) ist nämlich das Netz $(\sum_{j\in S} Z_j(\omega))_{S\in\mathcal{E}(T)}$ für $\omega \in \Omega$ genau dann in $\mathbb{R}$ konvergent, wenn $X(\omega)$ unbedingt in $\mathbb{R}$ konvergiert, und dies ist bekanntlich äquivalent zu $\sum_{n=\alpha}^{\infty} |Z_n(\omega)| < \infty$. (Die fast sicher absolut konvergenten Prozesse X sind die Prozesse mit „beschränkter Variation“: $\sum_{n=\alpha+1}^{\infty} |\Delta X_n| < \infty$ f.s.)

Das folgende Beispiel zeigt, dass aus der unbedingten fast sicheren Konvergenz von $\mathcal{L}^2$-beschränkten Martingalen nicht die fast sichere absolute Konvergenz folgt.

Beispiel 12.3 Sei $(Y_n)_{n\geq 1}$ eine unabhängige Folge identisch verteilter Zufallsvariablen mit $P(Y_1 = +1) = P(Y_1 = -1) = 1/2$ und $X_n := \sum_{j=1}^{n} Y_j/j, n \in T = \mathbb{N}$ die „stochastische harmonische Reihe“. Wegen

$$\sum_{j=1}^{\infty} |Z_j| = \sum_{j=1}^{\infty} \frac{|Y_j|}{j} = \sum_{j=1}^{\infty} \frac{1}{j} = \infty \text{ f.s.}$$

ist das $\mathbb{F}^X$-Martingal X nicht fast sicher absolut konvergent. Dagegen ist $M_n := \sum_{j=1}^{n} Y_{\sigma(j)}/\sigma(j), n \in \mathbb{N}$ für jede Umordnung σ von $\mathbb{N}$ wegen der Unabhängigkeit der Zuwächse und

$$EM_n^2 = \sum_{j=1}^{n} \frac{1}{\sigma(j)^2} < \sum_{j=1}^{\infty} \frac{1}{j^2} < \infty$$

ein $\mathcal{L}^2$-beschränktes $\mathbb{F}^M$-Martingal und daher nach 4.1 fast sicher konvergent in $\mathbb{R}$. Also ist X unbedingt fast sicher konvergent. Das folgende Korollar impliziert

$$\sum_{j=1}^{\infty} \frac{Y_j}{j} = \sum_{j=1}^{\infty} \frac{Y_{\sigma(j)}}{\sigma(j)} \text{ f.s.}$$

für jede Umordnung σ von $\mathbb{N}$.

Korollar 12.4 *Seien X ein $\mathcal{L}^1$-beschränktes Submartingal (Supermartingal) und $X_\infty \in \mathcal{L}^1(\mathcal{F}_\infty, P)$ der fast sichere Limes von X. Falls $\sum_{n=\alpha}^{\infty} Z_{\sigma(n)}$ für eine Umordnung σ von T fast sicher in $\mathbb{R}$ konvergiert, so gilt $\sum_{n=\alpha}^{\infty} Z_{\sigma(n)} = X_\infty$.*

Beweis Da $\sum_{j=\alpha}^{n} Z_{\sigma(j)}$ nach 12.2 stochastisch gegen X_∞ konvergiert, folgt die Behauptung aus der fast sicheren Eindeutigkeit des (stochastischen) Limes. □

Das unbedingte $\mathcal{L}^p$-Konvergenzproblem für Martingale wird durch den folgenden Satz gelöst.

Satz 12.5 *(Unbedingte $\mathcal{L}^p$-Konvergenz)*

(a) Sei $1 \leq p < \infty$. Ein $\mathcal{L}^p$-Martingal X konvergiert genau dann unbedingt in $\mathcal{L}^p$, wenn $X \in \mathcal{H}^p$.
(b) Sei $X \in \mathcal{M}^{\text{gi}}$ und $X_\infty \in \mathcal{L}^1(\mathcal{F}_\infty, P)$ der $\mathcal{L}^1$-Limes von X. Falls $\sum_{n=\alpha}^{\infty} Z_{\sigma(n)}$ für eine Umordnung σ von T in $\mathcal{L}^1$ konvergiert, so gilt $\sum_{n=\alpha}^{\infty} Z_{\sigma(n)} = X_\infty$.

Beweis (a) Ist $X \in \mathcal{H}^p$, so gilt $a \bullet X \in \mathcal{H}^p$ wegen 4.32(b) und damit

$$\Big(\sum_{j=\alpha}^{n} a_j Z_j\Big)_{n \in T} = a_\alpha X_\alpha + a \bullet X \in \mathcal{H}^p$$

für alle Folgen $a = (a_n)_{n \in T} \in \{+1, -1\}^T$. Da $\mathcal{H}^1 \subset \mathcal{M}^{\text{gi}}$ nach 4.30(a), liefern die Konvergenzsätze 4.3 und 4.7 die $\mathcal{L}^p$-Konvergenz von $\sum_{n=\alpha}^{\infty} a_n Z_n$. Damit folgt die unbedingte $\mathcal{L}^p$-Konvergenz von X aus 12.1. (Dabei ist $\mathcal{L}^p$ natürlich mit der Halbmetrik $d(Y, Z) = \|Y - Z\|_p$ versehen.)

Sei nun umgekehrt X unbedingt $\mathcal{L}^p$-konvergent. Aus der $\mathcal{L}^p$-Konvergenz folgt die $\mathcal{L}^p$-Beschränktheit von X, also $X \in \mathcal{M}^p$. Falls $p > 1$, gilt $\mathcal{M}^p = \mathcal{H}^p$ nach 4.30(a) und damit $X \in \mathcal{H}^p$.

Im Fall $p = 1$ sei $Y = (Y_n)_{n \in T}$ eine unabhängige Folge identisch verteilter $\{+1, -1\}$-wertiger Zufallsvariablen mit $P(Y_\alpha = +1) = P(Y_\alpha = -1) = 1/2$, die von X unabhängig ist. Für $n \in T$ gilt dann einerseits

$$\Big\|\sum_{j=\alpha}^{\infty} Y_j Z_j\Big\|_1 = \int \Big\|\sum_{j=\alpha}^{n} Y_j b_j\Big\|_1 dP^{(Z_\alpha, \ldots, Z_n)}(b),$$

und wegen der Khinchin-Ungleichung (4.33) folgt

$$\Big\|\sum_{j=\alpha}^{n} Y_j Z_j\Big\|_1 \geq \frac{1}{\sqrt{3}} \int \Big(\sum_{j=\alpha}^{n} b_j^2\Big)^{1/2} dP^{(Z_\alpha, \ldots, Z_n)}(b) = \frac{1}{\sqrt{3}} \|(X_\alpha^2 + [X]_n)^{1/2}\|_1,$$

also mit monotoner Konvergenz

$$\|(X_\alpha^2 + [X]_\infty)^{1/2}\|_1 \leq \sqrt{3} \sup_{n \in T} \Big\|\sum_{j=\alpha}^{n} Y_j Z_j\Big\|_1.$$

Andererseits gilt

$$\Big\|\sum_{j=\alpha}^{n} Y_j Z_j\Big\|_1 = \int \Big\|\sum_{j=\alpha}^{n} a_j Z_j\Big\|_1 dP^{(Y_\alpha,\dots,Y_n)}(a).$$

Da das Netz $(\sum_{j\in S} Z_j)_{S\in\mathcal{E}(T)}$ nach 12.1 in $\mathcal{L}^1$ konvergiert, gibt es zu $\varepsilon > 0$ ein $n_0 \in T$ mit

$$\Big\|\sum_{j\in S} Z_j\Big\|_1 < \varepsilon/2$$

für alle $S \in \mathcal{E}(T)$ mit $\min S > n_0$. Für $n > n_0$ und $a \in \{+1,-1\}^T$ folgt mit $S_0 := \{n_0+1,\dots,n\}$, $S_1 := \{j \in S_0 : a_j = 1\}$ und $S_2 := \{j \in S_0 : a_j = -1\}$ wegen der Dreiecksungleichung für $\|\cdot\|_1$

$$\begin{aligned}\Big\|\sum_{j=\alpha}^{n} a_j Z_j\Big\|_1 &\le \Big\|\sum_{j=\alpha}^{n_0} a_j Z_j\Big\|_1 + \Big\|\sum_{j\in S_0} a_j Z_j\Big\|_1\\ &\le \Big\|\sum_{j=\alpha}^{n_0} a_j Z_j\Big\|_1 + \Big\|\sum_{j\in S_1} Z_j\Big\|_1 + \Big\|\sum_{j\in S_2} Z_j\Big\|_1\\ &< \Big\|\sum_{j=\alpha}^{n_0} a_j Z_j\Big\|_1 + \varepsilon\end{aligned}$$

und daher

$$\Big\|\sum_{j=\alpha}^{n} Y_j Z_j\Big\|_1 \le \Big\|\sum_{j=\alpha}^{n_0} Y_j Z_j\Big\|_1 + \varepsilon.$$

Man erhält

$$\sup_{n\in T}\Big\|\sum_{j=\alpha}^{n} Y_j Z_j\Big\|_1 < \infty$$

und somit

$$\|(X_\alpha^2 + [X]_\infty)^{1/2}\|_1 < \infty.$$

Wegen 4.30(c) impliziert dies $X \in \mathcal{H}^1$.

(b) Weil aus der $\mathcal{L}^1$-Konvergenz die stochastische Konvergenz folgt und weil $\sum_{j=\alpha}^{n} Z_{\sigma(j)}$ nach 12.2 wegen $\mathcal{M}^{\mathrm{gi}} \subset \mathcal{M}^1$ stochastisch gegen X_∞ konvergiert, erhält man die Behauptung wegen der fast sicheren Eindeutigkeit des (stochastischen) Limes. □

Nach 12.5(a) und 4.3 sind Martingale in $\mathcal{M}^{\mathrm{gi}} \setminus \mathcal{H}^1$ zwar $\mathcal{L}^1$-konvergent, aber nicht unbedingt $\mathcal{L}^1$-konvergent. Ein Beispiel für ein solches Martingal findet man in 4.31.

12.2 Unbedingte Basen von L^p-Räumen und Martingale

Eine Folge $(x_n)_{n\geq 0}$ in einem Banach-Raum $\mathcal{X}$ heißt **(Schauder-)Basis** von $\mathcal{X}$, falls es für alle $x \in \mathcal{X}$ eine eindeutig bestimmte Folge $(c_n(x))_{n\geq 0} \in \mathbb{R}^{\mathbb{N}_0}$ mit

$$x = \sum_{n=0}^{\infty} c_n(x)x_n$$

gibt. Eine Basis $(x_n)_{n\geq 0}$ von $\mathcal{X}$ heißt **unbedingte Basis** von $\mathcal{X}$, falls $\sum_{n=0}^{\infty} c_n(x)x_n$ für alle $x \in \mathcal{X}$ unbedingt konvergiert. Nach 12.1 gilt dann

$$x = \sum_{n=0}^{\infty} c_{\sigma(n)}(x)x_{\sigma(n)}$$

für alle Umordnungen σ von $T = \mathbb{N}_0$ und $x \in \mathcal{X}$.

Es ist günstig, zu den Banach-Räumen $L^p = L^p(\Omega, \mathcal{F}, P)$ für $1 \leq p \leq \infty$ überzugehen. Der folgende Satz liefert das zentrale Resultat über Martingal-Orthonormalbasen, die in L^∞ liegen, und deren Fourier-Reihen.

Satz 12.6 *Sei $(U_n)_{n\geq 0}$ eine adaptierte Folge in $L^\infty = L^\infty(\Omega, \mathcal{F}, P)$ mit $\|U_n\|_2 = 1$ für alle $n \in \mathbb{N}_0$ und $(\sum_{j=0}^{n} U_j)_{n\geq 0}$ sei ein Martingal. Dann sind äquivalent:*

(i) $(U_n)_{n\geq 0}$ ist eine Orthonormalbasis von L^2,
(ii) $E(f|\mathcal{F}_n) = \sum_{j=0}^{n} c_j(f)U_j$ für alle $f \in L^1$, $n \in \mathbb{N}_0$, wobei $c_n(f) := \int fU_n dP = EfU_n$ die Fourier-Koeffizienten von f sind, und $\mathcal{F}_\infty = \mathcal{F}$ f.s.

Falls (ii) gilt, so konvergiert $\sum_{n=0}^{\infty} c_n(f)U_n$ fast sicher und in L^p gegen f für alle $f \in L^p$ und alle $1 \leq p < \infty$, $(U_n)_{n\geq 0}$ ist eine Basis von L^1 und eine unbedingte Basis von L^p für $1 < p < \infty$.

Beweis Für $f \in L^1$ wird durch

$$X_n = X_n(f) := \sum_{j=0}^{n} c_j(f)U_j, n \in \mathbb{N}_0$$

ein Martingal definiert, denn $X - X_0$ ist h-Transformierte von $M := (\sum_{j=0}^{n} U_j)_{n\geq 0}$.

(i) $\Rightarrow$ (ii). Die Fourier-Entwicklung in der Orthonormalbasis $(U_n)_{n\geq 0}$ liefert $X_n(f) \overset{L^2}{\to} f$ für $n \to \infty$ und alle $f \in L^2$. Dann hat f einen $\mathcal{F}_\infty$-messbaren Repräsentanten und wegen 4.3 ist $X(f)$ daher durch f rechtsabschließbar, also

$$X_n(f) = E(f|\mathcal{F}_n)$$

für alle $n \in \mathbb{N}_0$. Da die linearen Abbildungen $f \mapsto X_n(f)$ und $E(\cdot|\mathcal{F}_n)$ auf L^1 stetig sind und $L^2 \subset L^1$ dicht ist, folgt $X_n(f) = E(f|\mathcal{F}_n)$ für alle $f \in L^1$ und alle $n \in \mathbb{N}_0$.

Ferner gilt $1_F = E(1_F|\mathcal{F}_\infty)$ f.s. für $F \in \mathcal{F}$ wegen $E(1_F|\mathcal{F}_n) \to E(1_F|\mathcal{F}_\infty)$ f.s. nach 4.8 und $X_n(1_F) \to 1_F$ f.s. für $n \to \infty$. Für $G := \{E(1_F|\mathcal{F}_\infty) = 1\}$

gilt $G \in \mathcal{F}_\infty$ und $F \Delta G \subset \{1_F \neq E(1_F|\mathcal{F}_\infty)\}$, also $P(F\Delta G) = 0$. Man erhält $\mathcal{F}_\infty = \mathcal{F}$ f.s.

(ii) $\Rightarrow$ (i). Wegen 1.6 folgt aus der Martingaleigenschaft von M, dass $(U_n)_{n\geq 0}$ ein Orthonormalsystem in L^2 ist. Für alle $f \in L^2$ gilt wegen 4.8 und $\mathcal{F}_\infty = \mathcal{F}$ f.s.

$$X_n(f) = E(f|\mathcal{F}_n) \stackrel{L^2}{\rightarrow} E(f|\mathcal{F}_\infty) = f.$$

Dies impliziert, dass $(U_n)_{n\geq 0}$ eine Orthonormalbasis von L^2 ist.

Sei nun (i) und damit (ii) erfüllt. Für $1 \leq p < \infty$ und $f \in L^p$ folgt wegen 4.8 und $\mathcal{F}_\infty = \mathcal{F}$ f.s.

$$X_n(f) \to f \text{ f.s. und in } L^p.$$

Die Koeffizienten in der Entwicklung $f = \sum_{j=0}^\infty c_j(f)U_j$ sind daher eindeutig bestimmt: Gilt $\sum_{j=0}^n b_j U_j \stackrel{L^p}{\rightarrow} f$ mit $b_j \in \mathbb{R}$, so folgt $\sum_{j=0}^n b_j U_j U_m \stackrel{L^p}{\rightarrow} f U_m$ wegen $U_m \in L^\infty$ und damit

$$c_m(f) = EfU_m = \lim_{n\to\infty} \sum_{j=0}^n b_j EU_jU_m = b_m$$

für alle $m \in \mathbb{N}_0$. Dies zeigt, dass $(U_n)_{n\geq 0}$ eine Basis von L^p ist. Für $p > 1$ und $f \in L^p$ gilt $X(f) \in \mathcal{H}^p$ nach 4.30, und 12.5 liefert die unbedingte L^p-Konvergenz von $X(f)$. Damit ist $(U_n)_{n\geq 0}$ eine unbedingte Basis von L^p für $p > 1$. □

Ist in der Situation von 12.6 $(U_n)_{n\geq 0}$ eine Orthonormalbasis von L^2, so folgt $\dim L^p(\mathcal{F}_n, P) = n + 1$ für alle $n \in \mathbb{N}_0$, $1 \leq p < \infty$. Damit existiert nach A.6 für alle $n \in \mathbb{N}_0$ eine $\mathcal{F}_n$-messbare Partition π_n von Ω mit $|\pi_n| = n + 1$, $P(F) > 0$ für alle $F \in \pi_n$ und $\mathcal{F}_n = \sigma(\pi_n)$ f.s.

Der Prototyp einer Martingal-Basis ist die Haar-Orthonormalbasis. Im Rest dieses Abschnitts seien $(\Omega, \mathcal{F}, P) = ([0,1), \mathcal{B}([0,1)), \lambda_{[0,1)})$ und $L^p = L^p([0,1), \mathcal{B}([0,1)), \lambda_{[0,1)})$.

Definition 12.7 *Das* ***Haar-System*** $(U_n)_{n\geq 0}$ *besteht aus den Funktionen*

$$\begin{aligned} U_0 &= 1_{[0,1)}, \\ U_{2^m+j} &= 2^{m/2}\left(1_{[\frac{2j}{2^{m+1}}, \frac{2j+1}{2^{m+1}})} - 1_{[\frac{2j+1}{2^{m+1}}, \frac{2j+2}{2^{m+1}})}\right) \end{aligned}$$

für $m \in \mathbb{N}_0$, $j \in \{0, \ldots, 2^m - 1\}$. (Man beachte, dass jedes $n \in \mathbb{N}$ eine eindeutige Darstellung der Form $n = 2^m + j$ mit $m \in \mathbb{N}_0$ und $0 \leq j \leq 2^m - 1$ hat.)

Die Funktionen U_n sind L^2-normiert, also $\|U_n\|_2 = 1$ für alle $n \in \mathbb{N}_0$. Die ersten Haar-Funktionen nach U_0 sind

$$\begin{aligned} U_1 &= 1_{[0,\frac{1}{2})} - 1_{[\frac{1}{2},1)}, \\ U_2 &= \sqrt{2}(1_{[0,\frac{1}{4})} - 1_{[\frac{1}{4},\frac{1}{2})}), \\ U_3 &= \sqrt{2}(1_{[\frac{1}{2},\frac{3}{4})} - 1_{[\frac{3}{4},1)}), \end{aligned}$$

und man kann alle Funktionen U_n aus U_1 rekonstruieren: Es gilt $U_0 = |U_1|$ und

$$U_{2^m+j}(t) = 2^{m/2}U_1(2^m t - j)$$

für $m \geq 0, 0 \leq j \leq 2^m - 1, t \in [0, 1)$. Dies ist die Wavelet-Darstellung des Haar-Systems mit Mutter-Wavelet U_1.

Satz 12.8 *(Haar-Basis) Seien $(U_n)_{n\geq 0}$ das Haar-System und $\mathbb{F} = \mathbb{F}^U$. Dann ist $(U_n)_{n\geq 0}$ eine Orthonormalbasis von $L^2 = L^2([0,1), \mathcal{B}([0,1)), \lambda_{[0,1)})$, $(\sum_{j=0}^n U_j)_{n\geq 0}$ ist ein Martingal, $\mathcal{F}_n = \sigma(\pi_n)$ mit*

$$\pi_0 = \{[0, 1)\},$$
$$\pi_{2^m+j} = \left\{\left[0, \frac{1}{2^{m+1}}\right), \ldots, \left[\frac{2j+1}{2^{m+1}}, \frac{2j+2}{2^{m+1}}\right), \left[\frac{j+1}{2^m}, \frac{j+2}{2^m}\right), \ldots, \left[\frac{2^m-1}{2^m}, 1\right)\right\}$$

für $m \in \mathbb{N}_0$, $0 \leq j \leq 2^m - 1$, $|\pi_n| = n + 1$ für alle $n \in \mathbb{N}_0$ und $\mathcal{F}_\infty = \mathcal{F} = \mathcal{B}([0, 1))$.

Beweis Offenbar gilt $\mathcal{F}_0 = \sigma(\pi_0)$ und wegen $\pi_1 = \{[0, 1/2), [1/2, 1)\}$ auch $\mathcal{F}_1 = \sigma(\pi_1)$. Für $n = 2^m + j$ mit $j \leq 2^m - 2$ entsteht die Partition π_{n+1} aus π_n, indem das Intervall

$$\left[\frac{j+1}{2^m}, \frac{j+2}{2^m}\right) \in \pi_n$$

durch die beiden „Kinder"

$$\left[\frac{2j+2}{2^{m+1}}, \frac{2j+3}{2^{m+1}}\right) \quad \text{und} \quad \left[\frac{2j+3}{2^{m+1}}, \frac{2j+4}{2^{m+1}}\right)$$

ersetzt wird. Im Fall $j = 2^m - 1$ wird

$$\left[0, \frac{1}{2^{m+1}}\right) \in \pi_n$$

durch

$$\left[0, \frac{1}{2^{m+2}}\right) \quad \text{und} \quad \left[\frac{1}{2^{m+2}}, \frac{2}{2^{m+2}}\right)$$

ersetzt. Dies impliziert $\sigma(\pi_n \cup \sigma(U_{n+1})) = \sigma(\pi_{n+1})$. Mit Induktion folgt $\mathcal{F}_n = \sigma(\pi_n)$ für alle $n \in \mathbb{N}_0$, denn für $n \geq 1$ gilt

$$\begin{aligned}\mathcal{F}_{n+1} &= \sigma(U_0, \ldots, U_{n+1}) = \sigma(\mathcal{F}_n \cup \sigma(U_{n+1})) \\ &= \sigma(\pi_n \cup \sigma(U_{n+1})) = \sigma(\pi_{n+1}).\end{aligned}$$

Wegen

$$\pi_{2^m-1} = \left\{\left[\frac{j}{2^m}, \frac{j+1}{2^m}\right) : 0 \leq j \leq 2^m - 1\right\}$$

für $m \geq 0$ und 1.7(f) gilt ferner

$$\mathcal{F}_\infty = \sigma\Big(\bigcup_{m=0}^{\infty} \mathcal{F}_{2^m-1}\Big) = \mathcal{B}([0,1)).$$

Für $M_n := \sum_{j=0}^n U_j$ gilt $\Delta M_{n+1} = U_{n+1}$ und $\{U_{n+1} \neq 0\} \in \pi_n$. Es folgt für $n \geq 0$ wegen A.14 mit $I_0 := \{U_{n+1} \neq 0\}$

$$\begin{aligned} E(\Delta M_{n+1}|\mathcal{F}_n) &= \sum_{I\in\pi_n} P(I)^{-1} \int_I U_{n+1} dP 1_I \\ &= P(I_0)^{-1} \int_{I_o} U_{n+1} dP 1_{I_0} \\ &= P(I_0)^{-1} \int U_{n+1} dP 1_{I_0} = 0. \end{aligned}$$

Damit ist M ein Martingal.

Wegen $\|U_u\|_2 = 1$ für alle $n \in \mathbb{N}_0$ und der Martingaleigenschaft von M ist $(U_n)_{n\geq 0}$ ein Orthonormalsystem in L^2. Liegt $f \in L^2$ im orthogonalen Komplement der linearen Hülle von $(U_n)_{n\geq 0}$, so gilt

$$\int_F f dP = 0$$

für alle $F \in \mathcal{E} := \bigcup_{n=0}^\infty \pi_n \cup \{\emptyset\}$ (Induktion). Da $\mathcal{E}$ ein durchschnittsstabiler Erzeuger von $\mathcal{F}_\infty = \mathcal{F}$ ist, folgt $f = 0$. Damit ist gezeigt, dass $(U_n)_{n\geq 0}$ eine Orthonormalbasis von L^2 ist. □

Mit 12.8 erhält man einen martingaltheoretischen Beweis der unbedingten Basiseigenschaft des Haar-Systems.

Korollar 12.9 *Das Haar-System ist eine Basis von L^1 und eine unbedingte Basis von L^p für $1 < p < \infty$.*

Beweis Die Behauptungen sind unmittelbare Konsequenzen von 12.8 und 12.6. □

Das folgende Beispiel zeigt, dass die Haar-Basis keine unbedingte Basis von L^1 ist. (Tatsächlich hat L^1 keine unbedingte Basis ([29], Theorem II.13).)

Beispiel 12.10 Seien $(U_n)_{n\geq 0}$ die Haar-Basis und $\mathbb{F} = \mathbb{F}^U$. Für

$$f := \sum_{n=1}^\infty \frac{2^n}{n^2} 1_{[2^{-n}, 2^{-n+1})}$$

gilt $f \in L^1$ und nach 12.6 und 12.8

$$X_n(f) := \sum_{j=0}^n c_j(f) U_j = E(f|\mathcal{F}_n)$$

für alle $n \in \mathbb{N}_0$. Da $X(f) \notin \mathcal{H}^1$ wegen 4.31, ist $X(f)$ nach 12.5 nicht unbedingt L^1-konvergent. Also ist die Haar-Basis keine unbedingte Basis von L^1.

Die Haar-Fourier-Reihe von $f \in L^1$ konvergiert nach 12.6 und 12.8 fast sicher, aber nicht notwendig unbedingt fast sicher, auch dann nicht, wenn $f \in L^2$. Dies zeigt das letzte Beispiel. Es zeigt damit auch, dass $\mathcal{L}^2$-beschränkte Martingale nicht unbedingt fast sicher konvergieren müssen.

Beispiel 12.11 Seien $(U_n)_{n\geq 0}$ die Haar-Basis und $\mathbb{F} = \mathbb{F}^U$. Für die Folge $(c_n)_{n\geq 0}$ mit $c_0 = c_1 := 0$ und $c_{2^m+j} := 2^{-m/2}m^{-1}$ für $m \geq 1, 0 \leq j \leq 2^m - 1$ gilt

$$\sum_{n=0}^{\infty} c_n^2 = \sum_{m=1}^{\infty} \sum_{j=0}^{2^m-1} c_{2^m+j}^2 = \sum_{m=1}^{\infty} 2^m 2^{-m} m^{-2} = \sum_{m=1}^{\infty} m^{-2} < \infty.$$

Daher liegt das durch $X_n := \sum_{j=0}^{n} c_j U_j$ definierte Martingal X wegen

$$\sup_{n\geq 0} EX_n^2 = EX_0^2 + E[X]_\infty = \sum_{n=0}^{\infty} c_n^2 < \infty$$

in $\mathcal{M}^2 = \mathcal{H}^2$ und ist somit nach 4.7 L^2-konvergent. Wenn $f \in L^2$ den L^2-Limes von X bezeichnet, erhält man $c_n = c_n(f) = EfU_n$ für alle $n \geq 0$.

Das Martingal X ist nicht unbedingt fast sicher konvergent. Wegen

$$\left| \sum_{j=0}^{2^m-1} U_{2^m+j} \right| = 2^{m/2} \text{ f.s.}$$

für alle $m \geq 0$, gilt nämlich mit der Dreiecksungleichung

$$\sum_{n=0}^{\infty} |c_n U_n| \geq \sum_{m=1}^{\infty} c_{2^m+j} \left| \sum_{j=0}^{2^m-1} U_{2^m+j} \right| = \sum_{m=1}^{\infty} \frac{1}{m} = \infty \text{ f.s.}$$

Für Haar-Fourier-Reihen ist überraschenderweise die unbedingte fast sichere Konvergenz äquivalent zur fast sicheren absoluten Konvergenz ([29], Theorem III.15), so dass X nicht unbedingt fast sicher konvergiert.

Da $a_0 X_0 + a \bullet X = (\sum_{j=0}^{n} a_j c_j U_j)_{n\geq 0}$ wegen 4.21 für alle $a = (a_n)_{n\geq 0} \in \{+1, -1\}^{\mathbb{N}_0}$ fast sicher in $\mathbb{R}$ konvergiert, ist außerdem die Bedingung 12.1(ii) bezüglich der fast sicheren Konvergenz nicht hinreichend für die unbedingte fast sichere Konvergenz von Martingalen.

Basen vom Haar-Typ existieren für L^p-Räume bezüglich einer großen Klasse selbstähnlicher Verteilungen auf $\mathcal{B}(\mathbb{R}^d)$ und deren Unbedingtheit lässt sich ebenfalls mit martingaltheoretischen Methoden untersuchen. Solche Basen haben sich als sehr effizient für die funktionale Quantisierung vieler zeitstetiger stochastischer Prozesse erwiesen [105, 126].

Aufgaben

12.1 Sei X ein Submartingal mit $E \sup_{n \in T} |X_n| < \infty$. Zeigen Sie, dass X unbedingt $\mathcal{L}^1$-konvergent ist.

12.2 Seien $1 < p < \infty$, X ein $\mathcal{L}^p$-beschränktes Submartingal und für den Kompensator A von X sei $A_\infty \in \mathcal{L}^p$. Zeigen Sie, dass X unbedingt $\mathcal{L}^p$-konvergent ist.

12.3 Sei X ein Martingal mit $E \sup_{n \in T} |\Delta X_n| < \infty$ und $[X]_\infty < \infty$ f.s. Zeigen Sie, dass X unbedingt stochastisch konvergiert.

Hinweis: Korollar 4.14(a) oder Aufgabe 4.16.

12.4 Seien $(U_n)_{n \geq 0}$ die Haar-Basis, $p \in (1, \infty)$ und

$$f \in L^p = L^p([0,1), \mathcal{B}([0,1)), \lambda_{[0,1)})$$

mit Haar-Fourier-Koeffizienten $c_n = E f U_n$. Zeigen Sie

$$\begin{aligned}(p-1) \wedge 1/(p-1) \Big\| \Big(\sum_{n=0}^{\infty} c_n^2 U_n^2 \Big)^{1/2} \Big\|_p &\leq \|f\|_p \\ &\leq (p-1) \vee 1/(p-1) \Big\| \Big(\sum_{n=0}^{\infty} c_n^2 U_n^2 \Big)^{1/2} \Big\|_p .\end{aligned}$$

Diese Ungleichungen liefern im Fall $p = 2$ die Parseval-Gleichung

$$\|f\|_2 = \Big(\sum_{n=0}^{\infty} c_n^2 \Big)^{1/2} .$$

Hinweis: Korollar 3.28.

12.5 Zeigen Sie in der Situation von Aufgabe 12.4

$$\Big\| \sup_{n \geq 0} \Big| \sum_{j=0}^{n} c_j U_j \Big| \Big\|_p \leq \frac{p}{p-1} \|f\|_p .$$

12.6 (Rademacher-Funktionen) Seien $(U_n)_{n \geq 0}$ das Haar-System, $R_0 := U_0$ und für $m \geq 0$

$$R_{m+1} := 2^{-m/2} \sum_{j=0}^{2^m - 1} U_{2^m + j} .$$

Zeigen Sie: $(R_n)_{n \geq 0}$ ist ein Orthonormalsystem in

$$L^2 = L^2([0,1), \mathcal{B}([0,1)), \lambda_{[0,1)}),$$

$(R_n)_{n \geq 1}$ ist eine unabhängige Folge identisch verteilter Zufallsvariablen mit $P(R_1 = 1) = P(R_1 = -1) = 1/2$, $(R_n)_{n \geq 0}$ ist keine Orthonormalbasis von L^2 und $(\sum_{j=0}^{n} R_j)_{n \geq 0}$ ist ein $\mathbb{F}^R$-Martingal.

Anhang A

Wir erinnern in diesem Anhang hauptsächlich an Eigenschaften bedingter Erwartungswerte und bedingter Verteilungen und an das Konzept der gleichgradigen Integrierbarkeit. Ferner werden einige in diesem Buch benutzte Resultate erwähnt.

Sei $(\Omega, \mathcal{F}, P)$ ein Wahrscheinlichkeitsraum.

A.1 Netze

Eine binäre Relation $\leq$ auf einer Menge Γ heißt **partielle Halbordnung**, falls sie reflexiv und transitiv ist, also $\gamma \leq \gamma$ und aus $\alpha \leq \beta$ und $\beta \leq \gamma$ folgt $\alpha \leq \gamma$ für $\alpha, \beta, \gamma \in \Gamma$. Falls $\leq$ außerdem antisymmetrisch ist, also aus $\beta \leq \gamma$ und $\gamma \leq \beta$ folgt $\beta = \gamma$, heißt $\leq$ **partielle Ordnung**. Eine partiell halbgeordnete Menge $(\Gamma, \leq)$ heißt **nach rechts gerichtet**, falls für alle $\alpha, \beta \in \Gamma$ ein $\gamma \in \Gamma$ existiert mit $\alpha \leq \gamma$ und $\beta \leq \gamma$, jede zweielementige Teilmenge von Γ also eine obere Schranke besitzt.

Sind $\mathcal{X}$ eine Menge und $(\Gamma, \leq)$ eine nach rechts gerichtete Menge, so heißt jedes Element $(x_\gamma)_{\gamma \in \Gamma}$ von $\mathcal{X}^\Gamma$ **Netz** in $\mathcal{X}$.

Eine Abbildung $d : \mathcal{X} \times \mathcal{X} \to [0, \infty)$ mit $d(x, x) = 0$, $d(x, y) = d(y, x)$ und der Dreiecksungleichung $d(x, z) \leq d(x, y) + d(y, z)$ für alle $x, y, z \in \mathcal{X}$ heißt **Halbmetrik** auf der Menge $\mathcal{X}$. Falls außerdem $d(x, y) = 0$ nur für $x = y$ gilt, heißt d bekanntlich Metrik. Ist $\mathcal{X}$ ein reeller Vektorraum, so heißt eine Abbildung $\|\cdot\| : \mathcal{X} \to [0, \infty)$ **Halbnorm**, falls $\|ax\| = |a| \, \|x\|$ und $\|x + y\| \leq \|x\| + \|y\|$ für alle $a \in \mathbb{R}, x, y \in \mathcal{X}$. Gilt außerdem $\|x\| = 0$ nur für $x = 0$, so ist $\|\cdot\|$ eine Norm. Für eine Halbnorm $\|\cdot\|$ wird durch $d(x, y) := \|x - y\|$ eine Halbmetrik auf $\mathcal{X}$ definiert.

Ein Netz $(x_\gamma)_{\gamma \in \Gamma}$ in einem halbmetrischen Raum $(\mathcal{X}, d)$ heißt **konvergent** gegen $x \in \mathcal{X}$ und wir schreiben dann $x_\gamma \to x$, falls zu jedem $\varepsilon > 0$ ein $\beta \in \Gamma$ existiert mit $d(x_\gamma, x) < \varepsilon$ für alle $\gamma \in \Gamma$ mit $\beta \leq \gamma$.

H. Luschgy, *Martingale in diskreter Zeit*, Springer-Lehrbuch Masterclass,
DOI 10.1007/978-3-642-29961-2, © Springer-Verlag Berlin Heidelberg 2013

A.2 $\mathcal{L}^p$-Räume und gleichgradige Integrierbarkeit

Für $0 < p \leq \infty$ und eine Zufallsvariable $X : (\Omega, \mathcal{F}) \to (\overline{\mathbb{R}}, \mathcal{B}(\overline{\mathbb{R}}))$, wobei $\mathcal{B}(\overline{\mathbb{R}})$ die Borelsche σ-Algebra bezeichnet, sei

$$\|X\|_p := (E|X|^p)^{1/p} = \left(\int |X|^p dP\right)^{1/p}, \quad \text{falls } p < \infty$$

mit $\infty^{1/p} := \infty$ und

$$\|X\|_\infty := \inf\{c \geq 0 : P(|X| > c) = 0\}$$

mit $\inf \emptyset := \infty$. Ist $\|X\|_\infty < \infty$ und $c_n > \|X\|_\infty$ eine Folge mit $c_n \to \|X\|_\infty$, so erhält man

$$P(|X| > \|X\|_\infty) = P\Big(\bigcup_{n=1}^\infty \{|X| > c_n\}\Big) \leq \sum_{n=1}^\infty P(|X| > c_n) = 0.$$

Das Infimum in der Definition von $\|\cdot\|_\infty$ ist also ein Minimum. Aus $0 < p_1 \leq p_2 \leq \infty$ folgt

$$\|X\|_{p_1} \leq \|X\|_{p_2}.$$

Die Zufallsvariable X heißt **quasiintegrierbar**, falls $\|X^+\|_1 < \infty$ oder $\|X^-\|_1 < \infty$, und sie heißt **integrierbar**, falls $\|X\|_1 < \infty$.

Für $1 \leq p \leq \infty$ ist $\|\cdot\|_p$ eine Halbnorm und für $0 < p < 1$ eine Quasihalbnorm ($\|aX\|_p = |a| \, \|X\|_p$ für $a \in \mathbb{R}$ und $\|X + Y\|_p \leq 2^{1/p}(\|X\|_p + \|Y\|_p)$) und $\|\cdot\|_p^p$ eine p-Halbnorm ($\|aX\|_p^p = |a|^p \|X\|_p^p$ und $\|X + Y\|_p^p \leq \|X\|_p^p + \|Y\|_p^p$) auf dem Vektorraum $\mathcal{L}^p = \mathcal{L}^p(P) = \mathcal{L}^p(\mathcal{F}, P) = \mathcal{L}^p(\Omega, \mathcal{F}, P)$ der reellen Zufallsvariablen X mit $\|X\|_p < \infty$. Ist X eine $\overline{\mathbb{R}}$-wertige Zufallsvariable mit $\|X\|_p < \infty$, so gilt $|X| < \infty$ f.s., und die reelle Zufallsvariable $X 1_{\{|X|<\infty\}}$ gehört zu $\mathcal{L}^p$. Diese Modifikaktion auf der Nullmenge $\{|X| = \infty\}$ wird häufig nicht explizit erwähnt.

Für $0 < p \leq \infty$ und Zufallsvariable $X_n, X \in \mathcal{L}^p$ schreiben wir

$$X_n \stackrel{\mathcal{L}^p}{\to} X$$

für die $\mathcal{L}^p$-Konvergenz $\|X_n - X\|_p \to 0$. Eine Menge $B \subset \mathcal{L}^p$ heißt **$\mathcal{L}^p$-beschränkt**, falls $\sup_{X \in B} \|X\|_p < \infty$. Ist B abzählbar, so gilt

$$\sup_{X \in B} \|X\|_\infty = \| \sup_{X \in B} |X| \, \|_\infty.$$

Dann bedeutet $\mathcal{L}^\infty$-Beschränktheit von B also Beschränktheit, das heißt $\sup_{X \in B} |X| \leq c$ f.s. für ein $c \in \mathbb{R}_+$.

Mit $\mathcal{L}^0 = \mathcal{L}^0(\Omega, \mathcal{F}, P)$ bezeichnen wir den Vektorraum aller reeller Zufallsvariablen. Durch

$$d(X, Y) := E(|X - Y| \wedge 1)$$

wird eine Halbmetrik auf $\mathcal{L}^0$ definiert, denn wegen $|X - Z| \wedge 1 \leq (|X - Y| + |Y - Z|) \wedge 1 \leq (|X - Y| \wedge 1) + (|Y - Z| \wedge 1)$ folgt die Dreiecksungleichung $d(X, Z) \leq d(X, Y) + d(Y, Z)$. Die Halbmetrik d metrisiert die stochastische Konvergenz.

Satz A.1 *Für $X_n, X \in \mathcal{L}^0$ gilt $X_n \to X$ stochastisch genau dann, wenn $d(X_n, X) \to 0$. Ferner ist jede Cauchy-Folge in $(\mathcal{L}^0, d)$ konvergent.*

Beweis [54], Sätze 4.4 und 4.5. □

Eine Menge $B \subset \mathcal{L}^0$ heißt **stochastisch beschränkt** oder **$\mathcal{L}^0$-beschränkt**, falls

$$\lim_{a\to\infty} \sup_{X\in B} P(|X| > a) = 0.$$

Wegen $P(|X| > 1) \leq E(|X| \wedge 1) \leq \delta + P(|X| > \delta)$ für alle $\delta > 0$ ist dies äquivalent zu $\lim_{a\to\infty} \sup_{X\in B} E(|X| \wedge a)/a = 0$, und daher entspricht die obige Definition der üblichen Definition der Beschränktheit in topologischen Vektorräumen: Für jedes $\varepsilon > 0$ existiert ein $a > 0$ mit $B \subset a\{X \in \mathcal{L}^0 : d(X, 0) < \varepsilon\}$.

Für $0 \leq p \leq \infty$ wird mit $L^p = L^p(\Omega, \mathcal{F}, P)$ der Vektorraum der P-Äquivalenzklassen von Elementen aus $\mathcal{L}^p$ bezeichnet.

Die fast sichere Konvergenz einer Folge von reellen Zufallsvariablen in $\mathcal{L}^1$ impliziert im Allgemeinen nicht deren $\mathcal{L}^1$-Konvergenz. $\mathcal{L}^1$-Konvergenz gilt für genau die fast sicher oder auch nur stochastisch konvergenten Folgen, die „gleichgradig integrierbar" sind.

Definition A.2 *Eine Menge $B \subset \mathcal{L}^1$ heißt **gleichgradig integrierbar**, falls*

$$\lim_{a\to\infty} \sup_{X\in B} E|X|1_{\{|X|>a\}} = 0.$$

Die gleichgradige Integrierbarkeit einer Teilmenge B von $\mathcal{L}^1$ ist eine Kompaktheitseigenschaft: B ist relativ $\sigma(L^1, L^\infty)$-kompakt.

Satz A.3 *Seien $B, D \subset \mathcal{L}^1$.*

(a) B ist gleichgradig integrierbar, falls B $\mathcal{L}^1$-dominiert ist, das heißt $|X| \leq Z$ für alle $X \in B$ und ein $Z \in \mathcal{L}^1$. Insbesondere ist B gleichgradig integrierbar, falls B endlich ist.
(b) B ist gleichgradig integrierbar, falls B $\mathcal{L}^p$-beschränkt ist für ein $p \in (1, \infty]$.
(c) Ist B gleichgradig integrierbar, so ist B $\mathcal{L}^1$-beschränkt.
(d) Sind B und D gleichgradig integrierbar, so ist auch die Minkowski-Summe

$$\{X + Y : X \in B, Y \in D\}$$

gleichgradig integrierbar.
(e) Ist B gleichgradig integrierbar, so ist auch

$$C := \{Y \in \mathcal{L}^1 : \exists X \in B \text{ mit } |Y| \leq |X|\}$$

gleichgradig integrierbar.

Teil (a) ist ein (wichtiger) Spezialfall von (e).

Beweis (a) Für $X \in B$ gilt $|X|1_{\{|X|>a\}} \leq Z1_{\{Z>a\}} \to 0$ f.s. und daher

$$\sup_{X \in B} E|X|1_{\{|X|>a\}} \leq EZ1_{\{Z>a\}} \to 0$$

für $a \to \infty$ nach dem Satz von der dominierten Konvergenz.

(b) Für $a > 0$ und $X \in B$ gilt für $p \in (1, \infty)$

$$\int_{\{|X|>a\}} |X| dP \leq a^{1-p} \int_{\{|X|>a\}} |X||X|^{p-1} dP \leq a^{1-p} \sup_{Y \in B} \|Y\|_p^p.$$

Ferner folgt aus der $\mathcal{L}^\infty$-Beschränktheit die $\mathcal{L}^p$-Beschränktheit für jedes p wegen der Monotonie von $\|\cdot\|_p$ in p.

(c) folgt aus $E|X| \leq E|X|1_{\{|X|>a\}} + a$.

(d) Wegen

$$\{|X+Y| > a\} \subset \{|X| \leq |Y|, |Y| > a/2\} \cup \{|X| \geq |Y|, |X| > a/2\}$$

gilt

$$\begin{aligned} E|X+Y|1_{\{|X+Y|>a\}} &\leq E(|X|+|Y|)1_{\{|X|\leq|Y|,|Y|>a/2\}} \\ &\quad + E(|X|+|Y|)1_{\{|X|\geq|Y|,|X|>a/2\}} \\ &\leq 2E|Y|1_{\{|Y|>a/2\}} + 2E|X|1_{\{|X|>a/2\}}. \end{aligned}$$

(e) folgt aus

$$\sup_{Y \in C} E|Y|1_{\{|Y|>a\}} \leq \sup_{X \in B} E|X|1_{\{|X|>a\}}.$$

□

Die $\mathcal{L}^1$-Beschränktheit ist also eine notwendige Bedingung und die $\mathcal{L}^p$-Beschränktheit für ein $p > 1$ eine hinreichende Bedingung für die gleichgradige Integrierbarkeit.

Das $\mathcal{L}^p$-Konvergenzproblem für stochastisch konvergente Folgen wird durch folgenden Satz gelöst.

Satz A.4 *Seien $p \in (0, \infty)$, $X_n \in \mathcal{L}^p$ für $n \geq 1$ und $X \in \mathcal{L}^0$ mit $X_n \to X$ stochastisch. Dann sind äquivalent:*

(i) $\{|X_n|^p : n \in \mathbb{N}\}$ ist gleichgradig integrierbar,
(ii) $X \in \mathcal{L}^p$ und $X_n \stackrel{\mathcal{L}^p}{\to} X$,
(iii) $X \in \mathcal{L}^p$ und $\|X_n\|_p \to \|X\|_p$.

Ferner folgt im Fall $p \geq 1$ aus jeder dieser äquivalenten Bedingungen $EX_n \to EX$.

Beweis [27], Proposition 3.12. □

Das Lemma von Fatou hat eine allgemeine Version.

Satz A.5 *(Lemma von Fatou) Seien* $X_n : (\Omega, \mathcal{F}) \to (\overline{\mathbb{R}}, \mathcal{B}(\overline{\mathbb{R}}))$ *messbar,* $n \geq 1$.

(a) Ist $\liminf_{n\to\infty} X_n$ *quasiintegrierbar und* $\{X_n^- : n \in \mathbb{N}\}$ *gleichgradig integrierbar, so gilt*

$$E \liminf_{n\to\infty} X_n \leq \liminf_{n\to\infty} EX_n .$$

(b) Ist $\limsup_{n\to\infty} X_n$ *quasiintegrierbar und* $\{X_n^+ : n \in \mathbb{N}\}$ *gleichgradig integrierbar, so gilt*

$$\limsup_{n\to\infty} EX_n \leq E \limsup_{n\to\infty} X_n .$$

Beweis [24], 3.23. □

Endlich dimensionale L^p-Räume haben eine sehr spezielle Struktur.

Satz A.6 *Für* $p \in [0, \infty]$ *und* $n \in \mathbb{N}$ *gilt* $\dim L^p(\Omega, \mathcal{F}, P) = n$ *genau dann, wenn es eine* $\mathcal{F}$*-messbare Partition* $\{F_1, ..., F_n\}$ *von* Ω *mit* P*-Atomen* F_i *gibt. Für jede solche Partition* $\{F_1, \ldots, F_n\}$ *gilt* $\mathcal{F} = \sigma(F_1, \ldots, F_n)$ *f.s.*

Beweis [16], Proposition 1.39. □

Dabei heißt $F \in \mathcal{F}$ ***P*-Atom,** falls $P(F) > 0$ und $P(G) \in \{0, P(F)\}$ für jedes $G \in \mathcal{F}$ mit $G \subset F$, und P heißt **rein atomar**, falls es abzählbar viele P-Atome F_n gibt mit $P(\bigcup_{n\geq 1} F_n) = 1$. Eine Partition von Ω besteht aus paarweise disjunkten Mengen, deren Vereinigung Ω ist. Ferner bedeutet die Relation

$$\mathcal{G} \subset \mathcal{H} \text{ f.s.}$$

für Unter-σ-Algebren $\mathcal{G}, \mathcal{H} \subset \mathcal{F}$, dass für jede Menge $G \in \mathcal{G}$ eine Menge $H \in \mathcal{H}$ existiert mit $G = H$ f.s., also $P(G \Delta H) = 0$, und $\mathcal{G} = \mathcal{H}$ f.s. bedeutet $\mathcal{G} \subset \mathcal{H}$ f.s. und $\mathcal{H} \subset \mathcal{G}$ f.s.

Der folgende Satz ist ein Spezialfall für den Banach-Raum L^1 eines allgemeinen Trennungssatzes.

Satz A.7 *(Hahn-Banach) Seien* $B \subset L^1$ *eine nicht-leere, abgeschlossene, konvexe Teilmenge und* $Y \in L^1 \setminus B$. *Dann gibt es ein* $Z \in L^\infty$ *mit*

$$\sup_{X \in B} EZX < EZY.$$

Beweis [45], Theorem II.9.2. Man beachte $(L^1)^* = L^\infty$ für den topologischen Dualraum $(L^1)^*$ von L^1. □

Mit $\mathcal{L}^0(P; \mathbb{R}^d) = \mathcal{L}^0(\Omega, \mathcal{F}, P; \mathbb{R}^d)$ bezeichnen wir den Vektorraum der $\mathbb{R}^d$-wertigen Zufallsvariablen und mit $L^0(P; \mathbb{R}^d)$ den entsprechenden Vektorraum der P-Äquivalenzklassen.

Satz A.8 *(Messbare Auswahl konvergenter Teilfolgen) Sei $(X_n)_{n\geq 1}$ eine Folge in $\mathcal{L}^0(P;\mathbb{R}^d)$ mit $\liminf_{n\to\infty}\|X_n\| < \infty$ f.s., wobei $\|\cdot\|$ die euklidische Norm auf $\mathbb{R}^d$ bezeichnet. Dann existiert ein $X \in \mathcal{L}^0(P;\mathbb{R}^d)$ und eine strikt wachsende Folge $(\sigma_k)_{k\geq 1}$ $\mathcal{F}$-messbarer $\mathbb{N}$-wertiger Zufallsvariablen mit*

$$X_{\sigma_k} \to X \text{ f.s.}$$

für $k \to \infty$.

Beweis [16], Lemma 1.63. Man beachte, dass X_{σ_k} nach 2.7 $\mathcal{F}$-messbar ist. □

Der folgende Satz zeigt, dass jede Menge $(\overline{\mathbb{R}}, \mathcal{B}(\overline{\mathbb{R}}))$-wertiger Zufallsvariablen eine kleinste obere Schranke bezüglich der partiellen Halbordnung „$X \leq Y$ f.s.“ besitzt. Insbesondere ist danach L^0 ordnungsvollständig.

Satz A.9 *(Essentielles Supremum) Für jede Menge B von $(\overline{\mathbb{R}}, \mathcal{B}(\overline{\mathbb{R}}))$-wertigen Zufallsvariablen gibt es eine $(\overline{\mathbb{R}}, \mathcal{B}(\overline{\mathbb{R}}))$-wertige Zufallvariable Y mit*

(i) $X \leq Y$ f.s. für alle $X \in B$,
(ii) falls Z eine $(\overline{\mathbb{R}}, \mathcal{B}(\overline{\mathbb{R}}))$-wertige Zufallsvariable mit $X \leq Z$ f.s. für alle $X \in B$ ist, gilt $Y \leq Z$ f.s.

Ist B nach rechts gerichtet, so gibt es eine fast sicher monoton wachsende Folge $(X_n)_{n\geq 1}$ in B mit $X_n \to Y$ f.s.

Beweis Wir nehmen zunächst $0 \leq X \leq c < \infty$ für alle $X \in B$ an und definieren

$$a := \sup\{E \sup_{X\in D} X : D \subset B \text{ abzählbar}\}.$$

Es gilt $0 \leq a \leq c$. Man wähle eine Folge $(D_n)_{n\geq 1}$ abzählbarer Teilmengen von B mit

$$E \sup_{X\in D_n} X \to a$$

für $n \to \infty$. Dann ist $C := \bigcup_{n=1}^{\infty} D_n$ abzählbar und $E \sup_{X\in C} X = a$. Für $Y := \sup_{X\in C} X$ gilt (i), denn andernfalls gibt es ein $X \in B$ mit $P(X > Y) > 0$ und für $C_1 := C \cup \{X\}$ gilt somit $E \sup_{X\in C_1} X > EY = a$, im Widerspruch zur Definition von a. Ist $X \leq Z$ f.s. für alle $X \in B$, so gilt auch $Y \leq Z$ f.s., da C abzählbar ist. Im allgemeinen Fall gehe man zu $\{f(X) : X \in B\}$ über mit einer strikt monoton wachsenden Bijektion $f : \overline{\mathbb{R}} \to [0, c]$ (etwa $c = \pi$, $f(x) = \pi/2 + \arctan(x)$, falls $x \in \mathbb{R}$, und $f(-\infty) = 0$ und $f(\infty) = \pi$)). Die Funktion f ist dann ein Isomorphismus der messbaren Räume $(\overline{\mathbb{R}}, \mathcal{B}(\overline{\mathbb{R}}))$ und $([0, c], \mathcal{B}([0, c]))$. Ist B nach rechts gerichtet und $C = \{X_1, X_2, \ldots\}$, so definiere man $Y_n \in B$ induktiv mit $Y_1 = X_1$ und $Y_{n+1} \geq X_{n+1} \vee Y_n$ f.s. Dann folgt $Y_n \uparrow Y$ f.s. □

Die Zufallsvariable Y aus A.9 heißt **essentielles Supremum** von B und wird mit $\operatorname{ess\,sup} B$ oder, falls $B = \{X_i : i \in I\}$, mit

$$\operatorname*{ess\,sup}_{i\in I} X_i$$

bezeichnet. Für abzählbare Mengen B gilt $\operatorname{ess\,sup} B = \sup B$, aber etwa für $(\Omega, \mathcal{F}, P) = ([0,1], \mathcal{B}([0,1]), \lambda_{[0,1]})$ und $B = \{1_{\{x\}} : x \in [0,1]\}$ gilt $\operatorname{ess\,sup} B = 0$ während $\sup B = 1$.

A.3 Bedingte Erwartungswerte

Seien $X : (\Omega, \mathcal{F}) \to (\overline{\mathbb{R}}, \mathcal{B}(\overline{\mathbb{R}}))$ quasiintegrierbar und $\mathcal{G} \subset \mathcal{F}$ eine Unter-σ-Algebra. Der **bedingte Erwartungswert** $E(X|\mathcal{G})$ **von** X **unter** $\mathcal{G}$ ist die P-fast sicher eindeutig bestimmte quasiintegrierbare Zufallsvariable $Z : (\Omega, \mathcal{F}) \to (\overline{\mathbb{R}}, \mathcal{B}(\overline{\mathbb{R}}))$ mit:

$$Z \text{ ist } \mathcal{G}\text{-messbar}$$

und Z erfüllt die **Radon-Nikodym-Gleichungen**

$$\int_G Z dP = \int_G X dP \quad \text{für alle } G \in \mathcal{G}.$$

Für $F \in \mathcal{F}$ heißt

$$P(F|\mathcal{G}) := E(1_F|\mathcal{G})$$

bedingte Wahrscheinlichkeit von F **unter** $\mathcal{G}$. Für einen messbaren Raum $(\mathcal{Y}, \mathcal{B})$ und eine Zufallsvariable $Y : (\Omega, \mathcal{F}) \to (\mathcal{Y}, \mathcal{B})$ heißt

$$E(X|Y) := E(X|\sigma(Y))$$

mit $\sigma(Y) = Y^{-1}(\mathcal{B})$ **bedingter Erwartungswert von** X **unter** Y. Für messbare Räume $(\mathcal{Y}, \mathcal{B}_i)$ und Zufallsvariablen $Y_i : (\Omega, \mathcal{F}) \to (\mathcal{Y}_i, \mathcal{B}_i)$ für $i \in I$ ist $Y := (Y_i)_{i\in I} : (\Omega, \mathcal{F}) \to (\prod_{i\in I} \mathcal{Y}_i, \bigotimes_{i\in I} \mathcal{B}_i)$ messbar und $\sigma(Y_i, i \in I) = \sigma(Y)$, also

$$E(X|Y_i, i \in I) := E(X|\sigma(Y_i, i \in I)) = E(X|Y).$$

Lemma A.10 *(Faktorisierung) Für Abbildungen $Y : \Omega \to \mathcal{Y}$ und $Z : \Omega \to \overline{\mathbb{R}}$ ist Z genau dann $(\sigma(Y), \mathcal{B}(\overline{\mathbb{R}}))$-messbar, wenn es ein messbares $g : (\mathcal{Y}, \mathcal{B}) \to (\overline{\mathbb{R}}, \mathcal{B}(\overline{\mathbb{R}}))$ gibt mit $Z = g \circ Y$ überall auf Ω.*

Beweis Gilt $Z = g \circ Y$, so folgt $\sigma(Z) = Y^{-1}(\sigma(g)) \subset Y^{-1}(\mathcal{B}) = \sigma(Y)$.

Für die Umkehrung sei zunächst $Z \geq 0$. Für positive $\sigma(Y)$-Elementarfunktionen $Z_n = \sum_{i=1}^{m_n} a_i 1_{\{Y \in B_i\}}$ mit $B_i \in \mathcal{B}$ gilt $Z_n = g_n \circ Y$ mit $g_n = \sum_{i=1}^{m_n} a_i 1_{B_i}$, und falls $Z_n \uparrow Z$, folgt $Z = (\sup_{n\geq 1} g_n) \circ Y$. Für beliebiges Z gilt dann $Z = Z^+ - Z^-$ und $Z^+ = g_1 \circ Y$ und $Z^- = g_2 \circ Y$ mit $g_i : (\mathcal{Y}, \mathcal{B}) \to (\overline{\mathbb{R}}, \mathcal{B}(\overline{\mathbb{R}}))$, $g_i \geq 0$. Definiert man $g := g_1 - g_2$ auf $\{g_1 < \infty\} \cup \{g_2 < \infty\}$ und $g := 0$ sonst, folgt $Z = g \circ Y$ wegen $Y(\Omega) \cap (\{g_1 = \infty\} \cap \{g_2 = \infty\}) = \emptyset$. □

Nach dem Faktorisierungslemma gilt $E(X|Y) = g \circ Y$ für ein messbares $g : (\mathcal{Y}, \mathcal{B}) \to (\overline{\mathbb{R}}, \mathcal{B}(\overline{\mathbb{R}}))$. Dann ist g nach den Radon-Nikodym-Gleichungen für

$E(X|Y)$ die P^Y-fast sicher eindeutig bestimmte P^Y-quasiintegrierbare Funktion mit

$$\int_B g dP^Y = \int_{\{Y \in B\}} X dP \quad \text{für alle } B \in \mathcal{B},$$

und

$$E(X|Y = y) := g(y)$$

heißt **bedingter Erwartungswert von X unter $Y = y$**.

Wir formulieren jetzt die wesentlichen Eigenschaften bedingter Erwartungswerte.

Satz A.11 *Seien $X, Y, Z : (\Omega, \mathcal{F}) \to (\overline{\mathbb{R}}, \mathcal{B}(\overline{\mathbb{R}}))$ messbar, X, Y quasiintegrierbar und $\mathcal{G}, \mathcal{H} \subset \mathcal{F}$ Unter-σ-Algebren.*

(a) $EE(X|\mathcal{G}) = EX$.
(b) $E(X|\mathcal{G}) = X$, *falls X $\mathcal{G}$-messbar ist.*
(c) (Unabhängigkeit) $E(X|\mathcal{G}) = EX$, *falls $\sigma(X)$ und $\mathcal{G}$ unabhängig sind. Insbesondere gilt* $E(X|\{\emptyset, \Omega\}) = EX$.
(d) (Taking out what is known) $E(XZ|\mathcal{G}) = ZE(X|\mathcal{G})$, *falls Z $\mathcal{G}$-messbar und XZ quasiintegrierbar ist.*
(e) (Turmeigenschaft) $E(E(X|\mathcal{H})|\mathcal{G}) = E(X|\mathcal{G})$, *falls $\mathcal{G} \subset \mathcal{H}$.*
(f) $E(aX + bY|\mathcal{G}) = aE(X|\mathcal{G}) + bE(Y|\mathcal{G})$ *für $a, b \in \mathbb{R}$, falls $aX + bY$ und $aE(X|\mathcal{G}) + bE(Y|\mathcal{G})$ fast sicher definiert sind und $aX + bY$ quasiintegrierbar ist.*
(g) (Radon-Nikodym-Ungleichungen) $E(X|\mathcal{G}) \leq E(Y|\mathcal{G})$ *genau dann, wenn* $\int_G X dP \leq \int_G Y dP$ *für alle $G \in \mathcal{G}$.*
(h) Sind $X, Y \in \mathcal{L}^1$ und $\mathcal{E} \subset \mathcal{G}$ ein durchschnittsstabiler Erzeuger von $\mathcal{G}$ mit $\Omega \in \mathcal{E}$, so gilt schon $E(X|\mathcal{G}) = E(Y|\mathcal{G})$, *falls* $\int_G X dP = \int_G Y dP$ *für alle $G \in \mathcal{E}$.*

(b) ist ein Spezialfall von (d).

Beweis [24], 6.8 für (a)–(g).

(h) Weil

$$\mathcal{D} := \left\{ G \in \mathcal{G} : \int_G X dP = \int_G Y dP \right\}$$

wegen $X, Y \in \mathcal{L}^1$ ein Dynkin-System mit $\mathcal{E} \subset \mathcal{D}$ ist, folgt $\mathcal{G} = \sigma(\mathcal{E}) \subset \mathcal{D}$. □

In A.11(e) reicht die fast sichere Inklusion der σ-Algebren.

Satz A.12 *Seien $X, Y : (\Omega, \mathcal{F}) \to (\overline{\mathbb{R}}, \mathcal{B}(\overline{\mathbb{R}}))$ quasiintegrierbar, $\mathcal{G}, \mathcal{H} \subset \mathcal{F}$ Unter-σ-Algebren, $V : (\Omega, \mathcal{F}) \to (\mathcal{Z}, \mathcal{C})$ messbar und $\mathcal{N} := \{F \in \mathcal{F} : P(F) \in \{0, 1\}\}$.*

(a) $\mathcal{G} \subset \mathcal{H}$ *f.s. genau dann, wenn* $\mathcal{G} \subset \sigma(\mathcal{H} \cup \mathcal{N})$.
(b) $E(X|\mathcal{G}) = E(X|\sigma(\mathcal{G} \cup \mathcal{N}))$.

(c) *(Lokalisierungseigenschaft) Für* $F \in \mathcal{G} \cap \mathcal{H}$ *mit* $X = Y$ *auf* F *und* $\mathcal{G} \cap F = \mathcal{H} \cap F$ *gilt* $E(X|\mathcal{G}) = E(Y|\mathcal{H})$ *auf* F.

(d) $E(X|V) = E(Y|V)$, *falls* $(X, V) \stackrel{d}{=} (Y, V)$.

(e) *(Jensen-Ungleichung) Sind* $I \subset \mathbb{R}$ *ein Intervall,* $X \in \mathcal{L}^1$ *mit Werten in* I *und* $f : I \to \mathbb{R}$ *konvex, so gilt*

$$f(E(X|\mathcal{G})) \leq E(f(X)|\mathcal{G}).$$

Für $f(x) = |x|^p$ *mit* $1 \leq p < \infty$ *ist die Voraussetzung* $X \in \mathcal{L}^1$ *überflüssig.*

(f) *Für* $1 \leq p \leq \infty$ *gilt* $E(X|\mathcal{G}) \in \mathcal{L}^p$, *falls* $X \in \mathcal{L}^p$.

(g) $\|X - E(X|\mathcal{G})\|_2 = \min\{\|X - U\|_2 : U \in \mathcal{L}^2(\mathcal{G}, P)\}$, *falls* $X \in \mathcal{L}^2$.

(h) $E(X|\sigma(\mathcal{G} \cup \mathcal{H})) = E(X|\mathcal{H})$, *falls* $\sigma(\sigma(X) \cup \mathcal{H})$ *und* $\mathcal{G}$ *unabhängig sind.*

A.11(c) ist Spezialfall von (h).

Beweis (a) folgt aus der Beschreibung

$$\sigma(\mathcal{H} \cup \mathcal{N}) = \{F \in \mathcal{F} : \exists H \in \mathcal{H} \text{ mit } P(F \Delta H) = 0\}.$$

Dazu bezeichne $\mathcal{D}$ die rechte Seite dieser Gleichung. Dann ist $\mathcal{D}$ eine σ-Algebra mit $\mathcal{H} \subset \mathcal{D}$ und $\mathcal{N} \subset \mathcal{D}$, also $\sigma(\mathcal{H} \cup \mathcal{N}) \subset \mathcal{D}$. Umgekehrt gilt für $F \in \mathcal{D}$ mit zugehörigem $H \in \mathcal{H}$

$$F = F \cap H \cup F \cap H^c = H \cap (F \Delta H)^c \cup F \cap H^c$$

und wegen $(F \Delta H)^c \in \mathcal{N}$ und $F \cap H^c \in \mathcal{N}$ folgt $F \in \sigma(\mathcal{H} \cup \mathcal{N})$.

(b) Seien $Z := E(X|\mathcal{G})$ und $F \in \sigma(\mathcal{F} \cup \mathcal{N})$. Wegen $\sigma(\mathcal{G} \cup \mathcal{N}) \subset \mathcal{G}$ f.s. existiert ein $G \in \mathcal{G}$ mit $P(F \Delta G) = 0$ und daher

$$\int_F Z dP = \int_G Z dP = \int_G X dP = \int_F X dP.$$

(c) Zunächst ist $Z := E(X|\mathcal{G}) 1_F$ $\mathcal{H}$-messbar. Für $B \in \mathcal{B}(\overline{\mathbb{R}})$, gilt nämlich

$$\begin{aligned} \{Z \in B\} &= (\{Z \in B\} \cap F) \cup (\{Z \in B\} \cap F^c) \\ &= (\{E(X|\mathcal{G}) \in B\} \cap F) \cup (\{0 \in B\} \cap F^c), \end{aligned}$$

$\{0 \in B\} \cap F^c \in \mathcal{H}$ wegen $\{0 \in B\} \in \{\emptyset, \Omega\}, \{E(X|\mathcal{G}) \in B\} \cap F \in \mathcal{G} \cap F = \mathcal{H} \cap F \subset \mathcal{H}$ und damit $\{Z \in B\} \in \mathcal{H}$. Ferner gilt für $H \in \mathcal{H}$ wegen $\mathcal{H} \cap F \subset \mathcal{G}$

$$\int_H Z dP = \int_{H \cap F} E(X|\mathcal{G}) dP = \int_{H \cap F} X dP = \int_{H \cap F} Y dP = \int_H Y 1_F dP.$$

Es folgt mit A.11(d)

$$Z = E(Y 1_F | \mathcal{H}) = E(Y|\mathcal{H}) 1_F.$$

(d) Für $F = V^{-1}(C) \in \sigma(V)$ mit $C \in \mathcal{C}$ gilt

$$\int_F X dP = \int X 1_C(V) dP = \int Y 1_C(V) dP = \int_F Y dP.$$

(e) [53], Satz 6.10, [24], 6.9.
(f) Aus (e) mit $f(x) = |x|^p$, $1 \leq p < \infty$ folgt

$$E|E(X|\mathcal{G})|^p \leq EE(|X|^p|\mathcal{G}) = E|X|^p.$$

(g) Nach (f) gilt $E(X|\mathcal{G}) \in \mathcal{L}^2$. Für $U \in \mathcal{L}^2(\mathcal{G}, P)$ folgt mit $Z := E(X|\mathcal{G}) - U$

$$\begin{aligned} \|X - U\|_2^2 &= \|X - E(X|\mathcal{G}) + Z\|_2^2 \\ &= \|X - E(X|\mathcal{G})\|_2^2 + 2E(X - E(X|\mathcal{G}))Z + \|Z\|_2^2 \end{aligned}$$

und wegen A.11(d)

$$E(X - E(X|\mathcal{G}))Z = EXZ - EE(X|\mathcal{G})Z = EXZ - EE(XZ|\mathcal{G}) = 0.$$

(h) Es reicht, die Behauptung für $X \in \mathcal{L}^1$ zu zeigen. Für $Z := E(X|\mathcal{H})$, $G \in \mathcal{G}$ und $H \in \mathcal{H}$ gilt

$$\int_{G \cap H} Z dP = P(G) \int_H Z dP = P(G) \int_H X dP = \int_{G \cap H} x dP.$$

Weil $\{G \cap H : G \in \mathcal{G}, H \in \mathcal{H}\}$ ein durchschnittsstabiler Erzeuger von $\sigma(\mathcal{G} \cup \mathcal{H})$ ist, folgt $Z = E(X|\sigma(\mathcal{G} \cup \mathcal{H}))$ wegen A.11(h). □

Wegen A.12(g) ist der bedingte Erwartungswert als Orthogonalprojektion auf $\mathcal{L}^2$ interpretierbar.

Satz A.13 *Seien $X_n, X, Y : (\Omega, \mathcal{F}) \to (\overline{\mathbb{R}}, \mathcal{B}(\overline{\mathbb{R}}))$ messbar und $\mathcal{G} \subset \mathcal{F}$ eine Unter-σ-Algebra.*

(a) Falls $X_n, X \in \mathcal{L}^p$ für $p \in [1, \infty)$ und $X_n \xrightarrow{\mathcal{L}^p} X$, gilt $E(X_n|\mathcal{G}) \xrightarrow{\mathcal{L}^p} E(X|\mathcal{G})$.
(b) (Monotone Konvergenz) Falls $X_n \uparrow X$ f.s. und $EX_1^- < \infty$, gilt $E(X_n|\mathcal{G}) \uparrow E(X|\mathcal{G})$ f.s. Falls $X_n \downarrow X$ f.s. und $EX_1^+ < \infty$, gilt $E(X_n|\mathcal{G}) \downarrow E(X|\mathcal{G})$ f.s.
(c) (Dominierte Konvergenz) Falls $X_n \to X$ f.s., $|X_n| \leq Y$ f.s. für alle n und $Y \in \mathcal{L}^1$, gilt $E(X_n|\mathcal{G}) \to E(X|\mathcal{G})$ f.s. und in $\mathcal{L}^1$.
(d) (Lemma von Fatou) Falls $X_n \geq Y$ f.s. für alle n und $EY^- < \infty$, gilt

$$E(\liminf_{n\to\infty} X_n|\mathcal{G}) \leq \liminf_{n\to\infty} E(X_n|\mathcal{G}).$$

Falls $X_n \leq Y$ f.s. für alle n und $EY^+ < \infty$, gilt

$$E(\limsup_{n\to\infty} X_n|\mathcal{G}) \geq \limsup_{n\to\infty} E(X_n|\mathcal{G}).$$

Beweis [24], 6.10. □

Die Version A.5 von Fatous Lemma ist für bedingte Erwartungswerte nicht richtig. Außerdem kann man in A.13(c) die $\mathcal{L}^1$-Dominiertheit nicht durch die gleichgradige Integrierbarkeit ersetzen [69, 151]).

Hier ist ein einfaches, aber bisweilen nützliches Beispiel.

Beispiel A.14 Sei $\mathcal{G} = \sigma(F_i, i \in I)$ für eine $\mathcal{F}$-messbare Partition $\{F_i : i \in I\}$ von Ω mit $I \subset \mathbb{N}$. Für $X \in \mathcal{L}^1$ gilt dann

$$E(X|\mathcal{G}) = \sum_{\substack{i \in I \\ P(F_i)>0}} \frac{\int_{F_i} X dP}{P(F_i)} 1_{F_i}.$$

Für die mit Z bezeichnete rechte Seite der Gleichung gilt nämlich

$$\int_{F_j} X dP = \int_{F_j} Z dP \quad \text{und} \quad \int X dP = \int Z dP$$

für alle $j \in I$, und weil Z $\mathcal{G}$-messbar und $\{F_i : i \in I\} \cup \{\emptyset, \Omega\}$ ein durchschnittsstabiler Erzeuger von $\mathcal{G}$ ist, folgt die Behauptung aus A.11(h).

Für die Martingaltheorie ist die gleichgradige Integrierbarkeit von Mengen bedingter Erwartungswerte interessant.

Satz A.15 *Für $X \in \mathcal{L}^1$ ist*

$$\{E(X|\mathcal{G}) : \mathcal{G} \subset \mathcal{F} \text{ Unter-}\sigma\text{-Algebra}\}$$

gleichgradig integierbar.

Beweis Nach A.12 (f) gilt $E(X|\mathcal{G}) \in \mathcal{L}^1$. Zu $\varepsilon > 0$ wähle man $N \in \mathbb{N}$ mit $E|X|1_{\{|X|>N\}} \leq \varepsilon/2$ und $a \geq 2N\varepsilon^{-1}E|X|$. Wegen der bedingten Jensen-Ungleichung ist $|E(X|\mathcal{G})| \leq E(|X|\,|\mathcal{G})$, und für die Ereignisse $F_\mathcal{G} := \{E(|X|\,|\mathcal{G}) > a\} \in \mathcal{G}$ folgt mit den Radon-Nikodyn-Gleichungen und der Markov-Ungleichung

$$\begin{aligned} \int_{\{|E(X|\mathcal{G})|>a\}} |E(X|\mathcal{G})| dP &\leq \int_{F_\mathcal{G}} E(|X|\,|\mathcal{G}) dP = \int_{F_\mathcal{G}} |X| dP \\ &\leq \int_{\{|X|>N\}} |X| dP + NP(F_\mathcal{G}) \leq \frac{\varepsilon}{2} + \frac{N}{a} E|X| \leq \varepsilon. \end{aligned}$$ □

A.4 Bedingte Verteilungen

Seien $\mathcal{G} \subset \mathcal{F}$ eine Unter-σ-Algebra und $X : (\Omega, \mathcal{F}) \to (\mathcal{X}, \mathcal{A})$ und $Y : (\Omega, \mathcal{F}) \to (\mathcal{Y}, \mathcal{B})$ Zufallsvariable für messbare Räume $(\mathcal{X}, \mathcal{A})$ und $(\mathcal{Y}, \mathcal{B})$.

Ein **Markov-Kern** von $(\mathcal{Y}, \mathcal{B})$ nach $(\mathcal{X}, \mathcal{A})$ ist eine Abbildung $K : \mathcal{Y} \times \mathcal{A} \to [0, 1]$ mit den Eigenschaften, dass $K(y, \cdot)$ für jedes $y \in \mathcal{Y}$ ein Wahrscheinlichkeitsmaß auf $\mathcal{A}$ und $K(\cdot, A)$ für jedes $A \in \mathcal{A}$ bezüglich $\mathcal{B}$ messbar ist. Für ein Wahrscheinlichkeitsmaß μ auf $\mathcal{B}$ wird durch

$$\mu \otimes K(C) := \iint 1_C(y, x) K(y, dx) d\mu(y)$$

für $C \in \mathcal{B} \otimes \mathcal{A}$ ein Wahrscheinlichkeitsmaß auf $\mathcal{B} \otimes \mathcal{A}$ definiert. Die Randverteilung auf $\mathcal{A}$ wird mit μK bezeichnet, also

$$\mu K(A) = \mu \otimes K(\mathcal{Y} \times A) = \int K(y, A) d\mu(y)$$

für $A \in \mathcal{A}$.

Lemma A.16

(a) (Satz von Fubini für Markov-Kerne) Sei $f : (\mathcal{Y} \times \mathcal{X}, \mathcal{B} \otimes \mathcal{A}) \to (\overline{\mathbb{R}}, \mathcal{B}(\overline{\mathbb{R}}))$ *quasiintegrierbar bezüglich* $\mu \otimes K$. *Dann gilt*

$$\int f d\mu \otimes K = \iint f(y, x) K(y, dx) d\mu(x).$$

(b) (Eindeutigkeit) Sind K_1 *und* K_2 *zwei Markov-Kerne von* $(\mathcal{Y}, \mathcal{B})$ *nach* $(\mathcal{X}, \mathcal{A})$ *mit*

$$K_1(\cdot, A) = K_2(\cdot, A) \ \mu\text{-f.s.} \quad \text{für alle } A \in \mathcal{A}$$

und besitzt $\mathcal{A}$ *einen abzählbaren Erzeuger, so gilt* $\{y \in \mathcal{Y} : K_1(y, \cdot) = K_2(y, \cdot)\} \in \mathcal{B}$ *und*

$$\mu(\{y \in \mathcal{Y} : K_1(y, \cdot) = K_2(y, \cdot)\}) = 1.$$

In diesem Sinne sind K_1 *und* K_2 μ*-fast sicher gleich.*

Beweis (a) Für $f = 1_C$ mit $C \in \mathcal{B} \otimes \mathcal{A}$ ist das die Definition von $\mu \otimes K$. Der Rest folgt über den Aufbau der $\mathcal{B} \otimes \mathcal{A}$-messbaren Funktionen ([54], Satz 3.14).

(b) Ist $\mathcal{E}$ ein abzählbarer Erzeuger von $\mathcal{A}$ und $\tilde{\mathcal{E}}$ das (abzählbare) System der endlichen Durchschnitte von Mengen aus $\mathcal{E}$, so gilt nach dem Maßeindeutigkeitssatz

$$\{y \in \mathcal{Y} : K_1(y, \cdot) = K_2(y, \cdot)\} = \bigcap_{A \in \tilde{\mathcal{E}}} \{y \in \mathcal{Y} : K_1(y, A) = K_2(y, A)\},$$

was (b) impliziert. □

Natürlich kann man jede messbare Funktion $f : (\mathcal{X} \times \mathcal{Y}, \mathcal{A} \otimes \mathcal{B}) \to (\overline{\mathbb{R}}, \mathcal{B}(\overline{\mathbb{R}}))$ als solche auf $(\mathcal{Y} \times \mathcal{X}, \mathcal{B} \otimes \mathcal{A})$ auffassen.

Eine **bedingte Verteilung von** $\boldsymbol{X}$ **unter** $\boldsymbol{\mathcal{G}}$ ist ein Markov-Kern $P^{X|\mathcal{G}}$ von $(\Omega, \mathcal{G})$ nach $(\mathcal{X}, \mathcal{A})$ mit

$$P^{X|\mathcal{G}}(\cdot, A) = P(X \in A|\mathcal{G}) \ P\text{-f.s.} \quad \text{für alle } A \in \mathcal{A}.$$

Die charakterisierenden Radon-Nikodym-Gleichungen haben die Form

$$\int_G P^{X|\mathcal{G}}(\omega, A)dP(\omega) = \int_G 1_{\{X\in A\}}dP = P(\{X \in A\} \cap G)$$

oder gleichbedeutend

$$P \otimes P^{X|\mathcal{G}}(G \times A) = P^{(\mathrm{id},X)}(G \times A) \quad \text{für alle } G \in \mathcal{G} \text{ und } A \in \mathcal{A},$$

wobei id : $(\Omega, \mathcal{F}) \to (\Omega, \mathcal{G})$ die identische Abbildung bezeichnet (und wir etwas unpräzise für den linken Faktor P statt $P|\mathcal{G}$ schreiben). Nach dem Maßeindeutigkeitssatz ist dies äquivalent zu

$$P \otimes P^{X|\mathcal{G}} = P^{(\mathrm{id},X)} \quad \text{auf } \mathcal{G} \otimes \mathcal{A}.$$

Ein Markov-Kern

$$P^{X|Y} := P^{X|\sigma(Y)}$$

heißt eine **bedingte Verteilung von X unter Y**, und die Radon-Nikodym-Gleichungen haben die Form

$$\int_{\{Y\in B\}} P^{X|Y}(\omega, A)dP(\omega) = P(X \in A, Y \in B) \quad \text{für alle } B \in \mathcal{B} \text{ und } A \in \mathcal{A}.$$

Eine **bedingte Verteilung von X unter $Y = y$** ist ein Markov-Kern $P^{X|Y=y}$ von $(\mathcal{Y}, \mathcal{B})$ nach $(\mathcal{X}, \mathcal{A})$ mit

$$P^{X|Y=\cdot}(A) = P(X \in A|Y = \cdot) \; P^Y\text{-f.s.} \quad \text{für alle } A \in \mathcal{A}.$$

Die Radon-Nikodym-Gleichungen haben die Form

$$\int_B P^{X|Y=y}(A)dP^Y(y) = P(X \in A, Y \in B) \quad \text{für alle } B \in \mathcal{B} \text{ und } A \in \mathcal{A},$$

was äquivalent zu

$$P^Y \otimes P^{X|Y=\cdot} = P^{(Y,X)} \quad \text{auf } \mathcal{B} \otimes \mathcal{A}$$

ist. Insbesondere gilt

$$P^Y P^{X|Y=\cdot} = P^X.$$

Ist $K(y,\cdot) := P^{X|Y=y}$ eine bedingte Verteilung von X unter $Y = y$, so ist $(\omega, A) \mapsto K(Y(\omega), A)$ eine bedingte Verteilung von X unter Y.

Satz A.17 *(Existenz) Ist $\mathcal{X}$ polnisch und $\mathcal{A}$ die Borelsche σ-Algebra über $\mathcal{X}$, so existiert für $(\mathcal{X}, \mathcal{A})$-wertige Zufallsvariable X und beliebige Zufallsvariable Y eine bedingte Verteilung von X unter $Y = y$.*

Beweis [54], Satz 6.6. □

Insbesondere existiert eine bedingte Verteilung von X unter $\mathcal{G}$. Die Borelsche σ-Algebra über einem polnischen Raum ist abzählbar erzeugt und daher A.16(b) anwendbar. $\overline{\mathbb{R}}$ ist polnisch.

Bedingte Erwartungswerte lassen sich als Erwartungswerte bezüglich bedingter Verteilungen berechnen.

Satz A.18 *(a) Ist $P^{X|Y=y}$ eine bedingte Verteilung und $f : (\mathcal{X} \times \mathcal{Y}, \mathcal{A} \otimes \mathcal{B}) \to (\overline{\mathbb{R}}, \mathcal{B}(\overline{\mathbb{R}}))$ bezüglich $P^{(X,Y)}$ quasiintegrierbar, so gilt*

$$E(f(X,Y)|Y = y) = \int f(x,y) P^{X|Y=y}(dx).$$

(b) Ist $P^{X|\mathcal{G}}$ eine bedingte Verteilung und $f : (\mathcal{X}, \mathcal{A}) \to (\overline{\mathbb{R}}, \mathcal{B}(\overline{\mathbb{R}}))$ bezüglich P^X quasiintegrierbar, so gilt

$$E(f(X)|\mathcal{G}) = \int f(x) P^{X|\mathcal{G}}(dx).$$

Beweis Die rechten Seiten erfüllen die charakterisierenden Radon-Nikodym-Gleichungen für bedingte Erwartungswerte ([54], Satz 6.10). □

Satz A.19 *(Substitution bei Unabhängigkeit) Seien $\sigma(X)$ und $\mathcal{G}$ unabhängig, $\sigma(Y) \subset \mathcal{G}$ und $f : (\mathcal{X} \times \mathcal{Y}, \mathcal{A} \otimes \mathcal{B}) \to (\overline{\mathbb{R}}, \mathcal{B}(\overline{\mathbb{R}}))$ bezüglich $P^{(X,Y)}$ quasiintegrierbar. Dann gelten*

$$E(f(X,Y)|Y = y) = Ef(X,y)$$

und

$$E(f(X,Y)|\mathcal{G}) = Ef(X,Y)|Y) = \int f(x,Y) dP^X(x).$$

Beweis Der durch

$$K(\omega, C) := P^X \otimes \delta_{Y(\omega)}(C)$$

definierte Markov-Kern von $(\Omega, \sigma(Y))$ nach $(\mathcal{X} \times \mathcal{Y}, \mathcal{A} \otimes \mathcal{B})$ ist eine bedingte Verteilung von (X,Y) unter $\mathcal{G}$, denn für $C = A \times B$ mit $A \in \mathcal{A}$, $B \in \mathcal{B}$ gelten die Radon-Nikodym-Gleichungen

$$\begin{aligned}\int_G K(\omega, A \times B) dP(\omega) &= P(X \in A) P(\{Y \in B\} \cap G) \\ &= P(\{(X,Y) \in A \times B\} \cap G)\end{aligned}$$

für $G \in \mathcal{G}$. Weil $\{A \times B : A \in \mathcal{A}, B \in \mathcal{B}\}$ ein durchschnittsstabiler Erzeuger von $\mathcal{A} \otimes \mathcal{B}$ ist, gelten die Gleichungen für jedes $C \in \mathcal{A} \otimes \mathcal{B}$. Mit A.18 folgt

$$E(f(X,Y)|\mathcal{G}) = \int f dP^{(X,Y)|\mathcal{G}} = \int f(x,Y) dP^X(x),$$

und da die rechte Seite $\sigma(Y)$-messbar ist, gilt $E(f(X,Y)|\mathcal{G}) = E(f(X,Y)|Y)$. Ferner gilt nach A.18

$$Ef(X,Y)|Y=y) = \int f(x,y)dP^X(x). \qquad \square$$

A.5 Lebesgue-Zerlegung und der Satz von Chung und Fuchs

Für Maße ν und μ auf $\mathcal{F}$ heißt ν **absolutstetig** bezüglich μ, falls für jedes $F \in \mathcal{F}$ mit $\mu(F) = 0$ auch $\nu(F) = 0$ gilt. Wir schreiben $\nu \ll \mu$ für diese Beziehung und $\nu \equiv \mu$ bedeutet $\nu \ll \mu$ und $\mu \ll \nu$. Wir nennen die Maße ν und μ **singulär** und schreiben dann $\nu \perp \mu$, falls es eine Menge $G \in \mathcal{F}$ gibt mit $\nu(G^c) = 0$ und $\mu(G) = 0$.

Seien nun ν endlich und μ σ-endlich. Falls $\nu \ll \mu$, so existiert nach dem Satz von Radon Nikodym eine μ-fast sicher eindeutige Dichte $f = d\nu/d\mu$ mit $f \in \mathcal{L}^1(\mu)$, $f \geq 0$ und $\nu = f\mu$, wobei

$$f\mu(F) := \int_F f d\mu$$

für $F \in \mathcal{F}$.

Satz A.20 *(Lebesgue-Zerlegung) Das endliche Maß ν hat eine eindeutige Zerlegung*

$$\nu = \nu_a + \nu_s,$$

wobei ν_a und ν_s endliche Maße auf $\mathcal{F}$ sind mit $\nu_a \ll \mu$ und $\nu_s \perp \mu$. Es gilt $\nu_a = f\mu$ und $\nu_s = \nu(\cdot \cap G)$ für $f = d\nu_a/d\mu$ und ein $G \in \mathcal{F}$ mit $\mu(G) = 0$. Die Dichte f ist μ-fast sicher eindeutig und die Menge G ist $(\nu + \mu)$-fast sicher eindeutig.

Beweis [24], 3.18 und 3.19. Als Singularitätsmenge G kann man jedes $G \in \mathcal{F}$ mit $\nu_s(G^c) = 0$ und $\mu(G) = 0$ wählen. $\square$

Der folgende Satz liefert eine grobe Beschreibung des fast sicheren asymptotischen Verhaltens von Random walks.

Satz A.21 *(Chung und Fuchs) Seien $(Z_n)_{n\geq 1}$ eine unabhängige $\mathcal{L}^1$-Folge identisch verteilter Zufallsvariablen und $X_n := \sum_{i=1}^n Z_i$. Falls $EZ_1 = 0$ und $P(Z_1 = 0) < 1$, gelten fast sicher*

$$\liminf_{n\to\infty} X_n = -\infty \quad \text{und} \quad \limsup_{n\to\infty} X_n = +\infty.$$

Beweis [4], Satz 13.4. $\square$

Literatur

Diese Liste enthält neben Publikationen, die im Text erwähnt werden, auch Publikationen, die in der einen oder anderen Form Anregung waren.

Bücher

1. Asmussen, S., Hering, H.: Branching Processes. Birkhäuser, Boston (1983)
2. Baldi, P., Mazliak, L., Priouret, P.: Martingales and Markov Chains. Chapman & Hall/CRC, Boca Raton (2002)
3. Basava, I.V., Scott, D.J.: Asymptotic Optimal Inference für Non-Ergodic Models. Lecture Notes in Statistics, Bd. 17. Springer, New York (1983)
4. Bauer, H.: Wahrscheinlichkeitstheorie, 5. Auflage. De Gruyter, Berlin (2002)
5. Bouleau, N., Lépingle, D.: Numerical Methods for Stochastic Processes. Wiley, New York (1994)
6. Chow, Y.S., Teicher, H.: Probability Theory, 3. Auflage. Springer, New York (1997)
7. De la Peña, V.H., Lai, T.L., Shao, Q.M.: Self-Normalized Processes. Springer, Berlin (2009)
8. Delbaen, F., Schachermayer, W.: The Mathematics of Arbitrage. Springer, Berlin (2006)
9. Dellacherie, C., Meyer, P.-A.: Probabilities and Potential B. Kap. V–VIII. North Holland, Amsterdam (1982)
10. Dellacherie, C., Meyer, P.-A.: Probabilités et Potentiel, Théorie Discrète du Potentiel. Kap. IX–XI. Hermann, Paris (1983)
11. Doob, J.L.: Stochastic Processes. Nachdruck der Originalausgabe von 1953. Wiley, New York (1990)
12. Dudley, R.M.: Real Analysis and Probability. Revidierter Nachdruck der Originalausgabe von 1989. Cambridge University Press, Cambridge (2002)
13. Duflo, M.: Algorithmes Stochastiques. Springer, Berlin (1996)
14. Duflo, M.: Random Iterative Models. Springer, Berlin (1997)
15. Edgar, G.A., Sucheston, L.: Stopping Times and Directed Processes. Cambridge University Press, Cambridge (1992)
16. Föllmer, H., Schied, A.: Stochastic Finance, 2. Auflage. De Gruyter, Berlin (2004)
17. Gänßler, P., Stute, W.: Wahrscheinlichkeitstheorie. Springer, Berlin (1977)
18. Garsia, A.M.: Topics in Almost Everywhere Convergence. Markham, Chicago (1970)
19. Garsia, A.M.: Martingale Inequalities. Benjamin, London (1973)
20. Gut, A.: Probability: A Graduate Course. Springer, New York (2005)
21. Guttorp, P.: Statistical Inference for Branching Processes. Wiley, New York (1991)

22. Hall, P., Heyde, C.C.: Martingale Limit Theory and its Applications. Academic Press, New York (1980)
23. Hesse, C.: Angewandte Wahrscheinlichkeitstheorie, 2. Auflage. Vieweg, Wiesbaden (2009)
24. Hoffmann-Jørgensen, J.: Probability with a View torwards Statistics, Vol. 1 und Vol. 2. Chapman & Hall, New York (1994)
25. Irle, A.: Finanzmathematik, 2. Auflage. Teubner, Stuttgart (2003)
26. Jacod, J., Shiryaev, A.N.: Limit Theorems for Stochastic Processes, 2. Auflage. Springer, Berlin (2002)
27. Kallenberg, O.: Foundations of Modern Probability, 2. Auflage. Springer, New York (2002)
28. Kallenberg, O.: Probabilistic Symmetries and Invariance Principles. Springer, Berlin (2005)
29. Kashin, B.S., Saakyan, A.A.: Orthogonal Series. Amer. Math. Soc., Providence (1989)
30. Klenke, A.: Wahrscheinlichkeitstheorie, 2. Auflage. Springer, Berlin (2008)
31. Koroljuk, V.S., Borovskich, Yu.V.: Theory of U-Statistics. Kluwer, Dordrecht (1984)
32. Kwapien, S., Woyczyński, W.A.: Random Series and Stochastic Integrals: Single and Multiple. Birkäuser, Boston (1992)
33. Lévy, P.: Théorie de l'Addition des Variables Aléatoires, 2. Aufl. Gauthier-Villars, Paris, (1954) (1. Aufl. 1937)
34. Liptser, R. S., Shiryaev, A.N.: Theory of Martingales. Kluwer, Boston (1989)
35. Ljung, L., Pflug, G., Walk, H.: Stochastic Approximation and Optimization of Random Systems. DMV-Seminar, Bd. 17. Birkhäuser, Basel (1992)
36. Long, R.: Martingale Spaces and Inequalities. Peking University Press und Vieweg (1993)
37. Meise, R., Vogt, D.: Einführung in die Funktionalanalysis. Vieweg, Braunschweig (1992)
38. Meyer, P.-A.: Martingales and Stochastic Integrals I. Lecture Notes in Math., Bd. 284. Springer, Berlin (1972)
39. Neveu, J.: Martingales á Temps Discret. Masson, Paris (1972). Englische Übersetzung: Discrete-Parameter Martingales. North-Holland, Amsterdam (1975)
40. Pagès, G.: Introduction to Numerical Probability for Finance. Université Paris 6, Pierre et Marie Curie, 2011 (in progress)
41. Peskir, G., Shiryaev, A.N., Optimal Stopping and Free-Boundary Problems. Birkhäuser, Basel (2006)
42. Phelps, R.R.: Lectures on Choquet's Theorem, 2. Aufl. Lecture Notes in Math., Bd. 1757. Springer, Berlin (2001)
43. Pollard, D.: Convergence of Stochastic Processes. Springer, New York (1984)
44. Romano, J.P., Siegel, A.F.: Counterexamples in Probability and Statistics. Chapman & Hall, Boca Raton (1986)
45. Schaefer, H.H. Topological Vector Spaces. Springer, New York (1971)
46. Scheer, C.: Bedingte Konvergenz stochastischer Prozesse. Dissertation, Universität Trier (2003)
47. Schilling, R.L.: Measures, Integrals and Martingales. Cambridge University Press, Cambridge (2005)
48. Shiryaev, A.N.: Probability, 2. Auflage. Springer, New York (1996)
49. Shiryaev, A.N., Spokoiny, V.G.: Statistical Experiments and Decisions. World Scientific, Singapore (2000)
50. Stout, W.F.: Almost Sure Convergence. Academic Press, New York (1974)
51. Strook, D. W.: Probability Theory, An Analytic View. Cambridge University Press, Cambridge (1993)
52. Ville, J.: Étude Critique de la Notion de Collectif. Gauthier-Villars, Paris (1939)
53. Weisz, F.: Martingale Hardy Spaces and their Applications in Fourier Analysis. Lecture Notes in Math. 1568, Springer, Berlin, 1994.
54. Wengenroth, J.: Wahrscheinlichkeitstheorie. De Gruyter, Berlin (2008)
55. Williams, D.: Probability with Martingales. Cambridge University Press, Cambridge (1991)
56. Witting, H., Müller-Funk, U.: Mathematische Statistik II. Teubner, Stuttgart (1995)

Artikel

57. Aldous, D.J.: Exchangeability and related topics. In: Hennequin, P.L. (Hrsg.) École d'Été de Probabilités de Saint-Flour XIII, 1983. Lecture Notes in Math. Bd. 1117, S. 1–198. Springer, Berlin (1985)
58. Aldous, D.J., Eagleson, G.K.: On mixing and stability of limite theorems. Ann. Probab. **6**, 325–331 (1978)
59. Alsmeyer, G., Rösler, U.: On the existence of φ-moments of the limit of a normalized supercriterial Galton-Watson process. J. Theoretical Probab. **17**, 905–928 (2004)
60. Alvo, M., Cabilio, P., Feigin, P.D.: A class of martingales with non-symmetric limit distributions. Z. Wahrscheinlichkeitstheorie verw. Gebiete **58**, 87–93 (1981)
61. Anderson, T.W.: On asymptotic distributions of estimates of parameters of stochastic difference equations. Ann. Math. Statist. **30**, 676–687 (1959)
62. Arouna, B.: Adaptive Monte Carlo method, a variance reduction technique. Monte Carlo Methods and Appl. **10**, 1–24 (2004)
63. Athreya, K.B.: A note on a functional equation arising in Galton-Watson branching processes. J. Appl. Probab. **8**, 589–598 (1971)
64. Azuma, K.: Weighted sums of certain dependent random variables. Tôhoku Math. J. **19**, 357–367 (1967)
65. Bai, Z.D., Hu, F.: Asymptotics in randomized urn models. Ann. Appl. Probab. **15**, 914–940 (2005)
66. Barlow, M. T., Jacka, S. D., yor, M.: Inequalities for a pair of processes stopped at a random time. Proc. London Math. Soc. **52**, 142–172 (1986)
67. Bennett, G.: Probability inequalities for the sum of independent random variables. J. Amer. Statist. Association **57**, 33–45 (1962)
68. Bercu, B., Touati, A.: Exponential inequalities for self-normalized martingales with applications. Ann. Appl. Probab. **18**, 1848–1869 (2008)
69. Blackwell, D., dubins, L.E.: A converse to the dominated convergence theorem. Illinois J. Math **7**, 508–514 (1963)
70. Burkholder, D.L.: Sufficiency in the undominated case. Ann. Math. Statist. **32**, 1991–1200 (1961)
71. Burkholder, D.L.: Distribution function inequalities for martingales. Ann. Probab. **1**, 19–42 (1973)
72. Burkholder, D.L.: A sharp inequality for martingale transforms. Ann. Probab. **7**, 858–863 (1979)
73. Burkholder, D.L.: Boundary value problems and sharp inequalities for martingale transforms. Ann. Probab. **12**, 647–702 (1984)
74. Burkholder, D.L.: Sharp inequalities for martingales and stochastic integrals. Astérisque **157–158**, 75–94 (1988)
75. Burkholder, D.L.: Explorations in martingale theory and its applications. In: École d'Été de Probabilités de Saint-Flour XIX, 1989. Lecture Notes in Mathematics Bd. 1464, S. 1–66. Springer, Berlin (1991)
76. Burkholder, D.L.: The best constant in the Davis inequality for the expectation of the martingale square function. Trans. Amer. Math. Soc. **354**, 91–105 (2001)
77. Burkholder, D.L., Gundy, R.F.: Extrapolation and interpolation of quasi-linear operators on martingales. Acta. Math. **124**, 249–304 (1970)
78. Chatterji, S.D.: Les martingales et leurs applications analytiques. In: Bretagnolle, J.L. et al. (Hrsg.) École d'Été de Probabilités: Processus Stochastiques, 1971. Lecture Notes in Math., Bd. 307, S. 27–164. Springer, Berlin (1973)
79. Chatterji, S.D.: Martingale theory: An analytic formulation with some applications in analysis. In: Letta, G., Pratelli, M. (Hrsg.) Probability and Analysis. Lecture Notes in Math., Bd. 1206, S. 109–166. Springer, Berlin (1986)
80. Chevalier, L.: Un nouveau type d'inéqualités pour les martingales discrètes. Z. Wahrscheinlichkeitstheorie verw. Gebiete **49**, 249–255 (1979)

81. Chow, Y. S.: Local convergence of martingales and the law of large numbers. Ann. Math. Statist. **36**, 552–558 (1965)
82. Cox, J., Ross, S., Rubinstein, M.: Option pricing: a simplified approach. J. Financial Econom. **7**, 229–263 (1979)
83. Cox, D.C.: The best constant in Burkholder's weak L^1-inequality for the martingale square function. Proc. Amer. Math. Soc. **85**, 427–433 (1982)
84. Cox, D.C., Kemperman, J.H.B.: On a class of martingale inequalities. J. Multivariate Analysis **13**, 328–352 (1983)
85. Dalang, R.C., Morton, A., Willinger, W.: Equivalent martingale measures and no-arbitrage in stochastic securities market models. Stochastics and Stochastic Reports **29**, 185–201 (1990)
86. Davis, B.: On the integrability of the martingale square function. Israel J. Math. **8**, 187–190 (1970)
87. De la Peña, V. H.: A general class of exponential inequalities for martingales and ratios. Ann. Probab. **27**, 537–564 (1999)
88. De la Peña, V. H.: Exponential inequalities for self-normalized processes with applications. Electron. Communications in Probab. **14**, 372–381 (2009)
89. De la Peña, V. H., Klass, M.J., Lai, T.L.: Self normalized processes: exponential inequalities, moment bounds and iterated logarithm laws. Ann. Probab. **32**, 1902–1933 (2004)
90. De la Peña, V. H., Klass, M.J., Lai, T.L.: Pseudo-maximization and self-normalized processes. Probability Surveys **4**, 172–192 (2007)
91. Dembo, A.: Moderate deviations for martingales with jumps. Electron Communications in Probab. **1**, 11–17 (1996)
92. Dion, J.-P.: Estimation of the mean and the initial probabilities of a branching process. J. Appl. Probab. **11**, 687–694 (1974)
93. Doob, J.L.: Notes on martingale theory. 1961 Proc. 4th Berkeley Sympos. Math. Statist. and Probab., Vol. II, S. 95–102. Univ. California Press, Berkeley, Calif.
94. Dubins, L.E., Freedman, D.: Exchangeable processes need not be mixtures of independent, identically distributed random variables. Z. Wahrscheinlichkeitstheorie verw. Gebiete **48**, 115–132 (1979)
95. Dzaparidze, K., van Zanten, J.H.: On Bernstein-type inequalities for martingales. Stoch. Processes and their Applications **93**, 109–117 (2001)
96. Farrell, R.H.: Representation of invariant measures. Illinois J. Math. **6**, 447–467 (1962)
97. Föllmer, H., Kabanov, Yu. M.: Optional decomposition and Lagrange multipliers. Finance and Stochastics **2**, 69–81 (1998)
98. Föllmer, H., Kabanov, Yu.M.: Optional decomposition theorems in discrete time. Atti del convegno in onore di Oliviero Lessi, Padova, 47–68 (1996)
99. Freedman, D.: Bernard Friedman's urn. Ann. Math. Statist. **36**, 956–970 (1965)
100. Freedman, D.: Another note on the Borel-Cantelli lemma and the strong law with the Poisson approximation as a by-product. Ann. Probab. **1**, 910–925 (1973)
101. Freedman, D.: On tail probabilities for martingales. Ann. Probab. **3**, 100–118 (1975)
102. Gilat, D.: Convergence in distribution, convergence in probability and almost sure convergence of discrete martingales. Ann. Math. Statist. **43**, 1374–1379 (1972)
103. Gouet, R.: A martingale appproach to strong convergence in a generalized Pólya-Eggenberger urn model. Statistics and Probability Letters **8**, 225–228 (1989)
104. Gouet, R.: Martingale functional central limit theorems for a generalized Pólya urn. Ann. Probab. **21**, 1624–1639 (1993)
105. Graf, S., Luschgy, H., Pagès, G.: Fractal functional quantization of mean-regular stochastic processes: a Haar type basis approach. Preprint, 2010
106. Gundy, R.F.: Martingale theory and pointwise convergence of certain orthogonal series. Trans. Amer. Math. Soc. **124**, 228–248 (1966)
107. Häusler, E.: An exact rate of convergence in the functional central limit theorem for special martingale difference arrays. Z. Wahrscheinlichkeitstheorie verw. Gebiete **65**, 523–534 (1984)
108. Häusler, E.: Stabile und mischende Verteilungskonvergenz und Verteilungskonvergenz von Martingalen mit exponentiellen Zuwächsen. Preprint, 2010

109. Hewitt, E., Savage, L.J.: Symmetric measures and Cartesian products. Trans. Amer. Math. Soc. **80**, 470–501 (1955)
110. Hill, B.M., Lane, D., Sudderth, W.: A strong law for some generalized urn processes. Ann. Probab **8**, 214–226 (1980)
111. Hitczenko, P.: Best constants in martingale version of Rosenthal's inequality. Ann. Probab. **18**, 1656–1668 (1990)
112. Hoeffding, W.: Probability inequalities for sums of bounded random variables. J. Amer. Statist. Association **58**, 13–30 (1963)
113. Isaac, R.: A proof of the martingale convergence theorem. Proc. Amer. Math. Soc. **16**, 842–844 (1965)
114. Jacod, J., Memin, J.: Sur un type de convergence intermédiaire entre la convergence en loi et la convergence en probabilité. In: Séminaire Probab. XV (Strasbourg 1979/1980). Lecture Notes in Math., Bd. 850, S. 529–546. Springer, Berlin (1981). Korrekturen: Séminaire Probab. XVII, Lecture Notes in Math., Bd. 986, S. 509–511. Springer, Berlin (1983)
115. Jacod, J., Shiryaev, A.N.: Local martingales and the fundamental asset pricing theorems in the discrete-time case. Finance and Stochastics **2**, 259–273 (1998)
116. Johnson, W. B., Schechtman, G., Zinn, J.: Best constants in moment inequalities for linear combinations of independent and exchangeable random variables. Ann. Probab. **13**, 234–253 (1985)
117. Kabanov, Yu. M., Stricker, C.: A teachers note on no-arbitrage criteria. Séminaire Probab. XXXV, 149–152, Lecture Notes in Math. 1755, Springer, Berlin, 2001.
118. Kramkov, D. O.: Optional decomposition of supermartingales and hedging contingent claims in incomplete security markets. Probab. Theory Rel. Fields. **105**, 459–479 (1996)
119. Lamberton, D., Pagès, G., Tarrès, P.: When can the two-armed bandit algorithm be trusted? Ann. Appl. Probab. **14**, 1424–1454 (2004)
120. Lamberton, D., Pagès, G.: How fast is the Bandit? Stochastic Analysis and Applications **26**, 603–623 (2008)
121. Lenglart, E.: Martingales et séries stochastiques en temps discret. Rev. CETHEDEC **65**, 19–92 (1980)
122. Letta, G.: Convergence stable et applications. Atti Sem. Mat. Fis. Univ. Modena, Supplemento al Vol. XLVI, 191–211 (1998)
123. Luschgy, H.: Extreme invariant extensions of probability measures and probability contents. Illinois J. Math. **26**, 27–40 (1982)
124. Luschgy, H.: Integral representation in the set of transition kernels. Probab. and Math. Statistics **10**, 75–92 (1989)
125. Luschgy, H.: Asymptotic inference for semimartingale models with singular parameter points. J. Statistical Planning and Inference **39**, 155–186 (1994)
126. Luschgy, H., Pagès, G.: Functional quantization rate and mean regularity of processes with an application to Lévy processes. Ann. Appl. Probab. **18**, 427–469 (2008)
127. Luschgy, H., Pagès, G.: Moment estimates for Lévy processes. Electron. Communications in Probab. **13**, 422–434 (2008)
128. Lynch, J.D.: The Galton-Watson process revisited: some martingale relationships and applications. J. Appl. Probab **37**, 322–328 (2000)
129. Norman, M.F.: On the linear model with two absorbing barriers. J. Math. Psychology **5**, 225–241 (1968)
130. Pelletier, M.: Weak convergence rates for stochastic approximations with application to multiple targets and simulated annealing. Ann. Appl. Probab. **8**, 10–44 (1998)
131. Pemantle, R.: A time-dependent version of Pólya's urn. J. Theoretical Probab. **3**, 627–637 (1990)
132. Pemantle, R.: When are touchpoints limits for generalized Pólya urns? Proc. Amer. Math. Soc. **113**, 235–243 (1991)
133. Pemantle, R.: A survey of random processes with reinforcement. Probability Surveys **4**, 1–79 (2007)
134. Pinelis, I.: Optimum bounds for the distribution of martingales in Banach spaces. Ann. Probab. **22**, 1679–1706 (1994)

135. Pinelis, I.: On the von Bahr-Esseen inequality. arXiv:1008.5350v1 (2010).
136. Pintacuda, N.: Coupons collectors via the martingales. Bollettino Un. Mat. Ital. A(5) **17**, 174–177 (1980)
137. Rényi, A.: On mixing sequences of sets. Acta Math. Sci. Hung. **9**, 215–228 (1958)
138. Rényi, A.: On stable sequences of events. Sankhya Ser. **A25**, 293–302 (1963)
139. Schachermayer, W.: A Hilbert space proof of the fundamental theorem of asset pricing in finite discrete time. Insurance: Mathematics and Economics **11**, 249–257 (1992)
140. Schäl, M.: On dynamic programming: compactness of the space of policies. Stoch. Processes and their Applications **3**, 345–364 (1975)
141. Scott, D.J.: A central limit theorem for martingales and an application to branching processes. Stoch. Processes and their Applications **6**, 241–252 (1978)
142. Snell, J.L.: Applications of martingale system theorems. Trans. Amer. Math. Soc. **73**, 293–312 (1952)
143. Stout, W.F.: A martingale analogue of Kolmogorov's law of iterated logarithm. Z. Wahrscheinlichkeitstheorie verw. Gebiete **15**, 279–290 (1970)
144. Takahashi, S.: On the asymptotic distribution of the sum of independent random variables. Proc. Japan Acad. **27**, 393–400 (1951)
145. Touati, A.: Two theorems on convergence in distribution for stochastic integrals and statistical applications. Theory Probab. Appl. **38**, 95–117 (1993)
146. van de Geer, S.: Exponential inequalities for martingales, with application to likelihood estimation for counting processes. Ann. Statist. **23**, 1779–1801 (1995)
147. von Bahr, B., Esseen, C.-G.: Inequalities for the rth absolute moment of a sum of random variables, $1 \leq r \leq 2$. Ann. Math. Statist. **36**, 299–303 (1965)
148. Wang, G.: Sharp inequalities for the conditional square function of a martingale. Ann. Probab. **19**, 1679–1688 (1991)
149. Wei, L.J., Durham, S.: The randomized play-the-winner rule in medical trials. J. Amer. Statist. Association **73**, 840–843 (1978)
150. v. Weizsäcker, H., Winkler, G.: Integral representation in the set of solutions of a generalized moment problem. Math. Ann. **246**, 23–32 (1979)
151. Zheng, Wei-an: A note on the convergence of sequences of conditional expectations of random variables. Z. Wahrscheinlichkeitstheorie verw. Gebiete **53**, 291–292 (1980)

Namensverzeichnis

A
Anderson, T.W. 221
Arouna, B. 222, 388
Azuma, K. 176

B
Banach, S. 429
Barlow, M.T. 174
Bennett, G. 217
Bercu, B. 182, 218
Bernstein, S.N. 217, 217
Borel, E. 132
Burkholder, D.L. 74, 83, 84, 100, 103, 137,

C
Cantelli, F.P. 132
Chapman, S. 226
Chow, Y.S. 74, 157, 159, 215,
Cox, J. 297
Cramér, H. 198, 362
Chung, K.L. 439

D
Dalang, R.C. 286
Davis, B. 84, 88
de Finetti, B. 343, 346
de la Peña, V.H. 172, 182, 217
Dion, J.-P. 325, 329
Dirac, P.A.M. 192
Doob, J.L. 4, 46, 71, 110, 117, 129, 133, 139, 154
Durham, S. 405
Dzaparidze, K. 174

E
Esseen, C.-G. 113

F
Fatou, P. 429, 434
Fenchel, W. 164, 323
Föllmer, H. 267, 271, 273
Freedman, D. 162, 185, 220, 401, 409
Friedman, B. 401
Fuchs, W.H.J. 439

G
Galton, F. 309
Garsia, A.M. 81, 114, 117, 151
Gauß, C.F. 193
Gouet, R. 409
Gundy, R.F. 84

H
Haar, A. 419, 420
Hahn, H. 429
Hartmann, P. 191
Harris, T.E. 322, 329
Häusler, E. 205, 218, 221
Hewitt, E. 345
Hill, B.M. 403
Hitczenko, P. 217
Hoeffding, W. 176, 352

I
Isaac, R. 117

J
Jacka, S.D. 174
Jacod, J. 59

Jensen, J.L. 433
Johnson, W.B. 217

K
Kabanov, Yu. M. 267
Kakutani, S. 262
Kesten, H. 317
Khinchin, A. 149
Klass, M.J. 182
Kolmogorov, A.N. 142, 158, 226
Kramkov, D.O. 267
Krickeberg, K. 29
Kronecker, L. 155

L
Lai, T.L. 182
Lane, D. 403
Lamberton, D. 393, 408
Legendre, A.M. 164, 323
Lenglart, E. 77, 114
Lévy, P. 124, 132
Liptser, R.S. 162

M
Markov, A.A. 225, 226, 227, 231, 233, 235
Meyer, P.-A. 162, 174
Monro, S. 369
Morton, A. 286

N
Neveu, J. 75, 81, 174
Nikodym, O.M. 431 432

P
Pagès, G. 223, 388, 393, 408
Pemantle, R. 399
Pinelis, I. 217
Pólya, G. 11, 126, 151, 233, 242, 255, 349, 367, 399
Prohorov, Y.V. 217

R
Rademacher, H. 423
Radon, J. 431, 432
Rényi, A. 191, 203
Riesz, F. 31, 245, 245
Robbins, H. 369
Rosenthal, H.P. 113
Ross, S. 297
Rubinstein, M. 297

S
Savage, L.J. 345
Schachermayer, W. 268
Schechtman, G. 217
Schied, A. 271, 273
Scott, D.J. 204
Shiryaev, A.N. 59, 162, 166
Snell, J.L. 110
Stigum, B.P. 317
Stout, W.F. 190
Sudderth, W. 403

T
Takahashi, S. 203
Tarrès, P. 393, 408
Toeplitz, O. 209
Touati, A. 182, 218, 221

V
van de Geer, S. 217
van Zanten, J.H. 174
Ville, J. 4
von Bahr, B. 113
von Mises, R. 362
von Neumann, J. 62

W
Watson, H.W. 309
Wei, L.J. 405
Willinger, W. 286
Wintner, A.F. 191
Wold, H.O.A. 198

Y
Yor, M. 174

Z
Zinn, J. 217

Sachverzeichnis

A
absicherbar 290, 302
absolutstetig 261, 439
absorbierend 236
adaptiert 3
adaptiver Monte Carlo-Schätzer 222, 223
äquivalentes Martingalmaß 266
Approximation 199
Arbitragestrategie 284
asymptotisches Martingal 58
Aussterbewahrscheinlichkeiten 312
austauschbar 338, 341, 366
autoregressives Modell erster Ordnung 163, 180, 191, 210, 220, 221

B
Bandit-Algorithmus 390
  erfolgreicher 391
Basis 418
  unbedingte 418
BDG-Ungleichungen 84, 103
bedingt identisch verteilt 342
bedingt unabhängig 342
bedingte Kovarianz 17
bedingte Lindeberg-Bedingung 200
bedingte Lyapunov-Bedingung 202
bedingte Varianz 17
bedingte Verteilung 436
bedingter Dreireihensatz 133
bedingter Erwartungswert 431, 432
bedingter Zweireihensatz 133
bedingtes Borel-Cantelli-Lemma 132
Burkholder-Funktion 104, 106

C
Chapman-Kolmogorov-Gleichungen 226
Claim
  amerikanischer 301
  europäischer 289
  pfadabhängiger 290
  pfadunabhängiger 290
  Preis 290–292, 302
  Preisprozess 291
Cramér-von Mises Statistik 362
Cramér-Wold-Technik 198
CRR-Modell 297, 305
  Call 300
  Down-and-out Call 307
  Preisfunktion 299

D
Darstellungseigenschaft 275
Davis-Zerlegung 88
Dichteprozess 258
differentielle Subordination 103
Dirac-Kern 192
diskontierter Preisprozess 284
Diskontierungsprozess 284
diskrete Regel von de l'Hospital 209
diskretes Dirichlet-Problem 246
dominierte Konvergenz 434
Doob-Zerlegung 16, 25, 355, 370
Downcrossing-Bedingung 372

E
Eins verliert 251
Eintrittswahrscheinlichkeiten 246
Eintrittszeit 40, 49
empirische Varianz 354, 362
empirischer Mittelwert 387
endliche Permutation 338

ergodische Verteilung 332, 334, 345, 366
Erwartungswertfunktion 370
essentielles Supremum 430
exponentielle Momente 182
exponentielle Supermartingale 172, 174, 185, 219
exponentielle Ungleichungen 165, 176, 187, 323
Extremalpunkt 332

F
f-Urnenmodell 403
Faktorisierung 431
Fatous Lemma 429, 434
Fenchel-Legendre Transformierte 164
Filtration 3
  erzeugte 3
Friedmans Urnenmodell 401

G
Galton-Watson-Prozess 309
  kritischer 316
  subkritischer 316
  superkritischer 316, 317
Gauß-Kern 193
geometrische Nachkommenverteilung 327
geometrischer Random walk 10, 123, 242
gleichgradig integrierbar 25, 427
Glücksspiel 5, 14, 53

H
h-stabil 148
h-Transformierte 12, 22, 60, 64, 74, 95, 137, 154
Haar-Basis 420
Haar-System 419
Halbgruppenoperation 331
Halbmetrik 425
Halbnorm 426
Handelsstrategie 283
  selbstfinanzierende 284
harmonisch 241, 248
Harris-Schätzer 322, 329
Hedge 290, 302

I
Integraldarstellung 337, 346
integrierbar 241, 426
invariante Wahrscheinlichkeitsmaße 332
irreduzibel 239
Isomorphismus messbarer Räume 345

J
Jensen-Ungleichung 433

K
Kern 351
  k-fach ausgearteter 355
  nicht ausgearteter 355
Khinchin-Ungleichung 149
klassisches Gesetz vom iterierten Logarithmus 191
Kompensator 16, 25, 45
Konsistenz 164, 322
Konvergenz
  mischende 192
  schwache 192
  stabile 192
Konvergenzgeschwindigkeit 179, 180, 187, 219, 356, 376, 408
Konvergenzmenge 128
konvexe Transformation 8
Kovariation 17
  vorhersehbare 17
Krickeberg-Zerlegung 29
kumulantenerzeugende Funktion 323

L
$\mathcal{L}^p$-Prozess 4
L-dominiert 77
$\mathcal{L}^\infty$-Zuwachsprozess 172
Lebesgue-Zerlegung 259, 439
Limesverteilungen 357
linksabgeschlossen 6
linksabschließbar 141
lokal absolutstetig 258
lokales Martingal 59, 60, 64
lokalisierend 59, 150
lokalisierte Klasse 150
Lokalisierungseigenschaft 433

M
Markov-Eigenschaft 226, 233
  starke 235, 254
Markov-Halbgruppe 227
Markov-Kern 436
Markov-Prozess 225
  endlichdimensionale Randverteilungen 228
  Existenz 230

invariante Verteilung 254
kanonischer 231
Marktmodell 283
arbitragefreies 284, 286
vollständiges 291, 305
Martingal 4
$\mathcal{L}^1$-Konvergenz 121, 141
$\mathcal{L}^p$-Konvergenz 124, 141
fast sichere Konvergenz 117, 139
Martingalanteil 15
Martingaltest 7, 58
Martingalversion der
Bennett-Ungleichung 217
Bernstein-Bedingung 217
Bernstein-Ungleichung 217
Prohorov-Ungleichung 217
Rosenthal-Ungleichung 113
Maximumprozess 65
messbare Auswahl 430
Minimalsuffizienz 364
Mischungen von zentrierten Normalverteilungen 201
Mischungsmethode 183
monotone Konvergenz 434

N

nach rechts gerichtet 425
Netz 425
konvergentes 425
Null-Eins-Gesetz von Hewitt und Savage 345

O

optimale Stoppzeit 249
Optional sampling 46, 143
Optional splitting 33, 152
Optional stopping 43
Optional switching 44
optionale Zerlegung 267
Optionen
Call 289, 304
Down-and-out Call 290, 307
Down-and-out Put 290
Put 290

P

P-Atom 429
paarweise symmetrische Unabhängigkeit 366
partielle Halbordnung 425
partielle Ordnung 425
partielle Summationsformeln 18
Pólya-Verteilung 350
Pólyas Urnenmodell 11, 23, 126, 151, 233, 255, 349, 367
zeitabhängig 399
positive Korrelation 365
Potential 27, 81, 244
Potentialkern 236, 237
Problem der vollständigen Serie 63
Prozess
$\mathcal{L}^p$-beschränkter 25
fallender 15
gestoppter 42
gleichgradig integrierbarer 25
stochastisch beschränkter 204
wachsender 15
Zustand in Zufallszeit 41
Prozess der Zuwächse 6
$\mathcal{L}^\infty$-beschränkter 63, 217
Put-Call Parität 306

Q

quadratische Charakteristik 17, 27
quadratische Variation 17, 27
vorhersehbare 17
quasiintegrierbar 241, 426
Quasimartingale 33, 152

R

Rademacher-Funktionen 423
Radon-Nikodym-Gleichungen 431
Radon-Nikodym-Ungleichungen 432
Random walk 9, 32, 51, 120, 123, 219, 242
einfacher 14, 32, 240
geometrischer 243
Raum-Zeit-Prozess 255
rechtsabgeschlossen 6
rechtsabschließbar 122
Rechtsabschluss 122
rein atomar 429
rekurrent 236, 238–240, 248
rekursiver Schätzer 387
Riesz-Zerlegung 31, 245
Robbins-Monro-Algorithmus 369
ausgearteter 377
Rückkehrzeiten 237

S

σ-Algebra der
τ-Vergangenheit 35
fast invarianten Mengen 331

invarianten Mengen 331, 364
Satz von Fubini für Markov-Kerne 436
Shift 233
Simulation 62
singulär 261, 439
Snellscher Umschlag 249
stabile zentrale Grenzwertsätze 200, 203, 325, 329, 352, 376
stabiler Grenzwertsatz 221
starkes Gesetz der großen Zahlen 216
für U-Statistiken 352
von Chow 157, 159, 215
von Kolmogorov 142
von Meyer, Freedman, Liptser und Shiryaev 162
stationär 339, 366
Stimmenauszählung 56
stochastisch beschränkt 204, 427
stochastische dynamische Systeme 231
stopp-stabil 148
Stoppzeit 35, 37, 259
einfache 35
reguläre 46, 47, 95, 101
Submartingal 4
Substitution bei Unabhängigkeit 438
Suffizienz 336
paarweise 336
superharmonisch 241
Superhedge 301
Supermartingal 4

T

Taking out what is known 432
terminale σ-Algebra 341, 366
transient 236
Turmeigenschaft 432

U

U-Statistik 351, 367
Übergangskern 225, 226
Umordnung 411
unbedingte Konvergenz 412
fast sicher 411
in $\mathcal{L}^p$ 411, 416
stochastisch 411, 414
Ungleichungen von
Burkholder 74, 83, 100, 103
Burkholder-Davis-Gundy 84, 103
Chow 74
Doob 71, 154
Garsia 81
Lenglart 77, 114
Neveu 81
universelles Martingal 267
universelles Submartingal 267
universelles Supermartingal 267
Upcrossing-Ungleichung 110, 115
Upcrossings 110

V

Varianzformel 352
vollständig 291, 364
vorhersehbar 12

W

wahrscheinlichkeitserzeugende Funktion 312
Waldsche Gleichungen 51, 102
Wertprozess 284

Z

$\mathbb{Z}$-Intervall 5
Zufallszeit 35
reguläre 46, 47
zufällige Abbildungen 232
zufälliges Zählmaß 236
Zustandsraum 3
Zuwächse 6
asymptotisch vernachlässigbare 202
bedingt normalverteilte 171
bedingt symmetrische 172
unabhängige 9
unkorrelierte 8